파리 도시건축의 역사 2

혁명과 제국의 시대

파리 도시건축의 역사 2

혁명과 제국의 시대

임석재 지음

A History of the Urban Architecture of Paris

이화여자대학교출판문화원

프롤로그

이 책은 어떤 책인가

파리에 관한 종합 역사 이야기책

이 책은 파리 도시건축의 18~19세기, 이른바 '근대 전기pre-modern'의 역사를 총정리한 연구서로, 지난 2023년 7월에 출간한 『파리 도시건축의 역사: 중세와 고전의 시대』에 이은 후속작이다. 앞 책이 기원전 52년부터 1715년까지 파리 도시건축의 역사를 다루었고 이 책에서는 이를 이어 18~19세기의 역사를 다루었다. 내용은 나의 전공인 건축과 도시를 주축으로 삼아 '정치사-사회문화사-경제사' 등의 여러 분야를 종합해서 집필했다. 이런 점에서 도시건축을 기본으로 한 전형적인 종합역사책이라 할 수 있다.

파리와 관련한 이 책의 성격은 전공서나 학술서에 가깝다. 최근 20여 년 사이 우리의 소득과 생활 수준이 높아지고 유럽 여행 열풍이 불면서 파리에 관한 책은 우리나라에서만도 여러 권이 출간되었다. 하지만 대부분 여행서나 관광서이며 좀 더 전문성이 있다고 해도 미술관, 음식, 패션 등의 '테마 여행'에 가깝다. 이런 콘텐츠도 물론 파리를 이해하고 즐기는 데에 매우 중요한 게 사실이다. 하지만 한 도시, 특히 파리 정도 등급의 도시를 이해하는 데에는 역사, 그중에서도 공간의 역사, 즉 도시건축의 역사가 가장 기본적이라 할 수 있다.

그런데 파리를 이런 주제와 관점으로 '정리-소개-분석-연구'한 책은 드문 편이다. 주로 서양권을 중심으로 파리의 특정 시대나 개별 주제를 깊이 있게 다룬 주요 연구서들은 있지만 이 책과 같은 종합역사서는 드물다. 이런 점에서 이 책은 일차적으로는 파리에 관한 가장 기본적인 연구서인 동시에, 나아가 학술 차원에서 한국은 물론 서양권에서도 보기 드문 역작이라 자부한다. 특히 최근 가볍고 대중적인 책들이 한국 사회의 독서 경향이나 출판 흐름의 대세를 이루고 있는 가운데 출간된 책이라는 점에서 의미가 더 크다 하겠다.

다음으로 이 책의 사관은 '사료-해석-스토리텔링'의 세 요소를 적절히 배분하면서 최대한 균형을 잡았다. 역사 연구와 저술에서는 '사관'이 핵심이며, 이는 다시 '사료-해석-스토리텔링' 등 세 요소로 구성된다. 우선 사료와 해석은 모든 역사 연구와 저술에 빠져서는 안 되는 핵심 요소다. 각각 객관성과 주관성을 대표하면서 자칫 상반되기 쉽지만, 역사 연구에서는 이 두 요소 사이의 균형과 적절한 비율이 가장 관건이다. 사료에 치중하면 발굴보고서나 자료집에 머물고, 해석에 치중하면 연구 내용이 자의적이게 되면서 역사성의 부정확이라는 큰 문제가 생긴다. 이 두 요소 사이의 적절한 이중주만으로도 일차로 훌륭한 역사 연구가 될 수 있다.

한 발 더 나아가, 최근에는 이상의 일차적 내용을 기본 소재로 삼아 스토리텔링을 더하는 경향이 유행하고 있다. 이는 기존의 역사소설 같은 완전한 예술-허구의 영역이 아닌, 역사 지식 정보를 재미난 옛날이야기처럼 각색하는 경향을 말한다. 역사 연구에 필수적이지는 않지만 스토리텔링이 더해지면 연구 내용이 한층 풍성해지는 장점이 있다. 역사와 관련해서 19세기에 '해석학' 개념이 정립된 이후 꾸준히 증가해오고 있는 추세이기도 하다. 즉 전문 영역을 일반 대중과 공유하는 흐름으로, 최근에는 비단 역사만이 아닌 이른바 '생활'이 붙은 '생활경제'나 '일상 속 과학'과 같이 여러 다른 분야에서도 공통으로 나타나는 새로운 시대 흐름이다. 지식 정보가 대중화하는 현상으로 볼 수 있는데, 이처럼 역사는 시기나 내용 모두에서 가장 먼저, 또 가장 광범위하게 새로운 유행을 선도하는 분야가 되어왔다.

이 책은 역사 연구와 저술을 이루는 이 세 요소를 최대한 살리면서 동시에 셋 사이의 균형을 잡으려 노력한 결과물이다. 사료로는 수도 파리에서 진행한 프랑스의 왕조사와 정치사를 출발점으로 삼아 다양한 역사 흐름을 압축적으로 정리했으며, 특히 파리의 도시건축 역사와 관련한 정보는 서양권에서도 쉽게 찾기 힘든 알찬 내용을 최대한 종합했다. 이어 이런 사료를 큰 용광로에 넣고 녹인 뒤 정밀하게 걸러내어 핵심 내용만 추리고 다양한 시각에서 해석했다. 이 책의 부제인 '혁명-제국-부르주아'라는 세 가지 상위 주제어가 이런 해석을 이끈 가장 큰 방향이며, 이어 '고전의 붕괴-국가 양식-근대적 보편성-가로 미학-스펙터클-관광주의-벨 에포크' 등과 같은 다양한 문화사적 주제에 맞춰 세부적으로 해석했다. 자세한 해석 시각과 주제는 차례와 찾아보기를 참고하길 바란다.

마지막으로 이상의 내용을 딱딱한 역사 강의록 형식이 아닌 조곤조곤 담소하는 분위기의 이야기풍으로 전달하려 노력했다. 종합하자면 이 책은 18~19세기 파리의 도시건축 역사에 관한 기본 사료를 바탕으로 최대한 객관적이게, 동시에 나만의 시각을 더해 해석한 뒤 다시 나만의 언어로 정리하고 이야기한 결과물이라 자부한다.

18~19세기의 '다이내믹' 파리, 용광로처럼 뜨거웠던 곳

그렇다면 18~19세기의 파리는 구체적으로 어떤 공간이었을까. 이 책의 부제에서 보듯이 이 시기는 '혁명-제국-부르주아'의 세 주제어로 정리할 수 있다. 우선 18세기 파리는 가히 '혁명의 도시'였다. 단순히 혁명이 일어났다는 사실을 넘어 근대로 넘어오는 혁명 정신을 앞장서 이끈 선두 도시였다. 실제로 근대를 일으킨 3대 혁명인 '과학혁명-프랑스대혁명-산업혁명'에서 산업혁명만 영국에 선두를 빼앗겼을 뿐 앞의 두 혁명은 파리에서 시작해 전성을 이루었다.

이어서 19세기 파리는 제국의 시대였다. 제1제국과 제2제국의 구체적인 두 제국 시대가 있었으며, 그 앞뒤와 중간에 '제1공화국-왕정복고-7월 혁명정부-제2공화국-제3공화국' 등의 과도 정부와 공화정도 있었지만, 이는 표제 차원의 정체政體일 뿐 제국 체제는 최소한 프랑스가 제1차 세계대전에서 승리하는 1918년까지, 더 길게는 제2차 세계대전이 끝나는 1945년까지 이어졌다. 더하여 '식민제국'이라는 별도의 분류도 있다. 이 역시 1534~1803년의 '프랑스 제1식민제국'과 1830~1980년의 '프랑스 제2식민제국'의 두 단계로 나뉜다. 시작 시점과 종식 시점에서 보듯 이 기준에 따르면 프랑스의 제국 체제 기간은 훨씬 길어진다.

이 두 시대를 연결하는 중간 고리가 부르주아 계층이다. 이들은 경제부흥을 바탕으로 삼아 정치혁명과 문화발전을 이끈 실질적 주역이었다. 18세기에는 프랑스대혁명 때부터 시민 세력에 적극적으로 가담해서 중요한 역할을 담당했고, 이런 개혁정신은 19세기에 들어와서도 '1830년 7월 혁명-1848년 혁명-1870년 혁명'으로 이어졌으며, 그 결과 탄생한 제3공화국에서 꽃피워 20세기 현대 파리로 연결되었다. 또한 이런 전 기간을 관통하며 산업혁명의 주역으로서 기술발전과 경제부흥을 이끌었다.

이상과 같이 18~19세기의 파리는 가히 혁명과 제국의 도시였다. 이를 다시 파리 역사 전체에 넣고 보면 크게 양분되는 시대 구분에서 후반부에 해당한다. 파리의 역사는 루이 14세가 사망하고 루이 15세가 즉위하는 1715년을 기점으로 크게 한 번 갈리는데, 앞 시대와 뒤 시대의 파리는 완전히 다른 도시였다. 현재의 파리는 두 개의 도시가 공존한다고도 할 수 있을 정도다. 두 시대에 대표 표제를 붙이자면, 『파리 도시건축의 역사: 중세와 고전의 시대』에서 다룬 전통 시대의 파리는 '클래식 파리'가, 이 책의 내용에 해당하는 근대 전기의 파리는 '다이내믹 파리'가 가장 적절해 보인다.

그런데 이런 두 개의 파리 가운데 클래식 파리는 실제로 남아 있는 부분이 상대적으로 적다. 도시 골격은 이후 개발과 확장을 거치면서 사실상 거의 남아 있지 않고 주요 건물들을 중심으로 개별적으로만 산재해 있는 상태다. 이 시기의 파리는 주로 기록 위주로 살펴야 하며, 노트르담이나 루브르처럼 주요 공공 기념비 혹은 몇몇 대형 개별 건물로 이를 확인할 수 있는 정도다. 반면 이 책의 주제인 근대 전기의 파리는 오늘날 우리가 찾아가는, 또 파리의 시민들이 살아가는 현재의 파리, '그 파리'다. 특히 20세기 이후 파리 도심부는 개발이 많이 진행되지 않아서 상대적으로 현재의 파리는 사실상 18~19세기 파리라 할 수 있다.

이런 근대 전기의 파리에 가장 적합한 단어는 아마도 '다이내믹'일 것이다. 이 한 단어에 근대 전기 파리의 대표성과 상징성이 모두 들어 있는데, '변화-발전-실험-개발'이 핵심 내용이다. 파리는 18~19세기 유럽 전체에서 변화와 발전을 이끈 도시였으며, 이 내용을 실질적인 도시개발로도 이루어냈다. 18세기에는 실험 정신을 통해, 19세기에는 오스망 재개발로 대표되는 초대형 도시개발 사업을 통해 '다이내믹'한 발전을 이끌었다. 특히 18세기와 19세기는 서로 이질적이며 어떤 면에서는 상반되기까지 한데, 이런 두 시대를 하나로 묶어서 '근대 전기'라는 중요한 역사 단위를 형성하게 해준 게 바로 '다이내믹'이라는 시대정신이다. 이런 두 세기를 함께 본 점이 이 책만의 또 다른 강점이기도 하다.

현대 파리를 만든 18~19세기, 파리의 최전성기

파리는 물론 오래된 도시다. 하지만 일반인들이 파리에 열광하는 것에 비해서 그렇게 오래된 도시는 아니다. 역사 기록 자체야 다른 여러 도시와 마찬가지로 최소한 기원전 로마 시대까지 거슬러 올라간다. 그러나 지금의 파리를 이루는, 즉 우리가 현재 눈으로 보고 걷고 접하는 파리를 구성하는 밑바탕은 상당 부분 19세기에 건설된 것들이다. 특히 파리의 뼈대라 할 대로들은 더욱 그렇다. 그 사이에 '중세-르네상스-바로크-18세기' 등 그 이전 시기에 지은 개별 건물들이 점점이 박혀 있는 형국이다.

이렇게 볼 때 사실 파리의 평균적인 나이는 굳이 잡자면 몇백 년 정도로, 그리 오래되지 않았다. 나처럼 건축사 전공자의 눈에 파리는 젊은 도시이다. 로마가 할아버지 도시이고 파리는 그 손자뻘쯤 된다. 의외일 수 있다. 우리가 유럽의 도시들에 열광할 때는 은연중에 그 도시들이 모두 무척 오래되었다는 사실을 전제로 하며 파리도 막연히 그럴 거라고 생각했을 것이기 때문이다. 파리가 이탈리아의 진짜 오래된 도시들에 비해서 도로가 널찍널찍하고 가로 풍경이 깨끗한 것도 그다지 오래되지 않아서이다. 그러고 보면 어딘가 모르게 근대적 냄새까지도 느껴신다.

그러나 우리는 여전히 파리에 열광한다. 유럽 도시 가운데 한국 사람, 나아가 전 세계인이 가장 사랑하고 관광객이 가장 많은 도시는 단연 파리일 것이다. '유럽의 수도'라는 명예로운 별명도 괜히 나온 게 아니다. 유럽 내에서 자기들끼리도 마찬가지이다. 인접 경쟁국인 영국이나 독일을 제외한 많은 유럽 나라의 사람들이 파리를 동경한다. 기차여행을 하면서 만나는 많은 유럽 사람들이 당연하다는 듯이 '파리는 유럽의 수도'라고 말한다. 베네룩스 3국 같은 작은 나라는 물론이고 동유럽의 상당히 큰 나라들도 파리를 동경한다. 파리의 아버지 나라인 이탈리아에서도 경제력의 차이 때문인지 파리에 진출하기를 원하는 젊은이들이 많다.

오늘날의 이런 파리를 만든 게 바로 18~19세기다. 앞서도 언급했듯 두 세기는 매우 다른 시기였다. 먼저 18세기는 파리의 역사 연구에서 보통 사각지대로 본다. 정치사나 문화사에서는 많은 사건이 벌어진 흥미진진한 시대였지만 도시건축 면에서는 큰 변화 없이 상대적으로 조용했기 때문이다. 그래서인지 18세기 파리에 관한 연구는 활성화되어 있지 않고 프랑스대혁명이라는 단일 사건에 한정된 경우가 많은데, 이는 파리를 도시건축보다는 정치사적 관점에서 주목하는 시각에 따른 것이다. 하지만 이 시기 파리의 도시건축에 정말로 아무 일도 없었던 건 아니다. 계몽주의라는 시대정신에 맞춰 근대를 향한 다양한 실험운동이 활발히 전개하던 세기였고, 이때 확보한 새로운 시대정신이 19세기 파리 개발의 결정적 토대가 되었다. 이 책에서는 이런 실험적 건축운동의 내용을 꼼꼼히 살피고 해석했다.

반면 19세기는 현재 파리의 기본 골격을 이룰 정도로 실질적인 결과물을 가장 많이 남긴 세기였다. 이런 점에서 파리 역사 연구자들은 19세기를 가장 중요하게 본다. 문화사 전반에서도 풍성한 담론 주제를 양산했으며, 이 가운데 많은 부분이 도시건축과 연관이 있다. 파리 역사를 다룬 주요 연구들 또한 19세기에 집중해 있는 편이다. 이 시기를 보통 '모던 파리'라고 따로 부르기도 하는데, 이 '모던'이라는 말에서 이미 현대를 대표하는 의미가 들어 있음을 알 수 있다.

이 책의 편제 구성과 사용법

이 책은 A4 300매 안팎에 사진 449컷이 들어간 대형 원고다. 그만큼 18~19세기 파리 도시건축의 역사에 관한 다양하면서도 깊이 있는 많은 양의 지식 정보와 풍성한 역사적 해석을 담고 있다. 이런 분량을 효율적으로 전달하고 활용할 수 있도록 하기 위해 편제 구성에 특별히 신경을 썼다. 구체적으로는 정보 단위를 '5부-31장-소제목 212개'의 3단계, 즉 '대-중-소' 체계로 나눴다. 독자 각자의 필요에 맞춰 지식 정보 단위를 선택해서 활용할 것을 제안한다.

각 단계를 보면, 우선 '부'는 대분류로 총 5부로 구성된다. 1부와 3부는 각 18세기와 19세기의 파리 역사를 왕조사와 연대기 순으로 정리했다. 나머지 세 부는 두 세기에서 파생된 핵심 주제를 다루었다. 2부에서는 18세기 말의 '프랑스대혁명' 가운데 파리 도시건축과 관련된 내용을, 4부에서는 오스망 재개발을, 5부에서는 부르주아 건축을 각각 다루었다.

각 장은 중분류로, '부'에서 나온 큰 주제를 '왕조사-사회문화사-경제사-공학기술-도시건축' 등의 종합적 틀에 맞춰 한 번 세분한 주제들로 이루어진다. 마지막으로 소제목은 총 212개인데, 이 역시 '정치-경제-사회-도시건축'의 주요 세부 주제어를 비롯하여 예술과 미학 등의 개념어를 섞어서 구성했다. 특히 각 소제목은 분량을 가능한 한 A4 1~1.5매 안팎으로 통일했는데, 이는 요즘 지식 정보 단위가 압축되어 소비되는 시대 흐름에 맞춘 분량이다. 가벼운 백과사전 체제를 겸한 것이어서 '찾아보기' 항목이 너무 많고 복잡해 부담일 때 차례의 소제목을 먼저 보면 도움이 될 것이다.

이 책은 도판 자료에서도 강점이 있다. 총 449컷으로 숫자만으로는 많을 수도 있고 적을 수도 있지만 풍성하고 다양한 내용을 담았다는 점이 특히 중요하다. 우선 내가 직접 찍은 사진이 기본이 되며 여기에 기타 검색 사진, 지도와 개발 도면, 공중 전경, 파리를 그린 화가들의 그림, 당시 언론 기사나 책에 실린 삽화, 19~20세기 초의 기록 사진 등 다양한 출처에서 확보한 시각 자료를 추가했다. 이런 점에서 이 자료만 따로 모아도 충분히 18~19세기 파리의 도판 기록이라 부를 만한 추가 목적도 함께 달성했다.

도판 자료의 구체적 내용은 크게 파리의 도시 상황과 건물 모습으로 나눌 수 있다. 파리의 도시 상황과 관련해서는 앞서와 같이 쉽게 접하기 어려운 자료들을 가능한 한 풍성하게 찾아 내용에 맞춰 적재적소에 배치했다. 건물은 중요도에 따라 가장 중요한 10여 개에는 한 건물당 최소 10컷에서 최대 20여 컷까지 다양한 장면과 내용의 사진을 실었다. 그리고 조금 덜 중요한 건물들은 그에 맞춰 사진 컷수를 적절히 조절했다.

마지막으로 서양어 병기는 프랑스어를 기본으로 하되 용어의 특성이나 연관 자료의 종류에 따라서는 다른 언어를 사용하기도 했다. 단 서양어와 한국어의 언어 차이를 고려해 관사는 생략했다. 인물의 생몰년도, 왕조와 역사적 사건의 연대기, 인물·건물·사건의 서양어 명칭 등 기본 정보는 중복을 최소화하면서 가능한 한 각 장에 병기했다.

인생 후반기 역작을 자부하며

파리의 18세기는 나의 박사학위 논문 주제이기도 하다. 1992년에 논문을 썼으니까 이미 오래된 일이긴 한데 박사학위 논문의 주제는 보통 평생 연구로 이어지는 경우가 많고 나 또한 그렇다. 다양한 주제로 연구 범위를 넓히며 현재까지 저술가이자 학자의 인생을 살아오는 과정에서도 18세기 파리는 늘 내 연구 주제의 중심에 있었다. 심지어 모 방송의 강연 프로그램에 나갔을 때도 내가 원하는 주제를 제안해보라고 했을 때 주저 없이 이 내용을 꼽았을 정도다.

이 책은 분량과 내용 모두에서 나의 인생 역작 가운데 한 권임을 자부한다. 나는 다작 저술가인데, 부모가 여러 자식을 차별 없이 똑같이 사랑하듯 지금까지 출간한 책들이 나에게는 물론 모두 소중하다. 각각의 서술 배경과 각고의 노고가 서려 있어서 등수를 매기는 건 옳지 않을 것이다. 하지만 등수까지는 아니더라도 집합화 정도는 해볼 수 있지 않을까 한다. 실제로 개인적으로 '당신의 이른바 '원픽'이 어느 책이냐'는 질문도 받곤 한다. '인생 역작'이라는 기준을 상정한다면 이 책은 다른 몇 권과 함께 당당히 여기에 들어갈 수 있다. 특히 이 책은 파리를 주제로 한 두 번째 책인데, 기회가 되면 20세기 이후 '현대 편'으로 3권도 출간할 계획이 있다. 이렇게 되면 파리의 도시건축 역사를 총 세 권의 책으로 집대성하게 되며, 이는 『한 권으로 읽는 임석재의 서양건축사』 시리즈(전5권)에 이은 나의 연작 역작이 될 것이다.

아직 몇 년 남긴 했지만 정년퇴직이 조금씩 다가오고 있다. 이따금 지난했던 한국 현대사 속에서의 나의 지나온 삶을 돌아보곤 한다. 온 국민이 어려운 여건 속에서 열심히 일해 비록 부족하나마 지금의 한국을 일구었듯, 나 역시 나름 맡은 바 직업 활동을 묵묵히 수행해왔다고 자부한다. 또한 내가 좋아하는 일을 원

없이 할 수 있었던 점에 대해서만은 무엇보다 사회에 깊은 감사의 말을 전할 수 밖에 없을 것 같다. 최근 출판시장이 급속히 가벼운 대중서 위주로 재편되어서 학술에 기반한 전공서는 점점 출간하기가 힘들어지고 있다. 나는 아마도 눈 감는 순간까지 집필 자체는 계속 하겠지만, 책으로 출간하는 일은 언제까지 가능할지 모르겠다. 하지만 힘이 닿고 여건이 허락하는 한 마지막까지 최선을 다해서 조금이라도 양질의 연구서를 출간하도록 노력하겠다는 다짐을 해본다.

이외에도 하고 싶은 얘기는 많지만 앞서 출간한 '파리 1권'인 『파리 도시건축의 역사: 중세와 고전의 시대』의 서문 내용과 중복되지 않도록 이쯤에서 감사의 글로 맺고자 한다. 졸고를 출간해준 이화여자대학교출판문화원에 깊은 감사의 말을 전한다. 언제나처럼 사랑하는 내 가족, 두 딸과 아내에게 말로 다 할 수 없는 사람의 마음을 전한다.

2024년 7월

임석재

차례

3부 19세기 개요: 제국이 이끈 '통일국가-혁명-산업화'의 시대

1부 — 18세기 계몽주의: 혁명과 실험의 세기

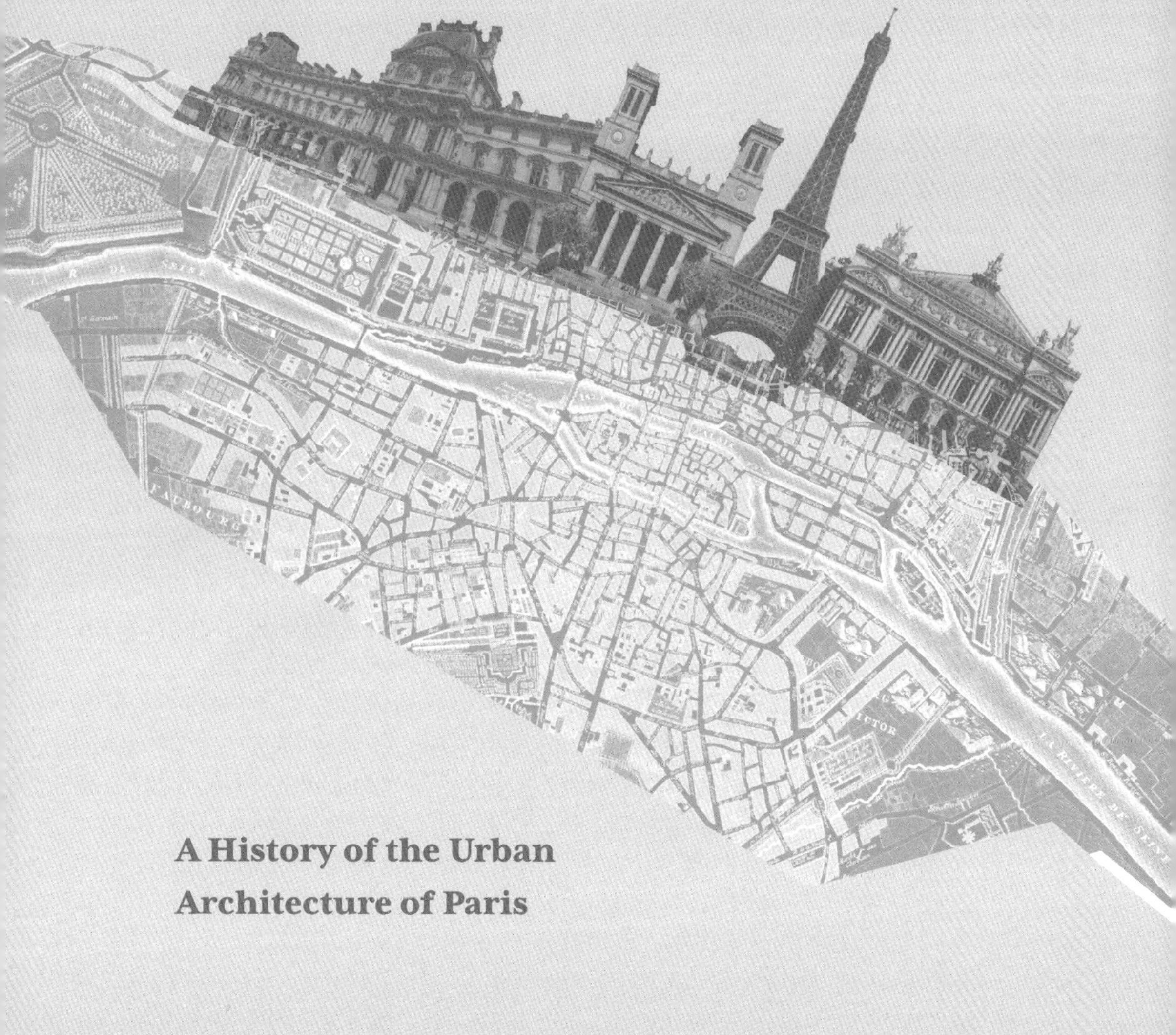

A History of the Urban Architecture of Paris

18세기 파리의 도시 상황 개괄

1장

18세기 계몽주의와 파리의 위치

세 개의 혁명을 이끈 선두주자

18세기 파리는 '혁명의 시대'였다. 첫 문은 1715년에 사망하는 루이 14세Louis XIV(재위 1643~1715년)의 말년으로 열었는데, 파리의 도시 건축사에서는 이때까지는 앞 시대인 바로크로 잡는다. 18세기의 시작은 뒤이어 즉위한 루이 14세의 증손자이자 부드러운 성격의 루이 15세 Louis XV(재위 1715~1774년)부터 시작한 걸로 보며 루이 16세Louis XVI(재위 1774~1792/1793년)가 이어받아 왕조 시대가 계속했다. 1789년 프랑스대혁명부터 1804년의 제1제국 사이는 격변기인데 우선 공식적인 정체政體는 제1공화국(1792~1804년)이 대표한다. 좀 더 세부적으로는 주요 사건에 따라 '혁명기(1789~1795년)–총재정부(1795~1799년)–통령정부(1799~1804년)' 등으로 나눌 수 있다.

동서고금 어느 왕조건 늘 크고 작은 사건들이 있듯이 18세기의 대부분을 통치한 루이 15세의 재위 기간도 순탄하지는 않았다. 그러나 18세기 전체를 대표하는 '혁명'을 향한 역사의 격랑은 루이 15세의 말기부터 본격화하기 시작했다. 이어 루이 16세는 연이은 실정과 함께 혁명의 한복판에서 역사의 희생양이 되어 단두대의 이슬로 사라졌다. 파리는 수도로서 이런 혁명의 역사를 고스란히 간직한 도시가 되었으며 이는 다시 어떤 식으로든지(뒤에서 살펴보게 될 것처럼) 도시건축에 반영이 되었다. 1부와 2부는 이 내용을 다양한 각도에서 여러 주제로 나누어 살펴보겠다.

굳이 '혁명'이라는 말을 붙이지 않더라도 18세기는 새로우면서 다양한 운동들이 복잡하게 얽혀 전개하던 '실험'의 시대였다. 정치에서는 '루이 14세의 말년-루이 15세의 파리 환궁-루이 16세의 실정-프랑스대혁명-혁명 공화국 정부' 등으로 정치 일정이 숨 가쁘게 진행했다. 학문과 문화 분야도 과학혁명을 시작으로 지성혁명의 시대로 돌입하면서 현대의 기반을 다루는 새로운 발전이 있었다. 이를 보통 '인류사회가 계몽하는 시대'라는 뜻에서 '계몽주의Enlightenment'(프랑스어로 '레 뤼미에르les Lumières')라 부른다. 예술에서는 신고전주의와 낭만주의가 교차하면서 전통 미학이 도전을 받기 시작했고 근대 예술을 향한 이론적·실험적 기반이 만들어지고 있었다. 이상을 종합하면 18세기는 주도적인 흐름 없이 인간의 지성을 바탕으로 사회 각 분야의 지평이 확장되는 백가쟁명의 시기였다.도 1-1

18세기 '계몽'의 핵심은 일차적으로는 과학과 지성의 발전일 것이며 사회적으로는 '혁명'의 세기로서, 지금 우리가 사는 현대 문명의 기초를 이루는 과학혁명, 지성혁명, 산업혁명, 프랑스대혁명 등 네 가지 거대 혁명이 집중한 시기였다. 그만큼 전통 체계가 붕괴하고 새로운 시대가 열리는 서막의 세기였다. 세부적으로는 정치사회, 문화예술, 학문 등 각 분야에서 새로운 사조가 대거 등장해서 공존하던 시대였다. 긍정적으로 보면 백가쟁명의 시대였고 부정적으로 보면 혼란의 전환기였는데, 이를 다 모아서 유럽의 18세기를 보통 포괄적인 명칭인 '계몽주의'라고 부른다.

문명 전체로 보면 프랑스가 선두국가였다. 정치사로 보면 프랑스 계몽주의는 부르봉 왕조(1589~1792년, 1814~1830년)의 마지막 시기였다. 루이 15세와 루이 16세의 두 왕이 중심에 있었으며 무엇보다 네 가지 혁명 가운데 산업혁명을 제외한 나머지 셋 모두를 이끈 나라였다. 물론 18세기에 프랑스의 총체적인 국력은 크게 두드러지지 않았다. 1715년까지의 초반 15년은 루이 14세의 기울어가는 말년이었다. 이어 즉위한 루이 15세는 증조부였던 루이 14세와 정반대로 부드럽고 유약한 성격이었고 정치 스타일도 그랬다. 재위 초반에는 힘에 의존했던 선왕의 강경 정책을 완화하는 쪽으로 통치의 방향을 잡았다. 대외적으로는 무모한 전쟁, 대내적으로는 귀족과 관료의 제압 등이 대표적이어서 그 뒷수습을 기꺼이 떠맡았다. 또한 파리로 귀환해서 귀족들의 살롱 문화를 꽃피게 했다. 이어 루이 16세는 사치스러운 궁중 생활을 즐기고 무리한 증세를 하다가 프랑스대혁명의 원인을 제공하며 형장의 이슬로 사라졌다.

1-1. 민간 분야의 확장적 발전이라는 계몽주의의 성격을 잘 보여주는 상징적 사건으로 자크 샤를과 마리-노엘 로베르의 기구 실험을 들 수 있다. 1783년 12월 1일 파리 튈르리 정원에서 이륙하는 장면이다.

18세기는 물리력으로 경쟁하기보다는 현대로 진입하는 초기에 사회적·정신적 가치관의 구축을 놓고 경쟁하던 시대였다. 과학혁명과 지성혁명은 특히 민간 분야의 역할이 중요했는데 당시 프랑스는 이 분야에서 가장 앞선 나라였다. 프랑스는 영국과 독일과 함께 계몽주의를 이끈 핵심 국가였으며 굳이 순위를 매기면 선두의 자리를 차지할 만했다. 특히 '계몽'의 핵심을 구시대를 타파하는 '혁명'으로 보면 무려 세 개의 혁명을 이끈 나라로서 단연 18세기를 대표한다 할 수 있었다.

도시건축도 그중 하나였다. 파리는 프랑스는 물론 유럽 전체에서 도시건축에서의 다양한 실험 운동을 새롭게 창출해서 이끈 중심 도시였다. 이런 가운데 도시와 건축의 상황은 다소 차이가 있었다. 건축이 문명사와 문화사의 일반적인 상황과 좀 더 흡사했던 데 반해 도시에서는 상대적으로 대형 이슈는 적은 편이었다. 예를 들어 건축에서는 '혁명'의 세기에 적합한 변화가 뚜렷했지만 도시는 그렇지 못했다. 이는 두 분야의 규모 차이로 볼 수 있다. 18세기 계몽주의의 변혁은 짧은 주기의 다양한 현상으로 표출되었는데 이 호흡과 맥을 같이 하기에는 대형 규모의 도시보다는 소형 규모의 건축이 더 적합했다.

그렇다고 18세기 파리의 도시 상황에 아무런 변화가 없었던 건 절대 아니었다. 유의미한 변화도 적지 않게 나타났으며 건축과 마찬가지로 한두 가지로 대표할 만한 사업은 없었지만 매우 다양한 백가쟁명 같은 발전이 있었다. 근대 전기pre-modern에 진입하는 길목답게 파리 최초의 사례들이 등장하기도 하고 혁명과 미래를 준비하기도 했는데 그 내용은 무려 다음의 아홉 가지로 정리할 수 있다. 차례대로 살펴보자.

앙시앵 레짐의 세 도시계획안

도시 종합계획안의 문을 처음 열다

첫째, 도시 종합계획안의 시대가 처음 시작했다. 18세기 파리의 도시 분야가 남긴 가장 대표적인 업적과 특징은 도시 종합계획을 본격적으로 입안하기 시작한 것이다. 18세기 초까지도 파리는 아직 이런 종합계획 아래 개발하는 단계는 아니었다. 실제 도시 공간 역시 루이 14세가 개발한 이른바 몇 곳의 '고급 권력 공간'을 제외하면 대체로 중세 골격을 유지하는 편이었다. 도로는 아직 구불구불하고 폭도 4~6m밖에 되지 않았으며 파리 전역이 과밀에 시달리고 있었다. 루이 14세 때 가장 근대적으로 개발했다고 하는 팔레 루아얄Palais Royal, 레알Les Halles, 샤틀레Châtelet 등 서북의 1~4구 지역도 마찬가지여서 4~6m 폭의 도로에 건물들은 높이가 20m 안팎의 6~7층에 달했다.

이는 '폭/높이' 비율인 D/H 비율로 따지면 3~4에 해당하는 초과밀이어서 건조환경建造環境·built environment으로서는 매우 열악한 조건이었다. 도로 폭을 획기적으로 늘리지 않은 상태에서 개발만 하다 보니 가장 잘산다고 하는 이런 지역이 오히려 과밀이 더 심해진 역설적 상황도 벌어진 것이다. 좁은 길이 구불구불하게 이어지면서 소음이 심했고 길가에는 배설물이 넘쳐났으며 쥐 떼가 들끓는 등 위생 상태도 최악이었다. 근대적 대도시 이전의 전통 도시 대부분에서 관찰되는 것과 흡사한 상태였다.

18세기 파리는 이런 열악한 상태를 극복하는 근대화 계획을 유럽에서 가장 먼저 시작한 도시 가운데 하나였다. 과학혁명의 결과 여러 학문이 발전하면서 구역별 차이를 넘어 파리 전체의 문제가 보이기 시작했고, 계몽 정신도 싹트면서 시민들의 열악한 도시 환경을 걱정하는 움직임도 일기 시작했다. 이런 새로운 발전은 구체적인 개선 운동으로 이어졌다. 보건위생, 주거, 의료, 교육 등의 사회 공공성에 대한 인식이 크게 성장했으며 그 흐름의 하나로 파리는 도시 종합계획안을 수립했다. 파리 전체를 한 덩어리로 파악하기 시작했고 이를 구체화하는 작업에 착수했다. 측량술과 토건 기술이 발전하고 부르주아 계층이 성장하면서 도시개발에 필요한 기술적·경제적 토대가 어느 정도 갖추어진 결과였다. 계획안은 로베르 드 코트Robert de Cotte(1656~1735년)와 피에르 파트Pierre Patte(1723~1814년) 두 건축가가 차례대로 입안했다.

시작은 코트였다. 코트는 루이 15세 초기의 필리프 섭정Regency of Philippe(1715~1723년) 기간에 왕실의 명으로 파리 개발계획안을 작성했다. 더하여 가장 중요한 일 중 하나였던 베르사유 궁정의 파리 환궁도 단행했다. 코트는 파리 개발계획안을 하나 더 작성했는데 두 안 모두 주로 앵발리드 오텔, 루브르궁, 샹젤리제 등을 개발 대상으로 삼았다. 아직 진정한 의미에서 파리 전체로 확장하지는 않았지만, 앵발리드의 좌안과 '루브르궁-샹젤리제'의 우안 등 양안을 함께 보기 시작한 점과 당시 미개발 지역이었던 샹젤리제를 포함한 점은 일정한 확장을 이룬 걸로 평가할 만했다. 그러나 두 안 모두 구체적으로 실행된 부분은 크지 않아서 파리에 가시적인 변화가 일어나지는 못했다.

다음은 파트가 이어받았다. 다른 여러 건축가와 함께 '1769년의 파리 개발계획'을 입안했다. 이번에는 파리 전체를 개발 대상으로 삼으면서 진정한 의미의 확장을 이루었다. 도심에 있는 기존의 주요 공공건물institutional building을 초점으로 삼아 그 밖으로 시장, 묘지, 기타 도시 실용 시설 등을 배치했으며 이를 실행하기 위한 부지까지 구체적으로 제안했다. 이는 이전까지 개별 구역 중심으로 진행하던 개발 방식에서 벗어나 파리를 하나의 전체적인 도시 체계로 보는 새로운 발전을 이룬 것이었다. 하지만 이는 부족한 예산과 복잡하고 느린 행정력 등으로 인해 극히 일부만 시행했다. 그러나 앞 코트의 안보다 진일보한 결과를 낳았는데 무엇보다 시민과 공무원들 모두에게 도시 전체를 복합적으로 보는 시각을 제공하며 계몽시키는 데 중요한 역할을 했다. 두 계획안은 앞서 17세기 루이 14세 때 제정한 도시계획법과 함께 근대 파리가 형성되는 데 중요한 기틀이 되었다.

세 계획안을 합하면 앙시앵 레짐Ancien Régime 기간 가운데 1643~1792년을 통치한 루이 14세, 루이 15세, 루이 16세의 세 왕의 업적이 되기도 했다. 이런 의미에서 이상의 셋을 합해 '앙시앵 레짐의 세 도시계획안'이라 부르기도 한다. 앙시앵 레짐의 기본 뜻은 '프랑스대혁명 이전의 구제도'인데, 구체적 기간을 나누는 기준은 여럿이다. 보통 1589년 앙리 4세가 즉위하면서 성립된 부르봉 왕조를 가리키나 좁게는 방금 말한 루이 14세~루이 16세의 기간, 더 좁게는 루이 15세와 루이 16세의 18세기를 가리키기도 한다.

혁명기의 세 도시계획안

1783년 법령-베르니케의 파리 도시계획안-예술가의 계획안

둘째, 혁명기의 세 도시계획안이다. 시기적으로는 1783~1797년에 해당한다. 혁명기 자체는 1795년에 막을 내리고 1795~1799년은 총재정부의 시대였는데 도시계획안을 기준으로 보면 그 중간인 1797년까지 혁명기의 계획안들이 작성되었다. '혁명기'라는 대표 명칭에서 알 수 있듯이 정치적으로는 '앙시앵 레짐 vs. 프랑스대혁명'의 대립적 의미를 내포했지만, 내용에서는 앞 시대인 앙시앵 레짐의 세 도시계획안을 이어받은 것이다. 혁명기 역시 세 개의 도시계획안을 남겼다.

우선 '1783년 법령Edict of 1783'이다. 이는 앙시앵 레짐의 마지막 계획안인 1769년의 파트 계획안이 14년 뒤에 도시계획법령으로 구체화해서 입법화된 안으로, 혁명기 도시계획의 문을 연 안이었다. 법령으로 입법화한 데에서 알 수 있듯이 이 안부터는 단순한 계획안에 머물지 않고 파리를 실제로 의미 있게 바꿔놓는 결과를 낳으면서 근대 파리의 서막을 알렸다. 이런 변화는 격변기의 시대적 상황과 맞물리며 정치적 의미도 함께 띠기 시작했다.

핵심 내용은 도로 폭을 확보하고 건물 높이를 제한하는 두 가지였다. 이전까지는 도로 폭이 대부분 8m 이하였는데 이걸 최소 9.97m로 법제화했다. 건물 높이에도 석조 주택은 20m, 목조주택은 17.54m로 고도 제한을 가했다. 석조 주택을 층수로 환산하면 평균 6층 높이에 해당하며 층고를 조절하면 최대 8층까지도 가능했다. 그런데 파리의 건물은 지붕이 높아서 이 정도면 도로에서 건물을 쳐다볼 때 시선에 들어오는 지붕 처마 높이는 대략 12m 정도였다. 이를 도로 폭과 함께 보면 '폭/높이' 비율인 D/H 비가 1.2로 정사각형에 근접했다. 앞 시대의 3~4와 비교해도 크게 완화한 것이다. 이 정도면 과밀이 완전히 해소하지는 않았지만, 한숨 돌릴 만했다.

다음은 '베르니케 도시계획안'이다. 파리시City of Paris는 '1783년 법령'을 근거로 도시 전체에 대한 자체적인 개발계획안을 따로 작성했다. 파리시의 건축 감독관이었던 에듬 베르니케Edme Verniquet(1727~1804년)의 설계로 프랑스대혁명을 중간에 낀 1785~1797년의 긴 기간에 걸쳐 파리 전체를 아우르는 대규모 개발계획안을 입안했다. 당시의 공식 명칭은 '베르니케 도시계획안'이며 도시사에서는 이 기간이 프랑스대혁명 기간이어서 '혁명기 개발계획안'이라고 부른다.

이 안은 파리의 시정을 직접 담당하고 누구보다 파리에 대해서 잘 아는 시 당국이 계획한 것이어서 주요 도로와 광장, 심지어 골목까지도 구석구석 들여다보며 세세한 개별 요소까지 고민할 수 있었다. 과학혁명을 거치면서 발전한 측량법도 중요한 역할을 했다. 지금까지도 일부 사용하고 있는 이른바 삼각형 계산법trigonometric calculations(줄여서 삼각법)을 모든 도로에 적용해서 상당히 정확하고 진일보한 계획안을 세울 수 있었다. 이런 발전한 내용이 있어서 베르니케 도시계획안은 파리 최초의 근대적 도시계획안으로 불린다.

정치적 의미도 컸다. 시민의 권리를 내세웠던 혁명기에 파리시가 독자적으로 계획한 것이어서 앙시앵 레짐이라는 전제 왕권의 이익과는 정반

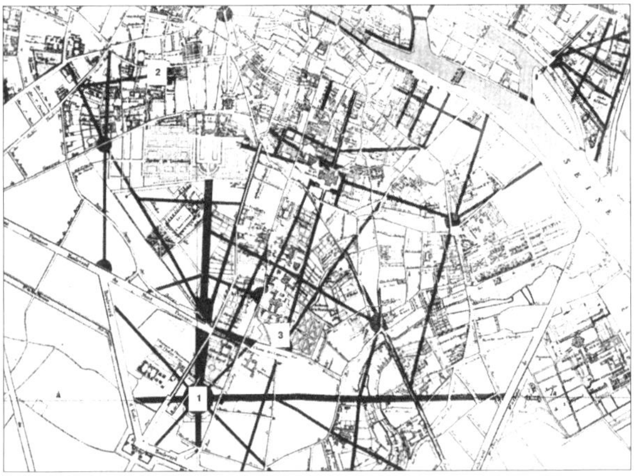

1-2. 예술가의 개발안(1793년). 전체(위)

1-3. 예술가의 개발안. 부분(1=천문대, 2=생쉴피스, 3=발 드 그라스 수도원)(아래)

대 방향으로 도시를 계획할 수 있었다. 물론 혁명의 소용돌이 속에서 대량 파괴가 자행되었고 내정은 혼란스러웠으며 국가와 파리시의 재정도 바닥이 나 있던 때라 실제 실행에는 어려움이 컸다. 더 근본적으로 혁명 정부가 3년밖에 존속하지 못하고 1795년의 총재정부 성립과 함께 막을 내리면서 계획안대로 실행할 시간을 확보할 수 없었다.

마지막으로 '예술가의 개발안Plan des Artistes'(1794~1797년)이다. 파리시가 혁명 정부의 생명이 길지 않을 것임을 예견하고 베르니케 도시계획안과 별도로 자체적으로 중요한 계획안 하나를 더 만든 게 이 안이었다. 이 안은 아마도 파리의 도시계획 역사상 최초로 두 구區(아롱디스망arrondissement) 이상을 달리는 일직선 도로와 사거리 이상의 방사형 도로를 계획한 안이라는 점에서 중요성이 있다.도 1-2, 1-3 하지만 이 안 역시 중앙정부가 사실상 없는 격변기를 거치면서 실제로 실행된 부분은 거의 없다고 볼 수 있다. 그러나 역사적 의미는 컸다. 예를 들어 두 계획안은 모두 1797년에 종료했다. 이 해에는 혁명기가 끝나고 재기를 노리던 왕당파마저 추방되는 등 나폴레옹 1세의 득세가 본격화되었다. 이는 새로운 파리 도시계획안이 필요하다는 뜻이었다. 실제로 19세기 초반 나폴레옹 1세가 자신만의 파리 개발계획안을 다시 만들기는 한다. 그러나 그 내용은 대체로 혁명기 때 입안한 이 두 계획안에서 크게 벗어나지 않는 것이었다.

이어진 오스망 재개발도 물리적 규모와 실제 단행한 개발 범위는 대거 확장했지만 18세기 말의 이 두 계획안은 여전히 파리 도시계획의 본보기가 되었다. 이는 두 계획안의 영향이 19세기 중반의 오스망 재개발을 중간 매개로 20세기까지도 이어진다는 뜻이다. 이상의 배경에서 혁명기 개발계획안을 파리 최초의 근대적 도시계획안이라 보기도 한다.

지도 제작술의 발전과 '학계-문화예술계'의 비판적 담론

셋째, 이런 움직임에 맞춰 앞에서 언급한 삼각법 같은 필지 측량과 면적 계산법, 그리고 지도 제작 등에서 발전이 있었다. 이미 영국에서는 산업혁명이 시작한 뒤라 이런 도시 정비 분야에서 전통적인 수작업에 더해 기계장치도 조금씩 도입되고 있었고 파리도 이를 받아들여 발전하고 있었다. 특히 지도 제작의 발전이 중요했다. 도시 공간을 읽고 기록하는 양면에서 매우 정밀한 시각적 기술記述이 가능해짐에 따라 시정 현황의 파악과 계획안 작성 모두에 획기적인 도움이 되었다. 실제로 17세기 말에서 1789년 사이에만 파리 지도가 무려 100종류 이상 제작되었다.

두 지도가 대표적이었다. 하나는 <튀르고 파리 지도Plan de Turgot>(1734~1739년)로, 동판화 특유의 섬세한 묘사력을 십분 살려서 정확한 3차원 조감도로 제작한 역작이었다. 당시 파리 시내의 거의 모든 건물의 입면까지 놀라울 정도로 정확하게 표현했다. 지도 전체에 세밀함과 역동적 분위기가 넘쳐나서 파리를 매우 선진적인 도시로 느끼게 해주었다.도 1-4, 1-5 다른 하나는 왕실의 주문으로 제작한 <베르니케 파리 지도Plan de Verniquet>(1785~1790년)였다. 우리가 일반적으로 생각하는 2차원 표준형 지도인데, 파리 최초의 기하학적 지도로 평가된다.도 1-6

이처럼 정확하고 정밀한 지도 제작술이 확립된 데다 다시 이것을 인쇄하거나 아예 책으로 출간해서 대량 유통을 하게 되면서 각계각층이 파리

1-4. <튀르고 파리 지도Plan de Turgot>(1734~1739년). 전체(왼쪽)

1-5. <튀르고 파리 지도>(1734~1739년). 시테섬과 센강 남쪽 일대(오른쪽)

에 대한 정확한 '도시-지리' 정보를 취할 수 있게 되었다. 이는 건축가와 도시계획가는 물론이거니와 문화예술계와 일반 시민 등 여러 계층에서 다양한 아이디어를 제기할 수 있게 되었다는 뜻이었다. 이런 내용이 조금씩 반영되면서 계획안 자체도 발전하기 시작했다. 이전까지의 계획안은 주로 왕실과 귀족을 위한 것이었고 이들이 주도하는 대형 공공건물 중심으로 짜였다. 이제 시대가 진일보해서 실제 도시 생활을 영위하는 시민들을 위한 고려가 반영되기 시작했다.

넷째, 시민들을 위한 도시 계획을 촉진한 학계와 문화예술계의 비판적 담론이 있었다. 가장 중요하고 시급한 문제는 계급에 따라 도시 공간이 질적으로 차별되어 있다는 점이었다. 18세기까지 파리의 도시 공간은 적지 않은 대비 구도가 지배해오고 있었다. 도로를 보면 루이 14세 때 개발한 이른바 '나무 심은 불르바르planted boulevard'와 대형 광장은 과밀을 벗어나 밝고 개방적이며 위생적인 공간으로 변모했다. 반면 그 나머지를 차지하는 좁고 구불거리는 중세 골목은 여전히 과밀하고 어둡고 비위생적이었다. 개별 건물도 마찬가지여서 새로 건설한 대로와 광장은 공공건물의 웅장한 기념비와 고급 도시 주거들의 차지였으며, 나머지 골목 부분은 좁고 낡은 중세 주택이 대부분이었다. 심지어 일부는 아직 목조주택이기도 해서 화재에도 취약했다.

둘을 모으면 계급에 따라 '더 없는 우아함 대 심각한 열악함'의 대비 구도가 명백하게 형성되어 있었다. 이런 상황 속에서 18세기 계몽주의에 돌입했다. '계몽'이라는 말 속에는 여러 의미가 담겨 있었는데 수도 파리의 도시 공간에 형성했던 전통 시대의 이런 차별을 개선하는 일도 중요한 내용이었다. 세부적으로는 평등, 공중보건, 노동 환경 등 현대사회의 주요 공적 가치들이 이미 이 시기에 추구되기 시작했다. 도시 공간의 차별을 극복하고 생활환경과 인프라 시설을 개선하는 도시 분야의 일이 공공성의 영역으로 편입되면서 학계와 문화예술계 인사들의 주요한 관심사가 되었다. 파리의 열악한 도시 환경은 '계몽'이라는 기치 아래 곧바로 비판적 담론의 주요 소재가 되었다.

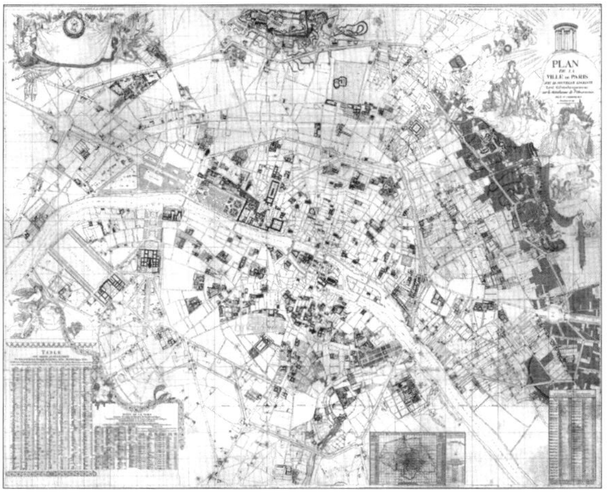

1-6. <베르니케 파리 지도Plan de Verniquet> (1785~1790년)

물론 당장 개선은 일어나지 않았고 이런 상태에서 도시가 계속 성장하면서 이전의 문제점들은 악화하고 축적되어갔다. 철학자, 문예가, 사회이론가, 성직자, 도시건축가 등의 걱정은 심해졌고 비판의 목소리도 따라서 커졌다. 프랑수아 볼테르François Voltaire(1694~1778년)가 가장 포괄적인 리더였으며 마르크-앙투안 로지에Marc-Antoine Laugier(1713~1769년)는 성직자로서 사회 개혁에 앞장선 대표적인 인물이었다. 이들의 관심사는 둘로 갈렸다. 하나는 거시적 차원에서 '정치-경제-행정-사법-종교' 등 국가 사회의 개혁이었다. 다른 하나는 미시적 차원에서 파리 도시 환경의 개선으로, 도시 경관과 같은 전통적인 미학적 관심사부터 교통, 공중위생, 식량의 원활한 유통, 물 부족 해결 등과 같은 실용적 · 현실적 공공복리까지 다양했다.

민간영역의 성장과 민간 자본이 주도한 부동산 개발 사업

다섯째, 실제 개발은 민간 자본이 주도했다. 이전까지 왕실, 귀족, 교회 등 공공권력이 주도하던 것과 달라진 점이었다. 아직 현대적 의미의 자본주의는 나타나지 않았지만, 그 전초 현상으로 민간 분야의 자본력이 조금씩 상승하는 현상이 처음 나타났다. 여기에는 개발에 따른 부동산 이익이 중요한 역할을 했다. 우선 18세기 파리 도시 전체의 발전과 확장은 루이 14세 때 먼저 개발한 서쪽 지역을 이어받는 형식으로 가장 먼저 시작했다. 이런 가운데 18세기 내내 파리의 부동산 가치는 계속 상승했고 이는 좋은 투자 기회였다. 이때 투자에 참여한 주체는 왕실을 제외한 고위 귀족과 수도회 등 전통적인 공공권력도 여전히 포함되었지만 대세는 성공한 건축가, 부르주아 자본가, 금융업자 등 민간업자로 넘어가고 있었다. 이들은 계급과 상관없이 개발 초기에 파리를 끼고 형성된 유리한 투자 환경을 최대한 활용해서 부를 축적했다. 어떤 면에서 계급 사회를 타파하려는 대혁명의 기운이 역설적으로 부동산 투자부터 시작한 걸로 볼 수도 있었다.

공공권력자들은 보유 부동산을 여러 필지로 쪼개서 개인 개발업자들에게 매각하는 일을 꾸준히 이어갔다. 이미 한참 전인 프랑수아 1세François I(재위 1515~1547년) 때 시작한 로티스망lotissement 개발과 같은 방식의 부동산 사업이 이때까지 계속된 것이다. 1750~1800년 사이에는 외국 은행도 뛰어들었다. 스위스와 제노바의 은행들이 적극적이었으며 이때의 대표적인 개발 사업이 건축가 빅토르 루이Victor Louis(1731~1800년)가 진행한 팔레 루아얄 정원 개발이었다. 이 사업은 공공권력자들이 벌인 부동산 사업과 반대로 처

1-7. 팔레 루아얄 정원이 1850년 10월 26일 아트 살롱 장소로 이용되는 모습

음부터 민간업자가 벌인 개발 사업이었다.도 1-7 1781~1784년에 진행했는데, 개발이 완료된 뒤에는 샤르트르 공작Duc de Chartres(1773~1850년)이라는 귀족에게 되팔아 이익금을 챙겼다. 이 귀족은 나중에 7월 혁명 정부 때 루이 필리프 1세Louis Philippe I(재위 1830~1848년)가 되는 인물이기도 했다.

'오텔-광장 주거-아파트'의 고급 도시 주거 3종 세트의 발전

여섯째, 이런 실제 개발의 구체적인 내용 역시 민간영역에서 개발하는 고급 도시 주거가 주도했다. 앞 시대에 유행한 오텔과 광장 주거가 계속 지어지는 가운데 18세기 후반에는 아파트도 새로 등장해서 가세했다. 이로써 18세기 후반 파리에는 '오텔-광장 주거-아파트'의 고급 도시 주거 3종 세트가 완성되었다.

오텔은 우안과 좌안 모두에 골고루 지어졌다. 우안은 1구의 방돔 광장Place Vendôme에서 샹젤리제Champs-Élysées 사이가 중심 구역이었다. 이 동네는 오텔의 거실이나 살롱에서 내다보는 경관이 뛰어난 점이 중요한 경쟁력이었다. 1722년에 건축가 아르망-클로드 몰레Armand-Claude Mollet(1660~1742년)의 설계로 지어진 '루이-앙리 드 라 투르 도베르뉴 오텔Hôtel de Louis-Henri de la Tour d'Auvergne'이라는 긴 이름의 건물이 대표적인데, 1879년부터 대통령궁인 엘리제궁Palais de l'Élysées으로 사용하기 시작해서 현재에 이른다.

좌안에서는 7구의 생제르맹 포부르Faubourg Saint-Germain의 앵발리드 보훈병원 일대에 집중되었다. 루이 14세가 앵발리드 오텔을 개발하고 남은 주변 땅에 1700~1730년대에 오텔들이 들어찼다.도 1-8 로베르 드 코드, 장 오베르Jean Aubert(1680년경~1741년), 제르맹 보프랑Germain Boffrand(1667~1754년), 클로드-니콜라 르두Claude-Nicolas Ledoux(1736~1806년) 등이 이를 주도한 건축가들이었다. 이들은 오텔의 외관뿐 아니라 실내장식도 함께 담당했는데 특히 실내장식 부분에서 로코코 양식의 초기 형성기를

1-8. 앵발리드 보훈병원(앵발리드 오텔Hôtel des Invalides) 주변의 고급 저택 구역

이끌었다.

광장 주거는 기본적으로 17세기 바로크 시대의 집합 주거 유형인데 17세기 후반에 시작한 사업이 18세기 전반부까지 이어지기도 했다. 1698~1720년에 개발한 방돔 광장이 대표적이었다. 18세기에 새로 지어진 예로는 우안 동쪽의 4구에 있는 보드와예 광장Place Baudoyer이 대표적이다.도 1-9 마레 지구는 고급 동네로 성장하면서 지금도 파리에서 손꼽히는 고급 주거로 살아남았다.

변화도 있었다. 17세기에는 건물이 낮았고 외관이 바로크 양식으로 지어졌으며 건축주는 주로 귀족이었다. 18세기에는 건물이 다소 높아졌고 외관은 신고전주의였으며 건축주는 새로 등장한 프티 부르주아들이었다. 이들은 보드와예 광장을 비롯하여 프랑수아 미롱가Rue François Miron 4~12번지 등 주로 파리 동쪽에 자리 잡았다. 미롱가의 이 광장 주거는 1734년에 자크 비나주Jacques Vinage의 설계로 지었다. 직주職住 겸용 주거로, 1층이 상가였고 그 위로 4층까지가 주택이었는데 중이층mezzanine과 다락방이 있어서 실제로는 6층이었다. 이로써 프티 부르주아들은 서쪽에 집중해 있는 귀족들의 오텔 및 바로크 광장 주거와 대비되는 자신들의 구역을 확보할 수 있었다.

아파트도 등장했다. 파리의 아파트는 19세기가 전성기인데 그 전초 현상으로 18세기 중반을 넘기면서 초창기 예들이 나타나기 시작했다. 고층 집합 주거가 등장하던 초기라 아직 아파트라는 말보다는 '6층에서 8층의 오텔'로 불리기도 했다. 당시까지만 해도 오텔은 보통 3층이 표준인데 이런 초기 고층 집합 주거는 층수는 더 높아졌지만 평면 구성은 오텔의 형태를 유지했기 때문에 이렇게 부른 것이다. 파리 최초의 고층 집합 주거로서 이 시기에 이런 유형이 등장하게 된 데에는 시대적 배경이 중요하게 작용했다. 1763년에 7년 전쟁Seven Years' War(1756~1763년)이 끝나면서 파리에 건설 붐이 불기 시작한 것이다.

7년 전쟁은 기간도 짧고 사실 프랑스가 직접 벌인 전쟁은 아니어서 많이 알려지지는 않았지만, 내용 면에서는 18세기 중반 이후 서양권은 물론이고 전 세계의 국제질서가 오늘날처럼 구축되는 데에 큰 영향을 끼친 매우 중요한 대형 전쟁이었다. 오늘날 폴란드와 체코에 걸쳐 있는 슐레지엔Schlesien이라는 지역의 영유권을 놓고 오스트리아와 프로이센이 벌인 전쟁으로, 프랑스는 러시아 등과 함께 오스트리아 연합군에 참여해서 '프로이센-영국' 연합군과 전쟁을 벌였다. 처음부터 국제전이 되면서 불똥은 북아메리카로 튀었다. 이참에 영국과 프랑스가 오늘날 미국이 되는 북아메리카의 주인을 가리는 진검승부를 벌이게 된 것이다. 결과는 '프로이센-영국' 연합국의 승리였고 프랑스는 북아메리카의 지배권을 영국에게 넘겼다. 이때부터 영국은 식민지 경쟁에서 프랑스를 앞서기 시작했다. 이로써 미국과 캐나다는 영어권 나라가 되었으며 미국은 멀지 않은 1776년에, 캐나다는 시간이 좀 흐른 1867년에 각각 독립했다.

1-9. 보드와예 광장Place Baudoyer 주거. 1900년 전후 우편엽서 사진

이처럼 7년 전쟁은 장기적으로 보면 프랑스의 큰 패배로 귀결되었지만 프랑스가 주도한 전쟁이 아닌 데다 피해도 주로 국외에서 발생해서 국내에는 당장 직접적인 피해가 없는 편이었다. 그 대신 전쟁이 끝났다는 심리 작용이 더 크게 작용해서 파리에는 오히려 부동산 붐이 불기 시작하는 등 경기에 훈풍이 불었다. 이를 주도한 게 '6층에서 8층의 오텔'이었다. 당시까지 파리의 집합 주거는 광장 주거가 사실상 유일했는데 이 규모로는 증가하는 시장의 요구를 만족할 수 없어서 더 고층화한 유형이 탄생한 것이다.

그 열기가 상당해서 '광기'라 할 만했다. 이번에는 우안의 서쪽 일대가 그 대상이었다. 팔레 루아얄 서쪽 변의 리슐리외가Rue de Richelieu에서 시작해 11시 방향으로 올라가 9구의 파리 오페라 하우스 옆 쇼세당탱 카르티에Quartier de la Chaussée-d'Antin에 이르는 일대였다. 이 지역은 19세기 중반의 오스만 재개발 때 부르주아 구역이 되면서 계속해서 고급 아파트로 채워진다.

단순한 부동산 개발은 아니었고 당시 파리 건축을 주도하던 주요 건축가들도 작품을 남기는 등 도시의 문화 역량이 집약된 사업이었다. 이때 활약한 건축가들은 샤를 드 베일리Charles de Wailly(1730~1798년)와 프랑수아-조제프 벨랑제François-Joseph Bélanger(1744~1818년) 등이 대표적이었다. 당시는 엘리베이터가 발명되기 전이어서 6층짜리가 가장 많았고, 무리하면 최대 8층까지 올리기도 했다. 극작가 루이 세바스티앵 메르시에Louis Sébastien Mercier(1740~1814년)는 자신의 저서 『파리 경관*Tableau de Paris*』(1782~1788년)에서 당시의 아파트 개발 상황에 대해 "거대한 주거 블록이 기적처럼 땅을 박차고 올라간다!"라고 외쳤다. 갑자기 도로가 넓어지고 그 양옆을 따라 당시로서는 고층이라 할 수 있는 아파트가 쑥쑥 올라가면서 도시 스카이라인이 하루가 멀다 하고 높아지는 상황을 경이롭게 본 것이다.

공공영역의 감시 기능 강화와 교외 주택 개발 사업

일곱째, 공공영역은 이와 반대로 규제와 제동의 역할을 맡게 되었다. 이는 중요한 변화였다. 17세기까지는 개발도 공공영역이 거의 전담하다시피 했는데, 18세기에 들어와서 민간영역이 새롭게 성장하며 개발을 맡게 되었고 공공영역은 이를 감시하고 통제하는 쪽으로 역할이 바뀐 것이다. 민간영역이 개발을 주도하게 되면 부동산 경기가 과열되고 도시의 무분별한 개발과 확장이 일어나기 마련인데 18세기 파리도 예외가 아니었다. 성장 광풍의 고삐가 풀릴 기미를 보이는 데다 정치와 경제마저 점차 불안해져 앞날을 예측하기 힘들어지자, 왕실에서는 파리의 팽창을 억제하기 시작했다.

이미 1724년 루이 15세는 도시 경계선을 설정하고 그 밖으로는 건물을 짓지 못하도록 금했고 이후 비슷한 조치들이 이어졌다. 하지만 7년 전쟁의 종전과 함께 불어닥친 부동산 광풍은 이에 아랑곳하지 않고 거세져만 갔다. 급기야 루이 16세 때인 1783년에는 왕실이 앞에서 설명한 '1783년 법령'을 반포하고 나서며 개발 사업에 제동을 걸었다. 민간 개발 사업에 대한 관리와 감독을 강화해 통제권을 확보하는 내용으로 두 가지가 핵심이었다.

하나는 모든 새로운 건축 공사가 건축관청Chambre des Bâtiments의 허가를 받도록 했는데, 이는 '허가-관리-감독' 등으로 이루어지는 행정력을 강화하는 조치였다. 다른 하나는 도시 공간과 관련한 실제적인 내용으로 앞 '1783년 법령'에서 보았던 가로 폭의 최소치와 건물 높이의 최대치에 대한 규제였다. 더하여 기존의 좁은 도로를 넓히도록 하는 내용도 포함했다. 이런 규제는 이른바 현대 도시에서 쉽게 볼 수 있는 '공공-민간' 사이의 줄다리기가 처음 나타난 것이라고 볼 수 있다. 그러나 아직 현대적 수준의 공공성이 확보되지 못한 상태여서 이런 제한 조치들에 대해 힘 있는 개인들에게는 예외가 허용되곤 했다.

여덟째, 그렇다고 공공영역이 개발에서 완전히 손을 뗀 건 아니어서 한편에서는 공공개발 사업도 꾸준히 이어졌다. 이 과정에서 '교외 주택'이라는 새로운 주거 유형이 하나 더 등장했다. 루이 14세가 건설한 대로 가운데 우안의 서쪽 경계선을 이루는 불르바르를 따라 외곽에 이르는 넓은 지역이 대표적인 장소였다. 앞 아파트에 이어 교외 주거도 파리에 처음 등장한 것이었다. 1757년에 건축가 장-미셸 슈보테Jean-Michel Chevotet(1698~1772년)의 설계로 지어진 '하노버 파비옹Pavillon de Hanovre'을 대표 작품으로 들 수 있다. 건축주는 리슐리외 공작Maréchal-duc de Richelieu이자 장군, 외교관, 정치가였던 루이-프랑수아-아르망 드 비네로 뒤 플레시스Louis-François-Armand de Vignerot du Plessis(1696~1788년)였다. 당시에는 이탈리앵 불르바르Boulevard des Italiens에 지었다가 1933년에 소 공원Parc de Sceaux(파르크 드 소)으로 옮겨 다시 지었다.

새로운 시민 시설의 등장과 프랑스대혁명의 촉발

아홉째, 공공개발 사업의 명분에 따라 이런 불르바르를 중심으로 카페, 극장, 유흥 시설, 놀이 시설, 시민공원 같은 다양한 시민 시설들도 등장했다.도 1-10 바야흐로 공공분야가 시민들을 위한 도시 인프라 시설을 개발하는 새로운 시대가 열린 것이다. 물론 도시 공간에서 완벽한 구획은 불가능하지만, 아무래도 이전까지, 예를 들어 루이 14세까지 공공개발의 혜택 대상은 대부분 왕족, 귀족, 고위 관료 등의 권력층에 집중되었다. 이제 시대가 바뀌어 18세기 파리에서 오늘날 도시개발의 시대 흐름 가운데 하나인 공공개발의 서막이 오른 것이다. 세부적인 내용이야 오늘날과 같을 수는 없지만, 거시 차원에서는 분명히 공공영역의 책임을 강화하는 흐름이 시작했다.

1-10. 1702년 파리의 카페 장면. 루이 드 멜리 Louis de Mailly (1657~1724년)의 그림

당시 파리에 지어진 이런 시설들은 1750~1800년에 집중하면서 도시 공간에서 다방면으로 중요한 역할을 했는데 크게 두 방향으로 나눌 수 있다. 하나는 순수한 도시 공간 차원에서 가로 미학을 강화하고 발전시켰다. 구체적으로는 루이 14세 때 형성된 '가로수 산책로 promenade'의 경관을 다채롭고 풍요롭게 꾸며주었다. 대로라는 양적 팽창에 더해 도시 경관 차원에서 가로 미학을 개선하며 완성한 점에서 중요한 의미가 있었다. 중세 파리를 넘어서 확실하게 근대기로 진입하는 변화였다.

다른 하나는 정치적·사회적 역할이었다. 이런 시설들은 여기에 머물지 않고 프랑스대혁명으로 가는 전초 기지 역할도 했다. 도시 공간에서는 가로, 공원, 광장 등이, 건축에서는 카페와 극장 등이 특히 그러해서 지

식인, 부르주아, 중산층 시민 등의 집합 장소가 되었다. 이런 장소는 당시 불기 시작하던 지성혁명의 여파로 중요한 정치 토론의 공간으로 거듭났다. 시대정신과 의식이 싹튼 매우 정치적인 공간이었다. 건물 앞 도로에 설치된 카페들은 현재 파리의 대표적인 도시 공간 문화로 자리 잡았는데 18세기 후반에는 계몽적 지식인들이 모여서 인권의 평등, 시민의 권리, 왕실에 대한 비판 등을 쏟아내던 담론의 장이었다.

이런 내용은 당시 계몽을 넘어 혁명으로 연결되는 급진성을 띠었는데 카페 공간에 일반 시민들이 참여해서 이를 공유하기 시작하며 드디어 혁명의 불길이 치솟게 되었다. 극장에서는 담론보다는 공연 내용을 통해 절대왕정과 왕실 정치를 풍자하고 비판했다. 공연 예술의 문화적 무게, 대중성, 파급력 등이 막강한 서구사회의 문화적 흐름은 당시 파리 시민과 프랑스 국민의 정치의식이 혁명 쪽으로 기우는 데 중요한 역할을 했다. 이처럼 시민 공공공간에서 쌓인 개혁적 인식이 프랑스대혁명을 촉발한 요인이 되었다.

여기에서 역사의 역설이 성립된다. 절대왕정의 왕실은 파리 개발을 통해 허가권과 관리 감독권이라는 권력도 챙기고 공공개발이라는 명분도 얻는 이중 이득을 노렸지만 이로 인해 자신들이 종말을 맞이하는 정반대의 결과를 낳게 된 것이다. 여기에서 엄중한 역사의 교훈을 보게 된다. 공공성이라는 선의가 들어가긴 했지만 이미 당시는 시민 의식이 크게 성장하면서 역사의 한 페이지가 넘어가던 격변의 전환기였다는 점을 왕실은 보지 못했다. 이런 격변기와 전환기 때에는 정책 자체도 중요하지만, 그것을 실행하는 주체의 노력성과 개혁성이 더 중요하다는 역사의 교훈을 잊은 것이다. 과거의 전제적 권력 체제에 머문 데다 사치의 대명사가 되는 화려한 궁정 생활을 이어가던 세력이 행한 공공사업은 거꾸로 시민을 불러 모아 혁명 정신을 고취하는 교육의 장이 되어 시민혁명이라는 부메랑으로 돌아왔다.

2장 18세기 파리의 건축 상황 개괄

유럽 계몽주의 건축을 이끈 파리

18세기 파리의 건축도 대체로 앞 장과 같은 문명 전체의 상황을 따랐다. 우선 18세기 유럽 건축 전체를 보면 양식 운동부터 대표 사조 없이 여러 개의 작은 사조로 쪼개져서 진행했다. 신고전주의가 가장 크긴 했지만, 집중도나 영향력 등에서 '대표'라고 부르기에는 다소 부족해 보였다. 앞 시대까지 '고딕', '르네상스', '바로크' 등과 같은 한 가지 대표 사조 중심으로 진행해온 것과는 달라진 현상이었다. 건축가나 개별 건물도 마찬가지여서 시대를 대표하는 대형 스타나 걸작이 사실상 없었다. 건축은 물리적 구조물로 실제 지어지는 건물에 초점이 맞춰질 수밖에 없는 장르의 특성이 있어서 18세기 유럽건축의 이런 상황은 일단 표면적으로만 보면 침체 현상으로 비칠 수 있었다.

하지만 이것이 전부가 아니었다. 이런 표면 현상의 이면에는 앞으로 다가올 근현대기를 준비하는 새롭고도 다양한 실험 운동이 꽃핀 시기가 있었다. 실험 운동의 성격상 대형 건축가나 걸작을 생산하지 못한 것일 뿐 내용 면에서는 그 어느 시대보다 창의적인 건축 운동들이 탄생했다. 이런 내용을 통틀어서 '계몽주의 건축'이라 부르는데 이는 18세기를 대표하는 문명 사조인 '계몽주의'에 따른 것이다.

18세기 파리는 이런 실험적 건축 운동의 총본산이었다. 계몽주의 문명 전체와 마찬가지로 건축 역시 프랑스가 주도했으며 파리는 다시 이런 프랑스의 수도로서 실험과 격변을 이끈 중심 도시였다. 정치사회, 예술문화, 학문 등 모든 분야에서 수많은 주요 논쟁이 들끓는 뜨거운 용광로와 같은 도시였으며 건축에서도 이에 상응하는 과감한 실험과 급격한 변화가 새롭게 시도되었다.

18세기 파리 건축은 정치사나 도시사와 마찬가지로 '루이 14세(재위 1643~1715년)-루이 15세(재위 1715~1774년)-루이 16세(재위 1774~1792/1793년)-제1공화국(1792~1804년)' 등 네 단계로 이루어진다. 건축사에서는 이 가운데 1715년까지의 루이 14세 시대를 보통 바로크로 분류하며, 루이 15세와 루이 16세 시대를 계몽주의로 본다. 제1공화국은 공식적인 정체政體이며 내용에 따라 '혁명기(1789~1795년)-총재정부(1795~1799년)-통령정부(1799~1804년)'의 세 단계로 한 번 더 나뉘는데 건축에서는 보통 '혁명기 도시건축'만 독립적인 분류 단위로 삼는다.

프랑스대혁명은 대혼란기여서 주요 건축 활동은 사실상 중단되었다. 다만 혁명 정신에 따른 다양한 실험 운동을 비롯하여 '혁명 상황'과 함께 진행한 건축적 현상은 존재했으므로 건축사에서는 보통 이를 통칭해 '혁명기 도시건축'이라 부른다. 그 외에 총재정부와 통령정부 때에는 독립적 명칭을 부여할 만한 유의미한 건축 활동은 없었다. 한편 이런 혁명기 도시건축은 계몽주의에 넣기도 하고 독립적인 시기로 한 번 더 분류하기도 한다.

이상의 거시적 시대 구분 아래 '루이 15세-루이 16세-혁명기' 등 세 시기의 도시건축에 관한 구체적인 내용은 뒤의 여러 장에서 자세히 살펴볼 것이고, 여기에서는 18세기 건축의 개괄적 상황을 살펴보자. 계몽과 실험의 시기답게 그 내용은 매우 다양해서 무려 13가지로 요약 정리할 수 있다. 이는 파리의 18세기 건축이 그만큼 풍부한 시대정신이 이끈 중요한 시기임을 말해주는 근거이기도 하다. 차례대로 살펴보자.

다원주의 시대
여섯 개의 양식 사조가 혼재한 실험의 시기

첫째, 다양한 양식으로 이루어진 다원주의다. 시대의 흐름이 실험 운동 중심으로 바뀌면서 18세기 파리 건축은 파리 팡테옹 정도를 제외하면 대표작을 내지 못한 대신 다양한 양식 사조가 혼재하는 다원주의 시대가 도래했다. 최소한 '바로크와 로코코-신고전주의-구조합리주의-낭만주의-급진적 고전주의-혁명기 도시건축' 등 여섯 종류의 사조가 혼재했다. 여기에 더해 영국에서 유행하던 '공리주의-낭만주의-낭만적 고전주의' 등이 파리에도 들어와 실험 운동의 형태로 탐구되었다.

둘째, 실제 지어진 건물을 중심으로 본 앞 여섯 사조의 구체적인 내용과 대표 건물들이다. 우선 파리의 바로크 건축은 루이 14세가 베르사유에 집중한 관계로 일단 루이 14세가 사망하는 1715년까지를 존속 기간으로 잡는다. 하지만 그 이후에도 10~20년 정도 이어졌으며 이후에는 오텔과 광장 주거 등 상류층 주거 건축에서 로코코 양식과 혼용되면서 18세기 중반까지도 생명을 이어갔다.도 2-1, 2-2 이와 함께 대형 공공건물이나 주요 건축작품이 아닌 일반 건물에서도 18세기 중반까지는 여전히 애용되는 양식이었다. 로코코는 부드러운 성격의 루이 15세가 파리로 귀환하면서 1720년경부터 시작해 18세기 후반까지 귀족 계층의 살롱 문화를 중심으

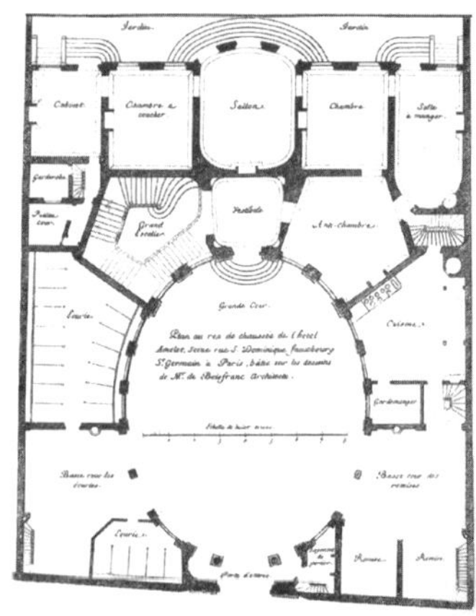

2-1. 제르맹 보프랑Germain Boffrand(1667~1754년)이 설계한 아멜로 드 구르네 오텔Hôtel Amelot de Gournay(1712년) 입면도(왼쪽)

2-2. 아멜로 드 구르네 오텔(1712년) 평면도(오른쪽)

2-3. 자크 드니 앙투안Jacques Denis Antoine이 설계한 파리 화폐국Hôtel des Monnaies(1767~1775년)

로 실내장식에서 전성기를 누렸다.

다음은 신고전주의Neo-Classicism다. 18세기 전반부 주요 공공건물의 대표작은 주로 신고전주의에서 나왔으며 이런 경향은 후반부까지도 어느 정도 이어졌다. 이런 점에서 비록 대표성과 비중은 다른 시대에 비해 낮은 편이지만 사실상 18세기 파리 건축의 대표 양식이라 할 수 있다. 생쉴피스 교회Église Saint-Sulpice(1733~1745년)가 문을 열고 육군사관학교École Militaire(1750~1768년)가 이어받았으며 후반부에는 생필리프뒤룰 교회Église Saint-Philippe-du-Roule(1774~1784년), 팔레 루아얄Palais Royal(1781~1784년), 화폐국Hôtel des Monnaies(1767~1775년) 등으로 지어졌다.도 2-3

다음은 구조합리주의Structural Rationalism다. 이 사조는 과학혁명의 영향 아래 17세기 후반부터 새로 등장한 공학 건축이 중심이 된 점에서 가장 급진적인 사조일 수 있었다. '합리주의'라는 말 자체는 데카르트의 철학 사조에서 가져온 것인데, 건축 운동에서는 건축의 핵심을 이전의 정신적·미학적 가치로부터 기능구조를 중심으로 한 구조 기술로 옮겼다는 점에서 구조합리주의라 부르기도 한다. 출발은 루브르궁 동익랑East Wing, Louvre(1667~1670년)까지 거슬러 올라갈 수 있는데 이 건물 전체는 보통 바로크로 분류된다.

완성된 건축 운동으로서의 구조합리주의는 18세기 전반부에 기독교 개혁 종파인 이신교理神敎·Deism와 손을 잡고 종합적이고 개혁적인 문화 운동으로 전개되었다. 실제 지어진 건물은 비교적 늦은 편이어서 앞의 생

2-4. 파리 팡테옹
Paris Panthéon

쉴피스가 시효였고 파리 팡테옹Paris Panthéon(1755~1780년)이 뒤를 이으며 대표작이 되었다. 그 중간에 곡물거래소Halle aux Blés(1763~1769년 1차 준공, 1783년 1차 천장 교체, 1809~1811년 2차 천장 교체)라는 또 다른 중요한 건물도 있었다. 파리 팡테옹은 구조합리주의를 대표하는 데 머물지 않고 오랜 문화적 논쟁을 거치며 18세기 파리와 프랑스는 물론이고 유럽 건축 전체를 대표하는 거의 유일한 대작이 되었다.도 2-4

다음은 급진적 고전주의Radical Classicism다. 18세기 중반에 시작해서 오데옹 극장Théâtre Odéon(1767~1782년)과 파리의과대학École de Chirurgie de Paris(1769~1786년) 등을 대표작으로 남겼다. 이 건물들에서는 고전주의 건축의 기본 규칙을 어기는 파격적 구성이 나타나면서 본격적인 고전주의의 붕괴를 알렸다. 다음은 낭만주의Romanticism로, 파리에 실제 지어진 건물을 남기지는 않은 대신 고전 규범의 외적 형식에 반대하며 인간의 본성을 찾는 지성 논의에 참여하는 방식으로 전개되었다.도 2-5 마지막으로 18세기 말을 장식한 혁명기 건축l'Architecture Révolutionnaire이다. 앞에서 말한 대로 포괄적 실험 운동과 혁명 상황에 따른 건축 상황 등도 포함되며, 실제 지어진 건물도 남겼는데 수십 채에 달하는 파리 관세 징수소Barrière de Paris · Portes de Paris(1784~1789년) 혹은 파리 성문요금소가 대표작이었다.

2-5. 에듬 베르니케Edme Verniquet(1727~1804년)의 <미로Labyrinthe>(1788년). 파리 식물원 내 벨베데레

18세기 다원주의 건축을 이끈 대표 건축가 네 세대

셋째, 대표 건축가다. 앞서와 같은 배경 아래 18세기 파리에는 많은 건축가가 등장했다. 한두 명의 스타 건축가가 시대를 대표하던 바로크 시대와 달리 건축가들도 다원주의 시대를 맞이했다. 이는 건축 사조의 다원주의에 따른 현상으로 볼 수 있다. 18세기에는 아직 한 건축가가 한 사조에만 정통했는데 사조가 여럿으로 나뉘다 보니 건축가들도 대표 주자가 사라지고 다원화된 것이다. 이런 여러 건축가를 태어난 년도와 여기에 맞춘 건축 사조의 두 기준을 합해서 네 세대로 분류할 수 있다.

제1세대는 17세기 중반 세대로 로베르 드 코트Robert de Cotte(1656~1736년)와 제르맹 보프랑Germain Boffrand(1667~1754년)이 대표적이다. 이들은 17세기 말의 바로크 후반기와 18세기 초의 신고전주의 전반기에 걸친 전환기 성격의 세대였다. 성직자 가운데에서도 건축 분야에서 건축가와 같은 수준의 활약을 해 함께 소개할 만한 인물들이 있었는데, 제1세대 나이대에서는 장 루이 드 코르드무아Jean Louis de Cordemoy(1655~1714년)가 대표적이었다.

제2세대는 1690~1710년대 세대로 조반니 니콜로 제로니모 세르반도니Giovanni Niccolò Geronimo Servandoni(1695~1766년), 자크-앙주 가브리엘Jacques-Ange Gabriel(1698~1782년), 자크 프랑수아 블롱델Jacques-François Blondel(1705~1774년), 자크 가브리엘 수플로Jacques Gabriel Soufflot(1713~1780년) 등이 대표적이다. 이들은 대체로 신고전주의의 전성기를 이끈 세대였다. 이 가운데 세르반도니와 수플로는 구조합리주의를 겸하기도 했다. 성직자 가운데에서는 마르크-앙투안 로지에Marc-Antoine Laugier(1713~1769년)가 이 세대에 속했다.

제3세대는 1720~1730년대 세대로 니콜라 르 카뮈 드 메지에르Nicolas Le Camus de Mézières(1721~1789년), 피에르 파트Pierre Patte(1723~1814년), 에티엔-루이 불레Étienne-Louis Boullée(1728~1799년), 마리-조제프 페이르Marie-Joseph Peyre(1730~1785년), 샤를 드 베일리Charles de Wailly(1730~1798

년), 빅토르 루이Victor Louis(1731~1800년), 자크 드니 앙투안Jacques Denis Antoine(1733~1801년) 등인데 이 세대부터 건축 경향이 분화하기 시작했다. 페이르-드 베일리 파트너는 급진적 고전주의를 이끈 반면 루이와 앙투안은 아직도 정통 로마 고전주의에 기초한 신고전주의를 고수했다. 메지에르는 곡물거래소를 남기며 구조합리주의를 이어 실용주의를 출범시켰고 불레는 혁명기 도시건축을 대표했다.

제4세대는 1730년대 후반~1740년대 세대로 크게 유명하지 않은 다수의 건축가가 있다. 파리를 기준으로 보면 아무래도 자크 공두앵Jacques Gondoin(1737~1818년)과 클로드-니콜라 르두Claude-Nicolas Ledoux(1736~1806년)가 가장 대표적이었다. 공두앵은 급진적 고전주의를 이어받았으며 르두는 이를 혁명기 도시건축으로 한 단계 더 발전시키며 시대 정신을 건축에 반영하는 데 앞장섰다. 이외에 장-프랑수아 테레즈 샬그랭Jean-François Thérèse Chalgrin(1739~1811년)과 알렉상드르-테오도르 브롱니아르Alexandre-Théodore Brongniart(1739~1813년)는 늦게까지 18세기 신고전주의를 지키면서 19세기 신고전주의로 연결하는 가교 역할을 했다. 샬그랭이 파리에 남긴 생필리프뒤룰 교회Église Saint-Philippe-du-Roule(1774~1784년)이 이를 대표했다. 이외에 프랑수아 조제프 벨랑제François-Joseph Bélanger(1744~1818년)도 이 세대에 속했다.

한편 탄생년도에 따른 이런 세대 구별과 별개로 18세기 파리 건축가들의 이력에서는 이전에 없던 새로운 현상이 나타났다. 이전까지는 주요 건축가들이 처음부터 파리에서 자리 잡고 파리에서만 나왔는데 18세기에 들어와 다른 도시들에서 먼저 활동하다가 파리에 진출하는 경우들이 나타나기 시작한 것이다. 도시는 보르도Bordeaux, 낭트Nantes, 브장송Besançon 등이 대표적이었고 건축가는 보르도 대극장Grand Théâtre de Bordeaux(1773~1780년)을 남긴 빅토르 루이와 브장송 오페라 극장Opéra Théâtre de Besançon(1775~1780년)을 남긴 르두 등이 대표적이었다. 두 건축가는 모두 제3세대였다.

이들 외에도 앞에서 나열한 건축가들의 활동을 자세히 보면 다른 도시에서 초창기 경력을 시작한 경우가 제법 있었다. 이런 도시에서 성공한 뒤 이를 디딤돌로 삼아 파리에 진출해서 국가를 대표하는 건축가로 성장하는 경우였다. 다시 일부는 이런 도시들에 남아서 계속 활동했는데 낭트 대극장Grand Théâtre de Nantes(1761~1768년)을 설계한 마튀랭 크뤼시 Mathurin Crucy(1749~1826년)가 대표적이었다. 물론 많은 수는 이전과 마찬가지로 처음부터 파리에 자리를 잡고 성공한 건축가들이었다. 18세기 파리에서는 이처럼 배경 도시를 기준으로 두 종류의 건축가들이 섞여서 계몽주의 시대를 이끌어갔다.

백과전서 운동의 영향과 건축 출판 붐

넷째, '백과전서 운동'의 영향과 출판 붐이다. 『백과전서*Encyclopédie*』는 프랑스 계몽주의를 대표하는 철학자 드니 디드로Denis Diderot(1713~1784년)가 주도해서 1751~1772년의 무려 21년에 걸쳐 출간한 백과사전이다.도2-6 서양 최초라고 할 수는 없지만, 근대적 백과사전의 효시라고는 할 수 있다. 지성혁명이 일정한 수준에 이르러 의미 있는 결과가 축적되자 이를 백과사전으로 집대성해낸 것이다. 이는 18세기 지성이 집대성된 쾌거로서 르네상스 때 처음 등장한 '전인상全人像'이나 '진정한 젠틀맨' 개념이 시대를 바꾸어 '백과전서파'라는 새로운 종합 지성인 상으로 나타났다.

2-6. 드니 디드로 Denis Diderot의 『백과전서*Encyclopédie*』(1751~1772년) 표지

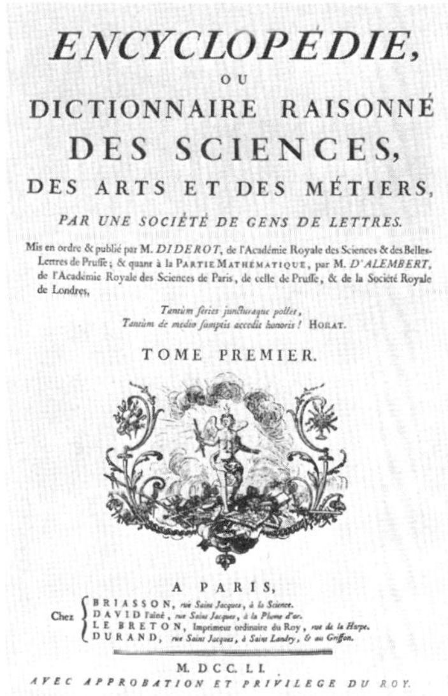

이 시기는 또한 출판의 전성시대이기도 했다. 시대 차이를 반영해서 비율적으로 보면 20~21세기를 능가한다고도 할 수 있을 정도였다. 파리는 이미 중세와 르네상스 때부터 유럽 출판을 이끈 중심 도시였는데 이런 찬란한 전통은 계몽주의로 이어져 이번에도 출판 운동을 이끌었다.

건축도 이런 영향을 크게 받았다. 우선 『백과전

2-7.『백과전서』에 수록된 통 제조업자cooper의 작업실 전경

서*Encyclopédie*』 안에만도 건축 관련 항목이 수십 개 수록되었으며 그 여파로 건축 분야에서 수많은 저서가 출판되었다. 건축에도 이른바 저서 집필의 시대가 열린 것이다. 이로써 건축은 실제 구조물을 축조하는 데에 머물지 않고 인문·사회학의 논의가 더해지면서 지성적 담론이 이루어지는 영역이 되었다. 이는 건축의 지평이 확장하는 중요한 발전이었다. 여기에 머물지 않고 거꾸로 건축이 계몽주의의 핵심 목표였던 도시 공간 환경의 개선 같은 사회개혁에 중요한 기틀을 제공하는 역할까지 할 수 있게 되었다.도 2-7 도시건축이라는 주제를 놓고 건축가를 비롯하여 문화예술계와 학계 인사들이 참여한 다양한 담론이 줄을 이었다.

다섯째, 이런 흐름을 이끈 건축 이론가와 저술가들이다. 가장 대표적인 인물로 앞 세대 분류에서 제2세대에 속했던 자크-프랑수아 블롱델Jacques-François Blondel을 들 수 있다. 그는 왕립건축아카데미 교수를 역임하며 강의록을 모아『건축 강의*Cours d'Architecture*』(1771~1777년)를 출간했다. 이전 시기의 건축 이론을 포함해서 당대의 건축 이론까지 총정리한 주요 저서로, 18세기 프랑스 계몽주의 건축을 이해할 수 있는 최고의 건축 이론서로 평가받는다. 블롱델은 또한 동료 건축가들과 제자 그룹을 이끌고『백과전서』의 건축 관련 항목도 직접 기술했다.

그의 이런 이론 연구는 18세기 파리의 주요 건축가들에게 큰 영향을 끼쳤는데 앞 장에서 소개한 '1769년의 파리 개발계획'을 작성한 피에르 파트Pierre Patte(1723~1814년)가 대표적이었다. 파트는 이 계획안에서 최초로 파리를 하나의 전체적인 도시 체계로 보기 시작했는데 이런 종합적 시각은 스승 블롱델과 백과전서파의 영향을 받은 것이었다. 이외에도 다양한 방면의 건축 서적이 출간되면서 건축의 지평을 넓혔다. 일부는 17세기 후반부터 출간되기 시작하면서 18세기와의 가교 역할을 했으며, 또 다른 일부는 19세기까지 이어졌다. 이런 책들은 대부분 파리에서 출간되어서 당시 파리의 위상을 잘 보여준다. 크게 네 종류로 나눌 수 있다.

우선 건축을 고급 예술로 보는 전통적인 시각을 좀 더 세밀하게 다듬은 책이다. 이 계열은 클로드 페로Claude Perrault(1613~1688년)의 『비트루비우스의 건축십서 수정 번역본*Les Dix Livres d'Architecture de Vitruve, Corrigez et Traduits*』(1684년)이 이미 17세기 말에 사실상 첫 문을 연 걸로 평가된다. 이어 18세기에 들어와서 앙투안 데스고데츠Antoine Desgodetz(1653~1728년)의 『건축 오더 논설*Traité des Ordres d'Architecture*』(1711년)과 아메데 프랑수아 프레지에Amédée François Frézier(1682~1773년)의 『건축 오더에 관한 논문*Dissertation sur les Ordres d'Architecture*』(1738년)의 두 권이 고전 오더(기둥)에 관한 연구로 뒤를 이었다. 18세기 말에는 에티엔-루이 불레가 『건축예술론*Architecture, Essai sur l'Art*』(1793년)에서 혁명기 때 건축의 사회적 역할을 원시적 기념비로 표현했다.

다음은 당시 일기 시작한 고고학 발굴 붐을 건축과 연결해 고대 로마와 그리스의 고전 건축물을 발굴·기록한 책이다. 앙투안 데스고데츠는 이 부분에서도 선도적 역할을 해서 17세기 말, 29살이라는 약관의 나이에 『고대 로마 건축물의 매우 정확한 실측 도면*Les Édifices Antiques de Rome Dessinés et Mesurés très Exactment*』(1682년)을 출간하며 새 경향의 첫 문을 열었다. 이를 이어받아 줄리앵-다비드 르루아Julien David LeRoy(1724~1803년)는 『그리스의 가장 아름다운 기념비 폐허*Les Ruines des Plus Beaux Monuments de la Grèce*』(1758년)를 출간했다.

나음은 성식자늘이 교회 건축의 개혁을 건축 역사와 연계해서 해석한 책으로, 상 루이 드 코르드무아의 『모든 건축 혹은 축조술에 대한 신 논설*Nouveau Traité de Toute l'Architecture, ou l'Art de Bastir*』(1706년)과 마르크-앙투안 로지에의 『건축 에세이*Essai sur l'Architecture*』(1753년)가 앞뒤를 이어 대표했다.

마지막으로 『건축 백과사전』을 집필한 앙투안-크리소스톰 카트르메르 드 퀸시Antoine-Chrysostome Quatremère de Quincy(1755~1849년)라는 특이한 이름의 대형 이론가가 등장했다. 그는 어떤 면에서 백과전서 운동의

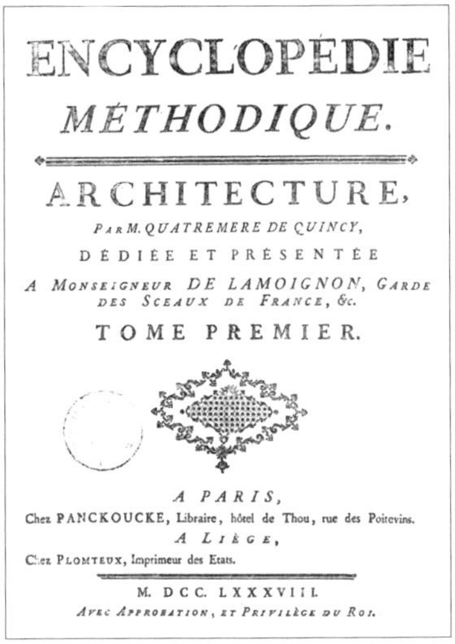
ENCYCLOPÉDIE
MÉTHODIQUE.
ARCHITECTURE,
PAR M. QUATREMERE DE QUINCY,
DÉDIÉE ET PRÉSENTÉE
A MONSEIGNEUR DE LAMOIGNON, GARDE DES SCEAUX DE FRANCE, &c.
TOME PREMIER.
A PARIS,
Chez PANCKOUCKE, Libraire, hôtel de Thou, rue des Poitevins.
A LIÈGE,
Chez PLOMTEUX, Imprimeur des Etats.
M. DCC. LXXXVIII.
AVEC APPROBATION, ET PRIVILÈGE DU ROI.

2-8. 앙투안-크리소스톰 카트르메르 드 퀸시Antoine-Chrysostome Quatremère de Quincy의 『건축 백과사전*Encyclopédie Méthodique, Architecture*』(1788~1825년) 표지

영향을 가장 효율적으로 건축에 접목해 건축 이론과 출판의 발전을 이끈 장본인이었다. 18세기 후반부터 19세기에 걸쳐 여러 권의 저서를 출간했는데 1788~1825년의 47년에 걸쳐 집필한 『건축 백과사전*Encyclopédie Méthodique, Architecture*』은 664쪽에 걸쳐 수백 개의 도시건축 주제어를 정리한 대형 건축 사전이며, 어떤 면에서는 최초의 건축 백과사전이라 할 수 있다.도 2-8 이어 1833년에는 이 가운데 역사 내용만 발췌해서 내용을 보강하고 더욱 정교하게 다듬은 『건축 역사 사전*Dictionnaire Historique d'Architecture*』을 추가로 출간했다.

17세기 과학혁명을 이어받은 18세기의 지성혁명과 지성 담론

여섯째, 다원주의 건축과 출판 붐 등이 나오게 된 시대 배경으로서 지성 담론이다. 우선 18세기 계몽주의 자체가 거시적 차원에서 전통 시대가 끝나고 근대로 진입하는 초기여서 백가쟁명식의 다양한 새로운 지성 담론이 봇물 터지듯 쏟아졌으며, 도시건축도 이런 시대 상황과 흐름을 함께한 대표적인 분야 가운데 하나였다. 인문학, 사회학, 자연과학 등이 순수 학문 담론이었다면 도시건축은 일상생활을 영위하는 건조환경을 축조하는 실용 분야여서 보다 직접적이고 현실적인 차원에서 지성 담론이 이루어졌다.

물론 건축 분야에서의 출판 붐은 18세기 파리가 처음은 아니었고, 앞선 이탈리아 르네상스 때에 먼저 있었다. 하지만 이때 다룬 내용은 좁은 범위의 이론 정리에 가까웠으며 출간된 건축 저서의 수도 많지 않았다. 따라서 건조환경을 통해 시민들의 일상생활을 돕는 것과 같은 확장적 지성 담론은 18세기 파리가 처음이었다고 볼 수 있다. 도시와 연계한 공간

범위의 확장, 공공성이라는 사회적 가치로의 확장, 미학 담론과 연계한 인문학적 확장, 미술과 연계한 예술적 확장 등 여러 방면으로의 확장이 있었고 출간된 관련 저서의 수도 대폭 늘어났다.

거시적 차원의 이런 지성 담론을 이끈 흐름과 대표적인 인물을 보면, 우선 17세기 과학학명은 르네 데카르트René Descartes(1596~1650년)에 의해 완성된다. 과학혁명의 출발은 16세기 이탈리아의 니콜라우스 코페르니쿠스Nicolaus Copernicus(1473~1543년)까지 거슬러 올라갈 수 있다. 이어 갈릴레오 갈릴레이Galileo Galilei(1564~1642년)와 요하네스 케플러Johannes Kepler(1571~1630년) 등이 수학과 천문학을 발전시키면서 17세기에 들어와 하나의 새로운 시대 흐름으로 과학혁명을 일차로 정착시켰으며, 다시 최종적으로 데카르트가 시대를 대표하는 중요한 '혁명'으로 완성했다.

데카르트의 업적은 크게 두 가지였다. 하나는 학문의 범위를 수학을 중심으로 철학, 신학, 물리학, 의학 등 인문학과 자연과학의 여러 분야로 확장한 점이다. 다른 하나는 이런 여러 학문의 내용을 하나의 사상 체계로 통합해서 '합리주의rationalism'라는 사조를 성립시킨 점이다. 이 두 가지 업적 덕분에 17세기의 과학혁명이 18세기에 들어와서 지성혁명으로 성장·발전할 수 있었다.

데카르트는 모험심과 방랑벽이 강한 성격 탓에 처음부터 네덜란드와 독일 등 국외에서 활동했으며, 말년은 스웨덴에서 보냈기 때문에 파리와 직접적인 인연은 없었다. 그러나 그의 학문적 업적이 워낙 뛰어난 데다 18세기의 문명 전환기를 이끌 확장성을 갖추고 있어서 프랑스의 지성 후예들이 그를 숭상하며 그의 학문을 이어받아 지성혁명으로 이끌었다. 여기에는 데카르트가 스웨덴에서 고통스럽게 병사한(일부에서는 독살설도 제기되었다) 데 대한 반발적 애국심도 함께 작용했다.

어쨌든 이런 배경 아래 18세기 계몽주의는 지성혁명의 시대가 되었고, 파리는 그 중심 도시로 부상했다. 중세 스콜라 신학의 중심 도시로서의 위치를 되찾은 것이다. 18세기 지성혁명에서는 지금 우리가 알고 있는 수많은 근대 학문의 뿌리가 구축되었는데, 크게 네 종류로 나눌 수 있다. 우선 순수 학문에서는 인문학과 자연과학 등 두 분야의 여러 세부 학문이

태동해서 발전했다. 이어 사회 공공성 분야에서 사회과학과 실용 학문의 두 분야가 태동해 다양한 세부 학문으로 발전했다. 이상의 자세한 내용은 이 책의 범위를 벗어나므로 생략하겠다. 다만 건축에서도 지성 담론에 직접적으로 대응할 수 있는 움직임이 있었는데 바로 18세기를 이끈 세 가지 논쟁인 신구 논쟁A Quarrel between the Ancients and the Moderns, 그레코-로만 논쟁Greco-Roman Debate, 수플로-프레지에 논쟁Soufflot-Frézier Debate이었다. 이론을 중시하는 학자들은 18세기 건축이 표면적으로는 복잡해 보이지만 실질적으로는 이 세 논쟁이 이끌었다고 말할 정도로 중요한 논쟁이었다. 이 내용은 6장에서 따로 자세히 살펴보겠다.

한편 18세기 지성혁명의 특징 가운데 하나로 이런 여러 분야 사이의 구별이 명확하지 않고 상호 보완 관계를 유지하며 발전했다는 점을 들 수 있다. 요즘의 '융합' 경향이 이때 처음 구축된 것인데, 이렇게 융합된 종합 학문을 통틀어 '근대사상'이라 부를 수 있으며, 샤를 루이 드 세콩다 몽테스키외Charles Louis de Secondat Montesquieu(1689~1755년), 프랑수아 볼테르François Voltaire(1694~1778년), 장-자크 루소Jean-Jacques Rousseau(1712~1778년), 드니 디드로Denis Diderot(1713~1784년), 장 르 롱 달랑베르Jean Le Rond d'Alembert(1717~1783년) 등이 이런 근대사상의 기초를 닦은 대표적인 사상가들이었다. 이들은 철학, 교육학, 사회학, 예술, 문학 등 여러 분야를 융합해서 근대 시민의 지성적 자각과 정치적 권리의 획득을 향한 혁명 운동을 이끌었으며, 그 궁극의 목적은 결국 프랑스대혁명으로 집약했다. 이외에도 수많은 쟁쟁한 학자들이 법학, 정치학, 과학, 인문학, 예술학 등 모든 분야에서 활발한 지성 활동을 벌였다.

초기 근대에서 근대 전기로 넘어가는 문명의 대전환기를 이끌다

일곱째, 거시 차원의 문명 전환을 이끌었다. 18세기 파리는 정도의 차이만 있을 뿐 학문, 예술, 실용 기술 등 인류 문명 활동의 거의 모든 분야를 이끌었는데 도시건축도 대표적인 분야였다. 도시건축을 한 번 더 나누자면 도시보다는 건축이 훨씬 적극적으로 유럽 전체를 대표하며 문명 전환을 이끌었다.

우선 18세기 자체가 서양 문명의 흐름에서 이탈리아가 중심이 된 15~17세기의 초기 근대early modern에서 프랑스와 영국이 중심이 된 18~19세기의 근대 전기pre-modern로 넘어가는 문명 전환의 시기였다. '과학혁명-지성혁명-산업혁명-프랑스대혁명' 등 무려 네 개의 혁명이 몰려 있는 데서 알 수 있듯이 18세기도 신석기 및 철기 시대를 지나 로마 멸망, 중세 종말 등과 같은 밀레니엄 등급의 문명 대전환이 일어난 시기였다.

건축과 문화예술도 마찬가지여서 이 시기는 '르네상스-바로크'의 고전 인문과 예술 정신이 이끄는 초기 근대에서 혁명과 제국의 사회정신과 정치 체제가 이끄는 근대 전기로 넘어가는 대전환기였다. 18세기 파리의 건축은 앞의 여섯 종류나 되는 양식 사조에서 보듯이 이런 문명 전환의 서막에 해당하는 계몽주의를 이끌었다. 프랑스의 초기 근대와 근대 전기의 건축 내용을 보면 이런 대전환의 중심에 서게 된 이유를 알 수 있다. 프랑스는 이미 16세기 르네상스 건축부터 왕실에서 나서 공을 들여 후원했으며, 17세기 바로크 건축에서 자국만의 독자적인 고전주의를 완성한 뒤 다시 이를 밑바탕으로 18세기의 혁명과 19세기의 제국 모두에서 선구 국가로 올라섰다.

파리는 이런 프랑스의 수도이자 18세기 유럽 계몽주의의 수도로서 앞 시대의 루이 14세가 설립한 아카데미와 오랜 시간 축적된 문화예술의 역량을 바탕으로 새로운 흐름을 이끄는 중심 도시였다. 특히 17세기 과학혁명을 18세기 지성혁명으로 성장시킨 중심 도시로서 당시 유럽에서 지성 학문의 영향력이 가장 큰 도시였다. 수도 집중의 효과도 컸다. 영국과 독일은 지성의 중심 도시가 수도와 분리되어 각각 '케임브리지-옥스퍼드' 그리고 '프랑그푸르트-뮌헨-아헨-하이델베르크' 등으로 다원화해 있었다. 반면 파리에는 파리대학 및 소르본대학 등과 주요 수도원 등이 몰려 있어서 국가의 수도와 지성의 수도를 겸함으로써 지성 운동의 효과를 극대화하며 18세기 지성혁명을 이끌 수 있었다.

여덟째, 미시적 차원으로, 유럽 건축사에서 18세기 파리의 위치다. 이 시기는 뚜렷한 대표 양식 없이 바로크, 로코코, 신고전주의, 합리주의, 공리주의, 낭만주의, 낭만적 고전주의, 급진적 고전주의, 혁명기 도시건축 등 다양한 세부 사조가 혼재하는 계몽주의 시대였다. '계몽'이라는 말에서도 알 수 있듯이 이런 상황에서 핵심은 구체적인 양식보다는 새로운 실험정신에 있었고 파리는 그 중심 도시였다.

나라별 차이로 보면 더 잘 알 수 있다. 이탈리아와 독일이 대체로 과거의 영광에 묻혀 후기 바로크 시대를 보내고 있던 데 반해 런던과 파리는 새로운 실험을 주도했다. 계몽주의 전체로 보면 두 나라의 역할이 모두 중요했지만, 건축에 한정하면 파리의 역할이 압도적이었다. 이 시기에는 런던조차도 파리 건축의 영향을 받았다.

반대로 역설적으로 이 시기 파리의 건축은 실험성이 강해서 영국을 제외한 다른 나라에서 실질적으로 받아들이기에는 어려움이 함께 있었다. 프랑스와 오랜 기간 가장 활발하게 교류했던 영국, 가장 긴 국경을 맞댄 이웃 독일, 프랑스와 언어가 비슷하고 프랑스에 고전주의를 전수해준 이탈리아 등 주변의 주요 나라들이 대체로 비슷한 상황이었다. 이렇게 보면 주로 파리에서 진행하던 실험 운동 이론으로부터 정신적 영향을 받았다고 볼 수 있다. 이 시기 파리 건축의 실험성은 오히려 시간의 끈을 20세기까지 늘렸을 때 그 기초를 닦은 거시적 차원에서 중요성이 컸다.

대칭 강박증

비정형 필지의 오텔을 대칭으로 설계하다

아홉째, 프랑스 건축 특유의 '대칭 강박증obsession to symmetry'이 절정에 달했다. 이는 고전주의 형식미를 유난히 좋아하는 파리의 건축 성향이 한 방향으로 좁혀져서 극단화한 걸로 볼 수 있다. 18세기의 여러 사조 가운데 신고전주의가 전반적으로 이 경향을 주도했다. 고전주의는 대칭이 기본 특징인데 프랑스 고전주의는 16세기에 처음 등장할 때부터 원조인 이탈리아 고전주의보다 대칭을 더 선호하는 경향을 보였다. 이런 경향이 17세기 바로크 고전주의를 거치며 파리 건축만의 대표적인 특징으로 완전히 자리를 잡은 뒤 18세기 신고전주의에서 극단화했다. 건축 미학에서는 이를 '대칭 강박증'이라 부른다.

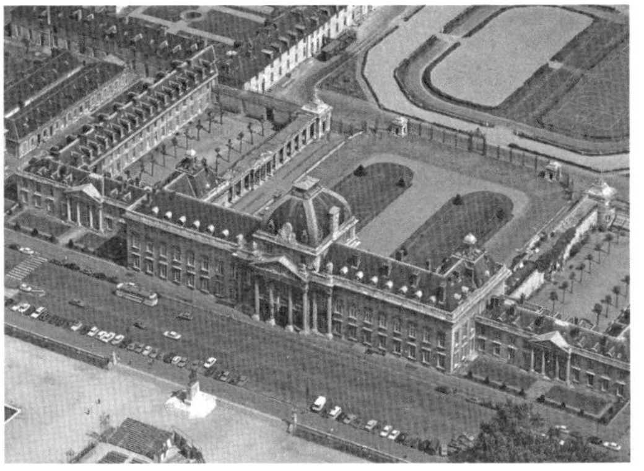

2-9. 육군사관학교École Militaire의 대칭 구성

건물 종류에서는 우선 절대왕정의 권위를 과시하려는 공공건물이 가장 적합한데, 육군사관학교가 대표적이었다.도 2-9 중앙의 출입구를 크기와 장식 처리 등 모든 면에서 과도하게 강조해서 대칭을 이루는 중심축을 명확히 드러냈으며 양 끝의 파비옹도 이와 근접하게 처리해서 대칭의 접히는 힘을 살렸다. 이런 대칭 구조는 이 건물에 조형적 힘을 부과하면서 샹드마르스 건너편의 에펠탑의 320m 수직 높이에 맞설 수 있게 해주었다. 한편 육군사관학교에는 이외에도 여러 가지 중요한 건축사적·문화사적 내용이 있는데 뒤에서 자세히 살펴보겠다.

공공건물 다음으로는 귀족과 부르주아의 고급 주거인 오텔이 18세기 대칭 강박증을 이끌었다. 오텔은 앞 장에서 보았듯이 양안 모두에 지어지면서 18세기 파리 권력층의 고급 도시 주거를 대표하는 유형이었다. 이들은 자신들의 주거 본거지를 왕실의 공공건물과 최대한 근접하게 지어서 권력을 과시하고 계급을 보장받으려 했는데 '대칭'이 가장 손쉬우면서도 효과적인 방법이었다. 그런데 18세기 오텔은 16~17세기의 로티스망lotissement 개발 사업 때와 달리 비정형 필지가 많아서 대칭으로 설계하는 데 애로가 있었다. 앞 시기에는 주택 사업을 왕실이나 중앙정부가 주도해서 대단위 면적을 격자형 필지로 개발할 수 있었던 반면, 18세기에는 소규모 면적을 소수의 건축주가 요령껏 나누어서 사용하는 방식을 따라야 했는데 이때까지만 해도 파리의 도로는 아직 대부분 중세의 구불구불한 윤곽을 하고 있어서 비정형 필지가 많이 나왔던 것이다.

물론 비정형 필지라 해도 그 안에 건물을 기계적으로 대칭으로 앉히는 건 어렵지 않았지만, 이 경우 버려지는 면적이 많이 나오는 문제가 있었다. 마침 18세기 파리의 오텔 부지는 면적 또한 충분하지 않아서 결국 관건은 버려지는 면적을 최소화하면서 대칭을 가능한 한 강하게 드러내는 방향으로 좁혀졌다. 순수하게 건물의 기능이나 조형성만 따지면 비대칭을 통해서도 충분히 효율적이고 아름다운 디자인이 가능하지만 18세기 파리의 귀족과 부르주아들은 앞서의 정치적·사회적 이유로 대칭을 고집했다. 그 과정에서 다소 어색할 수도 있는 건물이 나오면서 '대칭 강박증'이라는 하나의 미학 개념까지 형성되었다. 비정형 필지 안에서 면적 손실을 최소화하면서 대칭 건물로 설계하는 건 상당히 어려운 일이어서 건축가들은 창의력과 디자인 능력을 발휘해야 했다.

18세기 파리의 여러 오텔이 이런 내용을 보여주는데 가장 대표적인 예로 피에르 뷜레Pierre Bullet(1639~1716년)의 크로차 & 에브뢰 오텔Hôtel de Crozat & d'Evreux(1702~1708년), 그리고 클로드-니콜라 르두의 몽모랑시 오텔Hôtel de Montmorency(1769~1770년, 현재 철거)을 들 수 있다.

크로차 & 에브뢰 오텔의 필지는 면적은 충분하나 비정형이 심해서 건물을 대칭으로 세우는 경우 대지경계선을 따라 버리는 땅이 많이 나올 판이었다. 이에 건축주와 건축가는 머리를 짜내 필지를 둘로 나눠서 크로차 오텔과 에브뢰 오텔의 두 채를 따로 지었다.도 2-10 이때 두 필지는 가능한 한 대칭 건물을 세우기에 적합한 모양으로 잘랐다. 왼쪽 크로차 오텔 부지는 거의 육면체에 가깝게 나와서 건물도 거의 완벽한 대칭 구도로 지을 수 있었다. 문제는 여전히 비정형이 심한 오른쪽 에브뢰 오텔의 필지였는데 대칭축을 두 개로 잡는 창의적 아이디어를 통해 문제를 해결했다. 한 축은 사선 방향에서 진입하는 출입구 현관을 기준으로 한 것이었고 다른 한 축은 안마당

2-10. 크로차 앤 에브뢰 오텔(1702~1708년). 피에르 뷜레Pierre Bullet 설계

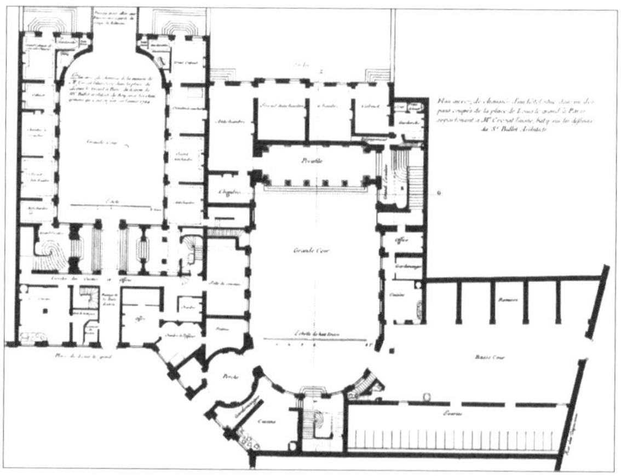

을 기준으로 한 것이었다. 두 경우 모두 부분적으로 비대칭이 남을 수밖에 없었지만 두 개의 대칭축이 서로 합심해 실제로는 대칭 건물처럼 느끼게 했다.

몽모랑시 오텔의 부지는 정사각형이어서 일단 형태만 보면 대칭 건물을 넣기에 적합했다.도 2-11 하지만 오텔은 보통 안마당을 갖는 직육면체 형태여야 했기에 정사각형 필지 안에 세우는 경우 면적 손실이 발생할 상황이었다. 이에 르두는 정사각형 필지를 꽉 채우되 중심축을 아예 사선으로 바꿔 버리는 발상의 전환을 가져왔다. 이에 따라 건물 전체의 대칭 구도는 매우 역동적으로 살아났다.

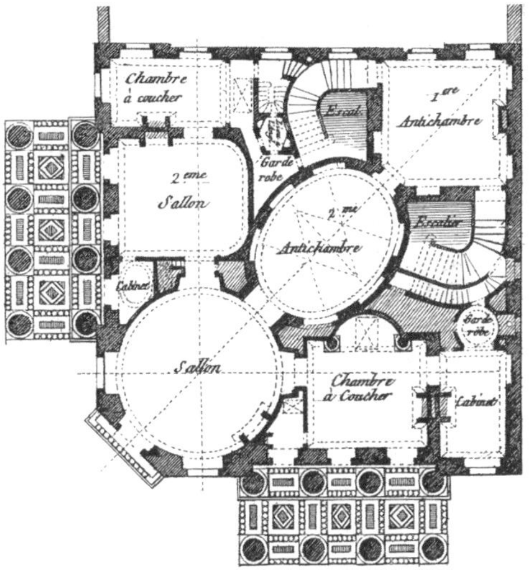

2-11. 몽모랑시 오텔(1769~1770년, 현재 철거). 클로드-니콜라 르두Claude-Nicolas Ledoux 설계

'개방성 vs. 폐쇄성'의 대립과 폐쇄적 살롱 문화

열째, 건축 공간을 끼고 나타난 '개방성 vs. 폐쇄성'의 대립 현상이다. 18세기 파리 사회는 개방성과 폐쇄성이 날카롭게 대립·충돌하고 있었다. 사회학과 정치학 등에서는 개방성을, 모든 논의가 투명하게 공개되고 시민 공동체가 차별 없이 참여해서 합리적 결정을 내리는 '열린 사회', '현대 시민 민주주의', '근대정신' 등을 대표하는 좋은 뜻으로서의 상징어로 사용한다. 이와 반대로 폐쇄성은 전통 시대의 전제 체제에서 왕을 정점으로 한 소수의 권력자가 밀실에 모여 쑥덕공론으로 중요한 사안을 결정하는 부정적 사회 권력 구조를 상징한다고 본다.

18세기 파리에서는 혁명 정신이 개방성을 대표했으며, 이를 가로, 공원, 광장, 극장, 카페 등에서 다수 시민의 공공 이익을 논의하고 전파하는 방식으로 생산·유통했다. 18세기 파리가 지성혁명, 사회혁명, 정치혁명 등의 중심 도시인 데에서 알 수 있듯이 이런 공간들에서는 개방성이 활기를 띠며 넘쳐나고 있었다. 시민, 지식인, 문화예술계 인사, 진보적 귀족과 부르주아 등이 어우러져 활발하게 정치적 견해를 주고받고 시대 정신을 토론하는 등 개방의 시대를 선도했다.

그 반대편에서는 이와 비례해서 기득권을 지키려는 폐쇄성도 함께 강해지며 맞섰다. 왕실을 중심으로 한 이른바 왕당파 혹은 앙시앵 레짐 Ancien Régime의 정치 방식이 가장 정점을 이루며 이를 대표했다. 여기에 귀족이 합류해서 자신들만의 전통문화를 강화하며 지켰고, 마지막으로 재산을 지키려는 부르주아가 가세했다. 이들이 폐쇄성을 지킨 공간은 오텔의 실내였다.

열한째, 폐쇄적 살롱 문화의 번성이다. 오텔의 실내에서 진행된 폐쇄성의 구체적인 내용으로 살롱 문화를 들 수 있다. 여기에는 오텔을 둘러싼 오래된 배경이 있다. 본래 파리의 오텔은 유력가문의 본거지여서 외부 도로와의 관계가 중요한 고려 사항이었다. 보안과 방범을 위해서는 가능한 한 도로와 차단되는 게 좋았지만 파리의 권력층은 시민과의 교감도 중요하게 여겨서 개방성도 함께 유지하고 싶어 했다. 건물을 '⊓' 형태로 지어서 앞마당을 밖에서 들여다보이게 한 구성이 대표적이었다. 이런 점에서 안마당을 'ㅁ'자형으로 짜서 완전히 폐쇄한 이탈리아의 팔라초보다는 확실히 개방적이었다. 그렇더라도 오텔이 들어서는 동네의 도시 구조, 오텔 주인의 성격, 시대 상황 등의 조건에 따라서는 개방성에 차이가 있는 편이었다.

시기로 보면 17세기 바로크 때의 오텔은 대체로 이런 개방성이 유지되었던 반면, 18세기에 들어서면서 폐쇄성을 띠게 되었다. 18세기의 시대 상황이 요즘 말로 하면 진영 대립이 심하던 때여서 상류층이 자신들을 보호하려는 경향이 강하게 나타났기 때문이다. 앵발리드 보훈병원 주변에 지어진 사례들이 특히 그랬다. 이들은 루이 14세가 파리에 가장 심혈을 기울여 지은 앵발리드 보훈병원 주변에 자신들의 본거지를 지어서 왕실의 환심을 사려는 목적이 있었다. 이런 권력 지향적인 목적 때문인지 가능한 한 도로에서 안쪽이 보이지 않게 설계했다.

건물 전체의 배치와 앞마당부터 이렇다 보니 실내는 더 말할 필요가 없었다. 잘해야 정문을 통해서 앞마당까지만 볼 수 있었고 실내와 후원에서 벌어지는 사생활은 외부로부터 철저하게 보호되었다. 이런 배경에서 귀족과 부르주아들이 폐쇄적 실내에 모여 즐기는 '살롱 문화'가 탄생했다. '살롱salon'은 원래 왕족과 귀족의 오텔에 있는 여러 방 가운데 하나로, 사적 친분이 있거나 이익을 공유하는 소수가 모여 정치와 비즈니스를 논의하고 바깥세상의 동정에 대한 정보를 주고받는 등의 담화를 하는 방을 일컫는다. 18세기 귀족과 부르주아 역시 이런 전통을 이어받아 살롱을 활발히 운영했다. 이때에는 이전의 순수 담론이 아닌 자신들의 이익을 지키려는 모임이 주된 목적이었고, 여기에 문화와 예술에 대한 담론이 추가되었다. 역사책에서는 보통 1723년부터 '살롱의 전성시대가 시작된 시기'라고 언급하기도 한다.

때로는 순수한 친교 목적의 문화예술 담론이 주가 되기도 했다. 이때 문화예술에 대한 제대로 된 깊은 지식과 이해 없이 자신들의 신분과 품격을 과시하는 수단으로 이런 담론을 벌이는 경우가 많아서 이런 행태를 꼬집어 '아마추어 예술가'라는 뜻의 '딜레탕트dilettante'라는 말이 유행하기도 했다. 더하여 우리나라에서는 '살롱 문화'라는 말을 다소 퇴폐적인 이미지로까지 보기도 한다. 하지만 반드시 부정적인 현상만은 아니었다. 18세기 파리 최대의 업적인 문화, 학문, 예술 등에서의 찬란한 계몽주의 문화 가운데 많은 부분이 살롱을 배경 공간으로 삼아 탄생하고 발전하고 실행되있기 때문이다.

살롱 문화 전체를 보면 공적·사적 두 형식으로 운영되었다. 살롱은 오텔 이외에 왕궁을 비롯한 공공건물에도 있었는데 공적 살롱 문화는 이곳에 모여서 정치와 사회의 주요 현안을 논하는 공적 회의를 지칭했다. 반면 오텔은 앞서 말한 바와 같이 사적 살롱 문화의 본산이었다. 오텔은 귀족의 본거지여서 여러 종류의 방이 있는데, 바로크 시기까지는 살롱 역할을 하는 방이 없는 편이있다가 18세기 중반경 로코코 시대에 본격적으로 설치되기 시작했다. 이때는 온순한 성격의 루이 15세가 궁정을 베르사유

2-12. 수비스 오텔Hôtel de Soubise 내 살롱(1735년). 제르맹 보프랑 설계

에서 파리로 환궁한 때여서 귀족과 부르주아들은 모처럼 살롱에 모여 자신들만의 폐쇄적·사적 문화를 꽃피울 수 있었다. 마침 화려한 실내장식을 자랑하는 로코코 양식의 전성기이기도 해서 이런 분위기를 한껏 돋우어줄 수 있었다.도 2-12 아름다운 꽃문양의 로코코 양식으로 장식한 오텔의 실내 살롱이 이런 폐쇄적·사적 문화를 주도한 대표적인 공간이었다. 오텔 앞 도로를 오가는 보행자는 벽 뒤의 고급 실내에서 벌어지는 호화로운 생활을 상상만 할 뿐이었다.

아이디어 장르의 등장 vs. 전통적 시공 방식의 유지

열두째, '계획안-드로잉 건축drawing architecure-종이 건축paper architecture'의 등장이다. 이는 양식 사조와 별개로 18세기의 파리 건축에 나타난 새롭고 독특한 현상이었다. 모두 실제 건물로 지어지지 않은 '아이디어 장르'라 할 수 있는데, 백가쟁명식의 지성 담론과 다양한 실험 운동이 주도한 계몽주의라는 시대 상황을 반영한 결과였다. 건축은 구조적 안정성, 기능, 예산, 법규 준수 등 현실성이 매우 큰 분야여서 파격성이 강한 실험정신을 실제 지어지는 건물에 적용하기는 사실상 불가능하다.

이렇게 보면 백가쟁명식의 18세기는 어려움이 많은 시대였는데, 이를 극복하는 대안으로 실제 지어지지 않는 창작 아이디어만 담은 계획안이 중요해진 것이다. 이때 창의성을 강조하거나 그것을 보기 좋게 각색하기 위해 드로잉이라는 표현 매체도 하나의 새로운 장르로 함께 발선했으며, 이를 '드로잉 건축'이라 부를 수 있다. 혹은 종이 위에서만 성립된다는 뜻에서 '종이 건축'이라고 부르기도 한다.

물론 드로잉을 표현 매체로 하여 실제 지어지지 못한 채 계획안만 남기는 전통은 이미 15~16세기 이탈리아의 르네상스부터 시작했고 17세기 바로크 때에는 이탈리아는 물론이고 프랑스까지 가세했다. 하지만 이때는 말 그대로 '지어지지 못하는 건물'의 도면 기록 정도에 머물렀다. 18세기에는 이런 정도를 훌쩍 벗어나 계몽주의의 다양한 실험과 관련한 여러 논제를 처음부터 드로잉과 종이 건축으로 표현한 것이다. 이렇게 보면 건축에 또 하나의 새로운 매체 혹은 장르가 생겼다고 할 수 있다. 이 가운데 종이 건축은 19세기와 20세기를 거치며 특히 유럽을 중심으로 크게 발전했는데, 18세기 파리 건축이 그 출발점이었다.

파리의 18세기 시대 상황도 이런 아이디어 장르가 융성하게 된 또 다른 중요한 배경이었다. 프랑스는 여전히 크고 작은 전쟁에 시달렸고 그 부담이 수도 파리에 고스란히 전가되었으며, 더하여 혁명 기운마저 커지는 등 차분히 건물 축조에 전념하기 어려운 상황이었기 때문이다. 이런 배경 아래 우선 크게 보면 이 시기 파리에서 활동한 건축가들은 대부분 실제 지어진 건물보다 계획안을 더 많이 남겼다. 개별적으로는 불레와 르두가 혁명기라는 독특한 시대 상황의 요구에 맞춰 건축에서의 새로운 흐름을 부담 없이 종이 위에 쏟아냈다. 고고학 발굴과 맞물려서 폐허 유적을 아름다운 수채화나 동판화로 남긴 이른바 '건축화가' 혹은 '건축예술가'라는 새로운 직종도 생겨났다. 불레와 르두의 영향은 매우 커서 이들의 영향 아래 파리에서는 최소한 십 수 명, 많게는 수십 명의 종이 건축가가 활동했다.도2-13 이런 영향력은 프랑스의 혁명을 부러운 눈으로 바라보던 독일의 젊은 건축가들에게까지도 미쳤다.

2-13. 툴롱 성문 Port de Toulon 계획안. 작가 미상

열셋째, 이상의 다양하면서 새로운 변

화 등과 별개로 실제 지어지는 건물의 시공 방식은 크게 변하지 않았다. 계몽적 실험 운동과 산업혁명의 초기였음에도 이 시기 파리에는 아직 근대적 시공 방식이 등장하지 않았다고 볼 수 있다. 물론 순수한 공학 연구에서는 중요한 발전이 있었고, 특히 아치교를 중심으로 한 토목 시설에서는 이미 철재가 주요 재료로 사용되기 시작했다. 아치교 전문가였던 장-로돌프 페로네Jean-Rodolphe Perronet(1708~1794년)가 이런 공학적 발전을 이끈 대표적인 구조공학자structural engineer였다.

하지만 건축은 아직 예술 양식의 전통이 강하게 남아 있어서 이런 새로운 재료와 시공 방식이 도입되는 데 한계가 있었다. 물론 일정한 발전은 있었다. 많은 건축가가 이른바 '데카르트 키즈'를 자처하며 과학혁명에 기반한 구조합리주의라는 새로운 사조와 건축 공학이라는 새로운 분야를 탄생시켰다. 또한 토목 공학에서 먼저 발명하고 발전하기 시작한 새로운 재료와 시공 방식의 연구도 활발히 해서 건축에 도입하려 했다. 하지만 실제 지어진 건물들은 여전히 전통적인 석조 시공 방식과 고전 양식을 고수하는 편이어서 아직 의미 있는 가시적인 발전은 이루지 못했다. 이런 발전은 적어도 건축에서는 빨라야 19세기 중반, 늦으면 20세기 초까지도 기다려야 했다.

2-14. 자크 가브리엘 수플로Jacques Gabriel Soufflot가 파리 팡테옹Paris Panthéon 시공에 사용했던 석재 하중 측정기. 장-밥티스트 롱들레Jean-Baptiste Rondelet의 그림

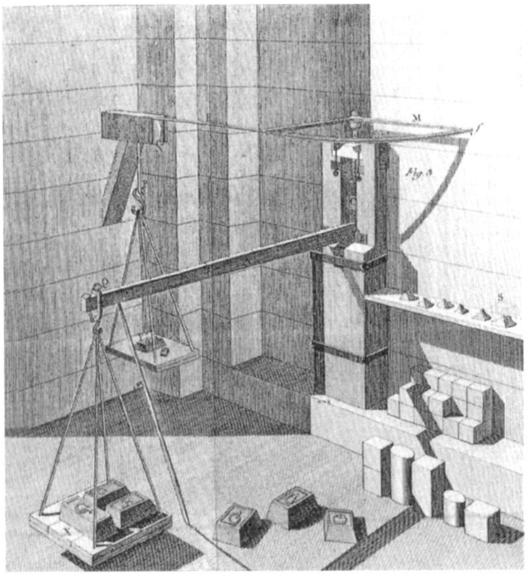

수플로가 이런 발전과 한계의 양면성을 대표하는 건축가였다.도 2-14 페로네보다 다섯 살 어린 나이가 말해주듯 그는 페로네의 토목 공학에서 영향을 받았다. 두 사람은 18세기 파리 건축가 네 세대 가운데 제2세대에 속했다. 이들은 분야와 상관없이 모두 주로 철재를 중심으로 새로운 재료의 공학적 특성을 연구하고 이것을 계량화하려는 연구에 노력을 기울였다. 수플로는 이런 내용을 건축에도 반영해서 구조합리주의라는 새로운 사조의 대미를 장식했는데, 파리 팡테옹

이 이를 대표하는 건물이었다.

그러나 한계도 뚜렷했다. 파리 팡테옹 전체의 시공 방식에서는 대체로 이전의 석조가 그대로 유지되었고 건축 양식도 여전히 신고전주의였다. 외관은 기둥 열이 늘어선 그리스 신전 정면 형태로 디자인했고 실내에서는 거대한 펜던티브 돔pendnetive dome이 공간을 지배했다. 건축 양식으로만 보면 건축 공학의 새로운 발전을 반영한 모습을 찾기 힘들었다. 다만 새로 발명된 미적분 덕분에 역학 계산을 정밀하게 해서 불필요한 두꺼운 벽체를 많이 덜어낼 수 있었다. 시공에서도 꺾쇠 같은 잡철물을 보강재로 사용하면서 이런 재료 경감에 도움을 주었다. 파리 팡테옹에 관해서는 뒤에서 자세히 살펴볼 것이다.

이런 배경 아래 18세기까지는 아직 석재가 구조재와 외장재 모두에서 가장 선호하는 재료였다. 파리 근교의 여러 석회암 채석장이 주요 산지였다. 채석장 소유주들은 이동 거리가 짧아 운송비를 절약할 수 있는 이점을 살려서 자신들의 석재가 마지막까지 주요 건축 재료로 사용될 수 있게끔 노력했다. 그러나 이번에도 발전과 한계의 양면성은 공평하게 작용했다. 이들의 바람은 한계에 직면했으며, 그 옆에서 시대의 흐름은 서서히 철재로 넘어가고 있었다.

철재가 대량생산되기 시작하면서 가격 경쟁에서 우위를 점하기 시작했고, 전통적인 조적 시공은 특히 공사 기간이 오래 걸리면서 조금씩 경쟁력을 잃어갔다. 석재의 주요 사용처는 점차 고전 양식의 기념비다움이 요구되는 건물로 좁혀져갔다. 주요 공공건물과 기독교 건물 등이 대표적이었고 상류층과 권력층의 고급 주거가 뒤를 이었다. 이런 주거에서는 공사비를 절약하기 위해 외관상 눈에 가장 많이 뜨이는 부분에만 국한해 비싼 석재를 사용했다. 전통 시대의 귀족 주거는 실내와 외관 모두, 그리고 외관에서도 네 면이 모두 동등한 수준의 마감을 유지했는데 이것이 깨지기 시작한 것이다.

한편 적은 물량이긴 하지만 목조도 계속 사용되었다. 시대의 흐름에 따라 목조의 역학 기능이 중요해졌는데, 회반죽으로 마감한 오크나 소나무 정도까지는 중소 규모의 건물에서 아직 구조 역학의 경쟁력이 일정 부분 유지되었다. 특히 가격이 상대적으로 석재나 철재보다 싸서 주로 소형 오텔과 중산층의 일반 주거 등에서 실내 내력벽 재료로 애용되었다. 목조로는 장 스팬이 어려웠기 때문에 지붕 구조는 트러스로 짰고 천장 형태는 평천장이 가장 많았다.

그러나 목조 트러스로 소형 돔 정도는 어렵지 않게 만들 수 있어서 좀 더 웅장한 실내 분위기가 요구되는 건물의 돔 지붕에도 목재가 사용되었다. 곡물거래소가 이를 대표하는 건물이다. 1763~1769년에 처음 준공된 뒤 여러 번의 증·개축 공사가 19세기까지 이어졌는데, 그 중간에 목조 트러스가 사용되었다. 첫 준공 때에는 목조 트러스의 평천장으로 마감했고, 1783년에는 목조 돔으로 교체한 뒤 유리를 덮었다. 이로써 파리, 나아가 프랑스 건축 역사 전체에서 최초의 유리 천장이라는 기록을 갖게 되었는데, 1809~1811년에 다시 석조 돔으로 교체되면서 아쉽게도 목조 돔은 사라졌다. 목조 돔은 사례 자체가 드문데다 남아 있는 건물도 거의 없어서 아쉬움은 더욱 크다. 곡물거래소에 대해서는 뒤에서 자세히 살펴보겠다.

3장

루이 15세1

신고전주의, 육군사관학교, 루이 15세 광장

루이 15세

안정적 내치 vs. 실패한 외치

앞 두 장에서 살펴본 것과 같은 포괄적인 상황 속에서 18세기 파리의 도시건축에 가장 큰 변화를 가져온 왕은 루이 15세Louis XV(재위 1715~1723년[섭정], 1723~1774년[친정])였다. 그는 '사랑하는 루이Louis le Bine-Aimé'(영어로 '루이스 더 비러브드Louis the Beloved')라는 별명이 말해주듯 온화한 성품의 소유자였다. 새로운 사업을 나서서 벌이는 편은 아니었지만 시대 상황이 변화되어가는 걸 인정하며 동참하는 태도를 유지했다.

루이 15세에 대한 역사적 평가는 대체로 부정적이긴 하다. 가장 대표적인 비판은 아무래도 루이 15세 개인의 사치스럽고 타락한 사생활에 모이는 편이며, 역사의 끈을 프랑스대혁명까지 늘리면 시대의 흐름을 놓친 채 절대왕정을 고수한 점으로 확장할 수 있다. 이는 어느 정도 사실일 것이다. 하지만 루이 15세 당대에 한정해서 보면 좀 더 세밀하게 관찰해봐야 할 필요도 있다. 무엇보다 내치와 외치로 나누어볼 수 있으며, 이를 통해 복합적인 해석이 가능하다.

먼저 내치를 보면, 그는 섭정을 포함해서 59년이라는 긴 기간을 통치했는데 내정에서는 큰 성공이나 실패 없이 안정적인 편이었다. 그의 사생활과 별개로 정치적·사회적 사건을 중심으로 보면 금융공황(1721년), 파리 고등법원과 왕실 간의 대립(1731년, 1753년), 루이 15세 암살미수 사건(1757년), 예수회 해산과 추방(1761~1765년) 정도가 대표적인 실패 사례와 사회 불안 상황이었다. 반면 루이 14세처럼 화려하지 않은 가운데 미래를 준비하는 일정한 발전도 있었는데 크게 세 방향으로 정리할 수 있다.

첫째, 금융산업의 발달이다. 국립은행 창립(1716년), 왕실은행 설립(1718년), 파리 증권거래소 신설(1724년) 등 여러 핵심 시설을 연달아 창설했다.

둘째, 영토 안정이다. 우선 대내적으로는 1766년에 메츠Metz와 낭시Nancy 등의 주요 도시가 있는 파리 북동부의 로렌느Lorraine(지금의 그랑 에스트Grand Est)를, 1769년에는 남쪽의 커다란 섬 코르시카Corsica를 각각 연달아 병합했다. 대외적으로도 영국, 네덜란드, 프로이센 등과 동맹을 강화하면서 루이 14세가 확립한 유럽 중심 국가로서의 위상을 대체로 지킨 편이었다.

셋째, 가장 큰 업적은 계몽주의를 이끌며 인문학, 과학, 예술, 문학, 출판 등의 문화 전성기를 이끈 점이다. 재위 기간으로 보든 실제 지원 정도로 보든 파리가 앞장서서 이끌던 계몽주의는 대부분 루이 15세의 치적이었다. 계몽사상이 대체로 절대왕정에 비판적 시각을 견지했지만 루이 15세는 이를 크게 탄압하지는 않았으며, 오히려 왕실 아카데미를 중심으로 계몽사상 발전을 지원하면서 앞장서 이끌었다. 루이 15세의 연표를 보면 앞 장에서 소개한 몽테스키외, 볼테르, 루소, 디드로, 달랑베르 등 18세기 유럽 사상계를 대표하는 쟁쟁한 인물들의 저서들이 줄줄이 출간되었다. 그 절정은 단연 1751~1772년의 21년 여에 걸쳐 완성된 『백과전서 *Encyclopédie*』일 것이다.

반면 외치는 크게 보면 실패라고 할 수 있다. 유럽 내에서는 앞에서 본 대로 나쁘지 않았지만, 바야흐로 식민지 경쟁 시대에 유럽 밖에서 영국에 뒤지기 시작한 것이다. 출발은 폴란드 왕위 계승 전쟁(1733~1738년)이었으며, 이어 오스트리아 왕위 계승 전쟁(1740~1748년)부터 전선이 확대되면서 북아메리카를 필두로 한 유럽 밖 식민 지역의 지배권을 건 7년 전쟁

(1756~1763년)으로 번졌다. 루이 15세는 이 전쟁에서 패하며 북아메리카 등 여러 곳의 지배권을 잃고 열강들의 식민지 영토 확보 경쟁에서 큰 타격을 입었다.

외치의 실패는 내치에도 타격을 줬다. 무엇보다 경제적 타격이 컸다. 전비도 전비였지만 해외 식민 지역에서 국내로 유입하는 재원이 줄어들며 재정 상황이 나빠졌다. 여기에 루이 15세를 중심으로 한 왕실의 사치가 상황을 더욱 악화시켰다. 이런 상황은 계몽주의 시대에 새로운 정치사회 정신으로 불기 시작하던 개혁운동을 가속했다. 루이 15세는 순수한 문화예술과 학문으로서의 계몽주의는 적극적으로 지원했지만, 스스로 나서서 절대왕정을 포기하거나 왕실 문화를 뜯어고치는 등의 진보적 개혁과는 거리가 멀었다. 결국 정치와 사회의 개혁 요구가 점차 커지고 시민정신이 성장하면서 이미 루이 15세 때부터 절대왕정의 붕괴 조짐이 조금씩 나타나기 시작한 걸로 볼 수 있다.

루이 15세 때의 파리 도시 상황

파리 환궁과 함께 개발 사업을 시작하다

파리의 도시 상황도 루이 15세의 이런 통치 상황과 비슷하게 진행했다. 여러 번의 큰 전쟁을 치르면서 재정적으로 여의치 않았기 때문에 대형 개발 사업을 벌이기에는 불리한 여건이 되었다. 반면 비교적 안정적이던 내치의 분위기 속에서 적지 않은 중요한 발전이 있었다. 무엇보다 루이 14세가 베르사유로 옮겼던 궁정을 파리로 귀환시키며, 파리가 계몽주의의 중심 도시로서 본격적인 발전의 물꼬를 텄다. 물론 루이 14세가 수도 파리를 등한시한 건 아니었고, 거꾸로 루이 15세 역시 파리로 환궁한 뒤에 베르사유로 다시 돌아가기도 했다. 하지만 루이 14세 때에는 수도 파리에 왕실과 중앙정부가 부재한다는 사실만으로도 파리에 불리할 수밖에 없었으며, 이렇게 보면 루이 15세의 파리 환궁은 근대 전기 프랑스와 파리 역사에서 중요한 분기점인 게 분명했다.도 3-1

3-1. 루이 15세 시기 튈르리궁Palais des Tuileries 풍경

루이 15세의 성격으로 봐서 환궁은 개인적 결단도 있었겠지만, 귀족들의 요구와 압력이 더 크게 작용한 것이 사실이었다. 어떤 면에서는 궁정이 베르사유로 나간 일 자체가 비정상적 일탈이어서 파리 귀환은 '비정상의 정상화'로 볼 수 있었다. 그만큼 파리의 도시건축에 끼친 영향도 컸다. 한편 프랑스는 중세 때부터 궁정을 파리 밖에 두는 특이한 전통이 있었다. 주로 루아르 계곡Val de la Loire(영어로 '르와르 밸리Loire Valley')에 많았고 일드프랑스의 퐁텐블로Fontainebleau에도 있었다. 물론 수도 파리에도 시테궁Palais de la Cité과 루브르궁Palais du Louvre이 있어서 왕실은 여러 왕궁을 오가며 통치했다.

이러던 궁정이 파리에 완전히 정착한 건 프랑수아 1세(재위 1515~1547년) 때인 1500~1550년경이었으며, 이때부터 파리는 초기 근대 시기를 맞이하며 발전에 시동을 걸었다. 이와 비슷한 상황이 루이 15세의 환궁 때 다시 일어났다. 물론 시간이 200여 년 흐른 뒤여서 파리의 발전 규모는 대폭 커졌고 시대도 초기 근대에서 근대 전기의 전반부인 계몽주의로 바뀌어 있었다.

이상이 루이 15세 통치 기간의 전체적인 배경이었고, 세부적으로 보면 즉위 초창기부터 곧바로 파리 개발 사업을 벌이기에는 무리였다. 우선 1715~1723년의 초기 8년은 도를레앙 대공 필리프 2세Philippe II, Duc d'Orleans(1674~1723년)의 필리프 섭정기였다. 섭정은 궁정의 파리 귀환을 주도해서 성사시켰지만 공공건축의 활성화로까지 이어지지는 못했다. 그렇

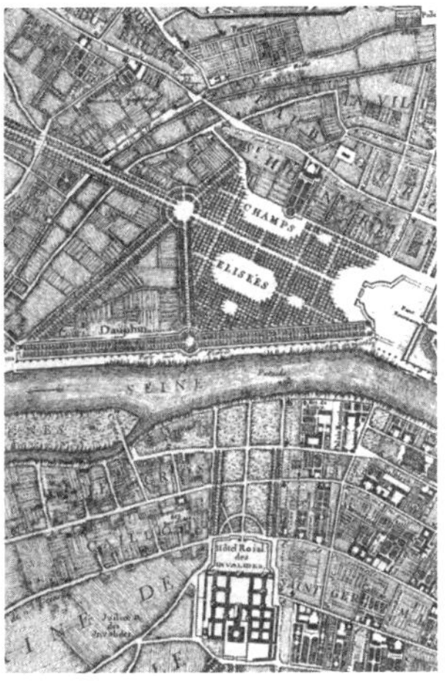

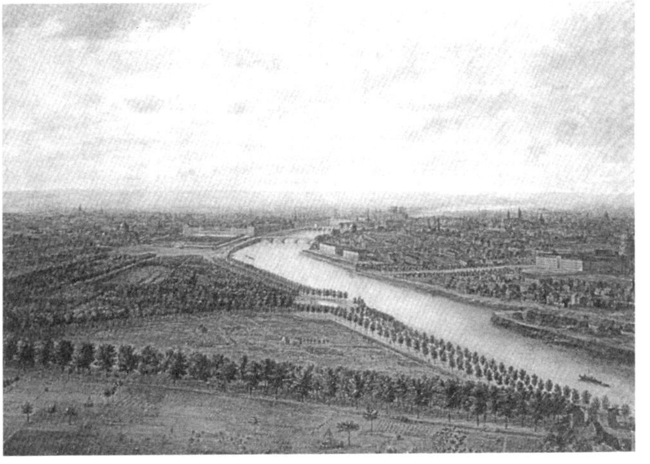

3-2. 샹젤리제와 에투알 서클Étoile Circle 사이 일대. <들라그리브 파리 지도Plan de Delagrive>(1728년)(왼쪽)

3-3. 1741년 샹젤리제 일대 풍경 그림(오른쪽)

다고 아무 일도 하지 않은 건 아니었다. 앞에서 본 로베르 드 코트의 안을 비롯한 여러 건의 개발계획안을 입안해서 앞으로의 개발을 착실히 준비하기 시작했다. 개발 대상은 주로 샹젤리제부터 앵발리드 오텔 사이의 파리 서쪽 구역이었는데, 실제 의미 있는 개발 없이 계획안에 머물긴 했지만 향후 파리의 도시계획이 종합적 계획안 중심으로 진행하게 된 출발점이란 점에서 중요성이 컸다.

이런 가운데 필리프 섭정기의 후반부에 드디어 의미 있는 개발 사업이 시작했다. 가장 먼저 1720년에 현재 우안 16구의 샤요 언덕Colline de Chaillot을 평탄하게 다듬는 정지 공사를 했다. 이어 1724년에는 그 옆 8구의 샹젤리제 구역을 지금의 파리 개선문 일대 에투알 서클Étoile Circle까지 확장하는 개발 공사를 진행했다. 아직 건물까지 지은 건 아니었고 당시 습지였던 이 일대를 '가로수 산책로promenade'인 '나무 심은 불르바르planted boulevard'로 정비한 사업이었다.도 3-2, 3-3 샹젤리제와 에투알 서클의 두 지역을 합하면 당시까지 있었던 파리 개발 사업 가운데 가장 큰 사업이라 할 만했다.

그러나 그 중간에 시소게임이 벌어지기도 했다. 왕실이 1722년에 베르사유로 다시 돌아가버렸고 일시적이나마 파리를 향한 관심이 갑자기 식었다. 이런 상황이 길어지자 비판이 쏟아지기 시작했다. 예를 들어 문화예술 비평가였던 에티엔 라 퐁 드 생옌Étienne La Font de Saint-Yenne(1688~1771년)은 "왕(루이 15세)은 위대한 건축가로서의 자신의 영광을 구현할 의무가 있다"라고 비판했다. 이런 비판 때문이었는지 루이 15세는 결국 왕실을 완전히 파리에 정착시킨 뒤 1730년대 중반부터 1770년경까지의 30여 년 동안 꾸준히 파리를 개발했다. 크게 도시 차원의 공공사업과 건축 차원의 주요 건물 공사 등 두 방향이었다.

도시 차원의 공공사업은 파리시보다 더 윗선인 왕실과 국가가 시민의 도시 생활에 필요한 토목 인프라 시설을 개발하고 공중보건과 공공위생을 향상하는 사업이었다. 크게 보면 앞에서 나온 로베르 드 코트Robert de Cotte(1656~1735년)와 피에르 파트Pierre Patte(1723~1814년)의 파리 개발 계획안이 거시적 차원의 공공사업 안내서 혹은 지침 같은 것이었다. 세부적으로는 건축가 장 보오시르Jean Beausire(1658~1743년)가 1737~1743년에 총감독한 하수관 공사가 가장 대표적이었다. 1765년에는 묘지를 정비했고 1769년에는 센강의 다리들 위에 지은 집들을 철거했으며 1760년대 전체에 걸쳐서 도시 가로등에 기름을 사용함으로써 야간 조명을 향상했다.

루이 15세 양식 신고전주의, 로마 벽체구조와 그리스 기둥구조로 분화하다

건축 차원의 주요 건물은 생쉴피스 교회, 생쉴피스 광장, 루이 15세 광장, 육군사관학교, 파리 팡테옹 등 다섯 건의 대형 건축이 대표작이었다. 이들은 모두 18세기 파리는 물론이고 프랑스를 대표하는 주요 작품들이었다. 루이 15세가 18세기의 한복판을 관통하며 59년이나 통치했으므로 시대를 대표하는 건물이 이 기간에 집중한 건 일면 당연했다. 이 때문에 18세기 건축을 프랑스에서는 보통 '루이 15세 양식'이라 부르기도 한다. 앞 시기의 베르사유를 중심으로 한 바로크 건축을 '루이 14세 양식'이라 부르는 것과 짝을 이룬 걸로 볼 수 있다.

이 다섯 건의 건축은 일정한 공공 성격을 띠긴 했지만, 왕 자신과 왕실의 권위 그리고 영광을 드높이려는 정치적 목적도 함께 있었다. 다만 그 방향이 이전의 과시적 기념비와는 차이가 있었다. 크게 보면 모두 신고전주의 양식이어서 여전히 과시적 기념비의 모습도 남아 있었지만, 세부적으로는 계몽주의라는 새로운 시대 상황에 따른 중요한 변화도 함께 나타났다. 생쉴피스 교회와 파리 팡테옹을 잇는 구조합리주의Structural Rationalism가 대표적이었다. 이제 건축물로 왕실의 권위를 표현하려면 이런 새로운 발전상을 담아내야 하는 쪽으로 시대가 변하고 있었다. 온화한 성격의 루이 15세 자신은 전통적인 과시적 기념비로 물리적 힘을 자랑하기보다는 새로운 흐름에 동참해서 이를 주도하는 방식으로 국왕으로서의 업적을 드러내려 했다. 파리의 도시건축에서만큼은 증조부였던 루이 14세의 사업을 능가해보겠다는 의욕을 품고 있었던 것이다.

이런 루이 15세의 건축 사업을 이끈 양식 사조는 신고전주의였다. 신고전주의는 19세기까지 계속되었는데, 루이 15세의 신고전주의는 19세기 신고전주의와 일정한 차이가 있어서 둘을 구별하기 위해 앞에 세기를 붙여서 18세기 신고전주의라고 부르는 게 정확하다. 이번 장에서는 그냥 신고전주의로 칭하고 19세기 편에서 구별이 필요한 지점에 세기를 더해 구분하겠다. 18세기 신고전주의의 초반에는 루이 14세가 구축한 왕립아카데미를 중심으로 왕실 고전주의royal classicism의 페이스를 유지했다. 그런데 점차 시간이 흐르면서 신고전주의에도 개혁적 건축 운동의 바람이 들어가기 시작했고, 왕실 고전주의는 파리 건축계에서 서서히 주도권을 잃어가고 있었다. 그 한쪽에서는 젊고 개혁적인 건축가들을 중심으로 비교적 자유로운 분위기 속에서 자발적으로 새로운 실험 운동과 논쟁들이 활발히 전개되었다. 그 결과 신고전주의 자체가 내부적으로 상반되는 두 흐름으로 나뉘어 진행했다.

하나는 로마 벽체구조를 기본 구조로 삼는 경향이었다. 이는 앞 시대 양식인 바로크의 흐름을 이어받아 고전주의 전통을 수호하려 한다는 점에서 신고전주의 내의 보수주의라 할 수 있다. 건축가는 루이 15세의 건축가 자크-앙주 가브리엘Jacques-Ange Gabriel(1698~1782년)과 왕립건축아카데미 교수 자크-프랑수아 블롱델Jacques-François Blondel(1705~1774

년) 등이 대표했고, 건물은 자크-앙주 가브리엘의 육군사관학교École Militaire(1750~1768년)가 대표했다. 이 건축가들은 왕실이나 왕립아카데미에 소속되어 왕실 고전주의를 구사하는 계열이어서, 이를테면 건축에서의 앙시앵 레짐으로 볼 수 있었다.

다른 하나는 그리스 기둥구조를 기본 구조로 삼는 경향이었다. 이 경향은 앞 시대인 바로크에 대한 반발과 탈피의 목적을 가진 점에서 진보주의 혹은 개혁주의라 할 수 있다. 바로크가 벽체구조에 기반한 로마 고전주의를 기반으로 삼았는데, 기둥구조의 그리스 고전주의는 이와 상반되는 사조로 분류되기 때문이다. 조반니 니콜로 제로니모 세르반도니Giovanni Niccolò Geronimo Servandoni(1695~1766년)의 생쉴피스 교회Église Saint-Sulpice(1733~1745년)와 자크 가브리엘 수플로Jacques Gabriel Soufflot(1713~1780년)의 파리 팡테옹Paris Panthéon(1755~1780년)이 이를 대표했다.

18세기 신고전주의는 이처럼 상반된 두 운동 모두를 품은 매우 특이한 양식 사조였다. 아직 고전주의가 세력을 유지하는 가운데 그리스 고전주의와 로마 고전주의가 분열하면서 날카롭게 대립하는 분화 현상이 일어난 것이다. 두 고전주의는 이전까지는 '고전주의'라는 큰 틀 안에 함께 들어 있었는데, 18세기 파리 신고전주의를 거치면서 서로 분리되어 대립하게 되었다. 이런 현상을 건축 역사나 건축 미학에서는 '그리스주의와 로마주의 사이의 논쟁'이라는 뜻에서 '그레코-로만 논쟁'이라 부른다. 구조 방식을 기준으로 하면 앞에서 말한 '벽체구조 vs. 기둥구조'의 대립 현상과 같은 말이었다.

고전주의의 원류는 시대 순서, 건축적 특징과 성격, 건축 구성의 원리 등 모든 면에서 당연히 그리스 고전주의였다. 그러던 것이 로마 제국을 거치면서 오랜 기간 넓은 지역에 걸쳐 로마 고전주의가 주류의 자리를 차지하게 되었다. 이런 현상은 초대교회 때까지 이어지다가 중세 때 주춤했지만 르네상스와 바로크의 초기 근대 때 더 강해져서 이 시기의 고전주의 역시 로마 고전주의의 하나가 되었다. 이런 상황에서 18세기 신고선수의에 들어와 그리스 고전주의가 2천 년 가까운 오랜 침묵을 깨고 다시 전면에 등장하며 로마 고전주의와 대립한 것이다.

두 고전주의의 분화는 단순한 양식의 차이를 넘어 기둥과 벽체라는 가장 기본적인 건축 구조 방식 사이의 분화였기에 그 의미와 파급 효과는 상당히 컸다. 역사적으로는 '로마'가 문명 역사부터 도시건축에 이르기까지 모든 면에서 절대적인 위치를 점해왔는데 이것이 깨진 것이었다. 건축에서 전개된 세부 현상으로는 기둥구조에 기반한 그리스 고전주의의 두 건물인 생쉴피스 교회와 파리 팡테옹이 구조합리주의라는 또 다른 사조로 분리·독립한 것이 가장 대표적이었다. 이는 역사성이 큰 현상이어서 19~20세기 철골과 철근 콘크리트 건축의 기둥 전성시대를 예고한 것이었다.

이상의 배경 아래 이 장에서는 신고전주의 가운데 로마 고전주의를 대표하는 육군사관학교, 그리고 광장 가운데 같은 성격으로 볼 수 있는 루이 15세 광장(콩코르드 광장)을 먼저 살펴보겠다. 이어 생쉴피스 교회와 부속 광장과 파리 팡테옹은 다음 장에서 구조합리주의라는 항목으로 자세히 살펴보겠다.

육군사관학교 1

로마 고전주의를 고결한 단순성으로 정리하다

먼저 육군사관학교École Militaire다. 1750년에 가브리엘이 설계해서 1751년에 착공한 뒤 1754년에 주요 부분을 일차로 준공했으며 1768년에 최종적으로 준공했다. 건축사에서는 보통 전체 기간인 1750~1768년을 공사 기간으로 잡는다. 18세기 신고전주의 건물이며 그 가운데에서도 로마 벽체구조 계열을 대표한다. 정치적 의미도 커서, 루이 14세가 앵발리드 보훈병원을 통해 구현한 애국주의에 대한 증손자 루이 15세의 화답이었다. 이런 점에서 바로크 때의 국가 양식인 프랑스 고전주의가 연상되는 한편, 새로운 시대 상황에 맞춰 조금 바뀐 걸로 볼 수 있다.

마침 부지부터 앵발리드 보훈병원 바로 옆이어서 증조할아버지였던 선왕의 옆에서 함께한다는 심리적 효과도 있었다.도 3-4 두 건물 모두 현재

3-4. 앵발리드 보훈병원(중앙 위쪽)과 육군사관학교(오른쪽 아래) 전경

좌안 7구에 속하는데, 육군사관학교는 샹드마르스(마르스 초원)을 끼고 에펠탑을 마주 보는 지점에 자리한다. 당시 시내 외곽의 빈 땅이었는데 이런 점에서 70년 전의 앵발리드 보훈병원을 이어받아 18세기에 생도미니크가Rue Saint-Dominique와 그르넬가Rue de Grenelle가 좌안 서쪽 지역으로 더 확장하는 데에 핵심적 역할을 했다.

이 건물은 여전히 벽체구조를 사용하고 있기는 하지만 18세기 신고전주의가 시작되면서 앞 시기 바로크 때의 벽체구조와는 중요한 차이점이 있었다. 무엇보다 새로운 시대정신이 중요했다. 18세기 계몽주의에서 건축은 전통 시대의 불필요한 장식을 벗어던지고 '간결화reduction' 혹은 '단순화simplification'을 향해 나아가고 있었다. 그 끝은 물론 앞으로 다가올 근대건축의 합리주의 정신을 향하고 있었지만 18세기는 근대 전기여서 아직 여기까지 가지는 못했다. 마침 다행스럽게도 이런 정신을 간직하고 있는 전통 선례가 있었으니 바로 그리스 고전주의 미학의 정수인 '고결한 단순성noble simplicity'과 '차분한 위엄clam grandeur'이었다.

육군사관학교에는 18세기 신고전주의의 이런 새로운 특징이 형성되면서 같은 로마 고전주의라도 화려한 장식과 조형적 과장을 추구하던 앞선 바로크 고전주의와 중요한 차이를 보이게 되었다. 육군사관학교에 나타난 새로운 특징은 크게 세 가지로 구체화했다. 장식이 거의 사라진 평활 벽이 건물 전체를 지배한 점, 전체 구성도 꺾임이 없는 '一'자형으로 단순해진 점, 이런 긴 몸통을 따라 역시 극도로 단순화한 창이 마치 현대 사무소 건물처럼 가지런히 반복해 설치된 점 등이다.도 3-5

이렇게 볼 때 육군사관학교는 로마 고전주의를 기본 건축 방식으로 삼아 이를 새로운 시대 흐름인 그리스 고전주의의 정수에 맞춰서 적절하게 처리했다 할 수 있다. 두 가지 고전주의를 한 건물 안에 표현한 점에서 '벽체구조 vs. 기둥구조'라는 차이를 지우고 고전주의의 원형미原形美를 택했다는 뜻이다. 꼭 필요한 것만 갖춘 원형미는 절제와 반듯한 몸가짐을 연상시키는데, 이는 육군사관학교라는 건물의 기능이나 이미지와도 잘 맞았다. 중앙 출입구에는 피라미드의 네 변을 곡선으로 둥글린 프랑스식 돔을 얹어서 프랑스 국가 양식의 권위를 배가시켰는데, 이 또한 국가를 방어하는 군사시설에 잘 맞는 애국주의 혹은 국가주의라는 사회 미학을 창출해냈다.

3-5. 육군사관학교 정면

이런 미학적 대응은 18세기 파리 건축 미학을 이끌었던 자크 프랑수아 블롱델의 신고전주의 이론 가운데 '특질character', '기호嗜好 · taste', '합치성propriety', '박진성迫眞性 · decorum' 등에 따른 것이었다. 이런 개념을 건축에 적용하면, '모든 건물은 기능이나 성격, 건축주의 성향과 가치관, 동시대의 사회적 상황 등을 반영해야 한다'라는 사회 미학이 된다. 공공건물일수록 이런 필요성은 커진다. 육군사관학교는 가브리엘 및 자크-프랑수아 블롱델과의 개인적 친분을 바탕으로 18세기 파리 건축에서 통용되던 사회 미학을 애국주의와 국가주의로 잘 표현해낸 대표적 예에 해당한다.

육군사관학교 2

애국주의, 강한 수평선, 에펠탑에 맞선 대비적 균형

애국주의와 국가주의는 국군통수권을 가지고 있는 루이 15세의 영광을 상징하는 걸로 해석될 수도 있었다. 이렇게 보면 육군사관학교는 루이 15세 광장과 함께 앙시앵 레짐 기간의 절대왕정을 이끈 도시건축이 된다. 육군사관학교에서 가장 중요한 공간이 기능적으로 보면 사관학교와 별 연관이 없어 보이는 '성왕 루이 예배당Chapelle Saint Louis'이라는 점도 이 건물에 담긴 애국주의와 국가주의를 잘 보여준다. 성왕 루이는 프랑스 중세 역사에서 가장 훌륭한 왕이었던 루이 9세Louis IX(재위 1226~1270년)를 말한다. 루이 14세와 함께 프랑스 역사에서 가장 훌륭한 왕에게 예배당을 헌정한다면 두 왕 모두가 후보가 될 수 있었다. 그런데 루이 14세는 마침 루이 15세의 선왕이면서 증조할아버지인데다 이 건물 자체가 일정 부분 루이 14의 바로크 로마 고전주의를 이어받은 것이어서 루이 14세는 건너뛰고 먼 중세의 루이 9세에게 봉헌한 것이다. 이는 '루이 14세-루이 15세'로 이어지는 왕조가 '루이'라는 이름을 공동 매개로 루이 9세의 후예임을 세상에 천명한 중요한 역사적 의미가 있었다.

이런 애국주의와 국가주의는 루이 15세 때 지어진 건물을 혁명의 소용돌이에서 구할 수 있었다. 루이 15세는 프랑스대혁명을 촉발한 루이 16세보다는 반감을 적게 산 왕이었는데, 여기에는 루이 15세 광장과 육군사관학교의 두 도시건축도 한몫했다. 루이 15세 광장은 도시 광장으로서 기본적으로 시민을 위한 시설인데다 실제로 파리의 도시 발전에도 중요한 역할을 했다. 육군사관학교는 나라를 지키는 국방시설이어서 더 말할 필요도 없었다. 이 덕에 두 시설은 프랑스대혁명과 1871년 파리 코뮌 등의 혁명을 거치면서도 큰 피해가 없었다. 이런 보존 덕에 19세기 후반부터 20세기에 걸쳐 파리가 서쪽 지역으로 확장·발전하는 데 씨앗 역할을 했다.

루이 15세 광장은 바로 옆의 튈르리궁까지 파괴된 것에 비교하면 온전히 보존되었다. 오히려 새로 탄생한 튈르리 정원과 합해져 시민의 품으로 돌아간 뒤 '샹젤리제-파리 개선문-라데팡스-뇌이쉬르센Neuilly-sur-Seine 신도시'로 이어지는 파리 서북 중심축의 출발 지점이 되었다. 이는 20세기 후반까지에 걸친 긴 기간에 진행된 파리 교외로의 거시적 확장이었다.

육군사관학교는 좀 더 미시적 차원에서 파리 시내에서의 발전적 확장을 주도했다. 건물이 보존되면서 그 앞에 위치한 샹드마르스의 중요성도 함께 커졌다. 이 들판은 원래 군사훈련을 하던 곳이었으며 앙시앵 레짐과 프랑스대혁명 기간에는 비록 그 성격이 다르긴 해도 많은 시민 축제가 열리고 역사적 행사와 사건 등이 진행되던 곳이었다. 가장 대표적인 행사가 프랑스대혁명 기간에 있었던 '신의 축제la Fête de l'Être Suprême'였다. 이 축제는 프랑스대혁명의 지도자였던 막시밀리앵 드 로베스피에르Maximilien de Robespierre가 창설한 행사로 1790년부터 개최했는데, 1794년 6월 8일에 있었던 축제가 가장 성대하고 대표적이었다.

이것만으로도 파리에서 중요한 역사성이 축적된 공간이 되었으며, 육군사관학교는 고결한 위용을 자랑하며 들판을 지키는 수문장으로서 역사적 행사의 증인이 되었다. 다시 이를 바탕으로 19세기에는 1867년, 1878년, 1889년의 세 번에 걸친 파리 만국박람회 장소로 거듭났다. 그 끝인 1889년 만국박람회 때 이 들판의 북쪽 끝에 드디어 에펠탑이 서면서 들판을 가로질러 육군사관학교를 마주 보는 구도가 형성되었다.

이는 '수직선-넓은 공간-수평선'이 한 몸을 이루며 대비적 조화를 이룬다는 점에서 파리 도시 구조 전체에서 매우 중요하면서 특이한, 아마도 거의 유일한 구도였다. 당시 파리에서는 320m 높이의 이 철탑이 자칫 고풍스러운 도시 경관과 스카이라인을 망칠 것이라는 우려가 컸는데, 육군사관학교는 그 앞의 샹드마르스와 협동으로 이를 잘 받아냈다. 우선 약 250m × 970m 크기의 텅 빈 샹드마르스가 일차로 이를 크게 완화해주었으며, 다시 그 끝에서 육군사관학교가 약 155m 길이의 긴 수평선을 드리워서 에펠탑의 수직선과 대비적 균형을 이루었다.도 3-6, 3-7 또한 육군사

3-6. 육군사관학교 안마당에서 샹드마르스와 에펠탑을 바라본 전경. 멀리 고층 건물이 라데팡스La Défense다. (위)

3-7. 육군사관학교 정면도(아래)

3-8. 에펠탑에서 내려다본 샹드마르스와 육군사관학교

관학교는 이런 정면 안쪽으로 크고 작은 여러 개의 'ㅁ'자형 사각형 건물군과 안마당을 갖추어, 실제 면적은 도로에 드러난 것보다 훨씬 넓었기 때문에 전체 크기로는 오히려 에펠탑을 능가한다고도 할 수 있었다. 마지막으로 정면에서 본 강한 대칭 구도는 건물에 조형적 권위를 부여하며 에펠탑의 비상식적인 수직선을 받아칠 수 있었다.

이처럼 1889년 파리 만국박람회와 에펠탑을 거치면서 '육군사관학교-샹드마르스-에펠탑'이 형성한 구역은 파리에서 노트르담대성당, 루브르 박물관, 시청사 등을 능가하는 또 다른 중심지로 거듭나게 되었다.도 3-8 다시 그 여세를 몰아 20세기에도 1900년과 1937년에 두 번의 만국박람회가 더 열렸고, 그 중간인 1908~1928년의 긴 기간에 걸쳐서 장-카뮈 포르미제Jean-Camille Formigé(1845~1926년)와 쥘 포르미제Jules Formigé(1879~1960년) 부자의 설계로 '샹드마르스 정원Jardin du Champ de Mars'으로 정비되어 현재에 이른다.

루이 15세 광장 1

건설 배경과 부지 선정 과정

다음으로 루이 15세 광장Place Louis XV이다. 조성 당시에는 왕 자신의 이름을 넣었는데, 지금의 콩코르드 광장Place de la Concorde이다. 이 광장에 대한 평가는 엇갈린다. 우선 순수하게 도시건축의 관점에서 보면 우수한 광장은 아니다. 유럽의 광장치고는 너무 큰 데다 텅 비어 있어서 다소 밋밋하며 아늑하게 사람을 품지 못한다. 안쪽으로 차까지 다녀서 제대로 된 광장으로 느껴지지도 않는다. 좀 심하게 말하면 그저 도로 사이에 버려진 넓은 공터 같기도 하다.도 3-9 이런 이유로 좋은 위치와 역사적 중요성 등

3-9. 루이 15세 광장(현재의 콩코르드 광장Place de la Concorde) 공중 전경

에도 불구하고 일반인들에게는 잘 알려지지 않았으며 보통 관광 코스에서도 빠져 있다.

반면 정치와 사회문화를 기준으로 보면 루이 15세 이후부터 20세기에 이르는 기간에 파리를 넘어 프랑스 전체의 주요 사건이 일어나고 쌓인 역사적 기록의 현장이었다. 도시 구조를 기준으로 봐도 18세기 후반부 파리 도시 발전에 중요한 역할을 하며 19세기 이후 파리가 서쪽과 북쪽으로 확장할 수 있는 초석이 되었다. 이런 배경 아래 역사와 도시 구조의 두 가지 중요성과 관련해서 다양한 주제가 파생했다. 그 내용은 크게 열 가지로 정리할 수 있다. 차례대로 살펴보자.

첫째, 건설 배경이다. 조성 과정부터 이미 제법 긴 배경이 있다. 첫 단서는 1748년의 엑스라샤펠 조약Treaty of Aix-la-Chapelle of 1748(아헨 조약Treaty of Aachen)을 기념하기 위해 루이 15세 동상을 세우기로 하면서 시작했다. 같은 해에 왕실의 부탁을 받은 시의회는 기마상 건립 계획을 발의·승인한 뒤 그 부지를 광장으로 크게 잡기로 했다. 승전 조약이 아니었음에도 국왕의 기마상을 세운 데에는 두 가지 이유가 있었다. 하나는 루이 15세의 개인사로, 그가 병상에서 회복한 걸 기념하기 위해서였다. 하지만 진짜 이유는 두 번째로, 앞의 조약과 연관해서 프랑스와 왕실의 권위를 높이 세우고 국민의 사기를 진작시킬 필요성이 절실했기 때문이다. 그 내막은 이렇다.

이 조약은 1740~1748년의 긴 기간에 걸쳐 유럽의 주요 국가들 대부분이 얽혀서 진행한 '오스트리아 왕위 계승 전쟁'을 끝내는 평화조약이었다. 대표 국가만 추려봐도 '오스트리아-영국-네덜란드-작센(1743~1745년)-러시아' 연합과 '바이에른-프랑스-프로이센-스페인-작센(1741~1742년)-스웨덴-제노바 공화국-모데나 공국' 연합이 맞서서 사실상 유럽의 모든 나라가 얽혀들었다고 할 수 있는 대형 전쟁이었다. 실제로 이 전쟁은 합스부르크 왕가의 왕위 계승과 그 과정에서 발생한 영토 분할이라는 작은 이슈로 시작된 데 비해 결과적으로는 18세기 이후 현대에 이르는 유럽 여러 나라와 남북 아메리카의 국경선 및 정치 지형의 기초를 형성한 중요한 전쟁이었다.

진행 과정을 봐도 그만큼 두 연합의 세력이 팽팽했으며, 전쟁 자체의 결과 역시 양측의 요구사항이 모두 부분적으로 인정되면서 사실상 무승부라 할 수 있었다. 문제는 오스트리아 왕위 계승의 직접 당사자가 아닌 프랑스와 영국이 유럽, 나아가 전 세계 식민영토의 맹주 자리를 놓고 맞붙었다는 점이다. 오래된 경쟁심과 국가적 자존심까지 가세해서 두 나라는 필요 이상으로 싸웠으며, 이 전쟁에서 승부를 보지 못하자 양측 모두 찜찜하게 여기고 진검승부를 가릴 새로운 전쟁을 기다리는 상황이 되었다. 실제로 결국 불과 6년 뒤에 전장을 아메리카 대륙을 비롯한 해외의 식민영토로 옮긴 7년 전쟁이 이어졌다. 이런 상황에서 프랑스는 마치 6년 뒤의 큰 전쟁을 예측이라도 한 듯이 왕의 동상을 세워 국력을 한 곳으로 모으고자 했다.

둘째, 부지 선정 과정이다. 장소는 왕이 직접 선정했는데, 한 번 무산된 뒤 두 번째에 현재의 콩코르드 광장이 있는 장소로 결정되었다. 우선 크게 보면 루이 15세는 부지를 파리의 도시 구도 전체 속에서 거시적으로 결정하고자 했는데, 이는 선대왕들과의 중요한 차이점이었다.도 3-10 앙리 4세, 루이 13세, 루이 14세 등의 선대왕들도 차례대로 광장을 건설했지만, 이런 광장들은 모두 파리 전체에 대한 대표성 없이 특정 지역 안에 스스로 갇히듯이 숨는 형국이 되어버렸다. 루이 15세는 이를 안타깝게 여기고 있던 차에

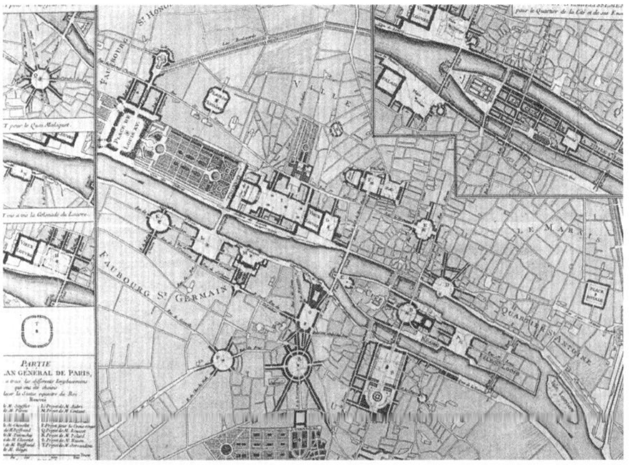

3-10. 피에르 파트Pierre Patte의 루이 15세 광장 현상공모 응모안(1748년)

마침 자신의 이름이 들어간 광장을 건설할 기회를 포착하고 선례 광장의 아쉬운 점을 만회하기 위해 파리 전체를 대표할 만한 장소를 물색했다.

그리고 고민 끝에 처음에는 1749년 좌안에서 시청사와 연결되는 센강변의 콘티 부두Quai de Conti와 부시 교차로Carrefour de Buci 사이 구간으로 결정했다.도 3-11 센강을 따라 교통의 요지인 동시에 파리 시청사와 연결되는 장소로서, 이 정도면 파리를 대표하는 공간적 포괄성을 확보했다고 판단했다. 그러나 공사비 문제로 실행에 옮기지 못하면서 첫 번째 계획은 일단 무산했다. 아마도 도심이어서 요즘 식으로 하면 보상비가 많이 들었기 때문이었을 것으로 추정할 수 있다.

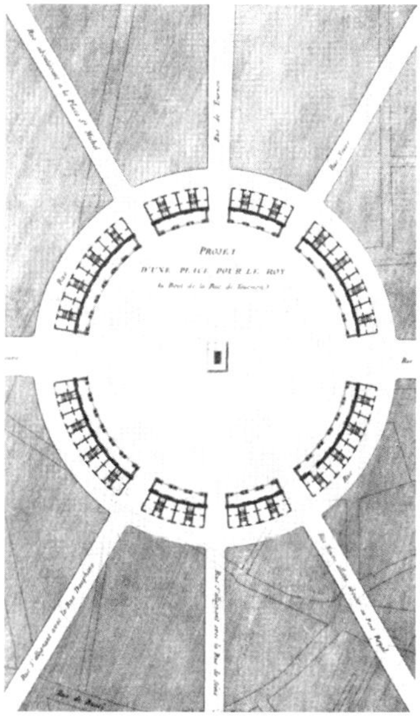

3-11. 좌안 후보지의 중앙 초점 자리에 루이 15세 동상을 세우려는 계획안

이에 1753년 콩코르드 광장으로 최종 변경되었다. 당시 기준으로는 사라지기 전의 튈르리궁, 현재 기준으로는 8구 튈르리 정원의 서쪽 앞에서 샹젤리제가 시작하는 곳이었는데,도 3-12 두 가지 이점이 있었다. 하나는 성곽 외곽의 미개발지인 빈 땅이어서 공사비 부담을 줄일 수 있었다. 다른 하나는 루브르궁과 튈르리궁을 하나로 연결한 파리 왕궁단지에 붙어 있는 곳이어서 파리 전체의 포괄적 대표성을 확보하는 데에 오히려 더 유리했다. 이렇게 해서 널찍한 부지를 확보한 뒤 359m × 212m의 크기에 총면적 7만 6,000㎡(= 약 2만 3,000평)로 파리에서 가장 큰 광장이 탄생할 수 있었다. 또한 파리 전체로 보면 보주 광장, 도핀 광장, 승리의 광장, 방돔 광장 등과 함께 5대 광장을 이루게 되었다.

3-12. 아래부터 '루브르 박물관-튈르리 정원-콩코르드 광장-샹젤리제가-개선문-라데팡스' 모습

루이 15세 광장 2

설계와 공사 과정, 공간 구성과 건축적 특징

셋째, 설계와 공사 진행 과정이다. 부지가 결정되자 광장 설계를 담당할 건축가를 현상공모했다. 왕립 광장인 만큼 대상은 건축아카데미 회원에 한정했고 자크-앙주 가브리엘이 선정되었다. 가브리엘은 1755년에 초안을 제출해서 루이 15세의 허가를 받은 뒤, 일부 수정을 거쳐 1757년에 최종안을 제출했다. 곧바로 공사를 시작했고, 1763년 광장 중앙에 루이 15세의 기마상을 봉헌하면서 일차로 준공했다.도 3-13 그러나 여기서 멈추지 않고 내친김에 1770년대까지 광장의 서쪽과 맞닿은 샹젤리제 일대를 개발하는 추가 공사가 이어졌다. 이 공사는 건축가 니콜라-마리 포탱 Nicolas-Marie Potain(1723~1790년)이 맡았다.

당시 샹젤리제는 진흙으로 뒤덮인 뻘밭이어서 사용하지 못한 채 비워 둔 상태였는데, 토지를 보강해서 사용 가능한 필지로 개발했다. 이어 지금의 파리 개선문에 해당하는 지점을 회전교차로가 지나는 주요 결절 지점 개념의 노드node 혹은 너클knuckle로 개발하면서 성곽 밖의 경계부로 삼았다. 이상의 과정을 거쳐 샹젤리제 공사도 어느 정도 마무리한 1772년 광장 역시 최종 준공했다. 공사 기간은 기록에 따라 다른데 건축사에서는 보통 1757~1763년의 일차 준공과 1772년의 최종 준공의 두 단계로 나눈다.

넷째, 공간 구성과 건축적 특징이다. 전체 골격은 양옆으로 기다란 팔각형이었다.도 3-14 공간 구성은 우선 크게 보면 경계선에 울타리를 두른

3-13. 루이 15세 광장의 1763년 모습. 장-미셸 모로Jean-Michel Moreau(1741~1814년)의 판화

뒤 네 변의 중앙을 열어서 시민들이 자유롭게 드나들 수 있게 했다. 이어 네 변을 주변 상황에 맞춰 각기 다르게 처리했다. 샹젤리제를 향하는 서쪽 면에는 우리나라 고궁의 금천교禁川橋를 닮은 약 20m 폭의 해자 같은 기다란 연못을 팠으며, 중앙에 널따란 석교를 설치해서 건널 수 있게 했다.도 3-15 이 석교는 사실상 광장 전체의 정문 역할을 했다. 그 맞은편의 동쪽 면은 튈르리궁과의 경계부인데, 이쪽은 작은 숲을 조성한 뒤 계단, 분수, 케스케이드cascade(계단을 따라 흘러내리는 경사형 폭포) 등을 갖춘 이탈리아식 정원으로 꾸몄다.

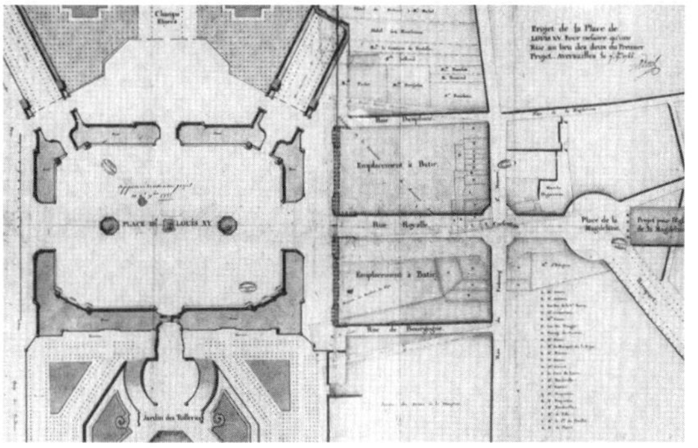

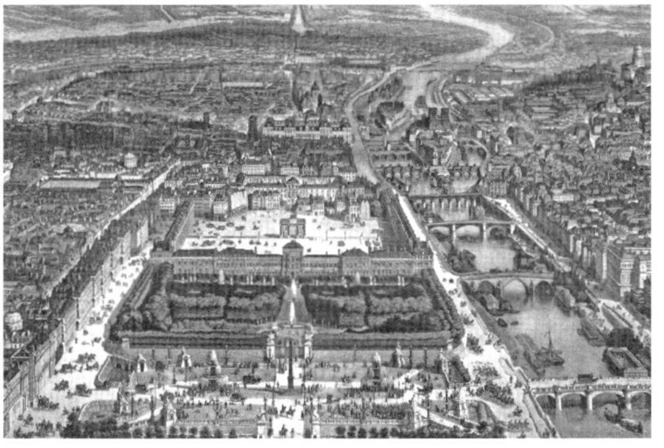

3-14. 루이 15세 광장의 실현안(위)

3-15. 아래부터 '콩코르드 광장-튈르리 정원-튈르리궁-카루젤 개선문-루브르 박물관' 모습(19세기 중반) (아래)

센강을 접한 남쪽 면은 서쪽 면과 다른 의미에서 또 하나의 정문 출입구였다. 추가 시설을 설치하지 않고 울타리도 양옆으로 최소한만 세워 사실상 전면 개방에 가까운 상태로 처리함으로써 센강과 한 몸으로 연결한 구성 때문이다. 이는 루이 15세가 이 광장에서 추구했던 파리 전체를 대표하는 포괄성을 구현한 것이다. 이런 점들로 인해 남쪽 면은 해자와 석교 같은 건축 형식으로 정문을 형성한 서쪽 면과는 차별화된, 또 다른 정면이 되었다. 다시 이를 강화하기 위해 이미 초안 때부터 콩코르드교Pont de la Concorde를 함께 계획했다. 하지만 이 다리는 루이 16세 때인 1787~1791년에나 '루이 16세교'라는 이름으로 지어질 수 있었다. 명칭도 뒤에서 나올 광장의 변천 과정을 따라 변해서 현재의 콩코르드교에 이른다.

네 면 가운데 건물이 세워진 곳은 마들렌 교회와 파리 오페라 하우스를 향하는 북쪽 면 한 곳뿐이었다. 이곳에는 대형 쌍둥이 건물 두 채로 구성되는 크리용 오텔Hôtel de Crillon을 세웠다. 그리고 두 건물의 중앙에

3-16. 마랭 오텔
Hôtel de la Marine
전경

는 북쪽으로 나가는 루아얄가Rue Royale를 냈다. 서쪽 샹젤리제를 향한 왼쪽의 크리용 오텔은 귀족들의 아파트로 분양했고, 동쪽 튈르리 정원을 향한 오른쪽의 마랭 오텔Hôtel de la Marine은 용도가 여러 번 바뀌었는데 1789년의 프랑스 해군성Ministère de la Marine이 가장 대표적이었다.도 3-16 이 오텔은 왕실 재산이어서 처음에는 중앙부처를 입주시킬 계획이었는데 이 계획은 절반만 이루어진 셈이었다.

건축 양식은 일단 크게 보아 가브리엘의 신고전주의 작품이긴 한데 세 가지 다른 사조가 섞여 있어서 세부적으로는 혼성 양식으로 보는 것이 더 정확하다. 우선 클로드 페로Claude Perrault(1613~1688년)의 루브르궁 동익랑East Wing, Louvre(1667~1670년)과 매우 흡사하며, 여기에서 바로크와 구조합리주의가 섞였다. 로마 고전주의의 벽체구조로 전체 구조를 짠 점과 높은 기단 위에 몸통을 올린 점 등이 바로크의 특징이며, 몸통의 좌우 양 끝에 기둥구조로 이루어진 발코니를 낸 점이 구조합리주의의 특징이다. 마지막으로, 의외로 영국의 팔라디오주의Palladianism의 영향도 받았다. 이는 1720~1760년에 런던 근교를 중심으로 영국에서 유행한 양식이다. 16세기 이탈리아 건축가 안드레아 팔라디오Andrea Palladio(1508~1580년)의 건축을 받아들여 리바이벌시킨 양식으로, 담백하고 간결한 고전주의가 대표적인 특징이어서 마침 18세기 프랑스의 신고전주의와도 잘 맞는 측면이 있었다. 이처럼 영국 양식의 특징이 섞여 있어서 크리용 오텔은 처음 지어졌을 때 그다지 좋은 반응을 얻지 못했다.

이상의 양식 이외에 두 가지 점이 또한 중요하다. 하나는 건물 상층부의 발코니에서 센강의 경관을 조망할 수 있다는 점이다. 비록 센강과 수백 미터 떨어지긴 했지만, 앞을 가로막는 방해물이 하나도 없이 탁 트여서 이런 조망이 가능했다. 이는 앙리 2세(재위 1547~1559년)의 왕비였던 이

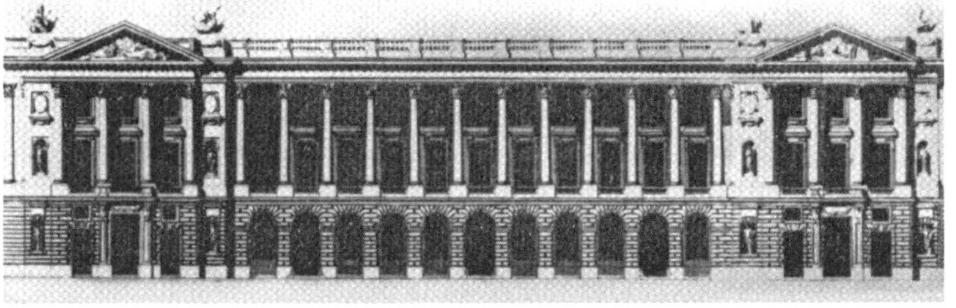

3-17. 마랭 오텔 정면도. 양쪽 끝의 박공에 각 두 개씩 알레고리 조각을 부착했다.

탈리아 출신 카트린 드 메디치Catherine de Médicis(1519~1589년)가 튈르리궁을 세우고 센강 조망을 즐겼던 취향을 이어받은 걸로 볼 수 있다.

다른 하나는 건물 정면에 네 가지의 알레고리allegory(비유 기법)를 상징하는 돋을새김 장식을 부착한 점이다. 신전 박공을 정면 중앙이 아닌 양 끝에 각 하나씩 설치한 특이한 구성인데, 박공 하나에 두 개씩 총 네 개의 알레고리 조각 작품을 설치하기 위해서였다.도 3-17 두 오텔은 쌍둥이여서 똑같은 구성을 했다. 알레고리의 내용은 루이 15세의 통치 방향을 명확히 말해준다. 두 가지는 '농업agriculture'과 '상업commerce'으로, 이는 절대왕정의 두 가지 경제 정책인 중농주의와 중상주의를 상징한다. 나머지 둘은 '웅장함Magnificence'과 '천복天福 · Félicité'인데 이는 대형전쟁을 치르는 당시 상황을 이겨내고자 한 염원을 담고 있다.도 3-18

3-18. 마랭 오텔 오른쪽 끝의 알레고리

루이 15세 광장 중앙의 루이 15세 기마상은 조각가 에드메 부샤르동Edmé Bouchardon (1698~1762년)의 작품이었다. 루이 15세는 오스트리아 왕위 계승 전쟁에서 중요한 전투였던 1745년 5월의 퐁트누아 전투Battle of Fontenoy의 승전 장군으로서 로마 황제 복장을 하고 위풍을 드러냈다. 이어 이번에도 네 모서리에 건축가 장 샬그랭이 디자인한 '힘force–정의justice–사려 깊음prudence–평화peace'의 네 가지 알레고리 조각 장식을 추가했다. 이것 역시 내치와 외치 모두에서 루이 15세가 추구했거나 바랐던 가치들이었다. 그러나 프랑스대혁명의

파도를 피해 가지 못하고 루이 15세 기마상은 1792년 8월 11일에 철거되어, 청동 조각상은 용광로에서 녹여졌고 주변의 조각상들은 파괴되었다.

루이 15세 광장 3
도시 공간적 위치, 파급 효과, 루이 15세 이후 변화

다섯째, 파리 내에서 갖는 도시 공간적 위치와 장소로서의 의미다. 미시적·거시적 두 차원으로 나눠 볼 수 있다. 미시적으로 보면 샹젤리제가에서 튈르리궁(현재의 튈르리 정원)으로 들어오는 중간 길목이었다. 이는 파리 개선문과 '튈르리궁-루브르궁'의 왕궁단지를 연결하는 중간 고리라는 뜻으로, 그만큼 우안 서북 지역의 세속 중심부에서 핵심 장소라는 뜻이기도 하다. 거시적으로 보면 이 축이 서쪽으로 신시가지 라데팡스La Défense를 넘어 베르사유까지 이어지는데, 이로써 시내와 교외의 두 왕궁단지를 연결하는 파리, 나아가 프랑스 전체의 왕궁 축이 완성되었다.도 3-19 중간에 이 광장이 연결하지 않았으면 이 축은 두 토막으로 끊어졌을 것이다.

3-19. 아래부터 '튈르리 정원-콩코르드 광장-샹젤리제가-개선문-라데팡스' 모습

파리는 전통적으로 서쪽이 왕궁 구역이었는데 그 중간의 샹젤리제 일대 넓은 땅이 비어 있던 차였다. 이곳을 부지로 선택함으로써 왕궁 축을 완성함과 동시에 건물로 가로막히지 않고 넓게 개방된 광장을 부담 없이 조성할 수 있었다. 이를 통해 최종적으로 왕실의 권위를 더욱 공고하게 다질 수 있었다. 대외적으로 중요한 전쟁을 치르던 당시 상황에서 이는 단순히 광장 하나를 건설하는 차원을 넘어서 국가의 영광과 동의어가 되었으며, 파리 시민과 프랑스 국민은 위안과 자부심을 동시에 가질 수 있었다.

여섯째, 주변으로의 파급 효과다. 무엇보다

샹젤리제 북쪽 지역의 주거 개발을 촉진했다. 이 지역은 당시에 아직 교외여서 대로 건설을 낀 주택 개발 사업을 벌이기에 좋은 곳이었다. 파리 도시 건축의 전통에서 대로는 물리적 편의성과 함께 가로 미학도 함께 만들어내는 편인데, 이번에도 샹젤리제가를 '가로수 산책로'라는 개념으로 개발하면서 최적의 입지 조건을 갖춘 주택 단지로 변모했고 대중적 인기를 얻었다.

더하여 19세기에 제1제국의 파리 개선문 건설과 제2제국 때의 오스망 재개발 등을 거치며 샹젤리제가는 넓고 쭉 뻗은 일직선 대로로 거듭났고, 마차 드라이브 코스로도 폭발적인 인기를 누렸다. 마침 1791년에 콩코르드교까지 개통됨으로써 내친김에 센강을 건너 좌안의 국회의사당까지 달릴 수 있게 되었다. 이런 이점에 힘입어 샹젤리제가의 도로 양옆에는 고급 아파트들이 줄지어 섰으며 주변의 샹젤리제 카르티에 일대에는 고급 디자인 브랜드, 카페, 무도장vauxhall 등의 유흥 소비 시설들이 속속 들어섰다. '콜리세Colisée'라는 무도장이 대표적인데, 건축가 루이-드니 르 카뮈Louis-Denis Le Camus(1720~1786년경, 1745~1772년 활동)의 설계로 1771년에 개장해서 큰 인기를 누리다가 아쉽게도 1778년 화재로 사라졌다.

일곱째, 루이 15세 이후의 변화 내용이다. 이상은 루이 15세 때의 첫 건설 당시 상황이었다. 이후에 1789년의 프랑스 대혁명, 19세기의 여러 정체政體, 1871년의 파리 코뮌 등을 거치며 울타리가 헐리는 등의 자잘한 변화는 있었으나 광장 자체의 골격에는 큰 변화가 없었다고 볼 수 있다. 특히 광장에 부속된 유일한 건물이자 중요한 건물인 크리용 오텔이 무사히 살아남음으로써 광장이 잘 보존되었다는 사실을 상징적으로 잘 드러냈다.

3-20. 1865년 콩코르드 광장 모습. 좌우에 해자를 매워서 시민에게 완전 개방했다.

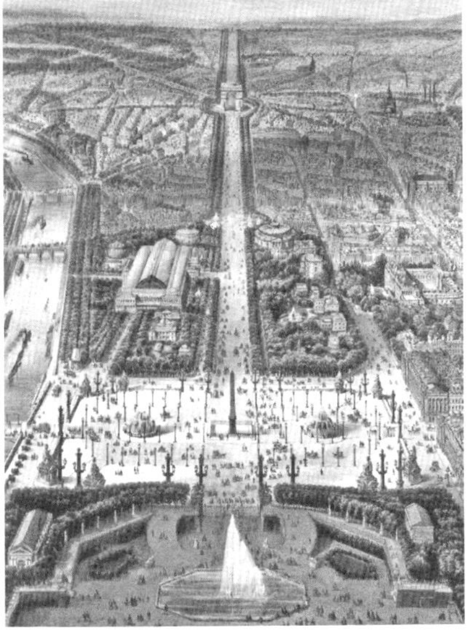

제2제국(1852~1870년) 때에는 민심을 얻기 위한 정치적 목적에서 해자를 메우는 등 광장에 남아 있던 왕실의 흔적을 지우고 완전 대중 광장으로 개방했다. 이어 제3공화국 때 평화의 기반이 최종적으로 다져진 뒤에는 파리의 영

광을 대표하는 핵심 공간으로 격상했다.도 3-20 1900년 파리 만국박람회를 필두로 1925년 공예장식 미술 박람회가 연달아 이곳에서 개최되었다. 제2차 세계대전 때에는 영욕의 역사를 함께 기록했다. 독일에 점령당한 뒤 독일군의 병영이 세워지는 치욕을 겪었으며, 1944년 파리 해방 뒤에는 기념 축제가 열린 영광의 장소이기도 했기 때문이다. 반면 초점 자리에 설치된 시설은 뒤에서 나오는 바와 같이 끊임없는 반전이 일어나며 광장의 명칭도 함께 바뀌었다.

루이 15세 광장 4
중앙 초점의 반전과 프랑스대혁명 때 단두대 처형 장소

여덟째, 프랑스대혁명 이후 명칭과 중앙 초점 자리의 시설이 변천한 내용이다. 가장 먼저 대혁명 기간인 1792년에 '혁명 광장Place de la Révolution'으로 처음 개칭되었으며, 이때 루이 15세 기마상이 철거되었다. 이어 1795년에는 혁명의 상처를 치유하기 위해 '콩코르드 광장', 즉 '화합의 광장'으로 다시 개칭하면서 오늘날의 이름인 '콩코르드'가 처음 등장했고, 이때 젊은 조각가 프랑수아-프레데릭 르모François-Frédéric Lemot(1771/1772~1827년)의 작품인 <자유Liberté>라는 이름의 기념비를 세웠다. 이는 '프랑스 국민French People'이라는 이름의 대형 조각상을 세우기 위한 전초 성격의 실험 작품이었지만 혁명 정부가 막을 내리면서 '프랑스 국민'은 제작하지 못했다.

다시 19세기에 들어와 왕정복고 정부(1814~1830년)가 들어서자마자 광장 이름을 '루이 15세 광장'으로 되돌렸으며, 이때 혁명 기념비인 <자유>도 철거했다. 왕정복고 후반부인 1826년에는 급기야 루이 16세의 명예를 회복한다는 뜻에서 '루이 16세 광장'으로 이름을 바꾸었고, 이때 초점 자리에 계속해서 루이 16세의 기마상을 세웠다. 하지만 1830년 7월 혁명 때 이 기마상 역시 철거되었다.

이처럼 혁명과 복고의 양극단을 오가다가 7월 혁명 정부(1830~1848년)

의 출범 첫해에 '혁명 광장'과 '루이 16세 광장' 모두 다가올 프랑스의 미래에 도움이 되지 않는다는 판단 아래 '화합'만이 살길이라는 뜻에서 최종적으로 '콩코르드 광장'으로 정착해 오늘에 이른다. 엎치락뒤치락하는 반전이 여러 번 반복한 건데, 이야말로 파리의 18~19세기가 혁명의 세기라는 사실을 보여주는 생생한 산 증거이기도 하다. 한편 초점 자리에는 1836년 최종적으로 뒤에서 소개할 룩소르 오벨리스크가 세워지면서 이 역시 현재에 이른다.

아홉째, 프랑스대혁명 때의 단두대 처형 장소의 기록이다. 우선 이곳은 건물이 아닌 광장이어서 루이 15세의 조각상을 파괴한 것 말고는 더 이상의 유의미한 파괴는 없었다. 다만 크리용 오텔의 해군성에서 보관하고 있던 대포 등의 무기가 탈취되어 바스티유 감옥을 공격하는 데 사용되는 일이 벌어지긴 했다. 파괴는 없었던 대신 파리 내에서의 상징적 위치로 인해 주요 처형이 이곳에서 이루어졌다.

우선 단두대의 이슬로 사라진 루이 16세가 대표적이어서 1973년 1월 21일에 이곳에서 처형되었고,도 3-21 이어 같은 해 10월 16일 왕후 마리-앙투아네트도 이곳에서 처형되었다. 이를 시작으로 이 광장은 1793년 10월부터 1794년 7월까지 이어진 이른바 '공포정치' 때의 피의 숙청을 상징하는 단두대 처형의 장소가 되었다. 공식 기록에 의하면 프랑스대혁명 기간에 총 2,498명이 처형되었는데, 그중 약 45%에 해당하는 1,119명이 이곳 루이 15세 광장에서 처형되었다. 나머지 가운데 대부분인 1,306명은 나시옹 광장Place de la Nation에서, 73명은 바스티유 광장Place de la Bastille에서 각각 처형되었다. 한편 역사는 돌고 도는 법이어서 공포정치의 마지막 달에는 앞선 처형을 주도했던 로베스피에르를 필두로 한 혁명 지도자 그룹의 여러 명 역시 이곳에서 처형되었다.

3-21. 1793년 1월 21일 루이 15세 광장Place Louis XV에서의 루이 16세 단두대 처형Lexecution de Louis XVI 장면

루이 15세 광장 5
초점 자리에 룩소르 오벨리스크를 세우다

열째, 룩소르 오벨리스크Obélisque de Luxor다. 반전에 반전을 거듭한 루이 15세 광장의 복잡한 역사는 초점 자리에 최종적으로 뜬금없이 오벨리스크라는 이집트 구조물을 세움으로써 화려한 마지막을 장식했다. 오늘날 콩코르드 광장을 상징하는 기념비로서 심심하기만 한 이 텅 빈 넓은 공간의 주인공이기도 하다.도 3-22 나아가 '파리에는 오벨리스크가 있다'라는 호기심을 유발하는 문구를 성립하게 해주는 장본인이기도 하다. 모조품이 아니고 이집트에서 날라 온 진품이라서 더 의외인데 그만큼 재미있는 역사적 배경이 있다. 내막인즉 이렇다.

7월 혁명 정부가 출범한 첫해에 당시 오스만 제국의 이집트 총독이었던 무하마드 알리 파샤Muhammad Ali Pasha(재위 1805~1848년)가 테베Thebae(영어로 '테베스Thebes')의 람세스 3세 신전Ramesses III Temple 앞에 있던 두 개의 오벨리스크를 뽑아서 프랑스에 선물로 제공하겠다는 뜻을 전해왔다. 무하마드 알리는 나폴레옹 1세가 이집트를 점령했다가 물러간 이후 오스만 제국(지금의 튀르키예)부터 이집트에 이르는 넓은 지역의 이슬람권이 요동치는 국제 정세 속에서 이집트를 지키기 위해 노력한 인물이었다. 그는 이를 위한 외교 정책으로 프랑스와 영국 모두와의 우호 증진을 꾀하면서 두 나라에 이집트의 보물인 오벨리스크를 선물로 제공하겠다고 제안했다. 이때 람세스 3세 신전의 오벨리스크는 원래 영국에 주기로 한 것이었는데, 국제 정세를 살핀 끝에 영국에는 카르나크 신전Karnak Temple의 오벨리스크를 주는 것으로 계획을 변경했고, 영국도 이를 수용하면서 룩소르 오벨리스크는 프랑스의 몫이 되었다.

3-22. 콩코르드 광장 초점 자리의 오벨리스크

당시 프랑스의 왕은 루이 필리프 1세Louis Philippe I(재위 1830~1848년)로, 그 역시 프랑스가 더는 이집트를 독점적으로 점령하지 못한다는 사실을 알고 주변 모든 나라와 화친한다는 외교 정책에 따라 이 제안을 받아들였다. 그러나 워낙 대형 구조물이어서 두 개 모두를 받기에는 무리였다. 이에 둘 중 람세스 3세 신전 앞의 서쪽(오른쪽)에 서 있던 것만 우선 받고 나머지 하나는 그 자리에 남겨두었는데, 기술적 문제로 보류한 것이었기에 나머지 하나에 대한 소유권은 계속 살아 있는 상황이었다. 그러던 것을 1981년에야 프랑수아 미테랑François Mitterrand 대통령이 소유권을 최종 포기하면서 고향 땅의 원래 자리에 남게 되었다.

그런데 이집트의 이 오벨리스크를 파리로 가려오려던 발상은 무하마드 알리가 처음이 아니었다. 이미 앞서 이집트를 침공했던 나폴레옹 1세가 승전을 기념하기 위해 같은 생각을 먼저 한 바 있다. 하지만 높이가 23m, 무게만 수백 톤에 달하는 초대형 구조물이어서 이를 파손 없이 운송하는 일부터 파리에 세우는 일 모두가 당시 기술로서는 힘들다고 판단되어 포기했다. 아마도 무하마드 알리는 이런 선례를 알고서 루이 필리프 1세에게 선물을 제안했을 수 있다. 어쨌든 프랑스는 이를 받았고, 그 답례로 1840년대에 대형 시계를 선물했는데 현재에도 '카이로 성채 시계Cairo Citadel Clock'라는 이름으로 이집트의 수도 카이로에 설치되어 있다.

이상의 시대적 배경 아래 오벨리스크를 받기로 결정하자 곧바로 이를 실행하는 작업에 착수했다. 우선 설치 장소로는 루브르 박물관의 안마당인 쿠르 카레Cour Carée와 콩코르드 광장 두 곳이 후보가 되었는데, 루이 필리프 1세는 최종적으로 콩코르드 광장으로 결정했다. 설치 지점은 광장의 초점 자리로, 당시에는 루이 16세의 기마상이 있었지만 이걸 헐고 그 자리에 세우기로 했다. 이때 기마상의 기단은 살려서 활용했다.

당시는 오늘날과 같은 기계 장치가 없는 때여서 이 거대한 단일석의 구조물을 실제로 먼 거리를 이동해 옮겨 세우는 일은 매우 어려웠다. 대형 기중기를 특수 제작하는 등 당대의 토건 기술을 총동원해서 일단 겨우 들어 올릴 수 있었다. 마침 파리가 센강을 통해 바다와 연결되어 있어서 운송은 당연히 배를 이용했다. '룩소르Luxor'라 이름 붙인 대형 전용 운반

선을 건조해서 룩소르에서 나일강을 따라 지중해로 나온 뒤 알렉산드리아 앞을 거쳐 '지중해 → 대서양 → 영국 해협 → 센강 → 파리'의 항로로 운반했다. 뱃길 이동은 하루에 몇 킬로미터 정도밖에 못 갈 정도로 느려, 1836년이 되어서야 겨우 파리 센강 부두에 도착할 수 있었다.

루이 필리프 1세는 당시 파리시장이었던 클로드-필리베르 바르텔로 드 랑뷔토Claude-Philibert Barthelot de Rambuteau(재임 1833~1848년) 백작과 힘을 합해, 수많은 구름 관중이 지켜보는 가운데 마침내 1836년 10월 25일에 이 오벨리스크를 직립해서 세우는 데 성공했다.도 3-23 이 일은 건축가 자크 이냐스 히토르프Jacques Ignace Hittorff(1792~1867년)가 총지휘했다. 당시 시민들의 환호와 열기는 실로 대단했다. 이렇게 해서 도시건축사에서 '파리 오벨리스크'나 '룩소르 모뉴멘트' 등의 다른 이름으로도 불리는 이 신기하면서도 독특한 구조물이 파리의 심장에 우뚝 서게 되었다.

이어 후속 작업이 있었다. 1838년에는 기단 주변을 두 명의 조각가 장-자크 프라디에Jean-Jacques Pradier(자메 프라디에James Pradier, 1790~1852년)와 장-피에르 코르토Jean-Pierre Cortot(1787~1843년)의 작품으로 여러 가지 알레고리를 상징하는 조각상으로 장식했다. 개수가 많아서 세 종류로 나눌 수 있었는데, 프랑스의 국경선을 상징하는 두 강인 라인강rivière Rhin과 론강rivière Rhône, 농작물을 대표하는 포도와 밀, 지중해와 대서양의 두 대양과 이곳에서의 어업 활동 등이었다. 셋을 합하면 안정된 농업 수확을 기반으로 영토를 지키면서 대외적으로는 해양을 통해 식민 영토를 확보하려는 국가 종합 정책의 큰 그림이 파악된다. 비록 그사이 여러 번 정체가 바뀌는 역사의 격랑이 휩쓸고 지나갔지만, 가장 처음 루이 15세가 자신의 조각상과 크리용 오텔에 설치했던 알레고리에 담긴 국가주의 혹은 애국주의의 뜻만은 시대를 뛰어넘어 여기까지 이

3-23. 1836년 10월 25일에 오벨리스크를 세우는 공사 장면

어진 것이다.

마지막으로는 1836~1840년에 히토르프가 오벨리스크 양옆으로 두 개의 분수를 디자인해서 세웠고, 이로써 마무리 작업까지 최종적으로 모두 마치게 되었다. 1998년에는 오벨리스크 정상부를 금박을 입힌 피라미드 형태로 한 번 더 다듬었는데, 이 때문에 끄트머리가 뾰족한 형태가 되어서 멀리서도 눈에 더 잘 보였다. 이렇게 해서 최종적으로 탄생한 현재의 룩소르 오벨리스크는 원래 높이 23m에 기단 높이를 더해서 33.4m가 되었다. 이 오벨리스크 하나가 들어서면서 콩코르드 광장이 파리의 도시 구조 전체에서 갖는 공간적 위상과 의미는 한 단계 크게 업그레이드했다. 우선 앞에서도 언급한 서쪽의 왕궁 중심축에 역사적 권위를 실어주었다.도 3-24 시간의 끈을 현재까지 늘려서 보면, 1989년에 루브르 박물관 안마당에 세워진 '그랑 루브르 피라미드Grand Louvre Pyramid'와 일직선으로 연결되면서 이집트를 상징하는 두 구조물인 피라미드와 오벨리스크가 한 축 위에 갖춰지게 되었다. 이는 유럽의 영원한 짝사랑 대상인 이집트를 온전하게 지배한 나라는 프랑스뿐이라는 역사적 선언 같은 것이었다.

3-24. '오벨리스크-샹젤리제가-개선문'이 이루는 서쪽 왕궁 중심축

4장 루이 15세 2

구조합리주의, 생쉴피스 교회와 광장, 파리 팡테옹

구조합리주의의 네 가지 탄생 배경

건축 양식, 공학, 중세 고딕, 기독교

구조합리주의는 신고전주의와 함께 루이 15세 시기의 파리 건축을 대표한 건축 사조다. 앞 시대 바로크 건축의 벽체구조를 기둥구조로 대체하려는 사조로 생쉴피스 교회와 파리 팡테옹이 대표했다. 존속 기간은 기준에 따라 다른데, 시작 시점은 가장 빠르게는 1660년대까지 올려 잡을 수 있으며 보통은 1730년경으로 볼 수 있다. 끝나는 시점도 명확하지는 않지만 구체적인 양식 운동은 18세기 말까지 계속된 걸로 볼 수 있다. 하지만 구조 효율을 기반으로 한 합리주의 정신은 다음 장에 나올 '근대적 보편주의'를 낳으며 사실상 19세기를 거쳐 20세기의 근대건축까지 이어진 걸로 볼 수 있다. 이처럼 이 양식은 연대기를 기본으로 다양한 역사적 해석이 가능한 건축 운동이었다. 탄생 배경부터 그러해서 매우 이질적인 네 갈래가 복합적으로 작동했다.

첫째, 신고전주의의 한 갈래로 파생한 양식사적 배경이다. 생쉴피스와 파리 팡테옹의 두 건물은 앞에서 보았듯이 신고전주의 가운데 그리스 고전주의를 이끌었다. 즉 신고전주의의 두 축 가운데 하나인 로마 고전주의의 한계를 벗어나기 위해 또 다른 축인 그리스 고전주의가 구조공학과 손을 잡고 독립해서 발전한 양식이었다. 혹은 신고전주의 가운데 그리스 계열의 양식적 기반에 구조 기술의 공학적 기반이 합해져 탄생한 양식이었다.

둘째, 순수한 공학적 배경이다. 바로크식 로마 고전주의의 벽체구조는 구조 효율이 떨어져서 재료 낭비가 심했는데, 구조합리주의는 이것을 구조 효율이 더 뛰어난 기둥구조로 대체하려 했다. 이런 점에서 18세기 과학 정신을 대표하는 개혁적인 사조였다. 이들에게 건물의 구조에서 가장 중요한 건 역학 효율이었고 재료 투입도 철저하게 이 기준 하나에 따라야 한다고 주장했다. 이런 점에서 역설적으로 신고전주의에 속하면서 고전주의의 붕괴를 이끈 장본인이기도 했다.

셋째, 중세 고딕 건축과 연계한 '그레코-고딕 아이디얼Greco-Gothic Ideal'이라는 새로운 건축 운동을 탄생시킨 점이다. 이 운동은 말 그대로 '그리스 방식과 고딕 방식을 혼합한 이상적 건축 구성 체계'를 의미한다. 서양 건축사에서 중세의 고딕 양식은 기둥구조를 대표하는 또 다른 양식이었다. 다만 그리스 기둥구조는 단일 기둥이 여러 개 줄지어 늘어서는 방식이었고, 고딕 기둥구조는 다발 기둥과 대응 기둥으로 구성되는 차이가 있었다. 그러나 고딕 양식은 건축사에서 보통 기둥구조의 효율성을 대표하는 상징적 양식으로 평가되기에, 구조합리주의를 이끈 건축가들이 '기둥구조'를 중간 매개로 삼아 그리스 고전주의와 하나로 통합한 '그레코-고딕 아이디얼'이라는 건축 운동을 전개한 것이다.

넷째, 종교적 배경으로 당시 기독교계에 불던 개혁 종파인 '이신교理神致·Deism'와의 연관성이다. 구조 효율과 기독교는 최소한 아무 연관이 없거나 심지어 상반되는 걸로 생각하기 쉬운데, 앞의 그레코-고딕 아이디얼 운동이 중세 기독교 건축인 고딕양식과 연계되었다는 사실에서 기독교적 배경은 쉽게 파악된다. 18세기에 들어와서 프랑스와 영국을 중심으로 이전 시기의 바로크 가톨릭을 자정하려는 '이신교'라는 개혁운동이 일어났다. 그 흐름은 크게 세 방향으로 전개되었는데 그중 하나가 구조합리주의 계열이었다.

세 운동을 보면, 우선 과학 정신에 기반한 기독교 교리의 합리적 해석으로 주로 자연신학의 형태로 집약되었다. 다음은 실제 실천 운동으로 중세 수도 정신을 부활하는 기독교 내부의 자정 운동부터 계몽주의 시대의 개혁 운동에 직접 참여하는 사회참여에 이르기까지 폭넓게 진행했다. 마지막 세 번째는 새로운 교회 건축 찾기 운동이었다. 성직자이면서 건축가 수준의 지식으로 무장한 장 루이 드 코르드무아Jean Louis de Cordemoy(1655~1714년)와 마르크-앙투안 로지에Marc-Antoine Laugier(1713~1769년)가 파리를 중심으로 이 운동을 이끌었다.

이들은 이전까지 관습적으로 지어지던 바로크 교회의 두꺼운 벽체구조를 기독교적 관점에서 타락한 가톨릭과 동의어로 보고 강하게 비판했다. 이런 점에서 페로, 파트, 수플로 등 구조합리주의를 이끈 건축가들과 같은 생각이었다. 실제로 두 그룹은 손을 잡고 함께 교회 건축 개혁 운동을 전개했다. 이때 성직자들 쪽에서 로마 고전주의의 벽체구조를 중세 고딕의 기둥구조로 대체하려는 움직임이 있었고, 건축가들이 이를 받아 그리스 기둥구조와 통합해내면서 '그레코-고딕 아이디얼'이라는 기상천외한 개혁 양식이 탄생한 것이다.

여기에는 기독교가 로마 제국 시절 탄압을 받았다는 역사적 배경도 상징적으로 작용했다. 교회 건축은 신학 교리 및 현실 기독교와 함께 기독교를 지탱하는 3대 축 가운데 하나여서 매우 중요한 문제인데, 로마 고전주의의 바로크 모델을 밀어내고 중세 고딕 건축을 기반으로 한 새로운 교회 모델로 대체함으로써 이런 탄압의 역사를 극복한다는 역사적 상징성까지 확보할 수 있었다. 이상을 종합하면 그레코-고딕 아이디얼 운동은 구조합리주의에 이신교의 기독교 배경이 더한 개념 혹은 명칭이라 할 수 있다. 두 운동의 포함 관계는 동등한 입장에서 70% 정도를 공유하며 나머지 30% 정도씩은 각각의 건축적 내용과 종교적 내용이 독립적으로 차지한다.

구조합리주의의 거시적 역사성

혁명 정신과 근대성

이상이 구조합리주의의 네 가지 탄생 배경이다. 네 가지는 서로 상당히 이질적 요소인데, 이는 그만큼 18세기가 백가쟁명식의 계몽주의 시대였다는 사실을 보여주는 것이며 구조합리주의가 이런 복합적 상황을 가장 포괄적으로 담아냈다는 증거이기도 하다. 이는 구조합리주의만의 중요한 장점이자 경쟁력이어서 이를 바탕으로 거시적 차원의 두 가지 중요한 역사성을 확보했다.

하나는 '혁명 정신'이다. 앞의 네 가지 요소를 두 가지로 줄이면 합리성과 개혁 정신이 되는데, 이는 그대로 18세기를 대표하는 시대 정신인 '혁명 정신'의 요체가 된다. 이렇게 보면 구조합리주의는 18세기 혁명 정신을 건축으로 구현한 양식이라 할 수 있다. 18세기 파리 건축 전체로 보면 크게 세 흐름이 혁명 정신을 구현했다. 하나는 구조합리주의이고, 나머지 둘은 급진적 고전주의와 혁명기 도시건축이었다. 급진적 고전주의는 건물의 조형 구성에서 전통적인 고전주의의 붕괴를 주도했다. 또 혁명기 도시건축은 말 그대로 프랑스대혁명 시기에 직접적으로 혁명과 연계하여 나타난 다양한 건축 현상이었다. 여기서 관찰되는 혁명 정신은 단순히 18세기만의 일은 아니었다. 20세기 현대 문명의 기본인 시민 민주주의를 낳은 거대한 문명의 흐름이기도 했다. 이렇게 보면 혁명 정신을 대표하는 구조합리주의의 역사성은 20세기까지 이어진다.

다른 하나는 '근대성'이다. 구조합리주의는 초기 근대를 벗어나 근대 전기로의 진입을 이끄는 중요한 역할을 했다. 기둥 건축의 구조 효율에 기반한 구조합리주의의 기본 정신은 그대로 근대건축의 씨앗이 되었다. 이를 앞서 살펴본 합리성으로 환산하면 건축을 넘어서 근대 문명 전반의 기본 정신이 된다. 이는 앞의 혁명 정신에 내재한 근대성과도 맥을 같이 한다. 또한 다음 장의 주제인 '근대적 보편주의'를 낳은 건축 운동이기도 했다. 이런 점에서 18세기 건축의 요체를 실제 지어진 건물이 아닌 '근대라는 미래를 향한 개혁적 역사 여정'이라고 잡는다면 두 운동은 신고전주의를 능가하는 18세기의 대표 사조였다고 할 수 있다.

프랑스는 이런 새로운 개혁 건축을 이끈 선두국가였고 수도 파리는 이 모든 현상이 일어난 현장이었다. 지성혁명과 연계하면서 건축에서도 인문 담론이 꽃을 피웠으며, 여러 사회이론과의 접목도 활발하게 일어났다. 이런 혁명적 변화의 결과 실제 지어지는 건물에서도 고전주의의 붕괴 현상이 뚜렷하게 나타났다. 고전주의는 서서히 붕괴하다가 최종적으로 프랑스 대혁명과 보조를 함께하며 근대적 탈고전 움직임으로 첫 번째 완성을 이루었다.

생쉴피스 교회1

진행 과정과 건축적 특징

다음으로 구체적인 건물 사례를 중심으로 살펴보자. 우선 출발점은 18세기 신고전주의가 형성되기 이전인 바로크 때까지 거슬러 올라간다. 서양 건축사에서 최초의 데카르트 키즈라 할 수 있는 17세기의 클로드 페로 Claude Perrault(1613~1688년)가 루브르궁 동익랑East Wing, Louvre(1667~1670년)에서 기둥구조를 선보이며 첫 문을 열었다. 이때는 구조합리주의의 두 가지 기반 가운데 양식적 기반이 아직 형성되기 전이어서 공학적 기반만으로 먼저 시작했다. 당시만 해도 바로크 건축에서 기둥을 전면에 내세우는 건 다소 이례적인 일로 받아들여졌다. 그러나 18세기에 들어와서는 오히려 계몽주의 정신과 부합하며 사그라지기는커녕 본격적으로 발전해 시대를 대표하는 양식으로 완성되었다. 루브르궁 동익랑을 둘러싼 이 내용은 매우 중요한 역사성이 있는데 6장에서 자세히 살펴보겠다.

18세기에 본격적인 발전의 문을 연 첫 건물은 생쉴피스 교회Église Saint-Sulpice였다. 건축사에서는 보통 교회 건물만 얘기하지만 그 앞의 광장과 함께 개발한 점에서 파리의 도시 구조와 연관해서도 중요한 사업이었다. 루이 15세 개발 사업의 첫 문을 열었다는 점, 그리고 신고전주의와 구조합리주의 모두의 시작을 알렸다는 점 등 '최초'의 기록도 가지고 있다. 장소는 현재 6구의 생제르맹데프레 카르티에Quartier Saint-Germain-des-Pres와 뤽상부르궁Palais du Luxembourg 사이에 있다. 교회와 광장을 차례대로 살펴보자.

교회 건물은 길이 110m, 폭 56m, 높이 33m로, 노트르담대성당과 생으스타슈Saint-Eustache에 이어 파리에서 세 번째로 크다.도 4-1 무엇보다 1646~1780년의 134년이라는 긴 시간 동안 진행한 점이 특이했으며 이 과정에서 수많은 건축가가 조금씩 간여해 건물 전체로 보면 당시로서는 보기 드문 일종의 혼성 양식을 탄생시켰다. 첫 건물은 12세기부터 기록에 등장하는데 인근의 생제르맹데프레 수도원의 부속 교회로 시작했다. 이후 다시 생제르맹 포부르Faubourg Saint-Germain의 교구 교회로 지정되어 사용되었다. 17세기에 들어와서 이 지역의 인구가 늘자 1614년부터 증축을 시작해서 1636년까지 공사가 이어졌다. 그러나 증축만으로 한계에 이르자 1636년 새 건물을 짓기로 해서 1643년에 파리 교구와 시 당국의 허가를 받았으며 1646년에 착공했다.

이렇게 시작한 새 건물은 크게 실내와 정면의 두 부분으로 나눌 수 있다. 처음에는 당시의 첨단 사조였던 바로크 양식으로 실내를 먼저 짓기 시작해서 1725년까지 진행했다. 이미 이때부터 다니엘 지타르Daniel Gittard(1625~1686년)와 질-마리 오페노르트Gilles-Marie Oppenordt(1672~1742년)를 포함해 최소한 다섯 명의 건축가가 간여했다. 중간에 예산 부족으로 중단되는 등 우여곡절을 겪은 끝에 일단 1725년에 실내는 대부분 완성되

4-1. 파리 전경을 그린 판화(1860년)에 나타난 생쉴피스, 노트르담대성당, 생으스타슈Saint-Eustache

4-2. 생쉴피스 실내. 네이브nave 부분(왼쪽)

4-3. 생쉴피스 실내. 동쪽 성소 부분(오른쪽)

4-4. 메소니에의 생쉴피스 서쪽 정면 현상공모 제출안

었다.도 4-2, 4-3

이어 정면 차례였다. 문제는 80여 년의 시간이 흘러서 이제 바로크가 과거 양식이 되었다는 점이다. 이에 여러 차례의 논의 끝에 1732년 정면만 따로 현상공모를 시행했다. 처음에는 조각가이자 건축가였던 쥐스트-오렐 메소니에Juste-Aurèle Meissonnier(1693~1750년)의 안이 당선되었다. 당시 유행하던 화려한 장식과 아름답고 유려한 곡선을 특징으로 하는 로코코 양식으로 설계한 안이었다.도 4-4 그러나 여러 복잡한 상황이 겹치면서 건축가가 이탈리아 피렌체 출신의 조반니 니콜로 제로니모 세르반도니Giovanni Niccolò Geronimo Servandoni(1695~1766년)로 교체되었다. 추가 공모를 하지 않은 단순 교체였는데, 세르반도니는 이미 실내 공사 때부터 공사감독을 성실하게 수행했던 터라 적임자라고 평가받아서 이 일을 맡을 수 있었다.

세르반도니는 원안을 폐기하고 18세기 그리스 신고전주의의 문을 여는 안을 선보였다. 1층과 2층 모두 열주로 구성된, 당시로서는 처음 보는 완전히 새로운 양식이었다. 초안

4-5. 세르반도니의 생쉴피스 서쪽 정면 첨탑 초안. 중세 모티브가 섞여 있다. (왼쪽)

4-6. 세르반도니의 생쉴피스 서쪽 정면 첨탑 최종안 (오른쪽)

은 첨탑 없이 기둥 열만으로 구성된 2층 건물이었다. 메소니에의 안과 비교하면 차이는 뚜렷했다. 당시의 유행을 기준으로 보면 건물이라기보다는 단순 구조물에 가까울 정도로 파격적이었다. 실내의 바로크 양식과의 조화를 생각하면 메소니에의 원안이 잘 어울렸지만 파리 교계와 건축계는 로코코식 원안조차 철 지난 과거 양식이라 판단하고 새 시대를 여는 파격적 안을 과감하게 선택해서 건축사에 큰 획을 그을 수 있었다. 1733년에 착공해서 순조롭게 진행한 끝에 1745년 봉헌식을 거행했다.

여기가 끝이 아니었다. 첨탑을 더하는 과정에서 여러 건축가가 거쳐 가며 각자의 안을 고수했고, 또 중간에 벼락을 맞아 파괴되기도 하는 등 헐고 짓기를 반복하는 우여곡절이 한 번 더 있었다. 이 때문에 첨탑 두 개를 더하는 데에 오랜 시간이 걸려 1780년에나 준공할 수 있었다. 문제의 발단은 세르반도니가 1749년에 런던을 방문해서 성바오로 성당St. Paul's Cathedral(1675~1711년)의 첨탑을 보고 생쉴피스에도 첨탑을 올리자고 제안하면서 시작했다.도 4-5, 4-6 이 제안은 받아들여져서 우선 오른쪽 탑만 짓기로 하고 설계에 들어가 1752년에 착공했다. 그러나 공사는 중단되었고 세르반도니는 준공을 보지 못한 채 1766년에 사망했다.

세르반도니의 뒤를 이어받은 건축가는 우도 드 맥로랭Oudot de MacLaurin (?~1772년 이전)이었다. 건물의 중요성에 비해서는 의외로 무명 건축가였는데, 작품에 대한 열의만큼은 대단해서 세르반도니의 건물을 많이 뜯어고쳤다. 정면부터 고쳐서 다시 지었으며 첨탑도 자신의 안으로 다시 설계해서 함께 준공했다. 하지만 그의 작품성이 세르반도니를 따라갈 수는 없었다. 원안의 건축가가 사망하고 없다는 상황을 이용해보려 했지만, 세상은 그리 만만하지 않았다. 고친 정면이 작품성이 떨어진다며 비판을 받던 중 마침 1770년 벼락을 맞고 정면과 첨탑 모두 파괴되어버렸다.

파리시 당국과 교계는 잘되었다 싶어 결국 두 부분 모두 세르반도니의 원안으로 돌아가 다시 지어 현재에 이른다. 그 사이 드 맥로랭마저 사망했다. 원안으로의 복귀 공사는 세르반도니가 남긴 도면을 기반으로 착실히 진행해서 정면과 함께 오른쪽 첨탑을 먼저 준공했다. 그런데 여기서 끝이 아니었다. 1777년에 다시 장-프랑수아 테레즈 샬그랭Jean-François Thérèse Chalgrin이라는 또 다른 건축가가 개입했다. 샬그랭은 드 맥로랭보다는 훨씬 유능하고 유명한 건축가여서 세르반도니의 원안을 잘 살리면서 남은 부분을 최종 준공했다. 구체적으로는 2층을 난간을 가진 로지아로 개축했고, 1780년에는 왼쪽 첨탑을 자신의 안으로 세웠다. 이렇게 해서 결국 서로 다른 모습의 두 첨탑이라는 특이한 기록을 세우게 되었다.도 4-7

4-7. 생쉴피스의 현재 모습. 두 첨탑이 서로 다른 모습을 하고 있다.

이상의 건축 관련 내용 이외에 실내에서는 오르간, 성수반, 성화 등이 중요했다. 오르간은 1776년에 샬그랭이 설치했다가 제2제국 때인 1862년에 오르간 빌더 아리스티드 카바예-콜Aristide Cavaillé-Coll(1811~1899년)이 다시 설치했다. 성수반은 첫 번째 기둥 앞에 두 개가 놓였다. 이는 베네치아 공화국이 프랑수아

1세에게 선물한 것으로, 왕실에서 보관하다가 1745년 봉헌식 때 루이 15세가 교회에 기증해서 설치되었다. 오른쪽 첫 번째 예배당에는 19세기를 대표하는 프랑스 화가인 외젠 들라크루아Eugène Delacroix(1798~1863년)가 1849~1861년 사이에 그린 성화가 있다.

생쉴피스 교회 2

로마 고전주의의 혼재에 담긴 여섯 가지 의미

이상이 생쉴피스 교회의 오래고도 특이한 진행 과정이었다. 이렇게 탄생한 이 교회는 건축적 논제도 풍부한데, 가장 핵심적인 주제는 그리스 기둥구조와 로마 벽체구조가 혼재한다는 점이다. 지금까지는 새로운 경향을 강조하는 의미에서 주로 그리스 기둥구조에 관해서만 얘기했지만 이 건물의 실제 모습에는 로마 벽체구조도 섞여 있다. 이런 혼재의 배경과 의미 등에 관해서는 여섯 가지로 나누어 설명할 수 있다. 차례대로 살펴보자.

첫째, 세르반도니의 이력과 수학이다. 이름에서 알 수 있듯이 그는 로마에서 활동하던 이탈리아 건축가여서 기본 바탕은 로마 고전주의자였다. 그러나 그는 당시 로마의 구조합리주의를 이끌던 건축 이론가이자 수학자였던 프라 카를로 로돌리Fra Carlo Lodoli(1690~1761년)에게서 영향을 받아 과학 정신도 함께 배웠다. 이미 이런 상반되는 두 가지 이력에서부터 로마 벽체구조와 그리스 기둥구조의 혼재가 예견된 것일 수 있다. 이후 그는 파리로 이주해서 처음에는 주로 무대 디자인과 실내 장식 등에서 활동하다가 이 교회를 설계할 기회를 잡자 시대를 읽는 혜안을 발휘해 당시 파리는 물론이고, 프랑스 나아가 유럽 전체에서 매우 파격적인 그리스 기둥구조를 전면에 내세우며 구조합리주의의 문을 연 것이다. 그러나 로마에서 접했던 벽체구조의 기반도 남아 있어서 최종적으로는 두 구조의 혼재로 귀결되었다.

둘째, 실제 지어진 건물에 나타난 혼재의 구체적인 내용이다. 몸통을 기둥만으로 구성하고 박공지붕마저 없앤 건 그리스 고전주의의 기둥구조였지만 양옆의 첨탑 부분을 벽체구조로 처리한 건 로마 고전주의였다. 이 벽체는 물론 첨탑의 무게를 받치기 위한 목적도 있었지만, 건물이 전체적으로 로마의 개선문 분위기 개념으로 읽히는 것도 사실이었다. 특히 개선문 모티브를 사용한 게 결정적이었다. 이 모티브는 초기 르네상스를 정착·완성한 이탈리아 만토바Mantova의 산안드레아 대성당Basilica di Sant' Andrea(1470~1472년)에서 리바이벌된 뒤 초기 근대를 관통하며 로마 고전주의와 벽체구조를 상징하는 선례로 남은 요소였다.

반면 앞선 루브르궁 동익랑과 비교하면 벽체구조의 비율은 현저히 줄어들고 기둥구조가 전면에서 드러나는 것 또한 사실이다. 루브르궁 동익랑은 아직 벽체구조였으며 기둥은 벽체에서 상징적으로만 분리되었을 뿐 구조 역할을 하지는 못했다. 중앙부와 양 끝 등 세 부분에서는 벽체구조가 기둥 열을 제치고 아예 전면에 드러났으며 박공지붕도 남아 있었다. 반면 생쉴피스에서는 기둥이 구조 역할을 전담했으며 건물 정면이 모두 기둥 열로 대체되었다. 박공지붕마저 사라져서 그야말로 기둥만이 건물 전부인 것처럼 보였다.

셋째, 당시 파리에 로마 건축과 문명을 사랑하는 프랑스의 전통이 남아 있던 사회 분위기가 반영된 것이다. 프랑스는 로마의 카이사르에게 정복된 뒤인 로마 제국 기간에 사실상 국가의 기본 틀이 잡혀서 전통적으로 로마 문명에 우호적인 편이었으며, 이런 전통은 프랑스 바로크 건축에서 고전주의의 전성시대로 꽃피었다. 이렇게 볼 때 18세기 계몽주의의 개혁운동이 구체적으로 로마 고전주의를 표적으로 삼은 측면은 크지 않았다. 이런 표적은 구조공학이라는 새로운 학문을 익힌 소수의 건축가와 엔지니어들이 주도했고, 일반 국민 다수는 여전히 로마 고전주의에 우호적이었다. 이 때문에 완전히 그리스 고전주의의 기둥구조만으로 이루어진 건물을 하루아침에 갑작스럽게 짓기는 어려웠을 것이다.

넷째, 한편 지붕을 자세히 보면 정작 박공지붕이 없는 일직선 형태인데, 여기에는 로마 고전주의와 연관된 역설적 의미가 들어 있다. 로마 고전주의를 완전히 없애기 어려운 앞과 같은 현실 상황에서 벽체구조를 남긴 대신 하중 유발 요소인 지붕을 없앰으로써 구조 효율을 향한 의지를 상징적으로 표현한 것이다. 혹은 그리스와 로마의 구별을 뛰어넘는 고전주의의 표준 원형을 제시하는 방식으로 로마 고전주의에의 의존성에서 벗어났음을 알린 것이다. 앞서 프랑스 바로크 고전주의에서 국가 양식의 완성을 한 번 이룬 이후여서 이제 프랑스가 새로운 양식을 창출하여 유럽 건축을 선도해야 한다는 생각도 중요하게 작용했을 것이다.

다섯째, 18세기 신고전주의에서 파생한 '그레코-로만 논쟁'을 보여주는 대표적인 건물이다. 고전주의의 두 뿌리가 분리되어 대립적 관계를 형성한 점에서 우선 이 논쟁의 기본 의미에 해당한다. 나아가 두 고전주의의 혼재를 통해 아직은 완전 분리가 어려운 시대 상황도 함께 반영하고 있다. 이 또한 '논쟁'이라는 말에 포함된 복합적 의미에 해당한다.

여섯째, 이런 혼재는 18세기 신고전주의의 대표적인 특징이다. 우선 18세기에 집중해 보면 고대 고전주의의 양대 뿌리가 모두 등장한 게 된다. 바로크까지는 로마 고전주의 하나가 이끌어오다가, 18세기에 들어와서 두 가지가 모두 테이블 메뉴판에 등장하게 된 것이다. 시간의 끈을 확장하면 19세기 신고전주의와 구별되는 특징이기도 하다. 양 세기에 같은 이름의 사조가 있어서 혼돈되기 쉬운데, 18세기에는 그리스주의와 로마주의가 공존했으며 19세기에는 이 둘이 분리되면서 각기 독립했다는 것이 가장 큰 차이점이다.

생쉴피스 광장 1

개방성으로 계몽주의 정신을 구현하다

다음으로 생쉴피스 광장Place Saint-Sulpice을 보자. 생쉴피스 광장은 교회 앞의 광장으로 교회 이름을 그대로 따서 붙인 이름이다. 한 변이 60m 정도인 정사각형으로 크지 않아서 교회의 부속 광장이라고 볼 수도 있다. 교회 주변에는 원래부터 공터가 있었는데, 1752년에 교회 건물의 오른쪽 첨탑을 시공하면서 주변도 함께 정리해 지금과 같은 광장의 모습을 갖추

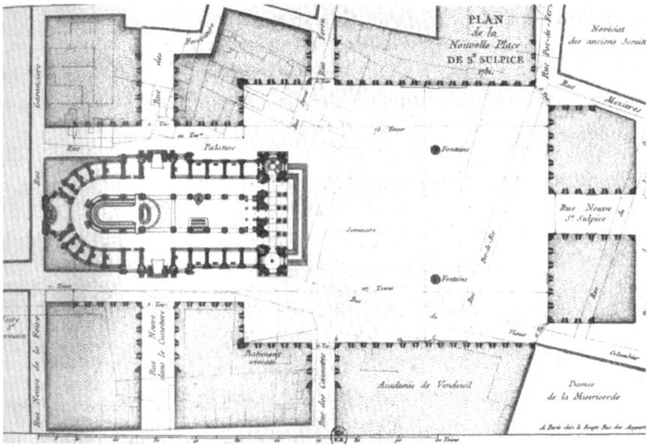

4-8. 생쉴피스 교회와 광장 공중 전경(위)

4-9. 생쉴피스 교회와 광장 배치도(1781년) (아래)

게 되었다.도 4-8 앞의 교회 건물이 특이했던 만큼 이 광장에도 다양한 얘기가 담겨 있다. 모두 여섯 가지로, 차례대로 살펴보자.

첫째, 앞에 나온 루이 15세 광장과 함께 파리에 등장한 최초의 순수 근대 광장이다. 앞 시기인 앙리 4세(재위 1589~1610년)에서 루이 14세(재위 1643~1715년)에 이르는 시기에 개발한 여러 광장은 순수 광장이 아니었고 네 면을 광장 주거가 에워싸는 도시 집합 주거의 일부였다. 이 경우 광장은 일차적으로 이 주거의 안마당이 된다. 대중에게 개방되기도 했지만, 일반 시민들이 광장을 공유하며 누리기에는 부담이 컸다. 대체로 광장 주거 소유자들의 사적 공간으로 인식되는 분위기가 강했기 때문이다. 반면에 생쉴피스 광장과 루이 15세 광장은 다음 단계의 순수 시민 광장이 되면서 전적으로 공적 공간으로서의 광장이 탄생하게 되었다.도 4-9

둘째, 건물 입면과 광장 사이에 개방성이 나타났다. 이는 교회 건물 정면을 기둥 열로 처리하면서 확보한 개방성이 그대로 광장에 투영된 결과다. 광장을 접하는 건물 입면의 특징이 그대로 광장과 건물 사이의 관계에 반영되기 때문이다. 혹은 건물이 광장이라는 도시 공간을 접하는 방식이라고 볼 수도 있다. 생쉴피스 교회의 이런 기둥구조는 '열주 스크린'이라는 좀 더 건축적인 요소로 바꿔 부를 수 있다. 박공지붕조차 없애서 열주 스크린 효과는 더 강하게 나타났다. 어쨌든 이런 관계나 방식에서 개방성이 나타난 것도 역시 18세기 계몽주의 정신에 따른 중요한 변화였다.도 4-10

이전 바로크 시대에는 건물의 정면이 벽체구조여서 광장을 향해 막힌 폐쇄적 관계였다. 광장과 도로를 면한 건물의 외벽은 높은 수직 벽으로 정의되었다. 이렇게 막힌 높은 벽은 도시 외부 공간과의 단절을 일으켰는데, 생쉴피스 교회와 광장에 와서 이것이 개방성으로 180도 바뀐 것이다. 이는 광장과 도로 같은 도시 외부 공간에서 일어난 신고전주의 현상에 해당한다. 이렇게 보면 생쉴피스 광장도 교회 건물과 마찬가지로 바로크 광장의 폐쇄성으로부터 탈피하려는 목적을 가졌다. 이런 개방성은 근대로 올수록 도로가 넓어지고 도시 전체가 밝아지는 현상과도 맥을 같이하는 변화로, 앞서 말한 '근대 광장'의 의미에 해당하는 또 다른 특징이었다.

4-10. 생쉴피스 서쪽 정면의 열주랑. 앞의 광장을 향해 열려 있다.

셋째, 공간에서의 개방성은 그대로 시대적 의미와 동의어가 된다. '폐쇄성 vs. 개방성'의 대립 구도가 가장 자주 얘기되는 분야가 바로 정치와 사회이기 때문이다. 바로크 시대까지는 정치적 의사결정과 사회의 운영이 소수의 권력 계층 사이에서만 폐쇄적으로 이루어졌는데, 18세기 계몽주의에서 이걸 투명하게 공개하는 개방적 방식으로 바꾸려는 움직임이 혁명으로 나타난 것이다.

공간과 '정치·사회'의 이런 연관성은 교회와 공권력이라는 두 권력 주체를 공동 매개로 파악할 수 있다. 이 두 주체가 바로크 시대까지 정치와 사회에서의 폐쇄적 운영을 주도했는데, 공간에서도 교회 건물과 공공건축이 앞과 같은 폐쇄성을 대표했기 때문이다. 두 주체 모두 도시 외부 공간과의 단절을 원했다. 교회는 내부의 성스러운 공간을 외부의 세속 공간과 분리하고 싶어 했고, 공공건축은 공권력의 권위와 보안 등의 이유로 역시 외부와의 분리를 원했다. 이는 곧 기독교와 공공분야가 전제 시대 때 가장 대표적인 권력 조직이었음을 말해주는 현상이었다. 이러던 게 18세기 계몽주의에 들어와서 개혁의 흐름 아래 개방의 가치가 전통적인 권력 조직으로 흘러들기 시작했다. 이에 따라 광장과 도로의 도시 외부 공간을 면하는 건물 정면에도 앞과 같은 개방적 구성이 등장하기 시작했는데, 생쉴피스의 '교회-광장' 짝은 이런 변화를 한 번에 완성된 상태로 만들어낸 경우였다.

이런 개방성은 곧 건물 실내와 도시 외부 사이의 공간적 연속성을 의미했다. 이전의 단절이 연속으로 변한 건데, 이로써 '폐쇄-개방'에 이어 '단절-연속'의 대비 구성이 성립되면서 18세기의 개혁 흐름을 상징적으로 보강해주었다. 돔과 수직 벽의 바로크 전통이 완전히 사라지고 기둥구조의 순결성과 원형原形 단위의 수평선이 새롭게 모습을 드러냈다. 상징해석을 통한 위계 표현에서 탈피하면서 열주 스크린이 만드는 투명한 인상이 건물을 대표했다. 자크-프랑수아 블롱델을 비롯한 동시대 프랑스 건축가들은 이런 생쉴피스 교회와 광장을 보고 그리스 고전주의의 고결한 전통이 부활한 것이라고 긍정적으로 평가했다.

생쉴피스 광장 2

장경주의의 도시 공공성 정신과 조각상의 역사성

넷째, 개방성을 좀 다른 관점에서 볼 수도 있다. 우선 세르반도니가 열주를 사용한 보다 직접적인 배경으로 그의 무대 디자인 경력을 들 수 있

4-11. 생쉴피스 교회와 광장의 3차원 원근법 모습 (1781년)

다. 열주 스크린은 무대 디자인의 주요 디자인 기법인 장경주의場景主義·theatricalism에서 애용하던 배경 장치였다. 기둥 열의 짙은 음영이 강한 인상을 만들어서 무대 배경에 자주 사용되기 때문이다. 생쉴피스 교회와 광장도 극장의 무대 구조에 비유할 수 있다. 광장은 객석이고 건물 정면은 무대가 된다. 이렇게 보면 광장의 시민은 마치 극장의 무대를 보듯 교회 건물의 정면을 감상하게 된다.도 4-11

도시 광장에 장경주의 기법을 도입한 것 역시 이 광장만의 새로운 점이었다. 유럽의 모든 도시에 수없이 많은 광장이 있는데, 생쉴피스와 같은 장경주의 기법은 어디에서도 비슷한 사례를 찾기 힘든 독특한 것이었다. 이는 개방성이 단순히 공간의 물리적 성격에 머물지 않고 실제 광장을 사용하는 시민들에게 구체적인 즐거움으로 나타나도록 해주는 효과가 있었다. 이렇게 보면 계몽주의 정신에서 중요한 항목인 도시 공공성을 공간적으로 구현한 게 된다.

다섯째, 광장 내부의 공간 처리다. 우선 준공 당시에는 공사하고 남은 돌을 광장 주변에 그대로 전시한 점이 다른 광장에서는 찾아보기 힘든 특이한 점이었다. 이 돌은 치워서 현재는 없다. 지금은 분수가 중요하다. 준공 당시였던 18세기에는 건물 반대편 쪽 광장 끄트머리의 양옆에 작은 분수를 하나씩 설치했다. 이후 1843~1848년에 루이 비스콘티Louis Visconti(1791~1853년)의 설계로 지금의 분수로 교체했다.도 4-12 유럽의 광장에는 보통 분수가 있는데, 이 분수는 프랑스 정부와 파리시가 애국주의를 상조하기 위해 공을 들여 특별히 주문·제작한 작품이라는 점이 중요했다. 팔각형의 넓은 수반 속에 세 단의 기단을 쌓고 그 위에 정사각형의 몸통을 세운 구성이다. 이때 몸통의 네 면을 동서남북의 사방위에 맞춘 뒤 17세기를 대표했던 네 연설가의

4-12. 생쉴피스 광장의 분수

좌상을 각 면에 새겼는데, 이 네 좌상은 각기 다른 조각가가 조각했다.

가톨릭 주교이자 연설에 관한 책을 쓸 정도로 연설에 일가견이 있던 자크-베니뉴 보쉬에Jacques-Bénigne Bossuet(1627~1704년)의 좌상은 장-자크 푸케르Jean-Jacques Feuchère(1807~1852년)가, 작가 겸 연설가 에스프리 플레치에Esprit Fléchier(1632~1710년)는 루이 데스프레Louis Desprez(1799~1870년)가, 가톨릭 대주교이자 신학자 겸 연설가였던 프랑수아 페늘롱François Fénelon(1651~1715년)은 프랑수아 라노François Lannot(1800~1871년)가, 클레르몽Clermont의 주교이자 연설가였던 장-밥티스트 마시용Jean-Baptiste Massillon(1663~1742년)은 자크-오귀스트 포지네Jacques-Auguste Fauginet(1809~1848년)가 각각 조각했다.

여섯째, 네 면의 좌상 역시 시대적 의미가 있는데, 17세기와 19세기를 하나로 연결한다는 점이다. 이 연결은 '국가 양식'을 공동 매개로 건축적으로 해석될 수 있다. 네 연설가가 활동했던 17세기는 루이 14세를 필두로 국가 양식을 완성하던 때였고, 19세기는 제국경쟁 시대에 제국의 권위를 드높이고 국민을 하나로 통합하기 위해 다시 한 번 국가 양식이 필요하던 때였다. 17세기를 이끌던 네 명의 연설가를 19세기에 등장시켜 도시 광장에 분수 조각으로 작품화한 건 제국주의식 국가 양식을 보여주는 좋은 사례다. 치열한 제국경쟁에서 이기기 위해 일종의 '국가 총동원령'이 내려진 시기에 17세기의 대표적인 연설가를 소환한 건 루이 14세 시절의 영광을 이어받음과 동시에 이들의 명연설로 국민을 깨우고 독려하려는 정치적 의미가 있는 걸로 해석할 수 있다.

한편 광장 자체는 18세기에 건설되어, 17세기와 19세기를 연결하는 조각상이 그 중간에서 시대적 연결을 완성하는 역할을 한다. 이를 뒷받침하는 역사적 의미로 '근대적 보편주의'를 들 수 있다. 교회 건물의 기둥구조와 이것이 광장과 교감하면서 만들어내는 개방성을 역사적 관점에서 정의한 거시적 개념이다. 이는 17세기에 완성된 국가 양식을 받아 다음 시대인 근대의 기초를 다지는 보편성을 확보했다는 뜻을 담고 있다. 이로써 이 광장을 중간 매개로 '17세기 국기 양식-18세기 근대적 보편주의-19세기 국가 양식'의 세 세기에 걸친 거시적 차원의 역사적 끈이 연결되었다. 르네상스 때 이탈리아 고전주의를 받아들여 시작한 프랑스의 초기 근대 고전주의가 17세기에 프랑스 바로크 고전주의로 완성된 뒤 이를 토대로 18세기에는 유럽을 선도하는 근대정신으로 도약한 것이며, 이어 19세기 제국경쟁 시대에 돌입하면서 앞 두 세기에 축적된 역량을 토대로 다음 버전의 국가 양식 2단계를 창출한 것이다.

파리 팡테옹1

역사적 배경과 '설계-공사' 진행 과정

다음으로 파리 팡테옹이다. 앞에서 여러 번 언급했듯이 대형 스타 건물이 없는 18세기 프랑스 건축, 나아가 유럽 건축 전체를 대표하는 주요 걸작이다. 이런 중요성은 아무래도 계몽주의라는 개혁 정신을 잘 구현한 구조합리주의라는 양식 사조에서 나올 것이다. 시대의 변화와 보조를 같이했다는 뜻으로 그만큼 다양한 역사적 배경과 건축 논제를 담고 있다. 파리의 도시 구조에서도 이 건물이 위치한 구역은 여러 측면에서 중요한 장소다. 이상을 합해서 크게 열한 가지 내용으로 그 중요성을 정리할 수 있다. 차례대로 살펴보자.

첫째, 역사적 배경이다. 파리 팡테옹의 위치는 현재 좌안 5구의 생트주느비에브 언덕Montagne Sainte-Geneviève이다.도 4-13, 4-14 이곳에는 오래전 초대교회 때부터 '성베드로와 성바오로 교회Église Saints-Pierre-et-Paul'라는 이름의 교회가 먼저 있었고 지금의 건물은 이걸 헐고 다시 지은 것이다. 여기에는 파리의 초대교회와 중세교회에 걸친 중요한 역사가 서려 있다.

기원은 고대 로마 시대까지 거슬러 올라간다. 나지막한 언덕 지형이어서 이때부터 '몬스 루코티티우스Mons Lucotitius'라 불리는 중요한 지역이었다. 이어 초대교회 때인 5세기에 낭트Nantes 출신의 '성처녀 주느비에브(생트주느비에브Sainte-Geneviève, Virgin)'(422~500년경)가 이 일대에 정착해 목회 활동을 활발히 벌였다. 이에 그녀가 사망할 당시 왕이었던 클로비스 1세Clovis I(재위 481~509년)가 그녀를 기려 이 일대를 '생트주느비에브 언덕'으

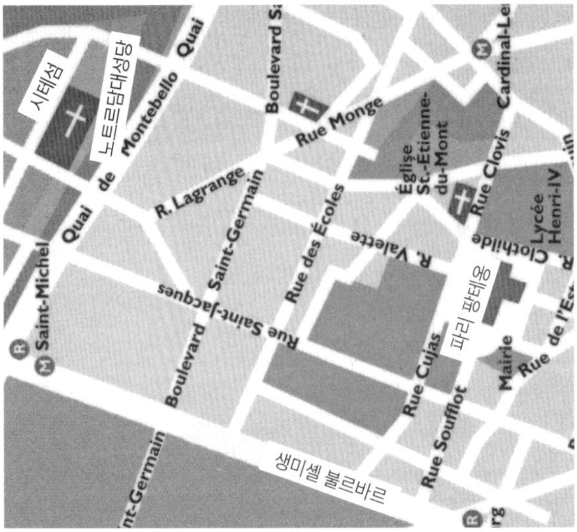

4-13. 파리 팡테옹의 위치(위)

4-14. 파리 팡테옹 공중 전경. 오른쪽 옆의 중세 교회가 생테티엔뒤몽Saint-Étienne-du-Mont이다. (아래)

로 개칭했다. 이때 생트주느비에브의 요청으로 지금의 파리 팡테옹 자리에 '성베드로와 성바오로 교회'가 처음 지어졌다. 다시 중세를 거치면서 이 교회에서는 여러 이적이 일어났으며, 수도원도 형성되는 등 좌안 동쪽 구역의 기독교 중심지가 되었다.

교회 명칭에 대해서는 이견이 있다. 우선 생트주느비에브의 유지를 받들어 루이 15세의 개축 때까지도 처음 이름을 그대로 유지했다는 주장이 있다. 이 주장은 루이 15세가 현재의 건물로 다시 지으면서 교회 이름도 '생트주느비에브 교회Église Sainte-Geneviève'로 바꾸었다는 기록에 의해 뒷받침된다. 반면 생트주느비에브는 파리에서도 몇 손가락 안에 꼽히는 중요한 성인이어서 이보다 훨씬 이전에 그녀를 기리는 이름으로 바뀌었다는 주장이다.도 4-15 다만 언제부터인지는 정확하지 않은데, 이미 클로비스 1세 때부터였다는 주장부터 수도원이 형성되던 중세부터라는 주장까지 다양하다. 다만 '파리 팡테옹'이라는 지금의 이름이 프랑스대혁명 때인 1791년에 정해진 것만은 확실하다.

둘째, 설계와 공사 과정이다. 새 건물을 짓기로 한 첫 계기는 1744년에 있었다. 이즈음 파리에는 큰 전염병이 돌았는데, 1744년에 팬데믹이 사그라들자 루이 15세는 이것이 생트주느비에브의 신유神癒의 이적이라고 믿고 이 교회로 짧은 순례 여행을 오는 종교 행사를 벌였다. 이때 왕은 교회

4-15. <튀르고 파리 지도>(1734~1739년)에 '생트 주느비에브st. Geneviève'라고 쓰여 있다.

성직자들에게 신유를 기리는 봉헌 교회votive church를 새로 크게 짓겠다고 약속한다. 그러나 처음 진행은 더뎠다. 10년이 지난 1754년 12월 9일이나 되어서야 왕실 건축 위원회에서 새 교회를 짓는다는 칙령을 반포하면서 건설 계획이 확정되었다.

신유에 감사하는 봉헌 교회의 기능을 기본으로 삼고 파리시의 수호성인과 루이 15세의 절대왕정을 찬양한다는 기치를 함께 내걸었다. 건설 비용은 왕이 복권사업에서 벌어들인 수익으로 충당하기로 했다. 이윽고 1755년 7월에 건축가, 엔지니어, 왕실 건축 자문 등으로 구성된 위원회가 설립되어서 사업을 진행했다. 당시 마리니의 후작marquis de Marigny이자 왕실 건축 일을 총괄하고 있던 아벨-프랑수아 푸아송 드 방디에르Abel-François Poisson de Vandières(1727~1781년)가 수플로를 건축가로 지명했다. 새 교회의 방향은 "고상함, 담대함, 웅장함을 동해 이 시대의 예술적 성취를 드높이는 기념비를 세운다"라는 것으로 잡았다.

건축가가 선정되자 초반 흐름은 좋았다. 수플로는 일단 부지부터 확보했다. 이 시기만 해도 이 일대는 이미 개발이 되어 있어서 주변에 크고 작은 건물들이 있었다. 이에 교회 건물과 그 앞의 광장에 필요한 면적을 확보하기 위해 여러 채의 주택과 정원을 철거하고 우선 수플로가Rue Soufflot라는 짧은 대로부터 건설했다. 이 길은 길지는 않았지만, 파리 팡테옹의 서쪽에 있는 좌안의 중심 도로인 생미셸 불르바르Boulevard Saint-Michel(당시 이름은 '아르프가Rue de la Harpe')에 연결되는 중요한 도로였다. 지금도 이 도로는 파리 팡테옹으로 안내하는 일종의 '행렬로' 같은 역할을 하며 건물의 공간적 가치를 높여준다.도 4-16 마치 그 옛날 고대 이집트의 룩소르 신전Luxor Temple이나 카르나크 신전Karnak Temple 앞에 스핑크스가 줄지어 서 있던 행렬로를 파리로 옮겨 놓은 것과 같다. 실제로 이 도로에서 파리 팡테옹의 정면을 보면 넓은 폭의 대로 저 끝에 1점 원근법을 형성하며 웅장한 위용을 뽐내고 서 있다.

부지가 확보되자 이어 설계까지는 순조롭게 진행되었다. 2년의 설계 과정을 거쳐 1757년에 기공식을 가진 뒤 1760년까지 일차적으로 이전 건물을 헐면서 유적을 발굴했고, 이 작업을 마친 이후 초석을 놓았다. 그러나 공사 과정에 다시 어려움이 발생해 준공까지는 순탄하지 못했다. 1763년에 새 건물의 지하 무덤 부분을 완성하고 이어 몸통 부분의 본격적인 공사가 시작한 데까지는 좋았다. 하지만 돔을 기둥구조만으로 받치는 문제를 놓고 논쟁이 벌어져 공사가 늦어졌다. 수플로는 준공을 보지 못하고 1780년에 사망하는데, 이때 공사는 돔을 받치는 원통형 밑동까지 진행해 있었다. 이 건물의 생명은 거대한 중앙 돔이어서 이 정도 진행 상태라면 아직 미완성이라고 보는 것이 맞을 것이다. 하지만 '파리 팡테옹'이 '수플로'와 동의어일 정도로 수플로의 역할은 절대적이어서, 그에게 헌정한다는 뜻으로 건축사에서는 보통 1755~1780년을 따로 떼어내 일차 준공 기간으로 잡는다.

4-16. 팡테옹가 Rue du Panthéon 끝에 위치한 건물 모습

수플로 사후에는 두 명이 이어받아 최종 준공했다. 우선 수플로 당시 공사 감독관이었던 막시밀리앵 브레비옹Maximilien Brébion(1716~1797년)이 수플로의 조카인 프랑수아 수플로 르 로맹François Soufflot le Romain(1750~1801년)

의 도움을 받아 1785년까지 원통형 공사를 마칠 수 있었다. 이후 이 자리는 다시 장-밥티스트 롱들레Jean-Baptiste Rondelet (1743~1829년)가 물려받아 프랑스대혁명의 혼란 와중에도 1789년까지 돔 공사를 완료했으며, 다음해인 1790년에 랜턴을 얹으면서 45년의 긴 기간 끝에 드디어 오늘날의 파리 팡테옹이 탄생했다. 앞의 일차 준공에 이어 최종 준공일은 1790년이다. 또한 1791년에는 이름도 현재의 '파리 팡테옹'으로 바뀌었다.

파리 팡테옹 2
구성과 특징, 규모 경쟁

셋째, 건물의 구성과 특징이다. 평면은 중세 라틴 크로스Latin cross 형태인데 신도석이 위치하는 네이브 부분이 짧아서 사실상 그리스식 크로스Greek cross 형태가 되었다.도 4-17 이런 점에서 중세 전통을 벗어나는 개혁정신을 담고 있다. 양식 사조는 앞에서 여러 번 언급했듯이 18세기 신고전주의와 구조합리주의를 겸하면서 둘을 모두 대표한다. 신고전주의적 특징으로는 그리스 신전 정면으로 꾸민 외관과 실내의 거대한 중앙 돔이 대표적이다.도 4-18 또한 구조합리주의적 특징으로는 그리스 신전에 사용한 기둥구조와 중앙 돔을 받치는 내력벽을 70% 이상 절약한 부분이 대표적이다.도 2-4, 4-19

후자의 내용을 앞 장과 중복되지 않는 범위에서 추가로 살펴보자. 수플로를 비롯하여 파리 팡테옹을 주도한 건축가들은 과학혁명의 영향 아래 새로운 수학, 나중에는 미적분으로 무장한 엔지니어들이었다. 앞선 바로크 때의 종합예술가 유형과는 완전히 다른 사람들이었던 것이다. 역학 계산을 엄밀히 해본 결과 이들 엔지니어는 앞 시대 바로크 교회에서 재료 낭비가 무척 심했음을 찾아냈다. 그 이유는 무게가 많이 나가는 거대한 중앙 돔을 받쳐야 했기 때문이다. 구체적으로는 비잔틴 건축을 대표하는 성소피아 대성당Hagia Sophia Grand Mosque(532~537년)에서 처음 발명된 이래 유럽 기독교 건축사에서 무려 1,200년 동안 관습적으로 사용해오던 펜던티브 돔

pendentive dome이라는 구조 방식 때문이었다. 돔을 성공적으로 받쳐내는 데까지는 좋았지만, 그러다 보니 벽체 두께가 10~20m씩 두꺼워지는 비상식적인 일이 발생한 것이다.

엔지니어 건축가들은 돔을 기둥구조만으로도 받칠 수 있다고 생각했다. 석조 기둥으로는 이것이 불가능하다는 게 당시 건축계의 중론이었지만, 이들은 이것이 가능하다고 믿고 파리 팡테옹에서 실제로 실현해보겠다고 나섰다. 이를 위해 두 가지 새로운 시도를 했다. 하나는 돔 껍데기를 세 겹의 칼로트calotte(머리에 꼭 맞는 작은 삼각모자, 가톨릭 성직자들이 쓰던 챙 없는 모자) 형태로 짜서 돔 무게를 크게 줄인 것이다.도 4-20 다른 하나는 당시의 첨단 공법인 철재 보 등을 혼용해서 부분적으로 보강한 것이다.

그 결과 비록 공언했던 것과 같이 완전히 기둥구조로 대체하지는 못했지만 펜던티브의 벽체 면적을 최대 70% 안팎까지 줄일 수 있었다. 이런 발전은 당시로서는 가장 앞서가는 새로운 시도였으며, 이런 점에서 파리 팡테옹은 18세기 유럽 건축 전체를 대표하는 건물이 될 수 있었다. 또한 오랜 공사 기간에서 알 수 있듯이 여러 가지 중요한 문화적 논제들을 유

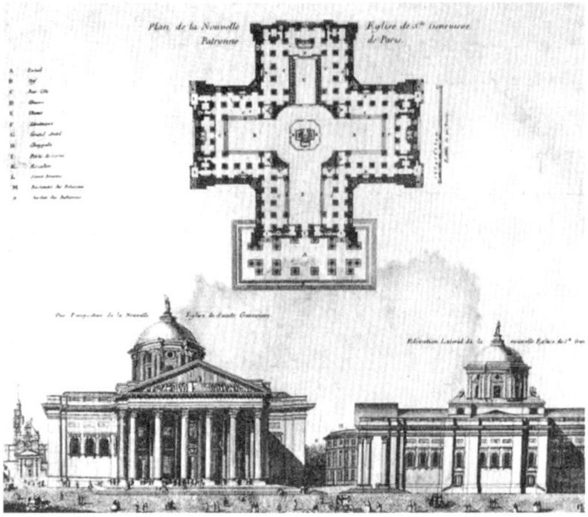

4-17. 파리 팡테옹. 평면도와 입면도(위)
4-18. 파리 팡테옹. 중앙 돔 주변의 실내 구조 모습(가운데)
4-19. 파리 팡테옹. 신고전주의 외관(아래)

발했으며, 이런 내용을 합해 '근대적 보편주의'라는 역사성까지 확보했다. 또한 이런 중요성에 힘입어 1800년 지어진 미국 국회의사당United States Capitol의 본보기가 되기도 했다.

넷째, 규모의 미학과 높이 경쟁 혹은 수직 경쟁이다. 파리 팡테옹을 통해서 중세 성당에 이어 '규모를 기준으로 한 높이 경쟁'이 다시 등장했다. 우선 실제로 파리 팡테옹 앞에 서면 전형적인 거석 구조 느낌이 든다. 중세 성당이 수직 경쟁 하나였던 것과는 달리 폭과 너비까지 포함한 건물 전체에서 규모의 미학을 느낄 수 있는 것이다. 나아가 이것이 경쟁 현상으로 발전하기 위해서는 비교 대상이 필요했는데, 가장 대표적으로 파리 내에서 앵발리드 돔Dôme des Invalides(앵발리드 교회Église des Invalides, 1671~1691년)과의 경쟁을 들 수 있다.

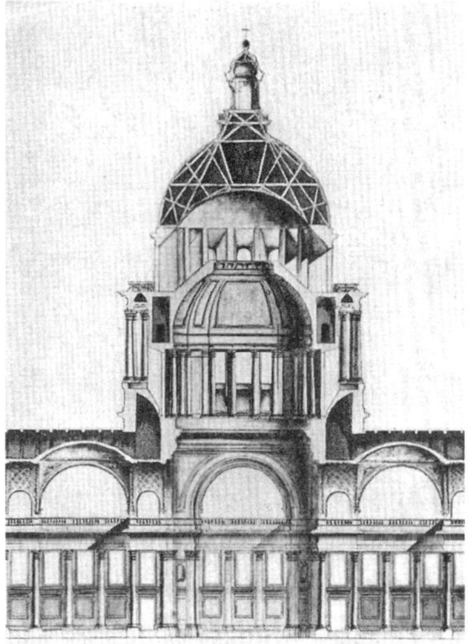

4-20. 파리 팡테옹. 단면도

파리에는 규모 이전에 포괄적 대표성을 갖는 네 채의 교회 건물이 있다. 노트르담대성당과 생트샤펠은 중세 고딕을, 앵발리드 교회와 파리 팡테옹은 고전주의 돔 구조를 각각 대표했다. 이렇게 두 돔 건물 사이에 '바로크 vs. 계몽주의', '벽체구조 vs. 기둥구조', '폐쇄성 vs. 개방성' 등 여러 겹의 대비 구도가 형성된 가운데 그 연장선에서 규모 경쟁까지 벌어졌다.

유럽의 주요 도시에는 로마의 산피에트로 인 바티카노 대성당과 산파올로 푸오리 레 무라 대성당 등 고전주의 돔 건물을 대표하는 건물이 있다. 공교롭게도 파리에는 이 후보가 앵발리드 돔과 파리 팡테옹으로 둘이었다. 둘 가운데 어느 건물을 파리 돔 구조의 대표로 볼지는 쉽지 않은 일이었다. 우선 순수하게 높이와 규모 등의 숫자 기록만 보면 무승부라 할 수 있었다. 앵발리드 돔은 외부의 꼭대기 랜턴까지 높이가 110m에 달했고, 건물은 폭과 길이가 60m로 같았다. 본체 크기와 비교해서 하늘로 높이 솟은 구조였다. 파리 팡테옹은 돔 꼭대기 랜턴까지의 높이는 83m였고 돔 정상에 전망대가 있어 실내에서 425개의 계단을 타고 오를 수 있었다. 건물의 길이는 110m였고 출입구 정면에는 22개의 거대 기둥이 줄지어 섰다. 이렇게 보면 높이는 앵발리드 돔이 더 높았고 본체의 덩치는 파리 팡테옹이 더 커서 무승부라 할 수 있었다.

포괄적 대표성으로 확장해도 승부를 가리기 힘들었다. 앵발리드 돔은 프랑스 역사에서 가장 훌륭한 왕 가운데 한 명으로 추앙받는 루이 14세가 공들여 지은 국가 보훈 시설이었으며 프랑스 바로크 고전주의라는 국가 양식을 완성한 건물이었다. 반면 파리 팡테옹은 지금까지 보았듯이 돔을 기둥만으로 받치려 한 새로운 시도를 하면서 구조합리주의를 대표하는 건물이었으며, 이때 형성된 근대적 보편주의라는 시대적 가치를 바탕으로 다음 시대인 근대건축의 씨앗을 뿌린 건물이기도 했다.

파리 팡테옹 3
수플로의 건축 철학, 계몽주의적 기념비, 기념비적 양식주의

다섯째, 수플로의 건축 경향과 철학이다. 수플로는 원래 전형적인 로마주의 건축가였다. 1731~1738년의 오랜 기간 로마에서 유학했으며 1750~1751년에는 로마 답사 여행을 다녀왔다. 나이만 보면 가브리엘과 급진적 고전주의 사이에 낀 세대였다. 건축 경향은 신고전주의 후반을 대표하면서 다음 단계인 구조합리주의라는 새로운 사조를 창출해서 이끌었다. 로마에서는 물론 당시 유행하던 후기 바로크를 가장 많이 접했지만, 이와 함께 당시 파에스툼Paestum과 헤르쿨라네움Heraclaneum에서 진행하고 있던 고고학 발굴 작업도 자세히 관찰할 기회가 있었다. 이를 통해 수플로는 전통 건축과 선례 양식을 바로크식의 장식 대상이 아닌 과거의 객관적 복원 작업으로 이해하는 신고전주의의 새로운 시각을 갖게 되었다. 그리고 여기에서 고고학 발굴의 실측 결과와 실제 기록 사이의 조정 작업에 따른 계량적 복원의 중요성을 깨달았다.

이어 파리로 돌아온 뒤에는 과학혁명에 동참해 구조공학을 새로 공부하며 이쪽 기술자들과의 협업도 진행했다. 이 과정에서 바로크 교회 건물의 재료 낭비와 이신론의 기독교 개혁 운동 등을 접하면서 구조합리주의를 완성했다. 이처럼 수플로의 건축 철학은 '로마 고전주의-역사 선례의 고고학적 정확성-계량적 복원의 조정 작업-과학혁명과 구조공학-개혁 운동' 등 여러 요소가 합해진 매우 복합적인 성격을 띠었다. 파리 팡테옹은 그 결과물로 탄생한 18세기의 대표 걸작이었다.

여섯째, 계몽주의적 기념비monument of the enlightenment다. 파리 팡테옹의 핵심은 아무래도 역학 효율을 추구하면서 건축에 구조공학을 도입한 새로운 시도일 텐데, 이는 다름 아닌 계몽주의의 혁명 정신과 맥을 같이하는 것이었다. 그런데 그는 여기에서 머물지 않고 이런 새로운 시대 정신을 신고전주의라는 역사 양식으로 표현했다. 서양 건축에서 역사 양식은 원래 기념비적 성격이 강하며, 형식미를 생명으로 삼는 신고전주의가 특히 그렇다. 이상의 두 가지를 합하면 '계몽주의적 기념비'가 되는 것이다.

가장 대표적인 장면이 돔을 받치는 아래쪽 원통형 구조의 외관을 감싸고 있는 기둥 열이다. 이전 바로크까지 원통형은 벽으로 막았는데 이걸 기둥 열로 바꾼 것이다. 파리에서는 당장 앵발리드 돔(1671~1691년)이 이런 바로크식을 대표했다. 이는 로마 고전주의의 벽체구조와 그리스 고전주의의 기둥구조 사이의 대립이 돔 외관에까지 나타난 것이었다. 기둥구조는 파리 팡테옹의 생명이자 계몽주의 혁명 정신에 해당하는 새로운 구조 방식인데, 이걸 신고전주의의 핵심인 돔 구조부에 적용해서 새로운 양식으로 탄생시켰다. 서양 건축사에서 대형 건물 가운데 원통형을 기둥 열로 처리한 사례는 런던의 성바오로 성당(1675~1711년)이 사실상 처음이었고 파리 팡테옹(1755~1790년)이 두 번째였다. 파리 팡테옹이 미국 국회의사당의 본보기가 된 데에는 이 장면도 큰 역할을 했다.

일곱째, 이상의 내용은 '기념비적 양식주의monumental stylism'라는 사회 미학의 전형이 된다. 건축 양식의 배경으로는 크게 순수 미학과 사회 미학의 두 가지가 있는데, 후자에서 특히 기념비적 특징이 더 강하게 나타난다. 프랑스는 이미 바로크 고전주의부터 사회 미학을 대표하며 이끌었다. 이는 순수 미학을 대표하는 이탈리아 고전주의와 대별對別되면서 유럽 전체의 초기 근대 고전주의를 양분하는 프랑스만의 국가 전통이었다. 그 배경에는 사회 형식미를 좋아하는 프랑스의 국민성이 있었다. 이는 곧 건축적 특징을 집단화해서 사회, 왕, 도시, 국가 등 일정 단위의 양식으로 형식화하는 성향과 능력이 뛰어나다는 것으로, 이 말 속에 '기념비'와 '양식주의'의 두 가지 뜻이 담겨 있다. 이런 전통은 계몽주의에도 계속 나타났는데, 이번에는 파리 팡테옹이 이어받았다. 계몽주의가 이끈 프랑스의 18세기는 다양한 사회 운동이 번성한 시대여서 건축에서도 그만큼 사회 미학에 관한 논의가 활발했는데 이것이 파리 팡테옹으로 집약한 것이다.

파리 팡테옹 4

국립묘지, 애국주의 기념비, 건물 등급의 변천사

여덟째, 국립묘지로의 대변신이다. 이는 프랑스대혁명 때에 일어났다. 프랑스대혁명 때 주요 교회와 공공건물이 파괴된 것과 달리 파리 팡테옹은 잘 보존된 한편으로 용도에 중요한 변경이 있었다. 처음에는 이른바 '위대한 사람들(그랑 옴므grands hommes)'이라 불리던 혁명군 가운데 다친 사람들의 보금자리로 사용되었고 이름도 이에 맞춰 '영광의 신전Temple de la Gloire'으로 개칭했다. 그러다가 1791년에는 한발 더 나아가 프랑스를 빛낸 위인들의 무덤으로 용도가 한 번 더 바뀌었다. 건물의 규모, 위치, 역사적 중요성 등으로 볼 때 주거 기능으로만 쓰기는 아까우며 혁명 정신이라는 대형 사회적 이슈를 담아내기에 적합하다는 판단에 따른 것이었다.

이때 이름도 '프랑스의 팡테옹Panthéon française'이라고 바꿨다. '팡테옹'이라는 말에는 두 가지 의미가 있었다. 하나는 돔 구조의 원조인 로마 판테온을 본보기로 삼는다는 의미였다. 그리고 다른 하나는 이 이름의 원래 뜻이 '만신전萬神殿'인 데에서 알 수 있듯이 '프랑스를 빛낸 모든 위인에게 봉헌한 신전'이라는 뜻이었다. 보통은 '프랑스의 팡테옹' 대신 '파리 팡테옹'이라고 부른다. 이때 확보한 무덤 기능은 19세기에 약간의 부침이 있었지만 대체로 19세기 내내 이어지면서 정식으로 '국립묘지' 기능을 인정받아 현재에 이른다.

부침의 내용을 구체적으로 살펴보면, 우선 나폴레옹 1세 때인 1806년에 다시 원래의 교회 기능으로 복원했다. 이때는 사실상 군사 정부에 가까워서 나폴레옹은 애국자의 개념을 장군 중심으로 좁혀서 앵발리드 돔에 안장했다. 그러나 제1제국은 오래가지 못했고, 1814년에 왕정복고 정부가 들어서면서 무덤 기능을 다시 회복했다. 이후로도 제3공화국 때인 1885년까지 종교 기능과 무덤 기능을 모두 유지하거나 둘 사이를 오가는 등 이 건물의 기능에 대한 오랜 논의를 거친 끝에 이 해에 국립묘지 기능을 갖춘 '국립신전Temple de la Nation(영어로 '템플 오브 더 네이션Temple of the Nation')'으로 최종 정리되었다.

이는 사실상 우리의 서울시 동작구 국립현충원이나 대전 현충원과 같은 국립묘지의 개념이었다. 공간 형식에 따른 분류는 '원형 무덤mausoleum'으로 정리되었다. 이로써 전통 시대의 왕들은 주로 파리 북쪽 근교의 생드니Saint-Denis 수도원 본당 교회에 묻혔고, 나폴레옹 1세 자신을 비롯한 주요 장군들은 앵발리드 돔에, 나머지 국가의 주요 인사들은 파리 팡테옹에 각각 분산 매장되었다.

파리 팡테옹에는 특히 문화예술계 인사들이 많이 묻혔는데 그 목록을 보면 쟁쟁한 이름들이 쉽게 보인다. 대표적인 이름만 봐도 수플로 자신을 비롯하여 루소, 볼테르, 콩트, 빅토르 위고, 에밀 졸라, 앙드레 말로, 퀴리 부부 등으로, 이 이름들만 모아도 프랑스 문화예술과 학문 역사의 중요한 단락을 이룰 정도다.도 4-21, 4-22 이런 인사들의 장례식은

4-21. 장-자크 루소Jean-Jacques Rousseau의 유골을 파리 팡테옹에 안치하는 의식(1794년) (왼쪽)

4-22. 파리 팡테옹에서 거행한 빅토르 위고의 장례식(1885년) (오른쪽)

프랑스 국민의 애도와 관심 속에서 거행되는 국가적 문화 행사였다. 이때에는 보통 거대한 삼색기(프랑스 국기)가 건물 정면을 뒤덮고 앞 광장까지 드리워진다.도 4-23 팡테옹에 안치하는 이런 행사를 뜻하는 '팡테옹화하다 pantheonize'라는 신조어도 사전에 등재된 일반 단어로 통용된다.도 4-24 한편 이처럼 매장 인사들의 활동 분야와 이름의 무게에서도 앵발리드 돔과 또 다른 재미있는 경쟁 관계가 형성되기도 했다.

아홉째, 애국주의 기념비다. 이는 국립묘지의 기능을 뒷받침하는 개념인데, 기념비에 대해서는 앞에서 설명했으며 그 역할 가운데 국립묘지 기능을 바탕으로 한 애국주의가 추가되었다. 이는 파리 팡테옹에 프랑스를 빛낸 위인들이 묻히기 시작한 전통이 복고 정부와 혁명 정부가 엎치락뒤치락하며 교대로 나타났던 19세기에도 변하지 않고 이어졌다는 사실로 뒷받침된다. 실제로도 이를 위해 건물에 구체적인 추가 처리를 했는데 크게 두 가지였다.

하나는 건물에 가해진 처리로 무덤 기능에 맞춰서 창을 막은 것이다. 이로써 건물 몸통은 창 없는 단일 거석 구조가 되었다. 이런 구성은 창고 같은 특수 기능을 갖추지 않은 보통 건물에서는 불리한데, 파리 팡테옹에서는 오히려 원래 양식의 취지에 잘 맞았다. 즉 단일 거석 구조의 위엄 있는 모습이 마침 '고결한 단순성noble simplicity'과 '차분한 위엄clam grandeur'이라는 그리스 고전주의 미학과도 잘 맞아떨어져 신고전주의와 구조합리주의를 합한 원 양식의 목적 및 특징을 오히려 강화해주는 효과를 낳았다.

4-23. 퀴리 부부의 '팡테옹화' 장면(1995년) (왼쪽)

4-24. 앙드레 말로를 지하 묘지에 안치하기 전 '팡테옹화' 의식을 행하는 장면(1996년) (오른쪽)

다른 하나는 건물 내외부에 부착한 장식과 예술작품으로 애국심을 고취하는 내용을 직접 표현한 것이다. 대표적인 지점을 보면, 외부에서는 정면 출입구 위의 신전 박공에 조각가 다비드 당제David d'Angers(1788~1856년)의 1831년 작품을 부착했다. 내용은 박공 양옆에 자유와 역사를 상징하는 알레고리allegory(비유 기법)를 새겨서 애국심을 상징했으며, '위대한 사람들에게, 애국심을 일깨우며Aux grands hommes, la Patrie reconnaissante'라는 문구를 새겨서 이러한 정신을 극화했다.

4-25. 앙투안-장 그로Antoine-Jean Gros의 <생트주느비에브의 신격화Apotheose de Sainte-Genevieve>(1811~1824년). 파리 팡테옹 중앙 돔의 실내 그림

실내는 앙투안-장 그로Antoine-Jean Gros(1771~1835년)와 피에르 퓌비 드 샤반Pierre Puvis de Chavannes(1824~1898년) 등 18~19세기 프랑스를 대표하는 예술가들 십여 명의 작품으로 가득 채웠다. 내용으로는 이 건물의 최초 출발점인 생트주느비에브를 필두로도 4-25 프랑스의 수호성인인 생드니Saint-Denis(250년경 활동) 등 초기 기독교 성인들의 행적을 비롯하여 프랑스의 주요 승전과 잔 다르크Jeanne d'Arc(1412~1431년)의 활약 등 프랑스의 자랑스러운 역사를 기록했다.

열째, 이상을 종합해서 본 파리 팡테옹의 건물 종류와 등급의 변천사다. 한 건물이 주제에서 이만큼 많은 변화를 겪은 예는 찾아보기 힘들 정도로 여러 단계를 거쳤다. 가장 처음에는 생트주느비에브를 섬기는 '교회' 등급으로 시작했다. 가톨릭의 교회 건축에는 인구 규모에 따라 '대성당 → 성당 → 교회 → 바실리카 → 교구 교회' 등의 등급이 있는데, 이 가운데 교회 등급이었다. 이어 루이 15세 때부터 숨막히는 변천이 이어졌다. 먼저 루이 15세가 개축할 때는 전염병을 물러나게 해준 데 대한 감사의 표시인 '봉헌 교회'의 기능을 추가했다. 프랑스대혁명 때에는 교회 기능을 상실한 대신 다친 혁명 세력의 보금자리 주거로 용도를 변경하면서 '영광의 신전'이 되었다가, 다시 곧바로 1791년에 원형 무덤으로 바뀌었다. 나폴레옹 1세때에는 다시 가톨릭의 교회 등급을 회복했지만 원형 무덤 기능도 함께 유지하다가 1885년에 최종적으로 국립묘지로 정착했다.

파리 팡테옹 5
푸코의 진자 실험

열한째, 장 베르나르 레옹 푸코Jean Bernard Léon Foucault(1819~1868년)가 1851년에 시행한 유명한 '푸코의 진자Foucault's Pendulum' 실험이다. 과학사와 사회문화사에서 18세기의 계몽주의 과학 정신을 19세기까지 연결한 중요한 실험인데, 이런 실험이 파리 팡테옹에서 실행되었다는 사실은 이 건물이 갖는 18세기의 대표성을 보여주는 좋은 증거라 할 수 있다. 혹은 뒤에서도 보겠지만 실험의 성격상 대형 돔이 필요했는데, 당시 파리에 이 구조를 갖춘 건물은 파리 팡테옹이 대표적이어서 선정된 것일 수도 있다. 앵발리드 돔은 왕실 전용 예배당이어서 상대적으로 이런 실험을 하기에 부담이 있었다. 실험의 내용은 다음과 같다.

물리학자이자 천문학자였던 레옹 푸코는 지구의 자전·공전 등과 같은 중요한 과학적 발견들이 일반인들에게까지 널리 보급되는 속도가 늦은 걸 한탄하며 자신이 이 일을 하고자 나섰다. 특히 그는 이 가운데 자전을 증명할 수 있는 실험 장치를 발명해서 파리 팡테옹의 돔 중앙부 밑에 설치했다. 돔 천장에 길이 67m, 무게 28kg의 추를 매달자 추는 지구의 자전에 따라 시계 방향으로 천천히 회전했다. 추는 사람이 밀지 않는 한 혼자서 회전할 힘이 없을 텐데 회전을 한다는 건 지구가 자전하는 힘이 작용했음을 뜻했다. 정확히 말하면 회전하는 건 추가 아니고 건물의 바닥이지만 이걸 눈으로 확인할 수 없어서 추로 대신하도록 한 기발한 발명품이었다.

이 과정에는 재미있는 역사적 아이러니가 있다. 이 장치를 파리 팡테옹의 돔 아래에 설치하도록 허락한 건 당시 제2공화국 대통령(1848~1852년)인 나폴레옹 3세였다. 산업혁명 시대에 프랑스의 발전을 이끌고자 과학기술을 장려했고, 그 연장선에서 푸코의 실험도 허락한 것이다. 그러던 중 그는 갈은 해인 1851년 황제의 자리에 오르면서 정치적 지지를 얻어내기 위해 프랑스 가톨릭과 손을 잡았다. 그런데 가톨릭에서는 놀랍게도 이때까지 천동설을 완전히 포기하지 못하고 있었고, 갈릴레오 갈릴레이Galileo Galilei(1564~1642년)의 지동설을 뒷받침하는 푸코의 진자 실험도 눈엣가시로 여기고 있었다. 이에 프랑스 가톨릭에서는 나폴레옹 3세를 지지하는 조건으로 이 장치를 철수할 것을 요구했고, 결국 실험 장치는 곧바로 사라지게 되었다.

이후 19세기의 대문호 빅토르 위고Victor Hugo(1802~1885년)는 1885년 사망할 때까지 종종 이 장치가 사라진 사실을 아쉬워하며 공개적으로 다시 설치하자고 주장했다. 바로 실행되지는 못했는데, 마침내 1902년 2월 26일에 위고의 탄신 100주년을 맞아 실행을 결정했고 몇 달의 준비 끝에 10월 22일 다시 설치했다. 이때에는 매주 목요일과 일요일 오후 2시에서 4시 사이에 일반인들에게도 공개했는데, 이 장치를 보기 위해 수만 명이 몰렸다. 두 시간 동안 회전하는 각도는 크지 않아서 눈으로 확인하기 전에는 믿지 못한다는 주장이 많았다. 문제 해결을 위해 아이디어를 냈다. 추의 밑부분을 뾰족한 원추로 만들고 그 아래에 모래를 깔아서 원호가 그어지게 해 증명한 것이다.

4-26. 파리 팡테옹의 성가대석 주변에 설치한 푸코의 진자 모습

그러나 다시 잡음이 일었다. 표면적인 문제는 돔 천장과 펜던티브에 그린 아홉 점의 그림을 가린다는 주장이었다. 내면에는 아직 세력을 유지하던 가톨릭의 반대가 있었다. 프랑스의 정교분리政敎分離는 1920년대에나 가서야 국민투표에 의해 최종적으로 이루어졌으므로 1902년 당시에는 아직도 가톨릭이 사회적 이슈에서 목소리를 내고 있었다. 결국 1903년 7월 24일 이 실험 장치는 다시 한 번 철거되었다. 이와 같은 숱한 공방 끝에 마침내 1995년 10월에 최종적으로 재설치해 현재에 이르며, 모래도 눈금판으로 대체해서 회전의 증거를 더 확실히 표시할 수 있게 되었다.도 4-26

5장 루이 16세1

급진적 고전주의, 오데옹 극장, 파리외과대학

루이 16세의 파리 도시건축 개괄

루이 16세Louis XVI(재위 1774~1792/1793년)는 프랑스는 물론이고 세계사 전체를 대표하는 불운한 왕이다. 프랑스대혁명의 원인을 제공해서 촉발한 장본인이며 결국 그 대가로 단두대에서 생을 마감했다. 내치부터 불안했기 때문에 외치에도 제대로 집중할 수 없었다. 우선 내치에서는 경비 절감 등의 노력을 했고 1776년에 부역을, 1779년에 농노제를 각각 폐지하는 등의 개혁 정책도 시도하기는 했다. 하지만 무엇보다 절대왕정만은 절대 포기할 수 없었고, 그 연장선에서 사치스러운 왕실 생활을 유지하다 보니 재정 운용부터 방만해졌다. 이를 징세로 충당하는 과정에서 각종 무리가 따랐으며, 고등법원까지 왕실에 반기를 들자 사법개혁이라는 명분을 걸고 1788년에는 고등법원을 폐지하는 단계까지 갔다.

국내가 시끄럽다 보니 외치에 신경 쓸 여력이 없었다. 표면적으로는 큰 전쟁 없이 현상 유지를 하는 편이었지만 그 사이에 경쟁국이었던 영국이 약진하면서 결국 세계 경영에서 영국에 뒤지기 시작했다. 게다가 1778년 루소와 볼테르를 시작으로 1782년 건축가 가브리엘과 1784년 디드로가 사망하는 등 계몽주의를 이끌던 프랑스의 지성이 연달아 역사 속으로 사라졌다. 물론 고령으로 인한 자연사였지만 마치 루이 16세의 몰락을 상징하는 것처럼 보였다.

1789년의 프랑스대혁명은 이런 여러 상황이 쌓인 끝에 터져 나온 역사의 봇물이었다. 물론 미시적으로는 루이 16세 개인의 무능, 사치스러운 궁중 생활, 무리한 국가 정책 등에 기인한다. 하지만 거시적으로 보면 전제 왕권 시대가 끝나고 시민의 시대로 넘어가는 거대한 역사적 흐름이었다. 루이 16세가 현군이었다면 프랑스대혁명 같은 대형 유혈 혁명은 일어나지 않았을 수도 있지만 이런 역사적 흐름은 개인과 사회를 초월한 거대한 것이어서 전제 시대는 어떤 식으로든지 종식을 고했을 것이다. '문명사적 전환'이라는 표현도 그런 뜻을 담고 있다.

파리의 도시건축도 마찬가지였다. 루이 16세의 재위 기간은 혁명 발발 시점인 1789년을 기준으로 보면 15년으로 길지 않았으며, 그나마도 혁명에 휩싸이면서 큰 업적을 남기지는 못했다. 그러나 시대 상황에 따른 일정한 변화와 발전도 있었다. 이를 종합해서 루이 16세 때의 파리 도시건축 상황은 도시와 건축을 나누어볼 수 있다.

우선 도시는 크게 두 가지 상황이었다. 하나는 새로운 도시개발이 더는 진행하지 못했다. 루이 15세가 시작한 여러 개발 사업이 계속 진행되기는 했지만, 루이 16세가 새로 시작한 개발 사업은 사실상 없었다고 볼 수 있다. 다른 하나는 이런 가운데 그나마 유일하게 진행한 사업이 하필이면 혁명을 촉발한 주요 요인 가운데 하나였던 관세 성곽과 관세 징수소 건립이었던 점이다. 다음으로 건축 역시 두 가지 상황이었다. 하나는 일반적인 의미에서의 건축 진행 상황으로, 이는 루이 16세라는 왕과는 별도로 이전부터 진행하던 건축 흐름의 자연스러운 연속이었다. 다른 하나는 혁명기 도시건축이었다. 루이 16세의 공식 재위 기간이 1792년까지여서 1789~1792년 사이에 벌어진 일들도 일단 루이 16세 때의 일로 기록된다.

도시건축을 합한 이상의 네 가지 상황 가운데 우선 도시의 첫 번째 상황은 더 언급할 내용이 없다. 이어 도시의 두 번째 상황인 '관세 성곽-관세 징수소 건립'과 건축의 두 번째 상황인 혁명기 도시건축은 그 내용이 독립적이며 매우 중요해서 다음 두 장에서 차례대로 살펴보겠다. 이번 장에서는 건축의 첫 번째에 해당하는 루이 16세 때의 건축 진행 상황을 살펴보자.

'혁명적 건축'의 두 양식
급진적 고전주의와 구조합리주의의 연속

루이 16세 시대에 개별 건물에서는 대형 걸작이 나오지 않았지만, 건축적 논의가 풍성한 주제들은 제법 나온 편이었다. 가장 대표적인 현상으로 '고전주의의 붕괴'를 들 수 있으며 이런 현상을 사회적 의미가 들어간 '혁명적 건축'이라 부를 수 있다. 프랑스대혁명 기간에 일어난 건축 현상이 협의의 '혁명기 도시건축'이라면 '혁명적 건축'은 말 그대로 '혁명적 변화를 담당한 개혁적 건축'이라는 광의의 명칭이다.

그런데 혁명적 건축이 루이 16세 때 일어났다고는 하나 그가 혁명을 유발한 장본인이어서 이 명칭은 그 자신보다 이 시기에 있었던 사회적 현상에 대응한다. 일종의 역설적 명칭이기도 하다. 이 경우 18세기 건축 전체를 '신고전주의 vs. 혁명적 건축'의 이분법으로 나눌 수 있다. 18세기가 고전주의의 부활로 시작하긴 했지만, 전통 시대가 막을 내려가는 역사의 흐름을 따라 건축의 주도적 흐름도 혁명적 변화로 넘어간 18세기 전체의 큰 흐름과 시대성을 뜻한다. 세부적으로 두 양식으로 나눌 수 있다.

하나는 '급진적 고전주의radical classicism'다. 말 그대로 고전주의가 급진적 변화를 겪었다는 뜻, 혹은 대혁명 전 단계로서의 급진적 개혁 현상이 나타났다는 뜻으로 건축사에서 매우 중요한 양식이었다. 루이 16세의 파리 건축은 이 변화 과정을 기록한 역사의 장이었다. 개별 건물에서는 오데옹 극장과 파리의과대학이 대표했다. 고전주의의 붕괴 현상은 일차적으로는 순수한 건축 조형적 현상이었으며, 이어 다음 단계로 확장해 문화사의 전개와 맥을 같이 하는 것이기도 했다.

핵심은 18세기가 '혁명의 시대였다'라는 시대 상황에 있었다. 18세기는 과학혁명을 필두로 지성혁명과 프랑스대혁명으로 이어지는 3대 혁명이 연달아 일어난 시기였다. 세 혁명은 각기 자연과학, 인문주의, 정치개혁을 대표하지만, 공통점도 있었다. 바로 이전까지 서양문명을 지탱해온 흔히 '2H'라고 하는 헬레니즘Hellenism과 헤브라이즘Hebraism의 전통적 가치 체계를 붕괴시켰다는 점이다. 건축에서는 루이 16세 때 일어난 급진적 고전주의가 이를 압축적으로 대표했다.

다른 하나는 구조합리주의였다. 기본적으로 루이 15세 양식이었지만 이 양식 역시 앞 전통 시대의 한계를 절감하고 새로운 돌파구를 모색한 점에서 개혁 정신을 공유했다. 또한 실제로 루이 16세 때까지 이어져 정착한 점에서 혁명적 건축의 하부 사조로 볼 수 있다. 건물로는 곡물거래소와 팔레 루아얄이 이런 연속성을 보여주는 대표적인 사례였다. 물론 차이도 있었다. 이름에서 알 수 있듯이 개혁성의 정도에서 구조합리주의가 더 약했다. 구조합리주의는 다음 장에 나올 '근대적 보편주의'를 완성했는데, 그 방향이 역학적 안정성, 구조 효율, 재료와 비용 절감, 기능 편의 등 상식적 차원의 현실적 가치를 공고히 하는 쪽이었다. 이전 시대의 전통 양식이 이런 점에서 부족하다고 보고 개선하려는 운동이었다. 이렇게 보면 매우 질서 지향적이었다. 반면 혁명적 건축은 질서 자체를 파괴하는, 말 그대로 '혁명'에 해당하는 과격한 운동이었다. 이렇게 보면 근대적 보편주의는 현대건축에서 국제주의 양식International Style에, 혁명기 도시건축은 해체주의Deconstructivism에 각각 대응할 수 있다.

이상이 루이 16세 시기의 파리 건축을 대표하는 '혁명적 건축'의 기본 개념과 배경 설명이었다. 그런데 건축은 좁게는 안정적 구조물을 지어야 하고 넓게는 대형 자본이 투입되어야 하는 기본 특성상 '혁명'이라는 말을 붙이기가 쉽지 않은 분야다. 정치사회 분야의 혁명처럼 급진적으로 나아가는 데에는 한계가 있으며, 같은 예술 내에서도 미술이나 문학보다 상대적으로 혁명의 기운을 담아내기가 불리한 분야다. 그런데 18세기 파리 건축은 '혁명'이라는 말을 붙일 수 있는 몇 안 되는 시기 가운데 하나였다. 이 말을 붙일 수 있는 대표적인 다른 사례는 1917년 사회주의 혁명 성공 이후 진행한 1920년대 러시아 아방가르드 건축 정도일 것이다.

어쨌든 루이 16세의 건축은 일정 부분 혁명을 향한 여정으로 볼 수 있다. 18세기 전반부터 이런 움직임이 시작했으며 18세기 후반에는 프랑스대혁명과 같은 흐름을 타고 진행하면서 '혁명적' 진전을 이루었다. 변화를 갈망하는 에너지가 프랑스대혁명으로 집결하며 인류사의 전개 방향에 대전환을 이루듯, 건축에서도 지금 우리가 사는 근현대 조형 환경의 첫 씨앗이 뿌려졌다. 파리는 이런 모든 변화를 이끄는 논쟁의 장이 열리고 이를 구체화하는 실험이 진행하던 중심 공간이었다. 이상의 배경 아래 이번 장에서는 급진적 고전주의를 대표하는 두 건물과 구조합리주의의 연장선에 있던 두 건물 등 네 건물을 차례대로 살펴보자.

오데옹 극장 1
고전 요소의 소품화

오데옹 극장Théâtre Odéon(1767~1782년)은 급진적 고전주의의 문을 연 건물로 평가된다. 건축 이외에도 연극과 극장의 역사에서도 중요한 건물이었다. 무엇보다 바로크에서 18세기에 이르는 프랑스 연극의 중심 공간이었다. 그 과정에서 소유주가 여러 번 바뀌고 건물도 옮겨 다니는 등 우여곡절이 많은 극장이었다. 현재는 최종적으로 6구의 뤽상부르궁Palais du Lexembourg 옆에 있다. 이 가운데 페이르-드 베일리 파트너가 위 기간에 설계한 건물이 급진적 고전주의에 해당하는데 이 건물은 현재 남아 있지 못하다. 두 건축가의 이력부터 살펴본 뒤 건물을 살펴보자.

마리-조제프 페이르Marie-Joseph Peyre(1730~1785년)는 왕립건축아카데미에서 자크-프랑수아 블롱델에게 프랑스 고전주의를 배우며 건축을 시작했다. 졸업전에서 프리 드 롬Prix de Rome(로마 대상)을 받고 1753~1756년에 로마에 유학했다. 로마에서 고고학 유산을 활용하는 최신 흐름을 배운 점이 수플로와 비슷했다. 차이는 페이르가 접했던 로마 유적은 고대 바로크 계열에 속하는 비정형주의가 많았으며 연장선에서 조반니 바티스타 피라네시Giovanni Battista Piranesi(1720~1778년)의 낭만적 고전주의에서도 큰 영향을 받았다. 이런 사실은 페이르가 이끈 급진적 경향을 고전주의에 대한 '낭만적 재해석'으로 볼 수 있다는 점과 상통한다.

로마 유학을 마치고 파리에 돌아온 뒤로는 수플로와 가브리엘 등의 신고전주의 건축가 밑에서 일하다 1767년에 왕립건축아카데미 교수가 되었고, 실무와 이론 연구를 병행하며 일정한 업적을 남겼다. 이상의 배경에 부합하듯이 페이르의 작품에는 보수와 개혁의 상반되는 두 경향이 공존했다. 보수주의는 로마 고전주의의 정확한 구사와 종합화 등이었고 개혁주의는 공간의 상호 관입과 개별 요소의 분화 등이었다. 오데옹 극장은 이 가운데 후자를 대표하는 작품이었다.

샤를 드 베일리Charles de Wailly(1730~1798년)의 경력과 작품 경향도 페이르와 거의 비슷했다. 둘은 동갑이어서 왕립건축아카데미에서 동문수학한 사이였으며 1754~1756년에 로마에서 체류할 때도 두 사람은 함께 지냈다. 이때 우정을 돈독히 해서 파리로 돌아온 뒤에 파트너를 맺고 함께 활동하며 오데옹 극장을 남겼다. 로마 고전주의의 종합화와 고전주의의 분해라는 양면적 경향을 공유한 점도 같았다. 차이도 있었다. 드 베일리는 미술에 소질을 타고나서 화가를 겸업했으며, 그래서인지 페이르가 로마 고전주의의 비정형 선례를 좋아했던 것과 달리 바로크 예술가 잔 로렌초 베르니니Gian Lorenzo Bernini(1598~1680년)의 작품을 좋아했다. 이런 예술적 배경을 주특기로 삼아 볼테르와 카트린 2세 등 문화예술계의 주요 인사를 건축주로 두는 등 활동 폭도 더 넓었다.

이상의 배경 아래 오데옹 극장에 나타난 급진적 고전주의의 구체적인 기법은 '고전 요소의 소품화'였다. 페이르-드 베일리의 첫 번째 건물은 현재 남아 있지 않다. 그러나 그림과 도면 등으로 그 모습은 파악할 수 있는데, 여러 곳에서 요소 분리를 찾을 수 있다.도 5-1 건물 몸통은 가브리엘의 신고전주의를 닮은 반듯한 육면체로 잡았으며 정면에 신전 파사드를 포르티코 형식으로 부착했다. 이때 포르티코가 선면을 남낭하게 하지 않고 양옆으로 한 베이씩을 남겨둔 중앙부에 설치함으로써 몸통과 신전 파사드 사이의 분리가 일어났다.

요소 분리는 포르티코 위쪽의 다락 층에서 가장 심했다. 크게 세 덩어

5-1. 오데옹 극장 Théâtre Odéon (1767~1782년)의 의 첫 번째 건물

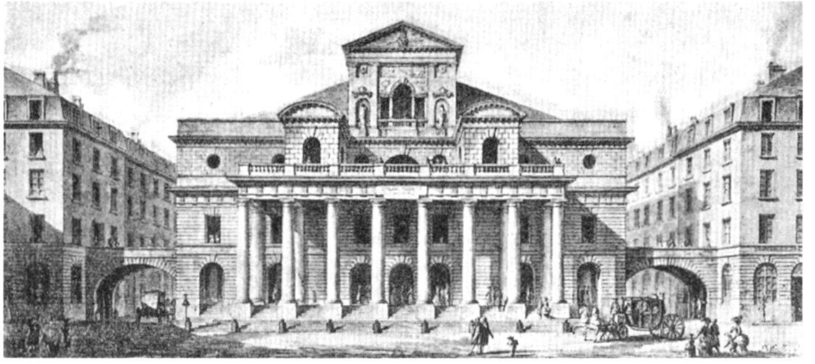

리로 분리된 고전 요소를 중앙부에 더했다. 중앙의 큰 덩어리는 신전 파사드로 볼 수도 있고 로마 개선문으로 볼 수도 있었다. 이 중앙 덩어리는 지붕 위까지 돌출했다. 그리고 그 양옆으로 옥상 난간까지 올라간 작은 덩어리가 하나씩 더해졌다. 이 두 덩어리에서는 고전다움이 약해졌는데, 그럼에도 아치를 창과 지붕에 반복 사용함으로써 여전히 고전 요소로 볼 수 있었다. 이처럼 이 작품에서는 신전 파사드, 열주, 개선문, 페디먼트, 부분 아치, 아치 등 고전주의의 가장 기본적이고 대표적인 구성 요소들을 소품 개념의 개별 어휘로 분리한 뒤 재조합했다.

오데옹 극장 2

길고 복잡한 변천사, 여러 번의 이사와 증·개축

오데옹 극장에서는 길고 복잡한 변천사도 중요한 내용이다. 이를 통해 18세기 이후 현재에 이르는 파리 문화계의 격변 상황을 압축적으로 살필 수 있기 때문이다. 이름 하나만 봐도 무려 11개가 거쳐 갔다. 처음에는 1680년에 설립한 '코메디-프랑세즈Coémdie-Française'라는 극단의 전용 극장으로 시작했다. 당시에는 극단 이름과 극장 이름을 분리하지 않아서 이 이름은 그대로 극장 건물의 이름으로도 함께 사용되었다. 극장 건물을 구별해서 부를 때는 '코메디-프랑세즈 극장Théâtre de la Comédie-Française'이라 한다.

이후 정치적 상황에 따라 무려 여덟 번이나 이름이 바뀌었다. 루이 16세 재위 중간부터 프랑스대혁명을 거쳐 제1공화국 중반경인 1782~1799년의 17년 동안만 '생제르맹 포부르 프랑스 극장(1782~1789년) → 국립극장(1789~1793년) → 평등의 극장(1794~1796년) → 오데옹 극장(1796~1799년)'으로 네 번이나 급박하게 바뀌었다. 19세기 제국주의 시절에는 극단 이름에 다시 '황제', '여왕', '제국' 등이 들어간 비슷비슷한 이름으로 역시 네 차례 바뀌었다. 넷 가운데에는 1871년에 바뀐 '오데옹 국립극장Théâtre national de l'Odéon'을 1990년까지 가장 오랜 기간 사용했으며, 이 때문에 이 극장의 최종 이름도 '오데옹'이 되었다.도 5-2

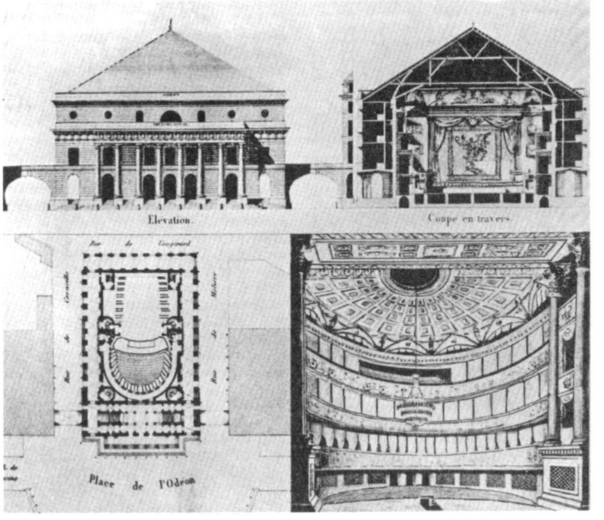

5-2. 오데옹 극장의 두 번째 건물. 1808년 장-프랑수아 테레즈 샬그랭Jean-François Thérèse Chalgrin의 작품

이 과정에서 원래 이름이었던 '코메디-프랑세즈 극장'은 다른 극장이 되어 1구에 있는 팔레 루아얄Palais Royal에 입주해서 현재에 이른다. 한편 오데옹 국립극장은 다시 1990년의 유럽 통합 때 유럽 극장 연합에 가입하면서 최종적으로 '오데옹-유럽 극장Odéon-Théâtre de l'Europe'으로 바뀌어 현재에 이른다. 현재 프랑스 국립극단이 사용해서 간단히 프랑스 국립극장Théâtre national de France이라 부르기도 한다.

극장 건물도 극단만큼 여러 번의 이사와 증·개축이 있었다. 극단이 창립된 가장 처음에는 단독 건물을 갖지 못하고 부르고뉴 오텔Hôtel de Bourgogne(1548년) 안에 있던 부르고뉴 극장으로 시작했다. 이 극장을 몇 년간 더 사용하다가 귀에네고가Rue Guénégaud에 있는 극장으로 옮겨 1687년까지 사용했다. 이 해에 소르본대학이 이 근처에 새로운 단과대학을 짓게 되면서 이 극장은 헐리게 되었다. 이에 생제르맹데프레 카르티에Quartier Saint-Germain-des-Pres에 있는 에투알Étoile 테니스 코트 부

5-3. 오데옹 극장의 원경. 1819년 피에르 토마 바라과이Pierre Thomas Baraguey가 설계한 세 번째 건물(위)

5-4. 카미유 피사로Camille Pissarro의 <테아트르 프랑세즈 광장La Place du Théâtre Français>(1898년)(아래)

지를 개조해서 극단과 같은 이름인 '코메디-프랑세즈 극장'으로 개장했다. 이것이 새로 지은 공식적인 전용 극장이었다. 건축가 프랑수아 도르베François d'Orbay(1634~1697년)의 설계로 1689년에 완공되었다. 이 건물은 비교적 오래 사용했지만, 18세기에 들어와서 파리의 공연계가 급속히 성장하며 작고 낡아져서 1770년에 헐렸다.

이 건물이 헐리기 3년 전인 1767년부터 페이르-드 베일리 파트너가 새 건물의 설계를 시작했으며 부지도 현재의 뤽상부르궁 옆자리로 옮기면서 최종적으로 정착했다.도 5-3, 5-4 당시에는 뤽상부르궁 바로 앞에 있던 콩데 오텔Hôtel de Condé 부지 일대를 재개발하는 사업이 진행 중이었는데, 새 극장 건설이 이 계획에 포함된 것이다. 최초의 정식 건물은 도르베의 건물이었지만 현재 헐리고 없어서 보통은 페이르-드 베일리 파트너의 이 건물을 첫 번째 건물로 본다. 그러나 이후에도 화재, 정치적 이유, 재정난 등으로 여러 번 폐관되었다가 재개관하는 험난한 역사를 겪었으며, 비교적 최근인 1968년의 68혁명 때는 점거되어 폐관하기도 했다.

이 과정에서 건물도 여러 번 증·개축했다. 우선 1797년에 이름을 오데옹 극장으로 바꾸었으며, 새 이름의 첫 번째 건물을 장-프랑수아 르클레르크Jean-François Leclerc의 설계로 개축했으나 불과 2년 뒤 화재로 소실되었다. 1808년에는 나폴레옹 1세가 이름을 '제국 극장Théâtre de l'Impératrice'으로 바꾸면서 장-프랑수아 테레즈 샬그랭Jean-François Thérèse

Chalgrin(1739~1811년)의 설계로 두 번째 건물을 다시 지었으나 1818년에 역시 화재로 소실되었다. 마지막 세 번째 건물은 피에르 토마 바라과이Pierre Thomas Baraguey의 설계로 바로 다음 해인 1819년에 개관해서 현재에 이른다.도 5-5

5-5. 오데옹 극장의 정면 근경. 1819년 바라과이가 설계한 세 번째 건물

파리외과대학 1

프랑스 의과대학교 체제의 복잡한 변천 역사

오데옹 극장의 고전 붕괴는 파리외과대학École de Chirurgie de Paris(1769~1786년)으로 이어졌다. 관련 내용은 크게 기본 정보, 건축 미학, 역사성 등 셋으로 나눌 수 있다. 먼저 기본 정보는 다음의 네 가지로 정리할 수 있다.

첫째, 이 건물을 설계한 건축가 자크 공두앵Jacques Gondoin(1737~1818년)이다. 그는 페이르-드 베일리 파트너보다 조금 어린 나이여서 시대적 위치가 모호한 구석이 있다. 아직 새로운 경향을 창출하기에는 일러서 대체로 선임자 두 명의 경향을 이어받았다. 교육과정부터 거의 똑같았으며 고전 요소를 분리하는 경향도 마찬가지였다. 그러나 '혼성', '연속 공간', '파노라마 시선' 등 자신만의 창의성 있는 건축 미학도 창출했다. 이는 당시 시대 상황에서 페이르-드 베일리가 먼저 시작한 고전주의의 붕괴 경향을 한 단계 성숙시킨 발전이었고, 이런 점에서 공두앵 자신만의 역사성을 확보했다. 파리외과대학이 이를 대표하는 건물이었다.

둘째, 건립 과정과 여기에 얽힌 프랑스 의과대학교 체제 자체의 복잡한 변천 역사다. 처음에는 1215년경 건립된 파리대학교(파리 구대학l'Ancienne université de Paris)의 '콩파니compagnies' 소속으로 출범했다. 위치는 중세 때부터 파리대학교의 대학촌이 있던 현재의 6구 자리였을 걸로 보인다. 오랜 기간 이 체제를 유지하다가 1769~1786년에 공두앵의 설계로 현재 건물을 새로 지었다. 프랑스대혁명 이후부터는 변화가 많았다. 일단 혁명 정부 때인 1793년에 건물은 파괴되지 않은 채 폐교했다가 1794년에 곧바로 '파리의과대학École de Médecine de Paris'으로 새로 개교했다. 이어 나폴레옹 1세 때인 1808년에 시행한 '프랑스제국대학교Université impériale de France' 조직법에 따라 진료 과목과 학교 규모를 확장하면서 '파리의과대학Faculté de Médecine de Paris'으로 정착했다.

제3공화국 때인 1896년에는 평등과 분권 정신을 실천하는 개혁 정책의 하나로 한 곳에 집중해 있던 시설을 시내의 네 지역으로 분리하여 일종의 분교 체제로 전환했다. 이 체제는 한참 유지되다가 1970년에는 68혁명의 후속 조치로 아예 파리 의과대학 자체를 해체한 뒤 더 많은 숫자로 분리해 파리 내 여러 대학 소속으로 편입시켰다. 공두앵이 설계한 건물은 현재 '파리 르네데카르트대학교Université René Descartes de Paris'의 본부로 사용하고 있으며 프랑스 문화재로서의 공식 명칭은 '파리의과대학École de Médecine de Paris'이다.

셋째, 왕조사를 기준으로 본 건립 역사로, 이 건물은 뒤에서 나올 곡물거래소와 마찬가지로 루이 15세부터 루이 16세까지 양대에 걸쳐 지어졌다. 우선 실질적 후원자는 루이 15세였다. 그는 군의관 출신이자 자신의 주치의였던 제르맹 피쇼 드 라 마르티니에르Germain Pichault de la Martinière(1697~1783년)에 대한 개인적 신뢰를 바탕으로 이전까지 이발소에서 행하던 외과수술을 별도의 학문으로 독립시키기 위해 1731년에 외과수술 아카데미Académie de Chirurgie'를 설립해 1750년 최종 인가했다. 이어 1769년에 현재의 건물을 짓기 시작했는데 준공을 보지 못한 채 사망했고 루이 16세가 즉위하던 1774년에 일차 준공이 있었다.

루이 16세는 조부 선왕의 뜻에 따라 날로 높아져가는 의학의 중요성에 부응하기 위해 부분적인 증축을 거쳐 1786년 파리외과대학 건물을 최종 준공했다. 이상을 보면 외과대학의 설립과 행정 지원 등의 진행 과정의 공은 루이 15세 쪽에 무게가 실린다. 하지만 고전주의의 붕괴를 시사하는

'급진적 고전주의'가 본격적으로 나타난 건 루이 16세의 부분 증축 때였고 최종 준공 역시 루이 16세 때에 있어서 건축사에서는 보통 루이 16세 시대의 건물로 분류한다.

넷째, 건물의 구성이다. 전체 구성은 안마당을 가진 'ㅁ'자 형이다. 네 변 가운데 우선 가장 안쪽의 중앙 본체는 반원형의 대형 해부학 강의실 하나가 차지했다.도 5-6 이어 여길 마주 보는 앞쪽은 도로를 면한 정문 출입구인데, 기둥 열의 스크린으로 처리했다.도 5-7 마지막으로 양옆과 네 모퉁이에는 소형 강의실, 실험실, 도서관, 사무실, 계단, 기타 부속 공간 등을 넣었다. 이어 이런 전체 구성을 여러 종류의 고전주의를 섞은 혼성 양식으로 포괄했으며, 이런 다양한 종류를 '연속 공간'으로 배치해서 '파노라마 시선'을 만들어냈다.

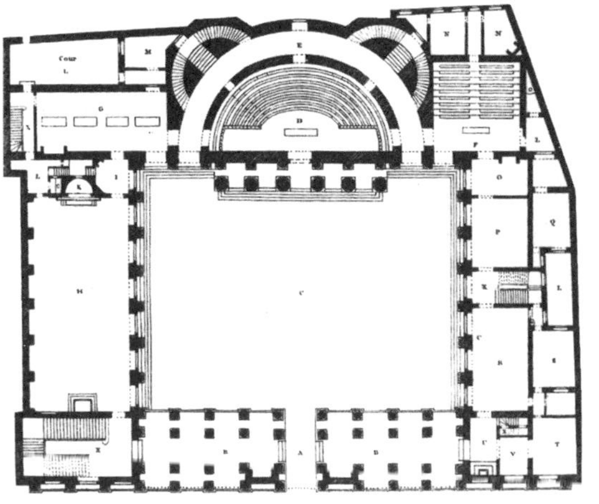

5-6. 파리외과대학 평면도(위)

5-7. 파리외과대학 정문 출입구. 도로 쪽 열주 스크린(아래)

파리외과대학 2
혼성, 연속 공간, 파노라마 시선

다음은 건축 미학으로, '혼성hybrid-연속 공간sequential space-파노라마 시선panoramic view' 등 세 가지였다.

첫째, 혼성이다. 이 건물은 고전주의에 속하는 여러 유형과 개별 요소들을 혼성한 뒤 재조합하는 방식으로 이루어졌다. 고전주의의 종류는 크

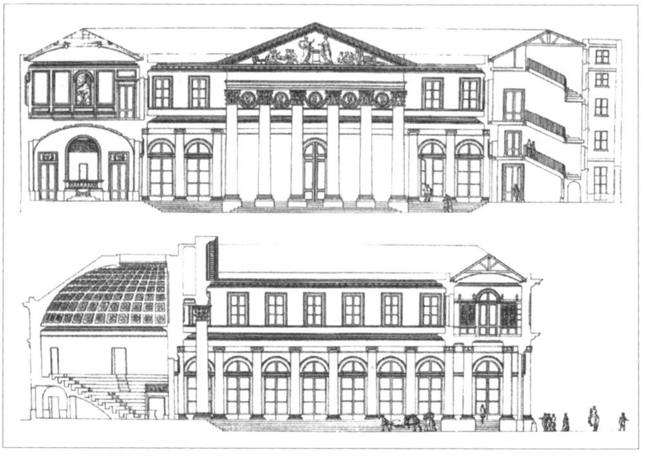

5-8. 파리외과대학 안마당 쪽 출입구(위)

5-9. 파리외과대학 입단면도(아래)

게 프랑스 바로크 고전주의, 로마 고전주의, 그리스 고전주의 등 초기 근대를 거치며 파리에 축적되어 있던 세 가지가 기본이었고, 여기에 동시대의 18세기 신고전주의를 더해서 총 네 가지가 대표적이었다.도 5-8, 5-9 이는 페이르-드 베일리가 로마 고전주의 하나만으로 요소 분리를 실행한 것에서 달라진 점이었다.

물론 '혼성'이 성립되기 위해서는 '분리'가 전제되어야 했다. 그런데 파리외과대학은 'ㅁ'자형의 안마당을 가진 복합 건물인데다 전체적인 분위기가 수평으로 확장하는 쪽이어서 여기에 맞추는 과정에서 분리를 넘어 혼성으로 한 단계 발전한 특징이 나타났다. 여러 고전주의 선례를 각각의 절대 규범에서 해방하여 개별 어휘로 환원한 뒤 건물 기능과 건축가의 상상력 등의 여러 설계 조건에 맞춰 자유롭게 재구성했다.

혼성의 구체적인 내용을 보자. 그리스 고전주의 요소로는 도로를 면한 정면 출입구를 처리한 기둥 스크린 그리고 안마당 쪽 해부학 강의실 현관에 사용한 헥사스틸hexastyle(기둥 여섯 개로 이루어지는 구성)의 그리스 신전 파사드가 대표적이었다. 가깝게는 18세기 신고전주의를 대표하는 생쉴피스 교회의 구성을 복합 건물의 정문 출입구에 맞게 변형한 처리였다. 열주 스크린을 이오니아식 콜로네이드로 처리한 점과 오더 체계를 아키트레이브를 생략하고 프리즈만 남은 일직선 엔타블레이처로 처리한 점은 '고결한 단순성noble simplicity'이라는 그리스 고전주의의 특징을 극단화한 것이다. 이는 곧 그리스 고전주의의 원형미를 강조한 것이 된다.

로마 고전주의 요소로는 정면의 기둥 스크린 사이에 들어간 개선문 모티브, 안마당을 둘러싼 외벽에 사용한 이탈리아 팔라초 모티브, 해부학 강의실 등이 대표적이었다. 해부학 강의실은 특히 공식 이름이 '반원형 원형극장hemispherical amphitheater'인 데에서 알 수 있듯이 공간 형태 전체가 로마 고전주의에서 가져온 것이었다.도 5-10 여기에 로마 판테온을 본뜬 천장을 덮어 실내 공간으로 만들었는데, 이는 신전 구성을 극장의 장경주의theatricalism에 접목해서 '강의'라는 기능에 맞춘 처리였다. 안마당 해부학 강의실 현관의 경우 기본 유형은 그리스 신전이었지만 코린트식 거대 기둥을 갖춘 건 로마 신전의 특징이었다.

5-10. 파리외과대학 해부학 강의실

프랑스 바로크 고전주의 요소로는 우선 'ㅁ'자형의 전체 구성을 오텔에서 가져온 것이다. '도로 쪽 정문-안마당-본체의 현관'을 중심축으로 잡은 점과 안마당을 면한 본체 정면을 '파비옹-익랑-중앙 현관-익랑-파비옹'의 5분법으로 처리한 점이 대표적이었다. 더하여 건물 외벽의 전체적인 분위기에 로마 고전주의와 함께 프랑스 오텔의 특징이 섞여 있다. 도로 쪽 출입구의 열주 스크린 역시 그리스 고전주의에 더해 어딘가 모르게 루브르궁 동익랑을 닮은 모습이 남아 있다.

둘째, 연속 공간이다. 이는 여러 혼성 어휘를 재구성하는 법칙으로, 일직선 축 위에 차례대로 배치하는 기법을 말한다. 도로부터 시작해서 건물 안쪽으로 들어가는 가장 대표적인 동선을 보면, '이오니아식 콜로네이드 정문과 개선 아치 → 안마당 → 코린트식 헥사스틸 신전 파사드 → 반원형 원형극장 → 판테온 전상' 등의 순서로 다양한 고전주의 요소를 배열했다. 앞에서 짚은 첫 번째 건축 미학 요소인 혼성이 고전주의를 종류별로 본 것이라면 연속 공간은 이를 건물의 지점별로 본 것이다.

셋째, 파노라마 시선이다. '파노라마'는 '연속적으로 바뀌는 광경과 그러한 전개'라는 사전적 의미에서 보듯이 건축 미학에서는 보통 연속 공간과 짝으로 형성된다. 앞의 고전주의 혼성 요소를 다 모으면 일단 그것 자체가 파노라마가 되며, 여기에는 시각적 의미가 있어서 '시선'이라는 표현을 쓸 수 있다. 이때 파노라마를 형성하는 구체적 기법이 있어야 하는데 이 건물에서는 '대비' 기법이 대표적이었다. 우선 동선에 이동과 머묾을 교대로 넣었으며 네 가지 고전주의의 종류도 '그리스 고전주의 vs. 로마 고전주의'와 '바로크 고전주의 vs. 18세기 신고전주의'의 두 가지 대비 짝으로 재편되었다.

파리외과대학 3

고전의 종합화로 화합과 화해를 얘기하다

마지막 역사성이다. 이상과 같은 세 가지 미학은 급진적 고전주의를 한 단계 진전시킨 의미가 있었으며, 여기에서 다양하고 중요한 시대 정신을 읽을 수 있다. 규모가 크거나 화려하지 않고 널리 알려진 건물도 아니지만 시대 상황과 관련해서 무려 일곱 가지의 복합적 해석이 가능하다. 아마도 당시 파리의 급박한 시대 상황에 대응하는 과정에서 다양한 내용이 형성된 걸로 볼 수 있다. 풍부한 역사 해석을 대표하는 작품으로 통하는데, 이런 시대 상황을 잘 읽고 거기에 적절하게 대응한 건축가의 시대 정신이 낳은 결과이기도 하다. 일곱 가지 해석의 내용은 다음과 같다.

첫째, 종합화다. 일단 건축 처리의 큰 방향부터 여러 갈래로 분화되어 떨어져 나온 다양한 고전주의의 종류를 재조합해 종합화를 이루었다. 앞선 오데옹 극장에서는 고전주의의 종류가 로마 고전주의 하나였던 데 반해 이 건물에서는 네 종류로 늘었다. 여기에 프랑스 바로크 고전주의 요소를 포함한 건 바로 앞선 선배 세대인 가브리엘과 자크-프랑수아 블롱델의 건축도 존중한다는 뜻으로 볼 수 있다. 이렇게 볼 때 이 건물은 18세기를 관통하며 파리를 담당했던 건축 양식을 한자리에 모은 종합화의 의미가 있었다. 또한 네 종류를 재조합하는 '혼성-연속 공간-파노라마 시선' 등의 구체적인 기법도 이런 종합화를 강화했다.

둘째, 화합 정신이다. 18세기 파리 건축에는 대립과 화합의 양면적 현상이 공존했다. 18세기 초중반에는 기존의 고전 질서가 붕괴하는 과정에서 다음 장에 나올 '신구 논쟁', '그레코-로만 논쟁', '수플로-프레지에 논쟁' 등을 거치며 대립이 강세였다가 후반으로 오면서 화합으로 바뀌었다. 이는 사회 분위기와 반대였다. 전통 시대를 지탱하던 고전주의 질서가 건축에서 먼저 붕괴했으며, 이것이 사회로 옮겨가 18세기 중반 이후 혁명 정신으로 발화하면서 극한 대립의 시대로 접어든 것이다. 이때 정작 건축은 시각이 바뀌어서 이런 대립을 염려하며 거꾸로 이를 치유하는 '화합'을 탐구하기 시작했는데, 파리외과대학의 앞과 같은 종합화가 이를 보여주는 대표적인 사례였다. 예를 들어 앞 시대에서 그레코-로만 논쟁으로 분열하며 대립했던 그리스 고전주의와 로마 고전주의가 이곳 파리외과대학에서는 한곳에 모아지고 혼성하면서 화합을 얘기하는 것이다.

셋째, 화해 정신이다. 이는 화합에 시간을 더한 뒤 '통합'으로 한 번 더 확장한 개념이다. 즉 '화합 + 시간성 + 통합' 등 셋을 합한 더 큰 개념이다. '화합'이 개별 요소를 기준으로 한 단편적 현상이라면, '화해'는 오랜 시간 이어지던 대립을 풂과 동시에 두 대립 요소가 함께 손을 잡고 통합한다는 뜻이기 때문이다. 건축 양식을 기준으로 보면 '그리스주의 vs. 로마주의'와 '17세기 바로크 vs. 18세기 신고전주의' 등의 역사적 대립 구도를 해소하면서 한 건물 안에 통합해낸 점이, 사회적 가치로 보면 고전 전통을 유지하면서 이를 구사하는 구체적인 조형 기법에서 분리와 혼성 등의 개혁 방향을 하나로 통합한 점이 각각 대표적이다.

넷째, 고전의 상징성으로, 이는 화해의 양축 가운데 한 축인 전통을 대표하는 개념이다. 고전주의가 비록 개별 요소로 분해하긴 했어도 이 건물의 기본 바탕에는 여전히 고전주의가 유지되고 있다. 여기에 해당하는 구체적인 내용으로는 외과와 해부학이라는 최신 학문을 그리스 신전 개념으로 풀어낸 점, 이를 통해 이 건물을 의학의 신 아스클레피오스에게 바치는 '아스클레피오스의 신전Temple of Asclepius'으로 정의한 점, 나아가 의학까지 포용하는 18세기식 새로운 신전 개념으로 정의한 점, 이상을 위해 신전 요소를 극장에서 공연을 보듯 다양한 조형적 볼거리로 전환한 점 등을 들 수 있다. 표면에 드러난 고전주의의 붕괴나 급진적 고전주의와 별개로 기본 배경과 바탕 사상에는 고전다움과 고전 정신이 강하게 남아 있는 것이다. 혹은 이런 내용을 18세기만의 새로운 고전주의로 볼 수도 있다. 실제로 19세기 프랑스의 대표적인 건축이론가 카트르메르 드 퀸시 Quatremère de Quincy(1755~1849년)는 이 건물을 '18세기에서 가장 고전적인 건물'이라고 평가했다.

파리외과대학 4
개방성과 공유의 대안적 진보를 실천하다

다섯째, 화해의 양축 가운데 다른 한 축인 개혁 정신이다. 개방성과 공유가 대표적인 두 가지 정신이었다. 구체적인 내용은 건물의 두 곳에서 확인할 수 있다. 한 곳은 정문 출입구의 기둥 스크린이다. 별도의 문을 추가하지 않고 스크린만으로 놔두어서 아무나 드나들 수 있게 했다. 대학교 캠퍼스를 교수와 학생들만의 독점적 공간으로 만들지 않고 안마당을 대중에게 개방한 것이다. 공두앵도 스스로 이 학교에 대해 '여러 나라에서 온 학생들을 위해 개방성과 접근의 용이성이 필요함'이라고 명시함으로써 개방성을 중요한 가치로 추구했음을 밝혔다. 개방성의 대상을 파리 시민을 넘어 세계 각국으로 확장한 것으로, 이는 인류 보편적 가치를 모두 함께 공유한다는 상징적 의미로 발전했다.

다른 한 곳은 해부학 강의실로, 학교 교실인 이곳마저 일반 시민에게 개방한 점이다. 당시 대학 당국과 학생들은 모두 해부학과 외과학이 의과대학만의 점유물이 아니고 대중도 함께 공유해야 할 공공지식이라고 생각했다. 따라서 당시 진행되던 시회 개혁운동의 한 부분이 되어야 한다고 보았고, 이를 실천하는 방법으로 일반 시민도 자유롭게 강의를 공유할 수 있게 한 것이다. 이는 21세기에 한국의 몇몇 대학을 비롯하여 스웨덴 등의 선도적 대학에서 시행하고 있는 교육 방침이기도 한데, 이를 200여 년 앞서 실천한 것이다.

여섯째, 대안적 진보다. 이는 시간의 끈을 뒤로 늘려 프랑스대혁명과 비교하면 확실해진다. 대혁명은 현대 시민 민주주의가 성립되는 데에 가장 큰 공헌을 한 역사적 대사건임이 분명하지만, 동시에 과격한 반달리즘이 수반되는 부작용도 낳았다. 급격하고 과격한 진보의 폐해라는 교훈도 남겼다는 점에서 '미완의 혁명'이라는 수식어가 붙는다. 반면 파리외과대학에서 표방한 화해와 통합의 정신은 이를 극복하는 대안적 진보로 평가될 수 있다.

구체적으로는 여러 고전 요소들을 대지 상황, 기능 용도, 실내 구성, 동선 효율 등의 실용적 기준에 맞게 적절히 선별해서 적용한 점이 대표적이다. 이는 이 건물에서 추구한 개별 어휘의 분리가 주관적 경험주의와 귀납적 실용주의 등과 같은 과학 정신과 같음을 말해준다. 나아가 이런 과학 정신이 혁명의 방향을 실사구시와 일상성의 가치로 순화함으로써 실생활을 개선하는 데에 초점을 두었음을 말해준다.

일곱째, 절충주의다. 이렇게 볼 때 이 건물이 추구한 가치는 고전주의를 완전히 버리는 과격한 양자택일의 혁명이 아니고 고전주의 내에서 개혁을 모색하는 온건한 절충주의라 할 수 있다. 통합주의, 화해주의, 포용주의, 중간주의 등과 같은 온건한 명칭 등이 이에 해당하는 구체적인 내용이다. 오데옹 극장보다 20여 년이나 뒤에 지어진 데다 혁명 전야였던 당시의 급박한 시대 상황을 생각하면 오데옹 극장의 '분리'를 '분해'나 '해체'로까지 몰고 가야 맞을 텐데, 오히려 '혼성-종합화-화합-통합' 등의 화해 정신으로 받은 점이 특징적이었다.

6장 루이 16세 2

구조합리주의의 정착, 곡물거래소, 팔레 루아얄

곡물거래소 1
기본 정보에 담긴 역사적 배경

곡물거래소와 팔레 루아얄은 앞 장의 두 건물이 주도한 급진적 고전주의와 달리 루이 15세 때 먼저 성립한 구조합리주의를 이어받아 그 정착을 이끎과 동시에 이 흐름을 19세기 철제기둥 건축으로 넘겨 연결한 건물들이었다. 먼저 곡물거래소Halle aux Blés · Halle au Blé다. 역사적 의미가 큰 중요한 작품이었다. 다양한 주제와 연관하면서 이 시기 파리 건축의 역사적 의미를 확장하는 역할을 했다. 우선 크게 건물의 기본 정보, 동시대의 역사성, 유리 돔 천장, 19세기로의 확장적 발전 등 네 주제로 나눌 수 있으며 각 주제에서 다시 다양한 세부 내용이 나왔다. 차례대로 살펴보자.

먼저 건물의 기본 정보다. 여기에서는 세 가지 세부 내용이 중요했다. 첫째, 건물 자체의 공사 과정과 여기에 담긴 역사적 내용이다. 첫 설계는 니콜라 르 카뮈 드 메지에르Nicolas Le Camus de Mézières(1721~1789년)가 담당했으며 1763년에 공사를 시작했다. 1767년에 중앙 홀을 일차로 준공해서 거래 업무를 개시했으며 나머지 바무리를 거쳐 건축사의 준공년도는 1769년으로 기록되어 있다. 여기까지는 루이 15세 건물이었다. 이후 루이 16세 때인 1783년 돔 천장에 파리 최초로 유리가 등장하면서 구조 기술에서 시대를 이끌어가는 새 장을 열었으며 나폴레옹 1세 때인 1809~1811년에 천장을 한 번 더 수리했다.

6-1. 곡물거래소 현재 외관. 아직 원형 건물로 남아 있다. (위)

6-2. 곡물거래소 외관(아래)

이후에도 화재를 겪은 데다 곡물 거래 자체가 현대화하면서 두 번의 큰 개축이 더 있었다. 1854년 화재를 거쳐 1873년에 폐쇄되었다가 1885년에 금 거래소Commodities Exchange로 용도를 변경해 재개장했다. 다시 20세기 후반에 일반 사무소 건물로 한 번 더 리모델링을 거쳐 현재에 이른다. 건물 전체의 윤곽과 외벽은 처음 상태로 남아 있지만 실내와 천장 구조는 바뀌었다. 이런 배경에서 파리의 문화재 기록에서는 사라진 건물로 분류한다.

둘째, 건물의 구체적인 특징 가운데 외관이다. 외관만으로는 시대 흐름에 뒤떨어진 걸로 볼 수도 있었다. 지름이 68m에 달하는 상당히 큰 원형 건물이었는데 외벽 구조는 28개의 아케이드가 담당했다.도 6-1, 6-2 규모가 큰 건물인데다 아직 구조 기술의 한계가 있어서 아케이드는 독립 원형 기둥만으로 받치지 못하고 아치 사이사이에 두꺼운 벽체구조를 넣었다. 이렇게 탄생한 넓은 벽기둥이 외벽을 분절했다. 전형적인 로마 고전주의 기법이었는데 동시대 건축가들에게는 안정된 비례감, 간결한 구성미, 효율적 기능성, 튼실한 조적 시공 등으로 좋은 평을 들었다.

그러나 이 시기의 첨단 유행은 페이르-드 베일리가 주도한 급진적 신

6-3. 파리 시내에서 곡물거래소의 위치와 주변의 주요 건물들

고전주의 기법인 개별 부재의 분리였다. 이런 기준에서 보면 곡물거래소의 외관은 유행에 뒤진 고고학적 신고전주의의 반복에 가까웠다. 하지만 이는 외관에 국한된 평가였다. 건물 전체로 보면 유리 돔 천장을 중심으로 앞서가는 시대성을 대표했다.

셋째, 부지 선정과 관련한 역사적 배경이다. 무엇보다 부지부터 상징적이었다. 원래부터 현재에 이르기까지 파리의 중앙시장인 레알Les Halles 지구의 끝에 위치하는데,도 6-3 당시 이곳에는 카트린 드 메디치Catherine de Médicis(1519~1589년, 왕비 1547~1559년, 섭정 모후 1559~1574년)가 지은 수아송 오텔Hôtel de Soissons이 있었다. 튈르리궁Palais des Tuileries에 살던 여왕이 이곳으로 이사 오면서 1574~1584년에 장 뷜랑Jean Bullant(1515~1578년)이 설계해서 지었으며 1611년에는 살로몽 드 브로스Salomon de Brosse(1571~1626년)가 정문 현관을 더했다. 이때 지금 남아 있는 '메디치 기둥Medici column'이라는 높은 기둥도 함께 세워서 왕립천문관측소인 '뤼제리Ruggeri'로 사용했다.

그러던 중 당시 대상인大商人 선출 파리시장Prévôt des marchands de Paris이었던 장-밥티스트 드 퐁카레 드 비아름Jean-Baptiste de Pontcarré de Viarmes(재임 1758~1764년)이 1762년에 이 건물과 부지를 사들인 뒤 건물을 헐어 건축 재료로 팔아 시 예산에 보탰다. 부지가 비게 되자 루이 15세는 이곳에 곡물거래소를 지을 것을 명령했다. 시민권이 향상된 데 따라 국가 차원에서 실용 시설을 지어 그 보조를 맞춘 것이다.

곡물거래소 2

'중앙형 + 유리 돔 천장 + 무주 공간'으로 구조합리주의를 확장하다

다음은 유리 돔 천장이다. 여기서는 다섯 가지 세부 주제가 파생했다.

첫째, '중앙형 공간' 혹은 '원형 건물'이라는 주제다.도 6-4 이 유형은 서양 건축에서 애용하는 대표적인 공간 형태다. 로마 판테온을 시조로 삼아 현재까지 오랜 역사를 이어오고 있는데 시대마다 이 유형을 대표하는 건물의 종류가 달랐다. 파리에서는 바로크 시대 때 성모마리아 방문교회Église Sainte-Marie de la Visitation(1632~1635년)와 앵발리드 교회Dôme des Invalides(앵발리드 돔Dome des Invalides, 1671~1691년) 등 주로 기독교 건물이 주도했다. 이런 현상은 로마나 런던도 대체로 비슷했다.

18세기 계몽주의에 들어오면서 상황이 달라졌다. 이탈리아에서는 아직 후기 바로크가 건재하면서 중앙형 공간 역시 여전히 교회 건물이 주도했다. 다만 중심 도시가 이전의 로마에서 피에몬테Piemonte 공화국의 토리노Torino로 넘어간 변화가 있었다. 반면 산업혁명의 발상지 영국과 런던에서는 공장을 비롯해서 새로 짓는 부랑아 수용소와 감옥 등 이른바 '감시형 공간'이 이 유형을 활발하게 사용했다.

파리는 좀 달랐다. 산업혁명이 늦었을 뿐만 아니라 가능한 한 시내에 공장을 두지 않으려 했다. 부랑아 수용소와 감옥은 중세부터 성곽 경계선과 그 밖의 포부르Faubourg 지역에 있던 시설을 계속 사용하고 있어서 새로 짓는 건물이 많지 않았을뿐더러 파리 시내에는 바스티유 감옥과 시테섬 내의 고등법원 부속 감옥 정도를 제외하면 가능한 한 자제하는 편이었다. 이런 가운데 곡물거래소라는 상업시설에 이 유형을 사용함으로써 감시가 아닌 시민들의 경제활동에 도움을 주는 쪽을 택했다.

6-4. 곡물거래소Halle aux Blés·Halle au Blé 공중 전경

둘째, 돔 천장이다. 중앙형 공간에서는 천

장 구조가 특히 중요했으며 여기에는 돔이 가장 적합했다. 중앙형 공간을 평천장으로 덮는 건 의미가 없었다. 이렇게 되면 드럼통 같은 단순 원통형 건물일 뿐이며 기술적으로나 공간적으로도 별다른 의미가 있지 않다. 서양 건축사에서 중앙형 건물은 돔 천장이 전제·필수 조건 같은 것으로 2천여 년의 오랜 기간 계속 사용해왔다.

이런 돔 천장은 무게가 많이 나가는 데다 순수한 조적조masonry로는 축조도 쉽지 않아서 건축 양식은 물론 구조와 관련해서도 늘 중요한 관심사였다. 이런 배경에서 돔 천장의 발전 과정은 두 단계로 나눌 수 있다. 하나는 돔을 받치는 아래쪽 구조 방식의 변천이었고 다른 하나는 돔 자체의 재료를 바꾸는 변화였다. 파리 팡테옹은 이 가운데 전자에서 가장 진보적 운동을 이끈 건물이었던 데 반해 곡물거래소는 후자의 문을 연 건물이었다.

전자를 먼저 간단히 보면, 우선 처음에는 원통형의 벽체구조로 받쳤으며 로마 판테온에서 최초로 완성되었다. 이후 콘스탄티노플의 성소피아 대성당Hagia Sophia Grand Mosque에서 펜던티브 돔pendentive dome으로 한 번 진화했으며 이 유형은 베네치아의 산마르코 대성당Basilica di San Marco, 바티칸의 성베드로 대성당St. Peter's Cathedral, 파리의 앵발리드 교회, 런던의 성바오로 성당St. Paul's Cathedral 등 오랜 기간 유럽의 주요 교회 건물에서 사용해왔다. 마지막으로 앞의 파리 팡테옹에서 보았듯이 돔 천장의 구조를 벽체구조에서 해방해 기둥만으로 받치려는 시도가 있었으며 절반의 성공을 거두었다.

셋째, 철제 유리 돔 천장이다. 돔의 재료와 관련한 후자의 내용으로, 곡물거래소에 오면서 이전의 석조에서 유리로 바뀌는 획기적인 변화가 일어났다. 석조 돔은 공간을 웅장하게 만들어주고 천장 안쪽에 장식도 할 수 있지만, 무게가 많이 나가고 실내가 어두운 점이 문제였다. 그러던 중 산업혁명의 시기로 진입하면서 철재와 유리라는 새로운 재료가 등장했는데 돔 천장은 이 장점을 살리기에 적합한 지점이었다. 파리 곡물거래소는 이를 받아들여 사용함으로써 유럽 전체에서 최초로 유리 돔 천장을 갖춘 건물이라는 기록을 갖게 되었다.

넷째, '라미네이티드 우드laminated wood(집성재)' 천장이다. 이는 유리 돔 천장을 장착하는 과정에서 철제 구조보다 먼저 나온 목제 구조였다.도 6-5, 6-6 철제 천장은 당시로서는 워낙 새로운 구조여서 한 번에 시공하지 못했고 중간에 목조 천장이라는 특이한 구조를 거친 것이다. 우선 1767년에 처음 준공할 때는 천장이 석조 볼트vault(둥근 천장, 궁륭穹窿 천장)로 막혀 있었다. 이때 채광에 문제가 있어서 외벽의 아케이드 사이에 중이층mezzanine을 두어 실내 채광을 도왔다. 그러나 한계가 있자 1782년에 프랑수아-조제프 벨랑제François-Joseph Bélanger(1744~1818년)가 철제 구조로 교체할 것을 제안했는데 당시에는 너무 앞서가는 구조여서 채택되지 못했다. 그러나 실내 채광의 필요성은 인정되어 1783년에 자크-기욤 르그랑Jacques-Guillaume Legrand(1753~1807년)과 지그 몰리노Jacques Molinos(1743~1831년)의 설계로 합판을 이어 붙인 '라미네이티드 우드'라는 목조 천장으로 교체했다.

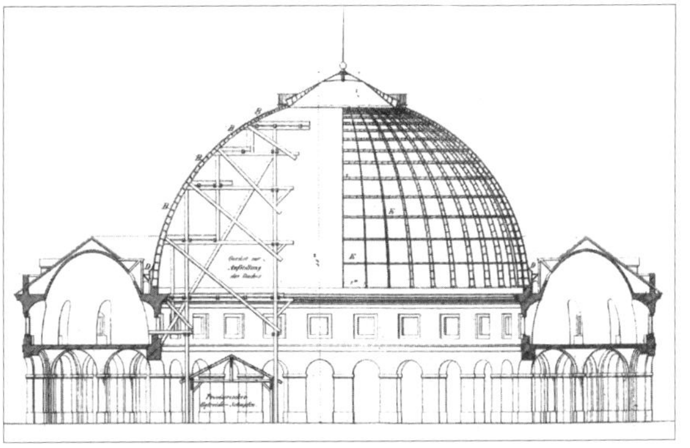

6-5. 곡물거래소 돔 구조 단면도(위)

6-6. 곡물거래소 18세기 실내 모습. 라미네이티드 우드 천장을 보여준다. (아래)

이 구조 자체는 필리베르 들로름Philibert de l'Orme(1510~1570년경)이 처음 제시한 오래된 방식이었는데, 곡물거래소에서는 이걸 더 발전시켜서 목조 뼈대 사이에 25개의 대형 창을 뚫었다. 아직 완전한 '유리 돔'은 아니었지만 사실상 그에 근접한 새로운 구조였다. 둔탁하고 무거운 석조를 완전히 걷어냈다는 것만으로 획기적이었으며, 25개의 대형 창에서 들어오는 햇빛으로 실내는 이전과 비교할 수 없을 정도로 밝아졌다. 유리 돔 천장의 완성은 구조를 기준으로 보면 철제로 받쳐야 했지만 밝은 실내를 기준으로 보면 이런 목조만으로도 그 목적을 충분히 달성했다고 할 수 있었다. 이런 돔이 33m 높이를 자랑하며 솟아올라 천장에서 밝은 빛을 실내로 쏟아부었다. '곡물 거래'는 다소 거칠고 낮은 등급의 경제활동으로 인식되고 있었는데, 이런 활동을 밝은 빛을 듬뿍 받으며 위생적인 실내 공간에서 할 수 있었다. 최종적으로 완전 철제 구조는 1809~1811년에 등장했다.

다섯째, 무주無柱 공간이다. 말 그대로 기둥 없이 장 스팬을 받치는 구조다. 보통 체육관, 공연장, 전시실처럼 기둥이 시선을 가로막으면 안 되는 건물에서 사용하는 구조인데 곡물거래소도 여기에 해당했다. 장 스팬을 기둥 없이 받쳐야 해서 특수 구조가 필요했는데 곡물거래소는 일단 천장 무게부터 크게 줄여서 이 문제에서 한결 자유로웠다. 실제로도 지름 19.5m의 중앙 홀 천장을 라미네이티드 우드 구조만으로 받쳤다. 이 숫자 자체가 무주 공간의 최고 기록은 아니었지만, 최초의 유리 돔 천장과 함께 보면 역사성이 있는 기록이었다. 이런 중앙 홀에는 곡물을 가득 쌓아뒀다. 중앙 홀 밖으로는 동심원 형태로 공간을 한 겹 더 만들어서 창고와 사무실 등 지원시설을 배치했다. 바깥쪽 공간은 갤러리 형식의 두 개 층으로 구성되었는데 2층이 거래소였고 천장은 그로인 볼트groin vault로 마감했다.

곡물거래소 3

동시대의 역사성, 시민 실용 시설로 계몽주의 정신을 담다

다음은 동시대의 역사성이다. 여기서는 네 가지 세부 주제가 파생했다.

첫째, 근대 전기 가운데 18세기 말~19세기 초 프랑스와 파리의 여러 시대성을 복합적으로 함축했다. 우선 건물의 건립부터가 근대 전기 때 파리 경제가 성장한 데 따른 결과였다. 과거에는 곡물을 주로 파리의 중앙 시장인 레알Les Halles 일대의 노천에서 거래했는데 산업화가 진행하고 인구가 증가하면서 곡물 거래량이 크게 늘자 전용 건물을 짓게 된 것이다.

특히 이런 발전을 왕실이 아닌 민간 분야가 주도한 것이어서 18세기의 시대 정신과 더욱 잘 맞았다. '곡물거래소'라는 기능부터 그러했다. 시민들의 식량을 담당한 중요한 시설이어서 별도의 건물로 지어야 한다는 시민들의 여론이 높아지자 이에 부응해서 짓게 된 것이다. 이런 점에서 시민의 권리를 향상한 18세기 계몽주의 정신을 이어받아 구현한 건물인 동시에 이를 산업혁명의 실용주의와 연결해서 한 단계 발전시킨 건물이었다. 이런 내용을 합해서 근대 전기의 새로운 시대 상황을 상징적으로 대표했다.

둘째, 건축 양식을 기준으로 보면 구조합리주의의 2단계를 이루었다. '2단계'란 루이 15세 때 파리 팡테옹에서 창출된 구조합리주의를 한 단계 더 발전시키면서 19세기 신건축 운동으로 연결했다는 뜻이다. 앞에서 본 돔 구조를 둘러싼 발전이 구체적인 내용이었다. 즉 파리 팡테옹은 돔을 받치는 원통형 구조에서 발전이 있었고, 곡물거래소는 돔 구조 자체로 옮겨가 2단계의 발전을 이루었다.

셋째, 2단계 발전의 구체적인 내용으로 크게 두 가지였다. 하나는 '중앙형 + 유리 돔 천장 + 무주 공간'이라는 새로운 주제를 추가하면서 돔 구조와 관련한 건축적 지평을 크게 확장했다. 이 세 주제를 세부적으로 보면, 우선 중앙형에서는 '감시형 공간'이 아닌 시민들의 경제활동을 돕는 '공간 효율성'으로 계몽주의와 실용주의 정신을 반영했다. 다음 유리 돔 천장은 이런 새로운 시대정신을 '밝고 개방적인 실내 공간'으로 구현해낸 새로운 건축 방식이었다. 이는 폐쇄적 전통 공간을 대체하며 근대로 향하는 발전을 의미했다. 마지막으로 무주 공간은 이 둘을 가능하게 해주는 실내 구조였다. 건축적으로 좁혀봐도 근대 건축의 마지막 꿈이라 할 수 있는데 18세기 곡물거래소에서 계몽주의와 실용주의라는 새로운 시대 정신을 담아내면서 그 첫발을 뗐다.

다른 하나로 실내 공간의 구체적인 장면도 달라졌다. 파리 팡테옹의 돔 주변을 꽉 채우며 점령하고 있던 펜던티브의 두꺼운 벽이 사라졌다. 이것도 중요한 발전이었지만 실내 조도는 개선되지 않았다. 곡물거래소는 처음에는 가느다란 목제만으로, 이어서는 철제만으로 돔의 구조를 짜고 그

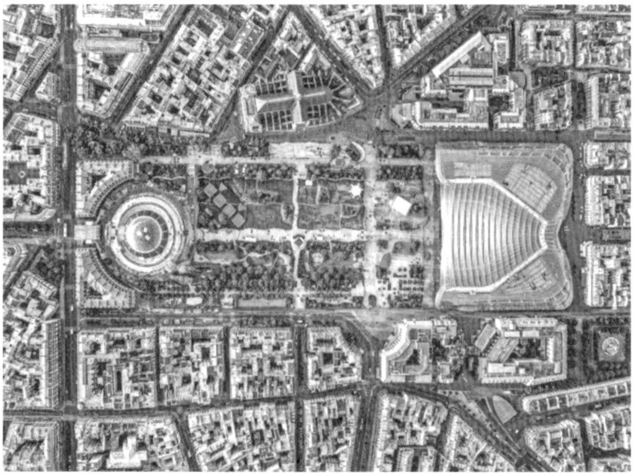

6-7. 왼쪽 중앙형의 곡물거래소에서 갈라져 나오는 여섯 개의 도로가 아직 불규칙하긴 하지만 방사형 도로의 초창기 상태를 보여준다.

위를 유리로 덮으면서 천장 전체가 투명해졌고 이곳에서 햇빛이 쏟아져 들어와 실내 공간 전체가 밝아졌다. 자연 채광의 위력을 실감할 수 있는 이런 실내 공간은 당시로선 처음 보는 광경이어서 그 충격은 대단한 것이었다.

넷째, 곡물거래소를 초점으로 삼아 여섯 개의 도로가 갈라져 나오는 방사형 도로가 형성되었다.도 6-7 이는 파리 도시 구조 전체로 확장해서 본 이 건물의 근대성이라 할 수 있다. 방사형 도로가 중요한 이유는 이것이 파리의 대표적인 도로 체계이면서 주로 19세기 중반 오스망 재개발 때 본격적으로 건설되기 시작했는데, 이 건물에서 그 전초전으로 먼저 형성되었기 때문이다. 이런 점이 '도시 전체에서의 근대성'이라 한 이유다. 방사형 도로에서는 초점 건물이 중요하다. 보통은 교회, 개선문, 오페라 하우스, 시청사, 국회의사당, 박물관 같은 기독교 시설이나 대형 공공시설이 차지하는데 곡물거래소는 시민 실용 시설인 점에서 계몽주의의 시민 정신을 잘 반영했다.

곡물거래소 4

19세기로의 확장적 발전, 신건축 운동의 토대가 되다

마지막으로 19세기로의 확장적 발전이다. 여기에서는 네 가지 세부 주제가 나왔다.

첫째, 국제적 영향력이다. 1783년 1차 천장 공사 때에는 비록 철제는 아니었지만, 이미 목조 돔만으로도 영향력을 발휘하기 시작했다. 석조를 벗어던지고 목조로 전환했다는 건 곧바로 철조로 갈 수 있다는 뜻이었다.

이 분야에서 프랑스와 경쟁국이자 어떤 면에서는 앞서간다고도 할 수 있었던 영국조차도 이 건물의 영향을 받았다. 미국은 더 말할 필요도 없어서 나중에 미국의 제3대 대통령이 되는 당시 주프랑스 미국대사였던 토머스 제퍼슨Thomas Jefferson(1743~1826년) 도 이 건물을 보고 크게 감동했다. 그는 당시 미국인 가운데 아마도 프랑스 문화와 건축에 대해서 가장 정통했고 가장 많이 알았던 인물일 텐데, 이런 감동을 반영하여 수도 워싱턴에 백악관을 비롯한 주요 건물에 이 방식을 도입했다.

둘째, 곡물거래소 자체에서 앞의 18세기 공사 부분에 이어 19세기에 발전한 두 단계 가운데 첫 번째인 동판 천장이다. 나폴레옹 1세의 제1제국 때인 1802년에 화재가 발생해서 목조 천장이 타버리자 이를 복원하는 설계공모가 실시되었다. 벨랑제가 자신의 1782년 안을 다시 제출했으나 내무성은 전통적인 석조 돔으로 회귀하려 했다. 그러나 이미 역사는 산업혁명의 시대로 접어들고 있었으며 대세를 따라 벨랑제의 안을 선정했고 1809~1811년의 공사를 거쳐 준공했다. 이로써 철제만으로 이루어진 지름 39m, 총 무게 220톤의 돔 구조가 탄생했다. 이 부분에서 서양 건축사에서 거의 최초라 할 수 있는 기록이었다.

아직 한계도 있었다. 천장을 유리가 아닌 동판으로 덮은 것이다. 여기에는 여러 이유가 있었다. 가장 큰 이유는 화재 이후 복원한 것이어서 아마도 방화 목적이었을 것이다. 또한 동판은 얇게 만들 수 있어서 당시에는 유리가 오히려 더 무거웠다. 동판만으로도 천장 무게가 29톤이나 나갔는데 유리였으면 더 나갔을 것이다. 또한 당시의 철제는 아직 철골이 아니었고 강도와 내력 기능이 떨어지는 연철이나 주철이어서 이렇게 무거운 유리를 접합하는 일부터 이를 지탱하기까지 여러 면에서 쉽지 않았다. 실내 채광은 전통적인 랜턴 방식을 유지했는데 자연 채광을 했던 앞의 목조 천장보다 후퇴한 것이었다.

셋째, 두 단계 중 두 번째인 최후의 완성이다. 이후 시간이 지나면서 유리를 얇게 해서 경량화하는 재료의 발전과 이를 철제에 끼우는 설치 기술 등의 발전에 따라 실제로 이 건물에서도 1838년에 동판을 유리로 교체했다. 이제 비로소 완전한 '철재 + 유리 돔'의 조합이 완성되었다. 이 기술은 이후 19세기에 걸쳐 생퀴젠 교회, 여러 번의 파리 만국박람회 전시 시설들, 대형 박물관, 생트주느비에브 도서관 열람실, 여러 곳의 기차역 플랫폼, 식물원과 온실, 백화점과 갈르리 등의 상업 시설 등 여러 건물에서 천장 기술로 애용되었다. 19세기 파리 건축은 이 기술 없이는 생각할 수 없을 정도로 중요한 자리를 차지하며 찬란하게 꽃피었다.

넷째, 런던과의 경쟁이다. '철제 + 유리 천장'은 우리가 사는 현대 공간을 대표하는 기본 구조인데, 그 길목에 해당하는 19세기 신건축 운동에서는 첨단 공법의 자리를 놓고 파리와 런던이 치열하게 경쟁을 벌이던 핵심 주제였다. 건축사에서는 보통 1851년 런던 대박람회의 수정궁Crystal Palace이 이 주제를 최초로 완성한 건물로 기록되지만, 실제로는 1838년의 파리 곡물거래소에서 먼저 완성했다. 수정궁보다 13년이나 앞섰다는 건 대단한 기록이었다.

런던과의 경쟁 과정에서 재밌는 일화도 남겼다. 아직 유리가 아닌 동판으로 덮은 건물을 보고 당시 보수주의를 대표하던 빅토르 위고Victor Hugo(1802~1885년)는 '영국 기수 모자English jockey-cap' 같다며 조롱했다. 당시 파리는 런던과 국가적 차원의 신건축 경쟁에 돌입하던 때였는데 전통주의자였던 위고의 눈에는 이것이 못마땅했을 수 있다. 파리는 파리만의 찬란한 문화예술 전통이 있으니 이것을 더욱 살려 강화하는 데에 경쟁력이 있다고 판단했을 것이다. 반면 영국은 실용주의 전통이 강해서 이걸 내세우는 것일 뿐이라고 보았다. 이런 이유로 자국의 건물을 비판하는 데 옆 나라의 패션을 빗대 비웃는 단어를 사용한 것이었다. 곡물거래소는 이런 영국과의 신건축 경쟁에서 승리한 것이고 이는 건축사적 의미가 큰 역사적 사건이었지만 동시대 파리에는 이처럼 다양한 의견도 있었다.

팔레 루아얄 1

바로크의 추기경 궁전에서 신고전주의의 왕실 궁전으로

팔레 루아얄Palais Royal은 일단 건물 자체의 역사부터 중요하고 특이하며, 나아가 기둥 미학을 강조하는 방향으로 루이 16세 때 구조합리주의가 정착하는 데에 중요한 역할을 했다. 이상을 합해서 팔레 루아얄과 관련해서는 크게 역사적 배경 등의 기본 정보, '열주'와 '기둥 종류의 다양화와 혼성'으로 창출한 18세기 말의 기둥 미학, 18세기 말의 건축사적 의미 세 가지, 프랑스대혁명과의 양면적 관계, 조각 작품을 설치해서 기둥의 의미를 20세기 후반과 연결한 추가 작업 등 다섯 가지 내용이 중요하다. 차례대로 살펴보자.

첫째, 역사적 배경 등의 기본 정보다. 처음에는 루이 13세 때 수상이자 추기경이었던 아르망-장 뒤 플라시 드 리슐리외Armand-Jean du Plessis de Richelieu(1585~1642년)가 1633~1639년에 자신이 살 저택인 '추기경 궁전 Palais Cardinal'으로 지었다가 곧 사망하자 파리 왕실에 헌납했다. 이후 왕족들 사이에서 소유권이 여러 번 바뀐 끝에 루이 16세 때인 1780년에는 사치스러운 생활로 악명 높았던 귀족 루이 필리프-조제프 도를레앙Louis Philippe-Joseph d'Orléans(1747~1793년)이 소유하게 되었다. 필리프-조제프는 이 건물을 무척 좋아해서 루이 16세를 졸라 주변의 땅 1,350m²(407평)를 추가로 매입해 1781~1784년에 증·개축했다.

이처럼 이 건물의 역사는 1633~1639년과 1781~1784년의 두 단계로 이루어진다. 첫 번째 단계를 보통 '추기경 궁전'이라 하는데, '바로크 부분'이나 '루이 13세 부분'이라고도 한다.도 6-8 두 번째 단계에서 최종 완성된 현재 건물은 '팔레 루아얄'이라 하는데, '18세기 부분'이나 '루이 16세 부분'이라고도 한다. 건물의 전체 골격은 네 개의 'ㅁ'자형 건물과 안쪽으로 긴 정원으로 구성되는데 이 골격은 처음 추기경 궁전 때 완성되었다. 팔레 루아얄은 이 골격을 그대로 유지하면서 크게 다

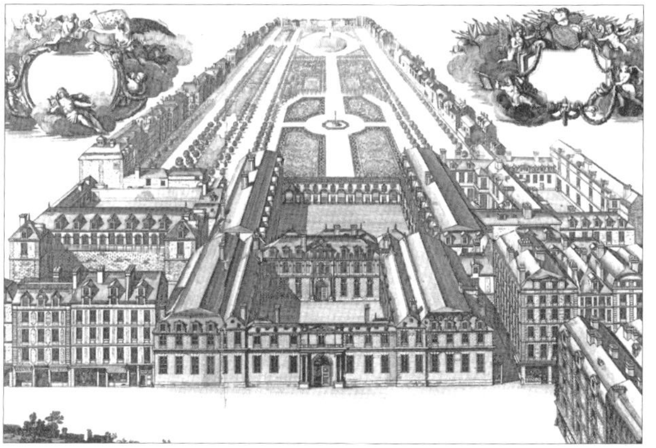

6-8. 리슐리외가 자신의 저택으로 세운 추기경 궁전 Palais Cardinal

6-9. 팔레 루아얄 현재 모습(위 왼쪽)

6-10. 팔레 루아얄의 앞 광장을 면한 정면 출입구. 열주 스크린으로 구성된다. (위 오른쪽)

6-11. 팔레 루아얄 국무원Conceil d'État 계단실. 피에르 콩탕 디브리Pierre Contant D'Ivry의 작품(1765년) (아래)

섯 방향으로 증·개축을 해서 탄생했다.

우선 네 개의 'ㅁ'자형 구성 가운데 안마당을 둘러싸는 건물이 빈약한 부분을 보강해서 'ㅁ'자형 구성을 확실히 드러냈으며, 이에 따라 안마당, 즉 중정이 정비되었다. 다음으로 추기경 궁전 밖에 있던 기다란 정원을 사들여 팔레 루아얄의 정원으로 만들면서 사면을 건물로 에워싸는 추가 공사를 했다.도 6-9 마지막으로 건물 외관을 신고전주의 양식으로 바꿨으며 실내장식도 '수상 등급'에서 '왕족 등급'에 걸맞게 미술 작품과 장식을 새로 추가해서 화려해지고 위용을 갖추었다.도 6-10, 6-11

이렇게 탄생한 팔레 루아얄은 건축가 빅토르 루이Victor Louis(1731~1800년)가 설계했다. 그는 초창기 경력을 보르도Bordeaux에서 시작했으며 이곳에서 성공하자 꿈에 그리던 파리에 입성할 수 있었다. 일찍부터 파리의 권력자들과 교류하던 덕에 금상첨화로 개인은 물론 파리 건축사에서도 흔치 않은 팔레 루아얄의 증·개축이라는 대작을 맡게 되었다. 이 기회를 놓치지 않고 안정적인 고전주의 문법에 창의적 상상력을 적절하게 섞어서 수작으로 탄생시켰다.

팔레 루아얄 2
'열주'와 '기둥 종류의 다양화와 혼성'으로 창출한 18세기 말의 기둥 미학

둘째, '열주'와 '기둥 종류의 다양화와 혼성'이라는 두 가지 기법으로 창출한 18세기 말의 기둥 미학이다. 팔레 루아얄 내의 장소로는 열주 스크린과 열주 회랑 두 곳이었다. 둘 가운데 열주 스크린에서는 주로 '열주'만으로 기둥 미학을 창출했으며 열주 회랑에서는 '열주'와 '기둥 종류 다양화와 혼성'의 두 기법 모두를 활용해서 기둥 미학을 창출했다.

우선 열주 스크린은 중앙축 위에 형성된 세 개의 안마당 경계선에 세워졌다. 세 마당 가운데 두 곳은 추기경 궁전 때부터 있던 두 개의 'ㅁ'자형 건물의 안마당을 정비하면서 앞쪽부터 각각 '쿠르 데 프랭스Cour des Princes(왕자의 안마당)'(지금의 전실 마당Forecourt)와 '쿠르 루아얄Cour Royale(왕실 안마당)'(지금의 본 마당Main Courtyard)이라는 이름을 붙였다.도 6-12 이때 '왕자'는 이 건물에 지분을 가지고 있던 몽팡시에Montpensier의 왕자여서 왕자의 안마당의 열주는 따로 '몽팡시에 열주péristyle de Montpensier'라고 부르기도 한다. 더하여 안쪽의 정원이 시작하는 부분에 세 번째인 '분수 마당Cour des Fontaines'을 새로 조성했다.

이런 각 마당의 경계선에 열주 스크린을 세웠다. 도로를 면한 정문 출입구에 해당하는 전실 마당의 앞부분, 전실 마당과 본 미당 사이, 본 마당과 분수 마당 사이, 분수 마당과 정원 사이 등 총 네 곳이었다.도 6-13, 6-14, 6-15 열주 스크린은 말 그대로 '기둥이 늘어서서 형성하는 일종의 문 같은 시설'을 말한다. 건물 없이 기둥 열이 단독으로 서 있어서 기둥 미학에

6-12. 팔레 루아얄 1754년 상태. 중심축에 세 개의 열주 스크린passage. 아직 본 마당에 분수 마당이 생기기 전이라 쿠르 루아얄 하나로 통일되어 있다.

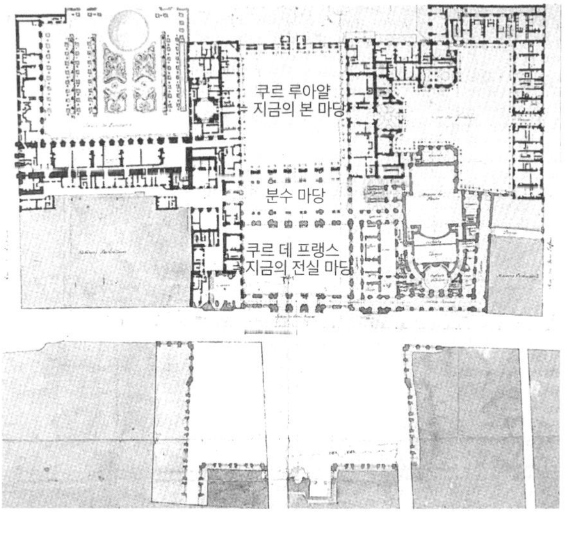

6-13. 1830년 7월 혁명 장면. 팔레 루아얄 정면의 열주 스크린. 오라스 베르네Horace Vernet(1789~1863년)의 작품(1832년) (위)

6-14. 팔레 루아얄의 전실 마당과 본 마당 사이의 몽팡시에 열주(가운데)

6-15. 위쪽부터 '본마당-열주 스크린-분수 마당-열주 스크린-정원'(아래)

잘 어울리는 건축 형식으로, 게이트의 형식성, 스크린이 만들어내는 폐쇄와 개방의 양면적 공간 효과, 기둥 사이를 통과할 때 느끼는 제식ritual 효과 등의 미학 효과가 있다. 이런 열주 스크린이 복합 건물의 중앙축 위에 무려 네 개씩이나 연달아 나오면서 동선을 이끌고 있다. 이 자체로서 기둥 미학이 크게 드러날 뿐 아니라 각 스크린을 통과할 때마다 다양한 안마당을 경험할 수 있어서 미학적 효과는 책 속의 죽은 이론이 아니라 현실 공간 속에서 생생하게 살아 숨 쉬는 것이 되었다.

이런 구성은 아예 '열주 홀hypostyle hall'이라는 공식 명칭까지 갖추었던 이집트 신왕국 시대의 룩소르 신전Luxor Temple(기원전 1400년경)을 떠올리게 한다. 물론 건물 규모와 기둥의 크기와 개수 등은 이집트 신전이 훨씬 거대하고 웅장했지만 적어도 기둥 효과를 적극적으로 활용해서 살린 건축 미학의 큰 방향은 같다고 할 수 있다. 이런 점에서 파리가 유난히 집착했던 이른바 '이집토마니아

Egyptomania'의 한 종류라 할 수 있다. 앞에서 본 루이 15세 광장의 오벨리스크와 루브르 박물관의 그랑 피라미드가 대표적인데, 이 두 예는 구체적인 구조물과 건물을 사용해서 한눈에 알아볼 수 있는 데에 반해 팔레 루아얄의 열주 스크린은 기둥 미학을 강조한 공간 구성이어서 그만큼 은유적이라 할 수 있다.

6-16. 팔레 루아얄 정원 18세기 후반부 모습. 피에르 니콜라 랑소네트Pierre Nicolas Ransonnette(1745~1810년)의 작품

다음은 정원의 열주列柱 회랑回廊이다. '열주 회랑' 역시 말 그대로 '기둥이 줄지어 두 면 이상을 돌아가며 형성하는 개방형 복도 시설'을 말한다. 팔레 루아얄의 정원에서는 직사각형의 네 변 모두를 이런 열주 회랑이 돌아가며 에워싸고 있는데, 이 가운데 분수 마당과 접한 면은 앞에서 살펴본 열주 스크린이 겸하고 있다. 열주 회랑의 기둥 미학은 두 가지 기법에 기초한다.

하나는 기둥이 줄지어 서서 만들어내는 '열주 효과'다. 그 바탕에는 다시 '물량 공세'와 '반복의 미학'이 있으며, 둘을 합하면 '무한 반복'이 되어서 주로 게이트의 형식성에 기초했던 열주 스크린의 '열주'와 다른 정원 회랑만의 특징을 만들어낸다.도 6-16 실제로 정원은 긴 변이 225m에 달해서 일단 길이부터 상식을 초월한 규모다. 이런 길이를 따라 한 변에만 무려 73개의 기둥이 늘어섰다. 이런 기둥 열이 양옆에 호위하면서 열주 효과를 극대화했다. 반면 짧은 변의 길이는 93m인데 여기에서 추가로 '2.4:1'이라는 기형적 비율이 나와서 긴 변의 열주 효과를 돋보이게 한다. 이로써 말이 더 필요 없는 '물량 공세'라는 가장 원초적인 방식을 통한 기둥 미학이 절정을 이루었다.

다른 하나는 기둥의 종류를 다양화한 뒤 혼성하는 구성이다. 이 역시 열주 스크린과는 다른, 즉 열주 스크린에는 없던 정원 열주 회랑만의 독특한 기둥 미학이었다. 구체적으로는 벽기둥, 쌍기둥, 열주가 없는 부분,

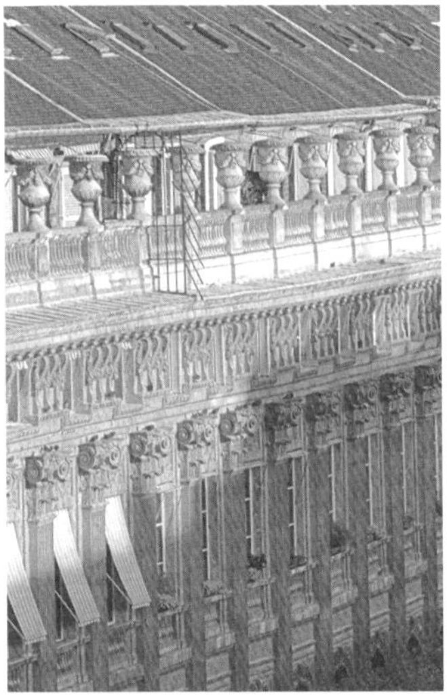

6-17. 팔레 루아얄 정원 입면(위)

6-18. 팔레 루아얄 정원 입면도(1784년) (아래)

아케이드 등이다.도 6-17, 6-18 우선 전체적으로 벽기둥이 주요 기둥 형식이며 정원을 면한 벽면에 집중적으로 사용했다. 기둥의 순도를 기준으로 하면 독립 원형 기둥의 순도가 가장 높고 벽기둥은 이것을 떨어뜨린 것이다. 하지만 순수한 조형 효과만 놓고 보면 이런 우열과 별개로 벽기둥만의 특징이 있다. 기둥이 벽면을 바탕 삼아 줄지어 서 있어서 시선은 기둥 전체가 아닌 표면에 집중되는 특징이다. 그런데 이런 특징은 마침 73개의 기둥이 일렬로 늘어선 이곳 정원과 같은 구성에 잘 어울린다. 기둥 열 전체를 한 번에 훑어보게 해서 열주 효과를 극대화하기 때문이다. 이는 기둥이 반복하면서 자칫 지루하게 느끼기 쉬운 위험성을 줄이며, 오히려 긴장감 넘치는 장면으로 바꾸어 놓는 효과를 준다.

이런 벽기둥을 기본 요소로 삼아 쌍기둥을 넣거나 반대로 기둥이 없는 부분을 넣는 등 다양화했다. 이는 같은 기둥이 반복하면서 나타나는 동일성에서 벗어나기 위한 처리다. 쌍기둥은 기둥을 집약시킨 것이어서 기둥이 없는 부분과 상반되는 대비 구도를 이루며, 이런 대비 구도는 다시 긴장감을 높인다. 동일성은 반복에서 오는 지루함과 같은 뜻이어서 동일성에서 벗어나려는 이런 처리는 곧 지루함을 없애는 또 다른 기법으로 볼 수 있다. 여기에 마지막으로 기둥이 아치를 받치는 구조 형식인 아케이드까지 더했다. 아케이드에서는 반원형이 만들어지고 윤곽을 장식적으로 활용하기에 적합해서 건축사에서는 보통 장식 요소로 분류되기도 한다. 이처럼 장식 요소까지 더함으로써 다양화한 기둥의 종류는 한층 풍부해졌다. 그리고 최종적으로 다양한 요소는 '혼성'의 대상이 된다. 이곳 정원에서는 여러 종류의 기둥 요소가 혼성되어 있다. 이는 앞의 급진적 고전주의에 나타났던 고전주의 붕괴의 또 다른 사례로 볼 수 있다.

팔레 루아얄 3
18세기 말의 건축사적 의미 넷, '구조합리주의-기둥 미학-유형학-화해'

셋째, 18세기 말의 건축사적 의미 네 가지다. 우선 구조합리주의를 정착시킨 역할이다. 이상과 같은 기둥 처리 기법은 루이 15세 때 등장한 구조합리주의가 발전·정착하는 데에 중요한 역할을 했다. 이 점에서 곡물거래소와 같았지만 구체적 방향은 달랐다. 곡물거래소가 돔 구조의 천장 재료와 구조를 철제와 유리로 바꾸는 발전을 이루었다면 팔레 루아얄의 정원은 기둥 미학의 발전을 이루었다. 기둥에 집중한 점에서 파리 팡테옹과 같았으나 이번에도 구체적 방향은 달랐다. 파리 팡테옹은 돔을 받치는 원통형 구조부의 역학 효율을 높였다면 팔레 루아얄은 기둥을 미학적으로 구사했다.

다음으로 18세기 말의 기둥 미학을 창출했다. 이상과 같은 열주 효과와 기둥 종류의 다양화·혼성이라는 두 기법을 합하면 그 자체로 18세기 말의 기둥 미학이 된다. 그 속에는 당시의 상반되는 시대 상황이 담겨 있다. 열주 효과는 무한 반복을 상징적으로 표현하는데, 여기에는 산업혁명의 결과 새롭게 등장한 '기계화와 표준화에 의한 대량생산'이라는 사회 운용 체계와 시대적 가치가 담겨 있다. 반면 다양화와 혼성에는 기계화와 표준화가 조형 환경을 삭막하게 만들 것이라는 우려 아래 조형 환경에 마지막 예술성을 지키려는 노력이 담겨 있다.

다음으로 '유형type' 혹은 '유형학typology'과의 연관성이다. '유형'은 '기본 요소를 주제 개념으로 잡아 다양하게 변화시켜서 만들어내는 변주 개념의 종류'이며 '유형학'은 이런 유형을 연구하거나 창작에 활용하는 신학문으로 '복잡하고 다양한 현상을 몇 가지 기본 형식으로 단순화한 뒤 그것들 사이의 관계로 정리·분류하는 학문 체계'다. 이런 점에서 팔레 루아얄의 기둥 미학 역시 아직 완성된 유형학에는 이르지 못했지만, 유형학의 초기 단계라고 볼 수 있었다. 유형학이 탄생한 시대 배경도 팔레 루아얄의 기둥 미학과 같다. 18세기 중반~19세기 초의 유럽에서 처음 탄생했는데, 그 배경에는 앞과 같은 '기계화-대량생산-표준화'의 시대 흐름 속에서 다양성을 통해 예술성을 지키려는 노력이 있었다. 유형학은 뒤의 여러 주제에서 다시 나올 것이다.

마지막으로 18세기 말의 갈등 상황을 치유하는 화해와 화합의 미학을 얘기한다. 이런 노력은 앞의 급진적 고전주의에서 나온 파리외과대학과 같은 메시지를 전하고 있다. 팔레 루아얄의 구체적인 내용을 보면, 그레코-로만 논쟁에서 두 양식 사이의 화해를 시도한 점이 대표적이다. 다음과 같이 단계적으로 해석할 수 있다. 우선 정원의 열주 회랑에 사용한 다양한 종류의 기둥은 벽기둥에 기반을 두는데, 벽기둥은 로마 건축의 대표적인 기둥 형식이다. 이는 로마 고전주의를 벽체구조가 아닌 기둥구조의 관점으로 구사한 것으로 볼 수 있다.

여기에서 그리스 기둥구조와의 조화와 협력을 읽을 수 있다. 이런 해석은 세 개의 안마당의 열주 스크린에 사용한 독립 원형 기둥이 그리스 기둥 기법이라는 사실에서 확인된다. 즉 팔레 루아얄 전체에 사용한 기둥 종류를 모두 모으면 그리스주의와 로마주의의 구별과 대립을 넘어서 고전주의 전체를 통합·화합하고 있다. 이는 갈등이 극에 달했던 시대 상황을 치유하기 위한 노력으로 해석할 수 있다.

팔레 루아얄 4

프랑스대혁명과의 양면적 관계

넷째, 프랑스대혁명과의 양면적 관계다. 처음에는 프랑스대혁명의 원인을 제공한 건물이었지만 정작 혁명 기간에는 거꾸로 혁명 세력의 주요 근거지 가운데 하나가 된 것이다. 원인 제공 측면을 먼저 보면, 팔레 루아얄은 프랑스대혁명을 촉발한 루이 16세 왕실의 화려한 사치 생활의 대명사였나. 루이 16세가 직접 이곳에 살지는 않았지만, 필리프 조제프 도들레앙이 루이 16세의 최측근이어서 이 건물은 보통 루이 16세의 화려한 궁중 생활과 사치와 낭비벽 등을 보여주는 나쁜 사례로 거론된다.

물론 건물 부분과 필리프 조제프의 생활 부분으로 나눠볼 필요는 있다. 가장 큰 문제는 필리프 조제프가 이곳 팔레 루아얄에서 사치스러운 생활을 한 것이었다. 건물 자체는 왕궁치고는 심하게 과도하지는 않았다. 예를 들어 지금 보는 화려한 실내는 대부분 19세기에 장식된 것이어서 필리프 조제프 때에는 크게 문제가 되지 않았다. 문제는 아무래도 정원이었다. 짧은 변마저도 93m였고 긴 변은 무려 225m나 되어서 일단 크기부터 파리 시민의 분노를 자아냈다. 이런 크기가 순수한 건축 조형에서는 앞에서 본 바와 같이 동시대의 미학을 창출하는 배경이었지만 정치적으로나 사회적으로는 대혁명을 촉발한 원인이 된 것이다.

다음은 프랑스대혁명 때 사용된 내용이다. 이렇게 화려하게 준공한 지 불과 5년 후에 프랑스대혁명이 발발했는데, 이때 정원이 혁명 세력의 회의 장소로 사용되었다. 그 덕에 건물도 손상되지 않고 그대로 보존되었다. 혁명 세력은 이곳 정원에서 새로운 시대의 방향과 현재 일어나고 있는 혁명 상황의 수습 및 발전 방안 등을 논의했다. 1789년 7월 12일에는 이 정원에서 언론인 출신으로 온건 혁명파였던 카미유 데물랭Camille Desmoulins(1760~1794년)이 군중들을 모아놓고 명연설을 해서 애국 논쟁에 불을 붙였다. 그리고 그가 나뭇잎 하나를 떼서 자신의 모자에 붙이고 혁명당원의 모자표로 삼자 군중들도 이를 따라 했으며, 다시 이틀 뒤에는 바스티유 감옥에서도 이것을 가져가 혁명의 문장紋章·emblem으로 사용했다.

이를 주도한 건 의외로 앞서 말한 이 건물의 소유주 루이 필리프-조제프 도를레앙이었다. 그는 프랑스대혁명을 촉발한 왕족의 전형적 인물인 동시에 개인적으로는 자유주의자로서 혁명 세력과도 친분을 유지하는 등 양면적 성향의 소유자였다. 그러던 중 혁명이 발발한 뒤에는 '평등한 필리프Philippe-Égalité'라는 별명을 달고 혁명 세력에 가담했으며 자신의 저택을 회의 장소로 내놓은 것이었다.

일종의 큰 반전인 셈인데, 이런 반전은 마침 건축 구성과도 묘하게 일치한다. 우선 이 정원이 18세기의 개혁적 건축 흐름인 기둥구조의 발전을 주도한 곳이어서 묘한 상징적 대응이 일어난 걸로 볼 수 있다. 여기에 더해 정문을 개선문 형식으로 처리한 점도 기둥 미학을 로마 고전주의로 각색한 창의적 변형으로 볼 수 있다. 지금은 흔해졌지만, 당시로서는 새로운 발상이었다. 또 다른 좋은 예가 중앙부 아케이드에 이탈리아 르네상스 건축가인 안드레아 팔라디오Andrea Palladio(1508~1580년) 모티브와 프랑스 바로크 교회 모티브를 섞은 처리다. 이는 18세기 후반부에 나타나는 급진적 고전주의를 이어받은 현상으로 볼 수 있는데 '급진적 고전주의' 자체가 개혁과 전통의 양면성이 혼재하는 단어여서 필리프-조제프 도를레앙의 양면적 행보에 대응된다.

팔레 루아얄 5

조각 작품을 설치해서 기둥의 의미를 20세기 후반과 연결하다

다섯째, 조각 작품을 설치해서 기둥의 의미를 20세기 후반과 연결한 추가 작업이다. 이는 앞에서 본 18세기 말 기둥 미학의 창출과 프랑스대혁명의 양면적 관계라는 두 가지 동시대성을 19세기를 뛰어넘어 20세기 후반으로 연결한 점에서 중요한 역사성을 확보했다. 건물에는 추가 공사를 하기 어려운 상황을 고려해서 조각 작품의 설치라는 다소 인위적이며 제한적인 방법을 사용하긴 했지만, 역사성을 해석하는 데에는 무리가 없어 보인다. 오히려 미술 분야와의 연계성을 통해 좀 더 자유롭고 창의적

6-19. 폴 버리Pol Bury의 <팔레 루아얄 파운틴Palais Royal Fountain>(1985년) (위)

6-20. 팔레 루아얄 정원에 설치한 다니엘 뷔랑Daniel Buren의 <두 개의 고원Les Deux Plateaux>(1985년) (아래)

으로 20세기 후반의 미학을 표현할 수 있었으며 예술성의 확보도 명확히 확보할 수 있었다.

기둥 미학을 살리기 위해 프랑스 문화부는 1985년 두 곳의 안마당에 중요한 현대 공공조각 작품을 추가로 설치했다. 우선 분수 마당에는 벨기에 출신 조각가 폴 버리Pol Bury(1922~2005년)의 <팔레 루아얄 파운틴Palais Royal Fountain>(1985년)을 설치했으며, 이곳은 현재 '폴 버리의 분수 마당'이라고도 부른다.도 6-19 본 마당에는 프랑스의 개념미술가conceptual artist 다니엘 뷔랑Daniel Buren(1938년~)의 <두 개의 고원Les Deux Plateaux>(1985년)을 설치했다.도 6-20 이 두 작품은 모두 새로운 기둥 미학을 더하고 있다.

<팔레 루아얄 파운틴>은 17개의 알루미늄 공을 설치한 작품인데 광택 나는 재료 표면에 주변의 열주 스크린이 변형된 모습으로 비친다. 이때 그 모습이 거리와 시선의 각도 등에 따라 수시로 변함에 따라 '유동체fluidity', '과정 미학aesthetics of process', '비정형irregular formality' 등의 현대 미학 주제를 표현하고 있다. 이어 <두 개의 고원>은 열주 스크린과 열주 회랑을 구성하는 기둥 열에 맞춰서 본 마당의 바닥에 격자판을 그린 뒤 각 칸 안에 높이를 바꿔가며 변형시킨 주신柱身 시리즈를 설치했다. 이는 기둥이 수시로 변하면서 다양하게 존재하는 모습 하나하나를 여러 개의

개별 실체로 형상화한 것이며, 이를 통해 '변變·alteration'과 '임의성 혹은 우연chance'이라는 또 다른 현대 미학 주제를 표현하고 있다.

그런데 <팔레 루아얄 파운틴>의 '유동체-과정 미학-비정형'과 <두 개의 고원>의 '변'은 모두 1960년대 이후 현대 상대주의 미학을 대표하는 주제들이다. 이렇게 볼 때 이곳 안마당에서는 18세기 말의 기둥 미학을 20세기 후반부의 상대주의로 재해석하고 있다고 볼 수 있으며, 여기에서 시대를 초월한 연결성이 나온다. 그리고 여기에 정원에 들어가기 전 거치는 세 개의 안마당 경계선을 이루는 열주 스크린의 기둥까지 더하면 기둥 전체의 상승 효과는 더욱 커진다. 총 수백 개의 기둥이 18세기 말의 시대 상황을 20세기 후반과 연결하고 있다.

시대적 연결성은 마지막으로 건축사 전체에서의 자리매김으로 이어진다. '기둥 숲'이라는 또 다른 건축 미학을 통해서다. 고대 거석 구조 시대가 아니어서 이제 더는 기둥의 정확한 숫자를 세는 게 무의미하다. 그저 '기둥 숲'이라는 표현만이 적합하다. 이 주제를 통해서 기둥 건축을 대표하는 건축사의 대표 대작들과 비교할 만하다. 건축사에서는 앞의 열주 스크린에서 나온 이집트 신전 이외에 이란 페르세폴리스Persepolis의 다리우스 왕궁Palace of Darius(기원전 6세기)과 바티칸 교황청 앞의 산피에트로 광장Piazza San Pietro(1656~1667년) 등이 기둥 건축을 대표하는 걸작 선례들인데, 팔레 루아얄도 그 족보를 이어받으며 이들과 어깨를 나란히 하고 있다. 기둥의 총 개수는 물론 이런 선례들보다 적었지만, 시대가 변한 걸 고려한다면 동시대 사람들이 느꼈을 충격과 조형 효과는 같았을 것이다.

7장

근대적 보편주의, 18세기 파리 도시건축의 역사성

근대적 보편주의의 기본 개념과 세 가지 역사성

이상이 1789년 프랑스대혁명 이전까지 18세기 파리 도시건축의 다양한 내용이었다. '계몽주의'에 걸맞게 다양한 실험적 논의들이 진행했고 이것들이 모여 '근대적 보편주의'라는 18세기만의 새로운 시대정신을 탄생시켰다.

근대적 보편주의란 '근대성'과 '보편성'의 두 개념을 합한 말이다. '근대성'은 과거 전통 문명의 '왕조-계급 사회-종교-마력-농업경제' 체제에서 벗어나 '시민 민주주의-평등 사회-과학적 합리성-기계력-산업자본주의'가 이끄는 근대 문명의 기본 정신과 역사성을 말한다. 건축에서는 전통시대의 '석조와 목조-교회와 왕궁-공예장식과 예술' 중심에서 '철과 유리-시민 공공시설과 민간 시설-기능적 효율과 추상성' 중심으로 이동한 현상이 대표적이다. '보편성'이란 이런 근대성이 개별 차이를 뛰어넘어 모든 국가와 지역에 항시적이고 당연하게 적용된다는 뜻이다.

근대적 보편주의는 지금까지 살펴본 18세기 파리 건축의 결과물을 역사적 관점에서 해석한 개념인 동시에 18세기 파리 건축이 남긴 최대의 업적이기도 했다. 일차적으로는 1715~1774년에 이르는 루이 15세 재위 기간의 산물이었다. 59년의 이 기간은 파리의 도시건축에서는 사실상 18세기 전체에 해당한다고 볼 수 있다. 정치사에서는 보통 루이 15세를 오랜 재위 기간에도 불구하고 큰 업적도 큰 과실도 없는 무난한 왕으로 평가하지만, 도시건축에서는 그의 재위 기간에 이처럼 중요한 역사성이 형성되었다.

이어 루이 16세도 근대적 보편주의에 일정 부분 역할을 했다. 물론 그는 재위 기간부터 1774~1792년의 18년으로 짧았으며 정치, 경제, 사회 등 국정 전반에서 실정의 대명사로 프랑스대혁명을 촉발한 장본인이었다. 그러나 도시건축에서는 일정한 업적을 남긴 게 사실이었다. 더 정확히 말하면 이제 시대 상황은 왕의 능력이나 의도와는 상관없이 근대 전기의 한복판으로 진입하고 있었으며 시대정신 또한 점차 '근대성'으로 넘어가고 있었다. 루이 16세는 정치 노선부터 개인적 이미지에 이르는 모든 면에서 근대성과 반대편인 '왕당파'의 대표자였지만, 최소한 그의 재위 기간에 근대적 보편성이 일정한 발전을 이루며 19세기까지 넘어간 것만은 확실하다. 이를 그의 직접적 업적으로 보기는 힘들지만, 왕조 시대 때에는 왕의 재위 기간에 일어난 일이라면 보통 모두 그 왕의 업적으로 분류한다.

이어 근대적 보편주의의 구체적인 내용은 크게 인물, 건물, 논쟁, 건축 양식과 미학 등 네 축으로 이루어졌다. 우선 인물로, 건축가는 클로드 페로, 쥘 아르두앵-망사르, 조반니 니콜라노 제로니모 세르반도니, 자크 가브리엘 수플로 등 네 명이 핵심이었고 여기에 아메데 프랑수아 프레지에와 피에르 파트라는 엔지니어가 가세했다. 더하여 장 루이 드 코르드무아와 마르크-앙투안 로지에라는 두 성직자도 이 흐름을 함께 이끌었다.

다음은 건물로, '루브르궁 동익랑(1667~1670년)-베르사유 궁전 내 왕실 전용 예배당(1699~1710년)-앵발리드 교회(1671~1691년)-생쉴피스 교회(1733~1745년)-파리 팡테옹(1755~1780년)-곡물거래소(1763~1769년 1차 준공, 1783년 1차 천장 교체, 1809~1811년 2차 천장 교체)-팔레 루아얄(1781~1784년)'의 순서로 이어졌으며 소재 도시를 파리로 한정하면 두 번째인 베르사유 왕실 전용 예배당은 빠진다. 다음으로 건축 논쟁에서는 신구 논쟁, 그레코-로만 논쟁, 수플로-프레지에 논쟁 등 세 가지가 이 흐름을 이끌었다. 마지막으로 건축 양식은 신고전주의, 구조합리주의, 그리스주의, 로마주의, 그레코-고딕 아이디얼, 급진적 고전주의, 혁명기 도시건축 등이 이 흐름을 이끌었다.

이상이 근대적 보편주의의 개략적 정리였다. 이를 종합하면 지금 우리가 사는 근대 문명 혹은 현대 문명의 기초가 이 시기에 잡혔다는 뜻으로, 그만큼 역사적 중요성이 큰 새로운 시대정신이었다. 그리고 18세기 파리의 도시건축에서 이런 역사성이 최초로 형성되었다. 우리가 보통 '프랑스가 18세기 계몽주의의 선두국가였다'라고 얘기하는 내용의 도시건축 버전이라 할 수 있다. 역사성의 주제인 만큼 세부 내용은 시간의 흐름과 연관해서 해석할 수 있는데, 크게 세 단계로 나뉜다. 가장 먼저 머리에 해당하는 앞 시대와의 연관성으로 시작해 몸통에 해당하는 18세기의 동시대성을 거쳐 말미로 시간의 끈을 늘리면 19~20세기와의 연결과 근대건축으로 확장한다. 차례대로 살펴보자.

앞 시대와의 연관성 1
국가 양식을 이어받은 연속성, '대표성' 찾기 운동

머리에 해당하는 앞 시대와의 연관성부터 보면, 시기를 기준으로 짧게는 17세기 바로크, 길게는 16~17세기의 초기 근대까지 거슬러 올라간다. 주제를 기준으로 하면 이때 논의되고 탐구되며 완성된 '국가 양식'을 이어받은 개념으로 정리할 수 있다. 여기에서 다양한 논제들이 파생되는데 크게 '국가 양식을 이어받은 연속성'과 '루브르궁 동익랑'의 두 가지로 압축된다.

첫째, 국가 양식을 이어받은 연속성이다. 국가 양식이란 말 그대로 '한 국가를 대표하는 건축 양식'을 말한다. 좀 더 풀어보면, 한 민족 단위의 전통적인 생활 방식과 조형 의식을 바탕으로 오랜 기간 형성된 그 나라만의 공간 구성, 구조 방식, 장식 감성 등으로 이루어지는 고유한 건축 양식이다. 프랑스에서는 지방 영주 국가를 통합하기 시작한 중세 때부터 고딕 양식에서 국가 양식에 대한 인식이 나타나기 시작했는데 아직 완성 단계에 이르지는 못했다. 최초의 완성은 보통 루이 14세가 앵발리드 교회Église des Invalides(앵발리드 돔Dôme des Invalides, 1671~1691년)에서 이룬 걸로 얘기된다. 이때 건축 양식은 프랑스 바로크 고전주의였다. 이 내용은 앞서 출간된 『파리 도시건축의 역사: 중세와 고전의 시대』에서 자세히 기술했으므로 여기에서는 생략하겠다. 이로써 프랑스는 이탈리아의 영향에서 벗어나 자국만의 대표 양식을 갖게 되었으며 이런 점에서 '국가적 보편주의'라 할 수 있다.

18세기 근대적 보편주의는 이런 국가 양식과 연계되면서 앞 시대를 이어받는 역사성을 확보했다. 바로크는 초기 근대의 마지막 시기였고 18세기는 전기 근대의 시작 시기여서 둘이 하나로 연결된다는 건 곧 이 두 개의 거대한 문명 단위가 단절되지 않고 하나로 통합된다는 뜻이 된다. 이는 다시 프랑스의 국가적 정체성이 근대 문명의 바탕이 되었다는 뜻으로, 그만큼 프랑스가 근대 문명과 근대건축에서 중요한 역할을 했다는 뜻이 된다. 이는 프랑스에는 매우 중요한 역사성을 표방했다.

그런데 '근대적 보편주의'와 '국가 양식'은 단어만 봐서는 하나로 이어지는 게 의외일 수 있다. 국가 양식은 전통 시대인 바로크 때의 양식이었으며 이름에서 알 수 있듯이 '국가'라는 개별 상황에 국한된 현상이어서 근대적 보편주의와는 사실상 반대편에 서기 때문이다. 실제로 일반적인 건축사의 관점에서는 17세기 바로크와 18세기 계몽주의를 서로 매우 다르며 심지어 반대되는 것으로까지 본다. 파리의 도시건축은 특히 심해서 바로크까지는 고전주의가 강화되는 시기였으며 계몽주의부터 고전주의가 붕괴하는 과정에 돌입했다.

그런데도 두 시기를 하나로 연결하는 특이한 주제가 있었다. 바로 프랑스 건축의 '대표성'을 찾는 문제였다. 이것이 바로크까지는 '국가 양식'이라는 주제였고 18세기로 이어지면서 '근대적 보편주의'로 확장·발전한 것이다. 바로크까지는 대표성을 프랑스라는 국가와 민족의 범위 내에서 추구했다. 하지만 18세기 근대 전기가 열리면서 여기에 머물지 않고 국가와 시대를 초월한 문명 보편성에서 대표성을 찾는 단계로 도약했다. 이는 곧 프랑스가 그런 대표성을 창출하고 이끄는 역할을 하게 되었다는 뜻이다. 개별 건물에서도 바로크의 루브르궁 동익랑과 18세기의 파리 팡테옹이 국가 양식과 근대적 보편주의를 각각 대표하는 동시에 공통점을 주고받으면서 하나로 연결하는 짝이었다.

국가 양식과 근대적 보편주의가 하나의 끈으로 연결되어 일어났다는 사실은 중요한 역사적 교훈도 담고 있다. 국가 양식을 통해 국가적 정체성이 형성된 뒤에야 비로소 근대적 보편성이라는 시대 문명의 흐름에 동참하고 나아가 이걸 주도할 수 있게 되었음을 뜻하기 때문이다. 이 순서는 국가와 사회가 문명을 일구고 끌어가는 데에 중요한 역사적 교훈을 준다. 자국의 정체성이 먼저이며 이것이 형성되지 않은 상태에서 무조건 국제화나 세계화만 좇아서는 사회 전체가 위험해질 수 있다는 교훈이다. 그리고 17~18세기의 파리 도시건축은 두 시대의 연속성을 확보하는 방식으로 이런 역사적 교훈을 최초로 구현해냈다.

앞 시대와의 연관성 2

루브르궁 동익랑, '완전한 양식'을 넘어 '보편성'으로

둘째, 루브르궁 동익랑East Wing, Louvre이다. 1667~1670년에 루이 르보Louis Le Vau(1612~1670년)와 클로드 페로Claude Perrault(1613~1688년)의 공동 설계로 지어졌는데, 앞서 소개한 연속성의 시작을 알리는 상징적인 건물이었다. '루브르 콜로네이드Louvre Colonnade'라고도 불린다. 기본 양식은 바로크였지만 구조합리주의도 함께 시작한 점이 구체적인 증거였다.도 7-1 근대적 보편주의의 서막이 의외로 이 바로크 건물에서 시작한 것이다. 여기서 바로크와 구조합리주의는 각각 국가 양식과 근대적 보편주의에 대응한다. 따라서 바로크와 구조합리주의의 공존은 곧 국가 양식이 근대적 보편주의로 연속됨을 말해준다.

동익랑에서 이 내용은 외관에 집중적으로 나타났다. 전체 구성은 우선

7-1. 루브르궁 동익랑East Wing, Louvre 정면 전경

아래층의 기단과 위층의 본체로 이루어지며, 옆으로 긴 '一'자형 건물을 '중앙 출입구-양옆 측랑-양 끝의 파비옹'으로 5등분했다. 이때 기단 전체, 본체의 중앙 출입구와 양 끝의 파비옹 등은 로마 고전주의의 벽체구조로 지어져 전형적인 바로크 양식이다. 특히 중앙 출입구는 로마 신전 정면으로, 양 끝 파비옹은 개선문으로 각각 처리해서 로마 건축의 구체적인 선례를 직접적으로 사용했다. 반면 본체에서 양옆 측랑은 각 여섯 쌍의 쌍기둥이 일렬로 늘어선 그리스 기둥구조로 처리함으로써 구조합리주의의 서막을 알렸으며, 근대적 보편주의가 시작한 곳도 바로 이 부분이었다.

한편 루브르궁 동익랑의 건설이 진행되는 과정에서는 앞에 말한 '대표성 찾기'와 관련해 상징적이면서도 중요한 논쟁이 일었다. 바로 '완전한 양식perfect style'과 '국가 양식national style' 사이의 논쟁이었다. 이 내용은 사실상 바로크 시기에 속해 『파리 도시건축의 역사: 중세와 고전의 시대』에서 자세히 살펴보았으므로 여기에서는 중복을 피하면서 최대한 간략히 정리하겠다.

'완전한 양식'은, 원래 이 건물의 설계를 당대 바로크 최고의 예술가 잔 로렌초 베르니니Gian Lorenzo Bernini(1598~1680년)가 맡게 되면서 그가 가지고 온 이탈리아 고전주의를 지칭하는 말이었다. 당시 루이 14세 본인을 비롯하여 왕족과 귀족 등 상류층은 이 양식을 유럽 건축 전체를 대표하는 보편 양식으로 받아들이며 대환영했는데, 따라서 '완전한'은 사실상 '보편성'과 동의어에 해당하는 단어였다. 이때 파리 건축가들 사이에서는 베르니니가 아무리 훌륭한 예술가라 해도 한 나라의 왕궁 건축을 외국인에게 맡기는 게 옳은 일이냐라는 의문이 제기되었고, 이에 따라 그 반대편에서 '국가 양식'이라는 개념을 들고 나왔다.

두 양식의 대립 구도는 16~17세기 프랑스 문화예술 전반에서 진행하던 '이탈리아주의 vs. 프랑스주의' 논쟁의 루브르궁 동익랑 버전이었다. 이렇게 보면 18세기 파리 건축을 이끈 세 개의 논쟁이 있듯이 초기 근대에는 이 두 개의 논쟁이 있었다고 할 수 있다. 어쨌든 파리의 도시건축에서 최초로 '국가 정체성'에 대한 인식이 표면으로 떠올라 하나의 흐름과 이론을 형성하는 계기가 되었으며, 결국 불과 20여 년 뒤에 앵발리드 교회(1671~1691년)에서 국가 양식의 완성을 이루게 된다.

이때 루브르궁 동익랑에 나타난 로마 벽체구조와 그리스 기둥구조의 혼재에 담긴 '바로크 국가 양식에서 근대적 보편주의로'라는 주제에 대해서는 복합적인 해석이 가능하다. 로마 벽체구조 부분은 파리 건축가들도 시대의 흐름을 완전히 피할 수 없어서 이탈리아주의의 '완벽한 양식'을 따른 것이다. 반면 그리스 기둥구조는 곧이어 전개될 구조합리주의의 시작을 알리는 신호탄이었다. 이는 바로크 시대의 이탈리아 고전주의에 붙은 '완벽한'이라는 칭호가 '근대적 보편주의'의 '보편성'에 해당하는 새로운 '완벽한'으로 거듭날 것을 예고한 역사적 사건이었다. 크고 작은 여러 나라가 다닥다닥 등을 맞대고 경쟁하는 유럽의 지정학적 구도 속에서는 국가와 지역을 초월한 '보편성'이 곧 '완벽성'과 동의어가 되는 오랜 전통이 있었는데, 이것이 17~18세기의 두 세기에 걸쳐 앞과 같이 '이탈리아 바로크 고전주의'에서 '18세기 프랑스의 근대적 보편주의'로 논쟁 끝에 혹은 자연스럽게 변천한 것이었다.

한편 루브르궁 동익랑과 앵발리드 교회 두 건물은 이미 주변국들에 국제적 영향력을 끼치기 시작하면서 일정한 '보편성'을 확보하기 시작하고 있었다. 물론 이때의 보편성은 기둥구조가 창출한 근대적 보편주의와 같은 순수한 건축적 현상은 아니었다. 그보다는 다분히 프랑스의 국력을 부러워한 주변국의 군주와 왕들이 프랑스의 국가 양식을 모방하려 한 정치적 의미가 더 컸다. 하지만 이미 이때부터 유럽 전체에서 프랑스 고전주의가 원본인 이탈리아 고전주의를 젖히고 보편적 영향력을 확보하기 시작한 것 또한 사실이었다. 파리 건축이 17세기 말부터 '보편성'의 역량을 갖추기 시작했다는 뜻이기도 하며, 이는 18세기의 근대적 보편주의가 형성되는 데에 중요한 토대가 되었다.

이처럼 복잡다단한 과정을 거쳐 최고 수준으로 완성된 프랑스 국가 양식은 이를 이룬 주역 루이 14세 개인의 정치력과 함께 유럽 여러 나라로 수출되기 시작했다. 독일어권과 영국 등 주변 나라들이 대표적이어서 강대국이었던 이 나라들도 건축에서만은 파리의 바로크 양식을 본보기로 삼았다. 심지어 18세기 전반부의 후기 바로크 때에는 비록 로마는 아니지만 프랑스와 가까운 이탈리아 북부의 피에몬테Piemonte 공화국과 그 수도 토리노Torino에까지 영향을 끼치게 되었다. 이탈리아에서 고전주의를 수입하던 영향 관계가 역수출로 뒤집힌 것이다.

이상과 같은 연속성을 시기를 기준으로 보면 17세기와 18세기가 하나의 끈으로 묶인 것이었는데, '절대왕정absolute monarchy = Absolutism'이 이를 담당한 정체政體였다. 물론 정치사에서 프랑스 절대왕정은 방만한 왕정생활로 인해 18세기에 내리막길을 걷고 프랑스대혁명까지 맞게 된다고 보는 것이 일반적이지만 도시건축에서만큼은 달랐다. 바로크 때 이룬 발전의 절정을 질질 끌지 않고 곧바로 앞과 같은 다음 단계로 발전시킨 주역이었다. 문화예술과 학문 전체를 봐도 18세기 계몽주의는 프랑스와 영국이 선두국가였고 뒤늦게 독일과 이탈리아가 가세하는 형국으로 진행했다.

동시대성과 세 가지 논쟁1

신구 논쟁과 클로드 페로의 활약

이상이 근대적 보편주의의 세 가지 역사성 가운데 앞 시대와의 연관성이다. 다음으로 몸통에 해당하는 동시대성을 살펴보자. 이를 해석하는 시각은 다양한데 지면 관계상 그 가운데 이 책의 내용에 부합하는 주제인 '18세기 건축을 이끈 세 가지 논쟁'을 선별해서 살펴보자. 세 논쟁은 신구 논쟁, 그레코-로만 논쟁, 수플로-프레지에 논쟁 등이었다. 신구 논쟁이 거시적 가이드 차원의 문화-역사 논쟁이라면 나머지 둘은 이 논쟁이 건축 분야로 옮겨와 실제로 일어난 구체적인 현상이다. 이런 세 논쟁으로부터 18세기를 대표하는 많은 건축 이론과 미학이 탄생하면서 근대적 보편주의의 세 가지 역사성 가운데 동시대성을 대표했다. 이는 18세기 계몽주의에 진행한 지성 담론의 건축 버전이라고도 할 수 있다. 세 논쟁을 차례대로 살펴보자.

첫째, 신구 논쟁A Quarrel between the Ancients and the Moderns이다. 말 그대로 '고전 진영the Ancients'(보수파)과 '모던 진영the Moderns'(진보파)이 벌인 논쟁인데, 논쟁의 주제는 '어떤 문명 모델과 가치관이 앞으로 다가올 새로운 시대를 이끌 것인가'였다. 고전 진영에서는 찬란한 문화 전성시대를 열었던 과거 고전주의를 주장했고, 이런 점에서 전통주의 혹은 고전파라 할 수 있다. 반대로 모던 진영은 과학 정신과 합리주의라는 새로운 시대정신을 주장했고 이런 점에서 과학주의나 근대파라 부를 수 있다.

이 논쟁 자체는 보통 1687년에 문학에서 시작했다고 보아 '신구 문학 논쟁'으로 좁혀 부르기도 한다. 클로드 페로의 동생이면서 과학자이자 동화작가였던 샤를 페로Charles Perrault(1628~1703년)가 1678년 아카데미 프랑세즈에서 '근대 시인은 고대 그리스나 로마 시인보다 뛰어나다'는 내용의 시를 발표하자 곧바로 당대 최고의 아카데미 고전 문학가였던 니콜라 부알로Nicolas Boileau(1636~1711년)가 반격하며 시작되었다. 부알로는, 고전은 완벽한 예술이며 시대를 초월한 가치를 담고 있고, 따라서 다가올 18세기에도 여전히 문명의 조타수가 되어야 한다고 주장했다. 이후 논쟁은 두 진영으로 갈라져 30여 년간 진행했으며 영국에도 옮겨붙어 '학문전쟁 Battle of the Books'이라는 이름으로 비슷하게 진행했다.

한편 이런 대립 구도는 르네 데카르트가 사망하던 1650년을 전후로 본격적인 과학혁명이 시작하면서 파리 지성계에 이미 조금씩 나타나고 있었다. 신구 논쟁은 이것이 시간이 지나면서 더욱 확대해 정식 이름이 붙고, 역사에 기록될 만한 중요한 하나의 현상으로 확대·발전한 것이었다. 어쨌든 두 파는 진영으로 갈려서 격렬한 논쟁을 벌였다. 이 과정에서 건축가들도 논쟁에 뛰어들었다. 모던 진영은 샤를 페로의 형이자 루브르궁 동익랑을 설계한 클로드 페로가 대표했고 고전 진영은 당시 프랑스 왕립 건축아카데미 교장이었던 프랑수아 블롱델François Blondel(1618~1686년)이 대표했다.

두 사람의 논쟁 주제는 '기둥'이었다. 고전주의자인 블롱델은 고전 기둥의 미가 시대를 초월해 완벽하다는 뜻에서 '절대미'라 했다. 그리고 이를 바탕으로, 즉 미의 절대성을 주장하면서 그 핵심이 '비례'와 '장식'에 있다고 했다. 반면 페로는 '미'의 본질을 들고 나왔다. 미란 관습적이고 상대적이어서 시대가 변하면 함께 변하기 마련이라는 이른바 '상대미'를 본질로 봤다. 미의 상대성을 주장하며 그 연장선에서 기둥의 핵심이 더는 비례와 장식에 있지 않고 구조 효율에 있다고 했다. 페로는 아직 시대적 한계로 인해 고전 기둥의 다섯 가지 양식인 '도리스식Dorian–이오니아식Ionian–코린트식Corinthian–투스칸식Tuscan–콤포지트식Composite' 자체는 그대로 유지했지만, 기둥을 비례와 장식의 굴레에서 해방하고자 했다. 이는 근대건축의 기둥구조를 향한 사실상의 첫걸음이었다.

클로드 페로의 혁명적 발상은 그의 이력에서도 관찰된다. 활동 연대를 기준으로 보면 17세기 바로크 건축가였지만 이미 당시 불기 시작하던 과학혁명의 흐름을 가장 먼저 받아들여 탈바로크의 새로운 시도도 함께 한 양면적 건축가였다. 실제로 그는 과학자이기도 해서 이른바 겸업 건축가였다. 물리학이 대표 전공이었고 그 외에 내과, 해부학, 박물학 등 여러 다른 분야에서도 이름을 알린 과학자였다. 이런 점에서 누구보다 열렬한 '데카르트 키즈'였으며 건축에 구조공학을 최초로 도입해 구조합리주의의 기본 토대를 닦은 선구자이기도 했다.

이런 클로드 페로의 생각은 신구 논쟁 이전부터 형성되어 있었는데, 바로 앞에 나온 루브르궁 동익랑(1667~1670년)의 기둥 열이 가장 확실한 증거였다. 코린트식 쌍기둥이 좌우 각 여섯 쌍씩 스크린처럼 늘어섰는데 기둥구조를 살리기 위해 건물 입면은 대지경계선에서 도로 쪽으로 1.5m를 돌출했다. 건축법 위반이었지만 이탈리아의 '완전한 양식'을 극복하고 프랑스만의 '국가 양식'을 창출해야 한다는 파리 건축가들의 강한 주장과 간청을 루이 14세가 받아들여 왕명으로 허가해준 결과였다. 이로써 이 건물은 기본적으로 벽체구조로 지어졌음에도 적어도 외관상으로는 기둥구조가 가장 대표적인 모습으로 나타났다. 실제로 역학적으로 봐도 기둥 열의 돌출 정도가 1.5m로 길지는 않지만, 이 정도면 캔틸레버cantilever(외팔보) 기능도 함께 했다. 클로드 페로의 과학자 경력이 드러나는, 공학적 엄밀성과 깔끔함이 동시에 느껴지는 새로운 건축 미학이 탄생하면서 18세기의 구조합리주의와 근대적 보편주의를 예고하고 있었다.

동시대성과 세 가지 논쟁 2
그레코-로만 논쟁과 아르두앵-망사르의 역할

둘째, 그레코-로만 논쟁Greco-Roman Debate이다. 세부적으로 다시 세 갈래로 구성된다. 우선 양식 차원에서 '그리스주의 vs. 로마주의'의 대립 구도이며, 다음은 이 대비 구도를 구조 방식에 적용한 '기둥구조 vs. 벽체구조'의 대립 구도이고, 마지막으로 이것이 국가 간 진영 대결로까지 비화하면서 형성된 '이탈리아 석구조론 vs. 프랑스 기둥구조론'의 포괄적 대립 구도다. 이 가운데 앞의 둘은 앞에서 살펴보았으므로 생략하고 여기에서는 세 번째를 살펴보자. 이 내용은 다섯 단계로 나눠서 설명할 수 있다.

첫 단계는 '석구조론theory of stone structure'의 뜻이다. 앞에서 많이 나온 기둥구조론과 달리 다소 낯선 난어인데, 로마 벽체구조에서 구조 효율의 본보기를 찾아 새 시대에 맞게 적용하려는 이론이다. 로마 벽체구조의 특징과 장점으로는 원래 표면 장식과 구조 효율의 상반되는 두 가지가 있었다. 바로크까지는 장식 기능 하나에 치중해왔는데, 계몽주의에 들어와 구조 효율로 옮겨 가면서 형성된 이론이 석구조론이었다. 여기서 '벽체구조'라는 말을 계속 쓰는 경우 바로크 양식으로 오인될 소지가 있어서 재료를 중심으로 '석구조론'이라고 부른다. 이런 점에서 구조합리주의의 벽체구조 버전이라 할 수 있다.

두 번째 단계는 '이탈리아'가 붙은 연유인데 이는 간단하다. 로마 벽체구조의 본산이 이탈리아였기 때문이며, 이렇게 둘을 합해서 '이탈리아 석구조론'이 된 것이다. 세 번째 단계는 이탈리아판 구조합리주의다. 비록 로마 벽체구조에 머물긴 했지만, 이 단계 역시 구조 효율을 추구한 점에서 이탈리아 내에서는 탈바로크를 이끈 계몽주의 건축을 대표했다. 이런 점에서 이탈리아판 구조합리주의라 할 수 있다. 새로운 과학 정신으로 무장한 이탈리아의 젊은 건축가와 구조공학자들은 로마 벽체구조의 생명을 구조 효율로 봤다. 구조합리주의의 본보기를 자국의 전통 선례에서 찾은 것이다. 그리고 로마 벽체구조도 충분히 그 선례가 될 수 있어서 이를 버리지 않고 계몽주의에 맞게 새롭게 재해석한 이론이었다.

네 번째 단계는 '프랑스 기둥구조론'과의 대립 구도다. 석구조론은 비록 프랑스와 구조합리주의를 공유하긴 했지만, 구조 방식을 기준으로 보면 벽체구조와 기둥구조는 상반되는 것이어서 여기에 각각을 대표하는 나라 이름을 붙여 '이탈리아 석구조론 vs. 프랑스 기둥구조론'의 대립 구도가 형성되었다.도 7-2, 7-3, 7-4, 7-5 프랑스에서는 벽체구조 전체가 바로크를 대표하면서 기둥구조의 새로운 흐름과 반대되는 과거의 구조 방식으로 남은 데 반해, 이탈리아에서는 벽체구조 내에서 구조합리주의를 추구한 것이었다.

다섯 번째 단계로, 이론 석구조론을 이끈 대표적인 이탈리아 건축가는 프라 카를로 로돌리Fra Carlo Lodoli(1690~1761년)였다. 로돌리는 그레코-로만 논쟁을 이해하는 데 중요한 인물이지만 다른 한편 이 책의 주제인 '파리의 도시건축'과는 거리가 있기도 해서 여기에서는 간단히 정리하겠다. 그는 건축에서 가장 중요한 요소로 내구성(튼튼함), 기능, 편리, 재료 효율 등을 들었으며, 이런 기준을 가장 잘 만족시킨 구조 방식을 로마 시대의 석조에서 찾았다. 로마 벽체구조에서 표면 장식을 떼어내고 남는 석조면 충분하다고 보았다. 이를 프랑스의 기둥구조론을 기준으로 보면 아직 재료 낭비가 남아 있었는데, 대신 로돌리는 내구성과 기능 등 프랑스의 구조합리주의에는 없는 또 다른 근대성의 기준을 제시했다. 이런 점에서 로돌리의 석구조론은 엄밀히 말하면 구조실용주의에 가까웠다. 어쨌든 이렇게 그레코-로만 논쟁에서 이탈리아와 프랑스 사이의 국가별 대립 구도가

7-2. 파리 화폐국 정면. 로마 벽체구조(위 왼쪽)

7-3. 생쉴피스 정면. 그리스 기둥구조(위 가운데)

7-4. 생로슈 교회 Église Saint-Roch 실내 애프스apse. 로마 벽체구조로, 쥘 아르두앵-망사르의 작품(1701년) (위 오른쪽)

7-5. 파리 팡테옹 실내 돔 구조. 벽체가 거의 사라지고 기둥구조만으로 이루어졌다.(아래)

완성되었다.

이상이 '이탈리아 석구조론 vs. 프랑스 기둥구조론'의 다섯 가지 내용이다. 한편 시간의 끈을 앞쪽으로 연장하면 17세기 파리의 바로크 건축 자체가 석구조론과 기둥구조론 모두의 본산이기도 했다. 누구보다 석구조론을 열심히 구축했으며 이를 통해 프랑스 바로크 국가 양식의 완성을 이

7-6. 생 로슈 교회 정면. 1739년에 로베르 드 코트가 바로크 벽체구조로 새로 지었다. (위 왼쪽)

7-7. 육군사관학교 정면의 바로크 벽체구조(위 오른쪽)

7-8. 생 필리프 뒤룰 교회Église Saint-Philippe-du-Roule 실내 애프스의 기둥구조 (아래)

루었다.도 7-6, 7-7 그러나 여기에 안주하지 않고 곧바로 이를 벗어나 기둥구조로 옮겨 탄 뒤 이를 바탕으로 시공간의 범위를 확장한 근대적 보편주의를 탄생시켰다.도 7-8 이는 혁명적 전환일 수 있는데, 그 한복판에 쥘 아르두앵-망사르Jules Hardouin-Mansart(1646~1708년)라는 중요한 건축가가 있었다. 그는 루이 14세의 건축가로서 건축 양식만을 기준으로 보면 보통

7-9. 앵발리드 돔Dôme des Invalides 교회 정면. 바로크 벽체 구조이지만 기둥 열이 벽체에서 분리되기 시작한다. (왼쪽)

7-10. 파리 팡테옹 정면. 그리스 기둥구조로만 구성되었다. (오른쪽)

바로크 건축가로 분류된다. 그러나 이미 17세기 말에 근대적 보편주의의 씨앗이 된 루브르궁 동익랑과 신구 논쟁 등이 시작한 데에서 알 수 있듯이 바로크 후반에 활동한 파리의 건축가들은 새로운 역사의 흐름에 노출되어 있었다. 이런 가운데 바로크의 범위 내에 머문 건축가와 새로운 흐름에 동참한 건축가가 나뉘었는데, 아르두앵-망사르는 클로드 페로와 함께 후자를 대표하며 이끈 건축가였다.

페로가 신구 논쟁에 직접 참여하고 새로운 시대정신을 루브르궁 동익랑에 표현했다면, 아르두앵-망사르는 앵발리드 교회에서 로마 고전주의의 벽체구조를 이용해 프랑스 바로크 국가 양식을 완성한 뒤 베르사유의 왕실 전용 예배당Chapelle Royale(1699~1710년, 사후 최종 준공)에서 곧바로 기둥구조에 의존한 과감한 변신을 감행했다. 이런 점에서 아르두앵-망사르에 대해서는 '국가 양식에서 근대적 보편주의로'라는 타이틀을 붙일 수 있다. 이런 흐름은 이미 앵발리드 교회의 정면에서 나타났다. 비록 바로크 벽체구조였지만 정면 출입구를 기둥 열이 늘어선 그리스 신전과 같이 처리함으로써 기둥구조를 전면에 내세웠다.도 7-9, 7-10 이어 왕실 전용 예배당에서는 벽체구조를 대거 덜어낸 사각기둥만으로 볼트vault를 받쳐냄으로써 파리 팡테옹을 일찌감치 예견하는 진일보한 구조를 선보였다.

동시대성과 세 가지 논쟁 3
수플로-프레지에 논쟁과 도리스식 신전의 원형미

셋째, 수플로-프레지에 논쟁Soufflot-Frézier Debate이다. 이는 파리 팡테옹 건설 과정에서 돔을 받치는 문제를 놓고 발생한 논쟁이다. 건축가 자크 가브리엘 수플로Jacques Gabriel Soufflot(1713~1780년)가 기둥만으로 돔을 받치려고 하자 이를 옆에서 보고 있던 구조공학자 아메데 프랑수아 프레지에Amédée François Frézier(1682~1773년)가 화강암이나 화강석의 석조 기둥만으로는 제대로 된 반구 형태의 돔을 받칠 수 없다고 경고하고 나서면서 논쟁이 발생했다. 보통은 구조공학자들이 과감한 구조를 제안하고 건축가들이 이를 꺼리는데, 이번에는 반대 상황이 벌어진 것이다.

이런 반대 현상의 배경에는 당시의 시대 상황이 있었다. 건축가였던 수플로는 순수한 역학계산 이외에 새로운 시대정신까지 담아내려 했고, 그러다 보니 구조공학보다도 앞서가는 주장을 펴게 된 것이다. 이는 그만큼 파리 팡테옹으로 대표되는 구조합리주의가 시대를 앞서며 근대적 보편주의를 형성했다는 사실을 보여주는 증거이기도 하다. 또 다른 작은 이유로는 수플로와 프레지에 두 사람의 나이와 직업을 들 수 있다. 우선 프레지에가 31세나 많아서 그만큼 구세대 사람이었기 때문에 앞서가는 시대 정신을 따르기 힘들었을 것이다. 또한 구조공학자여서 안전을 최우선으로 생각할 수밖에 없었을 것이다.

아무튼 이런 배경 아래 두 사람의 논쟁이 시작하면서 진영이 구축되었다. 수플로 진영에는 당시의 기독교 개혁운동인 이신교理神致 · Deism'를 이끌던 성직자 마르크-앙투안 로지에Marc-Antoine Laugier(1713~1769년)가 가세했고 프레지에 진영에는 건축가 피에르 파트Pierre Patte(1723~1814년)가 가세했다. 앞에서 살펴보았듯이 로지에와 파트 모두 18세기 파리의 기독교와 도시건축을 대표하는 주요 인사들이어서 이들이 가세함에 따라 역사책에 남을 큰 논쟁으로 확장했다. 논쟁의 이름은 각 진영을 대표하는 두 사람의 이름을 따서 '수플로-프레지에' 논쟁이 되었다.

두 진영 가운데 핵심은 아무래도 수플로 진영일 텐데 '건축가 수플로 + 성직자 로지에'의 조합은 이미 한 세대 앞선 '건축가 클로드 페로 + 성직자 장 루이 드 코르드무아Jean Louis de Cordemoy(1655~1714년)'에서 먼저 있었다. 이 과정에서 구조합리주의는 단순한 건축 운동을 넘어서 기독교와 연합한 '그레코-고딕 아이디얼Greco-Gothic Ideal' 운동이라는 문화운동으로 확장했다.

논쟁은 결과도 중요한데, 무승부라고 보는 게 가장 적절할 것이다. 우선 완전 기둥구조까지는 가지 못해서 일단 프레지에의 판단이 정확했다. 그러나 돔 구조를 경량화하고 철재를 보강재로 사용하면서 돔을 받치는 아래쪽 벽체구조의 재료를 70% 이상 절감한 점에서 수플로 역시 일정한 승리를 챙겼다 할 수 있다. 더 중요한 건 어느 한쪽의 승리 이전에 이 논쟁 과정에서 다양한 건축 논제들이 파생했다는 점일 것이다.

이상과 같은 이 논쟁을 그레코-로만 논쟁의 관점에서 보면 그리스주의에 담긴 보편성의 승리가 되며, 이를 근대 전기의 새로운 시대정신으로 추동推動한 점에서 둘을 합해 '근대적 보편주의'가 성립된다. 이는 '초기 기독교-로마네스크-르네상스-바로크'를 이어오며 오랜 기간 유럽 건축의 전통적인 보편성을 점유한 로마주의의 시대가 가고 지금까지 살펴본 바와 같이 새로운 보편성이 시작했다는 뜻이다.

그리스주의는 수플로의 이력과 엮이면서 재미있는 배경 일화도 남겼다. 수플로는 당시 파리에는 많이 알려지지 않은 건축가였다. 그보다 먼저 1731~1738년의 긴 기간 로마에서 유학하며 당시 이탈리아에서 활발하게 진행하던 고고학 발굴을 함께 경험했다. 귀국 뒤에도 처음에는 리옹에 자리 잡았으며 파리에는 1750년이나 되어서야 입성했다. 이때 마리니의 후작marquis de Marigny으로서 왕실의 건축 일을 총괄하던 아벨-프랑수아 푸아송 드 방디에르Abel-François Poisson de Vandières(1727~1781년)를 만났고 수플로는 그를 비롯한 몇 명의 귀족을 대동해 로마 답사 여행인 그랑 투르

(그랜드 투어Grand Tour)를 인솔했다.

이때 나폴리 인근의 파에스툼Paestum과 헤르쿨라네움Herculaneum 등에서 그리스 신전 발굴 현장도 답사했는데, 수플로는 물론이고 동행한 귀족 일행 모두가 그리스 도리스식 신전에서 깊은 감명을 받았다. 화려한 장식이 하나도 없는 간결하고 힘 있는 구성이 오히려 더 우아할 수 있다는 사실을 확인했다. 바로 그리스 고전주의의 핵심 미학인 '고결한 단순성noble simplicity'과 '차분한 위엄clam grandeur'이었다. 혹은 수플로와 귀족들이 남긴 기록에 따르면 이 둘을 합한 개념으로 '간결하면서 힘 있는 우아함'이라고 했다. 도리스식 기둥구조는 이를 실제 모습으로 구현한 건축 형식이었으며 여기에서는 '원형미原形美'라는 건축 미학이 파생했다.

원형미는 당시 시대 상황에서 시사하는 바가 컸다. 당시는 거시적으로 보면 장식과 다양한 응용에 기초한 바로크 시대가 저물고 과학혁명의 영향 아래 합리주의 계열의 공학 건축이 태동하던 때였다. 그리고 '루브르궁 동익랑-베르사유 궁전 왕실 전용 예배당-생쉴피스 교회' 등에서 이에 합당한 새로운 양식이 모색되고 탄생하고 있었다. 이러던 때에 수플로와 귀족들은 머나먼 이탈리아 남부의 과거 그리스 식민지에 남아 있던 도리스식 신전을 처음 본 것이고, 이들은 이 장면이야말로 새로운 양식의 원형이자 본보기라는 확신을 공유할 수 있었다.

이때의 경험이 아마도 마리니의 후작이 수플로를 파리 팡테옹의 건축가로 지명하게 된 배경이었을 것이다. 새로운 교회로서의 팡테옹의 건축 방향과 특징을 설명하는 문구 가운데 '고상함-담대함-웅장함-이 시대의 예술적 성취-기념비' 등이 핵심어로 나오는데, 이런 미학들이 바로 이들이 그리스 도리스식 신전에서 확인한 '고결한 단순성'과 '차분한 위엄'의 원형미와 일치했기 때문이다. 수플로가 로마 유학 당시 이탈리아의 합리주의 건축을 선도하던 로돌리와 같은 토목 공학자들과 활발히 교류했다는 경력도 중요한 플러스 요인이었다.

이상을 볼 때 결국 '로마 유학-프랑스 바로크 건축-과학혁명' 등 다양한 문화 현상을 경험한 수플로가 새로운 시대정신으로 추구한 그리스 기둥구조의 본질도 '원형미'로 좁혀질 수 있다. 수플로가 구조합리주의를 완성했다고는 하나, 그의 건축은 토목 공학이나 구조공학의 기술 분야와는 차이가 있었다. 오히려 그는 고고학 발굴에 따른 전통 양식을 현시점의 건축 작품으로 전환해 볼 수 있는 역사적 상상력의 소유자였다. 그리고 현시점의 이런 작품을 구조공학의 관점에서 재해석해 구조 효율을 개선함으로써 최종적으로 새로운 시대에 합당한 양식으로 창출한 것이다. 나아가 사회 전반의 개혁적 흐름에 대한 이해도를 바탕으로 이신교라는 기독교 개혁운동과도 손을 잡고 그레코-고딕 아이디얼 운동이라는 미학화된 건축 공학 운동도 함께 이끌었다. 구조합리주의라는 독특한 사조는 이렇게 해서 탄생했으며, 이 안에 근대적 보편주의의 동시대성이 반영되어 있었다.

19~20세기로의 연결성과 근대건축으로의 확장

마지막으로 말미인 19~20세기와의 연결 및 근대건축으로의 확장이다. 19세기는 보수 제국주의와 혁명 정신이라는 상반되는 두 흐름이 공존하던 시대였는데, 구조합리주의에서 형성된 근대적 보편주의는 둘 모두와 연결되었다. 이런 연결성은 두 시대를 잇는 것이어서 그 자체로 일정한 역사성이 있다. 그러나 '근대성'을 기준으로 하면 둘 가운데 당연히 혁명 정신만이 역사성을 지녔다. 이후 20세기까지의 연결성을 고려하면 더 그랬다.

보수 제국주의와의 연결성을 먼저 보자. 이는 역사주의를 구성하는 여러 양식 가운데 '19세기 신고전주의'와 연결된 데에서 찾을 수 있다. 이런 연결성의 역사성은 크게 세 가지다.

첫째, 건축 양식 차원의 의미다. 19세기 신고전주의는 기둥이 늘어선 그리스 신전 정면을 전면에 부착했는데, 비록 구조 효율을 위한 게 아니었다고 해도 모습만은 적어도 파리 팡테옹을 거의 복사하다시피 한 것이었다. 파리 팡테옹이 18세기 신고전주의를 겸했다는 사실도 이런 연관성을 뒷받침한다. '신고전주의'를 매개로 두 세기가 연결되는 것이다.

둘째, 정치사회적 의미다. 두 시대의 건축은 '국가주의' 혹은 '애국주의' 라는 정치사회 사상을 공유했다. 신고전주의가 건축 양식에서 공동 매개였듯이 정치와 사회에서는 이 사상이 같은 역할을 했다. 우선 18세기 건축에서는 파리 팡테옹이 대표적이다. 원래 교회 건물이었지만 이미 처음부터 그 성격이 기념비로 정의되기 시작한 점과 프랑스대혁명 때부터 위인들의 국립묘지로 기능이 변경된 점 등이 좋은 증거다. 19세기에 오면 제국경쟁 시대에 접어들면서 국가주의와 애국주의가 하나의 사상 체계 및 사조로 발전해 자리 잡았다. 국립묘지였던 파리 팡테옹은 이 사상을 구현하기에 좋은 공간이었다. 프랑스의 자랑스러운 역사를 보이고 국가의 영광을 염원하는 각종 예술작품이 실내외에 가득 채워졌다.

셋째, 좀 더 구체적으로 뒤에서 나올 '19세기 국가 양식'의 역할이다. 17세기 바로크 때 국가 양식이 있었다면 19세기에도 있었다. 의미는 달랐다. 17세기에는 처음으로 프랑스만의 고전주의를 단독으로 창출한 순수 건축 양식이었지만, 19세기에는 국가 역량을 총집결하기 위한 수단으로서의 사회 양식이었다. 한편 19세기 국가 양식은 앞 시대의 선례에서 구체적인 양식 하나를 골라 리바이벌했는데, 프랑스는 공교롭게도 '바로크'를 뽑아서 '네오바로크'가 국가 양식이 되었다. 이렇게 되면 '17세기 국가 양식 → 18세기 구조합리주의와 신고전주의 → 19세기 국가 양식'으로 이어지는 3세기의 연결 끈이 형성된다. 이는 비록 근대적 보편주의와 거리가 있었지만, 이 자체만으로 독자적인 역사성을 가졌다.

앞에서 살펴본 생쉴피스 광장의 분수가 이런 3세기의 연결을 보여주는 좋은 예다. 1733~1745년에 생쉴피스 교회가 먼저 지어진 뒤 1752년에 그 앞으로 광장이 조성된 전형적인 18세기의 산물이었다. 그런데 이 광장 중앙에 1843~1848년 분수를 설치하고 그 네 면을 17세기를 대표하는 연설가의 조각상으로 장식하면서 17세기와 19세기가 하나로 연결되었으며, 교회와 광장과 함께 보면 3세기가 하나로 연결되었다. 특히 앞 시대의 연설가를 소환한 데에는 두 가지 목적이 있었다. 하나는 이들의 연설로 애국심을 고취하자는 목적이었다. 또 다른 하나는 그 시대가 마침 바로크 시대여서 19세기 국가 양식이 네오바로크라는 사실과 곧바로 연결한 것이다.

다음으로 혁명 정신과의 연결성이다. 이상과 같은 세 가지 배경을 볼 때 19세기 역사주의 양식과의 연결성도 19세기 당시에 국한해 봤을 때는 그 자체로서 일정한 의미가 있었다. 그러나 인류 역사는 늘 진보하는 법. 19세기를 거치면서 그 흐름이 근대 문명으로 넘어가며 19세기의 이런 역사주의 양식들은 철 지난 과거의 복사품으로 점차 사라져갔다. 이제 시대정신은 근대성의 진정한 구현으로 모였다. 19세기에 이 흐름을 이어받은 긴 역사주의의 반대편에 있던 신건축 운동이었다. 산업혁명으로 탄생한 철재라는 완전히 새로운 재료와 공법을 기반으로 한 진보적인 건축 운동이었다.

신건축 운동과 18세기 구조합리주의의 연결성은 '기둥구조'로 모인다. 철재라는 재료의 기본 성격이 벽체구조보다는 압도적으로 기둥구조에 적합하며, 당시 막 출범한 산업자본주의 시대의 구조 효율을 최우선으로 중요시하던 상황을 생각하면 더 그랬다. 건축사에서 이런 철재 건축의 첫 완성작은 아마도 1851년 런던 대박람회의 주 전시장인 수정궁Crystal Palace일 것이다. 이 건물은 철재만으로 구조를 짠 완전 유리 건물이라는 점에서 재료와 공간에서는 근대건축의 꿈을 상당히 이른 시기에 완성한 것으로 볼 수 있다. 그러나 구조 방식으로 보면 다소 모호했다. 기둥이 주요 구조였지만 이를 건축 양식으로 '대표화-형식화'하지 못한 데다 건물미지 헐러서 이후의 근대건축으로 맥을 잇지 못했다. 굳이 따지면 한참 뒤인 1980년대에 영국에서 등장한 하이테크High-Tech 건축의 접합식 구조의 선구적 건물인데, 앞과 같은 이유로 문헌에만 존재하는 역사적 기록이 되어버렸다.

파리는 달랐다. 이를 철골기둥으로 집중시킨 뒤 교회, 도서관, 상업건물 등 다양한 건물에서 사용해 발전시켰다. 이 과정에서 고딕과 비잔틴 등 과거 양식을 철재로 번안하는 다양한 실험도 했다. 그 절정은 에펠탑이었다. 아치와 가새 등 다양한 보조 구조가 들어갔지만 기본적으로 거대한 철골기둥으로 세운 구조물이었다. 앞 시대의 여러 역량이 축적된 끝에 철골기둥을 하나의 새로운 건축 구조양식으로 '대표화-형식화'해내는 데 성공한 대작이었다. 앞서와 같은 배경에서 19세기의 시대성을 20세기 근대건축과 연결시킨 주역이었다.

이렇게 해서 드디어 19세기와의 연결성은 그대로 1890년부터 시작하는 근대건축으로 이어졌다. 근대건축은 영국과 이탈리아가 주도 국가에서 탈락하며 '프랑스-벨기에'의 프랑스어권과 '독일-오스트리아'의 독일어권이 양분해서 이끌게 되었다. 그런데 프랑스어권의 경우 근대건축의 첫 번째 양식인 아르누보Art Nouveau 때부터 철재를 주재료로 한 기둥을 기본 구조로 삼았다. 반면 독일어권에서는 석조와 콘크리트를 주재료로 한 벽체 건축을 기본 구조로 삼으면서 근대건축의 방향에서부터 갈렸다. 프랑스가 이처럼 근대건축의 시작부터 철제기둥을 기본 구조로 삼은 데에는 앞과 같은 19세기의 배경이 있었다. 이런 연결성은 뒤쪽으로도 이어져, 결국 프랑스 근대건축은 르코르뷔지에가 이끄는 기둥 건축의 총본산의 자리를 점할 수 있게 되었다.

2부 — 프랑스대혁명과 파리 도시건축

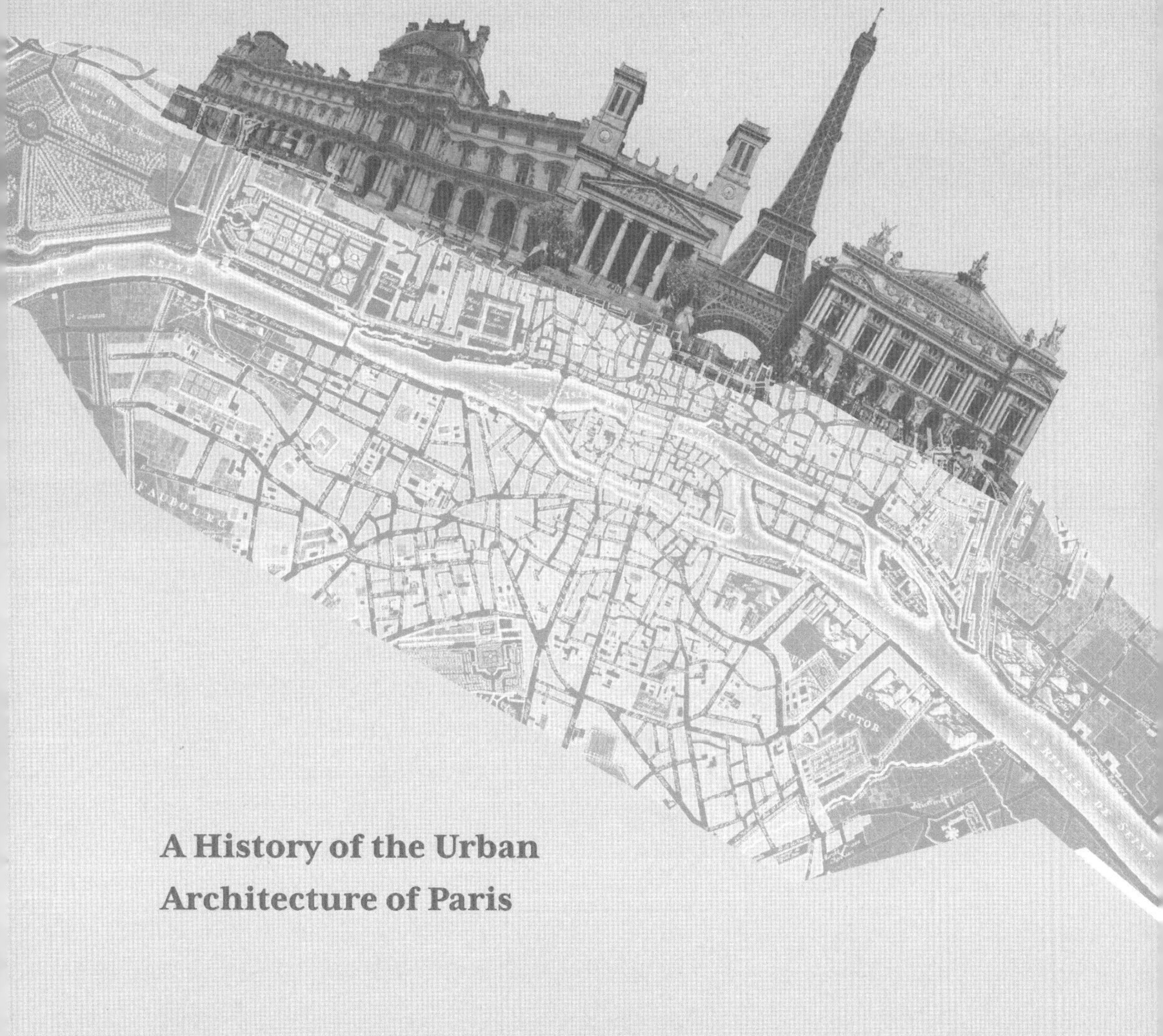

A History of the Urban Architecture of Paris

8장

프랑스대혁명의 촉발 배경

페르미에 제네로의 벽과 관세 징수소

페르미에 제네로의 벽의 세 가지 목적

징세, 공익, 도시 팽창

드디어 프랑스대혁명의 시기가 시작했다. 파리의 도시건축에서도 다양한 현상이 나타나서 함께 진행했는데 크게 네 방향으로 나누어 정리할 수 있다. 첫째, 이 장에서 살펴볼 루이 16세 재위 때 프랑스대혁명을 촉발한 요인이다. 둘째, 대혁명 기간에 파리 공간에서 진행한 무력 충돌의 역사로, 자세한 내용은 다음 장에서 살펴보겠다. 셋째, '혁명기 도시건축'이라 부르는 구체적인 도시건축 활동으로 역시 다음 장에서 이어 살펴보겠다. 넷째, 대혁명 때 파리의 주요 건물에 가해진 폭력적 파괴, 즉 반달리즘과 19세기의 복원으로 10~12장의 세 장에 해당한다. 차례대로 살펴보자.

먼저 프랑스대혁명을 촉발한 배경으로서의 구체적인 도시건축의 전개 내용이다. 프랑스대혁명의 전체적인 원인은 매우 많은데, 그 가운데 의외로 루이 16세가 벌인 파리의 도시건축 사업도 중요한 위치를 차지한다. 바로 '페르미에 제네로의 벽Mur des Fermiers Généraux'과 관세 징수소라는 시설이었다.도 8-1 루이 16세는 1784년 두 시설의 공사를 명해서 곧바로 공사를 시작했으며, 프랑스대혁명이 발발한 1789년에 일시 중단되었다.

8-1. 파리 성곽. 안쪽부터 차례대로 '1180년경의 중세 초 → 1370년 → 1676년 → 1784~1791년 → 1841~1845년'. 네 번째가 페르미에 제네로의 벽, 즉 관세 성곽 Mur des Barrières 이다.

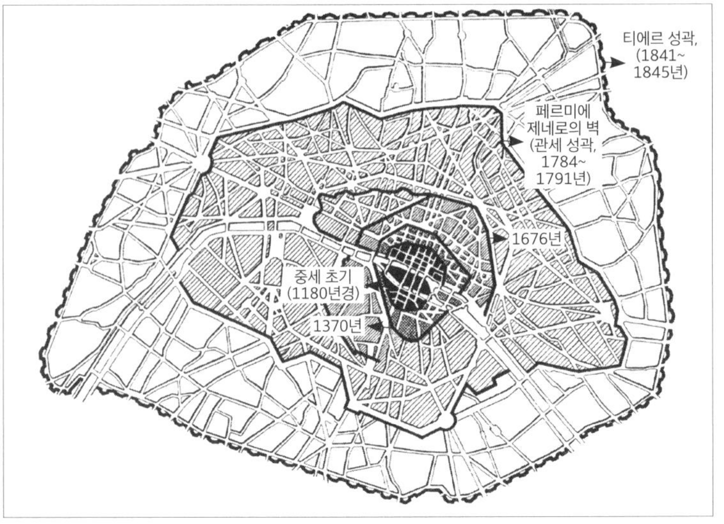

이후 페르미에 제네로의 벽만 공사를 재개해서 1790년에 준공했다.

페르미에 제네로의 벽을 먼저 보면, 줄여서 '관세 성곽Mur des Barrières', '관세의 벽', '농부 조세 성곽' 등 여러 이름으로 부르는 파리의 새로운 성곽이다. 여기에서는 '관세 성곽'을 사용하겠다. 이 성곽의 목적과 명분은 크게 세 방향으로 나누어볼 수 있다.

첫째, 가장 큰 목적은 말 그대로 통행료와 관세 명분으로, 즉 징세였다. 이는 '페르미에 제네로'라는 이 성곽의 이름에서부터 잘 드러난다. 'fermier'는 프랑스어로 소작인, 농부, 농업 등의 뜻이고, 'généraux'는 'générale'의 복수형인데 형용사로 쓰면 '일반적인'이라는 뜻이고 명사로 쓰면 '법인'이라는 뜻이다. 둘을 합한 '페르미에 제네로'는 농부들에게 조세를 부과해서 받아내는 법인의 이름이었다. 단수형으로 줄여서 '페름 제네랄Ferme Générale'이라고도 한다. 루이 16세는 새로 확장한 성곽을 세운 뒤 성안으로 반입되는 물품에 대해 관세의 명목을 붙여 이 법인에 징세권을 주었다.

성곽 공사를 추진했던 앙투안 라부아지에Antoine Lavoisier(1743~1794년)라는 인물의 행적도 흥미롭다. 그는 특이한 이력의 소유자였다. 당대의 중요한 화학자로, 새로운 원소 이론과 화학 명명법 등으로 과학사에서도 중요한 업적을 남겼다. 정치적 성향이 강해 왕당파에서 영향력 있는 귀족이었으며 조세 공무원도 겸해서 37세에 국세청장의 자리까지 올랐다. 또 그 연장선에서 당시 가장 중요한 조세 기관이었던 페르미에 제네로의 운영자이기도 했다. 그는 1784년 당시 재무장관이던 샤를-알렉상드르 드 칼론Charles-Alexandre de Calonne(1734~1802년)에게 관세 성곽의 건설을 제안해 일사천리로 허가를 받아냈다. 이후 성곽 공사에 대한 개발 감독권까지 확보하고서 바로 공사에 돌입했다.

둘째, 명분은 공익을 위한 것이었다. 당시 파리 시민들이 사용하던 일상 용품은 세금을 내지 않은 암거래 물품이나 밀수품이 대부분이었다. 한 가지 예로 성곽 지하에 땅굴을 파서 포도주를 밀반입하는 일이 빈번했다. 중세 이래 계속된 관습이긴 했는데 국세청장이던 그의 눈에는 고쳐야 할 악습이었다. 더욱이 왕실이 곧 국가이던 절대왕정 시대에 왕실 재정의 고갈은 국가 예산의 고갈과 같았는데, 그는 그 원인을 이런 탈세에서 찾았다. 이를 고치고자 선의로 제안한 사업이 바로 관세 성곽의 건설이었다.

셋째, 순수한 도시 차원에서는 파리의 인구가 증가하고 도시가 팽창하는 데에 따른 자연스러운 확장의 측면도 있었다. 관세 성곽은 파리의 시계市界가 확장해가는 중간 과정일 수 있었다. 18세기 중반까지 파리에는 이전에 루이 13세가 쌓았던 포세 존느Fossés Jaunes(1620~1640년대) 밖으로 이미 보지라르Vaugirard, 이시Issy, 오퇴유Auteuil, 파시Passy 등 여러 교외 지역이 형성되어 있었다. 기존의 성내 면적으로는 늘어나는 인구 증가분을 수용하지 못하면서 도시가 성곽을 넘어 자생적으로 팽창한 것이다.

주로 북쪽으로 팽창했으며 남쪽과 서쪽으로도 팽창이 있었다. 이에 루이 16세는 포세 존느를 외곽으로 더 물려서 확장하는 새로운 성벽을 쌓은 것이다. 시테섬을 초점으로 삼아 반지름 5㎞ 남짓의 반지 형태였다. 루이 14세 때의 시 경계선과 1840년대에 지은 티에르 성곽Enceinte de Thiers의 중간 정도까지 확장했으며 성곽의 총 길이는 33㎞였다. 성안 면적은 여의도 면적의 10여 배에 해당하는 30㎢까지 늘어났다. 18세기 초의 성내 면적보다 세 배 늘어난 크기였으며 이 안에 68만 명 정도의 인구가 살았다.

관세 성곽과 62채의 관세 징수소

프랑스대혁명을 촉발하다

이러한 루이 16세의 새로운 성곽이 의미가 전혀 없던 건 아니었다. 하지만 그 목적에 징세라는 불순한 의도가 개입하면서 프랑스대혁명을 촉발한 주요 원인이 되어버렸다. 애초에 관세 성곽은 루이 16세와 왕비 앙투아네트를 필두로 한 왕족들의 화려하고 사치스러운 궁정 생활로 왕실 재정이 바닥나자 증세를 위해 세운 성곽이었다. 이름 그대로 파리로 들어오는 사람과 물류에 대한 통행료를 받으려는 목적을 지녔다. 도시 성곽은 도시 전체의 장기적 발전 방향을 결정하는 데다 당장 공사비도 많이 들어가는 중요한 사업인데, 이를 부당한 정치적·경제적 목적을 위해 감행하는 패착을 둔 것이다. 이렇게 해서라도 바닥 난 왕실 재정을 메우려는 것이었는데, 이런 생각 자체가 이미 상식적이고 합리적인 판단 능력을 상실했음을 보여주는 증거였다. 결국 분노에 차 있던 파리 민심에 불을 질러 프랑스대혁명을 촉발한 주요 원인이 되면서 루이 16세와 왕실은 스스로 명을 재촉한 결과를 낳았다.

순수하게 도시공학적 기준으로 봐도 1784년이면 이미 성곽 무용론이 보편적으로 통용되던 때였다. 산업혁명이 시작하면서 각종 기계화된 무기들이 등장하고 군사기술도 획기적으로 발전하던 때라 도시 방어에서 성곽의 기능은 점차 줄어들고 있었다. 파리만 봐도 이미 앞선 여러 시대에 걸쳐 쌓은 성곽마저 부분적으로 철거해서 군데군데 비어 있었다. 유럽 전체로 봐도 여러 주요 도시가 성곽을 철거하는 속도는 파리보다 빠른 추세였다. 더욱이 유럽을 선도한다던 파리 정도 등급의 도시가 이런 시기에 새로운 성곽을 건설하는 건 어불성설로, 다른 불순한 의도가 아니라면 생각하기 힘든 일이었는데, 그 불순한 의도가 바로 징세였던 것이다.

징세를 위해 성곽에 파리 관세 징수소Barrière de Paris · Portes de Paris(영어로 '커스텀즈 하우스customs-house', 1784~1789년)라는 요금소 건물도 함께 세웠다. 그러나 그 개수가 너무 많은 것이 문제였다. 반지 형태의 성곽 33㎞를 돌아가면서 무려 62채를 계획했는데, 이는 660m마다 한 곳씩 세운 게 된다. 이 또한 겉으로는 프랑스 전국에서 올라오는 교통량을 고려해 정체를 없애겠다는 기능적 이유를 내세웠지만, 실제로는 징수 효율을 최대로 높이기 위해 '개미 한 마리'도 그냥 들여보내지 않겠다는 의미였다. 파리로 들어오는 모든 통행인에게서 요금을 받았는데, 정확하게 말하면 사람에 대한 통행료는 아니었고 물품에 부과하는 관세였다.

성곽 공사를 담당한 건축가는 클로드-니콜라 르두Claude-Nicolas Ledoux(1736~1806년)였다. 그는 62채 가운데 무려 42채를 혼자 설계했을 뿐만 아니라 실제로 42채를 모두 지어냈다. 1789년 7월부터는 소요 사태가 본격화했기 때문에 실질적인 공사 기간은 1784년 착공부터 5년여에 불과했다. 이렇게 되면 일 년에 평균 8.4채 정도를 지은 게 된다. 정식 건물이 아니고 성문이나 개선문 형식의 징수소여서 하나씩만 보면 큰 부담은 아니었으나, 일 년에 여덟 채가 넘어가면 얘기는 달라진다. 이렇게 볼 때 당시 왕실에서는 이 공사를 매우 중요한 국가사업으로 진행했음을 알 수 있다. 이런 무리한 진행 과정까지 겹치면서 결국 선의의 공익 목적과 달리 프랑스대혁명을 촉발한 핵심 원인 가운데 하나가 되어버렸다.

프랑스대혁명을 거치면서 파리 시민들 사이에서는 이 성곽에 대한 조롱 섞인 표현이 회자하기도 했다. 원 문장은 "Le mur murant Paris rend Paris murmurant"이며, 직역하면 "파리에 쌓은 성곽이 파리를 횡설수설하게 했다."가 된다. 언뜻 그 뜻이 와닿지 않지만 원 문장을 보면 동음 반복을 이용한 패러디 문장임을 알 수 있다. 'mur(성곽)'을 어근으로 삼아 파생되는 'murer(벽을 쌓다)'와 'murmurer(횡설수설하다)'를 반복 사용한 문장이었다. 또한 이 표현을 '익명의 알렉상드랭alexandrin anonyme'이 했다는 말이 함께 회자했다. 프랑스에서 비교적 흔한 '알렉상드랭'이라는 이름을 붙여 익명의 발언자로 삼았지만, 마침 관세 성곽의 건설을 허가했던 재무장관의 이름 역시 알렉상드랭이어서 이를 비꼰 수사로 볼 수도 있다.

이상이 관세 성곽과 관세 징수소를 건설한 배경이었다. 여기에 더하여 파리 시민을 분노케 한 열악한 도시 상황이 하나 더 있었다. 바로 상수원 문제였다. 전통 시대에는 어느 도시나 그랬듯이 파리 역시 센강의 물을 그대로 사용해왔다. 인구가 많지 않고 공업이 시작되기 전까지는 그런

대로 견딜 만했다. 그러나 18세기에 들어와 도시가 확장하면서 센강의 오염이 심해지기 시작했고, 맑은 물을 공급하는 일이 파리 전체의 시급한 사안이 되었다. 주로 펌프를 장착한 분수를 시내 곳곳에 설치하는 방식의 상수도 공급 사업을 중요한 공공 도시사업으로 추진했지만 큰 도움이 되지는 못했다. 파리 시민들은 비싼 가격에도 여전히 물을 배달받아 사용해야 했다. 혁명 기운이 상승해가던 18세기 후반이 되자 파리에만 물을 배달하는 배달꾼이 2만 명이나 있을 정도였다. 루이 16세는 성곽을 쌓을 돈을 상수도 문제의 해결에 써야 했다.

물론 악재만 있는 건 아니었다. 왕실과 별개로 파리시 당국은 꾸준히 도시계획을 세우며 파리가 근대적 대도시로 성장해가는 기틀을 준비하고 있었다. 앞에서 본 '1783년 법령Edict of 1783'이 대표적이었다. 이 계획안은 앙시앵 레짐의 이익과는 무관하게 순수한 도시공학적 의미에서 근대 파리의 기초를 닦은 것으로 볼 수 있었다. 실제로 혁명기 동안 파리 개발은 이 법령을 기반으로 진행했다. 이때 닦은 기초가 19세기 중반 오스망 재개발로 이어져 오늘날과 같은 모습을 갖추게 된 토대가 되었다. 당시는 산업혁명 초기였기에 파리 인구가 증가하기 시작하던 때에 과밀을 방지하는 긍정적 효과가 컸다.

관세 징수소의 시대적 배경

프랑스대혁명의 촉발 원인 vs. 혁명기 도시건축의 완성

이상과 같은 관세 성곽에서 파리의 도시건축과 가장 연관이 큰 부분은 아무래도 구체적인 요금소 건물인 관세 징수소일 것이다. 62채의 전체 계획에 대해서는 앞에서 살펴보았고, 여기에서는 건축적 특징과 조형성에 대해 추가로 살펴보자. 우선 건축 역사에서 '관세 징수소'라는 건물의 기능부터가 매우 특이한 사례다. 보통 성곽에 부속되는 성문까지는 있어도 요즘의 요금소(톨게이트)에 해당하는 건물을 중앙정부의 징세를 위해 별도로 지은 건 다른 선례를 찾기 힘들다. 더하여 건축가 한 명이 이것을

62채나 계획하고 5년여의 짧은 기간에 그중 42채를 지어낸 것 역시 물량 측면에서 전무후무한 기록일 것이다. 르두의 이런 관세 징수소에 대해서는 평가가 엇갈린다.

8-2. 프랑스대혁명 때인 1789년 7월 11일, 클로드-니콜라 르두 Claude-Nicolas Ledoux(1736~1806년)의 봉좀 관세 징수소 Barrière des Bonshommes가 불타는 장면

우선 정치 이데올로기의 관점에서 보면 바람직하지 않은 목적으로 지어진 건물이라는 부정적인 평가를 받는다. 건축이 잘못된 정치에 동원된 혹은 권력에 봉사한 대표적인 사례로 꼽힌다. 더욱이 그 잘못된 정치의 결말이 인류 역사를 통틀어 가장 중요한 혁명 가운데 하나로 꼽히는 '프랑스대혁명'이라는 점에서 부정성은 더욱 커진다.도 8-2

반면 순수하게 건축의 작품성만을 기준으로 보면 창의성이 뛰어난 수작들이었으며 건축사적 의미가 커서 해석할 내용도 많다. 우선 르두의 생애부터 특이했다. 파리외과대학을 통해 급진적 고전주의를 이끈 공두앵보다 한 살 많았으나 건축 경향에서는 급진적 고전주의를 한 단계 더 진척시킨 혁명기 도시건축을 대표했다. 관세 징수소는 이를 완성한 점에서 건축사적 의미가 크다. 고전 선례의 종합화와 혼성에 머문 공두앵의 시대적 한계를 뛰어넘으며 고전주의 붕괴의 흐름을 완성했다. 반면 개인적 정치 성향은 왕당파에 속해 작품에서의 급진적 경향과 정반대였다. 왕당파에 속했기에 42채의 관세 징수소를 수주해서 지을 수 있었던 것이기도 하다. 이런 이유로 프랑스대혁명 때에는 투옥되기도 했는데, 혁명이 끝난 뒤 목숨을 건져 나오긴 했으나 고령에다 옥살이의 충격으로 더 이상의 의미 있는 작품 활동은 하지 못하고 십여 년 뒤 생을 마감했다.

정치 활동과 작품 성향 사이의 이런 불일치는 일종의 자기모순 혹은 양면성으로, 관세 징수소에도 이런 내용이 그대로 들어 있다. 정치적으로는 프랑스대혁명을 촉발한 주요 원인으로서 앙시앵 레짐의 재원을 담당한 대표 건물이었지만, 건축적으로는 뛰어난 창의성을 보이며 전통 건축

8-3. 오스망 재개발 때 개선문 근처의 관세 징수소를 철거하는 장면(위 왼쪽)

8-4. 클로드-니콜라 르두의 트론 관세 징수소 Barrière du Trone(위 오른쪽)

8-5. 클로드-니콜라 르두의 라빌레트 관세 징수소 Barrière de la Villette(아래 왼쪽)

8-6. 클로드-니콜라 르두의 몽소 관세 징수소Barrière de Monceau(아래 오른쪽)

의 종말을 고하고 혁명기 도시건축을 완성한 급진적 작품이었다. 이런 점에서 건축사에서는 단순한 '양면성'을 넘어 '역설'을 대표하기도 한다.

이렇게 지어진 42채는 프랑스대혁명 때에 대부분 철거되었으며 오스망 재개발 때 한 번 더 철거해서 현재는 트론 관세 징수소Barrière du Trone, 몽소 관세 징수소Barrière de Monceau, 라빌레트 관세 징수소Barrière de la Villette, 당페 관세 징수소Barrière d'Enfer 등 네 채가 남아 있다.도 8-3, 8-4 이 가운데 몽소와 라빌레트는 원형 건물이어서 건축사에서는 정치적 의미의 '징수소'라는 기능 대신 '로툰다rotunda'라는 건축 형식에 무게를 두고 각각 '몽소 로툰다'와 '라빌레트 로툰다'라고 부르기도 한다.도 8-5, 8-6 혹은 이제 시간이 흘러 프랑스대혁명이 역사적 사건이 됨으로써 순수한 건축 형식에 집중해 부를 수 있게 된 것이기도 하다. 이상이 관세 징수소 건물의 시대적 배경이다. 건축적으로는 크게 '유형학', '고전주의의 붕괴, '비정형 건축'의 세 방향으로 나눌 수 있으며 여기에서 다시 각 네 개, 네 개, 두 개로 총 열 가지의 다양한 세부 주제가 나왔다. 차례대로 살펴보자.

관세 징수소와 유형학1

유형학을 최초로 완성하다

먼저 '유형학'으로, 네 가지의 세부 주제로 나누어볼 수 있다.

첫째, 유형학의 기본 개념이다. '유형'은 앞의 팔레 루아얄에서 보았듯이 '기본 요소를 주제 개념으로 잡아 다양하게 변화시켜서 만들어내는 변주의 종류'이며, '유형학'이란 이런 유형을 연구하거나 창작에 활용하는 신학문으로 '복잡하고 다양한 현상을 몇 가지 기본 형식으로 단순화한 뒤 그것들 사이의 관계로 정리·분류하는 학문 체계'다.

42채의 관세 징수소는 이런 유형학을 적용하기에 적합한 작업이었다. 같은 기능을 갖는 건물을 짧은 시간에 무려 42채나 설계해서 지어야 했기 때문이다. 이런 경우 모든 건물을 완전히 다른 디자인으로 설계하는 건 사실상 불가능하다. 여기에는 '주제-변주'에 기초한 '경우의 수'를 만들어서 적용하는 방법론이 적절한데, 이것이 바로 유형학의 핵심 개념이었다.도 8-7

둘째, 이런 유형학을 최초로 완성했다. 비의도적이며 자연스러운 건축 현상으로서의 유형학은 이미 고대 건축부터 있었다. 예를 들어 수천 년에 걸쳐 수백기가 지어진 이집트 피라미드만 다 모아놓아도 유형학은 자연스럽게 성립된다. 하물며 아메리카, 인도, 동남아 등 다른 문명권의 피라미드까지 더하면 더 그렇다. 하

8-7. 클로드-니콜라 르두의 파리 관세 징수소 Barrière de Paris 디자인 모음

지만 이는 수백 년이라는 오랜 기간 진행한 결과물을 후대에 모아놓고 본 것일 뿐 정식으로 '유형학'이라는 이름을 붙이기에는 부족하다.

유형학이 성립되기 위해서는 몇 가지 조건이 필요하기 때문이다. 우선 경우의 수를 생성하는 순열permutation과 조합combination 등의 규칙이 확실해야 한다. 이를 위해서는 다시 충분한 사례가 있어야 하며 이를 분류하는 기준도 명확하면서도 복합적 구성을 이루어야 한다. 이런 과정을 거쳐 비로소 유형이 탄생하며 마지막으로 이런 유형을 건물에 적용하는 또 다른 규칙도 함께 정립되어야 한다.

서양 건축사에서 이런 의미의 정식 유형학이 처음 등장한 건 아무래도 18세기 중반이 되어서였다. 출발은 이탈리아의 바로크 건축가 베르나르도 안토니오 비토네Bernardo Antonio Vittone(1704~1770년)가 최초일 것이다. 이어 한 세대 뒤에 프랑스로 넘어와서 1781~1784년에 빅토르 루이(1731~1800년)가 설계한 팔레 루아얄Palais Royal에서 먼저 등장했고, 다시 르두(1736~1806년)가 이를 받아 1784~1789년의 관세 징수소에서 완전히 정착시켰다.

이처럼 유형학의 초기 단계에서는 '비토네-루이-르두'의 세 건축가가 중요했는데, 이들 사이에는 유형학의 완성도에서 차이가 있었다. '완성'이라는 말은 아무래도 르두에게 붙일 수 있고, 비토네와 루이는 유형학의 문을 열어 전개한 정도의 역할을 했다고 할 수 있다. 그러나 비토네의 유형학에는 아직 한계가 있었다. 자신의 창작 작업을 유형화했다기보다는 설계에 사용할 레퍼토리를 확보하기 위해 앞 시대의 선례를 모은 쪽에 가까웠다. 작품의 수도 부족했다. 토리노를 중심으로 작은 규모의 교회를 여러 채 설계했지만, 유형학으로까지 발전하기에는 그 숫자가 충분하지 않았다. 이렇게 보면 비토네의 유형학은 공두앵의 파리외과대학에 나타난 '종합화'와 같은 정도라 할 수 있다. 활동 시기도 비토네와 공두앵이 겹쳤다.

이런 부족한 점은 팔레 루아얄과 관세 징수소를 거치며 완성에 이른다. '루이-팔레 루아얄'과 '르두-관세 징수소' 두 조합의 시차를 보면 개인의 탄생년도와 건물의 준공년도 모두 5년으로, 마치 이어달리기에서 배턴패스를 하듯 앞뒤로 붙어 있다. 이런 순서가 말해주듯 팔레 루아얄은 프랑스에서 유형학을 거의 가장 먼저 시작한 역사적 기록이 있지만, 앞에서 보았듯이 이번에도 유형학의 완성 조건과는 아직 거리가 남아 있었다. 이를 극복하고 유형학의 완성을 이룬 건 관세 징수소였다.

르두의 이런 작업은 건축 양식에서 공두앵의 급진적 고전주의를 이어받아 한 단계 발전시킨 내용과도 일치한다. 양식의 조형성에서 고전주의의 붕괴를 한 단계 더 진행했듯이 설계 방법론에서는 종합화를 넘어 다음 단계의 유형학을 완성한 것이다. 이렇게 보면 서양 건축사에서 진정한 의미의 유형화를 최초로 완성했다고 할 수 있다. 파리 관세 징수소는 정치적 악명과 별도로 순수하게 건축적으로만 보면 이처럼 중요한 발전을 이룬 작품이었다.

관세 징수소와 유형학 2

개선문을 '주제'로 삼아 42가지로 '변주'한 유형학

셋째, 르두의 유형학의 구체적인 내용이다. 유형학의 방법론인 '주제-변주' 가운데 먼저 '주제'로, 개선문을 기본 유형으로 삼았다.도 8-8 그런데 개선문은 파리의 도시건축에서 특별한 의미가 있다. 우리는 보통 나폴레옹 1세가 세운 에투알 광장의 파리 개선문만 생각하지만 이미 루이 14세 때부터 개선문의 전통을 확실히 구축했다. 관세 징수소 역시 이런 전통을 이어받은 것으로, 파리의 개선문 전통부터 간단히 살펴보며 시작하자.

8-8. 클로드-니콜라 르두의 파시 관세 징수소 Barrière de Passy

우선 개선문은 단일 도시 구조물로는 유럽을 넘어 전 세계에서 가장 사랑받는 유형일 것이다. 로마 황제들이 처음 등장시켜서 사용한 이래 긴 시간 동안 유럽의 여러 주요 도시에 세워졌고, 근대로 오면 한국을 비롯하여 북한과 인도 등 아시아에서도 인기를 끌었다. 과거 로마의 자리를 이어받고 싫어 하던 파리는 아마도 개선문을 가장 애용한 도시일 것이다. 프랑스어로 'Arc de Triomphe'인데 직역하면 '승리의 아치'가 되지만 보통 '개선문'으로 번역된다.

루이 14세가 대표적이어서 세 채의 개선문을 계획했다. 루이 14세의 수석 화가였던 샤를 르브룅Charles Le Brun(1619~1690년)이 계획한 생탕투안가의 개선문Arc de Triomphe de la rue Saint-Antoine(1668년경 계획), 왕립건축아카데미 교수였던 프랑수아 블롱델François Blondel(1618~1686년)의 작품인 생드니 개선문Porte Saint-Denis(1672년), 피에르 뷜레Pierre Bullet(1639~1716년)의 작품인 생마르탱 개선문Porte Saint Martin(1674년) 등이었다. 이 가운데 생탕투안가는 지어지지 못했고 생드니와 생마르탱의 두 채가 실제 세워져서 현재까지 남아 있다. 생마르탱은 파리 성곽의 성문으로 지어져서 'Arc de Triomphe' 대신 '성문'이라는 뜻의 'porte'라고 불리는데, 건축 형식은 전형적인 개선문이어서 건축사에서는 보통 파리의 개선문 가운데 하나로 분류하고 이름도 그렇게 부른다. 높이를 보면 생드니 개선문은 25m, 생마르탱 개선문은 17m여서 6~8층 정도의 작지 않은 규모였다.

르두는 루이 14세가 시작한 이런 전통을 이어받아 관세 징수소의 기본 성격도 개선문으로 잡았다. 기능은 성문이나 요금소였지만 건축적으로는 이를 넘어 권력적 속성이 강한 개선문 형식을 택한 것이다. 루이 14세가 파리의 영광을 드높이기 위해 애용한 도시 구조물의 형식이었다. 이렇게 되면 루이 16세 자신은 한 번에 무려 42채의 개선문을 세운 주인공이 되고, 이것만으로도 루이 14세(세 채)의 14배나 되어 왕실의 권위와 자신의 정치력을 탄탄히 다진다고 믿었던 걸로 보인다. 건축가 쪽에서 봐도 르두가 4년 몇 개월의 짧은 시간에 세운 42채 모두 개선문으로 볼 수 있는데, 이는 실로 경이로운 기록이었다.

이처럼 정치적 이름인 '관세 징수소'를 건축적 이름인 '개선문'으로 치환하면 정치와 건축 모두에서 경이로운 실적이 된다. 권력이 가장 셌던 로마 황제도 로마 시내에는 한 채밖에 세우지 못했고, 속주까지 포함해도 최대 2~3기 정도 세울 수 있었던 게 개선문이었다. 이후 세계 여러 도시도 마찬가지여서 개선문 한 채를 짓는 데만 많은 수고를 들였음에도 말이다.

넷째, '주제-변주'의 방법론에서 '변주'에 해당하는 내용이다. 유형학에서 변주는 '변형을 통한 증식'인데, 변형을 위해서는 '원형原形·元型'에 해당하는 기준이 필요하다. 르두의 관세 징수소에서는 이런 원형의 기준으로 '양식 단위-개별 어휘-구성 체계-기하 도형-공간 형식' 등의 다섯 가지를 설정했다. 이어 실제 42채에 이를 적용해서 다양한 유형을 창출했다. 다섯 가지를 차례대로 살펴보자.

8-9. 클로드-니콜라 르두의 장티이 관세 징수소Barrière de Gentilly(위)

8-10. 라빌레트 관세 징수소. 그리스 신전 정면과 그 뒤의 원통형 본체(아래)

양식 단위는 그리스 고전주의, 로마 고전주의, 비잔틴, 르네상스 등 여러 가지를 취했다. 일단 로마 고전주의의 개선문을 기본으로 삼았으며 여기에 나머지 양식들의 대표 형식을 더했다. 그리스 고전주의에서는 신전의 프로스틸prostyle(신전 정면에만 기둥 열을 세우는 방식)과 페리스틸peristyle(신전의 사면을 돌아가며 기둥 열을 세우는 방식) 양식을, 도 8-9, 8-10 비잔틴 양식에서는 그리스식 크로스Greek cross(네 팔이 같은 그리스식 십자가 형태)를, 르네상스에서는 중앙형 공간인 로툰다를 각각 더했다.

개별 어휘로는 독립 원형 기둥, 사각 벽기둥, 쌍기둥, 볼트vault, 아치 등을, 구성 체계는 열주 회랑, 기둥이 받치는 아치, 벽체구조, 신전 파사드(박공 파사드) 등을 다양하게 구사했다. 또한 서양 건축에는 세를리안 모티프Serlian Motif(창틀을 아치와 소형 기둥의 짝으로 구성하는 기법)라는 것이 있는데, 이는 개별 어휘로 볼 수도 있고 구성 체계로 볼 수도 있어서 양쪽에 모두 포함되었다.

기하 도형은 정육면체, 직육면체, 원통형, 사엽형quadrant foil · tetra

8-11. 1791년 7월 21일 루이 16세의 바렌 탈출이 실패한 뒤 체포되어 파리로 압송되는 장면. 자신이 세운 관세 징수소를 지나는 역사의 아이러니를 보여준다.(위 왼쪽)

8-12. 라빌레트 부둣가의 관세 징수소 모습. 콘라드 마르탱Conrad Martens(1801~1878년)의 1820년대 그림(위 오른쪽)

8-13. 몽소 공원 내 관세 징수소 공중 전경(아래)

squinch, 오점형quincunx, 그리스식 크로스 등을 사용했다.도 8-11, 8-12 공간 형식은 두 가지로, 하나는 앞의 기하 도형이 그대로 공간의 윤곽 형식이 되는 경우고 다른 하나는 중앙형, 선형, 단일 공간, 포치형porch(기둥이 받치는 출입구 차양), 겹 공간, 복합 공간 등과 건축적 특징으로 정의되는 유형들이었다.도 8-13

관세 징수소와 고전주의의 붕괴

'경우의 수'와 '추상 기하화'로 파괴한 고전 위계

다음은 고전주의의 붕괴로, 여기에서는 네 가지의 세부 주제가 나왔다.

첫째, '요소 분리'다. 고전주의는 건물 구성에서 건축 요소의 배치에 엄격한 규칙이 있는데, 요소 분리란 이 규칙을 깨고 구성 요소를 자유로운 개별 요소로 본다는 뜻이다. 구체적으로는 앞의 다섯 가지 기준을 이루는 수많은 요소가 대상이 된다. 이어 규칙에서 해방된 이런 요소들을 개별 건물에 맞춰 배당한 뒤 재조합의 과정을 거친다. 이때 재조합은 더는 고전의 규범을 따르지 않고 기하학적 구성, 균형, 대비 등의 순수한 조형 원리를 따른다.

둘째, 이를 위해 '경우의 수'라는 수학 법칙을 적용했다. 이는 다시 풍부한 유형 요소의 확보와 이것들의 적절한 배당이라는 두 단계를 거쳤다. 우선 앞의 다섯 가지 기준의 세부 요소 수를 곱해서 얻어지는 경우의 수는 수백 혹은 수천 가지에 달하는데, 여기에서 풍부한 유형 요소가 확보되었다. 건축 설계에서 가용 어휘의 숫자가 이렇다는 건 사실상 무한대로 다양하다는 뜻이다. 이런 상황에서 남은 건 배당을 위한 취사선택이다. 각 건물에 가장 적합한 요소를 결정하는 일이 설계의 핵심 관건이 된다는 뜻이다.

구체적인 예를 보자. 파시 관세 징수소Barrière de Passy는 양식 단위에서는 개선문과 프로스틸의 두 유형을 기본으로 삼았다. 개별 어휘에서는 기둥이 받치는 아치와 신전 박공 파사드를 적용했다. 기하 도형은 정육면체에 근접한 직육면체로 짰다. 공간 형식은 단일 공간에 포치형을 혼용했다. 라빌레트 관세 징수소의 경우 양식 단위는 그리스 신전의 페리스틸과 로툰다를 위아래로 쌓아 2층으로 지었다. 개별 어휘 단위는 페리스틸에는 사각 벽기둥을, 로툰다에는 세를리안 모티프를 각각 사용했다. 구성 체계 단위에서는 신전 박공 파사드와 벽체구조가 대표적이었다. 기하 도형 단위는 정사각형과 원통형으로 구성했다. 공간 형식 단위는 단일 공간, 포치형, 그리스식 크로스 등을 혼용했다.

8-14. 트론 관세 징수소Barriére du Trone 정면 출입구. 아키볼트archivolt에 블록을 끼운 바로크 아치

셋째, 기하화와 추상화다. 이는 고전 규범을 벗어난 요소 분리를 이끈 대표적 조형 법칙이라 할 수 있다. 먼저 기하화로, 앞에서 열거한 다섯 가지 기준에 따른 수많은 요소는 대부분 기본 기하 단위로의 환원이 가능했다. 아치는 반원, 신전 파사드의 페디먼트는 삼각형, 몸통은 사각형, 독립 원형 기둥과 오더는 선, 로툰다는 원통형 등과 같은 식이었다. 이어 추상화는 고전주의에 필수적으로 수반하던 장식을 최대한 절제하는 방향으로 이루었다. '3차원 윤곽-2차원 면-개별 어휘'의 3단계 모두에서 그랬다. 무엇보다 42채의 관세 징수소 전반에 걸쳐 건물 윤곽을 3차원 덩어리로 짰다. 일정한 면적을 갖는 면은 가능한 한 평활 면으로 놔두었다. 개별 어휘에서도 꼭 필요한 건축 요소를 제외한 나머지는 단순 육면체나 원통형으로 놔두었다. 장식 요소는 아키볼트archivolt(아치의 윤곽을 여러 단 들여 쌓은 부분)나 블록을 끼운 기둥 정도가 전부였다.

넷째, 이런 처리들은 고전주의의 붕괴 흐름, 즉 급진적 고전주의를 완성한 건축사적 의미를 획득했다. 고전 위계의 파괴였다. 급진적 신고전주의에서 나타났던 개별 어휘의 분리와 독립 방향은 유지하면서 더 과격한 파격과 일탈을 가했다. 트론 관세 징수소를 구체적인 예로 보면, 우선 건물 전체로 볼 때 고전 어휘를 육면체라는 기하 단위에 종속된 2차 요소로 전락시켰다. 아치는 대형 구조물을 건조하는 대표적인 고전 구조 형식이었는데 팀파눔tympanum(아치의 곡면 윤곽 아래 벽면 부분)을 강조해서 장식을 새기는 바탕 면으로 전락했다. 아키볼트에 블록을 끼운 처리도 아치 본연의 구조 역할과는 무관한 장식 처리였다.도 8-14 신전 박공 역시 아치 위에 얹은 삼각형이라는 기하 도형 요소로 전락했다.

관세 징수소와 비정형 건축

신바로크와 혁명기 도시건축의 완성

마지막은 비정형 건축으로, 여기에서는 두 가지 세부 주제가 나왔다.

첫째, 신바로크다. 지금까지 살펴본 르두의 건축 어휘는 일단 바로크로 분류할 수 있다. '바로크'의 원래 뜻이 '비정형'인 데에서 알 수 있듯이 이 자체만으로 일차적으로 비정형 계열 안에 들어왔다 할 수 있다. 그런데 르두의 바로크는 일반적인 의미의 17세기 바로크를 넘어 새 시대를 열었다는 점에서 '신바로크'라 부를 수 있다. 이때 '신新'의 근거는 앞에서 본 고전 위계의 붕괴였다. 구체적인 기법으로는 여러 층을 구성하는 수직 각 층에 고전 요소를 분리해서 대응시키기, 각 층에 기둥을 두지 않고 거대 기둥으로 전 높이를 담당하기, 기둥의 주신과 아치 윤곽 등에 작은 블록을 끼워 강인한 인상 주기, 몸통 덩어리 사이에 대비 주기, 창에 소형 기둥과 아치를 조합한 세를리안 모티프 사용하기 등을 들 수 있다.

이런 기법들은 바로크를 기본으로 삼아, 급진적 고전주의에서 나타났던 요소 분리를 비롯하여 앞과 같은 르두만의 여러 기법을 합성해 그 자신만의 혁명기 도시건축을 완성한 걸로 해석할 수 있다. 이 점이 바로 '신바로크'의 역사적 의미였다. 원래 17세기 바로크는 이탈리아나 프랑스 모두 고전주의를 기반으로 삼아 과장과 변형 등을 가한 양식이었다. 비정형으로 들어서긴 했지만, 아직 고전주의로 분류될 수 있었고 이런 의미에서 '바로크 고전주의'라는 별도의 이름을 붙였다. 르두의 관세 징수소는 여기에서 한 발 더 나아가 고전 규범을 붕괴함으로써 바로크의 다음 단계인 '신바로크'를 창출한 것이다. 즉 바로크 당대까지는 '바로크'와 '고전주의'가 동의어 내지는 한 단어로 합성될 수 있는 동질적 성격으로 통용되었는데, 이것의 분리가 일어난 걸로 볼 수 있다.

이처럼 '신바로크'라는 명칭을 기준으로 보면 관세 징수소는 '찌그러진 진주'라는 '바로크'의 원래 뜻에 충실함으로써 비정형을 한 단계 발전시킨 것이라고 할 수 있다. 한편 여기에는 르두가 영국의 팔라디오주의 Palladianism(1720년대~1760년경)를 접한 경험도 중요한 역할을 했다. 팔라디오주의는 비정형은 아니었지만, 이탈리아 고전주의를 영국 상황에 맞게 변형·응용하며 영국 후기 바로크와 시기적으로 겹친 점에서 바로크의 응용이라는 방향에 따른 또 다른 본보기가 될 수 있었다.

둘째, 전통 시대의 종말과 혁명기 도시건축의 완성이다. 이상과 같은 아홉 가지 특징이 합해지면서 르두가 설계한 42채의 관세 징수소는 고전 어휘를 사용하긴 해도 더는 고전주의가 아니었다. 이는 고전주의가 이끌어온 전통 시대의 건축에 종말을 고한 걸로 볼 수 있다. 정치사에서의 프랑스대혁명 급에 해당하는 건축적 사건으로, 이런 점에서 '혁명기 도시건축'이라는 말을 붙일 수 있었다. 고전 어휘를 사용한 것은 당시 건축적 상황에서 가용 부재가 그것밖에 없었기에 어쩔 수 없는 측면이 컸다. 고전주의는 고전 어휘만 나열한다고 해서 성립되지 않는다. '캐논canon'이라고 부르는 까다로운 규칙을 엄격히 지켜야 건축 양식으로서의 고전주의가 성립된다. 일차적으로 디테일과 비례 등에서 개별 어휘의 정확도를 지켜야 하며, 더 궁극적으로는 여러 어휘를 조합하는 규칙을 지켜야 했다. 이미 급진적 고전주의에서 이 둘 모두가 깨지기 시작했고, 르두에 와서는 이런 고전주의의 붕괴가 최종적으로 완성되었다.

9장

혁명기 도시건축

역사 기록의 장과 실험적 도시건축

프랑스대혁명 6년 일지

삼부회 소집부터 최고 가격법 폐지까지

18세기의 끝인 프랑스대혁명에 이르렀다. 프랑스대혁명은 전제 시대의 막을 내리고 근대 시민 민주주의의 문을 연 세계사적 사건이었던 데 비해서는 짧은 시간에 여러 단계를 거치며 급박하게 진행했다. 물론 이런 대사건은 이미 배경 상황이 최소한 수십 년, 길게는 백 년 이상도 누적된 결과일 테지만 적어도 구체적인 혁명 상황 자체는 짧게는 6년, 길게 봐야 10년 안팎의 기간에 압축적으로 진행했다. 파리는 이런 사건들이 일어난 중심 공간으로서 다시 한 번 중요한 역사를 기록한 도시가 되었다. 프랑스대혁명은 크고 작은 사건들이 복잡하게 얽혀 진행했는데, 주요 일지만 요약해보자.

우선 혁명의 공식적인 시작일은 보통 삼부회三部會 · États Généraux가 소집된 1789년 5월 5일로 잡는다.도 9-1 삼부회는 1302년 필리프 4세Philippe IV(재위 1285~1314년)가 '성직자(사제)-귀족-평민(도시의 대표)'으로 구성된 국민 대표협의체의 세 대표를 각각 제1부, 제2부, 제3부로 재편하면서 탄생해 역사 자체는 오래된 회의체였다. 그러나 1614년 이후 한 번도 열리

9-1. 프랑스대혁명의 도화선이 된 삼부회 소집 장면. 1789년 5월 5일 베르사유에서 개최했다. 샤를 모네Charles Monnet(1732~1819년)의 그림(위)

9-2. 프랑스대혁명의 시작을 알리는 1789년 8월 5일의 국민공회Assemblée Nationale·Convention Nationale 소집 장면. 샤를 모네의 그림(아래)

지 않고 있었는데, 이걸 루이 16세가 국가 재정의 파산을 막는다는 명분으로 이날 베르사유 궁전에서 소집한 것이다.

여기까지는 괜찮았는데 신분별 구성원 비율과 표결 방식을 놓고 이견이 표출했고, 루이 16세는 평민 비율을 높여 권리를 주장하려던 개혁파에 맞서 회의장을 폐쇄해버렸다. 이는 그전까지 루이 16세의 실정과 왕실의 사치스러운 생활로 악화일로에 있던 파리 시민들의 불난 민심에 기름을 끼얹은 격이었다. 이에 개혁파는 1789년 5월 17일에 회의장 앞에 모여 국민공회Assemblée Nationale·Convention Nationale를 소집했고,도 9-2 6월 20일에는 베르사유 궁전 내 테니스 코트로 옮겨 이른바 '테니스 코트 서약Tennis Court Oath'을 감행했다.

이때까지만 해도 아직 대혁명으로 번질 정도의 상황은 아니었다. 본격적인 소요는 7월 11일에 개혁적인 재무장관 네케르를 해임하면서 시작했다. 이때부터는 혁명이 시작되었음을 실감할 정도가 되었으며 결국 7월 14일 그 유명한 바스티유 감옥 함락 사건이 터지면서 대혁명의 불길이 본격적으로 타오르기 시작했다. 감옥은 불과 몇 시간 만에 함락되어 파괴되고 불탔으며 정치범들은 대거 석방되었다. 왕당파의 반격으로 무력 충돌이 발생했지만, 개혁파의 승리로 혁명은 성공했다. 이어 혁명 일정이 숨가쁘게 이어졌다. 8월에는 '인권과 시민권 선언Declaration of the Rights of Man and of the Citizen'이라는 유명한 혁명선언문이 발표되었고 10월에는 루이 16세가 소환되었으며 11월에는 교회 재산의 매각을 결의했다. 이 과정에서 왕궁, 시청, 광장, 관공서, 성당, 교회 등 주요 공공시설이 모두 혁명군의 수중에 떨어졌다.

이상이 1789년 프랑스대혁명의 당해에 벌어진 주요 사건이었으며 이후 해를 이어가며 혁명 일정은 계속 진행했다. 1790년에는 3월의 국유재산 매각을 시작으로 '6월의 폭도 진압법-7월의 성직자에 관한 민사기본법-12월의 행정개혁과 귀족작위 폐지' 등 사법과 행정 분야에서 일련의 혁명 법령이 반포되었다. 1791년에는 5월에 교황령Papal States에 속했던 아비뇽Avignon을 병합하면서 가톨릭 권력에 일격을 가했고 6월에는 루이 16세의 파리 탈출이 실패로 돌아갔다. 7월부터는 혁명의 구체적인 열매를 맺는 작업에 돌입했다. 제1공화국 출범을 향한 첫걸음에 해당하는 공화 운동이 출범했으며 10월까지 '국민공회 해산 → 헌법 가결 → 입법회의 소집' 일정이 일사천리로 진행했다.

1792년에는 이런 노력의 결과로 제1공화국이 탄생했다. 아직 공화국이 정식으로 수립되기 전인 3월에 지롱드파Girondins 내각이 먼저 수립되었지만, 곧바로 혁명 정부에 반대하는 프로이센과 오스트리아가 4월에 프랑스를 공격했다. 공화주의자Républicains와 자코뱅파Jacobins는 루이 16세가 이들과 내통한다고 의심하고 8월 10일 튈르리궁을 습격해서 접수했으며 9월 21일에 왕정을 폐지하고 공화제를 선언하면서 드디어 제1공화국이 탄생했다. 이로써 혁명은 공식적으로 성공함과 동시에 종결되었고 공화국이라는 새로운 정체政體 시대가 열렸다.

1793년부터는 이른바 '피의 정치'가 본격적으로 벌어졌다. 1월 21일에 루이 16세의 처형을 시작으로 곧바로 3월에 혁명재판소를 설치했다. 5월 31일의 내부 혁명으로 막시밀리앵 드 로베스피에르Maximilien de Robespierre(1758~1794년)가 이끄는 자코뱅파의 독재가 시작되면서 1793년 10월부터 1794년 7월까지 이른바 '공포정치'가 이어졌다. 왕당파, 귀족, 고위 성직자 등의 반혁명파는 물론이고 혁명파 내에서도 반대파까지 투옥과 숙청이 줄을 이었다. 이런 방식은 추악한 권력투쟁에 다름 아니어서 혁명 실패의 결정적 원인 가운데 하나가 되었다. 10월 16일 루이 16세의 왕비 앙투아네트의 처형을 시작으로 공포정치 기간 파리에서만 약 5

천 명이 약식 재판으로 사형되었다.

1794년의 전반부에는 이런 식의 공포정치가 계속되면서 부작용이 나타났다. 이에 반대하는 자코뱅파 내부의 대립과 정치보복이 격화되었으며 시민들의 반감도 점증했다. 7월 27일에 테르미도르의 반동Convention thermidorienne(영어로 '테르미도리언 리액션Thermidorian Reaction')이 성공하면서 로베스피에르의 축출Chute de Robespierre로 이어져 다음날 로베스피에르가 처형되었다. 혁명은 사실상 중단되었고 부유한 부르주아를 중심으로 한 보수파가 권력을 잡았다. 코뮌 대의원 70명이 처형되는 등 정치적·사상적 반동 정치가 시작했다. 그러나 이 역시 또 다른 권력투쟁일 뿐이었으며 이때부터 파리 정국은 변질한 방향으로 표류한다. 자코뱅파에 대한 무자비한 숙청과 처형까지는 그렇다고 해도 1794년 말에는 최고 가격법이 폐지되면서 부르주아들의 투기와 매점·매석이 극성을 부리는 지경이 되었다.

혁명의 종식과 나폴레옹의 등장

이상이 6년의 혁명 일지다. 제1공화국 자체는 명목상으로는 제1제국이 성립하는 1804년 5월 18일까지 계속되었지만, 1795년부터는 혁명 정신은 물론이고 공화정 정신마저 사라지면서 혁명기는 사실상 끝난 걸로 볼 수 있다. 로베스피에르를 처형하고 집권한 테르미도르 정부마저 부르주아들의 축재로 흘러가자 이번에는 거꾸로 반혁명 봉기가 다시 일어났다. 하지만 두 차례의 봉기는 모두 실패했다. 테르미도르 정부는 정신을 차리고 1795년 4월에 혁명재판소를 폐지했으며, 8월에 '1795년 헌법'으로 개헌을 단행했으나 그 방향은 왕당파를 막고 자신들의 권력을 강화하는 것이었을 뿐 진정한 혁명 정신과 공화정 정신은 실종되었다. 결국 이 해 10월 26일에 다섯 명의 총재가 다스리는 총재정부(1795~1799년)가 출범했지만 1796년부터는 공화정 세력과 재기를 노리는 왕당파 사이의 대립 등 공화국 내부의 치고받는 권력투쟁으로 혼란은 가속했다.

이런 혼란을 대체할 인물로서 나폴레옹 1세가 등장해 부상하게 되는데, 그는 쿠데타로 집권해서 통령정부(1799~1804년)를 세우고 제1통령에 오르기 전 이미 1796년 4월 이탈리아 원정에 성공하면서 권력의 핵으로 급부상했으며 그 여세를 몰아 1797년에는 오스트리아와 영국마저 연달아 격파하고 벨기에와 네덜란드 남부를 병합했다. 그는 이탈리아에 괴뢰 정부까지 세우는 등 영토를 확장한 업적을 바탕으로 단숨에 혼란스러운 내정을 수습하며 권력 기반을 확실히 다졌다.

이어 1798년 5월에는 영국과 인도 사이의 교통로인 이집트를 봉쇄하기 위해 이집트 원정을 단행했다. 당시 중요한 권력 계층이던 부르주아는 이를 동양과의 무역을 시작할 기회로 보고 적극적인 지지를 보냈다. 7월의 이른바 '피라미드 전투'의 승리로 이집트 원정은 성공했다. 나폴레옹은 이집트에 대한 애착이 커서 이런 군사적 승리 이외에 문화와 관련해서도 중요한 업적을 남겼다. 로제타석Rosetta Stone이라는 비석을 발견해서 이집트어 해독의 출발을 알렸으며, 무엇보다 고고학자, 건축가, 화가, 자연과학자 등을 대동하고 이집트의 자연과 문화유산을 샅샅이 뒤져 정밀하고 아름다운 동판화로 기록한 『이집트지*Description de l'Égypte*』(1809~1829년)를 출간했다.

이 책은 나폴레옹의 문화 업적 가운데 최고라 할 수 있는데, 도판Planches과 텍스트Descriptions의 두 버전으로 출간했다. 도판 버전은 '고대Antiquités–근대État Moderne–자연사Histoire Naturelle' 등의 세 주제 아래 열한 권으로 이루어졌다. 텍스트 버전은 '고대 텍스트Antiquités Descriptions–고대 기록물Antiquités Mémoires–근대État Moderne–자연사Histoire Naturelle' 등 네 주제 아래 아홉 권으로 이루어졌다. 두 버전을 합하면 총 스무 권이 되며 무려 20년에 걸친 오랜 작업 끝에 완성한 대작으로, 그야말로 이집트학의 집대성이었다. 지금과 같은 정밀한 기계가 없던 시절 오로지 육안과 수작업만으로 기록한 이 책은 지금까지도 정확도와 예술성을 높이 평가받는다.

이후 나폴레옹은 1798년 8월 아브키르만 해전에서 영국의 넬슨 제독에게 최초로 패배하긴 하지만, 1799년까지 스위스와 나폴리에 괴뢰 공화국을 세우는 등 대체로 승전을 이어갔다. 이를 기반으로 10월에 귀국해서 11월 9일의 쿠데타(혁명력으로 브뤼메르 18일의 쿠데타Coup d'État du 18 Brumaire)를 성공시켰다. 제1공화국은 유지되었지만, 정부 수반을 총재에서 '통령Consulat'으로 바꾸면서 바로 다음 날인 11월 10일에 임시 통령에 취임한 뒤 12월 12일 초대 통령에 올랐다. 이때 프랑스대혁명이 사실상 종료되었다고 봐, 혁명기의 공식 기간은 보통 1789~1799년으로 잡는다. 다만 1792년에 성립한 제1공화국 자체는 제1제국이 탄생하는 1804년까지는 유지된 걸로 보며, 1799년부터 1804년 사이를 보통 '나폴레옹의 통령정부' 혹은 '집정정부'로 한 번 더 나눈다.

'혁명기 도시건축'의 정의

역사의 현장, 도시건축 활동, 반달리즘

이상이 혁명기 10년 및 그 이후 나폴레옹이 등장하기까지의 복잡하면서도 급박했던 진행 과정이다. 이 시기 파리의 도시건축을 보는 시각이나 부르는 명칭은 여러 가지다. 가장 대표적인 것으로 '혁명기 도시건축'을 들 수 있다. 건축사에서는 '도시'를 빼고 '혁명기 건축l'Architecture Révolutionnaire'이라는 말을 더 많이 쓴다. 그런데 이 명칭은 구체적인 양식 운동이라기보다는 혁명기 때에 일어난 건축적 현상을 지칭하는 성격이 더 강하고, 이런 현상은 도시 공간을 빼고는 얘기할 수 없어서 이 책에서는 '혁명기 도시건축'이라는 명칭을 쓰겠다.

혁명기 도시건축은 프랑스대혁명이 특별히 중요한 역사적 사건이어서 흔히 혁명과 연관해 파리 도시 공간 속에서 일어난 모든 건축 현상을 이른다. 이때 '혁명 정신'에 특히 집중하는 경우 '자유 건축l'Architecture de la Liberté' 혹은 '비전 건축l'Architecture Visionnaire'이라고도 한다. 자유와 비전은 혁명 정신에서 파생된 개념들로 볼 수 있다. 반면 이와 달리 굳이 혁명과의 연관성을 가정하지 않고 그냥 18세기 건축에 포함한 뒤 개별 건물과 건축가별로 분류해서 보기도 한다.

여기에서는 이 가운데 연관성을 높이 봐서 '혁명기 도시건축'이라는 말을 사용하겠다. 물론 구체적인 내용을 놓고 보면 개념과 실체가 모호한 측면이 많으며 편차가 큰 여러 흐름과 경향이 공존 내지는 혼재하는 것 또한 사실이다. 일부는 구체적인 양식 운동이라기보다 사회적 현상에 가깝기도 하다. 그렇지만 '혁명기 도시건축'이라는 주제에 대한 논의는 여전히 유효해 보인다. 무엇보다 서양사에서 '혁명'은 중요한 문명 발전의 원동력이었는데, 정작 건축사에서 '혁명'이라는 단어를 붙일 수 있는 경우는 드물기 때문이다. 프랑스대혁명이 서양 혁명사에서 1917년 러시아 혁명과 함께 가장 크고 대표적인 사건인 데에 걸맞게 혁명기 파리는 말이 필요 없는 격변의 시기였다. 또한 이 시기 파리 도시건축에 여러 경향이 혼재한 현상 자체를 다양성이라는 긍정적 현상으로 볼 수 있으며, 이에 따라 '혁명기 도시건축'이라는 논의를 통해 18세기 말 파리의 도시건축 상황을 그만큼 풍성하게 파악할 수 있기 때문이다.

이상과 같은 배경 아래 파리의 혁명기 도시건축을 정의해보자. 우선 '혁명 일반론'으로 보면 혁명기의 도시건축은 보통 세 가지 내용으로 이루어진다.

첫째, 도시가 생생한 역사의 현장, 즉 역사 기록의 장이 된다. 군사혁명이건 시민혁명이건 도시 공간에서는 무력 행사와 소요 사태의 형태로 진행하기 때문에, 도시건축에는 중요한 역사가 진행되고 그 기록이 쌓이게 된다.

둘째, 구체적인 도시건축 활동은 양방향으로 나타난다. 격변기여서 처음에는 도시건축 활동이 멈추지만, 민심을 얻고 혁명의 정당성을 확보하는 등 혁명의 성공을 위해 개발 사업에 박차를 가하게 된다. 다만 개발의 구체적인 방향과 내용은 혁명의 성격과 목적에 따라 다양하게 나타날 수 있다. 또한 도시와 건축이 함께 진행하기도 하고 별도의 양상으로 전개하기도 한다.

셋째, 파괴와 복원의 역사다. 우선 혁명에는 보통 건물 파괴가 수반해서, 이를 지칭하는 '반달리즘vandalism'이라는 별도의 명칭까지 생겼다. 유혈 충돌 과정에서 발생하는 불가피한 파괴부터 고의적인 파괴까지 혁명기 때에 건물은 반달리즘의 일차 대상이 된다. 프랑스대혁명 때도 이런 반달리즘이 최절정에 이르렀으며, 이는 어쩔 수 없이 프랑스대혁명의 흑역사로 남았다. 그러나 19세기에는 거꾸로 복원 작업이 활발하게 진행해 성공적인 성과도 남김으로써 문화사에 큰 획을 그었다.

혁명기 파리의 도시건축 역시 일반론의 이와 같은 세 가지 특징이 모두 극명하고도 큰 규모로 발생하면서 혁명기 도시건축을 대표하는 사례가 되었다. 이번 장에서는 첫 번째 역사 기록의 장과 두 번째 도시건축 활동을 차례대로 살펴보고 세 번째 반달리즘에 대해서는 다음 세 장에서 건물별로 자세히 살펴보겠다.

역사의 현장

파리 도시 공간에 5단계로 기록된 10년의 혁명 일지

먼저 역사 기록의 장이다. 이 시기 파리의 도시 공간에는 '행진-소요-유혈 충돌-혁명재판-제1공화국의 소집과 선포' 등 혁명의 모든 진행 상황이 차곡차곡 쌓여 역사의 기록으로 남게 되었다. '역사 기록의 장' 혹은 '역사적 현장'이란 이런 일들이 진행된 도시 공간 내의 주요 장소들을 말한다. 물론 19세기의 오스망 재개발과 20세기의 근대화 과정 등을 거치며 혁명의 물리적 흔적은 대부분 사라졌지만, 역사적 현장으로서의 장소는 모두 기록으로 남게 되었다. 이런 기록은 도시건축사는 물론이고 정치사, 사회사, 문화사 등의 일반 역사에서도 중요하면서 또한 흥미진진한 내용으로 가득 차 있다. 파리의 주요 장소를 따라 이 내용을 추적하고 확인하는 일은 오랜 시간이 지난 지금 프랑스대혁명을 가장 생생하게 간접 체험할 수 있는 길이기도 하다.

큰 방향부터 보면, 이미 1788년부터 프랑스 전역과 파리에서 작은 규모의 소요 사태가 시작했는네 이 내용을 일일이 추적하는 건 불가능하다. 파리 도시건축의 관점에서 의미 있는 첫 번째 사건이 일어난 시기는 아무래도 본격적인 소요가 시작되는 1789년 7월 11일부터일 것이다. 이후 대혁명의 역사적 현장 기록은 보통 1799년 11월 9일의 '브뤼메르 18일의 쿠데타' 사이의 기간으로 잡는다. 이 기간에는 크고 작은 수많은 사건이 급박하게 진행되었는데 대부분 도시 공간과 건물 안에서 일어난 것들이어서 역사적 현장의 기록을 남겼다고 볼 수 있다. 그 내용은 무척 많아서 분류가 필요한데, 크게 '바스티유 감옥 함락-10월의 이틀-루이 16세 처형-테르미도르의 반동과 로베스피에르 축출-브뤼메르 18일'의 다섯 단계로 나눌 수 있다. 차례대로 살펴보자.

1단계는 바스티유 감옥 함락La Prise de la Bastille이다. 혁명군의 진격 순서는 '팔레 루아얄 → 튈르리궁 → 파리 시청사 → 앵발리드 보훈병원 → 바스티유 감옥 → 그레브 광장(시청 광장)'이었다.도 9-3 1789년 7월 12일의 팔레 루아얄에서 동쪽을 향해 시작했으며 첫날은 튈르리궁까지 함락할 수 있었다. 다음날에는 시청 광장Place de l'Hôtel-de-Ville인 그레브 광장Place Grève에 대규모 군중이 운집했다.도 9-4 다시 하루가 흘러 드디어 운명의 7월 14일이 밝았다. 먼저 앵발리드 보훈병원(앵발리드 오텔Hôtel des Invalides)을 접수한 뒤 프랑스 대혁명을 상징하는 역사적인 사건인 바스티유 감옥 함락에 성공했다.도 9-5 시민군의 일부는 다시 시청으로 돌아와서 이곳마저 접수했다. 지금도 바스티유 광장Place de la Bastille은 그날의 역사를 간직한 채 잘 남아 있다. 감옥이 있던 자리에는 바스티유 오페라 하우스L'opéra Bastille를 새로 지었고 광장 중앙에는 1830년의 7월 혁명을 기념하는 '7월 혁명 기념비La Colonne de

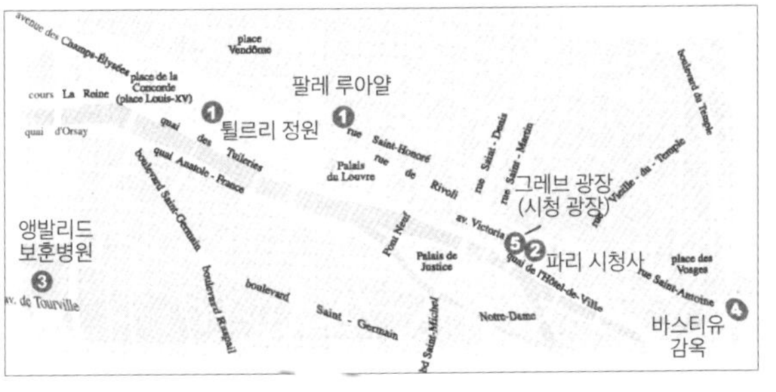

9-3. 1789년 7월 12~14일 바스티유 감옥 함락La Prise de la Bastille 때 혁명군의 행진 코스(위)

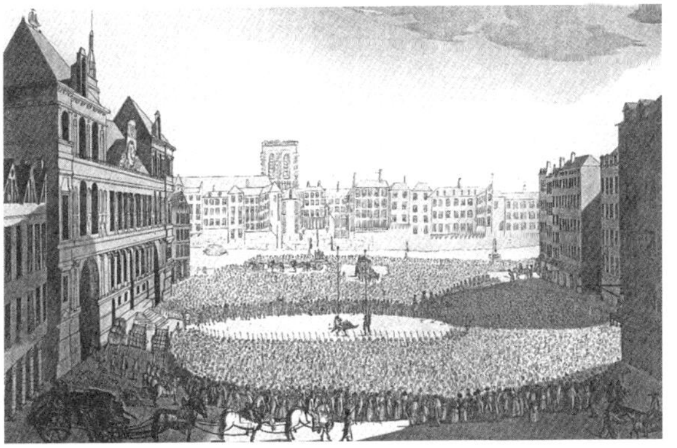

9-4. 1789년 7월 13일 시청 광장Place de l'Hôtel-de-Ville인 그레브 광장Place Grève에 군집한 군중(아래)

9-5. 1789년 7월 14일 바스티유 감옥 철거 장면. 장-피에르 우엘Jean-Pierre Houël(1735~1813년)의 그림(왼쪽)

9-6. 바스티유 광장Place de la Bastille의 현재 상태. 중앙에는 '7월 혁명 기념비'를, 그 옆 감옥 자리에는 바스티유 오페라 하우스L'opéra Bastille를 각각 세웠다. (오른쪽)

Juillet'까지 세워졌다.도 9-6 이런 역사를 거쳐 중세에 성채, 성문, 감옥 등이 있던 이 자리는 이제 파리에서 단연 혁명을 상징하는 공간으로 거듭났다.

2단계는 '10월의 이틀Les Journées d'Octobre'로 5일과 6일 양일에 있었던 사건을 말한다. 진격 순서는 '바스티유 감옥과 그레브 광장(시청 광장) 두 곳에서 출발 → 콩코르드 광장 → 튈르리궁과 파리 시청사로 나뉨 → 루브르궁으로 집결'이었다.도 9-7 5일에는 바스티유에 남아 있던 시민군이 시청에 합세했으며 이어 콩코르드 광장을 점령했다. 6일에는 콩페랑스 성문에 집결해서 시청으로 진격한 뒤 이미 함락되어 있던 튈르리궁에도 일부 세력이 주둔하는 걸로 하루 일정을 마무리했다.

3단계는 루이 16세 처형L'exécution de Louis XVI이다. 행적의 순서는 '바

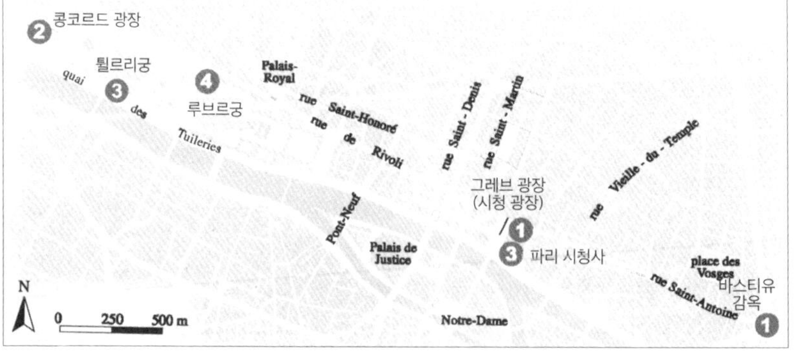

9-7. 1789년 이른바 '10월의 이틀Les Journées d'Octobre' 기간(10월 5~6일) 혁명군의 행진 코스

렌Varennes → 탕플 탑Tour du Temple → 콩코르드 광장Place de la Concorde → 생트마들렌 묘지Cimetière Sainte-Madeleine'였다.도 9-8 루이 16세는 1791년 6월 20일 밤에 메츠Metz 쪽으로 탈출해서 바렌까지 갔으나 21일 새벽에 이곳에서 추격군에게 체포당해 파리로 압송된 뒤 탕플 탑에 갇혔다.도 9-9 이어 몇 달의 재판을 거친 뒤 1793년 1월 21일 처형의 날이 밝았다. 왕을 태운 수레는 단두대가 설치된 콩코르드 광장까지 마지막 죽음의 행렬을 했으며, 이곳에서 루이 16세는 참수되었다.도 3-21 시신을 처리하는 마무리 작업도 잊지 않았다. 시신은 8구에 있는 생트마들렌 묘지에 묻혔다. 같은 해 10월 16일에는 왕비 앙투아네트도 처형되었다. 이후 왕정복고 기간인 1816~1826년에 생트마들렌 묘지의 명칭을 루이 16세 광장으로 개명한 뒤 그리스 신전 모습의 원형 무덤인 '참회의 예배당Chapelle Expiatoire'을 세워 앙투아네트의 시신과 합장했다.

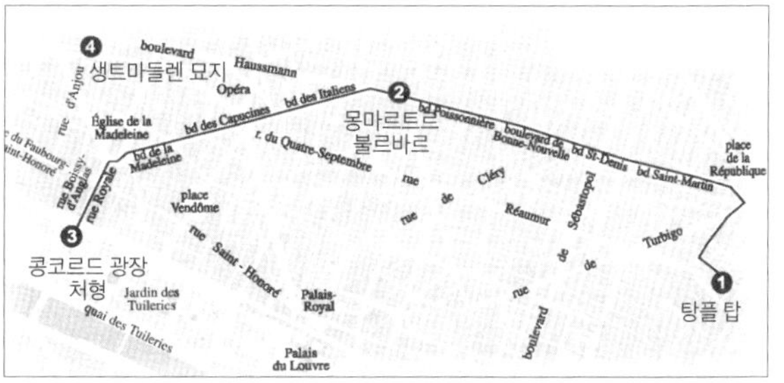

9-8. 1793년 1월 21일 루이 16세 처형 때 이동 코스(위)

9-9. 1793년 1월 21일 루이 16세가 처형당하러 떠나기 전 가족과 이별하는 장면(아래)

4단계는 테르미도르 반동과 로베스피에르 축출로 1794년 7월 27일과 28일 양일에 걸쳐 진행되었다. 진격과 반격의 공방 순서는 '튈르리궁 → 그레브 광장(시청 광장) → 파리 시청사 → 시테섬의 콩시에르주리Conciergerie → 콩코르드 광장'이었다.도 9-10 테르미도르파는 27일 국민의회의 본부로 쓰고 있던 튈르리궁을 사전에 봉쇄하고 로베스피에르가 국민공회에 참석하는 걸 막는 데 성공했다. 로베스피에르는 자신의 지지자들이 모여 있던 파리 시청으로 갔지만 이내 반격을 포기했다. 시대가 기울었음을 알아차린 데다 본인의 건강이 악화해 있어서 상황을 되돌리기

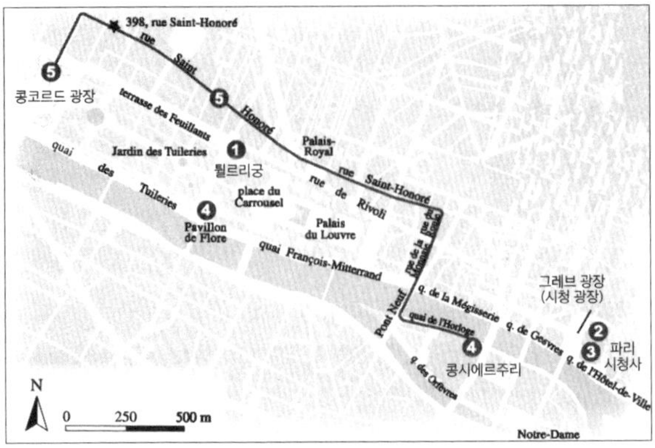

9-10. 1794년 7월 27일과 28일 진행한 테오미도르 반동의 진행 코스(위)

9-11. 1799년 10월 나폴레옹이 파리로 귀환한 '브뤼메르 18일의 쿠데타Coup d'État du 18 Brumaire' 이후 11월 9일 파리 수비대 장교와 여러 장군의 충성 서약을 받는 장면(아래)

에 역부족임을 절감해서였다. 이날 저녁 늦게 로베스피에르는 결국 시청에서 중상을 입은 채 체포되어 들것에 실려 시테섬의 콩시에르주리에 투옥되었다. 옆방은 공교롭게도 앙투아네트가 투옥되어 있던 방이었다. 다음 날인 28일에 로베스피에르는 콩코르드 광장으로 압송되어 재판도 받지 못한 채 역시 단두대의 이슬로 사라졌다.

5단계는 브뤼메르 18일의 쿠데타Coup d'État du 18 Brumaire이다. 진행 순서는 '빅트와가Rue de la Victoire → 튈르리궁 → 살 데 마쉰'이었다. 나폴레옹은 1799년 10월 파리로 귀환했다. 혁명기는 이미 막을 내리고 있었으며 나폴레옹은 여러 번의 해외 승전으로 이미 인기가 하늘을 찌를 듯했다. 나폴레옹이 파리에 입성하는 날에는 군중의 환영 행사를 방해하지 않기 위해 모든 극장이 문을 닫을 정도였다. 나폴레옹은 11월 9일 빅트와가 58~60번지에서 파리 수비대의 충성서약을 받고 튈르리궁으로 행진했다.도 9-11 왕당파는 푀양 수도원les Feuillants Abbey 테라스에 모여 열렬한 지지를 보냈다. 푀양파 자체는 혁명 기간에 입헌군주제를 지지하다가 1792년 해체된 보수파였고 이때 수도원도 함께 폐쇄되었는데, 시대가 바뀌면서 왕당파는 이 수도원을 근거지로 삼아 재기를 노리고 있었다. 튈르리궁 내에는 국민의회파가 남아 있다가 나폴레옹이 군대를 지휘하며 오는 걸 보고 놀라서 살 데 마쉰으로 퇴각했고, 이후 최종적으로 진압당했다. 나폴레옹은 튈르리궁에 자신의 정부를 차리고 11월 10일에 곧바로 임시 통령으로 취임했다. 이로써 혁명기는 막을 내렸다.

혁명기 파리의 도시 상황
발자크의 파리에서 졸라의 파리로

다음으로 도시건축 활동이다. 이 내용은 도시와 건축으로 나누어볼 수 있다. 먼저 도시계획과 개발 사업 등의 도시 상황이다. 이런 대혼돈의 와중에서도 제1공화국 정부는 1793년 '파리 예술가의 개발안Paris Artists' Plan'이라는 개발 계획안을 입안했다.도 1-2, 1-3 혁명의 성공을 위해서 구체적인 업적이 필요했는데 파리의 도시개발 사업은 중요한 분야였다. 더 나은 세계를 만들고자 하는 혁명의 순수한 뜻을 수도 파리의 도시 공간에 반영한 것이다.

그 첫발은 1794년에 설립된 '예술가위원회Commission des Artistes'였다. 이 위원회는 1793년의 개발안을 다듬어서 '예술가의 개발안Plan des Artistes'(1794~1797년)으로 발전시켰다. 혁명 전 앙시앵 레짐 때 기획했던 '1783년 법령'의 각 조항stipulations을 출발점으로 삼아 새롭게 바뀐 시대정신을 반영한 내용을 추가했다. 기본 방향은 파리의 확장이었다. 프랑스대혁명 직후부터 준비하던 파리 확장 계획을 하나의 안으로 정리한 것이다. 이런 확장은 시대적 의미가 컸는데 크게 넷으로 정리할 수 있다.

첫째, 가장 먼저 프랑스대혁명이라는 초대형 정치적 사건에 따른 개혁의 완수다. 구체적으로는 혁명 정부가 몰수한 왕실 소유 부동산을 공공자원으로 개발하거나 매각하기 위한 필지 정리가 대표적인 내용이었다.

둘째, 좀 더 크게 보면 혁명과 별개로 산업화 시대를 대비하려는 목적도 있었다. 영국에서는 이미 1760년대부터 산업혁명이 시작했으며 프랑스에도 그 여파가 밀려오고 있었다. 이처럼 산업화가 대세가 되어가는 시대 흐름을 볼 때 이전까지 아름다운 전통 도시로 작동하던 파리에 한계가 왔고 이를 극복하려는 시도가 있었다.

셋째, 같은 맥락에서 인구가 증가하고 도시가 팽창하면서 열악한 상태로 남아 있던 도시 위생도 함께 개선하려 했다.

넷째, 루이 16세가 쌓았던 관세 성곽의 철거였다. 파리 도시 역사에서 최악의 실패라 할 수 있는 이 성곽을 철거함과 동시에 파리를 다가오는 산업화 시대에 맞는 근대적 대도시로 탈바꿈시키려는 계획을 입안하기 시작했다.

이상과 같은 좋은 의도로 계획했고 문화 담론도 담고 있지만, 실제로 실행된 부분은 거의 없었고 파리에 실질적으로 가져온 변화도 크지 않았다. 하지만 전혀 없지는 않았는데 두 가지로 정리할 수 있다. 하나는 개별 단위로 새로 지어지는 건물들이 가로 상황이나 도시 골격에 작은 변화만 주는 정도의 발전은 있었다. 혁명의 혼란기여서 도시개발 사업은 사실상 전면 중단된 상태였고 이렇다 보니 건축 활동도 도시개발과 함께 큰 규모로 진행되지 못했다. 건축사에 등장할 만한 작품도 나오지 못했다. 오히려 개인 건축주들이 짓는 새 건물이 당시 파리의 도시 공간을 가장 크게 변화시켰다고 할 수 있을 정도였다.

다른 하나로 도로망에서 약간의 발전이 있었다. 우선 주요 건물을 초점의 중심으로 삼아 방사형 도로망을 구축하는 게 큰 방향이었다. 좌안의 생쉴피스 교회, 천문대Observatory, 발 드 그라스Val-de-Grâce 수도원 등 세 곳이 대표적인 초점이었다. 파리가 방사형 도로 체계로 유명한 것을 생각하면 이런 계획은 시대를 앞서간 것이었다. 하지만 당시는 아직 상류층이나 부유층만 마차를 타는 정도여서 이 계획 역시 거의 실행되지 못했다. 폭과 길이 등 규모부터 휴먼스케일을 벗어난 데다 너무 전격적이어서 보행자들의 심리적 거부감이 컸다.

이런 배경 아래 실제로 건설된 도로는 우안 2구의 콜론느가Rue des Colonnes가 유일했다. 1795년부터 건설을 시작했는데, 느리게 진행해서 혁명기 때에는 전체를 개통하지 못하고 일부만 닦을 수 있었다. 하지만 이 도로는 앞에 얘기한 '시대를 앞서간'의 좋은 사례로서, 이후 등장하는 파리의 도로 체계와 가로 미학을 잉태했다. 무엇보다 혁명 정부가 붕괴하고 곧바로 들어선 나폴레옹 1세 때 본격적으로 건설하기 시작한 대로의 본보기가 되었는데, 특히 이 건설을 주도한 페르시에Percier-퐁텐Fonttaine

파트너가 콜론느가에서 큰 감명을 받은 대표적인 건축가들이었다.

실제로 이들은 1802년에 리볼리가Rue de Rivoli를 건설할 때 콜론느가를 본보기로 삼았다. 쭉 뻗은 리볼리가를 따라 3~5층 높이의 아파트 같은 도시 집합 주거를 세워서 최초의 근대적 가로 미학을 탄생시켰다. 이는 직주職住 겸용의 도시 주거여서 1층에는 상가들이 줄지어 들어섰으며 외관은 르네상스 리바이벌Renaissance Revival 양식으로 꾸며서 가로변의 예술성을 높였다. 대로를 따라 아케이드가 세워지면서 파리 거리에는 아치 열이 가지런히 늘어선 '반복의 미학'이 등장했다.

영향력은 1852~1869년에 진행한 오스망 재개발 때까지 이어졌다. 오스망 재개발 때에는 지금의 파리를 구성하는 거의 모든 대로가 건설되었는데, 그 본보기가 앞과 같은 1795년 콜론느가와 1802년 리볼리가의 두 대로였다. 오스망 재개발 때에는 이런 구성을 이어받아 스케일을 크게 확장했다. 대로의 폭이 넓어지고 길이가 대폭 늘어났으며 이런 스케일에 맞춰 도로변의 아파트도 8~9층으로 높아졌다. 대로와 아파트가 함께 어울려 나폴레옹 1세 때 형성된 반복의 미학이 기념비성에 기초한 스펙터클spectacle의 미학으로 발전했다. 한편 콜론느가는 이런 역사를 거쳐 현재는 팔레 루아얄Palais Royal 북쪽의 레오뮈르가Rue Réaumur 인근으로 주변에 지하철 3호선의 부르스역Gare de la Bourse이 있다.

혁명기 때 콜론느가에서 시작한 이런 발전 단계는 도시건축의 미학으로도 해석할 수 있다. '예술가의 개발안'은 한마디로 당시까지 유행하던 바로크 도시의 원근법 미학에 머문 것으로 볼 수 있다. 아직 산업화와 자본화가 일어나기 전 단계로, 파리는 개별 건물 중심으로 파편화되고 분산적인 전통 도시를 벗어나지 못한 단계였다. 반면 오스망 재개발은 이를 뛰어넘어 산업화와 자본화가 마음껏 발휘된 최초의 근대적 대도시를 탄생시켰다. 파리는 대로를 중심으로 한 스펙터클 미학의 시대로 접어들었다. 그리고 그 중간에 낀 혁명기 도시건축은 바로크에서 근대로 넘어가는 전이 단계였다.

이처럼 '혁명기 예술가의 개발안-19세기 전반부의 나폴레옹 1세-19세기 중후반의 오스망 재개발'을 거치는 세 단계의 발전에는 상징적인 별명이 붙었다. 앞의 두 단계는 하나로 묶어 바로크 전통 시대를 대표하는 오노레 드 발자크Honoré de Balzac(1799~1850년)의 이름을 딴 '발자크의 파리Paris of Balzac'라 불렀다. 반면 오스망 재개발은 다시 시간이 흘러 대표적인 진보 문학가 에밀 졸라Émile Zola(1840~1902년)의 이름을 따서 '졸라의 파리Paris of Zola'로 불렀다.

한편 '예술가의 개발안'은 이상과 같은 도로를 중심으로 한 도시계획 이외에 좀 색다른 부수 효과도 낳았다. 이 계획에 근거해 도로, 다리, 방어시설 등의 세부안을 수립하는 과정에서 파리에 이를 건설할 엔지니어 수가 절대적으로 부족하다는 사실을 깨닫게 된 것이다. 이에 혁명 정부는 1794년에 이들을 양성할 '중앙공공사업학교École centrale des travaux publics'를 창설했으며 이 학교는 바로 다음 해에 '에콜 폴리테크니크École polytechnique'로 확대되었다. 교육과정은 기하학, 수학, 역학, 물리학 등이 중심이었다. 120여 년 전 17세기 중반에 데카르트가 이끌었던 과학혁명을 이어받아 이후 프랑스가 산업혁명을 거치고 오늘날 과학기술의 선두국가 가운데 하나가 되는 기틀이 이때 잡힌 것이다.

혁명기 파리의 건축 상황

'종이 건축'으로 표현한 혁명 정신

다음은 건축이다. 이 시기 파리 건축은 도시와 달리 '혁명기'라는 말을 붙이기에 가장 적합한 내용을 보였다. 실제 지어진 건물은 부족했지만 실험성 강한 건축이 등장해서 오히려 '혁명'이라는 말에 적합했다. 건축적 창의성에서 역사성과 사회적 개혁성 같은 인문사회적 주제에 이르기까지 여러 측면에서 중요한 주제를 담고 있다. 진행 기간도 프랑스대혁명의 10년보다 길어서 혁명이 발발한 1789년 이전부터 혁명 정신이 높아감에 따라 건축에서도 새 시대를 향한 다양한 시도가 터져 나오기 시작해 19세기 초까지 이어졌다. 이런 혁명기 건축의 내용은 크게 여섯 가지로 정리할 수 있다.

첫째, 우선 가장 중요한 건 실제 지어진 건물일 텐데 이는 앞 장에서 본 르두의 관세 징수소 42채가 대표했다. 관세 징수소 이외에는 이렇다 할 건물이 지어지지 못한 점이 아쉬움으로 남지만, 이 42채만으로도 대단한 실적이 아닐 수 없다. 42채 전체를 모아놓고 보면 하나의 새로운 양식을 창출했다고 해도 좋을 정도로 완전히 새로운 건축을 선보였다. 앞 장에서는 관세 징수소의 디자인에 담긴 '혁명기'의 특징에 관해서도 설명했다. 이 내용은 그대로 실제 지어진 건물로서 혁명기 도시건축의 내용에 해당한다.

둘째, 이와 달리 관세 징수소 한 가지 종류를 제외한다면 건축사에 남을 만한 주요 작품이나 공공시설 등은 지어지지 않았다고 볼 수도 있었다. 혁명기 자체가 급박한 정치 격변기여서 차분하게 건축 활동을 할 수 없었으며 이는 도시 분야에서 '예술가의 개발안'이 실행되지 못한 것과 같은 맥락으로 이해할 수 있다. 더하여 건축 공사를 발주할 주체였던 왕실과 귀족이 하루아침에 사라져버려, 이를 대체할 새 주체는 결국 혁명 정부였던 국민의회와 여기에 참여한 부르주아 계층이었지만 이들은 아직 대형 건물을 지을 역량을 갖추지 못했다. 그나마 국민의회는 얼마 가지 못해 해체되었으며 부르주아는 아직 충분히 부를 축적할 단계가 아니었고 오히려 자신들의 부를 축적할 목적으로 혁명 세력에 가담한 측면도 컸다.

셋째, 혁명기 도시건축의 일반론과 비교한 내용이다. 인류 역사에서는 동서고금을 통해 혁명기 도시건축이 여러 번 진행했는데, 혁명의 명분으로 본다면 사회적 약자를 위한 주거나 복지 시설 등의 건설에 중점을 두는 게 보통이다. 그런데 혁명기 파리는 이와 거리가 있었다. 사회주의 혁명이 아니었기에 약자를 위한 건축은 진행되지 않았다. 혁명 기간이 짧았던 데다 실패로 끝나면서 혁명 정신을 도시건축 사업으로 직접 구현할 기회도 없었다.

넷째, 실험적 건축 운동 혹은 아이디어 장르가 활발하게 진행했다. 파리의 도시건축에 아무런 변화가 없었던 것은 아니었다. 혁명 정신은 실험적 건축 운동으로 나타났다. 그 양상도 다양했으며 열기도 뜨거웠다. 실험적 건축이어서 실제 지어지지는 못한 대신 계획안이 쏟아졌다. 이런 계획안들은 아름다운 채색 드로잉이나 동판화 등으로 그려지면서 앞에서 본 아이디어 장르의 한 분야인 이른바 '종이 건축paper architecture'이라는 새로운 분야를 창출하며 전성기를 이루었다. 이런 실험적 운동들은 상상력을 마음대로 펼 수 있어서 다양한 내용으로 나타났다. 건축을 예술 분야로 보려는 경향이 강한 서양에서는 현대로 올수록 예술적 창의성을 발휘하기에 좋은 아이디어 장르와 종이 건축이 더 융성하는데, 혁명기 건축이 그 뿌리가 되었다.

다양한 새로운 실험이 그야말로 혁명처럼 봇물 터지듯 시도되었다. 오히려 실제 건물을 지을 상황이 못 된다는 시대 상황으로 인해 건축가들은 처음부터 자유롭게 상상의 나래를 펼 수 있었다.도 2-13 이런 내용은 유럽 건축에도 큰 영향을 끼쳤는데, 특히 독일의 젊은 건축가들이 대표적이었다. 이들은 19세기 독일의 신고전주의를 이끌게 되는데 그 바탕에는 혁명기 도시건축에서 받은 영향도 일정 부분 있었다.

다섯째, 개별 건축가들이다. '혁명기 도시건축가'라는 말 앞에는 보통 '세 명'이 따라붙는다. 에티엔-루이 불레Étienne-Louis Boullée(1728~1799년), 르두(1736~1806년), 장-자크 르퀴Jean-Jacques Lequeu(1757~1826년) 등이다.도 9-12, 9-13 이 세 건축가는 비슷한 경향을 추구하면서 앞의 종이 건축을 주도했으며 일정 수의 건물도 남겼다. 좀 더 확장한 일반적인 족보도 가능하며, 이에 따라 혁명기 건축가들 사이에서도 두 세대의 구분이 가능하다. 우선 불레를 시조로 잡고 르두가 이어받아 집대성하면서 1세대를 이루었다. 이어 그 영향 아래 루이-장 데스프레즈Louis-Jean Desprez(1743~1804년)와 르쾨를 필두로 피에르-아드리앵 파리Pierre-Adrien Pâris(1745~1819년), 피에르 루소Pierre Rousseau(1751~1829년), 자크-기욤 르그랑Jacques-Guillaume Legrand(1753~1807년), 프랑수아 베를리François Verly(1760~1822년), 루이 콩브Louis Combes(1762~1818년) 등이 쏟아져 나오면서 2세대를 이루었다. 도 9-14

여섯째, 종이 건축으로 표현한 새로운 건축 미학이다. 이들은 르두 정도를 제외하면 실제 지어진 건물보다는 주로 드로잉을 통한 실험적 건축에 전념하면서 종이 건축을 이끌었다. 실험적이었던 만큼 상상의 자유도

9-12. 에티엔-루이 불레Étienne-Louis Boullée(1728~1799년)의 메트로 교회Métropole 계획안(위 왼쪽)

9-13. 장-자크 르퀴Jean-Jacques Lequeu의 <국민 개선문이라 할 수 있는 파리 성문Porte du Parisis qu'on peut appeler l'arc du peuple> 계획안(위 오른쪽)

9-14. 피에르-프랑수아-레오나르 퐁텐Pierre-François-Léonard Fontaine(1762~1853년)의 <장례 기념비monument sepulcral> 계획안(아래)

마음껏 누린 편이다. 이미 불레부터 대표적인 드로잉 건축가였으며 어차피 혁명의 소용돌이 속에서 건물을 짓지 못한다는 자조적 패배주의가 유행하면서 그 울분을 자유로운 상상의 에너지로 전환하는 데 성공한 세대다.도 9-15 그 경향은 크게 둘로 나눌 수 있다.

하나는 개별 건물 차원에서 인상론, 특질론, 말하는 건축 등의 미학을 배경으로 건물의 표현력을 강화하는 경향이었다. 건물 입면을 사람의 표정에 대응하기도 하고 건물 종류에 따른 '인상의 전형성'도 만들었다. 이 과정에서 기하 도형에 건물을 대응시키는 시도도 등장했는데, 이는 현대 건축의 추상 경향을 일찌감치 제시한 앞서가는 흐름이었다. 또한 표현 요소의 확장을 위해 18세기 낭만주의에서 나타났던 이방 양식이나 동양주의 등도 도입했는데, 이는 유럽 중심의 서구 차별주의를 극복하는 평등주의의 뜻도 담고 있었다.

9-15. 에티엔-루이 불레의 박물관Muséum 계획안(위)

9-16. 클로드-니콜라 르두의 '메종 오스탕Maison Hosten'(1792년) 현재 철거(가운데)

9-17. 플로랑탱 길베르Florentin Gilbert의 국회의사당Assemblée Nationale 계획안(아래)

다른 하나는 사회 건축 혹은 공동체 건축이다. 과거 전제 시대를 종식하고 새로운 사회를 건설하려는 열망을 건축으로 표현한 경향이다. 현실 사회의 진보 속도는 더디게 진행하기 때문에 그 바람을 손쉬운 건축 드로잉으로 분출한 것이다. 공간 단위는 도시와 농촌으로 나누어볼 수 있다. 도시에서는 시민들을 위한 이상적 공공건축, 복합 단지, 소규모 이상 도시 등이 대표적인 내용이었다.도 9-16, 9-17 농촌에서는 농민들이 중심이 된 이상적 공동체를 꿈꾸었다. 이는 산업혁명 초기에 대도시가 농촌 인력을 빨아들이면서 농촌이 붕괴하던 당시 현실에 저항하는 대안 운동의 성격도 함께 있었다.

혁명 기간과 그 이후 실무 건축가들의 엇갈린 운명

이상은 혁명기 도시건축가들이었고 그 옆에는 실무 건축가들 그룹이 더 있었다. 실무 건축가들은 실제 건물을 짓는 사람들이어서 드로잉으로 자신의 주장을 펼친 혁명기 건축가들보다 정치 바람을 더 많이 탔다. 일부는 왕당파에 참여하거나 반대로 혁명군 및 시민군으로 참여해 혁명가의 길을 걷는 등 스스로 정치 성향을 드러내기도 했다. 그런데 건축사에는 주로 혁명 세력에 의해서 피해를 본 건축가들이 기록되어 있다. 이는 아마도 당시 건축사에 남을 규모의 공공건물을 발주할 여력이 있는 건축주는 왕실과 귀족이 독점하고 있었기 때문으로 추정해볼 수 있다.

이런 배경 아래 프랑스대혁명 때 고초를 겪은 대표적인 건축가들을 살펴보자. 이들은 대부분 앞에서 18세기 파리 건축을 이끈 건축가들이었다. 혁명이 발발하자 이런 활동은 왕실을 도운 행위로 간주되어 공격의 표적이 되었다. 대부분 왕실 건축가로 활동했으며 일부는 본인의 철학 때문이건 작품 수주를 위한 현실적 목적이건 왕당파에 속하기까지 했다. 이 정도는 아니더라도 왕실과 귀족이 발주한 작품을 설계한 건축가들은 혁명 세력의 눈에는 모두 같은 표적으로 보였을 것이다. 이처럼 혁명의 열기는 건축가들도 피해 가지 않았다.

다섯 명이 대표적으로, 이들의 행보는 혁명기 이후의 말년 활동까지 각기 다양했다. 사례별로는 크게 네 종류로 나눌 수 있다. 첫째, 혁명의 소용돌이에 휩싸였지만 이를 극복하고 재기에 성공한 경우로 샬그랭과 벨랑제가 대표적이다. 둘째, 혁명기 때 도주해서 화를 면하고 이후 활발히 활동한 경우로 브롱니아르가 대표적이다. 셋째, 혁명의 피해를 크게 입은 뒤 재기에 실패한 경우로 르두가 대표적이다. 넷째, 혁명 이전부터 실무에서 손을 떼 혁명을 무사히 넘기고 이후에도 같은 삶을 산 경우로 불레가 대표적이다. 이상 다섯 건축가를 차례대로 살펴보자.

먼저 장-프랑수아 테레즈 샬그랭Jean-François Thérèse Chalgrin(1739~1811년)은 혁명기 때 투옥되었다가 그 이후 이를 극복하고 활발하게 활동한 사례다. 그는 왕립건축아카데미에서 수학하고 프리 드 롬Prix de Rome(로마 대상)을 타서 1758년부터 로마에 체류했으며 파리로 돌아온 뒤에는 왕실과 귀족을 건축주로 삼아 여러 작품을 남기는 등 전형적인 왕실 건축가였다. 이 때문에 대혁명 때 투옥되었다. 대혁명 뒤 샬그랭은 복권되어 왕실 관련 주요 건축직을 거치며 활동을 재개했다. 19세기에 들어와서는 나폴레옹 1세의 시대를 대표하는 파리 개선문을 설계했다. 18세기 때의 신고전주의를 이어받아 추상 기하 경향으로 좀 더 발전시켜 황제가 되려던 나폴레옹의 욕망에 접목해서 시대 상황에 맞는 무난한 기념비 건축을 선보였다. 18세기 때 쌓은 왕실 관련 이력을 19세기에도 이어가며 바뀐 상황에 맞는 디자인을 창출한 것이다. 이외에 1799~1801년에는 뤽상부르 궁전의 개축도 담당했다.

프랑수아-조제프 벨랑제François-Joseph Bélanger(1744~1818년)도 샬그랭과 비슷하게 혁명기 때 투옥되었다가 이후 이를 극복하고 19세기 초에 활발히 활동한 사례다. 나이가 어려서 재기에 성공하기 좋은 조건이기도 했다. 벨랑제는 왕립건축아카데미에서 줄리앵-다비드 르루아Julien-David LeRoy(1724~1803년)에게 배우는 등 낭만주의 계열의 건축가로 출발했다. 이런 경향은 계속 이어져 조경과 어울리는 낭만성 짙은 작품들을 남겼다. 수채화 작품도 같은 계열로 분류할 수 있다. 그러나 이력이 계속되면서 왕실 소속 건축가가 되었고 상류층을 만족시키기 위해 당시 유행하던 여러 신고전주의 양식을 다양하게 차용하는 경향을 보였다. 이런 이력 때문에 프랑스대혁명 때에는 1년간 투옥되었다. 테르미도르의 반동 이후 1796년에는 반대로 복고 정부 건축가Architecte du Conservatoire가 되었고 이후에도 22년을 더 살았으며, 1809~1811년에 앞에서 본 곡물거래소의 2차 유리 돔 천장 개축 때 완전 철제 구조를 선보이는 등 중요한 활약을 했다.

알렉상드르-테오도르 브롱니아르Alexandre-Théodore Brongniart(1739~1813년)는 아예 대혁명을 피해 도주해서 화를 면한 뒤 혁명이 잦아들어 안전해지자 다시 나타나서 활동을 재개한 사례다. 그는 자크-프랑수아 블롱델과 불레의 제자로, 블롱델에게는 프랑스 고전주의를, 불레에게는 추상 기하 경향을 각각 배웠다. 18세기 말에는 귀족들을 주요 건축주로 삼아 이들의 저택인 오텔을 주요 작품으로 남겼다. 프랑스대혁명 때 보르도로 피신했다가 1795년에 파리로 돌아와 건축 활동을 재개했다. 이후 19세기에 접어들어 샬그랭 등과 함께 나폴레옹 1세 시대의 건축을 시작했는데, 18세기 때의 자신의 건축 경향을 나폴레옹 취향에 맞춰 코린트식 신전을 모델로 한 기념비 건축을 창출했다.

다음으로 르두(1736~1806년)는 가장 안타까운 경우였다. 앞에서 보았듯이 건축 경향에서는 가장 창의적이고 급진적인 흐름을 주도했으나 왕당파 건축가여서 대혁명 때인 1792~1794년 사이에 옥고를 치렀다. 혁명기에는 작품 성향보다 정치 성향에 따른 심판이 우선했기 때문이다. 이어 풀려난 뒤에도 12년을 더 살았으나 옥고의 충격을 이기지 못하고 재기에 실패했다. 이런 르두의 인생은 사회 격변기 때 창작과 개인 활동 이력 사이의 불일치를 보여주는 대표적인 사례다. 보통 쓰는 말로는 언행이 일치하지 않은 게 된다.

르두는 프랑스대혁명 이전부터 왕실을 위한 군사시설이나 행정시설 같은 정치색 짙은 건물을 계획해서 납품했으며 일부는 실제로 지었다. 그러나 순수하게 건축 경향만 보면 고전주의의 붕괴를 앞장서서 이끈 장본인이었다. 고전주의는 절대왕정을 대표하는 건축 양식이었고, 이를 기준으로 보면 고전주의를 붕괴했다는 건 절대왕정을 부정했다는 뜻이 되기 때문이다. 고전주의의 규범성이 왕조 전제를 지탱한 건축적 밑바탕이어서 이것을 깬 것은 루이 16세를 처형한 프랑스대혁명에 해당하는 건축적 사건이라 할 수 있다. 이렇게 보면 앙시앵 레짐과 혁명파 사이의 대립적 구별과 건축 경향 사이에는 일대일 대응이 일어나지 않음을 알 수 있다.

마지막으로 불레(1728~1799년)는 보통 르두와 함께 혁명기 도시건축을 대표하는 건축가로 많이 거론된다. 그런데 개인의 삶은 다른 면이 많았다. 르두보다 여덟 살이나 많았고 르두에게 큰 영향을 끼쳤기 때문에 혁명의 피해를 보려면 더 볼 수도 있었다. 하지만 그 반대였다. 불레는 1780년경 초반 경력은 실무로 시작했지만, 곧바로 당시 사회의 혼란상을 간파하고 1782년에 실무 건축에서 손을 뗐다. 이후 이론 연구와 교육을 겸한 종이 건축가로 평생을 보냈다. 그 덕에 당시의 혼란스러운 시대 상황 속에서 혁명의 격랑에 휩싸이지 않고 일신을 무사히 보존할 수 있었으며 도시건축이라는 장르로 이상향을 제시하는 업적을 남겼다.

10장 프랑스대혁명의 반달리즘과 19세기 복원1

노트르담대성당

프랑스대혁명의 그림자, 반달리즘

이상이 혁명기 도시건축의 세 가지 내용 가운데 역사의 현장과 도시건축 활동 등의 두 가지다. 마지막 세 번째인 파괴, 즉 반달리즘vandalism과 복원의 역사를 살펴보자. 이 내용은 무척 많은데 이번 장에서는 반달리즘의 일반론과 함께 가장 대표 사례인 노트르담대성당을 먼저 살펴보고 이어 다음 두 장에서는 건물 종류를 기준으로 '생트샤펠과 기타 교회' 그리고 '왕궁과 기타 건물'을 차례대로 살펴보자.

우선 프랑스대혁명 기간 파리에서 일어난 건물 파괴 행위인 반달리즘은 이 부분에서 단연 최고의 기록을 남기는 불명예를 기록했다. 물론 시간이 오래 지나 이제는 이런 파괴조차 역사의 교훈으로 작용하게 되었고, 더욱이 19세기에는 다시 긴 시간에 걸친 복원의 역사가 뒤따르는 등 혁명기 파리의 반달리즘은 문화 담론으로서는 매력적인 주제가 되긴 했다. 하지만 아무리 그렇다 해도 오래된 문화유산이 파괴된 일은 어떤 표현으로도 보상하기 힘든 아픈 역사일 것이다.

반달리즘의 사전적 의미는 '공공 기물 파손'이다. 조금 풀어 쓰면 '종교-행정-문화예술' 등의 공공시설과 문화유산, 나아가 자연경관을 파괴하거나 훼손하는 행위라는 뜻이다. 반달리즘이 일어나는 경우는 크게 세 가지다. 첫째, 전쟁에서 승리한 쪽이 점령지에 들어가서 도시건축에 대해 자행하는 게 가장 흔하다. 둘째, 시위나 소요사태 같은 정치적 불안 상황에서도 발생한다. 셋째, 이런 두 경우와 같은 사회적 차원의 동기나 배경과 무관하게 개인 차원에서 자행하는 경우다. 사회적 불만을 표출하거나 사회적 관심을 끌기 위해 자행하며, 때로는 단순히 한 개인의 병리적 현상의 일종으로 일어나기도 한다.

프랑스대혁명은 앞 세 경우 가운데 전형적인 두 번째에 해당하면서 반달리즘 역사 전체에서도 대표적인 사건이다. 프랑스대혁명 자체의 인지도와 중요성과 맞물리면서 마치 반달리즘의 대명사처럼 통용되기도 한다. 파괴 대상이 대부분 건물이어서 건축사적 사건이기도 한데, 어떤 면에서는 혁명기 건축에서 가장 많은 부분을 차지하는 핵심 내용이며 건축을 넘어 혁명기 자체의 역사에서도 큰 부분을 차지하는 거대한 정치사적·문화사적 사건이기도 하다. 만민 평등과 현대 시민민주주의의 기틀을 닦았다는 역사적 평가의 이면에 해당하는 불행한 기록이기도 하다.

혁명의 소용돌이가 휘몰아치면서 그 중심 도시였던 파리는 광기가 지배하게 되고, 그 과정에서 반달리즘이 덩달아 휩쓸고 지나갔다. 혁명이 진행되던 초기에는 왕당파와 정부군 간 전투에서 승리하는 일이 급선무여서 아직 조직적으로 파괴가 자행되지는 않았다. 바스티유 감옥 점령 정도가 상징적인 사건이다. 이어 앞 장의 현장 일지에서도 본 여러 단계의 진격에서 혁명군이 승리하며 주요 공공건물도 차례로 점령해갔다. 이 과정에서 시가전에 따른 불가피한, 혹은 자연스러운 파괴가 발생하기 시작했고 더불어 승자의 파괴 본능이 작동하기 시작했다. 본격적인 파괴는 혁명의 성공이 어느 정도 굳어진 뒤에 시작했다.

이즈음에서 프랑스대혁명 때 일어난 반달리즘의 정체에 대한 정밀한 진단이 필요해 보인다. 우선 파괴가 무작정 자행된 건 아니었다. 혁명군이 주도한 공식적인 파괴의 가장 큰 목적은 왕권을 해체하는 과정에서 교회 재산이 왕실 소유라는 '갈리아주의Gallicanism'(갈리아 교회주의)를 깨려는 것이었다. 이렇게 보면 주요 공공건물과 기독교 건축에 가해진 반달리즘은 '파괴'보다는 '매각에 기반한 해체'에 가깝다고 볼 수도 있다. 물론 이 과정에서 지금의 문화재 보호 기준으로 보면 '무식한' 파괴도 공식적으로 일어나긴 했다. 그러나 이런 종류의 파괴는 혁명과 무관한 잡범이 혁명의 소용돌이에 편승해서 벌인 경우가 많았다. 이런 현상은 소요사태의 도시 파리에서는 지금도 자주 목격되는 일이다.

어쨌든 이런 배경 아래 반달리즘의 공식적인 출발점은 1789년 11월에 진행한 교회 재산 매각 결의일 것이다. 이어 1790년 3월 파리 전체에 퍼져 있던 넓은 면적의 왕실 재산에 대한 몰수령과 함께 '교회 재산에 대한 몰수령confiscation on the tracts of clerical property'이 반포되었고, 곧바로 국유재산의 매각이 실제로 진행되었다. 이후 혁명 일정이 숨 가쁘게 진행되면서 왕궁, 시청, 광장, 성당, 교회 등 주요 공공시설이 모두 혁명군의 수중에 떨어지며 매각 대상은 급속도로 늘어났다.

매각은 당연히 민간 자본을 대상으로 진행되었지만 단순한 매각에 그치지 않고 전통 시대의 주요 공공건물에 대한 무자비한 파괴가 함께 자행되었다. 물론 표면적 명분은 전제 시대의 상징이자 물리적 생명줄이던 왕실과 교회의 재산을 몰수해서 시민들에게 돌려준다는 것이었다. 하지만 이 과정에서 건물이 파괴되고 건물에 설치되어 있던 중요한 예술작품과 실내장식, 그리고 보관 중이던 값비싼 귀금속, 보물, 공예품 등이 털려 시장에서 싼값에 팔리는 등 흔적도 없이 사라졌다.

왕실까지는 그렇다 쳐도 교회가 왕실과 함께 반달리즘의 대상이 된 데에는 교회 재산을 왕실이 소유하는 갈리아주의라는 전통이 한몫을 했다. 물론 순수하게 정치 이념으로 봐도 전통 시대의 유럽 기독교는 전제 정권과 손을 잡고 현실 권력을 나눠 가진 대표적인 권력 집단이어서 이 자체만으로도 혁명 세력의 표적이 되었다. 프랑스는 여기에 더해 교회 재산까지 왕실에서 소유하며 공격받을 요인이 두 배가 된 셈이었다.

반달리즘이 남긴 두 가지 물음과 복원 사업을 촉발한 역설

이상이 프랑스대혁명에 수반한 반달리즘의 개괄적 배경이다. 반달리즘은 인간의 폭력 본성을 바탕으로 한 인류 역사에서 피할 수 없는 항시적 현상이었는데, 프랑스대혁명의 경우 비판적 반성과 함께 중요한 근원적 질문 두 가지를 파생시키기도 했다.

하나는 '혁명에는 반드시 파괴가 수반해야 하는지'였다. 동서고금을 막론하고 전쟁에는 어쩔 수 없이 도시와 건물의 파괴가 수반한다. 이는 도시건축의 숙명이기도 할 것이다. 하지만 내부 혁명은 다르다. 인류 역사를 거쳐 간 수많은 혁명 가운데 도시건축을 크게 파괴하지 않고 진행한 사례도 많다. 러시아 혁명이 대표적이어서 건물 파괴는 인적 숙청과 분리해서 보았다. 그 결과 전제 황제인 차르Tsar 시대의 전통 건물은 거의 손상 없이 그대로 보존될 수 있었다.

이에 반해 프랑스대혁명은 과도한 측면이 있었다. 그 당시 가치관과 시민들의 심정으로는 그럴 만도 했겠지만, 예를 들어 노트르담대성당까지 가장 심하게 파괴한 건 분명히 과도했다 할 수 있다. 특히 시가전 와중에 어쩔 수 없이 파괴된 게 아니고 표적을 잡아 약탈을 수반한 의도적인 반달리즘이 가해진 건 심각하게 봐야 할 일이다. 내부에서 보관하던 귀중한 예술품과 문화재들이 약탈당해서 장물 시장에 나돈 건 더 가슴 아픈 일이다. 혁명이 내걸었던 '자유Liberté-평등égalité-박애fraternité'의 기치 옆에 비이성의 상징이라는 불명예가 함께 새겨졌다. 이는 그대로 혁명에 수반하는 역설의 교훈이 되었다. 이를 계기로, 적어도 내부 혁명에서만이라도 가능한 한 도시건축과 문화재는 보호하자는 각성 운동이 일게 된 건 프랑스대혁명이 남긴 또 다른 '학습효과'였다.

다른 하나는 같은 맥락에서 과거 전제 시대의 유산에 건물도 포함해야 하는지의 문제였다. 프랑스대혁명의 경우 전제 시대의 여러 법과 제도를 철폐하는 과정에서 그 업무를 담당하던 건물도 함께 폐쇄했다. 그런데 폐쇄만으로는 끓어오르는 국민들의 분노를 충족시키지 못했고, 결국 건물에 손을 대는 일로 번졌다. 전제 체제를 철폐하고 헌법을 새로 제정하는 일과 전제 시대의 건물을 철거하거나 파괴하는 일이 같을 수는 없는데 그런 일이 일어난 것이다. 러시아 혁명은 다시 한 번 좋은 비교 대상이다. 러시아는 1917년 10월 혁명에서의 성공 이후 과거 전제 시대의 법, 제도, 관습, 사회 가치 등을 완전히 뜯어고쳤는데, 이런 과거 유물에 건물은 포함하지 않았다. 또 다른 반증의 비유도 있다. 백악관과 엘리제궁 등에서 보듯이 21세기 시민 민주주의를 선도하는 나라에서도 최고 권력자의 집무실은 모두 전통 건축으로 남긴다.

이상의 두 가지 질문에 더해 다시 복원 사업이라는 또 다른 중요한 문화 활동도 파생했다. 주로 19세기에 오랜 시간에 걸쳐 대대적으로 진행한 문화 사업이었다. 이미 나폴레옹 1세부터 즉위와 함께 혁명기 때 철폐되었던 여러 제도를 부활시켰으며 건물 복원도 부분적으로 시작했다. 이어 정도의 차이는 있지만 '왕정복고-7월 혁명 정부-제2제국-제3공화국'으로 이어지는 19세기 전체에 걸쳐 복원 사업은 꾸준히 이어졌으며, 특히 7월 혁명 정부와 제2제국에 속하는 1840~1860년대에 집중되었다.

이런 복원 작업은 반달리즘이 없었으면 일어나지 않았을 텐데, 결과적으로는 이 과정에서 문화적 역량이 크게 발전하고 중요한 문화사적·건축사적 담론과 역량이 축적되는 결과를 낳았다. 복원은 일반적인 창작과는 달리 특수한 기술이 필요한데, 반달리즘이라는 대가를 치르고라도 복원을 경험하는 게 좋은지 여부는 쉽게 답하기 어려운 질문이다. 어쨌든 결과만 놓고 보면 반달리즘이 단순히 한 시대의 불행으로 끝나지 않고 문화사에서 중요한 발전의 배경으로 작용하는 역설을 낳은 것이다.

여기에서 당시 파리 도시건축의 문화적 역량을 높게 평가할 수 있다. 우선 포괄적 차원에서 반달리즘에 대한 반성이 먼저 있었다. 이어 진행한 복원 사업과 관련해 무엇보다 빅토르 위고의 대표 사례에서 보듯이 자신들이 파괴한 과거의 유물들이 사실은 매우 중요한 문화유산임을 확인했으며, 이를 계기로 문화재와 도시건축 역사의 중요성을 인식하기 시작했다. 복원 작업이 실제로 진행하는 과정에는 풍성한 문화 논의가 파생해서 축적되어 현대로 전수되었다. 또한 현대 고고학, 박물관학, 서지학, 도서관학, 건축술 등 여러 학문 분야의 발전이 뒤따른 건 측정하기 어려운 또 다른 큰 수확이었다. '문화재cultural properties'나 '문화유산cultural heritage'과 관련해서 오늘날과 같은 법이 제정되고 체계적 관리 체제가 확립된 것도 이 시기 파리의 복원 사업 덕이 컸다. 2024년 한국에서 '문화재'란 과거 용어를 '국가유산'으로 바꾼 데에서도 그 중요성을 다시 확인할 수 있다.

노트르담대성당의 반달리즘 1
건물 파괴와 미술품 절도

이상의 배경 아래 주요 건물에 대한 반달리즘의 내용을 살펴보자. 건물의 순서는 파괴의 시간 순서가 아닌 파괴당한 대상의 종류와 중요도를 혼합한 순서로 살펴보겠다. 아울러 19세기에 파괴된 경우도 포함했다. 프랑스대혁명 때는 무사히 넘어갔다가 1830년 7월 혁명이나 1871년 파리 코뮌 등 19세기 혁명 때 파괴된 건물도 있으며, 심지어 한 건물이 프랑스대혁명에 이어 19세기에 연달아 파괴되기도 했는데 이 모든 경우를 포함하겠다. 또한 19세기에 진행한 복원 사업도 반달리즘에 대한 '짝' 개념으로 함께 정리한다.

가장 먼저 노트르담대성당이다. 파리를 대표하는 정신적 공간이자 파리에서 가장 중요한 문화재라고 할 수 있는 이 건물조차도 혁명의 격랑과 반달리즘을 피해 갈 수 없었다. 아니, 오히려 이런 대표성으로 인해 피해가 가장 큰 건물 가운데 하나가 되었다. 중세 기독교 시대의 전성기를 보낸 뒤 초기 근대까지도 프랑스 왕실의 중요한 행사를 거행하는 지위를 지켰는데, 세상이 바뀌어 프랑스대혁명 때에는 이런 지위가 거꾸로 독이 되어서 반파 이상으로 훼손된 것도 모자라 사실상 폐허가 되었다. 한편 좀 더 순수한 이념적 관점에서 보면 과거 전제 시대의 종말이라는 프랑스대혁명 본연의 취지에 해당하는 부분도 있다.

이후 그대로 폐허 상태로 방치되면서 19세기 중반까지도 완전 철거를 주장하는 목소리가 비등하게 나타나는 등 위태로운 운명을 유지하고 있었다. 심지어는 산업혁명이 성공하고 산업자본주의가 득세함에 따라 노트르담대성당 부지에 눈독을 들이는 자본이 나타나기 시작했다. 당시는 산업화가 진행되고 유럽 내의 제국주의 경쟁이 심화하면서 주요 나라의 수도 급 대도시들이 근대적 대도시로 팽창하던 때였다. 이런 시대에 과거 전제 권력의 원흉으로 지목되어 흉물스러운 폐허로 남아 있던 노트르담대성당은 좋게 말해도 애물단지 이상은 되기 힘들었다. 그러나 이를 이겨내고 21년이라는 긴 기간의 복원 작업을 거쳐 다시 태어났으며, 제2차 세계대전도 무사히 피해 현재에 이른다. 이처럼 노트르담대성당에서는 '반달리즘의 피해-전제 시대의 종말-폐허 방치-복원'의 무려 네 과정의 담론이 파생했다. 차례대로 밟아보자.

첫 번째 과정으로, 반달리즘의 피해다. 혁명 세력들은 혁명 당해 년인 1789년의 처음에는 노트르담대성당에 대해 우호적이어서 혁명이 성공한 뒤 이곳에 모여 '찬미가(테데움Te Deum)' 미사를 드렸다. 하지만 1793년부터 분위기가 급변해 노트르담대성당도 파괴 목록에 올랐으며, 이름도 '이성의 신전Temple de la Raison'으로 바뀌었다. 용도는 이름과 달리 식량 창고가 되었다. 전제 시대의 잔재인 '정교일치'를 종식하는 과정에서 그 본거지였던 노트르담대성당이 일차 표적이 된 건 일면 당연했다.

인간사가 모두 돈과 관련이 있듯이, 정교일치의 핵심에는 교회 재산권이 프랑스 왕실에 있다는 갈리아주의가 있었다. 즉 왕권과 종교 권력이 손을 잡은 전제적 절대 권력 자체와 이들이 소유하고 있던 수많은 국유재산이 함께 철폐의 대상, 공격의 대상이 된 것이다. 이때 국유재산을 프랑스어로 하면 'biens nationaux'이고 영어로 하면 'national lands'인 데에서 알 수 있듯이 부동산이 주요 항목이었다. 기독교 건물이 가장 많아서 당시 파리 시내에 있는 50여 채 이상의 교구 교회와 130여 채 이상의 수도원 소속 건물이 왕실 소유였다. 노트르담대성당은 이를테면 이런 기독교 재산의 본산인 격이었다. 혁명 세력이라고 자신들의 문화재에 대한 자긍심이 없을 리 없었겠지만, 당시의 혁명적 개혁 열기로 봐서는 노트르담대성당이 주요 공격 대상이 될 수밖에 없었다.

실제로 혁명 세력이 노트르담대성당에서 가장 먼저 손을 댄 것도 본체보다는 정면 외부에 부착된 왕의 조각상들이었다. 주로 혁명을 촉발한 장본인들인 절대왕정의 '루이' 왕들의 조각상이었고, 성경 속 인물에 자신들을 동격화해서 제작한 일부 중세 왕의 조각상들도 포함되었다. 이어 혁명이 안정기에 들어서고 정신을 좀 차리게 되자 1793년부터는 건물도 본격적으로 철거되었다. 아직 남아 있던 미술품들도 덤으로 함께 철거되었다. 이들은 '고딕 유령의 철거 작업la destruction des gothiques simulacres' 정도로 이름 붙일 수 있는 기치를 내걸었다.

좀 더 구체적으로 보면 건물과 미술품으로 나눌 수 있다. 건물에는 순수한 의미의 파괴가 가해졌다. 주재료가 화산암과 화강암이었는데, 당시 건설 시장에서 이런 석재는 큰돈이 되지 않았기 때문에 재료를 팔 목적으로 떼어가기보다는 분노에 찬 폭력적 파괴가 가해졌다. 최종적으로는 반파 정도 된 상태에서 멈추었다. 이렇게 파괴된 외관에 샤를 페르시에Charles Percièr(1764~1858년)와 피에르-프랑수아-레오나르 퐁텐Pierre-François-Léonard Fontaine(1762~1853년)이라는 두 건축가가 회반죽을 발라놓아서 '백지 성당'이라고 불리기도 했다. 물론 무작정 회반죽을 바른 건 아니고 일정한 장식 처리를 하긴 했지만, 이는 요즘으로 치면 공사장 차단막에 그린 그림 정도의 의미밖에는 없었다. 한편 두 건축가는 나중에 페르시에-퐁텐 파트너를 이루면서 나폴레옹 1세 때의 대표 건축가가 되어 노트르담대성당 복원 작업의 가능성을 모색하게 되는데, 이 또한 자그마한 역설이었다.

미술품은 달랐다. 중요한 파괴는 의외로 건물이 아닌 미술품에 가해졌다. 크게 두 갈래였다. 하나는 건물과 마찬가지로 전제 시대를 종식한다는 순수한 혁명 정신에 충실한 파괴였다. 이런 미술품들은 건물과 달리 대형 장비 없이도 떼어낼 수 있어서 더욱 쉽게 표적이 되었다. 다른 하나는 돈을 노리고 재료를 약탈해서 시중에 내다 판 경우였다. 이마저도 작품의 예술성이 아닌 금과 은 같은 고가의 재료를 노린 것이었다. 전제 시대를 종식하고 과거의 낡은 관습을 타파한다는 순수한 정치 이념이나 사회적 동기와도 거리가 먼 단순 절도에 가까웠다. 금은 세공품, 청동상, 대리석 조각 등은 당시 장물 시장에서 고가로 팔리는 물품들이었기에 이를 노리고 떼어가서 파는 경우가 대부분이었다. 더하여 조각품과 스테인드글라스 같은 일부 작품은 예술성을 인정받아 지금보다는 덜했지만 역시 비싸게 받고 팔 수 있었다.

노트르담대성당의 반달리즘 2
전제 시대의 종말과 왕들의 조각상의 파괴

두 번째 과정으로, 전제 시대의 종말이다. 노트르담대성당에 가해진 반달리즘 가운데에는 혁명 정신을 바탕으로 한 순수한 개혁의 의미로 해석할 수 있는 내용도 있다. 바로 성경 속 유대 왕들과 자신을 동일화한 프랑스 중세 왕들의 조각물이다. 이런 조각들은 노트르담 광장으로 끌어내려져 산산조각 나다시피 파괴되었다. 여기에는 대혁명 당시 파리 시민들이 절대왕정을 거치며 구축된 앞 시대의 왕조 역사를 부정적으로 바라보는 시각이 담겨 있다. 또한 건물이 왕조사와 한 몸으로 해석될 수 있는 흥미로운 대목이기도 하다. 좀 더 자세히 설명하면 그 내용은 이렇다.

우선 프랑스대혁명 이전에 원론적으로도 절대왕정은 노트르담대성당에 좋은 일은 아니었다. 중세에서 벗어나고 강력한 왕권이 구축되었다는 건 기독교가 쇠퇴했다는 뜻이기 때문이다. 프랑스에서는 이미 중세부터 갈리아주의를 통해 왕의 세속 권력이 기독교 권력보다 우위에 있었다. 이런 가운데에서도 중세 때의 기독교는 아직 시대를 상징하는 대표성의 힘이 있었다. 더욱이 로마 교황청까지 함께 보면 더 그랬다. 하지만 절대왕정 시대에 접어들면서 이마저도 사라지고 갈리아주의가 더욱 강화되었다. 이는 프랑스를 넘어 유럽 전체의 거시적 현상이기도 했다. 17~18세기의 '바로크-계몽주의' 자체가 지구 전체의 세계관에 대변혁이 일어난 시기였으며, 기독교의 쇠퇴도 여기에 수반한 중요한 현상 가운데 하나였다. 종교개혁과 종교전쟁에 이어 연달아 일어난 과학혁명과 지성혁명을 거치면서 종교로서의 기독교는 살아 남았지만, 중세 때 누리던 현실 권력은 사실상 종말을 고했다.

노트르담대성당은 이런 대변혁의 궤적이 기록된 역사의 장이었다. 절대왕정 때에는 주로 건물에 부착하는 미술품의 내용에 이런 변화를 담았다. 건물 전체를 손대기는 여러모로 불가능하거나 최소한 부담이 컸기 때문이다. 미술품은 탈부착이 가능한 부가물이라 대체로 권력자들이 부담 없이 손대온 전통도 있었다. 이런 작업은 이미 루이 13세(재위 1610~1643년) 때인 1630년경부터 시작해 루이 14세(재위 1643~1715년) 때에 절정을 이루었다. 루이 왕조의 바로크 예술과 건축을 이끈 대가들인 샤를르 브룅Charles Le Brun(1619~1690년), 세바스티앵 부르동Sébastien Bourdon(1616~1671년), 으스타슈 르 쉬외르Eustache Le Sueur(1617~1655년) 등의 미술가들이 먼저 이 작업을 시작했다.

이어 루이 14세의 친정이 시작되면서 건축가들이 등장했다. 쥘 아르두앵-망사르Jules Hardouin-Mansart(1646~1708년)와 로베르 드 코트Robert de Cotte(1656~1735년) 같은 루이 14세의 주요 건축가들이 이 일도 주도했다. 앞서 말했듯이 건물을 손대지는 않았고 주로 새로 부착하는 미술품의 바탕 면이나 설치 공간을 확보한 후 작품에 맞게 구조부를 변형시키는 일을 했다. 이들과 함께 니콜라 쿠스투Nicolas Coustou(1658~1733년)와 기욤 쿠스투Guillaume Coustou(1677~1733년) 부자, 그리고 앙투안 쿠아즈보Antoine Coysevox(1640~1720년) 등의 미술가들도 참여했다. 이런 미술가들은 루이 13세와 루이 14세의 조각상을 설치하거나 두 왕을 찬양하는 기독교 미술품을 새로 추가했다. 혹은 과거의 미술품을 일부 수정하는 일도 했다. 이런 작업은 루이 15세(재위 1715~1774년) 때에도 계속되어서 그의 재위 말년인 1771년경부터는 파리 팡테옹 설계자인 제르맹 수플로Germain Soufflot(1713~1780년)가 주로 이 일을 담당했다.

프랑스대혁명의 취지를 생각할 때 절대왕정의 루이 왕들이 제작한 이런 부가 조각품들이 프랑스대혁명 때 가장 먼저 철거된 건 당연했다. 또한 이런 정치적 배경과 함께 좀 더 원론적으로, 기독교 건물에 왕의 조각물이 부착되었다는 사실 자체의 불합리성 등으로 인해 1843~1864년의 복원 때에도 루이 왕조 때에 더해진 조각물들은 복원하지 않았다. 물론 이런 조각물의 복원 여부에 대한 논의 자체는 있었다. 하지만 대체로 부정적인 의견이 많은 편이었던 데다 복원을 주도한 외젠 엠마누엘 비올레-르-뒤크는 일종의 중세 근본주의 성향이 강했기 때문에 가능한 한 중세 때의 원본 위주로 복원했고, 그러다 보니 절대왕정 때의 내용은 사라지게 되었다.

이상이 개괄적인 배경이고, 절대왕정 왕들의 개별 조각상으로 좁혀 보면 재미있는 일화들이 많다. 우선 크게 보면 절대왕정 때 추가한 조각상들의 경우 지금은 기록으로만 남아 있고 그 모습은 찾아보기가 힘들다. 한편 이런 소란 속에서도 알렉상드르 르누아르Alexandre Lenoir(1761~1839년)의 조각 작품만은 유일하게 파괴되지 않고 살아남을 수 있었다. 다음으로 복원과 관련해서도 앞에서 설명한 바와 같이 이런 조각상들은 복원 대상에서 제외되었다. 현실적으로 봐도 대부분 파편조차 남아 있지 않을 정도로 훼손이 심해서 복원이 아니고 아예 새로 제작해야 할 판이었다.

그런데 프랑스대혁명이 일어난 지 188년이나 지난 1977년에 훼손된 조각상 일부가 두 곳에서 발견되는 충격적이면서도 흥미진진한 일이 벌어졌다. 한 곳은 파리 시내 고대 로마 목욕탕 유적 터에 있는 클뤼니 박물관Musée de Cluny 혹은 국립 중세박물관Museé national du Moyen Âge으로, 이곳에 숨겨져 있던 목이 잘린 왕의 두상이 22개나 발견되었다. 아마도 누군가가 파괴 당시에 주변의 눈을 피해 두상 파편을 몰래 이곳으로 옮겨와 숨겨 놓았던 걸로 추측할 수 있다. 왕당파의 일원이었을 수도 있고 아니면 순수한 의미에서 문화재나 예술작품을 아끼는 사람이었을 수도 있다. 다른 한 곳은 쇼세당탱가Rue de la Chaussée-d'Antin 20번지에 있던 목수의 작업실로, 이곳에서는 신체의 다른 파편들이 발견되었다. 목수의 작업실이었던 걸로 보아 무명 조각가가 자신의 작품 재료로 사용하거나 명작을 분석하기 위해 가져갔던 걸로 추측할 수 있다.

폐허 방치
폐허에서 감행한 나폴레옹 1세 즉위식

세 번째 과정으로, 폐허 방치다. 앞서 말한 대로 노트르담대성당은 1843년에 복원이 시작하기 전까지 50여 년 동안 폐허로 방치되었다. 그렇다고 이 기간에 노트르담대성당에 아무 일도 없던 건 아니었다. 나폴레옹 1세Napoléon I(제1통령 재위 1799~1804년, 제1제정 황제 재위 1804~1814년)가 폐허 상태의 노트르담대성당에서 황제 즉위식을 감행한 것이다.도 10-1

나폴레옹 1세의 등장과 프랑스 제1제국의 성립은 크게 보면 프랑스대혁명을 정반대로 뒤집는 복고주의 사건이었다. 그 연장선에서 노트르담대성당의 권위를 되살리는 일이 진행되었다. 직접적인 복원까지 하지는 못한 대신 상징적인 이벤트를 단행했다. 우선 1801년 대성당의 지위를 되찾았으며 이어 1804년에는 황제 즉위식을 이곳에서 거행했다. 거꾸로 보면 새로 등장한 제국 체제가 화려하게 등장하는 데에 노트르담대성당의 역사적·종교적 권위가 꼭 필요하고 큰 도움이 되었다는 뜻이기도 했다. 비록 건물 자체는 파괴되어 폐허였지만 파리에서 '노트르담'이라는 이름의 무게는 이를 초월하고도 남았기 때문이다.

10-1. 1804년 12월 2일 노트르담대성당 네이브에서 거행한 나폴레옹 황제 즉위식 장면. 파괴 뒤 남아 있는 공간을 살려 행사장을 마련했다.

황제 즉위식은 1804년 1월 2일에 거행했다. 코르시카 출신이던 나폴레옹은 일종의 지역 차별을 많이 당해서 파리에 대한 감정이 그다지 좋지 않았으며, 이런 이유로 처음에는 즉위식을 로마나 리옹에서 거행하려 했다. 특히 로마 교황청의 위세는 이탈리아가 통일되는 1870년 이후부터나 본격적으로 기울어지기 시작하기 때문에, 나폴레옹이 즉위하던 당시에는 교황 앞에서 행하는 대관식이 황제의 권위를 인정받는 데에 필수적이었다. 고민 끝에 프랑스 제1제국의 황제라는 직위를 인식하고 이를 상징적으로 대표할 수 있으면서 교황을 초청하기에도 적절한 노트르담대성당이 최종 낙점되었다.

이때 교황은 비오 7세Pius VII(재임 1800~1823년)였는데 나폴레옹은 교황 비오 6세에 이어 비오 7세와도 좋은 관계를 유지하고 있었다. 나폴레옹은 1796년 프랑스 혁명군 장교의 자격으로 이탈리아 전쟁에 참전했는데 개인적으로 가톨릭 신자였던 그는 이때 이탈리아 사람들의 독실한 신앙심에 큰 감명을 받았다. 로마를 점령한 나폴레옹은 당시 교황 비오 6세(재임 1775~1799년)를 체포하지 않고 신변의 안전을 지켜줬다. 이후 1801년에는 비오 7세가 나폴레옹 정부와 교황청이 서로를 인정하는 조건 아래 '정교화약政教和約(콩코르다트Concordat)'을 체결했다. 프랑스대혁명 때 국유재산이 몰수되면서 프랑스에 있던 교황청 직속령 일부와 교회 재산도 큰 피해를 입으며 교황청과 프랑스의 사이가 나빠졌는데 이것을 되돌리는 화해 조치였다. 나폴레옹은 이렇게 몰수했던 교황청 직속령을 되돌려주고 로마 교황청의 존재와 전통적 권위를 인정했다.

교황 비오 7세는 이에 대한 화답으로 1804년 황제 즉위식에 참석해 대관식을 주관하면서 나폴레옹의 황제 권력을 인정했다. 당시 프랑스대혁명의 여파로 가톨릭이 타격을 입은 건 사실이지만 적어도 유럽 전역을 볼 때 중세 때부터 이어 오던 교황의 대관식 주관 권력은 그대로 유지되고 있었다. 노트르담대성당은 프랑스대혁명 때에 파괴된 기억이 아직 채 가시지도 않은 채 폐허 상태로 서 있었는데 여기에서 아쉬운 대로 대관식을 강행한 것이다.

나폴레옹의 즉위식에는 재미있는 일화 두 가지가 있다. 하나는 나폴레옹이 즉위식 장소로 노트르담대성당을 선택한 것에 대해 파리 시민들이 크게 기뻐한 것인데, 그 이유가 관광객이 대거 들어와서 큰 수입을 올릴 수 있었기 때문이다. 물론 앞에 말한 '백지 성당'이라는 오명 속에 흉물스럽게 파괴된 건물에서 프랑스 최초의 황제 즉위식을 거행하는 걸 반길 파리 시민은 없었을 것이다. 그러나 경제적 이익이 발생하자 민심은 금세

우호적으로 돌아섰다. 이 시기는 이미 영국에서 산업혁명이 시작되어 산업자본주의가 유럽을 서서히 휩쓸기 시작하던 때라 이 정도 행사면 아마도 파리 전역에 상당한 관광 수입이 발생했을 것이다.

10-2. 나폴레옹 황제 즉위식 때 교황을 제치고 동생이 왕관을 씌워주는 장면

「다른 하나는 직설적이고 괄괄했던 나폴레옹이 권력에 취한 나머지 교황이 왕관을 씌워주는 관례를 깨고 스스로 왕관을 써버린 것이다. 정확히는 동생에게 왕관을 씌우게 했다.도 10-2 하지만 이건 그야말로 일회성 에피소드일 뿐이다. 진짜 큰일은 황제가 된 다음이었다. 나폴레옹은 이후 유럽 전역을 휩쓸며 영토를 확장하는 과정에서 로마 교황청과 충돌을 이어갔다. 좋았던 사이가 뒤집힌 것이다. 급기야 1809년에는 프랑스 내부의 교황청 직속령을 다시 합병했고 교황청은 나폴레옹을 파문했으며 나폴레옹은 교황을 체포해서 이탈리아 북부의 작은 항구 도시인 사보나Savona에 감금했다. 이어 나폴레옹이 1815년에 최종적으로 실각하고 1821년에 임종을 앞두자 비오 7세는 이런 원한을 잊고 원래 좋았던 사이를 떠올리며 신부를 보내서 임종 미사를 집전하게 해주었다.

복원 작업

『노트르담의 꼽추』가 불붙인 복원 열풍

네 번째 단계로 복원이다. 드디어 노트르담대성당의 복원 작업이 시작했다. 건축적 위상에 걸맞게 복원 과정 자체가 도시건축의 역사는 물론이고 사회사 전체에서도 파리의 문화 역량을 상징하는 중요한 문화적 사건이었다. 좀 과장하면 파괴에 대한 문화의 위대한 승리의 기록이었다. 핵심

부분은 1843~1864년의 21년에 걸쳐 진행했다. '7월 혁명 정부–제2공화국–제2제국' 등 세 번의 국가 정체를 거치는 기간이었는데, 이는 당시 프랑스 사회가 노트르담대성당의 복원 사업을 정치 이념을 뛰어넘는 범국가적 사업으로 인식하고 있었다는 뜻이다.

복원은 전적으로 대문호 빅토르 위고Victor Hugo(1802~1885년)의 업적이었다. 복원의 필요성을 제기해서 파리 시민의 여론을 모으고 정부를 설득해 복원 작업을 성공적으로 마치는 전 과정에 당시 파리 사회에 큰 영향을 끼치던 그의 명성과 문화적 영향력이 핵심 역할을 했다. 사회운동 같은 실천 행동은 물론이고, 대문호답게 여기에 더해 한 편의 소설을 통해서 이 거대한 작업을 성사시켰다. 바로 그 유명한 『노트르담의 꼽추*The Hunchback of Notre Dame*』(1831/1833년)라는 소설이었다.

이 소설은 1831년에 처음 출간했다. 출간하자마자 몇 년간 지속해서 인기를 누리게 되었고 많은 파리 시민과 프랑스 국민이 소설의 주제인 노트르담대성당의 존재와 그 의미에 대해서 깊이 생각하게 되었다. 소설의 인기는 식을 줄 모르고 외국으로까지 확대했고, 노트르담대성당의 복원 여부는 프랑스의 자존심이 걸린 문제로까지 커져 버렸다. 이제 프랑스 정부와 파리시 당국도 폐허로 방치한 채 그냥 넘어가기 어렵게 되었다.

이에 7월 혁명 정부인 루이 필리프 1세Louis Philippe I 정부는 1843년에 두 명의 건축가 장–밥티스트–앙투안 라쉬스Jean-Baptiste-Antoine Lassus(1807~1857년)와 외젠 엠마누엘 비올레–르–뒤크Eugène Emmanuel Viollet-le-Duc(1814~1879년)를 책임 건축가로 선정해서 복원 작업의 닻을 올렸다. 그런데 중세 시대의 노트르담대성당은 도면을 거의 남기지 못해서 처음에는 복원에 필요한 고고학 자료를 수집하는 데에 시간이 소요되었다. 그러던 중 라쉬스가 1857년에 사망했고, 복원 작업은 비올레–르–뒤크가 단독으로 맡아 1864년에 완료했다. 이 때문에 복원 저작권은 비올레–르–뒤크에게 돌아갔다.

복원 결과에 대해서는 어쩔 수 없이 찬반의 양면적 평가가 있다. 원래 상태에 대한 정확하고 충분한 기록이 없는 상태에서 진행한 복원이어서 완벽할 수는 없었다. 원본을 확인할 수 있는 부분에 대해서는 최대한 이에 가깝게 복원하려 했는데 실내의 중앙 신도석 부분인 네이브 월nave wall과 제단이 놓이는 크로싱crossing 부분이 여기에 해당했다. 마침 복원 과정에서 네이브 월의 입면 기록이 발견되어 이 부분은 최대한 여기에 맞춰 복원했다. 크로싱 부분에 원형 창을 다시 설치하고 이에 맞춰 그 아래 네이브의 갤러리 창을 변형시킨 게 대표적인 내용이었다. 네이브 월의 2층에 해당하는 갤러리의 창들은 성가대석의 직선 벽에 맞춰 짰고 크로싱 위에 첨탑을 설치했다.

반대로 원본이 확인되지 않는 부분에 대해서는 추측에 의존할 수밖에 없었다. 더하여 비올레-르-뒤크 개인 성향에 따라 약간의 해석도 가해졌다. 네이브 월과 크로싱 부분을 제외한 나머지 부분이 대체로 이에 해당한다고 볼 수 있다. 비올레-르-뒤크의 복원에 대한 비판은 대체로 이런 해석 부분에 집중된다. 이런 이유로 프랑스 건축계에서는 보통 가능한 한 원본에 충실했던 라쉬스를 더 높게 평가하는 분위기가 있는 것도 사실이다. 전문 분야도 문제였다. 비올레-르-뒤크는 복원 전문가이기는 하지만 그의 전문 분야는 중세 성채였지 기독교 건물은 아니었다. 반면 라쉬스는 교회 건물을 19세기 네오고딕 양식으로 새로 짓는 기독교 건축에 뛰어난 전문성이 있었다. 그가 일찍 죽지 않고 복원 작업을 마무리했으면 조금 더 원본에 가까운 결과물이 나왔을 수도 있을 것이다.

이상의 양면적 평가를 종합하면 이 정도만이라도 복원해낸 건 대단한 일이라 할 만하다. 특히 당시는 건축기술이나 복원기술이 지금만큼 발달해 있지 않던 때여서 더 그렇다. 고고학적 엄밀성과 별개로 오늘날 파리 시민을 비롯하여 전 세계 파리 애호가들이 노트르담을 즐길 수 있게 된 것 역시 이때의 복원 작업 덕분이다.

한편 『노트르담의 꼽추』는 소설이지만 이처럼 건축사와도 직접적인 연관이 있으므로 간단히 살펴보자. 프랑스어 원제는 '파리의 노트르담*Notre-Dame de Paris*'이고 주인공도 '꼽추' 콰지모도Quasimodo가 아니지만, 영어권에서 '노트르담의 꼽추'로 번역된 뒤에 영어소설의 제목으로 전 세계에 알려졌다. 내용을 먼저 보면, 소설의 주인공은 의외로 클로드 프롤로Claude Frollo라는 주교였다. 그는 금욕적으로 성직 생활을 했던 원칙주의자였는데 노트르담대성당 앞 광장에서 생활하던 무희 집시여인 에스메랄다Esmeralda가 춤추는 모습을 보고 첫눈에 반해버렸다. 이후 성직의 본분마저 잊고 이 여인에게 집착하다 파멸하는 내용이 소설의 핵심 줄거리다.

이처럼 내용을 보면 표면적으로는 노트르담대성당이 공간적 배경일 뿐 복원에 대한 여론을 일으키려는 의도 같은 건 없었다. 위고는 이를 통해 일차적으로는 중세 가톨릭에 드리웠던 이중성을 들춰낸 것으로 볼 수 있다. 더 근본적으로는 심지어 모범생 성직자조차도 맥없이 무너질 수밖에 없는 인간 욕망의 위력과 이것을 숨기며 살아가야 하는 인간의 근원적 어려움을 설파하고자 했다. 이런 점에서 결이 다르긴 하지만 기독교 성직자의 이중성이 작품 전체에서 핵심 구도를 차지한 프랑수아 라블레François Rabelais(1494~1553년)의 『가르강튀아와 팡타그뤼엘*Gargantua et Pantagruel*』(1532~1564년)과 비슷한 분위기로 볼 수도 있다.

그러나 위고의 속마음에는 노트르담대성당을 살리려는 의도가 있었다. 이 소설이 성공해주기만 하면 당시 비등하던 철거 주장을 잠재우고 여론의 향배를 뒤집을 수 있다고 판단했을 것이다. 위고의 이런 의도는 성공적이어서 이 소설이 인기를 끌고 그와 함께 노트르담대성당을 향한 여론도 복원 쪽으로 기울었다. 문학과 건축이 완전히 다른 장르인 걸 보면 이런 현상은 의외일 수도 있는데 여기에는 '꼽추'라는 장애 캐릭터와 노트르담대성당이라는 고결한 중세 건축물의 이미지를 대비하며 중첩한 위고의 문학적 창의력이 숨어 있었다. 노트르담대성당이라는 중세 기독교의 대표 건물을 배경 공간으로 잡은 덕에 이 소설의 대중적 성공이 가능했다는 뜻이다.

프랑스대혁명의 반달리즘과 19세기 복원 2

생트샤펠과 기타 교회

11장

생트샤펠의 반달리즘

기독교 유물과 예술품에 집중된 파괴

생트샤펠은 원래 기능이 왕실 전용 예배당이면서 기독교 성물과 보물의 보관 창고를 겸한 건물이어서 그야말로 반달리즘의 주요 표적이 되기에 딱 맞았다. 건물 몸통은 정치적 공격의 대상이, 성물과 보물 등의 유물은 순수한 약탈의 대상이 각각 되었다. 하지만 건물은 의외로 대혁명 때에는 많이 파괴되지 않았고 오히려 화재나 자진 철거 등으로 인한 손실이 더 컸다. 성물과 보물은 예술품과 함께 가차 없이 털렸다. 차례대로 살펴보자.

건물은 이미 대혁명 이전에도 여러 번의 크고 작은 화재와 자진 철거 등의 변화가 있었다. 가장 큰 화재는 1630년에 있었다. 이 화재는 생트샤펠 자체에서 난 건 아니었고 시테궁Palais de la Cité 전체에 난 화재였는데 이때 함께 피해가 있었다. 이탈리아 건축가 프라 조반니 조콘도Fra Giovanni Giocondo(1433~1515년)가 설계한 회계실Chambre des Comptes과 1470년에 지온 외부 계단 등이 이때 불에 탄 대표적인 곳이었다. 이어 1776년에도 화재가 있었는데 주로 가구 등이 소실되었다.

자진 철거로 사라진 건물은 헌장 보관소Trésor des Chartes가 대표적이었다. 본체 북쪽 측벽에 본 건물의 미니어처 부속 건물 개념으로 지은 3층 건물로, 아래 두 층에는 생트샤펠의 성물 가운데 성골함聖骨函 · Grand Châsse을 제외한 나머지 전부를 보관했고 3층은 왕실기록보관소royal archives로 사용했다. 그런데 대혁명 이전인 1783년에 왕궁 부분을 확장하기 위해 왕실이 스스로 철거했으며 이후 복원되지 못하고 사라졌다.

이런 과정을 거치던 끝에 프랑스대혁명을 맞이했다. 우선 다른 기독교 시설과 마찬가지로 국유재산 판매 대상에 올라 가톨릭교회의 기능을 상실했다. 처음에는 곡물 저장창고로 사용되면서 크게 훼손되지 않아서 가톨릭교회를 상징하는 첨탑을 잘라내는 정도에 그쳤다. 한편 이 건물을 지었던 루이 9세의 유골은 생드니Saint-Denis 수도원에 안장되어 있었는데 대혁명 때에 파헤쳐져서 버려졌다.

파리에서 프랑스대혁명 다음으로 건물 파괴가 심했던 역사적 사건은 1871년 파리 코뮌 사태와 제2차 세계대전인데 생트샤펠은 다행히 두 번 모두 크게 파괴되지 않고 무사히 지나가 살아남았다. 이렇게 보면 생트샤펠은 노트르담대성당과 달리 현재 건물이 중세 때 그대로 남아 있는 것이다.도 11-1

다음은 유물이다. 예수 관련 성물들 가운데 가장 중요한 성골함은 본체의 애프스apse(교회 건물에서 가장 안쪽에 반원형으로 돌출한 공간) 앞에 놓인 연단 위에 보관하고 있었는데 손실이 가장 막대했다. 아쉽게도 약탈당해 녹여져서 금으로 팔려 사라졌다. 가장 중요한 내용물인 예수 관련 유물은 일부는 손실되고 일부는 살아남았다. 나중에 라쉬스가 복원하면서 연단까지는 다시 제작했는데 성골함은 영영 사라져버렸다.

11-1. 파리 고등법원Palais de Justice 내에 복원되어 남아 있는 생트샤펠Sainte-Chapelle의 현재 상태. 오른쪽이 교회 건물이다.

다음은 예술품이다. 생트샤펠이 스테인드글라스의 교회여서 이 부분의 손실이 가장 컸다. 혁명의 소요 사태에 따른 기본적인 손실에 더해 혁명 이후에는 무관심 속에 방치되면서 더 큰 피해는 이때 일어났다. 혁명 때뿐 아니라 그 이후에도 여러 번의 철거가 있었기 때문이다. 예를 들어 혁명이 끝났음에도 생트샤펠은 1803~1837년의 긴 기간에 파리 고등법원의 문서보관소로 사용되고 있었는데, 이때 자연채광 확보를 위해 아래쪽 스테인드글라스를 2m 정도 잘라냈다. 이때 떼어낸 창은 일부는 시장에 내다 팔기도 했으며 다른 일부는 부서진 상태로 있던 다른 곳을 메우는 데 사용했다. 이는 프랑스대혁명 때의 반달리즘과는 아무 상관이 없는 자진 철거에 가까운 것으로, 이때만 해도 아직 파리에서조차 문화재 개념이 성립되지 않았음을 보여주는 증거다. 이후 스테인드글라스 일부는 회수되어서 지금은 유럽과 미국 여러 박물관에서 모아 보관 중이다.

어떤 면에서는 조각상의 수난이 가장 컸다. 정면에 설치되어 있던 십이사도가 대표적이어서 1248년 준공 봉헌 때부터 설치되어 있었는데 1797년에 철거되었다. 두 기는 내려서 파괴한 뒤 땅에 묻었고 나머지 열 기는 조각가 알렉상드르 르누아르의 손에 들어갔다. 그러나 이를 보관하고 있던 그의 프랑스 기념비 박물관Musée des Monuments Français(1795년)이 1816년에 탄압을 받으면서 다시 흩어졌다. 불행 중 다행으로 이때는 아직 파괴되지는 않고 보관 장소만 옮겼다. 생드니 수도원으로 다섯 기가, 몽발레리앙Mont-Valérien으로 네 기가, 크레테유Créteil로 한 기가 각각 흩어졌다. 그러다가 1830년 7월 혁명 봉기 때 안타깝게도 결국 최종적으로 파괴되었다.

생트샤펠의 복원 작업

파괴되고 사라진 예술작품을 끼워 맞춰 복원하다

다음은 생트샤펠의 복원 과정이다. 우선 1630년 화재 때 소실되었던 회계실을 복구하지 않다가 프랑스대혁명의 파도가 휩쓸고 지나간 1811년에 앙투안-마리 페이르Antoine-Marie Peyre(1770~1843년)의 역사 절충주의 양식인 고딕-이집트 리바이벌 혼용 양식으로 복원되었다. 그러나 시테궁 단지 전체의 복원 때인 1849년에 라쉬스가 오히려 최종적으로 철거해서 현재는 사라지고 없다. 생트샤펠 전체에 대한 본격적인 복구와 복원 작업은 7월 혁명 정부 때인 1835년부터 논의가 시작했다.

복원 과정에서 노트르담대성당과 같은 다양한 문화 담론을 생산하지는 못했지만, 1837년이라는 상당히 이른 시기에 복원을 결정하고 준비 작업에 착수한 점은 중요했다. 본격적인 복원 작업은 1840년에 시작해서 1862년까지 이어졌다. 22~25년의 긴 기간이었다. 노트르담대성당의 복원 기간인 1843~1864년과 비교하면 시작 시점은 7년에서 최소한 4년 정도 빨랐으며, 이런 점에서 19세기 파리 건축의 자랑스러운 업적인 복원 사업의 신호탄이었다. 복원 기간은 노트르담대성당보다 3~6년 더 길었으니 여러 면에서 19세기 복원 사업의 주인공 가운데 하나였다.

생트샤펠의 복원 결정이 난 1837년은 정치적 격랑의 한가운데에 있던 해였다. 이런 배경 아래 루이 필리프 1세Louis-Philippe I(재위 1830~1848년)의 전통 복귀 정책이 단행되었으며 생트샤펠의 복원도 그중 핵심사업이었다. 우선 이전까지 제1제국 등을 거치며 생트샤펠에 입주해 있던 공공기관을 내보내고 원래의 가톨릭 건물로 원상복구하면서 재봉헌식부터 했으며 이때 복원 작업의 착공식도 함께 거행했다. 건물은 프랑스대혁명 때 파괴를 크게 입지 않아서 복원할 부분도 거의 없었다. 다만 시테궁 전체가 파리 고등법원으로 용도가 변경되는 과정에서 오히려 앞에 말한 회계실의 철거가 있었다.

성물·보물·예술품 등은 이와 달리 복원 과정이 길고 힘들었다. 앞에 말한 1837~1862년의 25년 복원 기간도 거의 이 부분에 집중되었다. 성과도 올렸다. 가장 중요하다고 할 수 있는 성물과 보물은 건물에 부착되지 않고 소품 형태로 보관해서 도둑맞기 쉬웠기 때문에 대부분 사라졌다. 우선 일부 살아남은 유물부터 추적해서 회수했으며 다른 곳에 옮겨 사용하던 것들도 압수해서 '생트샤펠의 유물Reliques de la Sainte-Chapelle'이라는 이름으로 모았다. 이후 비슷한 시기에 진행한 노트르담대성당의 복원이 끝난 뒤 이곳으로 옮겨 보관해서 현재 생트샤펠에는 성물과 보물 등의 유물은 사실상 보관되어 있지 않다.

예술품은 원래 건물에 부착되어 있던 것들이어서 가능한 한 제자리에 원본에 가깝게 복원했다. 일단 양을 기준으로 보면 대부분 복원했다고 보면 된다. 원본이 얼마나 되는가가 중요한데, 파괴되지 않고 살아남은 약간과 회수한 것 등을 포함해서 현재의 2/3 정도가 원본이다. 사라진 1/3 가운데 18개의 패널 작품은 클뤼니 박물관Musée de Cluny에 보관되어 있다. 그 나머지는 산산조각이 나서 파괴되었거나 심지어 일부는 당시 시장에서 팔리기까지 해서 회수가 불가능하다.

현재 생트샤펠에 설치된 예술품의 1/3은 복원 공사 때 새로 제작한 것들이다. 처음에는 자크 펠릭스 뒤방Jacques Félix Duban(1798~1870년)이 맡았다가 곧이어 라쉬스로 바뀌었다. 이때 노트르담대성당 때와 마찬가지로 젊은 비올레-르-뒤크가 보조 건축가로 참여했다. 생트샤펠에는 비올레-르-뒤크와 함께 에밀 뵈스빌발트Émile Boeswillwald(1815~1896년)가 보조 건축가로 참여했다. 비올레-르-뒤크는 이때의 경력이 1857년 라쉬스가 사망하고 노트르담대성당 복원 공사를 물려받아 마무리할 때 결정적으로 도움이 되었다.

생트샤펠의 예술품 복원은 기본적으로 원래 상태를 다시 세우는 데에 초점이 맞추어졌다. 외관의 조각 작품 복원은 조각가 아돌프-빅토르 조프루아-드숌Adolphe-Victor Geoffroy-Dechaume(1816~1892년)의 아틀리에가 담당했다. 가장 중요한 부분은 정면의 십이사도 조각상이었다. 여기저기 흩어져 있던 조각들을 모아 건물 전체의 복원 때에 재조합했다. 이 중 파괴가 심해서 살리기 힘들다고 판단된 여섯 기는 클뤼니 박물관으로 보내고 생트샤펠에는 복사품으로 대체해서 세웠다. 나머지 여섯 기는 파편들을 수리해서 세웠는데 이 가운데에 두 기는 머리만 새로 만들어 붙였다.

스테인드글라스 역시 원형에 충실하게 복원했지만, 복원 작업 당시의 유행 경향을 따라 약간의 창작도 더했다. 복원을 이렇게 하는 경우는 드문데, 생트샤펠이 노트르담대성당보다는 고고학적으로나 신학적으로 좀 자유로운 편이어서 가능한 일이었다. 스테인드글라스 자체보다는 주로 그 주위를 감싸는 화려한 미술과 공예장식이 재창작의 대상이었다. 이 부분

11-2. 생트샤펠 실내 스테인드글라스의 현재 상태

에는 당시에 유행하던 색채주의polychrome 작품들을 많이 더했다.도 11-2 이렇게 볼 때 실제 중세 때에는 현재보다 덜 화려했을 걸로 보인다.

스테인드글라스 복원은 주로 1846~1855년에 집중되었다. 복원 프로그램은 화가 루이-샤를-오귀스트 스테인헤일Louis-Charles-Auguste Steinheil (1814~1885년)이 디자인했고 제작은 스테인드글라스 전문가 대大 앙투안 뤼송Antoine Lusson père(1788~1853년)과 화가 샤를-로랑 마레샬Charles-Laurent Maréchal(메츠의 마레샬Maréchal de Metz, 1801~1887년)이 담당했다. 프로그램 내용은 자료 고증을 통해 최대한 원본에 가깝게 복원했다. 재료도 복원의 의미를 최대한 살리기 위해 조달 가능한 범위 내에서 중세 유리를 사용했다. 물론 시간이 오래 흘러서 중세 유리를 구하기가 쉽지 않았는데, 결국 다른 중세 건물들에서 떼어 와서 사용했다.

제2차 세계대전 이후에는 수리와 보강 등의 추가 작업이 있었다. 제2차 세계대전 때에는 폭격 화염에 외관과 스테인드글라스가 그을린 정도의 피해가 있었는데, 파리 수복 후 그을음을 청소한 뒤 향후 전개될 자동차 시대에 매연 등으로부터 유리를 보호하기 위해 스테인드글라스의 외부를 도장塗裝했다. 이 때문에 스테인드글라스는 원래 상태보다 조금 어두워졌다. 최근에는 2008년부터 무려 7년에 걸쳐 청소와 복원을 겸한 추가 작업이 있었다. 외부 조각상과 스테인드글라스를 청소하고 보호 도장 작업을 한 번 더 했으며 19세기 복원 때 다소 불완전했던 조각상 복원을 보강했다. 이 작업은 2015년 루이 9세의 800회 탄생일에 맞춰 완료했다.

기타 교회1
중세교회 세 채, '생으스타슈-생테티엔뒤몽-생자크'

파리에는 노트르담대성당과 생트샤펠 이외에 여러 기타 교회가 있었는데 대부분은 무사히 넘어갔으며, 주로 갈리아주의와 연관이 깊거나 왕조시대 때 권력 체계에 깊이 속해 있던 교회들이 공격의 대상이었다. 그러나 그마저도 건물들은 대체로 파괴를 면했는데 세 가지 이유를 생각할 수 있다. 첫째, 실용적인 이유로 혁명 정부의 기관으로 사용하려다 보니 건물을 보존할 수밖에 없었기 때문이다. 둘째, 갈리아주의를 향한 공격은 대표성이 가장 강한 노트르담대성당과 생트샤펠에 집중되어 충분히 응징했다고 판단했다. 셋째, 아무리 유혈 혁명이라도 프랑스에서 기독교와 문화재의 중요성을 고려했을 때 앞 시대 교회 건물 전체를 없애지는 못했을 것이다.

이런 배경 아래 중세교회부터 살펴보자. 파리의 중세교회 가운데 노트르담대성당과 생트샤펠 다음으로 중요한 두 건물은 아마도 생으스타슈와 생테티엔뒤몽일 것이다. 그만큼 이 두 건물이 우선으로 프랑스대혁명 때 표적이 되었다. 먼저 생으스타슈Saint-Eustache는 혁명 정부 때인 1793년에 교회 기능을 정지하고 '농업 신전Temple of Agriculture'이라는 이름을 붙여서 식량 창고로 사용했다. 용도를 변경해서 계속 사용하려다 보니 건물을 크게 훼손하지는 않아서 나폴레옹 1세가 황제로 즉위하기 바로 전 해인 1803년에 복원 없이 그대로 교회 기능을 회복했다.

하지만 1844년에 화재가 발생해서 실질적인 건물 피해는 이때 크게 입었다. 파리시 건축가였던 빅토르 발타르Victor Baltard(1805~1874년)가 1846~1854년에 복원했지만 1871년 5월 파리 코뮌Paris Commune 사태 때 '피의 일주일Semaine sanglante(영어로 '블러디 위크Bloody Week')'이라 불리던 마지막 전투에서 다시 파괴되었다. 최종 복원은 1928~1929년에 있었으며 이때 정면에 개축이 있었다. 1969년에는 중앙시장이 남부 근교의 륑지스Rungis 지역으로 이전하면서 이 일대가 현대식 쇼핑센터로 재개발되었는데, 이때에도 생으스타슈는 잘 살아남아 이곳의 중심 건물로 여전히 위용

11-3. 중앙의 생자크탑Tour Saint-Jacques만 남아 있는 현재 상태. 본체가 있던 주변 공간은 작은 공원이다.

을 자랑하며 서 있다.도 4-1, 6-3

생테티엔뒤몽Saint-Étienne-du-Mont도 프랑스대혁명 때 건물은 보존되었는데 화려한 실내 칸막이가 철거되었다. 이때 '경건한 사람personne de piété'이라는 익명의 기부자가 3,000리브르livres의 철거 비용을 기부하자 건물 이름을 '헌신 신전Temple of Filial Piety'이라고 바꾸었다. 건물 피해는 이 정도로 끝난 데에 반해 이곳에 보관하던 각종 미술품과 성물들이 도난당하고 파괴되었다. 혁명이 종료되고 나폴레옹 1세가 교황 비오 7세Pius VII(재임 1800~1823년)와 맺은 정교화약政敎和約인 '콩코르다트 1801Concordat of 1801'에 따라 1803년 가톨릭교회 기능을 회복했다. 최종적으로 나폴레옹 3세(황제 재위 1852~1870년) 때인 1865~1868년에도 빅토르 발타르의 설계로 복원되었는데 이때 외관이 원래 건물보다 조금 높아져서 현재에 이른다.도 4-14

중세교회 가운데에도 건물이 통째로 파괴된 사례가 있는데 생자크Saint-Jacques 교회가 대표적이었다. 4구의 샤틀레 지구에 있었는데 프랑스대혁명 이후 1797년에 철거되었고 탑만 살아남아서 현재는 '자크탑Tour Jacques'이라는 약칭으로 불린다. 건물이 있던 부분은 그대로 남겨서 녹지로 살렸다.도 11-3

기타 교회 2

바로크 교회 두 채(생제르베, 발 드 그라스)와 파리 팡테옹

다음은 바로크 교회로 생제르베와 발 드 그라스 교회 두 곳이 주요 표적이 되었다. 생제르베Saint-Gervais는 프랑스대혁명 때 건물은 파괴되지 않은 대신 값비싼 소장품들이 털렸으며 '이성의 신전Temple de la Raison'이라는 건물로 용도가 변경되었다. 이는 혁명 세력이 기독교를 대신해서 세운 '이성의 숭배Cult of Reason'라는 신흥 종교의 신전이었다. 정식 종교라기보다는 프랑스대혁명의 기본 정신인 '자유-평등-박애'를 전파하기 위한 문화운동에 가까웠다. 이후 나폴레옹 1세가 등장하면서 1802년에 교회 기능을 회복해서 현재에 이른다.도 11-4

11-4. 생제르베Saint-Gervais의 현재 상태(위)

11-5. 발 드 그라스Val-de-Grâce의 현재 상태. 수도원은 대폭 축소되고 사진 중앙의 돔 건물인 본당 교회는 살아남았다.(아래)

발 드 그라스Val-de-Grâce는 원래 수도원이었는데 프랑스대혁명을 겪으면서 변화가 컸다. 우선 수도원 전체가 사실상 폐지되었다.도 11-5 본당 교회에서는 왕실 문양과 문장을 지우는 상징적 행위가 있었으며 실내 기물과 장식물이 도난을 당하는 실질적 피해도 컸다. 이번에도 교회 건물은 대체로 보존되었으며 1796년에는 국민공회Assemblé Nationale · Convention Nationale의 명령에 따라 군사병원으로 용도가 변경되었다. 병원이 오랜 기간 이곳에 남으면서 이 건물의 교회 기능은 사실상 영구 상실했다. 1979년에는 병원이 새 건물로 옮겨 가면서 현재는 육군 보건행정Army Health Service과 관련된 학교, 병원 사무실, 박물관, 도서관 등의 복합 건물로 사용되고 있다.

마지막으로 파리 팡테옹Paris Panthéon이다. 이 건물 역시 프랑스대혁명 때에는 다행히 피해가 거의 없었다. 다만 이곳에 보관되어 있던 생트주느비에브Sainte-Geneviève의 유물함과 그 속의 많은 유품이 파괴되었다. 건물 자체는 '영광의 신전Temple de la Gloire'으로 기능이 변경되었는데, '위대한 사람들(그랑 옴므grands hommes)'라 불리던 프랑스대혁명의 주요 인사들 가운데 크게 다친 사람들의 보금자리가 주요 용도였다.

19세기 이후에도 건물 용도에 계속 변화가 있었다. 1806년에 나폴레옹 1세가 원래 교회 기능으로 되돌렸으며 이후 종교 이외의 국가 공공기능을 추가하자는 논의가 꾸준히 계속된 끝에 1885년 최종적으로 '국립신전Temple de la Nation'이라는 실내 국립묘지로 용도가 정리되어 현재에 이른다. 이 과정에서 프랑스의 주요 인사들이 이곳에 묻혔는데 그 내용은 앞에서 자세히 살펴보았으므로 여기에서는 중복을 피해 생략하겠다.

건물의 용도는 이처럼 교회에서 실내 묘지로 변경되었고 생트주느비에브의 유물도 도난당해 사라졌지만, 생트주느비에브가 초기 기독교 시대에 파리에서 행했던 봉사 정신은 살아남았다. 아직도 생트주느비에브는 파리를 넘어 프랑스 전역에서 가뭄, 홍수, 전염병, 기타 여러 자연재해 등을 막아주는 수호성인으로 추앙되고 있으며 '생트주느비에브'라는 이름을 딴 많은 교회가 지어졌다. 로마 교황청도 이를 인정해서 1962년에는 교황 요한 23세John XXIII(재임 1958~1963년)가 주느비에브를 '프랑스 경비력French security forces'의 수호성인으로 추대했다.

이상과 같은 용도 변화와 비교해서 상대적으로 건물 자체의 건축적 변화는 크게 없었다. 장-밥티스트 롱들레Jean-Baptiste Rondelet(1743~1829년)가 1812년에 돔을 받치는 기둥을 보강하는 추가 공사를 한 정도가 거의 전부였다. 오히려 실내에 19세기 프랑스를 대표하는 주요 화가들의 프레스코화가 여러 점 추가되어서 더 큰 변화가 있었다고 볼 수 있다.

12장

프랑스대혁명의 반달리즘과 19세기 복원 3

5대 왕궁과 기타 건물들

루브르궁과 튈르리궁

박물관과 정원으로 다시 태어나다

파리에는 루브르궁, 튈르리궁, 시테궁, 뤽상부르궁, 팔레 루아얄 등 5대 왕궁이 있었다. 이들은 1789년 프랑스대혁명과 1871년 파리 코뮌 등을 거치며 각기 다양한 운명을 겪었다. 파괴의 정도는 완전 파괴부터 완전 보존에 이르기까지 차이가 컸으며 동시에 대부분 시민 시설이나 공공시설로 탈바꿈한 공통점도 있었다. 5대 왕궁의 순서대로 이런 변혁의 과정을 살펴보자.

먼저 루브르궁Palais du Louvre이다. 프랑스대혁명 기간에는 건물보다 기능에서 획기적인 변화가 있었다. 일단 1792년 8월 10일 루이 16세가 투옥되면서 루브르궁은 왕실 소유에서 국가 소유로 넘어갔다. 이어 국민공회는 불과 9일 뒤에 건물의 파괴와 소장품의 도난을 방지하기 위해 서둘러 루브르의 왕궁 기능을 폐지하고 이곳에 보관되어 있던 미술품을 일반 국민에게 공개하기로 했다. 최종 개장은 준비 과정을 거쳐 1793년 10월 9일에 했으며 이때 처음 이름은 '공화국 중앙 미술박물관Muséum Central des Arts de la République'이었다. 오늘날 '루브르 박물관'의 첫 단계였다. 지금은

12-1. 건축가 샤를 페르시에가 나폴레옹에게 루브르 박물관에서 용도 변경 공사 계획을 설명하는 장면(1809년). 오귀스트 쿠데르Auguste Couder(1789~1873년)의 작품(왼쪽)

12-2. <루브르 박물관 살롱 카레View of the Salon Carrée>(1861년). 19세기 화가 주세페 카스틸리온Giuseppe Castiglione(1829~1908년)의 작품(오른쪽)

세계 최고의 박물관이 되었지만, 이데올로기의 관점에서 보면 19세기 제국주의 시절 약탈 문화재로 가득 채워서 '세계 최고의 장물 창고'라는 부정적 평가도 가능하다.

출발부터 그랬다. 시점이 시점이니만큼 처음에는 프랑스대혁명 때 약탈한 왕실 예술품을 전시했다. 여기까지는 비록 약탈이지만 자국 내의 일이었다. 이어 나폴레옹 1세 때에는 세상이 바뀌어서 이집트 피라미드 전쟁 때 약탈해온 유물을 채우면서 전시 면적을 확장했다. 그러나 이런 약탈품만 전시한 건 아니었고 개장 때부터 미술관의 기능도 겸하고 있었다. 왕궁으로 사용하던 시절 루브르궁의 주요 식객 가운데에는 국가에서 후원하는 주요 예술가들이 있었다. 이들은 계약 조건, 자진 기부, 왕실의 요구 등 여러 형식을 통해 자신들의 작품을 루브르궁에 남겨두었는데 이 작품들이 그대로 살아남아 박물관 개장 때 미술 코너로 따로 모아 전시되었다. 이외에도 프랑수아 1세, 루이 13세, 루이 14세 등 루브르를 거쳐간 주요 왕들은 약탈과 구매 등의 여러 방법을 통해 엄청난 양의 미술품을 긁어모았는데, 이것의 수장고 겸 전시장 역할을 한 것도 루브르 중앙 미술관이었다.

이후 19세기의 여러 정부를 거치면서 미술관과 박물관 기능을 꾸준히 보강하고 내부 전시도 여러 번 바꿔가면서 계속 성장해갔다. 도 12-1, 12-2 1871년 파리 코뮌 때도 큰 피해 없이 살아남을 수 있었다. 루브르 박물관 자체에 대한 공격은 없는 편이었지만 한 건물로 연결되어 있던 튈르리궁이 전소하는 과정에서 루브르 박물관에도 불이 옮겨붙었다. 나폴레옹 갈르리Galerie Napoléon의 서쪽 절반을 비롯하여 튈르리궁과 만나는 지점에 있던 로앙 파비옹Pavillon Rohan과 도서관 등이 함께 파괴되었다. 그러나 파리 코뮌 사태 때 루브르 박물관은 이미 왕실 소유가 아닌 시민들의 시설이 되어 있어서 이런 파괴는 주로 튈르리궁과 붙어 있는 부분에서만 조금 발생했다. 특히 파리 소방서의 필사적인 노력으로 진화에 성공해서 더 큰 피해를 막을 수 있었다.

파리 코뮌 사태가 진압되자마자 곧바로 복원을 시작해서 제3공화국 초반인 1871~1880년 사이에 마쳤다. 이 복원은 주로 건축가 엑토르-마르탱 르퓌엘Hector-Martin Lefuel(1810~1880년)이 담당했으며 파비옹 부분과 갈르리 부분으로 나누어 두 단계로 진행했다. 첫 번째 단계는 1871~1876년으로 플로레 파비옹Pavillon de Flore, 마르산 파비옹Pavillon de Marsan, 파비옹 데제타Pavillon des États 등의 파비옹을 우선 복원했다. 두 번째 단계는 1878년에 그랑 갈르리Grand Galerie와 나폴레옹 갈르리 등 주로 갈르리를 복원했으며 자잘한 손질을 거쳐 1880년에 최종 마무리했다. 이어 제2차 세계대전과 독일 점령 때에도 큰 피해 없이 넘어갔으며 1981~1989년 사이에 마지막 개축 작업을 거쳐 오늘에 이른다.

다음으로 튈르리궁Palais des Tuileries이다. 프랑스대혁명 때에는 부분 파괴만 입고 대체로 살아남은 편이었다. 아마도 원 건축주가 이탈리아 메디치 가문 출신의 카트린 드 메디치Catherine de Médicis(1519~1589년, 왕비 1547~1559년, 섭정 모후 1559~1574년)로 외국 재산이어서 그랬을 걸로 보인다. 그러나 정치사에서는 보통 튈르리궁이 함락된 1792년 8월 10일을 프랑스대혁명이 성공한 공식적인 날로 기록한다.도 12-3, 12-4 아마도 튈르리궁이 루브르궁과 한 건물로 붙어 있어서 이 함락을 루브르궁의 함락과 동일선상에 놓은 결과일 것이다. 이렇게 보면 튈르리궁에는 상징적인 파괴의 의미를 부여할 수 있다. 이렇게 함락된 이후 건물을 보존하는 대신 루브르궁과 마찬가지로 왕궁 기능을 폐지하고 용도를 변경했다. 마침 실내에 살 데 마쉰Salle des Machines이라 불리던 극장이 있어서 국민공회의사

12-3. 1792년 8월 10일 튈르리궁 함락 장면. 이로써 먼저 체포된 루이 16세와 함께 그의 가족이 모두 체포되었다. (위)

12-4. 1792년 8월 10일 튈르리궁 함락 때 전실에서 벌어진 전투 장면 (아래)

당으로 사용했다.

이후는 복원과 파괴의 공방이 벌어졌다. 나폴레옹 1세 때에는 실내 장식을 화려하게 꾸미면서 왕궁 기능을 되찾았다. 그러나 이것이 화근이 되어 1871년 파리 코뮌 사태 때 주요 표적이 되어 건물 전체가 일부만 남고 통째로 사라졌다.도 12-5 살아남은 부분은 남쪽 파비옹인 플로레 파비옹, 여기에서 갈라져 나와 루브르궁에 연결되는 그랑 갈르리의 일부분, 그랑 갈르리를 마주 보는 나폴레옹 갈르리의 동쪽 절반 정도 등이 전부였다. 살아남은 부분은 복원을 거쳐 루브르 박물관에 통합되면서 튈리르궁은 사실상 완전히 사라졌고, 건물이 있던 자리는 튈르리 정원Jardin des Tuileries이 되었다.도 3-19, 12-6

튈르리궁에서는 반달리즘에 수반되는 이른바 '재료 재활용'이라는 주제도 발생했다. 건물을 복원하지 않기로 정한 뒤 1872년에 잔해를 분해해서 파리의 여러 건물을 짓는 재료로 재활용한 것이다. 일단 튈르리 정원을 꾸미는 데부터 사용하기 시작했다. 그 외에 에콜 데 보자르École des Beaux-Arts, 트로카데로 정원Jardins du Trocadéro, 페이옌가의 조르주 카앵 광장Square Georges-Cain de la rue Payenne, 뮈릴로가 9번지 건물Rue Murillo 9, 라스파유 불르바르 254~266번지 건물Boulevard Raspail 254~266, 생페르가 28번지 건물Rue des Saints-Pères 28 등이 튈르리궁에서 석재를 떼어가서 지은 대표적인 건물들이다. 파리 바깥에서까지 활용되었는데 코르스의 푼타

성채Château de la Punta en Corse가 대표적이다.

시테궁 1
프랑스대혁명 때 감옥과 혁명재판소로 사용하다

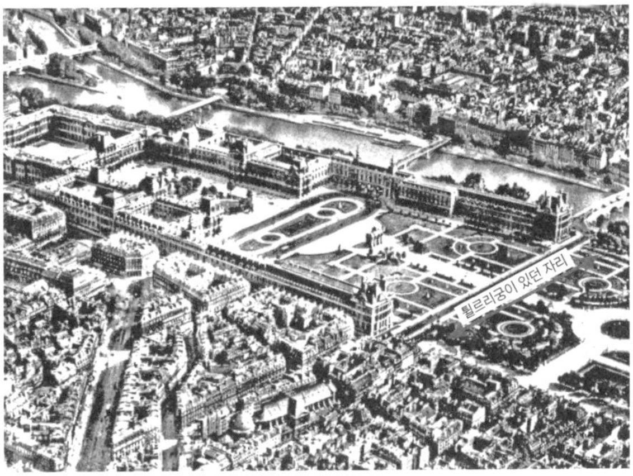

12-5. 1871년 5월 27일 파리 코뮌 사태 때 튈르리궁이 불타는 장면(위)

12-6. 튈르리궁이 사라진 자리를 튈르리 정원으로 꾸민 모습. 19세기 말 사진(아래)

다음으로 시테궁Palais de la Cité이다. 시테궁은 이미 1364년부터 왕궁 기능이 소멸하고 사법부만 남은 뒤 파리 고등법원으로 계속 사용되고 있었다. 물론 왕권 시대에는 사법부 자체도 권력기관이긴 했지만 시테궁에서 왕실이 나간 지 이미 오래됐고 고등법원은 절대왕정을 견제해왔기 때문에 프랑스대혁명 때 생트샤펠 이외에 왕궁 구역은 파괴가 심하지 않았다. 예를 들어 혁명 전야인 1787년 파리 고등법원은 오히려 절대왕정을 견제하며 대립이 절정에 이르렀기 때문에 굳이 혁명 세력의 표적이 될 이유는 없었다. 이 해에 파리 고등법원은 루이 16세의 왕실 예산 증액을 취소하는 판결을 내렸는데 이것이 고등법원의 마지막 합법적 판결이었다.

드디어 프랑스대혁명이 발발했다. 초반에는 고등법원이 절대왕정의 왕실만큼은 아니지만 여전히 왕권 시대의 권력기관으로 지목되어 혁명 발발과 함께 제헌 국민의회Constituent Assembly에 의해 이곳 단지에서 추방되었다. 이듬해인 1790년에는 파리시장이던 장 실뱅 바이Jean Sylvain Bailly(1736~1793년)가 출입구를 봉인해서 건물을 폐쇄해버렸다. 그러나 이는 권력기관에 대한 견제였을 뿐 건물 자체는 온전히 보존되었으며, 그

12-7. 시테섬의 콩시에르주리 Conciergerie 내 참회의 예배당 Chapelle Expiatoire. 루이 18세 때 왕실을 추모하며 건립했다.

대신 혁명의 역사를 기록한 현장이 되었다. 크게 두 방향이었다.

하나는 피의 숙청과 죽음의 아픈 기록을 간직한 곳이 되었다. 파리 고등법원 때 사용하던 감옥이 혁명 정부 때에도 그대로 감옥으로 사용되었다. 중세 시테궁 때의 대연회실 Grand'Salle이었던 콩시에르주리Conciergerie 주변도 감옥으로 개조해서 사용했다. 이 가운데 루이 16세의 왕비이자 사치스러운 궁중 생활로 프랑스대혁명의 빌미를 제공한 마리-앙투아네트가 투옥되었던 '마리-앙투아네트의 방cellule de Marie-Antoinette'이 역사적으로나 대중적으로나 가장 중요하고 유명할 것이다. 앙투아네트는 1793년 8월 2일부터 처형일인 10월 16일까지 이곳에 투옥되었다. 이 방은 왕정복고 정부 때인 1816년에 앙굴렘 공작부인Duchesse d'Angoulême의 주도 아래 '참회의 예배당Chapelle Expiatoire'으로 개조되었다.도 12-7 그녀의 시신은 1816~1827년에 루이 16세 광장에 지어진 참회의 예배당이라는 같은 이름의 원형 무덤에 안장되었다.

역사의 반전도 있었다. 막시밀리앵 드 로베스피에르Maximilien de Robespierre(1758~1794년)의 계속되는 공포정치와 단두대 처형에 반대하는 테르미도르 반동이 일어나 성공하면서 로베스피에르 자신을 비롯한 로베스피에르파의 지도자들이 줄줄이 이곳에 투옥되었다. 르네-프랑수아 뒤마René-François Dumas(1753~1794년), 루이 앙투안 레옹 드 생쥐스트Louis Antoine Léon de Saint-Just(1767~1794년), 오귀스탱 드 로베스피에르Augustin de Robespierre(막시밀리앵의 동생, 1763~1794년) 등이 대표적이었다. 이외에도 로베스피에르와 정치적 연대를 가졌던 다른 파의 지도자들도 있었다. 몽테뉴파의 지도자였던 조르주 오귀스트 쿠통Georges Auguste Couthon(1755~1794년)과 무산 시민계층으로 구성된 상퀼로트Sans-Culotte파의 지도자였던 프랑수아 앙리오François Hanriot(1759~1794년) 등이 대표적이다.

특히 로베스피에르는 앙투아네트를 투옥했던 그 방의 바로 옆방에, 일년이 채 되지 않은 시간이 흘러 이번에는 거꾸로 자신이 투옥되는 운명을 맞았다. 역사의 아이러니가 아닐 수 없다. 반동은 1794년 7월 27일에 성공했고 앞에 나열한 인사들이 이날 모두 체포되어 투옥되었으며, 다음날 함께 처형되었다. 이 때문에 앞 인사들은 사망일이 모두 1794년 7월 28일로 같다.

다른 하나는 혁명재판소였다. 이는 아픈 죽음의 기록이라기보다는 좀 더 중립적인 역사의 현장이라는 의미가 있었다. 1792년 9월 21일에 공화정이 선포되었고 '공포정치의 법제화legalization of violence' 작업의 진행과 함께 1793년에는 시테궁의 고등법원 건물에 혁명재판소가 설치되었다. 이 해 3월 10일에 형사 법정Criminal Court이 가장 먼저 입주했으며 곧이 정식 혁명 법정Revolutionary Court이 꾸려졌다. 이들은 파리 고등법원이 사용해오던 중세 때의 대연회실과 그 주변의 콩시에르주리를 점유하고 이름을 자유의 전당Salle de la Liberté으로 바꾼 뒤 1795년 5월 31일 해산 때까지 혁명재판소의 법정으로 사용했다. 이곳에서는 9월의 대학살 때 총 2,780여 명이 재판을 받았고 이 가운데 절반에 육박하는 1,300여 명에게 사형선고가 내려졌다. 사형수 대부분은 이곳에 수용되어 있다가 파리 여러 지역의 단두대로 끌려가서 처형되었으며 일부는 시테궁 내의 여러 방에서 직접 처형되기도 했다.

시테궁 2

19세기 파리 고등법원에 맞춘 대규모 증·개축

파리의 다른 많은 유적과 마찬가지로 시테궁도 19세기부터 복원 작업이 진행되었는데 건물 자체가 파괴된 건 아니어서 정확하게 말하면 복원이 아니고 파리 고등법원의 기능에 맞춘 증·개축이었다. 이전까지 파리 고등법원은 중세 때 왕궁 건물을 그대로 사용했는데, 이곳에 계속 남게 되자 근대화된 새로운 사법 기관에 맞게 대대적인 증·개축이 이루어진 것이다. 이 때문에 1812년부터 1914년에 걸친 오랜 기간에 크고 작은 공사가 이어졌다. 이런 건축 공사와 별개로 이 기간에 파리 고등법원에서 진행한 굵직한 재판의 역사적 기록도 중요한 내용으로 연관된다. 이상을 종합해서 크게 다섯 단계로 정리할 수 있다.

첫째, 파리 고등법원 자체에 한정한 부분으로 두 명의 건축가가 담당했다. 먼저 1812~1819년에 앙투안-마리 페이르Antoine-Marie Peyre(1770~1843년)가 담당한 공사인데 작은 규모로 진행했다. 중세 때의 왕궁 수비대Salle des Gens d'armes가 사용하던 부분을 복원했고 앙투아네트의 감옥을 참회의 예배당으로 개축했다. 참회의 예배당은 특히 부르봉 왕조의 명예 회복에 힘쓴 루이 18세가 관심을 두고 공을 들인 개축이었다. 이외에 법원 기능에 맞춘 자잘한 부분 개조가 추가로 있었다. 이어 조제프 루이 뒤크Joseph Louis Duc(1802~1879년)가 1847~1871년에 비교적 큰 복원을 진행하면서 건물을 대대적으로 개조하거나 확장했다. 약식 재판소Court of Summary Jurisdiction와 최고 항소재판소Supreme Court of Appeal 두 곳을 신축한 게 대표적이다. 더하여 이때 중세 시테궁의 부속 건물이던 생트샤펠의 복원도 함께 진행했는데, 1847~1863년에 진행한 이 내용은 앞에서 살펴보았다.

둘째, 1862년에는 시테궁 전체가 역사 기념비historic monument로 일차 분류되었고 1864년에 최종 지정되었다. 이후 이에 맞춰 1868~1879년에는 관광을 염두에 두고 콩시에르주리를 중심으로 한 중세 감옥의 대대적인 수리와 복원이 있었다.

셋째, 1871년 파리 코뮌 사태 때 대화재를 겪은 이후의 철거와 복원 작업이다. 중세 왕궁에서 왕의 주거Logis du Roi 부분과 살르 쉬르 로Salle sur l'Eau를 파리 고등법원의 여러 사무실로 계속 사용해오고 있었는데, 중세 전제 시대를 종식한다는 상징적 파괴를 위해 이 두 부분을 철거했다. 이후 1891년까지는 법원의 기능에 맞춘 대대적인 개축이 한 번 더 있었고 이때 중세 왕궁에서 필요한 부분은 거꾸로 복원했다.

넷째, 이상의 과정을 거쳐 최종적으로 형사재판소, 약시재판소, 헌법재판소, 파기 법정, 대법정 등 여러 재판소와 법정을 갖춘 파리 최고재판소,

즉 오늘날의 대법원이 탄생했다.도 11-1, 12-8, 12-9 건축적으로 보면 다양한 크기와 모양의 중정형 건물 10채 이상으로 구성된 매우 복잡한 르네상스 왕궁 형식으로 남게 되었다. 19세기 특유의 제국주의 양식은 주로 실내 장식에서 나왔는데 파기 법정Court of Cassation의 화려한 천장 벽화와 대법정 전실의 대계단 등이 대표적이다. 이상과 같은 긴 역사를 거쳐 남아 있는 현재 상태를 건축적으로 요약하면 한 마디로 양식 사조의 '패치워크patchwork'라 할 수 있다.

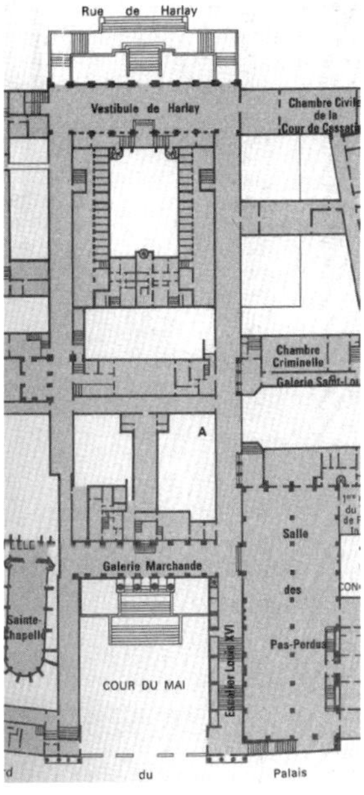

12-8. 파리 고등법원 평면도. 조제프 루이 뒤크Joseph Louis Duc의 설계로 1847~1871/ 1880년에 건축했다. 아를리의 전실Vestibule de Harley은 그 중간인 1857~1868년에 건축했다.

다섯째, 하지만 이곳의 감옥이 완전히 폐쇄된 건 1934년이나 되어서였다. 19세기부터 이때까지도 콩시에르주리에는 여전히 크고 작은 역사적 사건의 기록이 차곡차곡 쌓였다. 대표적인 예를 보면 우선 1815년에는 프랑스 제독 미셸 네Michel Ney(1769~1815년)가 이곳에 투옥되었다. 그는 나폴레옹의 100일 천하를 도왔지만, 부르봉 왕가와 나폴레옹 사이를 오가는 변절 끝에 1815년 5월 왕정복고가 이루어진 뒤 12월에 처형을 당할 때까지 이곳에 투옥되었다. 1835년에는 루이 필리프 1세Louis Philippe I의 암살을 시도했던 주세페 마르코 피에시Giuseppe Marco Fieschi(1790~1836년)가, 1836년에는 쿠데타에 실패한 루이 나폴레옹(후의 나폴레옹 3세 황제)이 연달아 투옥되기도 했다. 다시 세상이 바뀌자 이번에는 1858년에 나폴레옹 3세 황제를 암살하려던 펠리체 오르시니Felice Orsini(1819~1858년)가 투옥된 뒤 처형당했다.

12-9. 파리 고등법원의 현재 상태

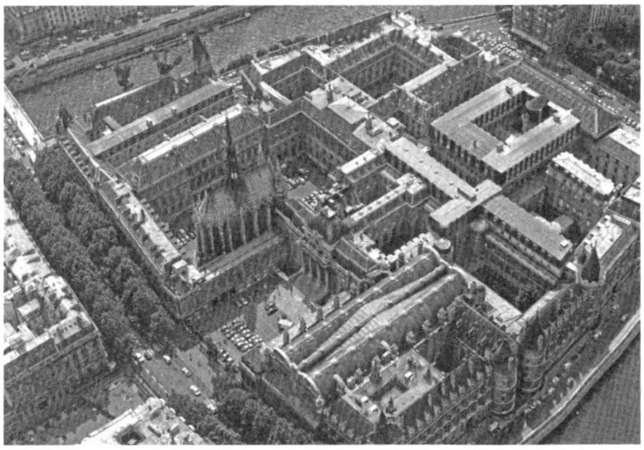

이어서 세기의 재판이 계속 이어졌다. 19세기 말인 1898년의 소설가 에밀 졸라Émile Zola(1840~1902년) 재판과 20세기 전반부인 1917년의 간첩 마타 하리Mata Hari(1876~1917년)의 재판 등이 대표적이었다. 1934년에 감옥이 폐쇄된 이후에는 파리 고등법원의 기능만 남았으며 제2차 세

계대전 당시 나치에 협력한 혐의로 1945년에 진행된 필리프 페탱Philippe Pétain(1856~1951년) 제독의 재판 등과 같은 세기의 재판 장소가 되었다.

뤽상부르궁과 팔레 루아얄
파괴를 면하고 화려하게 부활한 왕궁

다음으로 뤽상부르궁Palais du Luxembourg이다. 이 왕궁 역시 프랑스대혁명 때 다행히 파괴를 면했다. 그 이유는 여럿일 텐데 가장 큰 이유는 아마도 이탈리아 메디치 가문 출신의 여왕 마리 드 메디치Marie de Médicis(1575~1642년, 왕비 1600~1610년)가 친정의 돈으로 지은 왕궁이라는 사실 때문일 것이다. 이 때문에 메디치 가문이나 이탈리아와의 국제적 관계도 생각하지 않을 수 없었을 것이다. 이런 점에서 앞의 튈르리궁과 비슷한 상황이었다. 더욱이 마리 여왕은 외국으로 추방되어 이른바 '객사客死'를 해서 정치적 판결과 징벌을 한 번 받았다고 판단되었을 수도 있다. 뤽상부르궁은 파괴를 면한 대신 1795년 11월 4일부터 혁명 정부의 제1집정부執政府 · Le premier Directoire와 국립교도소Prison d'État로 사용되었다.

다시 혁명이 끝나고 나폴레옹 1세가 등장하면서 1799~1801년에는 프랑스 상원의사당Siège du Sénat français으로 화려하게 부활했다. 상원 기능에 맞게 나폴레옹 1세의 건축가였던 장 프랑수아 테레즈 샬그랭Jean-François Thérèse Chalgrin(1739~1811년)이 개축을 담당했다. 대표적인 개축 내용을 보면 우선 건물 중심에 있던 중앙 계단을 철거하고 그 자리에 의사당을 배치했다. 처음에는 80명 정원으로 시작했는데 1830년 7월 혁명 때 정원이 271명으로 늘어나자 여기에 맞춰 1835~1841년에 정원 쪽으로 확장했다. 이어 계단 주위에 있던 열주랑列柱廊 · portico을 막아서 사무실 등 부속실로 사용했다. 상원의사당의 권위를 살리기 위해 사라진 중앙 계단 대신 오른쪽 측동에 거대한 일직선 계단을 새로 설치했다. 이 때문에 루벤스의 그림이 있던 그랑 갈르리Grand Galerie가 축소되었다. 한편 건물과 함께 주변의 정원도 함께 잘 존치되어서 파리에서 중요한 도시 정원이 되

었다.도 12-10

5대 왕궁 가운데 마지막으로 팔레 루아얄Palais Royal이다. 프랑스대혁명을 둘러싼 이 건물의 특이한 운명에 대해서는 앞 7장에서 살펴보았다. 내용이 중복되지 않게 추가로 살펴보자. 우선 준공한 지 불과 5년 후에 발발한 프랑스대혁명 때에는 크게 파괴되지 않았다. 그 대신 루이 필리프-조제프 도를레앙Louis Philippe-Joseph d'Orléans(1747~1793년)의 주도로 정원이 혁명 세력의 회의 장소로 사용되었다. 이 내용은 앞에서 살펴보았으로 생략하겠다.

12-10. 뤽상부르 궁과 정원을 그린 판화(1867년)

이렇게 잘 보존된 덕에 팔레 루아얄에는 현재 최고 행정법원Conseil d'État(국가참사원), 헌법위원회Conseil Constitutionnel, 프랑스 문화부Ministère de la Culture 등의 국가 주요 기관이 입주해 있다. 또한 1633~1639년의 첫 공사 때 지은 실내 극장도 보존되어 현재 코메디-프랑세즈Comédie-Française로 사용하고 있다. 더하여 미술관과 명품점 등이 추가로 입주해서 현재 루브르 박물관 북쪽의 샤틀레Châtelet 지구를 고급 문화 동네로 만드는 데 핵심적 역할을 한 건물 가운데 하나가 되었다.

이상이 프랑스대혁명에서 파리 코뮌 사이에 파리 5대 왕궁이 겪은 '반달리즘-보존-복원' 등의 다양한 역사다. 이 주제와 관련해 다섯 왕궁 전체를 묶어서 기독교 건축과 비교하면 상대적으로 파괴의 정도가 약하거나 거의 없었다고 할 수 있다. 기독교 건축은 파리 내에서는 노트르담대성당이나 생트샤펠, 파리 근교에서는 생드니 수도원, 프랑스 전역에서는 클뤼니 수도원 등 중세를 대표하는 대형 사이트들이 모두 심각하게 파괴되었다. 반면 지금까지 보았듯이 5대 왕궁은 튈르리궁을 제외하면 대부분 파괴 없이 보존되었다.

그 이유는 왕궁의 건축 구성에서 찾을 수 있다. 프랑스대혁명 이후 근대적 행정 기관이 새로 생겨났는데 당시 파리는 재정, 사회 상황, 부지확보 등 여러 면에서 이들을 위한 공공건물을 새로 지을 형편이 되지 못했다. 이런 상황에서 마침 왕궁은 조금만 개조하면 이런 기능에 적합한 건축 구성이어서 용도 변경을 통해 살아남을 수 있었다. 좀 더 좁혀 보면 루브르궁 사례가 또 다른 중요한 단서가 될 수 있다. 왕궁 가운데 가장 크고 중심이 되는 루브르궁이 박물관으로 용도 변경되어 시민들의 공간으로 거듭나면서 왕궁 전체에 대한 반감을 크게 완화하는 역할을 한 것이다.

그 결과 다섯 왕궁 모두가 시민시설이나 공공시설로 탈바꿈했다는 중요한 공통점이 있다. 루브르궁은 박물관으로, 튈르리궁은 사라진 자리가 튈르리 정원으로, 시테궁은 파리 고등법원으로, 뤽상부르궁은 프랑스 상원으로, 팔레 루아얄은 정부 기관과 예술의 공간 등으로 각각 용도가 변경되어 오늘날 파리를 문화예술의 도시로 만드는 데 핵심적 역할을 하고 있다.

기타 건물들1
앵발리드 보훈병원과 앵발리드 교회

왕실과 관련된 기타 건물들은 교회 건물이나 튈르리궁만큼은 아니지만 일정 부분 타격이 있었다. 앞 장에서 본 왕실 소유의 여러 2차 교회 건물을 필두로 뒤에서 나오는 다양한 종류의 건물들이 대상이었다. 그 내용도 혁명 세력에 의한 순수한 반달리즘부터 소유권 이전, 용도 변경, 자진 철거, 증·개축 등 다양해서 대체로 지금까지 나온 노트르담대성당, 생트샤펠, 5대 왕궁 등과 같았다. 이 내용 중 일부는 『파리 도시건축의 역사: 중세와 고전의 시대』(2023)에서 설명했으므로 여기에서는 중복을 최소화하면서 핵심 내용만 발췌했다. 차례대로 살펴보자.

앵발리드 보훈병원(앵발리드 오텔Hôtel des Invalides)은 원래 기능에 양면성이 있어서 프랑스대혁명 때의 피해도 양면적이었다. 원래는 왕실 소유 재산이었음에도 퇴역군인과 상이군인을 위한 요양시설이라는 공공기능이 있었다. 이에 따라 혁명 세력도 건물의 지위 자체를 양면적으로 평가했다. 이 덕분이었는지 우선 건물 자체에 대해서 기능이 정지된 것 이외에 물리적인 피해는 없었다. 반면 다른 방향으로 다양한 응징이 가해졌다.

우선 1789년 7월 14일에 혁명 군중이 난입해 안마당에 진열되어 있던 총과 대포 등을 탈취해서 바스티유 감옥을 파괴하는 데 사용했다. 이어 왕실과 가톨릭의 소유권을 박탈하면서 이들의 문양과 문장 등 상징 장식을 모두 지웠고 왕이나 왕실과 관련한 조각상을 파괴했다. 보훈병원의 주 교회였던 앵발리드 교회Église des Invalides에 대해서는 종교적 내용을 새긴 조각상과 왕의 조각상 등을 파괴했고 제단 등 종교 물품을 폐기했다. 이 가운데 값비싼 재료로 만든 작품들은 대부분 떼어서 시장에 내다 팔았다. 이어 미사도 모두 중지되고 퇴역군인의 교회였던 생루이 교회Église Saint-Louis는 정부에서 탈취해온 깃발을 보관하는 창고로 사용되었다. 혁명이 격화하자 1795년부터 1804년까지 두 번에 걸쳐 입주해 있던 퇴역군인들마저 모두 내보내고 역시 창고로 사용하는 지경까지 나가기도 했다.

나폴레옹 1세 때에는 정반대로 화려하게 복귀했다. 우선 병원부터 기능을 회복해 군인들을 재입주시켰다. 가장 큰 반전은 교회에서 일어났다. 종교 기능으로 되돌리지 않고 사실상 프랑스의 실내 국립묘지로 화려하게 변신했다. 앞에서 살펴본 파리 팡테옹의 변신과 같았는데, 파리 팡테옹에 주로 문화예술과 학문 분야의 주요 인물이 묻혔다면 앵발리드 교회에는 장군들이 묻혔다. 나폴레옹 1세가 승전으로 권력의 기반을 닦았던 만큼 시기를 가리지 않고 나라에 큰 공을 세운 주요 장군들이 주로 매장되었다. 1호는 앙리 드 라 투르 도베르뉴Henri de La Tour d'Auvergne(1611~1675년) 장군이었다.

그런데 도베르뉴의 관은 원래 파리 근교 생드니Saint-Denis 수도원에 있었는데 특이하게도 이미 혁명 정부 때 이곳 앵발리드 교회로 옮겨왔다. 그는 루이 13세와 루이 14세에 걸친 1625~1675년의 무려 50년 동안 8년 전쟁을 시작으로 30년 전쟁, 프롱드의 난, 프랑스-스페인 전쟁, 프랑스-네덜란드 전쟁 등 17세기를 관통하는 주요 전쟁에서 큰 공을 세웠다. 이런 공로로 루이 14세 때 '대원수 튀렌Marshall Turenne'이라는 칭호를 받으며 프랑스의 이상적인 군인이자 군사 지도자로 추앙받게 된 인물이었다. 아마도 이런 공로를 높이 사서 혁명 세력도 오히려 도베르뉴의 관을 부각했던 걸로 보인다. 나폴레옹 1세는 애국주의를 강조하면서 도베르뉴의 사례를 더욱 발전시켰고 19세기 말까지 같은 흐름이 이어지면서 앵발리드 교회는 프랑스의 국립묘지 역할을 일정 부분 했다. 이 내용은 뒤의 나폴레옹 1세 편에서 자세히 살펴보겠다.

기타 건물들 2
육군사관학교, 극장, 파리 시청사

다음으로 육군사관학교École Militaire다. 국가의 군사력과 직결된 중요한 건물이어서 프랑스대혁명은 물론이고 1871년 파리 코뮌 때도 온전히 보존될 수 있었다. 현재도 1768년에 최종 준공한 건물 그대로 사용하고 있으며 군사와 국방의 기술·정책 등과 관련한 주요 연구기관이 다수 입주해 있다. 프랑스대혁명 때인 1794년 6월 8일에는 건물 앞 들판(현재의 샹드 마르스Champ de Mars)에서 로베스피에르가 창설한 '신의 축제la Fête de l'Être Suprême'가 개최되기도 했다.

다음으로 극장이다. 파리에는 18세기 말까지 많은 극장이 지어졌는데 극장이라는 건물은 특이하게 혁명에 의한 파괴 이전에 화재와 자진 철거 등으로 이미 많이 사라지고 없었다. 프랑스대혁명 때 피해를 겪은 대표적인 주요 극장은 바로크 때인 1661년에 준공한 살 데 마쉰Salle des Machines이었으나 혁명의 여파로 완파되었다. 이어 나폴레옹 1세 때인 1808년에 새로 지었지만 1871년 파리 코뮌 혁명 때 다시 완전히 파괴되어 현재는 사라지고 없다.

마지막으로 파리 시청사Hôtel de Ville다. 1357년에 현재의 샤틀레 지구에 처음 지어진 이래 지금까지 같은 자리에서 파리 도시 행정을 맡아온 건물이다. 프랑스대혁명 때에는 혁명군과 정부군 사이에 공방이 벌어진 장소였는데 왕실과 직접적인 연관이 없어서 파괴되지 않고 넘어갈 수 있었다. 이 가운데 혁명 세력 내부의 갈등으로 벌어진 비극의 현장이었다는 역사적 기록이 특히 중요했다. 1794년 7월 27일(혁명 캘린더로는 테르미도르 Thermidor 9일)에 막시밀리앵 드 로베스피에르가 '테르미도르 반동'으로 아우인 오귀스탱 등 동지와 함께 이곳에서 마지막으로 저항하다가 총상을 입고 체포되었다. 이후 시테궁의 콩시에르주리 감옥에 투옥된 뒤 바로 다음 날 다시 이곳 시청 광장인 그레브 광장으로 이송되어 처형당했다.

이처럼 건물은 프랑스대혁명을 무사히 넘겼으나 1830년 7월 혁명과 1871년 파리 코뮌 사태마저 피할 수는 없었다. 7월 혁명 때에는 시청사 앞에서 격렬한 전투가 벌어졌으나 건물은 파괴를 면했다.도 12-11 그러나 코뮌 사태 때에 결국 화재로 소실되었다. 코뮌 사태는 곧바로 진압되었고 하루라도 시청사가 없으면 안 되었기에 1882년 테오도르 발뤼Théodore Ballu(1817~1885년)의 설계로 복원에 들어가서 1892년에 준공했다. 코뮌 때 불탄 건물은 원래 1532~1628년의 긴 기간에 걸쳐 르네상스 양식으로 지어졌는데, 복원 때에는 이를 유지하면서 르네상스 리바이벌 양식으로 규모를 크게 확장해서 지었다.도 12-12 가장 두드러진 부분은 중앙의 돔이다. 실내에서는 중앙 홀의 천장인데 외관에서는 피라미드에서 따온 경사 지

12-11. 1830년 7월 혁명 중 28일 시청사 앞에서 벌어진 28일 전투 장면(왼쪽)

12-12. 파리 시청사의 현재 모습(오른쪽)

붕 속에 집어넣었다.

외관에서는 특히 사면을 가득 에워싼 136개의 조각상이 중요했다. 파리 시청사라는 건물의 성격에 맞게 파리를 대표하는 비유 상징, 즉 '파리의 알레고리Allegories of Paris'가 주요 내용이었다. 우선 시계 위 여인상이 파리시 전체를 대표하는 비유 상징이었고 그 위 박공의 양옆에 앉은 두 여인상은 파리의 두 강인 센강과 마른강rivière Marne(센강의 지류)을 각각 상징했다. 더하여 파리시의 역사를 이끌어온 주요 인물들의 조각상도 빠질 수 없는 항목이었다. 테라스에 설치한 에티엔 마르셀Étienne Marcel(1302/1310~1358년)의 조각상이 대표적인데, 마르셀은 1354~1358년에 '대상인大商人 선출 파리시장Prévôt des marchands de Paris'을 역임한 인물로 1356년 단행한 개혁 운동의 주역이었다. 좁게는 파리의 변혁과 발전을 주도한 시장이었으며, 여기에 머물지 않고 국가적으로도 당시 영국과의 100년 전쟁으로 힘들던 때에 이를 극복하는 데 중요한 역할을 했다.

3부 19세기 개요: 제국이 이끈 '통일국가-혁명-산업화'의 시대

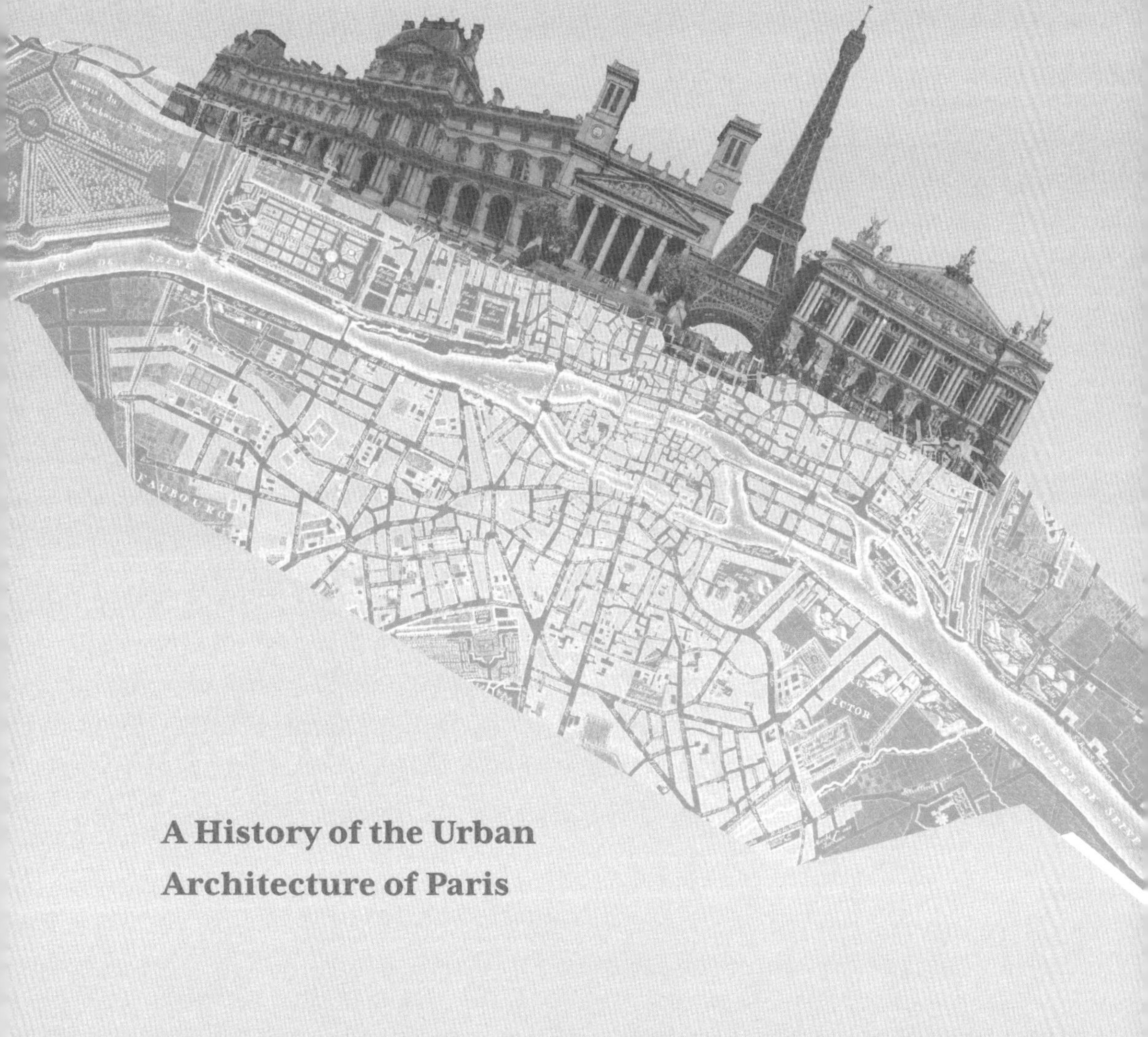

A History of the Urban Architecture of Paris

19세기 파리의 도시건축 상황 개괄

13장

프랑스 제국의 수도, 파리

19세기 파리는 '제국의 시대'였다. 혁명의 시대였던 18세기가 처음에는 그 반대로 평화롭게 시작한 것과 달리, 19세기는 처음부터 나폴레옹 1세의 제1제국으로 시작했다. 중간에 제2공화국이 있었고 1870년 제3공화국이 성립된 이후 현재까지 공화국 체제로 굳어졌으나 이는 어디까지나 '정체政體'의 형식일 뿐이었다. 역사책에서는 19세기를 '제국경쟁의 시대'라고 부르는데, 프랑스는 식민지 약탈과 군비 확장 등 전형적인 제국 체제로 운영하면서 제국경쟁의 선두에 선 나라였다. 이상적인 민주국가를 표방하는 두 번의 공화국 시대라고 다를 바는 없었다. 겉과 속이 다른 이런 양면적 기조는 정체와 상관없이 최소한 제2차 세계대전, 늘려 잡으면 식민지들이 해방되는 1960년대까지 계속되었다. 19세기의 수도 파리에는 이런 제국 시대의 역사가 차곡차곡 쌓였다. 파리의 도시건축은 이번에도 어김없이 그 내용을 물리적 증거로 구현하고 기록한 장르였다.

세계 민주주의 시대인 현대에 정치 이데올로기를 기준으로 보면 19세기 제국은 당연히 바람직하지 않은 정체였다. 하지만 순수하게 도시건축

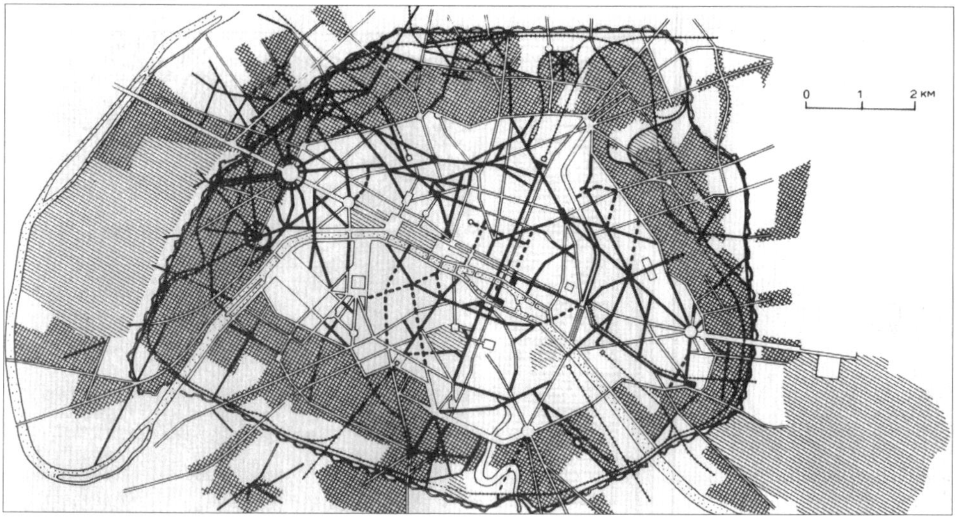

13-1. 오스망 재개발(1852~1869년) 실행 다이어그램. 실선이 새로 닦은 대로이고 빗금이 새로 건설한 구역이다.

의 외적 성과물만 보면 큰 발전을 이룬 시대이기도 했다. 그만큼 강력한 중앙정부가 있었고 그 아래서 온 국민이 단합했기 때문이며, 무엇보다 제국경쟁의 요소 가운데 도시개발은 경제성장과 군사력 증강과 함께 가시성이 가장 큰 분야여서 중앙정부가 앞장서서 이끌었기 때문이다.

19세기 파리가 그랬다. 이 시기는 파리의 도시건축이 파리 역사상 가장 역동적이고 풍성한 내용을 남긴 시대라 할 수 있다. 이런 평가는 현대인 20~21세기와 비교해도 변하지 않는다. 대부분의 세계 주요 도시의 발전상이 20~21세기에 집중되는 것과 다른 파리만의 독특한 역사성이다. 그런데 이는 좋건 싫건 제국 체제의 업적 내지는 산물이었다. 상상을 뛰어넘는 큰 스케일로 수많은 도시건축 사업이 진행되었는데 이는 전적으로 제국 체제가 있어서 가능했다.도 13-1 그리고 그 내용은 그대로 현대 파리의 토대가 되었다. 단순한 토대를 넘어 '현대 파리' 자체가 19세기부터 시작했으며 현대 파리의 가장 많은 부분이 19세기에 형성되었다고 할 수 있다. 우리가 지금 열광하는 파리의 도시건축은 대부분 19세기에 건설된 것들이다. 이런 면에서 파리는 '19세기 도시'라 할 수 있다.

이런 19세기 파리를 도시건축의 관점에서 정리하고 해석하는 시각은 크게 두 가지가 있다. 하나는 연대와 정체의 변천을 하나로 합한 년도 순서로 살피는 것으로, 1부의 18세기 부분에서 살펴본 전통 시대의 왕조사 순서에 해당하는 19세기식 버전이다. 다른 하나는 도시건축과 역사·문화의 주제어별로 살펴보는 것이다. 이 책은 이 두 가지를 혼용해, 먼저 3부에서는 첫 번째 방식으로 왕조사의 순서를 가장 상위 분류 체계로 잡고 그 하위의 다양한 주제어를 살펴보겠다. 이어 4부와 5부에서는 그런 다양한 주제어 가운데 특히 중요한 '오스망 재개발'과 '부르주아 건축' 두 가지를 다시 가장 상위에 걸고 그 하위의 다양한 세부 주제를 살펴보겠다. 이번 장은 이런 3부의 첫 장으로 파리의 19세기 시대 상황과 도시건축을 개괄적으로 살펴본 뒤 다음 장부터 왕조사의 순서대로 살펴보자.

용광로의 시대, 프랑스를 이끈 수도 파리

먼저 '연대기 + 정체 변천'의 왕조사 순서다. 19세기 유럽은 용광로 같은 곳이었다. 혼란기인 점은 18세기와 같았으나 차이도 있었는데 크게 네 가지로 정리할 수 있다.

첫째, 시대를 이끈 정신이 18세기에는 '과학혁명-프랑스대혁명-산업혁명'의 3대 혁명이었다면 19세기는 '제국-통일국가-혁명-산업화' 등의 넷으로 변화했다.

둘째, 이 네 가지 시대 정신 가운데 제국이 가장 앞에 서서 나머지 셋을 하나로 흡수하는 중심 역할을 했다. 이는 18세기의 3대 혁명을 이끈 주체가 국가와 왕실, 학계와 예술계, 부르주아와 귀족, 시민과 노동자 등으로 분산되었던 것과는 다른 점이다. 산업혁명과 식민지 시대를 거치면서 유럽의 열강 각국은 '세계 지배'라는 거부할 수 없는 초대형 이권을 앞에 놓고 강력한 중앙정부 아래 온 국민이 단합하는 양상으로 흘러갔다.

셋째, 18세기의 유럽 국제관계가 계몽주의라는 탐색적 시대 상황에서 보듯 각자도생을 기반으로 한 다원적·협력적 경쟁이었다면 19세기는 극심한 제국경쟁으로 모이면서 단순화·강성화되었다. 제국의 중심성은 매우 강해서 강대국마다 강력한 중앙집중 체제를 태동시켰고 유럽은 급기야 거대 제국들 사이의 경쟁, 분열, 충돌이라는 단순화된 시대로 돌입했다. 이 경쟁은 결국 20세기에 두 번의 세계대전이라는 파국을 맞은 뒤에야 겨우 종결될 수 있었고, 그 이후에는 이를 교훈 삼아 협력과 통합의 시대로 전환했다.

넷째, 18세기의 혁명이 르네상스의 인문 해방을 완성하고 미래의 문명 모델을 찾는 다소 순수한 것이었다면 19세기의 혁명은 그 열매를 본격적으로 거두는 좀 더 현실적인 성격이 강해졌다. 각국도 대외적 경쟁에서는 강력한 중앙정부 아래 단합했지만, 내부적으로는 크고 작은 혁명이 이어지면서 그 횟수도 크게 늘었고 내용도 극심한 이익충돌로 변모했다. 18세기의 프랑스대혁명이 '자유-평등-박애'라는 정치사회적 가치를 위한 것이었다면 19세기의 혁명은 산업혁명으로 발생한 부의 분배를 다투는 것으로 변했다. 산업혁명의 결과물 역시 순수한 경제 이익은 물론이고 중앙집권화된 제국의 물리력을 증대하려는 정치적 목적에 동원되었다.

이상은 유럽 전체의 상황이었고 나라마다 차이도 있었다. 프랑스는 일단 19세기를 제1제국으로 시작하면서 '근대적 통일국가로서의 제국'이라는 기준에서는 첫 문을 열었다. 당시 유럽 대륙에서는 1804년에 합스부르크 제국이 해체되면서 전통 시대의 제국들 가운데 신성로마제국과 러시아제국만 남았다. 그러나 신성로마제국은 여전히 공국의 연합체일뿐더러 그나마 중세 때의 응집력도 보이지 못한 채 1871년이라는 매우 늦은 시기에나 겨우 최초로 통일되는 등 근대적 통일국가라는 기준에서 보면 후진적 상태에 머물렀다. 러시아제국은 굳건했지만, 지리적으로 볼 때 일반적인 유럽의 역사에서는 제외되었다. 이렇게 볼 때 파리는 최초의 근대제국의 수도로 19세기의 첫 문을 열었다고 볼 수 있다.

이런 프랑스 제1제국은 '근대적 통일국가'라는 시대 정신을 이끌었다. 프랑스는 이미 '루이' 왕의 시리즈 시기인 17세기 중반~18세기 말의 절대왕정 때에 일차적으로 통일국가를 이루었다. 이후 19세기에는 이런 통일국가에 적합한 체제를 찾는 또 다른 실험과 탐색의 시기를 주도했다. 여러 세력 집단의 정치 이데올로기와 이해관계에 따라 정체를 여러 번 바꾸며 요동쳤다. 수도 파리는 그 중심 공간으로서 숨 가쁜 역사의 소용돌이 속에 있었다. 정체의 변화를 요약하면 '1789년 프랑스대혁명–프랑스 제1공화국(1792~1804년)–프랑스 제1제정(1804~1814년, 나폴레옹 황제)–왕정복고(1814~1830년, 부르봉 왕조의 복귀, 루이 18세, 샤를 10세)–7월 혁명 정부(루이 필리프 1세의 7월 왕정, 1830~1848년)–프랑스 제2공화국(1848~1852년)–프랑스 제2제국(1852~1870년, 나폴레옹 3세 황제)–프랑스 제3공화국(1870~1940년)' 등으로 무려 일곱 번이나 엎치락뒤치락했다.

프랑스는 1870년에 제3공화국으로 귀결된 뒤 1940년 6월 독일에 항복하며 페탱 정권이 수립하기까지 표면적으로는 민주적인 공화국 체제를 유지했으나 내부적으로는 식민지 약탈과 세계 제패를 노리는 제국경쟁을 가속했다. 프랑스는 대영제국과 쌍두마차를 이루며 제국경쟁을 이끌었다. 국가와 정부의 운영 체계와 식민지 쟁탈부터 도시건축과 문화예술 정책에 이르기까지 제국을 구성하는 다양한 분야를 이끌었다. 스페인은 몰락하는 제국이었고 미국은 아직 신생국이었으며 독일은 1871년의 지각 통일 뒤에야 독일 제국(제2제국, 1871~1888년)을 선포하며 몇 발 뒤처져 있었다. 프랑스의 제국 체제는 표면적으로나 내부적으로나 독보적이었다.

혁명에서는 18세기의 3대 혁명을 이끈 나라답게 19세기에도 여전히 선두국가로 유럽을 선도했다. 1830년 7월 혁명, 1848년 2월 혁명, 1870년 파리 폭동, 1871년 파리 코뮌, 1889년 제2인터내셔널 등이 대표적인 굵직한 혁명들이었으며 이외에도 여러 크고 작은 음모 사건과 무력 충돌 등이 이어졌다. 산업화는 영국에 뒤졌으나 그 결실의 장인 만국박람회와 에펠탑 등에서 '선택과 집중'과 '고급 상품화commodification' 전략을 성공적으로 구사하며 산업화의 결과물을 포장해내는 데에서는 역시 선도적 역할을 했다. 특히 1855년, 1868년, 1878년, 1889년, 1900년 등 무려 다섯 번의 만국박람회는 산업화를 정착시키고 발전시키는 데 중요한 밑거름이 되었다.도 13-2, 13-3

수도 파리는 19세기의 이 모든 상황이 압축·집약된 곳이었다. 프랑스는 수도 집중이 매우 심한 나라이며 더욱이 19세기는 국력 집중의 필요성이 그 어느 때보다 큰 열강 경쟁 시대여서 더욱 그랬다. 이에 따라 물리적

13-2. 1900년 파리 만국박람회 전경, 알렉상드르 3세교Pont Alexandre III에서 바라본 장면이다. (위)

13-3. 그랑 팔레Grand Palais와 프티 팔레Petit Palais의 아름다운 야경. 1900년 파리 만국박람회 시설인데 아직 시내 중심부의 핵심 시설로 활용된다. (아래)

골격의 변화를 기반으로 한 도시의 변화와 발전도 심하게 일어났다. 아마 파리의 도시 역사상 가장 변화가 큰 한 세기였을 것이며, 오늘날 우리가 열광하는 파리의 모습 대부분은 사실상 이때 형성된 것이다. 두 번의 제국과 두 번의 왕정과 세 번의 공화국, 그리고 그 과정에서 오스망 재개발이라는 초대형 재개발을 거치면서 수십 개의 주요 간선도로를 냈고 그 사이사이를 수많은 공공건물과 대형 기념비로 채웠다. 대로를 따라 부르주아들의 고급 아파트가 줄지어 들어섰으며 이들이 누리던 각종 문화 시설, 놀이 시설, 상업 시설 등이 줄줄이 등장했다. 19세기는 파리 도시건축 역사 전체에서 발전과 확장이 가장 많이 일어난 시기로 볼 수 있다.

19세기 파리의 도시 개괄1
인구 증가와 교통망의 획기적 확충

이상은 19세기 파리를 둘러싼 거시적 시대 상황이었다. 도시건축으로 좁혀 보면 19세기 파리는 여러 면에서 황금기를 구가했다. 제1제국으로 시작하면서 파리를 제국의 수도로 만드는 웅장한 계획이 수립되어 수정과 확장을 거듭하며 19세기 내내 계속했다. 뒤에서 이어질 장들이 모두 그 내용을 담고 있는데, 주제어만 먼저 나열하면 '대로 건설-역사주의 양식의 대형 공공건물-주택 개발 사업-오스망 재개발-프랑스대혁명 때 파괴된 건물의 복원 작업-철물을 이용한 신건축-산업 부르주아의 문화 시설과 상업 시설-파리 만국박람회의 전시관' 등 실로 도시건축의 많은 일이 19세기 파리에서 일어났다. 단순한 도시개발이나 개별 건물의 건설 이외에 재개발, 복원 작업, 만국박람회 등 '정치-사회-경제'의 성격이 강한 사업도 여럿 있었다.

이상의 배경 아래 도시와 건축을 나누어 살펴보자. 먼저 도시에서는 '인구 증가와 교통망의 획기적 확충-오스망 재개발-티에르 성곽의 철거와 교외 확장-폐쇄적 도시 전통과 아파트의 등장-도시화 현상-산업화와 공장 건설' 등 여섯 주제가 대표적이다. 차례대로 살펴보자.

첫째, 인구 증가와 교통망의 획기적 확충이다. 먼저 인구 증가를 보면, 세계의 모든 근대적 대도시가 그렇듯이 19세기 파리의 발전 역시 인구 증가 속도와 함께 보면 더욱 빛을 발한다. 인구가 증가하면 보통은 도시의 정주 여건이 쉽게 파괴되는데 파리는 이것을 극복하고 인구 증가를 오히려 근대적 도시개발의 원동력으로 삼는 데 성공했기 때문이다. 파리의 인구 증가는 독보적이었다. 그 속도는 프랑스 내는 물론 19세기 유럽 전체에서도 선두권이었다. 이미 19세기 초부터 수직으로 증가하기 시작했으며 1820년대부터 산업혁명이 본격화되면서 일자리가 넘쳐나고 노동력이 부족해지자 증가 속도는 더 빨라졌다. 이어 1840년대를 관통하면서 철도가 개통하고 파리에 충분한 물량이 공급되면서 인구 증가의 고삐는 완전히 풀렸다.

구체적인 통계 숫자를 보면, 1801년에 54만 7,000명이던 게 1817년 71만 4,000명, 1831년 78만 5,900명, 1841년 93만 5,000명, 1851년 105만 3,300명, 1856년 117만 4,000명, 1861년 169만 6,000명(이 해에는 교외를 흡수해서 파리의 행정 구역이 확장되었다), 1872년 185만 1,800명, 1881년 226만 9,000명 등으로 증가했다. 80년 사이에 네 배 증가한 수치며 순수 증가분은 172만 명이었다. 20세기가 아닌 19세기에 이 정도의 인구 증가는 기록적이라 할 수 있었다.

한편 산업화 초기에는 어느 나라나 그렇듯 이런 인구 증가는 파리 내부에서 발생한 자연증가보다는 이주자들에 의한 것이 대부분이었다. 농촌 지역에서 파리 근교의 공장 노동자로 이주한 이른바 '농민공'이 가장 많았지만 도심에 형성된 문화 놀이터마저 사람을 끄는 유인 요소로 작용했다. 당시 파리의 도시건축은 프랑스 내부는 물론 외국에서도 선망의 대상이어서 이를 즐길만한 경제력과 문화예술의 취향을 갖춘 중산층이 프랑스 전역의 도시를 비롯하여 심지어 외국의 여러 도시에서까지 이주해왔다. 특히 앞 통계에서 보듯 1850년대 인구 증가가 두드러졌는데 이는 철도가 개통하기 시작하고 오스망 재개발의 결과물이 첫 모습을 드러내면서 강력한 유인 요소가 되었기 때문이다. 당시 프랑스의 여러 지방정부에서 파리시City of Paris와 중앙정부에 이주를 제한해달라고 제출한 탄원서가 빗발칠 정도였다.

다음 교통망의 획기적 발전이다. 대도시의 인구 증가가 부정적 요인이 아닌 발전의 원동력으로 작동하기 위한 첫 번째 필수 조건이 원활한 교통인데, 19세기 파리는 이를 성공적으로 이룩한 대표적인 도시였다. 대도시의 교통은 도로, 버스와 지하철, 철도와 기차역 등 세 요소로 나뉜다. 파리는 지하철만 1900년에 처음 개통해서 늦었을 뿐 나머지 요소에서는 단연 선두였다. 우선 의외로 철도와 기차역이 파리 시내에서도 강력한 힘을 발휘했다. 지하철 대신에 일찍부터 지상에 철로를 깔고 철도를 운영하기 시작한 것이다.

이를 위해 파리 시내에는 총 일곱 개의 기차역이 들어섰다. 기차 운행이 시작한 최초 개장일과 기차역 준공일은 차이가 있는데 일단 최초 개장일을 기준으로 보면 '생라자르역Gare Saint-Lazare(1837년), 오스테를리츠역Gare d'Austerlitz(1840년), 몽파르나스역Gare Montparnasse(1840년), 파리 북역Gare du Nord(1845년)–파리 동역Gare de l'Est(1849년)–리옹역Gare de Lyon(1849년)–오르세역Gare d'Orsay(지금의 오르세 박물관, 1900년)'의 순서였다. 오르세역을 제외하면 12년의 짧은 기간에 여섯 개의 기차역이 들어섰다. 이들 기차역 건물들의 준공일에 대해서는 뒤에서 다시 자세히 살펴볼 것이다.

이어 파리에서는 대중 버스도 활발히 운행했다. 아직 자동차가 등장하기 전이라 마차가 여전히 중요한 교통수단이어서 여러 필의 말이 끄는 '옴니버스Omnibus'가 중요한 대중교통수단이었다. 이를 위해 아직 자동차가 없던 때인데도 오스망 재개발 때에 폭 40~50m짜리 대로를 수십 개 건설했다. 이 도로들은 현재까지도 자동차 도로로 손색없이 사용되고 있다.

19세기 파리의 도시 개괄 2
오스망 재개발, 근대적 계획도시의 표준 교과서

둘째, 오스망 재개발이다. 19세기 한복판인 1852~1869년의 17년 동안 진행된 오스망 재개발은 도시개발은 물론이고 건축까지 포괄해서 도시나 국가 차원을 넘어 세계 도시 역사상 가장 크고 절대적인 사업 가운데 하나였다. 자세한 내용은 4부에서 살펴볼 것이며 여기에서는 최대한 중복되지 않는 범위 내에서 19세기 개괄에 맞게 '규모-도시 미학-문화재 복원 사업' 등 세 가지 관점에서 요약하겠다.

먼저 상상을 초월하는 규모다. 현재 파리 순환도로 안쪽 도심부의 무려 1/3 정도가 오스망 재개발 때 근대적 대도시로 탈바꿈한 것이다. 지금 우리가 열광하는 파리는 사실 대부분 이때 건설한 것이다. 자연스러운 변화와 성장이 아닌 계획된 재개발 사업을 무려 17년이나 벌인 데서 알 수 있듯이 천지개벽을 넘어 도시를 하나 새로 만드는 수준이었다. 옛날의 파리는 통째로 사라지고 새로운 파리가 태어났다. 시기, 규모, 재정, 구체적 개발 내용 등 모든 면에서 파리와 프랑스를 넘어 세계 도시 역사에서 최초의 근대적 계획도시이자 재개발 부문에서는 아마도 현재까지도 '세계 최대'라 할 수 있다. 이후 오랜 기간 재개발 부문, 나아가 신도시 개발의 표준 교과서로 자리 잡아 유럽과 세계의 여러 도시에 절대적 영향을 끼쳤다.

다음 도시 미학이다. 파리의 도시적 특징을 대표하는 '스펙터클의 미학'이 이때 완성했다. 단순한 완성을 넘어 압도적 스케일과 규모로 최절정을 이루었다. 구체적인 기법은 크게 일곱 갈래였다. 도로 체계에서는 방사형 도로망과 일직선 대로를 적절히 혼합했고, 도시 내 빈 여백인 광장을 대로의 일직선 효과와 대비시켰고, 도로와 여백에 주요 문화재와 공공 문화 시설 등 대형 기념비 건축을 적절히 배치했고, 도로와 기념비 건축이 합해지면서 노드node와 넛지nudge가 만들어졌고, 대로를 따라 늘어선 아파트가 도시 경관에서 중요한 역할을 했고, '공원-정원-가로수' 등 녹지를 크게 확충했으며, 마지막으로 이상의 종합 결과물로서 파리는 '부르주아의 문화 놀이터'로 재탄생했다.

마지막으로 문화재 복원 사업이다. 이는 앞서 나온 프랑스대혁명 때 파괴된 주요 유적의 복원 작업을 도시 미학에 필수적인 기념비 건축과 연계해서 보는 내용이다. 이런 복원 사업이 집중된 1840~1860년대가 바로 오스망 재개발 시기와 대체로 겹친다. 오래된 도시를 철거하며 신도시를 건설하는 한편에서 과거 문화유산을 복원하는 작업도 함께 진행했다는 뜻이다. 이 둘을 합하면 프랑스의 국력과 문화 역량을 보여주는 위대한 여정이라 할 수 있다.

단순히 명분에서만 이런 게 아니었고 실제로도 내용상 상반될 수 있는 이 두 작업은 서로에게 긍정적 효과를 안겨주었다. 복원 사업은 앞서 말한 바와 같은 오스망 재개발이 낳은 도시 미학에서 기념비 건축을 담당하며 중요한 역할을 했다. 반면 오스망 재개발은 도시 공간 속에서 과거의 문화유산이 갖는 중요성을 부각하는 계기가 되어 근대적 문화재 개념을 구축하고 이를 통해 19세기 제국경쟁 시대에 국가 정체성이 형성되는 데에 중요한 역할을 한 모범적 사례였다.

19세기 파리 사회는 프랑스대혁명이 남긴 평등사상과 시민 민주주의의 정신적 가치는 자랑스러워하며 계승하려 계속 노력했지만, 반달리즘에 대해서는 성찰과 반성의 각성이 높아져가고 있었다. 이러던 차에 국가가 나서서 이것의 복원 작업을 주도하는 것을 보고 국민은 근대적 자각 의식을 키우게 되었다. 서구 열강들과의 제국경쟁이 격화되는 과정에서 자기 나라의 역사 전통과 대형 기념비 건축이 얼마나 소중한지도 깨닫게 되었다. 파괴된 이런 건물들을 자신들의 손으로 복원해 살려내는 과정에서 국가 정체성은 공고해져갔다. 이런 문화유산이 잘 드러나도록 도시 공간을 새롭게 짠 게 바로 오스망 재개발이었다.

19세기 파리의 도시 개괄 3

티에르 성곽의 철거와 교외 확장의 시작

셋째, 티에르 성곽의 철거와 교외 확장이다. 앞에서 본 인구 증가에 따른 파리의 양적 팽창 문제는 성곽과 함께 보면 더욱 명확해진다. 오스망 재개발 전까지 파리는 폐쇄적 도시closed city 체제를 유지했다. 1840년까지도 파리는 루이 16세가 쌓았던 관세 성곽, 즉 '페르미에 제네로의 벽Mur des Fermiers-Généraux' 안에 머물렀다. 시테섬을 초점으로 잡았을 때 지름이 불과 5㎞, 면적은 30㎢밖에 되지 않는 협소한 공간이었다. 서울의 몇 개 구와 비교하면 은평구와 비슷한 면적이며 서초구의 64%, 강서구의 72%에 불과했다. 둘레 35㎞의 이런 원형 성곽이 도시 경계를 강하게 한정하고 있었다.

이런 관세 성곽은 프랑스대혁명을 촉발한 주요 원인 가운데 하나였고 혁명 때 많은 건물을 파괴한 걸 보면 이 성곽부터 헐었을 법한데 거의 손도 대지 못했다. '둘레 35㎞'가 당시의 도시 규모로 보면 턱없이 부족한 길이였지만 거꾸로 철거하려고 보면 벅찬 길이였기 때문이다. 이렇다 보니 도시건축도 한계에 달했다. 공공시설 부지와 도심 택지 모두가 부족했다. 택지 부족이 특히 심각해서 인구 증가분을 수용하기에 어려움이 많았고, 파리에 일찍부터 '아파트'라는 고층 집합주택이 발달하게 된 것도 이런 배경에서였다.

결국 관세 성벽은 1841~1846년에 헐리게 되고 같은 해인 1846년에 곧바로 그 밖으로 더 확장한 티에르 성곽Enceinte de Thiers(영어로 '티에르 월Theirs wall')을 새로 쌓았다.도 8-1, 13-4 처음 논의는 이보다 훨씬 이전에 시작했으며, 그 목적도 인구 증가에 대비하기 위해서가 아닌 군사적 차원의 방어용이었다. 첫 논의는 파리가 프로이센 군대에 점령당했던 1814년까지 거슬러 올라간다. 도시 방어를 강화하는 방안을 논의한 끝에 1820년에 새로운 성곽을 쌓아야 한다는 결론을 냈다. 하지만 실행하지 못하다가 1830년대에 몇 번의 비슷한 논의와 결론을 반복하며 지연하고 있었다. 최종적으로 1841년에 당시 국방부 장관이자 1871년에 제3공화국의 초대 대통령

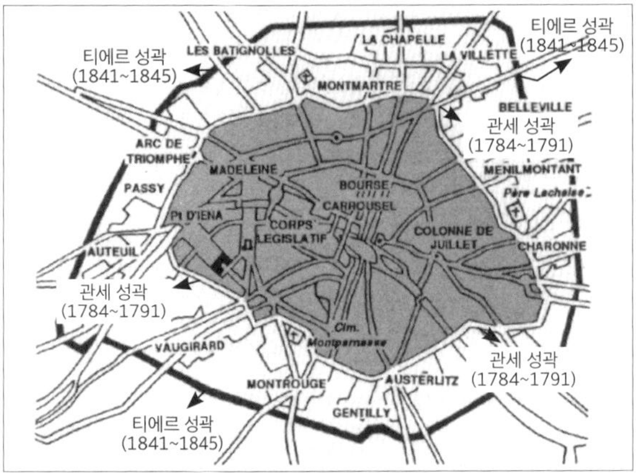

13-4. 중앙 회색 경계가 1784~1791년의 관세 성곽이고 바깥 경계가 티에르 성곽Enceinte de Thiers이다.

이 되는 아돌프 티에르Adolphe Thiers(재임 1871~1873년)가 건설 계획을 최종적으로 확정하고 관련 법안에 서명하면서 그의 이름을 딴 새로운 성곽 공사가 시작했다.

하지만 두 가지 주요 이유로 크게 확장하지 못했다. 하나는 비싼 토지보상비 등 예산 문제였다. 이때쯤이면 파리도 이미 산업혁명이 상당히 진척했고 인구도 대폭 늘어난 상태여서 지가가 많이 올라 있었다. 다른 하나는 공사를 국방부가 주도하면서 방어의 효율을 위해 크게 확장하지 않았다. 이미 이때쯤이면 석조로 쌓는 전통 성곽은 군사적으로 큰 의미가 없어졌지만, 국방부는 여전히 방어 효율과 성곽 둘레 길이 사이의 반비례 관계를 중요하게 따졌다.

결국 이런 이유 등으로 지금의 파리 순환도로Boulevard Périphérique de Paris에 해당하는 범위까지 확장하는 데 그쳤다. 파리의 20개 구 가운데 가장 바깥 부분에 포진한 12~20구의 총 9구에 걸쳐 파리를 반지처럼 에워싸는 총 길이 35㎞의 순환도로였다. 이 안쪽이 파리시인데 도심에 해당하는 이 면적이 생각 외로 넓지 않은 이유도 여기에 있었다.

이미 성곽 건설 당시부터 폭증하는 인구를 수용하기에 여전히 부족했고 과밀은 필연적이었다. 결국 이 문제를 해결하기 위한 초대형 도시개발 사업으로 감행한 게 오스망 재개발이었다. 이 때문에 티에르 성곽 자체도 오스망 재개발이 진행하면서 건설한 지 불과 15년만인 1861년에 헐렸다. 물론 오스망 재개발이 티에르 성곽 밖으로까지 확장한 건 아니었다. 경계선은 성곽 안에 머물렀지만, 과밀을 불러온 낮은 건물들과 좁은 도로 등 중세 골격을 허물고 한정된 경계선 안에서 최대한 도시 공간을 확장하려 했다.

티에르 성곽의 철거는 파리가 본격적으로 교외로 확장하기 시작했다는 뜻이었다. 교외의 등장은 전 세계적으로 산업화 시기 도시 팽창에 수반되는 보편적인 현상이기도 했다. 도시의 경쟁력은 이제 튼튼한 성곽에 있지 않고 도심과 확장한 교외를 교통, 직업 활동, 물류 이동, 토지 이용, 사회 교류 등 여러 면에서 얼마나 효율적으로 연결하느냐의 문제로 넘어갔다. 성곽은 이제 거꾸로 걸림돌이 되었으며, 이런 이유로 세계의 오래된 도시는 대부분 산업화를 거치며 전통 시대의 성곽을 철거하게 되었는데, 파리도 대표적인 도시 가운데 하나였다.

이런 배경 아래 국방부도 시대의 흐름을 거스르지 못하고 1859년 티에르 성곽 관리권을 파리시로 넘겼다. 많이 늦은 편이었지만 그나마 산업혁명이 무르익어 파리에 사람이 넘쳐나고 오스망 재개발도 절정에 이르자 등 떠밀려 넘긴 것이었다. 곧이어 1861년에 파리 행정 구역이 주변의 교외를 흡수하면서 대폭 확장할 때 티에르 성곽도 최종적으로 헐렸다. 이로써 파리도 본격적인 교외 확장의 시대로 들어섰다.

이처럼 오스망 재개발을 거치면서 티에르 성벽은 1861년에 최종적으로 헐렸고 이후 그 자리를 따라 연차적으로 파리 순환도로가 건설되었다. 이미 1861년부터 일부에 불르바르가 건설되었다. 그러나 오랫동안 전체 윤곽은 반지 형태의 빈 땅으로 남은 편이었고 오히려 여기에서 갈라져 시내로 들어오는 대로 여러 개가 먼저 건설되었다. 1920년대에 비로소 '부분 반지quasi-ring' 형태가 어느 정도 나타나면서 순환도로를 건설하는 쪽으로 방향을 잡았다. 부분 반지 형태를 구성하는 여러 부속 도로를 다발로 묶어서 '원수들의 불르바르Boulevards des Maréchaux'(영어로 '불르바즈 오브 더 마샬즈Boulevards of the Marshals')라 명명했다. '원수들'이라는 말이 들어간 선 나폴레옹 1세 때 이 이름을 붙이면서 여러 부속 도로에 당시 장군들의 이름을 붙인 데 따른 것이다.

이어 제2차 세계대전 이후 파리의 자동차가 급증하면서 1958년경에 일차적으로 지금의 반지 형태의 선제 윤곽을 갖추었으며 이후 부분 확장과 마무리 공사 등을 거쳐 최종적으로 1973년에 준공했다. 이 때문에 일부 자료에서는 준공년도를 1958년으로 기록하기도 한다. 현재는 이런 반지 형태에 중점을 둬서 '순환도로'라고 줄여서 부른다. 프랑스어로는 단수형의 'Boulevard Périphérique de Paris'와 복수형의 'Boulevards Périphériques de Paris'를 모두 사용한다. 현재는 A4와 A13 등 여섯 개의 고속도로를 겸하며 파리의 교통망에서 핵심적 역할을 하고 있다.

이후 그 밖으로 제2순환도로 혹은 86번 순환 고속도로인 '파리 쉬페르페리페리크 A86Paris super périphérique A86'와 제3순환도로인 '라 프랑실리엔La Francilienne'이 차례로 건설되면서 세 겹의 동심원 순환도로 체계를 갖추었다. 참고로 서울 역시 2024년 기준 '내부 순환도로-수도권 제1순환 고속도로-수도권 제2순환 고속도로'의 세 겹 동심원 체계의 완성을 위해 현재 열심히 공사 중이다.

19세기 파리의 도시 개괄 4
'폐쇄적 도시' 전통의 유지와 아파트의 등장

넷째, 폐쇄적 도시와 아파트의 등장이다. 파리는 티에르 성곽을 철거하며 물리적으로는 교외로 확장할 조건을 갖추었다. 하지만 파리 특유의 '폐쇄적 도시' 체제를 유지했다. 폐쇄적 도시란 도시 생활에서 발생하는 모든 요구를 교외로 확장하지 않고 도심 내에서 해결하는 도시를 말한다. 파리는 도시 경관이라는 미학적 관점에서 이 체제를 유지했기 때문에 하루아침에 바꾸기 힘들었다. 파리는 도시 크기를 '압축적compact' 상태로 유지하면서 토지 사용과 도시 경관의 양면에서 고도의 집중 효과를 누린다는 전략을 고수했다. 건조환경建造環境 · built environment의 미학적 가치를 중요하게 여기는 전통적 취향을 지킨 것으로 볼 수 있다.

그 결과 티에르 성곽을 허문 것과 별개로 파리의 도시 역량은 대부분 티에르 성곽 안에 집중되었다. 이는 현재까지 이어져서 티에르 성곽의 경계선이 현대 '파리시'의 경계선이 되었다. '파리시'의 면적이 '파리'라는 명성에 비해서 작은 이유도 여기에서 유래한다. 그렇다고 파리를 계속 묶어두지는 않았다. 이후 20세기를 거치면서 인구와 도시 면적이 계속 증가함에 따라, 분류 기준에 따라 파리시 밖의 '어번 파리Urban Paris'와 '메트로 파리Metro Paris'로 확장하면서 파리는 세 겹의 동심원 구조가 되었다.

13-5. 이탈리앵 불르바르Boulevard des Italiens 전경

어쨌든 19세기 산업화 초기에 파리는 공장을 오히려 교외로 내보냈으며 이렇다 보니 교외에는 고급 주거보다는 노동자 주거가 더 많이 건설되었다. 이는 교외에서 부르주아의 고급 주거를 해결한 영국 및 미국과 반대되는 것이었다. 이렇다 보니 파리의 고급 주거는 도심에 집중되었고 이를 해결하기 위해 일찍부터 아파트가 발달했다. 티에르 성곽 안쪽의 면적만으로는 폭발적으로 늘어나는 인구를 수용하기에 여전히 부족했다. 택지는 충분히 나오지 않았고 이전과 같은 주거 체계가 '저밀도-저층'을 유지하는 한 주택 문제는 크게 개선되기 힘들었다. 결국 오스망 재개발과 함께 8층 높이의 아파트가 파리에서 가장 보편적인 주거 형태가 되었다. 이 높이를 감당하기 위해서 도로도 함께 넓어져야 해서 이른바 파리의 '불르바르 체계Boulevard system'가 탄생하게 되었다.도 13-5

6~8층 아파트는 당시로서는 상당히 앞서간 획기적인 주거 형식이었다. 물론 근대적 대도시의 주거가 고층 아파트로 귀결되는 건 당연한 현상이지만 이는 제2차 세계대전 이후이고 19세기까지 유럽 대도시들의 도시 주거는 아직 낮은 층수의 수평선을 유지하고 있었다. 런던이 대표적이어서 템스강 남쪽의 공장 지대를 피해 북쪽에 많은 타운하우스가 개발되었는데 그 층수는 파리의 아파트보다 훨씬 낮은 3~4층에 머물렀다.

앞서 말한 대로 파리의 8층 아파트는 '폐쇄적 도시'의 정체성을 유지하려는 목석이 컸다. 이는 '교외banlieue'(영어로 '서버브suburb')와 연계해서 보면 이해하기 쉽다. 19세기 산업혁명 때 유럽의 여러 대도시가 교외에 주거 단지를 개발하면서 도시가 확장하는 '개방적 도시open city'로 바뀌었는데 파리는 이를 거부하고 전통적인 도심을 지키며 그 범위 내에 머문 것

이다. 이는 과밀과 주택 부족 등 많은 문제점을 낳았지만 도시 공간의 역동성과 역사성 등 파리만의 특징적 현상, 나아가 경쟁력이기도 했다.

특히 런던과 재미있는 비교가 가능하다. 19세기 당시 일부 런던 시민은 파리의 고층 아파트를 도시 미학 차원에서 높이 평가하며 부러워하기도 했지만, 런던 도시 주거의 낮은 층수는 굳건하게 유지되었으며 오히려 개방적 도시의 대표답게 부르주아들의 주거 지역은 교외로 뻗어나갔다. 파리도 20세기에 많은 신도시가 파리를 에워싸며 개발되었지만 19세기까지 교외의 부르주아 주거지 개발은 런던에 크게 못 미쳤다. 런던과 반대로 공장이 교외를 점령하고 있기도 했고 폐쇄적 도시의 전통적인 감성 혹은 집착이 남아 있는 탓이기도 했다.

19세기 파리의 도시 개괄 5
산업혁명과 산업화

다섯째, 산업혁명과 산업화 현상이다. 산업혁명은 당연히 19세기 유럽 전체를 관통하는 가장 크고 중요한 역사적 사건일 것이다. 파리의 도시건축은 상대적으로 다른 대도시들보다 그 영향이 적기는 했지만, 그렇다고 산업혁명의 여파를 피해 가지는 못했다. 프랑스의 산업혁명은 1820~1830년대에 본격화했다는 것이 통설인데, 최초의 징후는 이보다 빨라서 보통 영국의 산업혁명이 시작한 1760년대 직후인 1780년대에 프랑스 중동부의 르크뢰조Le Creusot라는 도시에서 나타난 걸로 얘기한다. 디종Dijon에서 80㎞ 떨어진 석탄과 철광석 산지였는데 최초의 산업혁명, 즉 1차 산업혁명이 석탄과 철의 혁명인 걸 볼 때 최적의 입지였다.

이후 산업혁명이 전 유럽적인, 나아가 전 세계적인 흐름으로 확장하면서 산업문명은 프랑스에서도 국가의 운명이 달린 가장 큰 신문명이 되었고 산업화는 가장 중요한 국가 정책의 방향이 되었다. 이에 따라 수도 파리의 역할은 점차 중요해졌다. 국가의 산업경제부터 도시 구조에 이르는 모든 체제가 '산업화'의 단계에 접어들었다. 파리라고 이런 새로운 시대 흐름을 피해갈 수 없었다.

그런데 지금 파리를 봐도 알 수 있듯이 파리는 산업화의 초기 단계부터 시내에 공장이나 근대화된 고층 건물 등을 가능한 한 배제했다. 이렇게 보면 적어도 표면적으로 파리는 산업화를 피해 간 것 같았다. 실제로도 당시 상황을 보면 프랑스의 산업혁명은 처음부터 영국만큼 '대량생산-대량소비'의 산업자본주의 경제 체제를 강하게 추구하지 않아서 수도 파리는 산업단지의 임무에서 자유로운 편이었다. 공장도 파리 외곽에 집중되었고 프랑스 전체로는 남쪽 멀리 리옹Lyon과 뮐루즈Mulhouse 등이 대형 공장 도시 혹은 산업도시가 되었다. 파리 부르주아는 자신들의 도시를 공장에서 보호하려는 의지가 특히 강했던 걸로 유명한데, 이는 아마도 파리로 들어오는 철도망을 일찍 갖추어서 공산품을 공급받는 데 불편하지 않았기에 가능했을 것이다.

하지만 내용상으로 여러 방향의 다양한 산업화 현상이 진행했다. 이런 산업화에는 인구 요소demography가 중요했다. 주로 인구 증가와 수도 집중의 두 측면에 해당했다. 인구 증가는 앞에서 살펴보았다. 수도 집중은 국가 전체의 도시화와 함께 봐야 하는데, 19세기 중반까지도 프랑스 전역의 도시화는 느린 편이었다. 산업혁명은 영국에 이어 두 번째로 빨리 진행했지만 '도-농'의 인구 분포를 기준으로 보면 프랑스는 19세기 중후반까지도 아직 농업국가로 볼 수 있었다.

다만 파리는 달랐다. 프랑스는 수도의 중앙집중 전통이 강해서 산업화 초기에 도시 집중은 리옹 정도를 제외하면 대부분 파리 한곳으로 몰린 편이었다. 이는 영국은 물론 우리나라의 산업화 초기와도 다른 프랑스만의 상황이었다. 영국은 수도 런던 이외에 맨체스터, 뉴캐슬, 리버풀, 글래스고 등 여러 도시가 인구 증가분을 분산해서 수용했다. 우리나라도 영국과 비슷해서 처음에는 인구 집중이 수도 서울뿐 아니라 부산, 대구, 광주, 대전, 인천, 수원 등 각 도의 중심 도시로 분산한 편이었다. 현재 우리에게 친숙한 주요 선진국 가운데 프랑스와 영국은 우리나라와 함께 수도 집중이 심한 대표적인 나라들인데, 이처럼 산업혁명과 산업화 초기에는 프랑스만 이런 현상이 먼저 나타났다.

19세기 파리의 도시 개괄 6

도시화와 공장 건설

여섯째, 도시화와 공장 건설이다. 이런 복합적인, 때로는 상반되는 양면적 배경 아래 파리라고 산업화를 완전히 피해 갈 수는 없었다. 도시 인구는 곧 소비자 숫자이기도 해서 공산품을 파리 시내에서 생산하면 운송비를 절약하게 되어 유리했기 때문이다. 특히 인구가 증가하면서 저소득층이 많아졌는데, 이들에게는 이 정도의 절약만으로도 파급 효과가 컸다. 산업화가 진행하면서 파리도 런던보다는 약했지만 일정 부분 대량소비의 시대로 진입했고, 공장 건설을 무한정 억제할 수만은 없게 되었다. 이런 배경 아래 파리에 들어선 공장은 위치를 기준으로 시내와 외곽으로 나누어볼 수 있다.

먼저 파리 시내의 공장 건설은 정책적으로 제한되었다. 파리 시내에 공장이 들어서지 못한 중요한 이유로는 해외 의존도가 높은 원자재 수급 문제를 들 수 있다. 파리에서 가장 가까운 항구가 150㎞나 떨어져서 공산품 생산에 필요한 자재를 운송하는 데에 불리했기 때문이다. 철도 개통은 이와 반대였다. 앞서 보았듯이 1837~1849년의 12년 사이에 무려 여섯 개의 철도역이 개통하면서 파리는 당시 전 세계에서 런던과 함께 철도 발전이 가장 빠른 도시였다. 이런 철도가 일단 당시 파리에 공급되는 원자재의 일정 부분을 담당한 것은 사실이었다. 하지만 공장 건설을 획기적으로 증가시키는 선까지는 가지 못했다. 철도 개통 이후 해외 원자재의 수급 문제가 개선되기는 했지만, 여전히 선박보다는 효율이 크게 떨어졌다.

더욱이 철도 개통은 오히려 파리 시내에 공장 건설을 억제하는 반대 현상을 가져왔다. 파리 근교의 공장에서 생산한 완제품을 파리로 들여오는 게 더 유리하게 된 것이다. 더하여 파리 부르주아의 문화 텃세도 중요한 변수였다. 이들은 교외로 나가지 않고 파리 시내에 살면서 주변에 자신들의 문화 놀이터를 지어 즐겼고, 이는 공장 건설의 억제로 이어졌다. 이런 공간 독점은 법제로도 뒷받침되었다. 철도가 개통할 당시에 계획되어 시작한 오스망 재개발이 파리 시내의 공장 건설을 전면 배제한 것이다. 이렇게 보면 파리의 도시화 정도는 양면적이었다. 공장 건설을 기준으로는 도시화의 진행이 거의 없었고, 철도 건설을 기준으로는 도시화의 선두 도시였다.

이에 따라 파리 시내의 공장은 소규모 가내수공업으로 제한되었는데, 이는 이미 19세기 초부터 실행하던 정책이었다. 종교 중심지이자 대학촌이었던 좌안에는 이들과 연관된 인쇄 공장 정도가, 우안의 고급 상업 지역에는 금속공예와 시계 공장 정도가 각각 번성한 정도였다. 1848년에는 당시 파리시장이던 아르망 마라스트Armand Marrast(재임 1848년 3월~1848년 7월)가 짧은 재위 기간에도 시내에 굴뚝을 갖춘 중공업 대형 공장을 금지하는 법령을 챙겨서 반포하는 일을 잊지 않았다. 당시는 파리 정국이 프랑스대혁명 때만큼 격변기여서 마라스트의 시장 재임 기간은 1848년 3월 9일부터 7월 19일까지로 불과 132일에 불과했는데, 이 짧은 재임 기간에 파급력이 큰 이런 대형 법령을 반포한 것이다. 이는 파리 부르주아의 의중이 반영된 것인데, 이들은 이 정도로 파리 시내의 공장 건설을 필사적으로 막았다.

이어 제2공화국(1848~1852년)과 제2제국(1852~1870년)의 기간에 파리시장직은 폐지되었는데, 그 한복판인 1866년, 이번에는 나폴레옹 3세가 나서 파리 시내로 유입되는 석탄에 중과세를 매기는 데까지 이르렀다. 루이 16세가 1784년에 통행세를 걷기 위해 건설한 관세 성곽을 연상시키는 과세 장벽이었다. 이 또한 파리 부르주아의 입김이었다. 1866년이면 오스망 재개발 완료를 3년 앞둔 시점이었는데 오스망 재개발 자체가 파리 부르주아의 자금으로 진행한 것이어서 제국 정부와 파리시는 이들의 요구를 들어주지 않을 수 없었다.

파리의 도시 경관을 봐도 이때쯤이면 1841년에 마들렌 교회가 준공했고 파리 오페라 하우스는 한참 공사가 진행 중이었는데, 부르주아들이 이런 파리에 석탄을 실은 대형 증기선이 드나드는 걸 받아들이기는 어려웠을 것이다. 요즘 우리나라의 전국에서 지역을 불문하고 종종 발생하는, 이른바 '님비nimby'('not in my back yard'의 앞 자를 딴 줄임말, 자신이 사는 마을에 혐오시설이 들어오는 걸 반대하는 일)' 현상이 이미 이때부터 도시 전체 차원에서 일어난 것이다.

19세기 파리의 도시 개괄 7
파리 외곽의 공장 건설

다음으로 파리 외곽의 공장 건설이다. 시내에 공장 건설이 제한됨으로써 공장은 자연스럽게 땅값이 싸고 부지에 여유가 있으며 저임금의 노동력이 몰려 사는 교외로 나갔다. 처음에는 파리의 수도권 개념인 일드프랑스Île-de-France와 샹파뉴Champagne 등에 분포한 도시들에 먼저 공장이 들어섰다. 파리를 반지처럼 에워싼 릴Lille, 루앙Rouen, 랭스Reims 등이 대표적인 도시들이었다. 이 가운데 루앙과 랭스는 중세 기독교 도시였는데 이에 아랑곳하지 않고 산업도시로 개발했다. 이어 파리에 인구가 급증하고 물동량이 증가하자 물류비 절약을 위해 파리와 좀 더 가까운 도시들이 차례대로 산업도시로 탈바꿈했는데, 베르사유Versailles와 생드니Saint-Denis가 대표적이었다.

그런데 베르사유와 생드니 두 도시 역시 유서 있는 역사적 도시였다. 베르사유는 루이 14세가 건설한 신도시이자 도시 이름이 궁전과 동의어일 정도로 화려하고 웅장한 왕궁을 자랑하는 도시였다. 생드니는 더 유서 깊은 도시였다. 시테섬에서 북쪽으로 8㎞밖에 떨어지지 않았는데, 찬란한 중세 역사를 자랑하는 프랑스의 대표적인 기독교 도시였다. 중세에는 파리에 버금가는 대형 수도원 도시로서 파리는 물론 프랑스 전체에서도 정신적 지주 같은 도시였다. '생드니'라는 이름 자체가 원래 프랑스의 수호성인에서 온 것이다. 생드니는 250년경 파리에 기독교를 전도하다 참수당한 순교자다. 프랑스는 보통 이때를 최초의 기독교 개종 시기로 본다. 생드니는 이런 공로로 프랑스의 수호성인으로 추대되었다. 이러던 생드니가 산업혁명을 거치면서 1860년대부터 가장 급속하게 산업화가 진행한 대표적인 공업도시로 탈바꿈했다.

이후에는 생드니가 베르사유를 제치고 파리 근교 공장 지대의 중심 도시가 되어서 20세기까지도 생드니 일대의 파리 북쪽 지역은 중요한 중공업 지대였다. 오늘날에는 스포츠 산업의 중심 도시로 거듭나서 파리의 중요한 위성도시로 계속 남아 있다. 1970~1980년대의 오일쇼크와 경제위기를 거치면서 큰 타격을 입었지만 1990년 프랑스 피파 월드컵 때 주경기장인 '프랑스 스타디움Stade de France'이 생드니에 지어진 게 결정적 전환점이었다. 이를 계기로 월드컵 이후 경제 모델을 이전의 중공업 기반 제조업에서 스포츠 산업으로 바꾸는 데 성공했다.

산업혁명 당시 생드니와 베르사유 등 파리 외곽 지대의 공장은 당연히 숫자와 규모 등에서 시내의 공장들을 압도했다. 산업혁명이 막 시작하던 19세기 초에 이런 대형 공장의 업종은 면방적cotton-spinning이 주를 이루었으며, 그 외에 프랑스의 고급 상품화 전통을 살린 가구와 보석 같은 고급 공예품, 그리고 고가의 전문화된 의료 장비와 천문학 기기 등이 더해졌다. 모두 굴뚝 없는 산업이었다. 그러다가 산업혁명이 진행하면서 점차 대형 굴뚝 산업인 중화학 공업으로 성장해갔다. 1820년대에는 이미 제철소도 들어왔으며 거대한 직물 공장, 중화학 공장, 기관차 공장, 조선소 등도 있었다. 에펠탑으로 유명한 귀스타브 에펠Gustave Eiffel(1832~1923년)도 1860년대에 파리 외곽의 르발루아-페레Levallois-Perret라는 소도시에 공장을 운영하고 있었다.

이상의 산업화 흐름에 따라 파리도 변모해갔다. 사실상 시내에 공장이 없는 파리는 주변의 여러 도시에서 생산한 제품을 소비하는 도시가 되었다. 1837년부터 새로 개통하기 시작한 철도망이 이런 현상을 강화했다. 이미 1840년대에 파리에는 주변의 산업도시를 연결하는 철도가 깔렸으며 1870년이면 파리 시내의 여섯 개 기차역에서 프랑스 전역으로 나가는 노선이 무려 열 개나 개통해서 운영되고 있었다.

한편 공장에는 노동자 주거 문제가 함께하는데, 그나마 오스망 재개발 이전의 파리 시내는 주거 비용이 낮은 편이어서 노동자들이 거주할 수 있었다. 1848년에는 파리에 40만 명의 공장 노동자가 살고 있었다. 그러나 센강을 중심으로 한 원도심까지 들어오지 못하고 대부분 센강의 지류인 비에브르강rivière Bièvre가에 몰려 있었다. 파리 남쪽 좌안의 5구 바깥에서

13구 사이에 걸쳐 있는 지역이었다. 오스망 재개발 이후에는 상황이 크게 바뀌었다. 일단 재개발 과정에서 기존의 노동자 주거 자체가 대부분 철거되었으며 그 자리를 고가의 고급 주거들이 새로 채웠다. 노동자들은 파리 시내를 부르주아들에게 내주고 집값이 싼 외곽으로 밀려났다.

19세기 파리 건축 개괄1
역사주의 vs. 철제 신건축

이상이 19세기 파리의 도시 상황과 관련해서 가장 대표적이고 중요한 다섯 가지 주제였다. 다음 19세기 파리의 건축 상황을 살펴보자. 유럽 건축사에서 19세기는 보통 '역사주의 vs. 신건축 운동'의 대립 구도로 압축 정리되어 비교적 단순하게 진행했는데, 파리 역시 같은 흐름을 보임과 동시에 파리 건축만의 개별적 특징도 추가로 나타났다. 크게 역사주의, 철제 신건축, 제국주의의 추진력, 도시개발과의 강한 연관성, 부르주아 상업 건축 등 다섯 흐름이 주도했다. 이 가운데 앞 두 주제는 함께 묶어서 대립 구도의 성격이 강하고, 나머지 셋은 개별 주제의 성격이 강하다. 차례대로 살펴보자.

첫째, 역사주의historicism다. 19세기 건축은 18세기의 다원주의와 달리 '보혁'의 이분법으로 정리되어 진행했다. '보'는 역사주의, '혁'은 신건축이었다. 역사주의는 새로운 양식을 창출하지 못하고 과거의 양식을 가져다 쓰는 복고 모방주의였다. 이때 과거 양식은 십수 개에 달하게 되어, 이 양식 앞에 '네오neo' 혹은 '신' 자를 붙이거나 뒤에 '리바이벌'을 붙인 여러 역사주의 양식이 난무하던 시기였다. 신고전주의, 네오고딕, 네오르네상스, 네오바로크, 네오로마네스크, 네오비잔틴, 초기 기독교 리바이벌 등이 대표적이었다.도 13-6, 13-7 더하여 고전주의 내에서도 도리스식 리바이벌, 낭만적 고전주의, 이상적 고전주의, 색채주의 등의 세부 양식 혹은 하부 양식이 파생했다. 이런 역사주의는 각 상황에 따라 적절한 선례 양식을 골라 쓸 수 있다는 뜻에서 '절충주의eclecticism'라고도 했다. 파리는 당

13-6. 진화과학대박물관Grand Galerie de l'Évolution. 네오르네상스 양식이다. (왼쪽)

13-7. 생클로틸드 바실리카Basilique Sainte-Clotilde(1846~1857년). 네오고딕 양식이다. (오른쪽)

시 서양의 도시들 가운데 앞에 열거한 거의 모든 종류의 리바이벌 양식이 가장 다양하게 활용된 도시였다.

둘째, 철제 신건축이다. 신건축은 산업혁명의 결과 새로 등장한 건축 경향을 통칭했다. 우선 건축 재료와 시공 등에서 철제와 철근 콘크리트라는 신재료와 새로운 건축술이 등장해 석조, 벽돌, 목조 등의 전통 재료를 대체했다. 19세기에는 두 재료 가운데 철제가 먼저 사용되어서 보통 19세기 신건축을 철제 신건축이라 부른다. 물론 철근 콘크리트도 19세기에 발명되었지만, 본격적인 사용은 20세기부터였다.

철제 혹은 철물은 처음에는 가공이 쉽고 가격이 저렴한 연철wrought iron과 주철cast iron이 먼저 사용되었다. 강도는 반대로 약했는데, 아직 대형 공공건물이 본격적으로 등장하기 전이어서 큰 문제는 없는 편이었다. 이어 1870년경을 기점으로 강철steel의 시대로 넘어갔다. 강철은 사용량이 꾸준히 증가하다 석재보다 건설비가 저렴해지면서 흔히 '철골'이라고 부르는 대표 구조 자재로 자리 잡았다. 건축은 일차적으로 물리적 구조체를 세우는 분야라 재료가 바뀌면 평면, 공간, 외관 등으로 구성되는 양식 등이 통째로 바뀌게 된다. 그 결과 철제를 주재료로 삼는 19세기 신건축이 먼저 등장했다.

파리는 프랑스는 물론 유럽에서도 철제 신건축을 앞장서 이끈 도시였다. 철제의 특성상 가장 먼저 교량에 사용했다. 여기에서도 외피 장식에 따라 둘로 갈렸다. 하나는 골조만 철골이고 외피는 석재와 청동 등의 전통 장식을 유지하는 경우로, 센강에서는 8구에 세워진 알렉상드르 3세교Pont Alexandre III(1896~1900년)가 대표적이었다. 다른 하나는 골조와 외피 모두 철골과 철물로 짓는 경우로, 19세기 파리에는 아직 이런 다리는 없었으며 에펠이 프랑스 남부 캉탈Cantal에 세운 가라비교Garabit Viaduct(1884년 완공)가 대표적이었다.

다리 다음으로 대표적인 구조물이 에펠탑이었다. 에펠탑은 건물 종류가 다소 모호한데, 사람이 들어가서 사는 실내 공간이 없다고 볼 때 토목시설로 분류할 수 있다. 또한 골조와 외피 장식 모두 철골과 철물로만 구성되면서 석재가 사라진 순수 철재 구조물이긴 하지만 가까이서 보면 외부에 철물을 이용한 섬세한 장식이 무척 많아 아직 전통 시대의 분위기가 남아 있는 편이었다. 일반 건물에서 철제는 아직 외부로까지 드러나지는 않았으며, 주로 석재 장식으로 마감하는 대형 건물의 순수 구조재로 사용되었다. 이런 가운데 1889년 파리 만국박람회의 기계관Galerie des Machines처럼 내외부 모두에서 순수한 철물 구조가 등장하기도 했다. 하지만 이 건물도 에펠탑과 마찬가지로 아직 철물을 이용한 전통 장식이 곳곳에 넘쳐났으며 무엇보다 대형 공산품을 전시하는 기능을 지녀 일반 건물과는 달랐다.

한편 실내 구조에서는 철제만으로 구성된 건물들이 속속 등장했다. 개별 건물로는 생트주느비에브 도서관Bibliothèque Sainte-Geneviève(1838~1851년), 국립도서관Bibliothèque Nationale(1854~1875년), 생퇴젠-생트세실 교회Église Saint-Eugène-Sainte-Cécile(1854년) 등이 대표적이었다. 모두 전통 양식의 구조 방식을 철물로 재해석해서 대체한 공통점이 있었다. 생트주느비에브 도서관은 로마의 아치 구조를, 국립도서관은 비잔틴의 펜던티브 돔Pendentive dome 구조를, 생퇴젠-생트세실 교회는 고딕의 데가주망dégagement 공법을 각각 철물로 번안해서 실내의 구조 골격을 세웠다.도 13-8, 13-9

건물 종류별로는 백화점, 아케이드, 기차역의 플랫폼, 온실 등이 모두 철제만으로 실내 구조를 짠 대표적인 유형들이었다. 이외에 유리 천장

13-8. 생트주느비에브 도서관Bibliothèque Sainte-Geneviève. 신건축으로 지은 실내 로마 아치 모습 (위 왼쪽)

13-9. 진화과학 대박물관. 신건축으로 지은 신고전주의 실내 전경 (위 오른쪽)

13-10. 철재와 유리로 지은 그랑 팔레의 밝은 실내. 1900년 파리 만국박람회 당시 조각 전시 사진이다. (아래)

에 특히 집중적으로 신건축을 사용한 건물들도 있었는데, 동물학 박물관Galerie Zoologie(진화과학 대박물관Grand Galerie de l'Évolution, 1889년), 1900년 파리 만국박람회의 그랑 팔레Grand Palais와 프티 팔레Petit Palais 등이 대표적이었다.도 13-10 이런 건물들은 외관은 여전히 전통 석조였지만, 천장을 철물로 짜고 그 위를 유리로 덮어 실내에 밝은 빛이 넘쳐나게 함으로써 신건축의 장점을 최대한 살렸다.

19세기 파리 건축 개괄 2

제국주의, 도시개발과의 연관성, 부르주아 건축

셋째, 제국주의의 추진력이다. 당시 유럽은 열강들 사이에 제국경쟁이 가속하면서 국력을 신장하고 과시하는 데 필요한 모든 수단을 총동원하는 이른바 '국가 총동원' 상태에 돌입해 있었다. 도시건축은 국민 전체가 일상을 영위하면서 외부에 시각적 성과를 극명하게 드러내기 때문에 가장 파급력이 큰 분야였다. 이런 배경에서 당시 유럽의 모든 제국 열강은 도시건축, 특히 수도의 도시건축에 국력을 집중했다. 마침 제국 체제여서 중앙정부가 주도해 추진하기에 유리한 상황이었다. 파리는 19세기 당시 가장 강력한 제국 가운데 하나였던 프랑스의 수도였기에 이런 상황이 특히 두드러졌다. 프랑스는 파리의 도시건축으로 드러나는 문화 역량을 국력의 중요한 원동력으로 삼는 전통이 유난히 강해서 더욱 그러했다.

제국주의가 추진하던 파리의 도시건축은 대립 관계에 있던 역사주의와 신건축을 하나로 통합하는 의외의 효과도 발휘했다. 두 양식은 '전통 vs. 발전'의 이분법을 기준으로 보면 서로 적대적인 대립 관계에 있다. 그러나 내부적으로는 상호 보완 성격이 강했으며, 특히 두 양식 모두 제국경쟁에 필수요소라는 점에서 더 그랬다. 제국 정부가 좋아하는 건축 양식은 역사주의였지만 시대 흐름으로 볼 때 신건축은 피할 수 없는 대세였다. 국가 전체로는 산업혁명의 물리적 성장과도 연계되었기 때문이며, 도시건축에 한정해도 짧은 시간에 대형 공공건축을 짓기 위해서 이제 신건축은 가장 기본적인 구조 방식이 되어 있었다. 이런 배경 아래 제국 정부는 두 사조 모두를 적극적으로 장려했다.

순수하게 조형이나 미학을 기준으로 봐도 두 사조는 일정 부분 상호 보완적 성격이 있었다. 철제의 신건축은 구조, 시공, 경제성 등에서 효율성을 앞세워 새로운 시대를 이끌기 시작했지만, 전통 시대 때의 섬세한 예술성을 갖춘 정통 건축 양식을 창출하지 못하는 한계가 있었다. 역사주의의 장단점은 이와 반대였다. 아직 석재를 사용하면서 비효율적이고 시대에 뒤떨어졌지만 섬세한 예술 양식은 여전히 역사주의의 몫이었다. 이런 역사주의 양식은 철제 신건축의 한계를 파고들며 1900년대 초반까지도 여전히 생명력을 유지했다.

더하여 정치적 측면에서도 두 사조는 모두 제국 체제의 산물이었다. 역사주의로 지어진 건물은 각국의 문화적·역사적 역량을 과시하는 중요한 매체였다. 과거의 찬란한 역사는 곧 현재의 국력을 이루는 중요한 요소였다. 신건축은 산업혁명의 결과물로서 국가의 신산업과 연계되어 더 물리적이고 직접적인 방식으로 국력을 형성하는 분야였다. 19세기 제국경쟁을 이끌던 프랑스의 수도 파리에서는 건축을 둘러싼 이런 두 가지 가능성이 최대한 추구되었다.

넷째, 도시개발과의 강한 연관성이다. 도시와 건축은 당연히 함께 진행하는데, 19세기 파리는 그 연관성이 유난히 강한 시대였다. 두 분야 모두 찬란한 발전을 이루며 훌륭한 결과물을 남겼지만, 관계성으로 보면 도시의 발전이 건축의 발전을 이끈 대표적인 세기였다. 파리의 경우 이 관계에서도 시대 흐름에 따른 변화를 읽을 수 있다. 중세까지는 건축이 도시를 주도했다. 주로 대형 공공건축을 중심으로 한 개별 걸작이 도시 발전을 이끈 것이다. 이어 르네상스-바로크 시대인 16~17세기에 부동산 개발사업이 대형 고급 주거를 발전시키며 서서히 도시가 건축을 이끄는 현상이 발생했다.

18세기부터는 앞서 본 것과 같이 정부가 주도하는 대형 도시개발 사업이 본격화하면서 도시가 건축을 앞서기 시작했다. 18세기에 개별 건물에서 파리를 대표할 주요 작품이 나오지 않으면서 이런 관계는 특히 두드러졌다. 19세기는 그 절정이었다. 서양 도시 역사에서 가장 큰 재개발 가운데 하나인 오스망 재개발에 초점을 맞추면 더 그랬다. 도시개발이 건축을 압도하며 이끈 대표 세기가 되었다. 이때 세워진 파리를 대표하는 주요 작품들은 대부분 오스망 재개발이 아니었으면 탄생할 수 없었다.

다섯째, 부르주아 상업건축의 등장이다. 이는 산업혁명의 여파로 파리에 부가 축적된 현상과 궤적을 같이한다. 축적된 부는 도시건축 전반에 대변혁을 가져왔다. 도시 차원에서는 근대적 대도시가 등장하면서 대로가 뚫리고 고층 건물이 들어섰으며, 그 사이를 내연기관을 장착한 새로운 교통수단이 달렸다. 인구가 폭발적으로 급증하고 산업혁명으로 부를 축적한 계층이 크게 늘면서 주거를 비롯한 건설 산업도 함께 성장했다. 산업자본주의가 건축에 끼친 여파도 컸다. 21세기 후기산업사회만큼은 못하지만, 유럽 선진국에서는 이미 19세기부터 이전과는 비교도 할 수 없는 규모의 소비문화가 형성되기 시작했고 이를 담당하는 갈르리(아케이드)와 백화점 등의 상업건축이 등장했다. 사회 전체로 보면 제조업과 기업 등 새로운 산업이 등장하고 행정, 사법, 교육, 치안 등 국가 전반에 근대적 체제가 구축되면서 이 모든 것을 담아낼 새로운 기능 유형이 창출되었다.

나폴레옹 1세와 제1제국(1804~1814년)의 도시 상황

14장

제1제국의 파리 도시건축 개괄
황제의 책임감이 이끈 선도적 도시화

이상이 19세기 파리 도시건축의 개괄이다. 이제 왕조사를 중심으로 네 단계의 정체政體 변화에 따른 도시건축의 내용을 구체적으로 살펴보자. 먼저 나폴레옹 1세Napoléon I의 제1제국이다. 나폴레옹 보나파르트Napoléon Bonaparte(1769~1821년, 제1통령 재위 1799~1804, 제1제정 황제 재위 1804~1814년), 즉 나폴레옹 1세의 시대가 열렸다. 나폴레옹은 말 그대로 전쟁의 화신이어서 남쪽으로는 이탈리아, 동쪽으로는 프로이센의 베를린까지 점령하며 비록 짧은 기간이긴 하나 프랑스의 영토 확장에 혁혁한 공을 세웠다. 그러나 결국 강대국 러시아와 영국의 벽을 넘지 못하고 그의 황제 재위는 10년으로 막을 내렸다. 나폴레옹은 국내적으로 근대적 통일국가의 공공 분야에서 일정한 발전을 이루기도 했지만, 아무래도 그의 업적은 이처럼 대부분 전쟁에 집중된다.

제1제국의 정치-사회 상황은 이 정도로 간단히 정리하고 곧바로 파리의 도시건축 상황으로 넘어가자. 나폴레옹 집권기는 프랑스 최초의 제국 시대였지만 이 시기 파리의 도시건축 상황은 모호하고 발전 정도도 보기에 따라 양면적이었는데, 크게 일곱 가지로 정리할 수 있다.

첫째, 도시개발이 건축보다 더 활기를 띠었으며 이 시기 파리의 긍정적 발전을 이끈 것도 개별 건물보다는 도시 분야였다. 앞 장에서 19세기 파리는 도시가 건축을 이끌었다고 했는데, 이런 현상이 19세기 초부터 곧바로 나타난 것이다. 제1제국 때 파리의 건축 활동은 상대적으로 부진했다.

둘째, 도시와 건축을 합한 평균 점수는 중간 정도로 볼 수 있다. 파리의 면모를 실제로 변화시킨 도시건축의 성과는 생각보다 크지 않았다. 그렇다고 아무런 건설 행위가 없었던 것도 아니다. 나폴레옹이 행정력과 공권력을 확실히 장악한 데다 재정 지원도 어느 정도 확보했기에 일단 실행에 착수한 사업은 잡음 없이 진행되었다. 더욱이 파괴나 화재 같은 외적 요인에 의한 큰 손실도 없었다. 그러나 사업 자체가 많지 않아서 근본적인 한계가 있었다. 나폴레옹의 명성과 비교하면 특히 더 그랬다. 나폴레옹 자신은 파리의 도시건축 사업에 관심과 사명감은 있었지만, 집권 기간이 짧았던 데다 그 자신은 물론 나라 전체로 봐도 재정과 국력의 대부분을 전쟁에 투여한 게 가장 큰 원인이었다.

셋째, 나폴레옹 개인의 성장 배경과 취향도 중요했다. 이전의 왕들처럼 왕세자로서 어려서부터 당대 최고의 예술가와 학자들에게 정식으로 고전 수업을 받고 왕위를 물려받은 게 아니었다. 그는 코르시카에서 태어나 코르시카 사투리를 쓰던 포병 장교 출신이었으며, 예술과 도시건축에 대해서 이전 왕조 시대의 왕들만큼 섬세하고 수준 높은 안목이 있지도 않은 편이었다. 나폴레옹 1세의 업적을 평가할 때 무리한 패권주의와 잦은 전쟁이 부정적 평가의 앞머리에 있는 걸 보면 그의 관심은 확실히 내치보다는 외치에 있었다고 볼 수 있다.

넷째, 도시와 건축을 합한 이른바 '도시건축'의 시대를 본격적으로 열었다고 할 수 있다. 파리에서 엄밀한 의미의 도시건축을 처음 시도한 건 아마도 루이 14세(재위 1643~1715년)일 텐데 아직 가시적인 효과를 내지 못했으며 후대 왕들로 이어지지도 못했다. 그러던 중 프랑스대혁명의 여파가 가라앉고 나폴레옹 1세가 이런 '도시건축'이라는 개념을 이어받아 본격적인 도시건축의 시대를 열었다. 이제 도시와 건축을 하나로 합해서 봐야 하는 시기가 되었다. 제1제국의 도시와 건축을 따로 떼어서 보면 미진해 보이는 것 역시 이런 이유일 수 있다. 도시건축의 등장과 정착은 제1제국에 머물지 않고 이후 19세기 내내 이어지며 파리의 개발과 발전을 주도했다.

다섯째, 제1제국 때 이런 도시건축을 이끈 구체적인 내용으로 '가로 미학'을 들 수 있다. 도시와 건축을 연결하는 가장 대표적인 매개가 '가로'였다. 도시 차원에서부터 이전까지 파리를 이루던 가로 풍경에 근본적인 변화가 있었으며 제1제국 때 세워진 대표적인 개별 건물들 또한 사실상 이런 가로를 따라, 그리고 새로운 가로 변화에 맞춰 세워진 측면이 강했다. 가로 미학은 제1제국에 머물지 않고 오스망 재개발을 비롯하여 19세기를 관통하며 파리 도시건축을 이끈 가장 핵심적인 개발 방향이자 경쟁력이었다. 바야흐로 가로 미학의 시대가 열렸으며, 그 결과 탄생한 19세기의 새로운 가로 체계가 바로 우리가 열광하는 오늘날 파리의 기본 골격이 되었다.

여섯째, '선도적 보수주의로서의 도시화'다. 이는 도시건축의 의미를 정치적으로 해석한 개념이다. 나폴레옹 1세는 자신의 정치적 위상과 대외 이미지를 '도시화를 이끈 지도자'로 잡았다. 이때의 '도시화'는 산업혁명에 따른 도시화와는 다소 차이가 있었다. 시기적으로도 제1제국의 년도가 1804~1814년이어서 아직 프랑스의 산업혁명이 본격화하기 이전이었다. 나폴레옹이 생각한 도시화는 '산업화로서의 도시화'보다는 '선도적 보수주의로서의 도시화'였다.

제1제국은 프랑스대혁명에 대한 반작용 성격의 보수 회귀였지만, 이미 대혁명의 근대정신을 한번 구축한 뒤여서 무작정 복고주의로 흐를 수는 없었다. 무언가 선도적 가치를 장착해야 했는데 도시건축에서는 '가로 미학'이라는 새로운 개념과 개발 방향이 그것이었다. 실제로 나폴레옹 1세도 이 대목에서 파리에 가장 많은 기여를 했다. 단순한 가로 정비 사업을 넘어, 루이 14세 때의 파리의 영광을 이어받아 제국과 근대정신을 통합한 새로운 시대에 맞는 발전상을 구현해내는 것이었다. 곧이어 시작한 산업혁명을 거치며 진행한 파리의 도시화가 다른 대도시들과 달리 문화 역량 개발에 집중할 수 있었던 것도 산업화 직전에 구축한 이런 도시 미학이 있었기에 가능했다. 시간을 20세기까지 확장해도 마찬가지다. 오늘날 명품 도시 파리의 기초가 닦인 것 또한 이를 통해서였다.

일곱째, 도시건축의 구축과 선도적 보수주의로서의 도시화 작업을 이끈 배경에는 황제로서 나폴레옹 1세의 책임감과 야망이 있었다. 우선 나폴레옹 1세는 프랑스 최초의 황제답게 수도 개발에 대한 기본적인 인식과 책임감은 분명히 있었다. 더하여 유럽을 통일해서 프랑스를 제2의 로마제국으로 만들고 자신도 로마 황제가 되고 싶은 정치적·군사적 야망도 컸다.

파리의 도시건축은 이를 구현하는 중요한 통로였다. 과거 로마제국에서 수도 로마의 도시건축이 정치적으로도 중요한 역할을 했듯이 파리에 대해서도 같은 역할을 계획했다. 나폴레옹은 '내가 만약 프랑스의 군주라면 나는 파리를 존재했던 모든 도시 가운데 가장 아름답게 만들 뿐 아니라 앞으로 존재할 모든 도시 가운데에서도 역시 가장 아름답게 만들 것이다'라며 도시건축에 대한 강한 의욕을 드러냈다. 유럽의 다른 나라를 보거나, 프랑스 내에서 30~40년 후에 등장할 그의 조카 나폴레옹 3세 등을 보더라도 왕이나 황제의 예술적 감성이 수도의 도시건축을 이끌어가던 시대가 끝났다고 보기는 어려웠다. 이렇게 보았을 때 나폴레옹 1세가 파리의 도시건축에 투영한 예술적 감성은 '로마제국의 영광'이었던 것이다.

도시개발 사업

법령 정비, 센강 개발, 가로 환경 정비, 로마와의 경쟁

이상이 도시와 건축을 합해서 도시건축으로 크게 본 제1제국 시대 파리의 상황이다. 프랑스 최초의 제국 시대 파리 도시건축이 닻을 올린 것이다. 이제 도시와 건축을 분리해서 각각의 실행 내용을 살펴보자. 먼저 도시다. 나폴레옹 1세가 진행한 파리의 도시개발은 크게 네 방향으로 이루어졌다.

첫째, 가장 먼저 행정적 조처를 들 수 있다. 나폴레옹 정부에서는 법령을 새로 정비하거나 새 법령을 반포하는 등 '선언 정책proclamations policy'을 이어갔다. 1799년에 집권하자마자 파리의 주요 정책을 결정하고 집행하던 '파리시의회Municipal Council of Paris'를 없애고 '센주Département de la Seine'라는 부서를 만들어서 대체했다. '파리시장'이라는 직책 역시 '센성 지사Préfet de la Seine'로 바꿨다. 1804년에 황제에 오른 뒤에는 파리를 제국의 수도이자 세계에서 가장 아름다운 도시로 만들겠다는 꿈을 키웠다. 그러나 유럽 정복 전쟁에 몰두하면서 파리의 도시건축 사업은 일단 우선순위에서 밀렸고, 연이은 패전으로 1815년에 실각하면서 파리를 변모시키기에는 집권 기간이 짧았다.

둘째, 도시 공공사업과 인프라 건설이다. 가장 중요한 사업은 센강 개발이었다. 우선 상수원 확보를 위해 센강의 지류이자 파리의 북동쪽 먼 외곽을 흐르는 우르크강rivière Ourcq에 우르크 운하Canal de l'Ourcq를 파서 시내에 연결했다. 이어 시내에서는 센강에 다리를 건설해서 강변을 개발했는데, 데자르교Pont des Arts(1804년), 오스테를리츠교Pont d'Austerlitz(1805년 일차 준공, 1854년과 1884~1885년에 개보수), 디에나교Pont d'Iéna(1814년) 등이 이때 놓였다. 이 가운데 앞 두 다리는 철교여서 상당히 이른 시기에 철물이 도시건축에 사용되기 시작했음을 알 수 있다. 이와 함께 좌안의 오르세 부두도 개발했다. 이로써 파리의 양안이 이전보다 훨씬 원활하게 연결되었다.

강 다음은 성곽 정비였다. 구체적으로 시테섬 동쪽 성곽을 철거해서 향후 도시 확장의 기틀을 마련했다. 마지막으로 지역 시장을 건설했다. 이를 위한 방대한 계획을 세워서 지금의 레알 지역에 있던 중앙시장인 레알 상트랄Les Halles Centrales을 개선·확장했다. 도심에 있던 도축장도 루이 16세가 세운 라빌레트 관세 징수소Barrière de la Villette 일대의 좀 더 먼 지역으로 이전했다.

셋째, 가로 환경 개선으로 리볼리가Rue de Rivoli 개발 사업이 대표적이었다. 나폴레옹 시대의 대표 건축가였던 샤를 페르시에Charles Percièr(1764~1858년)-피에르 퐁텐Pierre Fontaine(1762~1853년) 파트너는 1802년에 리볼리가를 따라 부르주아 아파트를 세웠다.도 14-1 대로변 고층 아파트는

14-1. 리볼리가 전경(위)

14-2. 파리 개선문 전경(아래)

19세기 파리의 주거는 물론 도시건축 전체를 대표하는 중요한 건축 형식인데, 이것이 최초로 시작된 걸로 볼 수 있다. 이 아파트는 건축 양식도 중요했다. 이탈리아 르네상스 리바이벌의 시초였는데, 이 역시 19세기 파리의 역사주의 건축을 이끈 중심 양식이었다. 이탈리아 르네상스 자체가 다양한 양식으로 구성되어서 적용 건물의 종류에 따라 골라 썼는데, 이 아파트는 주거여서 그에 맞는 15세기 피렌체 팔라초와 16세기 로마 팔라초 양식을 기본으로 삼았다. 여기에 '이탈리아주의 vs. 프랑스주의' 개념을 적용해서 18세기 파리 오텔 양식을 추가했다.

넷째, 로마를 본보기 겸 경쟁 대상으로 삼아 모방했다. 나폴레옹 1세는 스스로가 로마 황제의 후계자가 되어 이들처럼 유럽 전역을 정복해서 대제국을 이루고 싶어 했으며, 파리는 그런 제국에 걸맞은 수도로 키우고자 했다. 로마의 도시건축 가운데 여러 가지를 모방했다. 우선 개선문이 가장 대표적이다. 로마의 포로 로마노Foro Romano의 동쪽 끝 입구에 세워져 있던 카이사르 옥타비아누스 개선문Triumphal Arch of Caesar Octavian Augustus(아우구스투스 개선문Arch of Augustus)을 본떠서 파리 개선문을 짓기 시작했다.도 14-2 원래 로마 개선문은 콘스탄티누스 개선문Arch of Constantine이 가장 유명하고 작품성도 높은 대표작이지만 파리를 건도한 주인공이 카이사르여서 그의 이름이 들어간 이 개선문을 본보기 대상으로 삼았다.

또한 방돔 광장에는 트라야누스의 승전기둥Triumphal Column of Trajanus을 모방한 방돔 기둥Colonne Vendôme을 세웠다.도 14-3 1805년에 있었던 오스테를리츠 전투의 승전을 기념해서 1806~1810년에 세웠는데, 1871년 파리 코뮌 사태 때 철거되었다가 제3공화국이 들어서자마자 곧바로 1874년에 복원되어 현재에 이른다. 이외에도 앞에 나온 도시 인프라 건설과 리볼리가 개발 사업도 로마를 본뜬 걸로 볼 수 있다. 예를 들어 우르크 운하는 로마로 들어오던 일곱 개의 수도교에 해당했으며, 리볼리가를 비롯한 대로 건설은 '모든 길은 로마로'라는 명언을 있게 한 로마의 도로 체계를 본보기로 삼은 것이었다. 이외에 로마 시내 곳곳을 채우고 있던 분수를 모방해 파리에도 분수를 설치했다.

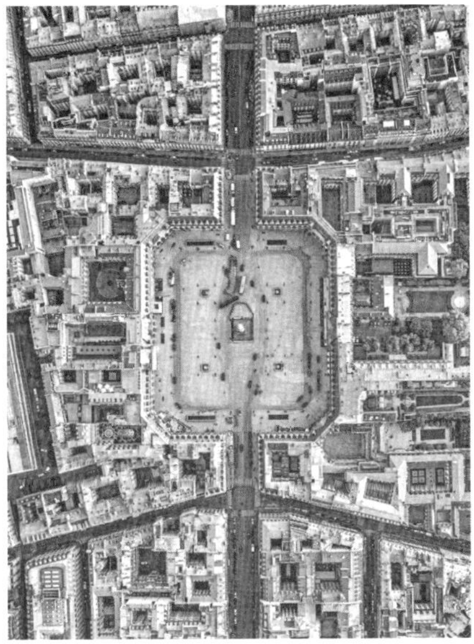

14-3. 방돔 광장 Place Vendôme 공중 전경

스펙터클 미학의 등장
도로 체계, 건물 입면, 노드

이상의 결과 파리에는 '스펙터클spectacle'이라는 새로운 도시 미학이 탄생했다. 가로 미학의 하나로 전통 시대의 파리에는 없던 새로운 미학이었다. 굳이 뿌리를 찾자면 루이 16세 때에 등장한 일직선 대로인 '쿠르cour', 즉 '가로수 산책로promenade' 혹은 '나무 심은 불르바르planted boulevard'를 원조로 볼 수 있다. 하지만 이때는 아직 쿠르 자체의 폭과 길이가 충분하지 않았으며 대로변에는 건물을 거의 짓지 못해서 스펙터클의 미학까지 발전하지 못했다. 이후 나폴레옹 1세 때 본격적으로 구현되기 시작했으며 19세기 내내 이어져 파리만의 독특한 도시건축 미학을 탄생시켰다. 어떤 면에서는 19세기 파리, 나아가 파리 전체의 도시 미학을

14-4. 카스틸리온가Rue de Castiglione 전경. 주세페 카넬라Giuseppe Canella(1788~1847년)의 작품(위)

14-5. 1850년대 개선문 주변의 방사형 도로 장면(아래)

대표한다고도 할 수 있다. 유럽의 도시 미학이 보통 광장을 중심으로 형성되는 것과는 다른 파리만의 특징이었다.

스펙터클이란 '인간이 만든 각종 문명의 도구를 이용하여 현실, 상황, 경관 등을 실제보다 과장되고 화려하고 멋있게 보이도록 하는 기법 혹은 이런 기법을 사용하는 행위'라는 뜻이다. 보통 바로크 연극의 무대 디자인에서 많이 사용하는 기법인데, 파리는 이것을 독특하게도 도시 가로에 적용한 것이다. 나폴레옹 1세 때에는 크게 세 방향으로 구축되었다.

첫째, 도로 자체의 구성으로 일직선 대로와 방사형 도로라는 두 가지 도로 체계가 대표적이었다. 두 도로는 각자만의 스펙터클 미학 요인이 있었다. 일직선 대로는 넓고 쭉 뻗은 도로를 따라 형성되는 강력한 1점 원근법, 잘 정리된 근대성의 느낌, 장쾌한 시각 효과 등이 스펙터클 미학을 이루는 요소였다. 나폴레옹 1세가 공들인 리볼리가와 카스틸리온가Rue de Castiglione, 패가Rue de la Paix 등이 대표적이었다.도 14-1, 14-4

방사형 도로는 일직선 대로와 달리 여러 도로가 예각을 형성하며 사방팔방으로 뻗어나가는 역동성과 회전교차로를 따라 빙글빙글 도는 회전력 등이 스펙터클 미학의 원천이었는데, 단연 파리 개선문이 대표적이었다. 나폴레옹 1세 때 처음 짓기 시작해서 비록 준공은 나중에 했지만 보통 나폴레옹의 업적으로 분류하기도 한다. 처음에는 여섯 개 정도의 도로가 갈라져 나왔는데,도 14-5 나중에 오스망 재개발 때에 최종적으로 무려 12개 거리의 회전교차로로 정리되었다.

둘째, 일직선 대로를 따라 늘어선 건물의 입면이다. 스펙터클이라는 주제를 도로에 적용하는 경우 방사형보다는 일직선 대로에 더 적합했다.도 14-6 구체적으로는 신고전주의의 열주랑이 잘 맞았으며 나폴레옹 1세 때의 도시계획법령도 가로 입면 조항을 강화해서 이를 뒷받침했다. 즉 1층을 개방형 아케이드로 하도록 규정했으며, 건물 높이는 '본체 3층(1층 제외) + 다락 층'으로 제한했고, 그 위를 45도 각도의 검은색 경사지붕으로 마무리하게 했다.

14-6. 방돔 광장과 리블리가, 카스틸리온가 공중 전경. 중앙이 방돔 광장이고 아래 왼쪽이 리볼리가, 오른쪽이 카스틸리온가다.

이런 입면 구성은 분명 일직선 대로의 스펙터클 미학을 의식한 것이었다. 기둥 열과 지붕은 쭉 뻗은 대로에 적합한 입면 요소이기 때문이다. 도로와 접하면서 눈높이에 해당하는 1층에는 기둥을 반복해 일렬로 세움으로써 일직선 대로의 쭉 뻗어나가는 효과를 강화했다. 다시 그 위로 적절한 높이에 사선으로 올라가는 지붕은 시선을 하늘을 향해 확산시킴으로써 수평 방향으로 뻗어나가는 시선 효과를 수직 방향으로 돌려서 극대화했다.

기둥 열과 검은색 경사지붕은 모두 일직선 대로에 적합한 요소를 넘어 파리의 도시 풍경을 대표하는 아이콘이었다. 기둥 열은 고전주의의 기본 요소로서 '르네상스–바로크–18세기 신고전주의'를 거치며 고전주의의 도시 파리를 대표하는 아이콘으로 자리 잡았다. 앞서 살펴본 루브르궁 동익랑East Wing, Louvre과 팔레 루아얄Palais Royal 등이 기둥 열의 대표적 선례였다. 검은 경사지붕은 고전주의를 넘어 프랑스 전체의 가장 대표적인 전통 지붕이었으며, 파리 역시 이런 지붕으로 넘쳐나 '지붕의 도시'라고 불릴 정도였다.

이상과 같은 기둥 열과 검은색 경사지붕은 앞에 나온 주제어를 사용하면, 이를테면 19세기판 국가 양식의 구성 요소에 해당했다. 프랑스의 19

14-7. 리볼리가를 따라서 세워진 아파트

세기 국가 양식은 시기와 양식의 종류로는 제2제국 때의 네오바로크였는데, 그 이전에 이미 개별 건축 요소로서 기둥 열과 검은색 경사지붕이 나타난 것이다. 이렇게 보면 나폴레옹 1세의 스펙터클 미학은 단순한 도시 미학을 넘어 프랑스의 국가적 정체성을 강화하는 '19세기판 국가 양식'으로까지 해석될 수 있다.

리볼리가에 들어선 건물이 대표적이었다.도 14-7 1층에 상가를 갖춘 3층 높이의 직주職住 겸용 아파트였다. 1층을 개방형 아케이드로 구성하면서 비록 대형 신전만큼은 아니었지만 도로를 따라 건물 입면에 열주가 늘어섰다. 3층 위에는 다락 층을 한 층 더 넣고 검은색 경사지붕으로 마무리했다. 높이는 아파트까지만 보면 4층이었고 지붕 속 다락 층까지 더하면 실질적으로는 5층이었는데, 이는 건물 고도를 제한한 결로 볼 수 있다. 16~17세기 르네상스와 바로크 때 귀족들의 도심 저택인 오텔의 층수보다 겨우 한 층 더 높아진 것이다. 18세기 말에 이 건물보다 먼저 등장한 아파트도 높이가 6층이었던 것과 비교하면 오히려 낮아진 것이었다.

이런 고도 제한은 아마도 아직 본격적인 인구 증가가 일어나기 전이어서 굳이 고밀도까지 갈 필요가 없었기 때문으로 보인다. 또한 엘리베이터가 발명되기 전이어서 이용 편의를 위한 목적도 중요했다. 어쨌든 리볼리가 아파트의 이런 구성은 19세기 내내 파리 도시계획의 기본 유형이 되었으며, 오스망 재개발 때에 폭발적으로 늘어난 부르주아 아파트도 이 유형을 기본으로 삼아서 층수만 8층까지 높아졌다.

셋째, '노드node'(결절점)다. '노드'란 주로 도로를 끼고 도시 내에서 중요한 의미를 형성하는 '특별한 마디'로 정의할 수 있다. 이런 의미에서 '손가락 관절이나 발목 부위의 살'이라는 뜻의 '너클knuckle'이라고도 한다. 이 책에서는 '노드'로 통일하겠다. 이때 '특별함'은 크게 두 곳에서 나온다. 하나는 도로 체계 자체가 특별한 경우로, 앞에 나온 파리 개선문 같은 방사형 도로가 좋은 예다. 다른 하나는 광장이다. 유럽의 광장은 도시 내에서 초점 역할을 하는 경우가 대부분이어서 일단 그 자체로 '특별한 마디'인 노드에 해당한다. 이때 광장은 비워두는 게 보통인데, 나폴레옹 1세는 광장의 노드 기능을 강조하기 위해 중앙에 건물이나 동상 같은 시설을 세웠다. 나폴레옹 1세 때에는 마들렌 광장Place de la Madeleine이 마들렌 교회라는 건물을 세운 대표적인 예이고, 앞에 나온 방돔 광장Place Vendôme은 동상을 세운 대표적인 예다.도 14-8, 14-9

14-8. 마들렌 광장Place de la Madeleine 속 마들렌 교회Église de la Madeleine 공중 전경(위)

14-9. 방돔 광장 속 승전 기둥 공중 전경(아래)

노드에서는 도로 상황에 따른 맞춤형 스펙터클 미학이 나왔다. 방사형 도로에서는 크게 세 가지였다. 먼저 갈라져 나가는 도로의 개수에 따라 차이는 있지만, 기본적으로 마치 옛날 전쟁영화에서 병사들이 줄지어 화살을 쏘는 장면 같은 역동적이고 급박한 확산의 미학이었다.도 14-10 다음으로 회전교차로를 따라 마차나 자동차가 빙빙 도는 역동성의 미학이다.도 14-11 마지막은 모서리의 미학으로, 방사형으로 갈라져 나가는 도로들끼리 만나는 지점에서 주로 일어났다. 보통 예각으로 잘려서 날카로운 시각 요소를 만들어냈고, 이 지점의 입면도 이에 맞춰서 특별한 조형 처리를 가하는 게 보통이었다.도 14-12

광장에서는 중심 건물을 향한 장경주의theatricalism가 대표적이다. 장

14-10. 빅토르 위고 광장의 10개 거리 방사형 도로(위 왼쪽)

14-11. 파리 회전교차로의 역동적인 교통 장면. 1906년 작품(위 오른쪽)

14-12. 본-누벨 불르바르Boulevard de Bonne-Nouvelle. 1900년경 사진(아래 왼쪽)

14-13. 마들렌 교회의 1900년경 사진(아래 오른쪽)

경주의란 건물을 '극장의 무대 위에 올려놓은 볼거리'로 정의하는 미학이다.도 14-13 건물을 높은 기단 위에 올리고 입면에 고도의 예술 처리를 가하는 처리가 대표적인 기법이다. 마들렌 광장이 좋은 예로, 광장에 선 관찰자는 마들렌 교회를 마치 무대 위의 한 편의 연극을 관람하는 것처럼 감상하게 된다. 교회 건물을 고전주의 신전으로 지어서 개방형 열주랑 입면을 갖춤에 따라 장경주의 효과는 배가되었다. 마들렌 광장에 높이 20m의 코린트식 기둥 52개가 건물을 돌아가며 에워싸고 있기 때문이다. 건물을 담고 있는 광장 자체도 여섯 개의 도로가 갈라져 나와서 방사형 도로 조건도 함께 갖추었다. 이런 여러 처리가 종합하면서 '노드'의 대표적인 사례가 되었으며, 오스망 재개발 때 지어진 파리 오페라 하우스도 이와 비슷하게 처리되었다.

스펙터클 미학의 완성

고급 상품화 전략, 그랜드 매너, 바도 문화, 의외성

이상과 같이 나폴레옹 1세 때에는 '도로 체계(일직선 대로와 방사형 도로)-도로를 면한 건물 입면(열주와 검은색 경사지붕)-노드(방사형 도로의 모서리와 광장의 초점)' 등 세 요소가 합심해서 만들어내는 스펙터클의 미학이 최초로 완성되었다. 아직 양과 질 모두에서 미비한 부분도 있긴 했지만 이를 최초로 선보인 점은 매우 중요한 발전이었다. 파리의 도시 공간에서는 그야말로 도로가 만들어내는 현란한 시각 효과의 향연이 펼쳐졌다 도 14-14 시선은 쭉 뻗은 대로를 따라 1점 원근법처럼 내달다가 중간에 결절점을 만나 빨려 들어갔다. 방사형 도로에서는 방향만 잘 잡으면 파리의 동서남북 어느 곳이든 잘게 자른 세부 방위로 갈 수 있었다. 모서리에는 예각과 둔각 등 직각을 벗어난 특이 각도가 특별한 입면 처리를 하고 시선을 붙들었다.

이로써 프랑스 제국의 수도에 맞는 미학적 위상을 창출했다. 이런 결과는 앞 시대에 구축된 파리 건축, 나아가 프랑스 건축 특유의 예술적 저력이 도시 공간에 구현된 걸로 볼 수 있는데, 크게 네 가지였다.

첫째, 프랑스 특유의 고급 상품화commodification 전략이다. 원래 디자인 제품에서 시작한 프랑스만의 문화 상품화 전략이자 문화적 저력인데, 디자인을 넘어 건물로, 그리고 급기야 도시 공간에까지 확장해서 구현한 것이다. 19세기가 그 절정이었나. 나폴레옹 1세가 그 문을 열었으며 이후 파리 시내에 공장이 들어오지 않고 고급 문화 시설로 채워지면서 절정을 이루었다. 이런 경향은 20세기 이후에도 유지되어서 파리는 근현대 시대까지도 고층 건물을 최대한 억제하며 19세기의 가로 미학을 지켜나갔다. 오히려 주로 노드

14-14. 샤요 궁전 Palais de Chaillot 뒤 트로카데로 광장에서 방사형으로 뻗어나가는 일직선 대로들

지점에 세계적 명작 건물을 선별해서 짓는 쪽으로 이를 더 강화했다.

둘째, 절대왕정 때의 바로크 건축 미학인 그랜드 매너Grand Manner를 이어받은 걸로 볼 수 있다. 그랜드 매너 역시 루이 14세가 주도했다. 1671년에 설립한 왕립건축아카데미Académie Royale d'Architecture에서 도시건축을 통해 절대왕정의 권위와 위상을 과시하는 미학 전략을 수립한 것이다. 중심축과 좌우 대칭의 강조, '디스트리뷔시옹distribution'이라 불리는 일직선의 긴 복도, 화려한 장식, 쌍기둥, 프랑스 전통 지붕 등이 대표적인 건축 기법들이었다. 일차적으로는 건축 미학이었지만 '대칭, 일직선, 장식, 쌍기둥, 지붕' 등은 그대로 대로를 중심으로 한 도시 미학에도 적용될 수 있었다.

실제로 제1제국의 스펙터클 미학을 구성하는 일직선 대로, 방사형 도로, 기둥 열, 경사지붕, 노드 등은 대체로 그랜드 매너와 연관된 구성 기법으로 볼 수 있었다. 특히 루이 14세가 그랜드 매너를 도시 차원에 적용해서 건설한 베르사유 신도시의 도로 체계는 제1제국의 방사형 도로에 중요한 선례가 되었다. 베르사유 궁전의 초점에 해당하는 '왕의 방King's Chamber'을 초점으로 삼은 세 개의 일직선 도로로, 궁전을 넘어 도시 전체를 향해 방사형으로 뻗어나가는 도로 체계였다.도 14-15 아직 도로가 세 개밖에 안 되어서 완전한 방사형 도로까지 이르지 못했지만 이미 당시부터 '기러기의 발patte d'oie'이라 불리며 파리 시내의 방사형 도로에 대한 선례로 거론되었다. 루이 14세가 파리의 오래된 도심에 방사형 도로를 새로 내기 어렵게 되자 이를 신도시에 구현한 것이다.

14-15. 베르사유 궁전의 왕의 방 King's Chamber에서 신도시를 향해 뻗어나가는 도로 체계

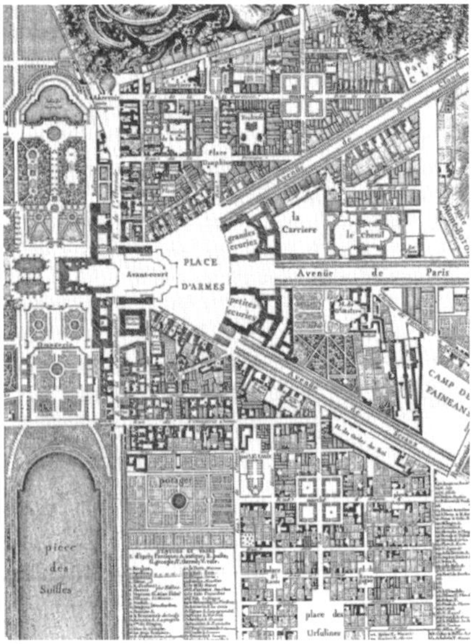

셋째, 산책과 '바도badaud' 문화다. 이처럼 베르사유의 선례를 적용할 수 있으면 제1제국의 도로에서는 스펙터클 미학에 더해 마치 베르사유 궁전을 산책하는 것과 같은 추가 효과가 발생한다. 산책 장소는 궁전의 외부와 정원일 수도 있고, 심지어 실내 공간일 수도 있다. 특히 실내 공간에의 비유가 중요해서 베

르사유 궁전의 실내를 돌아보는 것과 같은 미학적 효과를 파리의 도시 공간에서도 누릴 수 있게 된 것이다. 이는 뒤에서 나올 파리 특유의 도시 거리 미학인 '거리의 구경거리를 즐기는 사람'이라는 뜻의 '바도' 문화 혹은 '플라네르flâneur'(만보객漫步客) 문화를 예견한 것이기도 했다.도 14-16

14-16. <비 내리는 파리 거리Rue de Paris, Temps de Pluie>(1877년). 귀스타브 카유보트Gustave Caillebotte(1848~1894년)의 작품

넷째, '의외성'의 미학이다. 바도 문화는 '도시를 어슬렁거리며 즐긴다'는 뜻으로, 이는 파리를 제국의 수도에 합당한 과시적 도시 미학으로 구축하려는 방향에 반대되는 걸로 볼 수 있다. 왕실과 황실이 나서서 시내 곳곳에 기념비를 세우고 일직선 대로를 건설하는 옆에 이런 느림과 일상성의 문화가 함께한 점에서 상식을 깨는 의외성의 미학이 나온다. 일직선 대로에 들어서는 건물의 높이를 제한한 것 역시 어슬렁거리는 바도 문화를 훼손하지 않기 위해서였다. 건물 입면이 높아지면 폭과 높이의 비율이 커져서 압박감을 느끼게 되어 산책 문화가 위협받게 되기 때문이다.

특히 19세기 대부분의 제국 수도들이 대형화, 웅장함 등의 과시 미학으로 쏠려 있던 것과도 차별화된 파리만의 특징이었다. 물론 제국 수도에서 규모의 미학은 필수적이어서 파리도 앞과 같이 어느 정도는 이것을 유지했다. 문제는 다음으로, 19세기 유럽 대부분의 수도가 여기에서 그친데 반해 파리는 산책 문화까지 추가했다. 초월성과 휴먼스케일을 동시에 갖추어 웅장하면서도 편안한 상반된 도시 미학이 공존하게 된 것이다. 이런 양면성은 시대 정신과 결부해서 해석할 수 있다. 휴먼스케일의 편안함은 프랑스대혁명을 거치며 형성된 시민정신으로, 웅장한 초월성은 산업혁명을 거치며 형성된 물량주의에 제국주의를 결부한 결과로 각각 볼 수 있다. 이 둘은 근대 전기의 대표적인 시대 변혁이자 상반되는 정신을 추구했는데 파리는 둘을 모두 갖춘 드문 경우였다.

15장 나폴레옹 1세와 제1제국의 건축 상황

제1제정의 파리 건축 개괄
기념비가 사라진 시대 변화

이상이 제1제국의 파리 도시였다. 다음으로 건축이다. 나폴레옹 1세 때에는 도시와 비교해서 상대적으로 개별 건물은 활성화하지 못한 편이었다. 이런 가운데 이 시기 건축을 부르는 명칭은 크게 두 갈래다. 하나는 왕조사나 정치사를 기준으로 보는 것으로, 정체 이름을 그대로 사용해서 '제1제정 양식' 혹은 '제1제국 양식' 등으로 불린다. 간혹 '나폴레옹 양식'이라는 말도 쓰지만, 공식 명칭은 아니며 자주 쓰지도 않는 편이다. '나폴레옹'의 이름이 워낙 크고 무거워서 이 명칭을 사용할 만도 한데 아무래도 그가 패장으로 생을 마쳐서 회피하는 걸로 보인다.

다른 하나는 건축 사조 이름으로, 우선 크게 보면 19세기 전체를 관통하는 역사주의historicism가 제1제정 때 처음 시작했다. 좁혀 보면 역사주의에는 매우 다양한 세부 사조가 있는데, 제1제정 때 파리에서는 신고전주의가 대표적이었고 부분적으로 이탈리아 르네상스 리바이벌Italian Renaissance Revival이 함께 진행했다. 이때 신고전주의는 18세기에도 있어서 이와 구별하기 위해 '19세기 신고전주의'라고 부르기도 한다.

앞에서 살펴보았듯이 역사주의는 창의적 디자인에 기반한 새로운 양식이라기보다는 과거 양식을 직설적으로 모방한 단순 복고 양식인데 이는 제1제정 양식에도 해당했다. 18세기 초중반의 그레코-고딕 아이디얼 Greco-Gothic Ideal 운동이나 18세기 중후반의 급진적 고전주의와 혁명기 건축 등과 같은 실험적 시도와 창의적 예술성은 사라졌다. 민간의 건축 활동도 침체한 편이었고 새로 짓는 건물은 대부분 공공 분야에 한정했다. 이런 역사주의 건축은 정치에서 복고주의에 대응한다. 프랑스대혁명에 따른 제1공화국이 사라지고 제국이 등장한 데에서 알 수 있듯이 제1제국의 등장은 보통 복고주의로의 회귀로 얘기한다. 그것도 단순한 회귀가 아닌, 이전의 절대왕정보다 전제성이 더 강화된 제국주의가 새로 등장했다.

나폴레옹 1세 개인에 초점을 맞추어 보면, 개선문처럼 황제의 영광을 과시하기 위한 건물도 지었지만 대체로 개인의 정치적 야망을 과시적 건축으로 구현하는 일은 자제한 편이었다. 특히 루이 14세(재위 1643~1715년)와 비교하면 이런 차이가 확실해 보인다. 예를 들어 나폴레옹도 애국주의에 기반한 국립묘지 건물을 만들기는 했지만 새로 지은 게 아니었고 루이 14세가 지은 앵발리드 돔Dôme des Invalides을 개축해서 용도를 변경하는 선에 머물렀다. 나폴레옹은 누구보다 권력의 화신으로 알려졌지만, 이를 개별 건물로 과시하는 일에는 상대적으로 관심이 적었는데 여기에는 여러 이유가 있을 것이다. 가장 쉽게 보면 나폴레옹의 개인 성향이 그럴 것이다. 그는 '제국의 황제'라는 정치적 권력에 집중한 편이었다. 나아가 전쟁에 몰두하다 보니 상대적으로 건축에까지 신경을 쓸 여력이 없었을 것이다.

물론 나폴레옹 1세 역시 수도 파리의 도시건축에 관심이 전혀 없었던 건 아니지만 건축보다는 도시 차원을 선호했다. 파리를 도시 차원에서 제국의 수도로 만들면 그걸로 족하다고 생각했던 것 같다. 나폴레옹은 파리 전체를 로마제국의 수도 로마처럼 만들고 싶어 했는데, 이와 비교해 개별 건물에서는 상대적으로 욕심을 덜 부린 편이었다. 혹은 좀 더 차별적 시각을 적용하면 나폴레옹이 과거의 왕들과 달리 어려서부터 개별 건물의 중요성에 대한 훈련과 교육을 받지 못한 점도 또 다른 이유로 생각해볼 수 있다.

실제로 나폴레옹의 통치 기간에 파리에 지어진 대표적인 건축물인 마들렌 교회, 방돔 기둥, 카루젤 개선문, 파리 개선문 등의 규모와 과시성은 각자의 생각에 따라, 그리고 비교하는 건물에 따라 다양하게 평가될 수 있다. 그런데 자신의 정치적 야심, 정복 전쟁, 파리 개발 등 여러 면에서 제국에 집착했던 그의 욕망과 비교하면 이런 건물들은 크게 과시적이라고 하기는 어려웠다. 그 대신 과거 지향적인 단조로운 복사품들이 주를 이루었다. 한마디로 그의 명성과는 다르게 적어도 파리 건축에서만은 의외로 기념비가 사라진 시대였다고 할 수 있다. 이런 복고적 디자인에 나폴레옹의 생각이 실제로 얼마나 반영되었고 그가 건축가들의 창의력과 상상력을 얼마나 심하게 제한했는지 등과 관련해서는 기록 부족 등으로 단정적으로 결론 짓기 어렵다.

기념비가 사라진 현상을 도구결정론instrumental determinism이라는 좀 더 다른 관점에서 파악할 수도 있다. 바로 산업혁명에 따라 시공 기술과 공학이 발전하면서 기술적으로도 더는 과거와 같은 거칠고 투박한 거석 구조를 짓기가 어렵게 된 것이다. 구체적으로 돌을 자르고 쌓는 조적술이 섬세해진 점을 들 수 있다. 이에 따라 건물에서도 변화가 나타났다. 우선 건물 전체 윤곽을 더 날카롭고 예리하게 깎을 수 있게 되었다. 육면체를 이루는 여러 모서리 지점이 대표적이었고 그 외에도 창틀, 출입구, 기둥과 보 등 꺾임이 일어나는 모든 부분이 이에 해당했다. 외관 입면에서는 돌출이 적은 평활 면을 바탕으로 섬세한 선형 어휘를 많이 사용하는 이른바 '리니어 패션linear fashion'이 새로운 경향으로 나타나 자리 잡았다. 둘이 합해지면서 건물 윤곽은 전체적으로 들고남이 사라지고 단순해졌으며, 건축적 관심은 세부 요소를 섬세하게 다듬는 쪽으로 옮겨갔다.

이런 변화는 나폴레옹 때 오히려 기념비가 사라지게 되었다는 재밌는 역설과 맞닿아 있다. 누구보다 기념비를 선호했을 것 같은 이미지이지만 실제로는 그 반대 현상이 일어난 건데, 그 이유를 도구적 배경에서 찾을 수 있는 것이다. '평활 면-단순한 윤곽-섬세한 세부 요소' 등의 새로운 경향이 나폴레옹이 추구한 기념비적 거석 구조와 맞지 않았기 때문이다. 이는 나폴레옹이 지은 기념비들이 큰 감동을 주지 못하는 숨은 이유일 수 있다.

파리 개선문이 대표적이어서 명성과 비교해 건물 자체가 내뿜는 아우라는 부족하다. 건물 크기도 상당한 데다 무려 12개의 거리가 방사형으로 뻗어나가는 점을 함께 생각하면 정작 건물 자체에서 나오는 조형적 힘은 부족해 보인다. 건물 외벽에 생각보다 많은 돋을새김과 조각물을 부착했지만, 전체적으로 심심하고 맥이 빠지면서 너무 평활한 느낌이다. 이는 기념비와 기석 구조에 필요한 원시적 신비감, 감동적 흡인력, 3차원다움 등이 부족하기 때문인데 그 숨은 이유가 바로 이와 같은 조적술의 변화에 있던 것이다도 14-2, 15-1

15-1. 파리 개선문 남측 면 장식. 전통 시대와 비교해서 돋을새김의 돌출이 현저히 약해졌다.

이상과 같이 파리 제1제정의 건축 흐름은 나름대로 다양한 배경 아래 기념비가 실종되어가는 걸로 정리할 수 있다. 다음 실제 건물을 중심으로 보면 크게 두 방향으로 정리할 수 있다. 하나는 앞 시대 건축을 이어받거나 프랑스대혁명 때 폐쇄된 건물을 복원하는 작업이고, 다른 하나는 완전히 새로 지은 건물들이다. 차례대로 살펴보자.

앞 시대 건물을 이어받은 작업 1

왕궁 개축과 곡물거래소

먼저 앞 시대에 진행하던 건축을 이어받은 작업이다. 제1제국에서는 완전히 새 건물을 짓는 일보다 오히려 앞 시대의 건물을 이어받아 증·개축, 복권, 복원 등의 복구 작업을 하는 일이 많았다. 이는 제1제국의 성격과도 연관이 있다. 일단 정체政體부터 혁명 정부와 제1공화국에서 갑자기 정반대인 제국 체제로 변경되어 이에 합당한 건물을 지을 충분한 시간이 없었다. 나폴레옹 자신도 오로지 전쟁에 몰입해서 화려한 궁전이나 기념비 등을 새로 짓는 데에 큰 관심이 없었다. 이런 배경 아래 제1제국의 정치적 책임과 성격이 그대로 건축적으로 투영된 현상이 앞과 같은 복구 작업이었다. 즉 절대왕정 때에 진행하다가 프랑스대혁명으로 단절되었던 주요 공공건축을 이어받아서 정리하겠다는 책임감의 발현으로 볼 수 있는 것이다. 그 종류는 왕궁, 교회, 곡물거래소, 앵발리드 돔 등 크게 넷으로 나눌 수 있다.

첫째, 여러 종류의 왕궁이다. 이는 제1제국이 프랑스대혁명 이전의 절대왕정을 이어받아 제국으로 더 강화한 데에 따른 자연스러운 작업이었다. 정도의 차이는 있지만 네 왕궁의 기능을 복원하거나 건물을 수리하고 용도를 변경하는 등의 여러 작업을 시행했다. 이 내용은 앞에서 자세히 다루었으므로 여기에서는 간단히 정리하면서 새로운 내용 중심으로 살펴보자.

가장 먼저 뤽상부르궁Palais du Luxembourg이다. 프랑스대혁명 때 살아남은 뤽상부르궁은 1799~1801년에 나폴레옹 1세의 건축가였던 장-프랑수아 테레즈 샬그랭Jean-François Thérèse Chalgrin(1739~1811년)이 건물을 개조하고 화려한 실내장식을 더한 뒤 프랑스 상원의사당Siège du Sénat français으로 재개장했다.

이어 부르봉궁Palais Bourbon을 개조한 국회의사당Assemblée Nationale(1803~1810년)이 탄생했다. 처음에는 1722~1728년에 루이 14세의 딸이자 부르봉 공작부인인 루이 프랑수아 드 부르봉Louis François de Bourbon, La Duchesse de Bourbon(1673~1743년)을 위한 궁전으로 지었다.도 15-2 즉 공주 궁전이었다. 처음 위치는 현재의 자리는 아니지만 그리 멀지 않은 좌안 7구

15-2. 부르봉궁. 1722~1728년에 지어진 첫 번째 건물

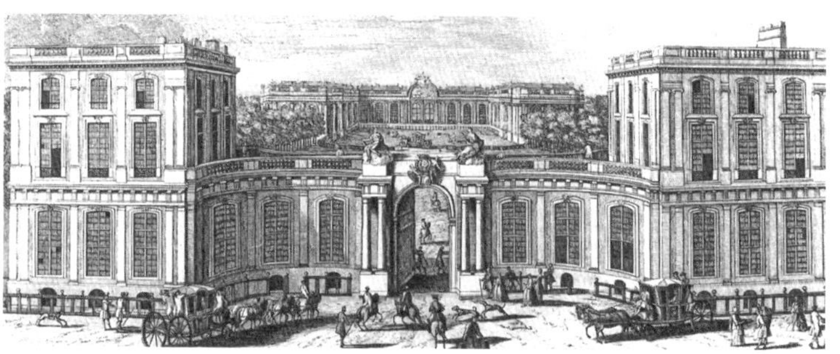

의 생제르맹데프레 포부르 일대였다. 이후 루이 15세와 루이 16세 때인 1765~ 1788년과 1795년 등에 걸쳐 두 번의 개축이 있었다. 프랑스대혁명 때에는 1789년 6월 20일 이곳에서 국회가 소집되었다. 이후 국회가 튈르리궁으로 옮겨 가고 부르봉궁은 국유화된 뒤 정부청사로 사용되어서 파괴를 면했다.

15-3. 국회의사당 공중 전경. 센강을 접한 위치(위)

15-4. 국회의사당 정면(아래)

나폴레옹 1세 때인 1806~ 1808년에 다시 국회의사당으로 복귀했는데, 이때 약간의 위치 이동과 함께 증·개축이 있었다. 강 건너 우안의 마들렌 교회와 짝 개념을 적용해서 강변 쪽으로 조금 옮겼다.도 15-3 앵발리드 구역 내 강변 쪽으로 우안의 콩코르드 광장을 마주 보는 자리다. 외관도 짝을 맞추기 위해 마들렌 교회와 같은 신고전주의 열주 구성으로 다시 지었으며도 15-4 실내도 대형 회의실 등 국회의사당에 맞춰 더 기능적으로 개축했다. 이 작업은 건축가 베르나르 푸아예Bernard Poyet(1742~1824년)가 담당했다.

다음은 튈르리궁이다. 튈르리궁도 프랑스대혁명 때에 큰 피해 없이 거의 그대로 보존되었는데, 나폴레옹이 이 건물을 자신의 집무실과 처소가 있는 이른바 '황궁'으로 개축했다. 왕궁의 중요도나 서열로 보면 루브르궁이 맞겠지만 프랑스대혁명 때 이미 '공화국 중앙 미술박물관Musée Central des Arts de la République'이 되어서 루브르궁과 한 몸이었던 튈르리궁에 안착한 것이다. 이 개축 작업은 1804년에 페르시에-퐁텐 파트너가 담당했

15-5. 튈르리궁. 나폴레옹 1세 예배당(위)

15-6. 왕정복고의 시작을 알리는 루이 18세 일행의 1814년 3월 3일 튈르리궁 앞 행렬 장면. 1820년 작품(아래)

다.도 15-5, 15-6 황궁의 격에 맞게 실내외 모두 화려하게 개조하기는 했지만, 새로운 양식을 창출하지 못하고 루이 14세 양식과 18세기 신고전주의 등을 혼합한 양식으로 지었다. 이는 앞의 둘째 특징에서 말한 '창의성 부족'과 '무기력한 역사 양식 차용'의 대표적인 사례로 볼 수 있다. 하지만 매우 화려했던 데다 제국 황제의 본거지였다는 이유로 1871년 파리 코뮌 대 전파되어 현재 남아 있지 못하다.

마지막은 루브르궁 개축이었다. 프랑스대혁명 이후 1793년에 박물관으로 용도 변경된 기능은 그대로 유지하면서 건물에만 손을 댔다. 1801~1810년 튈르리궁 연결 복도를 최종 마무리한 부분이 핵심이었다. 루이 14세 때에 일차로 완성해놓았던 상태를 증·개축하는 형식이었다. 1810년까지는 일단 두 복도 모두를 동익랑에 맞춰 3층으로 높여 지었다. 이어 1810년부터 북쪽 측랑을 좀 더 화려하게 꾸미고 일부 확장하는 등의 추가 공사에 들어가면서 '나폴레옹 갈르리 Galerie Napoléon'라고 이름 붙였다. 루이 14세 때에 지은 남쪽 복도의 그랑 갈르리에 대응하는 이름이었다. 계속해서 페르시에-퐁텐 파트너가 맡아서 1812년에 일차로 준공했다. 그러나 최종 마무리는 나폴레옹 1세 사후인 1824년에나 가서야 할 수 있었다. 이들 파트너는 이외에 루브르 박물관 앞의 카루젤 개선문도 설계했는데, 이 내용은 뒤에서 살펴볼 것이다.

둘째, 교회의 복권 작업이다. 이 역시 프랑스대혁명 때 파괴되거나 강제로 용도를 변경한 교회들이 대상이었다. 제1제정 때에는 아직 본격적인 건물 보수는 시작하지 못한 대신 원래의 교회 기능을 복권하는 작업이 주를 이루었다. 이 내용 역시 앞에서 자세히 살펴보았으므로 여기에서는 상징적인 내용만 요약하겠다.

우선 파괴가 가장 심했던 노트르담대성당에 대해서는 복원 작업을 시작하지 못한 대신 1804년 황제 즉위식을 폐허로 남아 있던 이곳에서 강행함으로써 프랑스대혁명이 남긴 반달리즘을 극복하려는 의지를 강한 상징적 행위로 세상에 선포했다. 이어 과거 왕실 전용 예배당이었던 생트샤펠Sainte-Chapelle은 프랑스대혁명 때 파괴 없이 보존되어서 제1제정 때에는 오히려 공공기관이 입주해서 사용했다. 이어 1802년에는 바로크 교회인 생제르베Saint-Gervais의, 1803년에는 중세교회인 생으스타슈Saint-Eustache와 생테티엔뒤몽Saint-Étienne-du-Mont의 기능을 각각 복권했다.

셋째, 곡물거래소Halle aux Blés Halle aux Blés(지금의 부르스Bourse)의 지붕 개축이다. 첫 건물은 1763~1767년에 지어졌으며 1783년에 목재 돔으로 개축한 뒤 나폴레옹 1세 때인 1809~1811년에 프랑수아-조제프 벨랑제 François-Joseph Bélanger(1744~1818년)와 자크 이냐스 히토르프Jacques Ignace Hittorff(1792~1867년)의 공동작업으로 철제 돔으로 다시 개축했다. 이 돔은 파리 최초의 철제 구조였다. 규모만 보면 작은 사례로 볼 수 있지만 파리 최초로 철제 돔에 유리 천장을 덮은 구조이자, 특히 19세기 신건축 운동의 시효라는 점에서 중요한 기록으로 남았다.

앞 시대 건물을 이어받은 작업 2
앵발리드 돔의 국립묘지화

넷째, 나폴레옹 1세만이 할 수 있었던 독특한 건축 활동으로 앵발리드 돔Dôme des Invalides(앵발리드 교회)을 자신을 포함한 프랑스의 주요 위인들이 묻힌 약식 국립묘지로 만든 것을 들 수 있다. 원래 루이 14세가 세운 앵발리드 오텔Hôtel des Invalides이라는 보훈병원에 부속된 왕실 전용 예배당이었다. 앵발리드 돔의 공사 기간은 건물의 경우 1676~1691년이었지만 교회라는 성격상 실내장식도 중요해서 이 부분까지 최종 마무리한 건 1710년으로, 무려 34년이나 소요되며 루이 14세가 공을 들여 지은 건물이었다.

그런데 마침 보훈병원 자체가 상이군인과 퇴역군인을 위한 요양시설이어서 프랑스대혁명 때부터 파괴되기는커녕 거꾸로 애국심을 대표하는 건물로 지정되었다. 앵발리드 돔도 왕실 전용 예배당이어서 일정한 피해가 있기는 했지만, 병원 부속 시설로서 건물은 그대로 보존되었다. 더하여 군인들을 위한 보훈 시설의 핵심 교회라는 독특한 성격과 돔 구조라는 건물 자체의 공간적 특징으로 인해 이미 혁명기와 제1공화국 때부터 국립묘지의 기능으로 사용하기 시작했다. '대원수 튀렌Marshall Turenne'이라는 명예로운 별명으로 불리던 루이 14세 때의 군인 앙리 드 라 투르 도베르뉴Henri de La Tour d'Auvergne(1611~1675년)의 관을 생드니 수도원에서 이곳 앵발리드 돔으로 이장한 일이 대표적이다.

나폴레옹 1세는 다시 이 뜻을 이어받아 국립묘지 기능을 더욱 강화했다. 정치사에서는 프랑스대혁명과 제1제국이 보통 상반되는 정체로 정의되는데, 앵발리드 돔이라는 건물에서는 국가주의와 애국주의를 매개로 같은 방향으로 사용된 것이다. 나폴레옹은 이 건물의 용도를 왕실 전용 예배당으로 복권함과 동시에 돔 공간을 중심으로 프랑스에 승전의 영광을 안겨주고 나라 역사를 빛낸 주요 인사들의 무덤을 안치했다. 프랑스대혁명 때 설치되었던 튀렌의 무덤을 본떠서 1807년에는 그 반대편에 세바스티앵 르 프레스트르 드 보방Sébastien Le Prestre de Vauban(1633~1707년)의 심장을 안치했다. 드 보방은 루이 14세 때의 공병장교 전술가로 원수까지 오른 전설적인 군인이며, 그 공로로 보방 후작Marquis de Vauban이라는 작위까지 하사받은 인물이었다.

1840년에는 급기야 나폴레옹 1세 자신이 이곳에 묻혔다. 나폴레옹은 1821년에 세인트엘레나Saint Helena에서 사망했는데, 이후 그의 시신은 계속 이곳에 안치되어 있었다. 1828년에 프랑스 국왕 루이 필리프 1세가 영국에 시신 인도를 요청했고 동의를 받아내 프랑스로 인도하게 되었다. 하지만 프랑스 국내외의 여러 사정으로 인해 정작 12년이나 지난 1840년 9

월에야 시신이 프랑스로 들어올 수 있었다. 프랑스 해군이 일단 센강 어귀의 항구도시 르아브르Le Havre까지 가서 영국 해군으로부터 관을 인계받았으며, 같은 해 12월 5일에 센강을 따라 최종적으로 파리로 옮겨졌다. 안치 장소는 나폴레옹 1세 본인이 국립묘지 개념으로 확장하려 노력했던 이곳 앵발리드 돔으로 정했다.

15-7. 1840년 12월 15일 나폴레옹 1세의 유해가 파리 개선문을 지나 귀환하는 장면

마침 르아브르가 파리 서북쪽 10시 방향의 노르망디 지방에 있는 도시여서 동선을 자연스럽게 개선문 쪽으로 잡을 수 있었다. 수많은 파리 시민이 운집해서 애도하는 가운데 그랑 불르바르Grands Boulevards를 따라 관이 행진했고 장례 행렬이 뒤따랐다. 나폴레옹의 관을 실은 대형 마차가 개선문을 지나고 샹젤리제를 따라 진행한 뒤 센강을 건너 앵발리드 돔에 도착했다.도 15-7

안치식은 다시 10일 뒤인 1840년 12월 15일에 거행되었다. 이 행사에서 프랑스의 애국심이 발동해 나폴레옹의 최측근이자 안치식 당시 내무장관이던 샤를 드 레뮈사Charles de Rémusat(1797~1875년)가 "황제께서는 앞으로 프랑스의 장군들이 안치될 이곳에서 다시 통치를 시작하시길"이라는 조문을 낭독했다. 루이 14세 때의 대표 장군이 묻힌 곳이어서 나폴레옹 1세 역시 죽은 뒤에는 황제 이전에 프랑스 역사상 가장 훌륭한 장군의 개념으로 묻히게 된 것이 기뻤을 것이다. 역으로 아직도 영국인들이 파리에 관광을 오면 반드시 이곳을 들러 나폴레옹이 아직 관 속에 누워 있는지 확인한다는 우스갯소리가 있을 정도다.

앵발리드 돔의 나폴레옹 무덤

20년의 성역화 작업과 국립묘지 기능

무덤 공사는 나폴레옹 1세의 중요성에 걸맞게 오랜 기간에 걸쳐 두 단

계로 진행했다.

첫 번째 단계는 1841~1846년으로, 이때에는 목관의 몸통만 짠 뒤 안치 장소를 지하 제실로 정하고 주변의 윤곽 공사까지 진행했다. 이 일은 이탈리아 출신 건축가 루이 비스콘티Louis Visconti(1791~1853년)가 맡았다. 앵발리드 교회 자체가 거대한 고전주의 건물이어서 무덤 양식도 이에 맞췄다. 우선 관부터 그리스 고전주의의 이오니아식으로 장식한 목관으로 짰다. 기단까지 포함한 높이는 5m였고 관 자체는 길이 4m, 폭 2m의 크기였다. 다음으로 '앵발리드 돔'이라는 별명에서 알 수 있듯이 이 건물은 거대한 돔 구조인데, 관의 위치도 돔의 정중앙에 일치해서 안치했다. 지하 6m 지점에는 개방형 추모 제실open funerary crypt 형식으로 관을 보관하는 '나폴레옹 예배당Chapelle Napoléon'을 지었다. 구체적으로 위쪽 1층 크로싱 부분의 바닥을 뚫어 돔에서 내려오는 자연광으로 채광함과 동시에 1층에서 내려다 볼 수 있게 했다.도 15-8

두 번째 단계에서는 목관을 보강하고 지하 제실 주변부에 조각 장식을 세우는 등의 성역화 작업을 했는데 1861년이나 되어야 완성할 수 있었다. 이로써 무려 20년이라는 긴 시간에 걸쳐 명실상부한 나폴레옹 1세의 무덤을 최종적으로 준공할 수 있었다. 목관의 보강 작업에서는 이집트의 파라오처럼 여섯 겹으로 짜는 게 가장 중요한 일이었다. 가장 안쪽부터 '양철-마호가니 목재-납 두 겹-흑단-떡갈나무(사람들이 보는 표면)의 차례였다. 이어 관 주위를 제실에 맞는 장식으로 성역화했다. 우선 관 밖으로 12개의 기둥을 세워서 지름 15m의 원형 영역을 형성했으며, 전쟁의 화신 나폴레옹의 생애와 업적을 기려 승전과 관련한 미술 작품으로 장식했다.

15-8. 앵발리드 돔 지하에 안치된 나폴레옹 1세의 관. 돔 천장에 맞춰 1층 바닥을 뚫었다.

각 기둥 앞에는 승리를 상징하는 여신상을 알레고리allegory(비유 기법) 개념으로 세웠는데, 제네바 태생 프랑스 조각가 장-

자크 프라디에Jean-Jacques Pradier(1790~1852년)의 조각 작품이었다.도 15-9 그 사이 벽면에는 나폴레옹의 승리를 기록한 돋을새김을 새겼다. 바닥에는 관을 에워싸는 원을 월계관으로 장식하고 '리볼리Rivoli(1797년)–레 피라미드Les Pyramides(1798년)–오스테를리츠Austerlitz(1805년)–모스크바Moscow(1812년)' 등 대표적인 여덟 곳의 승전 지명을 새겼다. 이런 여러 예술 장식을 방사형 구도로 짜서 프랑스 국민이 나폴레옹 1세를 초점으로 삼아 통합되는 구도를 상징했다.

15-9. 앵발리드 돔의 나폴레옹 1세 지하 무덤(위)

15-10. 앵발리드 돔 내 페르디낭 포슈Ferdinand Foch의 관(아래)

이후에는 나폴레옹 1세가 대표하는 두 그룹의 사람들이 추가로 묻히면서 이 건물은 명실공히 약식 국립묘지라는 특이한 기능을 갖추게 되었다. 우선 한 그룹은 프랑스를 빛낸 사령관들이었다. 나폴레옹의 애국심은 이처럼 자신의 무덤을 통해 이 건물을 작은 국립묘지로 만드는 기틀을 닦았다. 앞에 나온 튀렌과 보방의 두 원수 외에 이런 흐름은 20세기 초까지 이어졌다. 제1차 세계대전 때 연합군 총사령관으로 프랑스의 승전을 이끈 페르디낭 포슈Ferdinand Foch(1851~1929년)의 예배당도 추가로 지었다.도 15-10 이어 제독, 원수, 전쟁장관 등 군사 요직을 모두 역임한 또 다른 군인 영웅 위베르 리요테Hubert Lyautey(1854~1934년)의 관도 안치했다. 이런 제1차 세계대전의 여러 영웅에 이어 필리프 르클레르 드 오트클로크 제독Maréchhal Philippe Leclerc de Hautecloque(1902~1947년) 등의 시신까지 이어서 이곳에 매장했다. 이런 과정을 거치면서 앵발리드 돔은 '프랑스의 군사 팡테옹Military Panthéon of

France'이라는 별명까지 얻었다.

이로써 프랑스의 역대 왕들은 생드니 수도원 본당교회에, 문화예술과 학문 분야에서의 주요 인사는 파리 팡테옹에 각각 묻힌 데 이어 이곳 앵발리드는 나폴레옹 1세를 필두로 장군들이 묻히는 장소가 되었다. 이는 프랑스 국립묘지가 삼원화되었다는 뜻이었는데, 그 한 축이 나폴레옹 1세 때 형성된 것이다.

앵발리드 돔의 나폴레옹 가문 묘지

히틀러가 이장해준 나폴레옹 2세 무덤

다른 한 그룹은 나폴레옹 1세의 다른 가족들이었다. 오른쪽 채플에는 동생 조제프 보나파르트Joseph Bonaparte의 관이, 왼쪽 첫 번째 채플에는 또 다른 동생인 제롬 보나파르트Jérôme Bonaparte의 관이, 그리고 왼쪽 두 번째 채플에는 아들 나폴레옹 2세Napoléon II(나폴레옹 프랑수아 조제프 샤를 보나파르트Napoléon François Joseph Charles Bonaparte, 1811~1832년)의 관이 각각 안장되었다. 이들이 묻히면서 이 교회는 사실상 나폴레옹 1세의 가문 묘지가 되었다. 특히 아들이 중요했다. 아들의 합류는 매우 늦었는데 나폴레옹 1세가 사실상 실패한 황제로 생을 마감한 데다 자손이 많지 않아서 아들의 합류는 앵발리드 돔의 국립묘지화에 중요한 역할을 했다. 더하여 아들의 관이 이곳에 안치되는 과정에는 놀라운 역사의 반전이 숨어 있기까지 했다.

나폴레옹 2세는 아버지의 그늘에 묻혀 젊은 나이에 사망한 데다 큰 공을 세운 바도 없어 프랑스 역사에서 이렇다 할 주목을 받지는 못했고 그저 비운의 황태자 정도로 평가되었다. 하지만 그의 생에는 아버지 나폴레옹 1세의 영욕의 역사가 투영되어 있으며, 특히 이곳에 묻히는 과정은 지금 얘기하고 있는 앵발리드 돔의 국립묘지화 작업과도 연관성이 큰 데다 역사적으로 극적인 측면도 있어 이 내용을 묶어서 종합적으로 살펴볼 필요가 있다.

나폴레옹 2세는 나폴레옹 1세의 유일한 적자로서 1811년에 태어나자마자 황태자이자 로마 왕Roi de Rome에 봉해졌다. 이어 나폴레옹 1세가 연이은 패배로 1814년에 1차 퇴위하자 4월 4일 제1제국의 2대 황제 자리에 올랐다. 그러나 한 달도 채 지나지 않은 5월 2일 왕정복고 정부인 프랑스 왕국이 들어서면서 폐위되었다. 그러다가 1815년 2월 엘바섬을 탈출한 나폴레옹 1세가 재기를 노리며 복귀했고, 그가 비록 황제 지위를 되찾지는 못했지만 이로 인해 프랑스는 사실상 왕국과 제1제국의 두 정체가 공존하는 혼란기에 접어든다.

하지만 나폴레옹 1세가 끝내 1815년 6월 워털루 전투Battle of Waterloo에서 패배하며 이를 끝으로 완전히 실각하자 나폴레옹 2세가 바로 그 뒤를 이어 1815년 6월 22일에 다시 황제 자리에 올랐다. 그러나 이는 당연히 상징적인 지위였을 뿐이다. 더욱이 그는 당시 오스트리아 빈Wien에 머물고 있었는데, 프랑스로 돌아오지도 못하고 명목상의 황제 직위만 받은 것이었다. 더욱이 프랑스의 공식 역사에 따르면 1814년 왕정복고 이후 다음 제국은 1852년의 제2제국이라는 사실도 이를 뒷받침한다. 나폴레옹 2세는 황제의 자리에 봉해진지 불과 15일 뒤인 7월 7일에 연합군이 파리로 입성하면서 최종 폐위되었다. 이후에는 계속 빈에 억류되어 살다가 1832년 21세의 어린 나이에 비운의 삶을 마쳤다.

나폴레옹 2세는 시신마저 프랑스로 돌아오지 못하고 그대로 빈에 묻혔는데, 이후 놀라운 역사의 반전 덕분에 앵발리드 돔으로 이장하게 된다. 바로 아돌프 히틀러Adolf Hitler(1889~1945년)가 이장을 명한 것이다. 히틀러는 평소에 나폴레옹 1세를 전쟁의 화신이자 역시상 최고의 전략가라며 높이 존경하고 흠모했는데, 자신이 점령한 오스트리아 빈에 그 아들이 매장되어 있는 걸 안타깝게 여겼다. 그러다가 제2차 세계대전 초반 독일이 승승장구하며 1940년 6월 14일에 파리를 점령하자 그해 12월 15일에 나폴레옹 2세의 유해를 아버지 옆으로 옮기라고 명령한 것이다. 이때 유해 일부가 앵발리드 돔의 나폴레옹 가족 묘지로 이장했는데, 곧 제2차 세계대전이 격화되면서 중단했다. 이장 작업은 1969년이나 되어야 최종 마무리할 수 있었다. 하지만 오스트리아의 관습에 따라 나폴레옹 2세의 심장과 창자는 빈에 남았다.

어쨌든 나폴레옹 2세가 아버지 옆에 묻히게 되면서 앵발리드 돔이 나폴레옹 가문의 묘지인 동시에 국립묘지가 되는 작업에 화룡점정 격의 마무리를 지을 수 있었다. 더욱이 1852~1870년의 제2제국을 이끈 나폴레옹 3세가 나폴레옹 1세의 조카였음에도 자신의 황제명을 '나폴레옹 3세'로 할 수 있었던 것 역시 이처럼 중간에 나폴레옹 2세가 있었기에 가능한 것이었다. 많은 사람이 나폴레옹 2세는 원래부터 없었고, 나폴레옹 3세가 1세의 친아들이 아닌 조카인 데다 1세와의 시차가 있다는 등의 이유 때문에 '2세'를 건너뛰고 '3세'라는 칭호를 붙인 것이라고 오해하는데, 이처럼 그 중간에 엄연히 제1제국 2대 황제로서의 나폴레옹 2세가 존재한 것이다. 이로써 나폴레옹 가문은 '1세-2세-3세'로 숫자가 끊어지지 않고 이어지면서 명실공히 19세기를 이끈 가문으로 등극할 수 있게 되었다. 왕조나 황조에서는 가문의 연속성이 중요하기 때문이다.

앵발리드 돔의 국립묘지화는 보훈병원 전체로 확장했다. 1777년에 군사 박물관으로 개장했다가 프랑스대혁명 때 폐쇄한 상태로 남아 있었는데 나폴레옹 1세의 유지를 받들어 19세기 후반에 박물관 기능을 복원했으며, 다시 19세기 후반부터 20세기에 걸쳐 여러 번 소장품을 보강하고 전시 공간을 확장했다. 1871년에는 생토마스-다캥Saint-Thomas-d'Aquin 수도원의 회랑에 있던 대포 박물관Musée d'Artillerie을 이곳으로 옮겨왔고도 15-11 1896년에는 무기 박물관Musée historique de l'Armée 기능을 새로 추가했다. 1905년에 둘을 합해서 군사 박물관으로 변경되었고, 최종적으로 1960년에 자유헌장 박물관Musée de l'Ordre de la Libération과 1970년에 국제 문서보관소Bibliothèque de Documentaion Internationale Contemporaine가 각각 추가되면서 현재에 이른다.

15-11. 앵발리드 보훈병원 안마당에 안치된 대포

새로 지은 건물1

마들렌 교회, 국회의사당의 열주 정면에 화답한 또 다른 열주 정면

다음은 새로 지은 건물로, 먼저 마들렌 교회Église de la Madeleine다. 이 교회는 상당히 유구한 역사를 거치면서 명칭과 용도 등에서 여러 번의 반전이 있었다. 현재 건물은 1807~1841년에 지어졌는데 건축사에서는 보통 착공을 주도한 나폴레옹 1세 때의 건물로 분류한다. 처음 건물은 무려 13세기까지 거슬러 올라가서 생트마리마들렌 교회Église de Sainte-Marie-Madeleine가 최초로 지어졌다. 현재 자리와 같은 8구 마들렌 광장Place de la Madeleine인데, 당시는 도심에서 상당히 떨어진 외곽이었다. 이후 파리가 확장하면서 1722년에 이 일대가 파리로 편입되었으며 이어 루이 15세가 새 교회를 크게 지을 것을 명해서 1763년에 착공했다.

그러나 그리스 신전 형식의 정면만 지어놓은 상태에서 설계안에 대한 논쟁이 이어졌고, 공사가 진척되지 못한 상태에서 다시 1789년 프랑스대혁명이 터지자 공사는 완전히 중단되었다. 혁명 정부에서 도서관, 대중 무도장, 시장 등 여러 방향으로 용도 변경을 논의했지만 실행하지 못하다가 나폴레옹 1세가 들어오면서 자신의 군대인 '그랑 아르메의 영광을 기리기 위한 기념비적 신전Un Temple a la Gloire de la Grande Armée'(영어로 'A Temple to the Glory of the Grand Army')이라는 긴 이름의 건물로 결론 났다.

1806년에 피에르-알렉상드르 비뇽Pierre-Alexandre Vignon(1763~1828년)이 설계를 맡아 1807년에 착공했는데, 이때 이름은 '영광의 신전Temple de la Gloire'이었다. 로마 황제를 꿈꾸던 나폴레옹이 로마 신전을 본보기로 삼아 지어서 '신전temple'이라 부른 것이다. 건축 양식도 이에 맞춰 그리스 신전을 그대로 복사한 신고전주의 양식으로 지었다. 그러나 나폴레옹이 전쟁에 몰두하다가 실각하면서 공사는 왕정복고 정부의 루이 18세 몫으로 넘어갔다.

루이 18세는 1814년에 이 건물을 프랑스대혁명 때의 학살을 참회하고 단두대에서 처형된 루이 16세를 기리는 참회의 예배당Chapelle Expiatoire으로 짓자고 제안했다. 하지만 아직 절대왕정에 대한 용서가 충분히 이루어지지 않은 때여서 무산되었고, 최종적으로 원래의 13세기 교회를 이어받아 '생트마리마들렌Sainte-Marie-Madeleine'을 기리는 봉헌 교회로 결정되었다. 마리마들렌은 예수의 십자가 처형과 부활을 목격한 막달라 마리아라는 성경 속 여인이다. 이때까지도 '신전temple'이라는 명칭은 그대로 유지하면서 '마들렌 신전Temple de la Madeleine'이라 명명했다.

공사는 1828년에 비뇽이 사망하는 등 더디게 진행되면서 다시 7월 혁명 정부의 루이 필리프 1세에게까지 넘어갔다. 1837년에는 이 건물을 기차역으로 사용하자는 제안도 있었지만 받아들여지지 않았고, 1842년 생트마리마들렌 축일인 7월 24일에 드디어 최종 준공하면서 봉헌식을 거행했다. 이때 교회 기능에 맞춰 이름도 '마들렌 교회'로 확정되었다.

마들렌 교회는 19세기 신고전주의를 대표한다. 특히 사면을 기둥 열이 에워싸는 그리스 신전 형식의 외관이 중요했다.도 14-13, 15-12 기독교 건물을 그리스 신전 형식으로 지은 건데 여기에는 세 가지 배경이 있었다.

첫째, 1763년에 루이 15세가 짓기 시작하다 중단된 건물을 이어받은 것이다. 이때 코린트식 기둥 열만 세우다 중단했는데 이걸 허물지 않고 그대로 살려서 지었다.

둘째, 생쉴피스 교회Église Saint-Sulpice(일차 준공 1745년, 최종 준공 1780년)의 18세기 신고전주의를 이어받아 19세기 신고전주의로 연결하는 형식이었다. 생쉴피스는 파리에 최초로 그리스 신전의 열주 정면이 등장한 건물이었는데 아직은 정면 한 곳에 국한했다.도 4-7 마들렌 교회는 이걸 이어받아 건물 사면으로 확장하면서 19세기 신고전주의로 발전시킨 것이다.

15-12. 마들렌 교회의 열주 정면

셋째, 파리의 도시 맥락에서 보면 맞은편의 국회의사당에 화답하는 의미가 있었다. 국회의사당은 그리스 신전의 열주 정면을 갖추고 1810년에 먼저 준공되어 있었다. 그런데 그 자리가 마들렌 교회에서 콩코르드 광장을 거쳐 센강

을 건넌 위치였다. 비뇽은 부르봉 궁전을 개축해서 국회의사당으로 준공한 나폴레옹 1세의 뜻을 받들어 두 건물이 서로 열주 정면을 마주 보며 맞장구치는 구도로 마들렌 교회의 정면을 짠 것이다.도 15-13

이렇게 탄생한 마들렌 교회가 성삭 본보기로 삼은 긴 그리스 신전이 아닌 프랑스 남부 아를Arles 지방의 님Nîmes에 남아 있던 메종 카레Maison Carrée라는 로마 신전이었다. 대형 신전은 아니지만, 프랑스에 가장 완벽하게 보존된 로마 신전 가운데 하나라서 이런 사실만으로도 기념비다움의 본보기가 될 수 있었다.도 15-14 메종 카레는 또한 정면만 보면 열주 구성이어서 이것만 떼어내면 그리스 신전과 차이가 없다고 볼 수 있었다. 도시 내 위치도 앞에서 살펴본 '노드node'의 좋은 본보기였다. 일직선 도로를 직각으로 마주 보며 끝에 위치하면서 주변에 광장을 거느리고 있어서 노드의 표본이라 할 만했다. 이런 구도는 마들렌 교회에 그대로 적용되면서 동시에 건물, 광장, 도로 등의 모든 면에서 규모를 확장해 더욱 완벽한 노드를 형성했다.도 14-8, 15-15

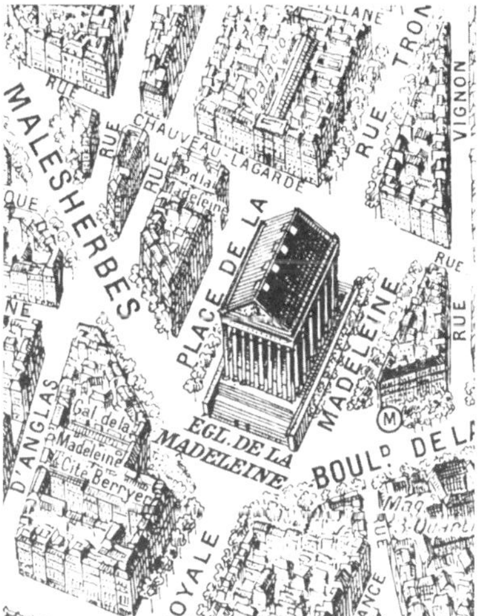

15-13. 국회의사당과 마들렌 교회 공중 전경. 왼쪽 위의 국회의사당과 오른쪽 위의 마들렌 교회가 센 강을 중간에 두고 서로 마주 보는 구도(위)

15-14. 아를Arles 지방 님Nîmes의 메종 카레Maison Carrée(가운데)

15-15. 마들렌 교회가 초점이 되어 도로가 갈라져 나가는 장면(아래)

새로 지은 건물 2
파리 개선문의 건축 배경과 파리의 도시 공간 속 위치

다음으로 나폴레옹 1세의 대표 건물인 파리 개선문이다. 년도로 보면 가장 뒤에 나와야 하지만 중요성을 기준으로 먼저 살펴보자. 실내 공간을 갖춘 정식 건물은 아니지만, 건설 배경, 규모, 상징적 의미, 파리 내에서의 위치 등 여러 면에서 파리를 대표하는 건물 가운데 하나인 만큼 관련 주제도 다양하다. 크게 '건축 배경-파리의 도시 공간 속 위치-역사적 배경-종합적 상징성-표면의 돋을새김 작품' 등 다섯 주제로 나누어볼 수 있다. 이 중 마지막 주제는 다음 기회에 '건축과 미술'이라는 또 다른 큰 주제를 다룰 때 소개하기로 하고 여기에서는 나머지 네 주제를 차례대로 살펴보자.

첫째, 건축 배경이다. 나폴레옹 1세가 마들렌 교회와 함께 자신의 군대인 그랑 아르메에게 헌정하기 위해 지은 건물이다. 로마 시대에 황제가 승전을 기념하거나 자신의 치적을 기록하기 위해서 짓던 개선문을 본보기로 삼았다. 착공은 1806년에 장 프랑수아 테레즈 샬그랭Jean François Thérèse Chalgrin(1739~1811년)의 설계로 일찍 시작했지만 정작 나폴레옹 본인은 완성을 보지 못한 채 눈을 감았고, 준공은 1836년이 되어서야 이루어졌다. 로마의 개선문 가운데에서도 카이사르 옥타비아누스 개선문Triumphal Arch of Caesar Octavian Augustus(아우구스투스 개선문Arch of Augustus)을 본보기로 삼았다. 보통 콘스탄티누스 개선문Arch of Constantine을 본보기로 삼았다고 알려진 것과 차이가 있는 대목이다. 하지만 현재 카이사르 옥타비아누스 개선문이 사라지고 없어서 로마 개선문과의 비교는 보통 현재 남아 있는 콘스탄티누스 개선문과 함께 이루어진다.

로마 개선문을 본보기로 삼았지만 크기, 비례, 아치의 개수 등에서 차이가 있었다. 콘스탄티누스 개선문은 폭 25.9m, 높이 21m, 두께 7.4m이고 파리 개선문은 폭 45m, 높이 50m, 두께 22m다. 폭과 높이는 각 두 배 정도 컸고 두께는 세 배에 달했다. 전체 크기는 이 배수를 모두 곱한 12배가량 컸다. 비례도 콘스탄티누스 개선문은 아치가 세 개여서 약간 옆으로 넓적한데, 파리 개선문은 아치가 하나여서 정사각형을 조금 벗어난 수직 비례다. 이런 차이를 종합해서 보면 전체적인 분위기도 상반된다. 콘스탄티누스 개선문은 친근하게 느껴지는 데에 반해 파리 개선문은 위풍당당한 모습으로 우뚝 서 있다.도 15-16

15-16. 에투알 광장Place de l'Étoile과 파리 개선문. 19세기 작품

전술했듯이 파리 개선문 건설 당시의 정식 이름은 '승리의 아치Arc de Triomphe'였다. 파리에 있다는 걸 강조하기 위해 '파리 개선문'이라는 이름을 가장 많이 사용한다. 혹은 이곳의 장소 이름을 나폴레옹 당시부터 '별의 광장Place de l'Étoile'이라 불렀고 줄여서 '에투알'이라 했던 데서 '에투알 개선문'이라고도 불렀으며, 이 이름은 현재도 '파리 개선문'과 함께 쓰인다. 차이도 있다. '파리 개선문'은 '파리'라는 도시명이 들어간 데에서 알 수 있듯이 주로 건축사나 관광 등 외부에서 객관적으로 사용하는 이름이다. 반면 '에투알 개선문'은 오히려 현지 파리지앵들이 더 많이 사용하는 이름이며 아예 더 줄여서 '에투알'이라고도 한다. 이는 나폴레옹 때의 이름을 존중하는 뜻도 있지만, 그보다는 줄임 목적이 더 커 보인다.

이후 파리 지하철 1호선, 2호선, 6호선이 교차하는 큰 지하철역이 들어섰는데 그 이름을 개선문과는 전혀 상관이 없어 보이는 '샤를 드 골Charles de Gaulle'이 들어간 '샤를 드 골 에투알Charles de Gaulle Étoile'로 붙였다. '에투알'은 프랑스어로 '별'이라는 일반명사이기도 한데, 나폴레옹 1세 때부터 있던 이름 이외에 오스망 재개발 이후 개선문을 초점으로 삼아 12개 거리가 뻗어나가면서 그 모양이 별과 같아진 데에도 비유할 수 있다. 이어 샤를 드 골(1890~1970년)은 알려진 바와 같이 제2차 세계대전의 영웅이자 프랑스 제18대 대통령의 이름이다. 드 골 장군은 노르망디 상륙작전이 성공한 뒤 이 개선문을 통과해 파리에 입성하면서 프랑스를 독일 점령에서 해방했다.도 15-17 이는 프랑스 현대사, 나아가 프랑스 역사 전체를

15-17. 1944년 8월 25일 파리 개선문을 지나 샹젤리제가를 따라 입성하는 샤를 드 골Charles de Gaulle 장군 일행(왼쪽)

15-18. 파리 개선문을 초점으로 삼은 12개 거리 공중 전경(오른쪽)

통틀어 가장 극적인 장면 가운데 하나여서 이를 기념해 샤를 드 골의 이름을 붙인 것이며, 이에 맞춰 광장 이름도 '샤를 드 골 광장Place Charles de Gaulle'으로 바뀌었다.

둘째, 파리의 도시 공간 속 위치다. 지리적 위치는 파리의 서북쪽 언덕인 샤요 언덕Colline de Chaillot에 있다. 방사형 도로의 최고봉답게 무엇보다도 12개 거리가 회전교차로를 이루면서 아마도 이 부문에서 세계 기록을 갖고 있을 것이다.도 15-18 그러나 나폴레옹 1세가 처음 건설할 때는 많이 못 미쳤다. 주변에 잡목과 건물이 남아 있어서 정확한 거리의 숫자를 정하기가 모호했는데, 최대한 육거리까지 볼 수 있었다. 이런 상황은 1850년대 초까지 이어졌다.도 14-5 이어 오스망 재개발 때에 건축가 히토르프의 제안으로 이 일대의 확장 정비 사업을 단행했다. 우선 주변의 잡목과 일부 건물을 정리해서 개선문을 초점으로 삼는 지름 320m짜리 원형 광장을 만들었다. 이어 여러 대로를 새로 닦아서 12개 거리가 뻗어 나오는 회전교차로를 완성했다.

파리의 행정구를 기준으로 보면 '8구-16구-17구'의 세 구區(아롱디스망arrondissement)에 걸쳐 있는데, 보통은 8구에 속하는 걸로 본다. 파리 전체에서 보면 서북 중심축에 위치하면서 도심과 외곽을 가르는 경계를 이룬다. 개선문을 출발점으로 삼아 도심 쪽으로는 '샹젤리제가-콩코르드 광장-튈르리 정원-루브르 박물관'으로 이어지는 중심축이 뻗어나간다.

반대 방향으로 그랑 아르메가Avenue de la Grande Armée와 샤를 드 골가Avenue Charles de Gaulle로 이어지는 일직선 대로가 교외 신도시인 라데팡스La Défense까지 이어지며 외곽 축을 이룬다.도 15-19

15-19. 파리 개선문을 중심으로 동쪽으로는 루브르 박물관(중간 아래)으로, 서쪽으로는 라데팡스(중간 위)로 이어지는 일직선 대로. 파리의 서북 지역 중심축이다.

이런 기능은 파리 전체의 관문을 정하는 문제와 연관되어 있다. 이는 거대 권력자가 자신의 권력을 프랑스의 영광 및 수도의 도시건축과 연계해서 정하는 주제이기도 했다. 예를 들어 백 수십 년 전에 루이 14세는 파리의 관문을 동서 양쪽 모두로 잡았다. 동쪽에는 생드니 개선문Porte Saint-Denis과 트론 개선문Barrièree du Trône의 두 개선문을 세웠다. 반면 서쪽에는 개선문을 세우지는 않았지만 샹젤리제Champs-Élysées 지역에 '쿠르cour', 즉 '가로수 산책로promenade' 혹은 '나무 심은 불르바르planted boulevard'를 여러 개 닦아서 지금의 샹젤리제 회전교차로Rond-Point des Champs-Élysées를 중심으로 이미 오거리를 건설했다. 이로써 파리 서북 지역에 튈르리궁을 도심 왕궁 단지의 정문으로 삼아 샹젤리제를 향한 중심축의 기초가 닦였다.

나폴레옹 1세는 이 가운데 서북 지역의 샹젤리제 축을 이어받아 완성하면서 그 끝 지점에 파리 개선문을 세운 것이다. 산업혁명이 시작하면서 동쪽의 생탕투안 포부르Faubourg Saint-Antoine와 트론 광장Place du Trône 일대에 이미 공장이 들어서 있던 점도 중요한 고려사항이었다. 공장 지역을 파리의 관문으로 개발하고 개선문을 세우기에는 적합하지 않았기 때문이다. 반면 서북 지역은 마레Marais 지구와 생루이섬Île de Saint Louis을 중심으로 상류층 및 권력층의 고급 저택(오텔hôtel)과 시장 등이 집중되어 있었다. 나폴레옹 1세는 이를 관통하는 중심축을 건설하면서 그 관문으로 개선문을 세운 것이다.

새로 지은 건물 3
파리 개선문의 역사적 배경과 종합적 상징성

셋째, 역사적 배경이다. 파리의 대표적 관문답게 개선문에는 1836년 완공 이후 프랑스 현대사의 주요 사건들이 기록되었다. 대표적인 것들만 정리해보자. 가장 먼저 1840년 12월 5일 나폴레옹의 유골이 돌아왔을 때 40만의 파리 시민이 이곳에 운집해서 그의 관이 행진하는 것을 보며 애도했다.도 15-7 1848년에는 2월 혁명이 성공하고 4월 선거에서 공화파가 승리하며 제2공화국이 설립된 걸 기념해 4월 20일 개선문을 배경으로 삼은 기념 행사가 거행되었다.도 15-20 나폴레옹 3세가 1851년 12월 2일 쿠데타로 집권한 뒤로는 나폴레옹 1세의 생일인 8월 15일마다 개선문 꼭대기에 불을 피우고 나폴레옹 1세의 이름과 왕관을 장식했다. 1871년 파리 코뮌 때에는 이곳에서 전투가 벌어져 코뮌 지지자들이 이곳을 점령하고 감시탑으로 사용했다. 1885년 5월 22일에는 대문호 빅토르 위고Victor Hugo(1802~1885년)의 장례 행렬이 이곳을 지났다.

20세기 전반부에는 두 번의 세계대전과 관련한 기록이 중요하다. 1919년 7월 13일 제1차 세계대전의 희생자 150만 명을 애도하는 추모식이 거행되었다. 1920년 11월 20일에는 제1차 세계대전에서 전사한 무명용사의 무덤Tombe du Soldat Inconnu 일부를 이곳으로 옮겨와 저녁마다 불을 밝혔다.도 15-21 제2차 세계대전 때 파리를 탈환한 뒤에는 1944년 8월 25일 드 골이 이끄는 자랑스러운 개선 행렬이 개선문을 통과해서 파리로 입성했다. 정작 개선문을 세운 나폴레옹 1세 자신은 문을 통과하는 행사를 치르지 못했지만, 백 수십 년 후에 열매를 맺어 그 영광이 현대 프랑스의 영웅 드 골의

15-20. <1848년 4월 20일 에투알 개선문 앞의 형제애 결의 행사La Fête de la Fraternité à l'Arc de Triomphe de l'Étoile, le 20 Avril 1848>. 장-자크 샹팽Jean-Jacques Champin(1796~1860년)의 작품

15-21. 1920년 11월 11일 파리 개선문 앞에서 개최한 무명용사 추모 조명 쇼. 알베르 아를랭그 Albert Harlingue (1879~1964년)의 사진이다. (왼쪽)

15-22. 파리 개선문을 행진하는 프로이센 군대를 그린 작품(오른쪽)

몫이 된 것이다.

파리 개선문에는 치욕스러운 역사도 함께 기록되어 있다. 1814년 반불동맹이 나폴레옹 군대를 물리치고 파리에 입성했는데, 이때 프로이센 군대가 개선문 옆을 의기양양하게 행진하는 그림이 당시의 분위기를 잘 보여준다.도 15-22 시간이 흘러 제2차 세계대전 때 독일군이 파리를 점령했을 당시, 이들이 트럭에 나눠 타고 경적을 울리면서 개선문을 빙빙 도는 사진도 같은 맥락에 속한다.

넷째, 종합적 상징성이다. 앞의 셋을 합하면 파리 시민과 프랑스 국민, 나아가 외국인 모두 개선문을 파리와 프랑스를 상징하는 심장으로 본다고 할 수 있다. 물론 파리에는 이외에도 유명한 건물이 여럿이다. 그런데 이런 주요 건물들은 각자의 상징성과 역할이 있다. 예를 들어 노트르담대성당은 중세의 역사성을, 앵발리드 보훈병원은 루이 14세의 권력과 국가의 공적 책임을, 에펠탑은 19세기 산업혁명을 각각 상징한다. 파리 개선문은 나폴레옹 1세의 영광과 프랑스의 애국심을 상징한다. 건설 목적부터가 프랑스 제국의 상징으로서 그 영광을 드러내기 위해서였다. 에투알 광장과 12개 거리와 샹젤리제의 중심축 등 도시 구조 측면을 함께 보면 앞 경쟁자들을 물리치고 파리에서 가장 중요한 건물이라 할 수 있다.

이런 목적은 이름에서도 알 수 있다. 사실 로마 시대 개선문의 정식 명칭은 '아치arc'였지 아직 '개선문'은 아니었다. 아치는 건축 형식과 모습을 딴 명칭이고 개선문은 정치적 의미가 들어간 기능에 따른 명칭인데 로마 시대에는 전자를 사용했다. 이걸 '개선문'으로 바꾼 게 나폴레옹 1세였다. 도시 성문을 여럿 세웠던 루이 14세까지도 '성문'이라는 뜻의 'porte'를 썼지 아직 '개선'이라는 말은 넣지 않았다. 이후 '개선'이라는 말이 로마 황제는 물론이고 나폴레옹 황제의 치적에 잘 맞는다는 판단 아래 이런 아치 형식의 도시 문을 통칭해서 '개선문'이라고 부르게 된 것이다. 이에 따라 루이 14세가 세운 성문은 물론 로마 시대의 아치에까지 소급해서 모두 '개선문'으로 부른다.

새로 지은 건물 4
방돔 기둥과 카루젤 개선문

다음은 카루젤 개선문Arc de Triomphe du Carrousel(줄여서 'Arc du Carrousel', 1806~1808년)이다. 페르시에-퐁텐 파트너의 작품으로 나폴레옹 1세가 세운 두 개의 개선문 가운데 하나였다. 이 건물은 대중적 인지도와 파리에서 차지하는 중요성 등의 기준에서 묘한 양면성이 있다.

우선 파리에 관심이 있는 사람 중에도 생각 외로 이 건물의 존재를 모르는 사람들이 많다. 특히 대중적 관심이 같은 '개선문'인 파리 개선문으로 집중하면서 그 명성에 가려서 더욱 그렇다. 규모, 위치, 설립 목적, 도시 속에서의 무게감, 대중적 인지도 등 구체적인 기준에서도 여러 면에서 파리 개선문에 미치지 못한다. 기능 또한 루브르궁과 튈르리궁을 하나로 잇는 왕궁 내의 중간 문으로 지어져서 처음부터 파리 전체의 도시 공간과 시민을 위한 문이 아니었다.

크기마저 아담한 데다 분홍색 장미 대리석의 색감, 섬세한 장식, 수평 비례 등이 합해지면서 친근하고 부드러운 느낌이 강하다.도 15 23 이는 과시적이면서 수직 비례인 파리 개선문과 반대되는 특징이다. 실제로 크기

15-23. 카루젤 개선문Arc de Triomphe du Carrousel(왼쪽)

15-24. 1662년 루브르궁 앞 튈르리 정원에서 개최한 마상시합carrousel 장면. 17세기 앙리 드 기시Henri de Gissey(1621~1673년)의 작품(오른쪽)

를 보면 '높이 19m-폭 23m-두께 7.3m'여서 파리 개선문의 '높이 50m-폭 45m-두께 22m'와 비교했을 때 1차원상의 각 치수는 1/2~1/3에 불과하다. 3차원인 건물 전체의 크기는 이런 1차원 수치의 세제곱을 해야 해서 파리 개선문의 1/8~1/27까지 줄어든다.

반면 나름대로 중요한 건물이다. 무엇보다 파리 개선문보다 먼저 지어졌으며 명칭에서 보듯이 엄연한 또 하나의 '개선문'이었다. 정치적 목적도 강해서 나폴레옹은 자신의 근거지를 튈르리궁에 한정했지만, 이 문을 통해 루브르궁까지 접수하고 싶어 하는 욕망을 표현했다. 파리 개선문이 12거리의 방사형 도로를 끼고 외곽으로의 확장을 상징한다면 카루젤 개선문은 파리의 왕궁단지 가운데에 들어서면서 두 왕궁을 접수하는 상징성을 가졌다. 본보기가 된 로마의 선례에서도 파리 개선문과 비교가 된다.

위치부터 1구의 중심부인 쿠르 뒤 카루젤Cour du Carrousel이라는 곳으로, 파리의 심장부였다. '카루젤'은 '마술馬術, 기마 곡예, 마상시합' 등을 뜻하며, 쿠르 뒤 카루젤은 이런 마술 군사훈련을 하는 장소였다. 구체적으로는 루브르궁을 지키는 근위대의 훈련 장소였다. '쿠르 뒤 카루젤'이라는 장소 명칭 자체는 1662년에 루이 14세가 이곳에서 마술 훈련을 관상하며 붙인 것이다.도 15-24 루이 14세는 파리 여러 곳에 쿠르라는 대로를 닦았고

15-25. 방돔 광장과 나폴레옹 승전기둥

이것을 자신의 중요한 업적으로 중요하게 생각했는데, 이에 따라 이곳에도 그 이름을 붙인 것이다.

그러나 나폴레옹 1세가 카루젤 개선문을 계획할 때만 해도 쿠르 뒤 카루젤 전체에는 아직 부분적으로 좁은 골목과 주택 등이 남아 있었다. 나폴레옹 1세는 카루젤 개선문의 존재를 드러내기 위해 남아 있던 부분을 철거했다. 이후 완전한 철거는 나폴레옹 3세가 마무리했다. 나폴레옹 1세는 불완전하지만 카루젤 개선문 주변에 적절한 공지를 확보하는 선까지 진행했다. 이를 통해 튈르리궁과의 연결을 마무리하고 리볼리가Rue de Rivoli와의 연계성을 확보하는 추가 이득이 있었다. 이후 튈르리궁이 1871년 파리 코뮌 때 불타고 1883년에 완전히 철거되었는데, 이때 카루젤 개선문은 살아남아 쿠르 뒤 카루젤의 중심 건물이 되었고 주변의 공간은 카루젤 광장Place du Carrousel이 되었다. 이는 왕궁단지의 동쪽에 해당하며, 서쪽은 콩코르드 광장이 되었다.

다음은 방돔 기둥Colonne Vendôme이다. 이는 루이 14세 때인 1699년에 건설한 방돔 광장Place Vendôme(당시는 '루이-르그랑 광장Place Louis-le-Grand')의 중앙 초점 자리에 1806~1810년에 세운 높이 44m의 청동 기둥이다.도 14-3, 14-6, 14-9, 15-25 이 역시 로마제국의 또 다른 선례를 따랐는데 바로 '트라야누스의 승전기둥Triumphal Column of Trajanus'이었다. 트라야누스 황제가 로마 시내 한복판에 거대한 기둥을 세우고 그 표면에 자신의 승전 기록을 돋을새김으로 새긴 기념비다.

나폴레옹은 로마의 승전기둥을 본떠서 오스테를리츠 전투Bataille d'Austerlitz(1805년)의 승전 내용을 표면에 새긴 방돔 기둥을 세웠다. 적국이었던 러시아와 오스트리아에서 쟁취한 청동 대포 1,200문을 녹여서 나온 재료가 사용되었다. 기둥 표면은 트라야누스의 승전기둥과 마찬가지로 자신의 자랑스러운 승전 내용을 돋을새김으로 가득 채웠다. 그러나 1871년 파리 코뮌 때 철거되었고, 이후 1873~1875년에 다시 세워졌다. 이 과정에서 '오스테를리츠 기둥Colonne d'Austerlitz', '승리의 기둥Colonne de la Victoire', '그랑 아르메 기둥Colonne de la Grande Armèe' 등의 여러 다른 이름이 붙었으나 지금은 '방돔 기둥'으로 통일해서 부른다.

이처럼 이 기둥은 정식 건물이 아닌 하나의 기념비였지만 나폴레옹 1세의 제국적 권력욕, 전쟁 패권주의, 애국주의 등을 잘 보여주는 좋은 사례다. 중간에 우여곡절도 있었다. 1871년 파리 코뮌 사태 때 혁명 세력에 의해 철거된 것이다.도 15-26 이후 제3공화국이 들어선 뒤 과거의 영광을 되살리는 의미에서 1873~1875년에 다시 세워 현재에 이른다.

15-26. 1871년 파리 코뮌 사태 때 방돔 광장의 나폴레옹 승전기둥을 해체하는 장면을 그린 작품

16장 왕정복고 정부(1814~1830년)와 7월 혁명 정부(1830~1848년)의 파리 도시건축

왕정복고 정부의 정치 상황
입헌군주제로 진일보했으나 7월 혁명으로 끝나다

나폴레옹이 처음 실각한 1814년부터 1848년까지의 34년은 중간의 1830년을 기점으로 앞의 왕정복고 정부와 뒤의 7월 혁명 정부로 나누어진다. 두 시기는 탄생 배경도, 이름도 크게 달랐지만 정부 정책과 역사 진행 내용 등은 하나로 묶어서 볼 만큼 연속성과 공통점이 많았다. 둘을 합한 이 시기는 정치 상황이 복잡하게 진행했는데, 그 내용이 파리의 도시건축과 연관성이 크니 잠시 요약하고 넘어가자.

먼저 왕정복고 정부다. 1814년에 나폴레옹이 실각하자 영국, 프로이센, 오스트리아, 러시아 등이 모여 빈 회의Congress of Vienna를 개최했다. 이 회의에서는 주로 영토 분할에 대해 합의했다. 프랑스에서는 부르봉 왕조가 돌아오면서 왕정복고 정부가 시작했다. 프랑스어로는 '정부'라는 말을 뺀 'Restauration(왕정복고)'이라는 단어 하나만 사용하며 이외에도 '프랑스 왕국Royaume de France'이나 '부르봉 왕정복고'라고도 하는데, 여기에서는 '왕정복고 정부'라는 명칭을 사용하겠다. 왕정복고는 이 해 5월 2일에 루이 16세의 동생인 프로방스 백작Comtes de Provence이 루이 18세로 즉위하면

서 시작했다.도 16-1

16-1. 왕정복고를 맞아 1814년 3월 3일 루이 18세가 파리로 귀환하는 장면을 그린 작품. 노트르담 광장을 지나고 있다.

초반인 1815년에는 나폴레옹이 엘바섬을 탈출해 재기를 꾀하자 프랑스 내부에서 '혹시' 하며 정치적 상황을 관망하는 분위기도 형성되는가 싶었지만, 이것도 잠시였을 뿐 나폴레옹 1세가 워털루 전투에서 최종적으로 패배하며 이른바 '100일 천하'로 막을 내렸다. 나폴레옹이 세인트엘레나Saint Helena에 유폐되면서 제1제정은 완전히 종료했다. 이로써 왕정복고 정부는 1814년 5월 2일의 출범 날짜가 공식 성립일이 되었다. 이는 곧 제1제정의 공식 종료일이기도 하다는 뜻이다.

이렇게 출발한 왕정복고 정부는 루이 18세Louis XVIII(재위 1814~1824년)와 샤를 10세Charles X(재위 1824~1830년)의 두 왕이 통치했다. 먼저 루이 18세가 즉위하자마자 귀족들은 곧바로 왕당파를 형성해서 복고 정책을 폈다. '왕정복고'라는 말은 여기에서 온 것일 테지만 이미 프랑스대혁명을 한 번 겪은 뒤라 그 이전의 전제 시대 왕정과는 많이 달라졌다. 내용상으로는 불완전한 면이 많았지만, 최소한 외면상으로는 입헌군주제Constitutional Monarchy 체제로 진일보한 변화가 있었다.

구체적으로 보면 양원제 의회와 근대적 정부 형태의 내각이 구성되었고 언론과 사상의 자유, 신앙의 자유, 사유재산의 불가침 등을 규정하는 '1814년 헌장1814 Charter'도 공포했다. 폐지되었던 신분제도와 특권은 거의 복구되지 못했고 기독교 권력도 과거의 권력과 영광을 되찾지 못했다. 이미 몰수되거나 매각된 국유재산(왕실 재산과 가톨릭 재산) 혹은 귀족 재산 등도 되찾지 못하고 프랑스대혁명 때 이를 취득한 부르주아나 부유한 농민 계층의 소유로 굳어졌다. 루이 18세는 왕의 권력이 하늘에서 온다는 뜻의 신권神權 · droit divine, 즉 왕권신수설을 복권했지만 이렇게 바뀐 시대 분위기 아래에서 그 힘은 제한적일 수밖에 없었다.

16-2. 1830년 7월 혁명 때 루브르 박물관 모습. 알렉상드르 바루예Alexandre Barouillet의 작품

이어 부르봉 왕조 전체의 역사에서 마지막 왕이 된 샤를 10세가 뒤를 이었다. 그는 골수 왕당파이자 신권 신봉자여서 입헌군주제를 거부하고 전제 시대의 왕권으로 회귀하려 했다. 이를 위해 언론을 탄압하고 선거법을 개정했다. 하지만 이미 시대는 많이 앞서 나가 있었고 샤를 10세의 이런 정책은 시대에 뒤떨어진 무리수였다. 1825년 대공황이 겹치면서 사회 전반은 무기력해졌고 과거 회귀 시도에 대한 반작용으로 의회에서 자유주의자와 좌익의 세력이 확장했다. 샤를 10세의 과거 회귀 정책은 1830년에 극에 달해 이 해는 결국 왕 자신은 물론 부르봉 왕조 전체의 마지막 해가 되었다. 선거권의 소유 대상을 토지세 납세자로 제한하려 했으며 5월에는 급기야 의회까지 해산했다. 이어 '샤를의 7월 칙령'이라는 것을 통해 친위 쿠데타까지 시도했으나 오히려 시민을 자극해서 7월 29일에 시민혁명이 발발함에 따라 샤를 10세는 실각했다.도 6-13, 12-11, 16-2

7월 혁명 정부의 정치 상황

숨 가쁜 정치 일정과 제2공화국의 탄생

이른바 '7월 혁명'에 의한 새로운 정부, 즉 말 그대로 '7월 혁명 정부'가 들어섰다. 그러나 정체는 여전히 왕정이었다. 부르봉 왕조가 붕괴하고 없었던 탓에 도를레앙 공작Duc d'Orléans을 루이 필리프 1세Louis Philippe I(재위 1830~1848년)라는 왕명으로 옹립했다.도 16-3 이 때문에 7월 혁명 정부는 보통 프랑스어로는 '7월 왕정'이라는 뜻의 'Monarchie Juillet'(영어로 '줄라이 모나키July Monarchy')라고 부르며 혹은 '도를레앙 왕정Monarchie d'Orléans'이라고도 부른다. 여기에서는 '7월 혁명 정부'라고 하겠다.

루이 필리프 1세는 왕정을 유지하되 샤를 10세의 무리한 정책을 수습하

려는 취지에서 다시 입헌군주제를 선택했다. 그는 1848년 2월 23일 발발한 2월 혁명(혹은 48년 혁명)으로 타도될 때까지 18년이란 짧지 않은 기간을 잘 버틴 편이었다. 이 기간 프랑스의 공식 국명은 '프랑스 국민의 왕국Royaume des Français'이었다. 앞 왕정복고 정부의 '프랑스 왕국'에 '국민'이라는 단어를 하나 더 넣은 명칭이었다.

16-3. 7월 혁명 성공 후 1830년 7월 31일 파리 시청사에서 충성 서약을 받는 루이 필리프 1세Louis Philippe I

19세기가 자잘한 혁명이 이어지는 급박한 세기였던 점을 고려하면 18년 통치는 상당히 긴 기간인데 이는 루이 필리프 1세가 일정한 개혁 정책을 폈기 때문에 가능했다. 일단 '1814년 헌장'을 개정·보강해서 시민들의 자유권을 강화하는 방향으로 다시 진일보했다. 1833~1837년에는 초등학교를 설립해서 보편교육을 실행했고 1841년에는 소년공 보호법을 제정해서 미성년자의 노동권을 인정했다. 왕의 공식 명칭도 국명이 그랬던 것처럼 기존 '프랑스의 왕King of France'에 '국민'을 넣어 '프랑스 국민의 왕King of the French'으로 정했다. 이는 왕 스스로 왕권의 절대권력 개념을 희석한 것이었다.

그러나 19세기의 주된 흐름인 '제국'이라는 시대 상황을 넘지는 못했다. 개혁 정책과 별개로 왕권에 기초한 보수 기조는 아직 굳건했다. 그 반대편에서 시대 흐름을 타고 개혁 운동도 날이 갈수록 거세져 가며 국내 상황은 혼란의 연속이었다. '1832년 부르봉 왕당 음모 사건(플로베르 사건)-1833~1837년 트란스노냉가의 학살Le Massacre de la rue Transnonain-1834년 노동자 폭동-1836년 루이 나폴레옹Louis Napoléon(나중의 나폴레옹 3세Napoléon III)의 쿠데타 실패-1840년 공화파 반란-1842년 의회 해산-1842년 사회주의 사상 확산' 등 굵직한 정치적 사건들이 숨가쁘게 이어졌다.

1845년에는 유럽 전역에 병충해가 심각했고, 프랑스에도 그 여파로 1846년부터 경제 불황이 닥쳤다. 1847년에 물가가 폭등하면서 경제위기가 시작했고 좌파 연합은 '개혁 연회Campagne des banquets'(영어로 '뱅킷 캠페인Banquet Campaign')를 이끌며 1848년 2월 혁명을 성공시켰다. 루이 필리프 1세가 실각했고 같은 해 12월에 루이 나폴레옹이 대통령(재위 1848~1852년)에 취임하면서 제2공화국이 출범했다.

1814~1848년의 파리 도시 개괄
혼란기 때 도시 인프라를 개선하다

이상이 왕정복고 정부와 7월 혁명 정부 때의 정치와 사회의 흐름이다. 이어서 이 내용을 파리의 도시건축과 연계해서 살펴보자. 이 시기는 19세기 전반부 50년에서 파리 도시건축의 실질적 개발을 담당해야 할 중심 기간이었다. 무엇보다 34년이나 차지하는 데다 앞 시기인 제1제국 때에는 앞에서 본대로 대형 전쟁이 잦아 파리 개발에 온전히 몰입하지 못했기 때문이다. 개발의 결과는 제1제국 때와 마찬가지로 양면적이었다. 안정되지 못한 격변기 속에서도 일정한 개발을 이뤄낸 걸로 볼 수도 있고, 한편으로 34년이라는 긴 시간과 산업혁명이 시작된 시대 상황 등을 고려하면 부족한 걸로 볼 수도 있다.

충분한 발전을 이룰 수 없었던 데에는 어쩔 수 없는 파리의 도시 공간이나 도시 구조 상황도 한몫했다. 도심은 아직 중세의 좁은 면적을 유지하는 가운데 인구는 1814년 70만에서 1848년 100만으로 폭증했다. 파리는 과밀의 도시가 되어 땅값은 치솟았고 주거 환경이 날로 열악해져갔다. 유럽의 오래된 도시들이 산업혁명기에 돌입하면서 공통으로 직면하게 되는 어려움을 파리도 피해 갈 수 없었다. 앞에서 본 바와 같이 파리 역시 1820년경부터 산업혁명이 시작했다. 영국보다는 60년가량 늦었지만, 유럽 대륙에서는 주요 경쟁국들을 제치고 가장 빨리 시작했다. 파리 외곽에는 공장이 들어섰고 노동자를 비롯하여 부르주아, 지식인, 외국인 등 다양한 계층의 사람들이 유입하면서 인구가 폭증했다. 파리는 과밀에 따라 여러 도시 문제가 쌓였고 이런 한계는 1852년 오스망 재개발을 난행하게 된 결정적 배경이 되었다.

이상의 배경 아래 1814~1848년 파리의 도시건축은 제1제국과 마찬가지로 도시가 건축보다 더 활성화하며 건축을 이끌었다. 도시개발은 어려운 여건 속에서도 왕정복고 정부와 7월 혁명 정부 양 시기에 걸쳐 일정한 업적을 남겼다. 건축에서는 대작은 나오지 않은 가운데 19세기를 대표하는 역사주의가 진척되면서 최소한의 건물은 남길 수 있었다. 한편 1830년대부터 개통하기 시작한 철도는 파리의 도시 발전에 결정적 전환점이 되었다. 1837년의 생라자르역부터 1849년의 리옹역까지 숨 가쁘게 건설된 여섯 개의 기차역은 파리의 건축까지도 바꿔놓았다. 이런 배경 아래 1814~1848년의 파리 도시건축을 '도시개발-철도와 기차역-건축 활동'의 순서대로 살펴보자.

먼저 도시개발이다. 이 내용은 두 정부를 하나로 묶은 전체 개괄부터 살펴보고 정부별로 자세히 살펴보자. 이 시기 파리 전체의 상황은 크게 두 가지 내용이 중요했다. 하나는 급격한 인구 증가에 맞춰 정부와 공공 주도의 공중 보건위생에서 중요한 발전을 이룬 점이다. 이 과정에서 이전에 없던 새로운 현상이 나타났는데 바로 과학자와 시장의 이름이 도시개발의 중심에 등장하게 되는 것이다. 알렉상드르 파랑-뒤샤틀레Alexandre Parent-Duchâtelet(1790~1836년)라는 의사 겸 물리학자가 대표적이었다. 그는 행정당국에 도시 위생개혁의 필요성을 끊임없이 일깨우고 중요한 신기술도 제안했다.

1832년 파리를 강타한 콜레라에 대한 대응이 좋은 사례였다. 그 원인이 도시의 열악한 상하수도와 쓰레기 처리 체계라는 걸 절실히 깨닫고 이를 개선하는 사업을 계획했다. 하지만 당시 파리는 재정과 기술 모두에서 아직 정화 시설의 설치, 깨끗한 상수원 확보, 하수도 건설 등과 같은 실질적인 대형 토목 사업을 본격적으로 시작할 형편이 되지 못했다. 이는 오스망 재개발의 몫으로 넘어갔다.

이런 가운데 의미 있는 시도를 단행해서 일정한 효과를 거둔 부분이 있는데 바로 상하수도 시설의 재료를 바꾼 것이다. 이전에는 작은 돌조각을 사용해서 때가 잘 끼고 청소도 힘들었는데 이걸 미끌미끌하고 청소도

쉬운 석재타일로 바꾼 것이다. 인분을 농촌으로 유출해서 비료로 사용하는 비율도 높였고 하수도 길이도 두 배 확충했다. 하지만 전체적으로 기존의 열악한 상태를 획기적으로 개선하는 데에는 역부족이었으며 인구 증가 속도까지 더하면 더 그랬다.

다른 하나는 중앙정부가 아닌 파리시장이 도시개발을 이끌었다는 점이다. 18세기 절대왕정까지도 물론 파리시장직은 있었지만, 이때까지 파리 개발은 주로 왕실이 주도했다. 수도라는 이유도 중요했지만, 아직 선출직에 대한 인식이 자리 잡기 전이어서 더 그랬다. 그러던 중 제1공화국을 거치면서 비록 불완전하긴 해도 공권력이 국민 투표로 정해짐에 따라 선출직이 국가 주요 정책을 주도하는 쪽으로 서서히 변화가 일어났다.

1814~1848년의 두 정부 때 파리는 이런 변화를 가장 먼저 받아들여서 가장 교과서적으로 실행한 선두 도시였다. 왕조와 제국이 붕괴했지만 그렇다고 아직 제대로 된 공화정이 들어서기 전의 과도기여서 파리시장이 담당해야 할 몫은 컸다. 마침 왕정복고 정부와 7월 혁명 정부 두 시기를 각 한 명씩의 시장이 전담하며 개발을 주도했다. 왕정복고 정부 때는 크리스토프 앙드레 장 드 샤브롤 드 크루졸, 7월 혁명 정부 때는 클로드-필리베르 바르텔로 드 랑뷔토가 각각 파리시장이었다.

왕정복고 정부의 파리 도시개발

샤브롤 시장과 외곽 카르티에의 개발

이상이 두 정부를 하나로 묶은 전체 시기의 파리 도시 상황이다. 이어 두 정부를 차례대로 자세히 살펴보자. 먼저 왕정복고 정부다. 이때에는 크리스토프 앙드레 장 드 샤브롤 드 크루졸Christophe André Jean de Chabrol de Crouzol(재임 1812~1830년)이 파리시장으로 도시개발을 이끌었다. 그는 나폴레옹 1세의 측근으로 활동한 정치가였으며 왕정복고 정부에서는 왕당파 소속으로 해군 장관을 역임했다. 파리시장은 일종의 겸직으로 볼 수 있는데, 어쨌든 그는 정치력을 갖춘 유능한 행정가이기도 했다. 그의 파리 도시행정은 크게 두 내용으로 요약할 수 있다.

하나는 나폴레옹 1세가 남긴 어려운 상황을 이어받은 상태에서 주로 법령 정비를 통해 향후 파리의 발전 방향을 정한 것이다. 샤브롤이 파리 시장에 취임한 1812년은 나폴레옹 1세가 모스크바 원정에 실패한 해였다. 다음 해인 1813년에는 아예 파리가 연합군에 포위를 당하기까지 했다. 이처럼 그의 시장직은 출발부터 순탄치 못했고 도시개발은 엄두도 못 낼 상황이었다. 그는 일단 나폴레옹의 제1제국에서 시작한 대형 도시개발 사업을 계속 이어나가는 일부터 시작했다. 이어 도시정책과 법령을 정비해서 앞날을 대비하는 기틀을 닦았다.

다른 하나는 구체적인 개발 사업으로 주로 외곽 중심으로 진행했다. 당시 파리는 도심을 개발하기에는 역부족인 상황이어서 외곽을 먼저 개발하기 시작했다. 파리에서 공장과 노동자 주거가 외곽에 들어선 점을 볼 때 이는 도심 개발 못지않게 중요한 발전이었다. 이를 기점으로 파리는 외곽으로 확장하기 시작했다. 물론 정부나 공공이 주도하는 체계적인 개발 사업은 아니었다. 당시 파리 교외에는 도심에 자리 잡지 못한 건축가, 은행가, 부동산 개발업자 등의 신흥 부자들이 합심한 느슨한 상업 연합체 같은 게 형성되어가고 있었다. 이들의 주요 사업은 부동산 개발이었는데, 개인이나 사기업 차원의 민간 개발이어서 정밀한 계획 없이 개별 필지 중심으로 진행했다.

샤브롤은 이런 지역에 공공개발을 접목해서 파리 외곽으로 확장을 이루었다. 대표적인 곳이 1822년에 부상한 라파예트 카르티에Quartier Lafayette다. 현재 10구의 생뱅상드폴가Rue Saint-Vincent-de-Paul를 중심으로 형성된 상업 지역인데 향후 오스망 재개발 때 백화점 밀집 지역으로 크게 성장하게 된다. 그 전인 1832~1844년에는 히토르프의 작품으로 생뱅상드폴 교회Église Saint-Vincent-de-Paul가 먼저 지어졌다. 비교적 큰 규모의 교회 하나가 들어섬으로써 이 일대는 단순한 상업 지역을 넘어 문화적 색채까지 띠게 되었다.

이를 시작으로 비슷한 방식의 개발 사업이 연달아 시행되었다. 불과 1년 뒤인 1823년에는 인접한 지역에 프랑수아 1세 카르티에Quartier

François I와 생조르주 카르티에Quartier Saint-Georges가 뒤이어 개발되었다. 현재 9구의 노트르담-드-로레트 교회Église Notre-Dame-de-Lorette를 에워싼 구역이다. 개발은 계속되어서 1825년에는 샹젤리제 근처에 보종 카르티에Quartier Beaujon를, 1826년에는 외롭 카르티에Quartier de l'Europe에 티볼리 정원Jardin de Tivoli을 각각 개발했다.

이렇게 새로 개발한 여러 카르티에의 성공 정도는 차이가 있었는데, 당시에는 대체로 생조르주 카르티에가 가장 성공적이라는 평이었다. 이어 19세기 말까지 시간을 늘려서 보면 라파예트 카르티에가 상업 지역으로 크게 번성한 경우로 볼 수 있다. 한편 파리의 '구區(아롱디스망 arrondissement)-카르티에' 체제는 1860년에 현재의 '20개 구-80개 카르티에'로 바뀌기 때문에 샤브롤 시장 때 개발한 이런 카르티에들은 현재 대부분 이름이 바뀌었다.

7월 혁명 정부의 파리 도시개발

랑뷔토 시장의 활약과 파리의 발전

7월 혁명 정부 동안은 클로드-필리베르 바르텔로 드 랑뷔토Claude-Philibert Barthelot de Rambuteau(재임 1833~1848년) 백작이 파리시장직을 맡았다. 그는 파리 도시건축 역사에서 매우 중요한, 아마도 가장 중요한 시장이었다. 이를 반영하듯 파리에는 그가 개발한 지역에 '랑뷔토가Rue Rambuteau'라는 길이 있고 파리 지하철 11호선(갈색)에는 그의 이름이 들어간 '랑뷔토역'도 있다. 이처럼 파리에서는 대중적으로도 널리 알려진 인물이다. 더욱이 랑뷔토역은 시테섬 북쪽의 시청역 다음 역이어서 파리시와 관련한 그의 업적을 상징적으로 보여준다.

랑뷔토 역시 제1제국 때부터 나폴레옹 1세의 측근으로 활동했다. 이때에는 센 지사를 역임했으며 왕정복고 정부 때에도 정치적 생명이 끊어지지 않고 파리시의원을 역임했다. 이어 7월 혁명이 성공하자 다시 센 지사로 복귀했다. 당시는 파리시장이라는 직책은 없었고 센 지사가 그 일을 담당했다. 이렇게 정치적 격변기에 파리시장을 두 번이나 역임한 건 아마도 그만큼 파리의 전반적인 발전 방향과 계획에 대한 전문적 식견과 인식을 갖춘 인물이 없었기 때문일 것이다. 7월 혁명 정부 초반에는 잠시 숨고르기를 한 뒤 1840년부터 주요 도시개발 사업을 실행해서 도시 인프라 건설에 상당한 업적을 남겼다. 특히 단순히 '훌륭한 계획'에만 머물지 않고 사업 진행에 필요한 자금도 직접 빌려오는 등 도시개발 사업의 본질을 정확히 꿰뚫고 있었다. 랑뷔토의 파리 개발 업적은 크게 세 가지로 정리할 수 있다.

첫째, 무엇보다 도로 건설에서 큰 업적을 남겼다. 임기 동안 무려 100개가 넘는 새 길을 건설했는데 다르콜가Rue d'Arcole, 콘스탕틴가Rue de Constantine, 랑뷔토가Rue Rambuteau 등이 대표적인 도로였다. 자신의 이름을 넣은 랑뷔토가는 파리 시내의 주요 상업 지역 두 곳인 레알Les Halles(중앙시장)과 마레Marais 지구를 연결하는 주요 간선도로로 개발해서 파리 발전에 중요한 역할을 했다. 이때 닦은 길들은 곧이어 벌어진 오스망 재개발의 출발점이 되기도 했다.

랑뷔토의 도로 건설은 가능한 한 철거 없이 도시개발을 해야 한다는 그의 화합 정신을 보여주는 점에서 특히 중요하다. 이 때문에 철거가 수반될 수밖에 없는 새 도로보다는 기존 도로를 넓히는 쪽을 선호했다. 대표적인 예로 바스티유 광장에서 콩코르드 광장에 이르는 불르바르를 평탄하게 고르고 넓힌 작업을 들 수 있다. 이 공사는 히토르프가 담당했다. 그러나 근대적 대도시에서 이 원칙만 고수하면 도시의 발전을 저해할 수도 있는데, 랑뷔토는 융통성을 발휘해서 상황에 따라 새 도로를 내는 게 기존 길의 확장보다 더 경제적이라고 판단하면 과감하게 시행하기도 했다. 이렇게 양방향으로 개발한 도로를 모두 모아 100개가 넘는 새 도로가 탄생한 것이다.

1845년에는 도로 건설과 연동된 사업으로 센강 부두 개발 공사도 마쳤다. 시테섬과 센강변 가운데 노트르담대성당 주변을 정비해서 개발한 '대주교의 부두Quai de l'Archevêché'가 대표적이다. 이때 '대주교의 다리Pont de l'Archevêché'를 함께 놓았으며 노트르담 주변도 '대주교의 정원Jardin de l'

Archevêché'으로 꾸몄다. 재임 마지막 해인 1848년에는 당시까지 건설된 도로들을 하나로 연결해서 교통 효율을 높이는 작업도 잊지 않았다.

둘째, 파리 전역에 도시 편의 시설urban amenities을 크게 확충했다. 하수도 증설, 도로 포장, 포도석 깔기, 가스등 설치, 수목, 벤치와 분수 설치 등 다양한 방향으로 시행해서 도시 공공성을 크게 높였다. 하수도는 총 길이가 50㎞까지 늘어났으며 15년 동안 2만 그루의 나무를 심었다. 분수는 1830년에 146개에서 퇴임하던 1848년에 2,000개 이상으로 늘어났다. 파리 시민들은 이런 시설을 통해 도시 생활에서의 편의성이라는 구체적인 혜택을 누리게 되었을 뿐만 아니라 여기에 더해 '도시 공공성'이라는 사회적 가치에 대한 인식을 갖추게 되었다.

이는 향후 19세기 중후반부에 이어 20~21세기의 긴 기간에 걸쳐 파리의 도시건축이 한층 성숙·발전하는 토대가 되었다. 이전의 도시 공공성이 왕실에서 발주하는 대형 기념건축물이나 귀족들의 주거 개발을 낀 대형 광장 등에 국한되었던 데 반해 이때부터 다수의 중산층 시민이 도시의 평범한 일상생활에서 자잘한 혜택을 구체적으로 받고 누리고 즐기는 쪽으로 진일보했다.

셋째, 제1제국 때 시작한 개발 사업도 이어받아 계속했다. 이 일은 일단 왕정복고 정부 때의 전임 시장이던 샤브롤이 먼저 시작했다. 하지만 그는 정부의 다른 요직도 함께 맡았던 데다 당시 프랑스나 파리의 상황 모두 대형 도시개발 사업에 집중할 여력이 없어서 한계가 있었다. 랑뷔토는 조금 안정된 상황에서 이를 이어받아 완성했다. 1836년에 준공한 파리 개선문과 1842년에 준공한 마들렌 교회가 대표적인 건물들이었다. 이외에도 1810년에 착공만 하고 지연되던 오르세 궁전Palais d'Orsay을 1838년에 준공했다.도 16-4 이 건물은 이후 1898년에 오르세역Gare d'Orsay으로 재개장했다가 1900년에는 오르세 박물관으로 한 번 더 재개장했다. 이런 건물들 이외에 콩코르드 광장Place de la Concorde과 샹젤리제 일대를 정비했으며 시청사도 확장했다. 이런 사업들만 모아도 19세기 파리 도시건축에서 중요한 부분이 되었다.

이상의 랑뷔토의 업적과 완전히 분리될 수는 없지만 좀 더 중앙정부에 속한 사업도 있었다. 이는 19세기의 최고 권력자들 가운데 비교적 일을 많이 하고 잘한 걸로 평가받는 주요 지도자인 루이 필리프 1세와 함께 진행했는데 크게 두 가지였다. 하나는 비교적 작은 도시 개선 사업이다. 1836년에 콩코르드 광장에 '룩소르 모뉴멘트Luxor Monument'리 불리딘 오벨리스크를 세운 일과 1840년의 성곽 건설 등이 대표적이었다.도 3-22, 3-23 이 두 공사는 파리시보다는 중앙정부에서 주도한 측면이 컸다.

16-4. 오르세 박물관 공중 전경

다른 하나는 프랑스대혁명 때 파괴되었던 건물들의 복원 작업을 본격적으로 시작한 것이다. 이 일은 루이 필리프 1세 이후에도 '제2공화국-제2제국-제3공화국' 등 모든 정부를 거치며 19세기 후반까지 오랜 기간 이어졌다. 프랑스의 국력을 총동원해서 진행한 거대한 문화사업이었는데 그 시작을 루이 필리프 1세가 한 것이다. 정치적 격랑의 한복판이었던 1837년에 전통 복귀 정책에 시동을 걸며 가장 먼저 생트샤펠의 복원 공사를 시작했다. 이 내용은 앞에서 자세히 살펴보았으므로 생략하겠다.

철도 시대의 개막 1

여섯 개 기차역의 개장

이상이 세 단계로 나누어 살펴본 두 정부 때의 파리 도시개발 내용이다. 다음은 철도와 기차역이다. 이 부분의 발선은 왕정복고 정부보다는 7월 혁명 정부 때 주로 집중했다. 이것 역시 랑뷔토 시장의 몫으로, 그는 철도 시대의 개막을 주도하며 중요한 업적을 남겼다.도 16-5 물론 철도와 기차역의 등장은 랑뷔토 시장 개인 차원을 넘어 단일 사건으로는 19세기 유럽 전체

16-5. 1840년대 프랑스 기차

에 가장 큰 변혁을 가져온 발전이라 할 수 있다. 정치·경제, 사회, 도시건축, 일상생활, 문화예술 등 모든 분야에 획기적 변화를 가져왔다.

그러나 세부적으로 들어가면 결국 파리 시내에 철도를 놓고 기차를 끌어들여 다니게 하고 기차역을 건설하는 도시건축이 핵심에 있게 된다. 파리에서 이 사업은 왕정복고 정부 때부터 시작하긴 했지만, 본격적인 결과를 내기 시작한 건 랑뷔토 시장 때였다. 그가 퇴임하던 1848년까지도 파리에서 철도 사업은 아직 초반 단계이긴 했지만, 대표적인 기차역을 모두 개통하는 등 그가 중요한 기틀을 닦은 건 사실이었다.

파리에는 모두 일곱 개의 기차역이 있었으며 현재는 오르세역이 사라지고 여섯 개가 남아 있다. 최초의 철도 운행 개장일, 기차역 건물의 준공, 주변 지역의 개발 등을 묶어서 여섯 역을 살펴보자. 1837년에 가장 먼저 생제르맹 철도가 개통하면서 임시 건물 형태의 생라자르역Gare Saint-Lazare을 짓고 최초로 철도 운행이 시작했다. 제대로 된 기차역은 1842년에 준공했으며 이로써 생라자르역은 철도 운행 개통일과 기차역 건물 준공의 두 기록 모두에서 파리의 첫 번째 역이 되었다. 이때 기차역에 연결 도로를 함께 건설하는 표준 개발 방식이 함께 개발되었다. 이는 철도와 기차역의 교통 효율을 획기적으로 높여줌으로써 도시 구조 전반에 큰 변화를 가져온 중요한 발전이었다. 실제로 랑뷔토는 곧바로 생라자르역과 도심을 잇는 폭 20m의 아브르가Rue du Havre를 건설해서 개통시켰다.

철도가 운송하는 물량은 상상을 뛰어넘는 것이어서 이렇게 생라자르역이 개통함에 따라 곧바로 기차역 주변부터 개발되기 시작했으며, 여러 기차역이 차례대로 들어섰다. 1840년에는 몽파르나스역Gare Montparnasse과 오스테를리츠역Gare d'Austerlitz의 두 역이 동시에 철도 운행을 개시했다. 두 역 모두 처음에는 임시 건물로 철도 운행부터 시작했으며 제대로 된 기차역은 나중에 준공했다. 몽파르나스역은 1852년에, 오스테를리츠역은 1840년에 각각 기차역을 준공했다. 철도 운행 개시일을 기준으로 보면 오스테를리츠역이 두 번째, 몽파르나스역이 세 번째였다. 기차역 건물의 준공을 기준으로 보면 몽파르나스역이 다섯 번째, 오스테를리츠역이 여섯 번째였다.

몽파르나스역에는 재밌는 추가 기록이 있다. 처음에는 '동역'이라고 불렸는데 같은 해에 파리 동역이 따로 지어지면서 '몽파르나스'라고 개칭했다. 1969년에는 처음 건물의 바로 옆자리에 지금의 현대식 건물로 다시 지었는데, 이는 파리의 기차역 가운데 20세기에 다시 지은 유일한 건물이다.도 16-6

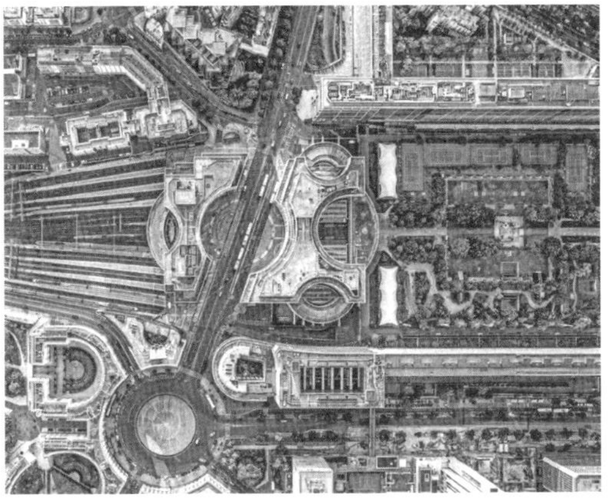

16-6. 몽파르나스역Gare Montparnasse 공중 전경(위)

16-7. 파리 북역 플랫폼(아래)

1845년에는 북역Gare du Nord을 착공해서 1846년에 개장했다. 기차역 건물의 준공을 기준으로는 두 번째였고 철도 운행 개시일을 기준으로 보면 네 번째였다. 현재 건물은 제2제국 때 나폴레옹 3세의 역점 사업으로 규모를 확장해서 다시 지은 것이다.도 16-7 1858년에 설계를 시작해서 1861년에 착공했고, 1864년에 일차로 준공했으며 자잘한 보강을 거쳐 1866년에 최종 준공했다. 이번에도 북역으로 진입하는 도로로 드냉가Rue de Denain를 함께 건설했다.

이어 리옹역Gare de Lyon은 임시 건물을 거치지 않고 1849년에 기차역의 준공과 함께 철도 운행을 시작했다. 기차역 건물의 준공을 기준으로 보면 세 번째였고 철도 운행 개시일을 기준으로 보면 다섯 번째였다. 진입 도로는 리옹가Rue de Lyon였다. 다음은 동역Gare de l'Est으로 이번에도 임시 건물 없이 1847년에 곧바로 정식 기차역으로 착공해서 1852년에 준공했다.도 16-8 기차역 건물의 준공으로는 네 번째였고 철도 운행 개시일을 기준으로 보면 여섯 번째였다. 연결 진입 도로는 스트라스부르 불르바르Boulevard de Strasbourg였다.

16-8. 1885년 8월 18일 영국 빅토리아 여왕과 앨버트경이 파리 동역Gare de l'Est에 도착하는 장면

철도 시대의 개막 2
파리의 균형 발전과 외곽 확장

이상과 같이 기차역이 속속 지어지고 연결 도로가 함께 개통하면서 파리에는 천지개벽이 일어났다. 기차역 주변부터 개발되기 시작했으며 교통 효율이 극대화하면서 그 효과는 파리 전역으로 퍼져나갔다. 물론 도시 내부에 철도를 건설하는 일은 쉽지 않았다. 기차역은 단일 건물이어서 건설하기가 상대적으로 쉬웠지만 도심에 철도를 까는 건 상당히 어려운 일이었다. 최소 몇십 km의 기다란 용지를 확보해야 하는 등 도시 구조 전체를 뒤흔드는 초대형 사업이었다.

더욱이 철도는 수도 파리와 다른 여러 도시를 연결해야 하는데, 당시 파리는 성곽으로 인해 확장에 한계가 있었다. 루이 16세가 세운 관세 성곽이 프랑스대혁명 때 많이 철거되긴 했지만 아직 곳곳에 남아 있었다. 더하여 파리는 의외로 시내에 철도가 들어오는 것을 처음에는 꺼리는 분위기였다. 이런 여러 상황이 겹치면서 철도와 지하철 모두 런던보다 늦은 편이었다.

그렇지만 철도와 기차역이 한번 등장하고 나면서 분위기는 180도 바뀌었다. 아직 자동차가 없던 시절에 기계 동력으로 움직이는 대형 운송수단이 등장한 건 중요한 교통 혁명이었다. 이는 다시 물류, 인력, 정보, 재화 등 여러 방향의 연쇄적 혁명으로 이어졌다. 단순히 '기차'라는 내연기관 하나만의 문제가 아니었다. 새로운 교통수단을 도시에 도입하는 일은 당시 파리가 처한 여러 도시 상황 및 문제점들과 연계되었다. 압축하면 인구 증가와 도시 발전이라는 상반된 문제가 함께 연관된 어려운 사업이었다. 대표적인 문제가 시내 각 지역의 협력과 조화에서 부딪히는 어려움이었다. 결국 핵심은 이미 인구 과밀이 나타나기 시작한 원도심에 철도와 기차역 용지를 확보하는 일이었다. 운송 효율을 생각하면 가능한 한 도심 한복판에 많은 수의 철로를 확보하고, 또한 가능한 한 대형 기차역을 건설해야 했다.

하지만 이 사업이 본격적으로 논의되기 시작한 19세기 전반부에 파리 인구는 이미 100만에 육박하기 시작했다. 도시 전체 면적과 함께 봐야 했지만 보통 도시계획 일반론으로 접근할 때 인구 100만 도시에서 도심에 철로와 기차역을 새로 건설하는 건 불가능한 일로 되어 있다. 파리도 이 문제에 그대로 직면하고 있었다. 그렇다고 신도심도 쉽지만은 않았다. 신도심 역시 여러 지역 사이에 아직 인구와 경제 생산성 등이 골고루 분포하지 않은 상황이어서 철도와 기차역은 건설 이전에 부지를 선정하는 일부터 난제였다. 결국 새로 건설하는 카르티에 구역들과 원도심 사이, 다시 새 카르티에 구역들 사이 등 여러 단계로 지역 사이의 협력과 조화가 필수적이었다. 이 문제가 해결되지 않은 상태에서 철도와 기차역 건설을 강행하면 자칫 지역 간 불균형과 격차를 증대시키는 부작용을 낳게 된다.

랑뷔토의 업적은 바로 이런 어려움을 해결하는 큰 원칙을 세워서 실행에 옮겼다는 데에 있다. 초창기 개발이 큰 원칙을 따라 한번 시작되면 이후 사업도 이를 따를 수밖에 없는데 랑뷔토는 이 점에서 향후 파리의 철도가 발전하는 토대를 닦은 걸로 평가할 수 있다. 그가 세운 원칙은 매우 간단하면서도 상식적이고 합리적이었다. 원도심에는 철로와 기차역 모두 들어오지 않으면서 기차역을 여러 개로 나누어 가능한 한 원도심에 가깝게 짓되 여러 지역으로 골고루 안배하는 것이었다.

안배의 기준은 일차적으로는 목적지의 방향에 따른 '동서남북'의 기본 방위였다. 더하여 지역 간 격차와 불균형을 해소하는 방향도 함께 모색했다. 인구가 100만에 육박하면서 파리도 동쪽과 북쪽이 점차 가난한 동네로, 서쪽과 우안 중앙과 좌안 남쪽은 부유한 동네로 갈라지고 있었다. 서울의 '강남-강북' 같은 격차와 불균형이 형성되어갔는데 랑뷔토는 철도와 기차역 건설을 이를 극복하는 좋은 기회로 삼았다. 북역과 동역은 이런 배경에서 건설한 기차역이었다.

이 사업은 중앙정부까지 합세한 대형 국책 사업이었지만 실질적 집행자는 이번에도 파리시장 랑뷔토였다. 그는 자신의 주특기인 도로 건설 능력을 발휘해서 기차역 주변에 시원시원한 대로를 함께 건설해 교통 혼잡을 미리 예방했다. 이런 과정을 거쳐 여러 번의 진통과 연기 끝에 1837~1852년의 짧은 기간에 무려 여섯 개의 기차역에서 철도 운송을 개시할 수 있었다. 기차역 건물의 준공은 제2공화국까지 이어지지만, 착공 년도는 대부분 랑뷔토 시장 재임 때에 있었다.

철도 시대가 개막하면서 파리 경계선은 새로 확장할 기회를 맞았다. 앞에 말한 바와 같이 기존의 성곽이 철도 건설에 장애가 되고 있던 차에 파리 시민들이 철도 효과가 생각보다 크다는 사실을 깨달으면서 자연스럽게 성곽을 허물거나 뒤로 물리는 논의가 시작했다. 가장 큰 장애는 1841년에 새로 건설하기 시작한 티에르 성곽Enceinte de Thiers(영어로 '티에르 워 Theirs wall')이었다. 이 성곽은 앞에서 본 바와 같이 군사적 결정이어서 요새나 보루 같은 방어시설까지 더해 지어졌다.

이 때문에 파리의 도시 발전에는 당연히 걸림돌로 작용하고 있었다. 무엇보다 외곽 지역이 도심과 단절된 상태에서 군사작전 구역에 편입되어 버려 철도는 이런 구역들을 피해서 깔아야 했다. 랑뷔토는 이런 이유를 들어 1841년의 성곽 개축 공사에 반대했지만, 한계가 있어서 다소 어정쩡한 절충 상태로 공사는 진행되었고 1846년에 준공했다. 그러나 시대의 흐름을 거스를 수는 없어서 1852년 시작한 오스만 재개발 초기부터 철거 논의가 시작된 끝에 1859년에 파리시가 관리권을 이양받고 1861년에 철거했다. 파리는 비로소 성곽에서 완전히 해방되는데, 철도 건설이 이 마지막 철거를 촉발하는 데 중요한 역할을 했다.

건축 활동 개요
부르주아의 민간 건축이 주도하다

이상이 철도와 기차역이다. 마지막으로 건축 활동이다. 나폴레옹 1세의 몰락은 프랑스의 영광을 바라던 수도 파리에도 큰 충격이었다. 하지만 제1제국의 붕괴는 급진적 혁명에 의한 것이 아니었고 더욱이 그 뒤를 왕정복고 정부가 이어받음으로써 일단 온화한 중립적 방향으로 뒷수습을 하는 분위기가 형성되었다. 건축도 이에 따라 크게 두드러지는 사건이나 대작 없이 '정치-경제-사회' 등 건축 외적인 상황과 건축 내부의 동력 모두에서 자연스러운 역사의 흐름을 따라 전개되었다. 이어 등장한 7월 혁명 정부도 대체로 비슷해서 '혁명'이라는 말이 들어간 데 비해 건축 경향은 왕정복고 정부의 연속적 측면이 강했다. 두 시기를 엄밀히 구별할 수도 있지만 두 시기에 걸쳐서 지어진 건물도 여럿이었다. 하나로 묶어 살펴보면서 두 시기를 구별할 수 있는 내용에 한정해 첨언하고자 한다. 크게 일곱 가지 내용으로 정리할 수 있다.

첫째, 주요 건축 활동이 민간 중심으로 진행했다. 부르봉 왕가는 물론이고 7월 혁명 정부에서도 왕실이나 정부가 나서서 대형 공공건축을 주도하는 일은 자제한 편이었다. 공공사업은 앞에서 본 도시개발에 집중했다. 개별 건물의 건축은 민간 분야의 자발적 활동에 맡겨 놓는 편이었다. 이에 따라 대형 공공건물 같은 대작은 나오지 않았으며 대표 건축가도 보이지 않았다. 제1제국 때 나폴레옹 1세의 건축가였던 페르시에Charles Percièr(1764~1858년)-퐁텐Pierre Fontaine(1762~1853년) 파트너가 계속 활동한 정도다. 하지만 이들도 새 시대에서는 인상 깊은 작품을 남기지 못했고 주로 부르주아 계층의 민간 건물을 설계했다.

둘째, 이런 가운데 7월 혁명 정부에서는 앞에서 본 바와 같이 루이 필리프 1세와 랑뷔토 시장의 주도로 프랑스대혁명 때 파괴된 유적을 복원하는 사업을 활발하게 벌였다. 전반부인 1837년에 생트샤펠의 복원을 결정해서 1840년에 공사를 시작했고 후반부인 1843년에는 노트르담대성당의 복원 공사를 시작했다. 워낙 중요하고 큰 사업이어서 두 건물 모두 제2제국 때인 1862년과 1864년에 각각 공사를 마쳤다. 이외에도 앞에서 살펴본 대로 많은 복원 작업이 진행되었다.

셋째, 민간 건축의 대표적인 예로 부르주아 계층의 성장에 따라 새로 등장한 상업 공간을 들 수 있다. 이 경향은 주로 왕정복고 정부 때 집중되었는데 부르주아 계층의 쇼핑몰이라 할 수 있는 '갈르리galeries'가 대표적이었다. 부르주아는 18세기 말 혁명기 때에 적절한 처신을 통해 정치적 지분을 확보했으며, 1820년경부터 프랑스와 파리가 본격적인 산업혁명 시기로 돌입하면서 부를 축적하며 크게 성장했다. 부를 정체성의 기반으로 삼는 부르주아의 계층 특성상 가장 먼저 고급 상점이 집중적으로 몰려 있는 상업 공간을 짓기 시작한 건 당연했다. 콜베르 갈르리Galerie Colbert(1823년), 비비엔 갈르리Galerie Vivienne(1823년), 베로-도다 갈르리Galerie Véro-Dodat(1826년) 등 세 곳이 연달아서 개장했다.

넷째, 같은 맥락에서 부르주아의 고급 도시 주거인 광장 주거와 아파트도 계속 지어졌다. 이 경향은 왕정복고 정부와 7월 혁명 정부의 두 시기는 물론이고 이후 19세기 말을 넘어 20세기까지도 계속되었다. 이 두 시기만 보면 파리가 과밀해짐에 따라 도시 주거의 주력 대상이 저층인 광장 주거에서 고층인 아파트로 넘어가는 추세가 있었다. 하지만 콩코르드 광장 등 광장 주거도 계속 지어졌다. 샹젤리제가를 중심으로 주요 대로를 따라 아파트 역시 꾸준히 들어섰다.

르네상스 팔라초 리바이벌과 네오르네상스

다섯째, 구체적인 건축 사조나 기법은 르네상스 팔라초 리바이벌 양식, 색채주의, 신고전주의 열주 정면 등 세 가지가 대표적이었다. 먼저 르네상스 팔라초 리바이벌Renaissance Palazzo Revival은 왕정복고 정부와 7월 혁명 정부 모두에 걸쳐 유행하며 주요 건물을 남겼다. 이 사조는 나폴레옹 1세 때 페르시에-퐁텐 파트너가 처음 도입했는데 이어진 왕정복고 정부 시대에도 차분하게 가라앉은 사회 분위기와 잘 맞아서 인기를 유지했다. 이탈리아 팔라초의 단정한 건물 윤곽에 몰딩 같은 섬세한 선형 장식을 섞는 기법이 대표적이었다.

이는 나폴레옹 1세 때의 또 다른 사조였던 역사주의의 과시적 경향에 대한 반발적 대안의 성격이 강했다. 이에 따라 건물의 중심은 거석 구조에서 세부 요소가 만들어내는 편안하고 우아한 느낌으로 넘어갔다. 16세기 로마 팔라초를 이끈 라파엘의 경향을 모방했기 때문에 '라파엘 고전주의Raphaelite Classicism'라 부르기도 한다. 이 경향의 창시자인 페르시에는 '건축의 라파엘'이라는 별명으로도 불렸다. 당시 프랑스 미술에 불던 '라파엘리즘Raphaelism'의 유행에 대칭되는 건축적 현상이었다.

왕정복고 정부 때의 대표적인 건축은 에티엔 히포리트 고드Étienne-Hippolyte Godde(1781~1869년)의 생쉴피스 신학교Séminaire Saint-Sulpice(1820~1838년)와 프랑수아 아그네티François Agnety의 물리 도서관Bibliothèque Moulis(1821~1829년) 등을 들 수 있다.

이 사조는 7월 혁명 정부 때에도 계속되었으며 1840년 이후 네오바로크가 등장하기 전까지 20여 년 동안 프랑스 건축을 이끌었다. 작품의 지명도와 건축사적 중요성을 기준으로 보면 대표작은 오히려 7월 혁명 정부 때에 나왔는데, 자크 펠릭스 뒤방Jacques Félix Duban(1798~1870년)의 에콜 데 보자르École des Beaux-Arts(1832~1839년)와 앙리 라브루스트Henri Labrouste(1801~1875년)의 생트주느비에브 도서관Bibliothèque Sainte-Benevième(1838~1851년)이 대표 건물이었다.도 16-9, 16-10 파리 식물원Jardin des Plantes de Paris(1834년)은 유리를 사용한 신건축 계열이지만 건물의 외관만 보면 역시 르네상스 팔라초 리바이벌이었다.

16-9. 에콜 데 보자르École des Beaux-Arts 교육관 정면 전경(위)

16-10. 생트주느비에브 도서관 정면 전경(아래)

여섯째, 네오르네상스다. 르네상스 팔라초 리바이벌에서 '팔라초'를 빼면 곧 네오르네상스와 동의어가 된다. 이 양식은 19세기 말까지 이어지지만 대체로 7월 혁명 정부 때 처음 등장해서 전성기를 누렸다. 아마도 인문주의라는 르네상스의 기본 정신과 이미지가 7월 혁명 정부와 잘 맞았기 때문으로 보인다. 대표적인 예로 샤를 로오 드 플뢰리Charles Rohault de Fleury(1801~1875년)의 광물학·지리학 박물관Galerie de Minéralogie et de Géologie(1833~1837년 준공, 1841년 대중 개방)을 들 수 있다.도 16-11

이외에도 마르탱-피에르 고티에Martin-Pierre Gauthier(1790~1855년)가 설계한 라리부아시에르 병원Hôpital Lariboisière은 7월 혁명 정부 때인 1839년에 착공해서 제2제국인 1854년에 준공했는데 네오르네상스와 신고전주의를 혼합한 절충주의 양식이었다.도 16-12 네오르네상스는 제3공화국 때인 19세기 말까지도 사랑받았다. 대표적인 건물이 진화과학 대박물관Grand Galerie de l'Évolution(1889년)으로 네오르네상스의 단아하고 깔끔한 모습을 잘 보여준다.도 13-6 이어 페르디낭 뒤테르Ferdinand Dutert(1845~1906년)가 설계한 고생물학·비교해부학 박물관Galerie de Paléontologie et d'Anatomie comparée(1892~1898년)은 네오르네상스에 당시 신양식이었던 아르누보를 혼합한 혼합 양식이었다.도 16-13

색채주의와 신고전주의 열주 정면

일곱째, 색채주의polychrome다. 이 운동은 1820~1879년 사이에 유행한 경향인데 왕정복고 정부 때에 시작해서 7월 혁명 정부 때에 주요 내용이 성립했다. 색과 장식을 사용한 건축 경향으로, 그리스 신전을 중심으로 한 고대 건축의 고고학 발굴과 연계해서 진행했다. 그리스 신전을 예로 보면 이 운동이 있기 전까지 유럽 사회가 접한 그리스 신전의 폐허에는 색채나 장식이 하나도 없었다. 이 때문에 원래부터 그리스 신전에는 색채와 장식을 가하지 않았다는 의견이 우세했다. 그 한편에 색채와 장식이 빼곡하게 들어갔다는 소수 주장이 제기되었다. 이어 고고학 발전과 함께 이 소수 주장이 사실이라는 것이 밝혀졌다.

이 발견은 유럽 건축에 잔잔한 파장을 일으켰다. 그리스 신전이 갖는 상징성의 힘을 바탕으로 일부 건축가가 새로 짓는 역사주의 양식에도 그리스 신전을 본떠 색과 장식을 사용한 것이다. 19세기 역사주의 건물도 세부 요소, 돋을새김, 조각 등 여러 종류의 장식을 사용했는데 거의 무채색이었다. 이런 분위기 속에서 색채를 가한 장식을 사용하려는 시도는 예외적이었다. 그래서인지 많은 건물이 지어지지는 못했는데 그 대신 이 운동은 20세기 모더니즘 건축의 장식 개념에 적지 않은 영향을 끼쳤다.

이 운동을 이끈 대표적인 건축가는 자크 이냐스 히토르프 Jacques Ignace Hittorff(1792~1867년)였다. 그는 그리스 신전을 연구해서 색채 장식 이론을 완성했으며 이 내용을 『시칠리아의 고대 건축*Architecture Antique de la Sicile*』(1827년)이라는 책으로 출

16-11. 광물학·지리학 박물관Galerie de Minéralogie et de Géologie(위)

16-12. 라리부아시에르 병원 정면 전경(가운데)

16-13. 고생물학·비교해부학 박물관Galerie de Paléontologie et d'Anatomie(아래)

간했다. 히토프르는 실무 건축가이기도 해서 이 이론을 자신의 작품에도 적용해 생뱅상드폴Saint-Vincent-de-Paul(1833~1848년)이라는 교회 건물을 대표작으로 남겼다. 외관은 로마네스크와 신고전주의를 혼합한 절충주의 양식으로 무채색의 조각과 돋을새김 장식을 사용한 데 반해 실내에 색채 장식을 사용했다.도 16-14, 16-15 혹은 이 건물보다 1년 먼저 착공한 루이 히포리트 르바Louis Hippolyte Lebas(1782~1867년)의 노트르담-드-로레트 교회Église Notre-Dame-de-Lorette(1823~1836년)는 더 명확하게 색채를 사용한 실내장식을 보여준다.도 16-16, 16-17

여덟째, 신고전주의의 열주 정면peristyle facade이다. 신고전주의는 18세기와 19세기 두 세기에 걸쳐 진행되면서 국가, 도시, 시기 등에 따라 다양한 세부 경향을 낳았는데, 파리에서는 18세기의 생쉴피스 교회Église Saint-Sulpice(일차 준공 1745년, 최종 준공 1780년)와 1810년의 국회의사당(1810년)을 연결 고리로 열주 정면을 대표적인 특징으로 이어왔다. 두 건물까지는 아직 정면만 열주로 구성했는데 앞 장에서 살펴보았듯이 마들렌 교회에서 아예 사면을 모두 그리스 신전의 열주로 지었다.

7월 혁명 정부에서는 앞의 색채주의를 대표한 생뱅상드폴의 외관이 이 주제에서도 대표적인 예였다.도 16-18, 16-19 이런 열주 정면의 목적과 건축적 의미는 크게 두 가지였다. 하나는 폐쇄적인 로마 벽체구조에 대비해서 그리스 기둥구조의 열주 효과를 노린 것이다. 다른 하나는 이에 따라 건물 정면과 도시 외부 공간 사이의 관계가 개방적으로 변했다는 것이다. 실제로 생쉴피스 교회는 그리스 기둥구조의 열주 효과 덕에 건물과 앞 광장이 하나로 긴밀하게 연결되며 개방성이 확보되었는데, 이는 당시 파리에서는 파격적인 변화였다.

이어 19세기에 오면 파리에 불르바르가 본격적으로 건설되기 시작하면서 건물의 주 정면이 대하는 도시 외부 공간이 광장에서 이런 대로들로 바뀌었다. 파리의 대로는 각각 도로의 규모, 역동적인 교차 체계, 대로 전체의 숫자 등 모든 면에서 19세기에 갑자기 등장한 완전히 새로운 도시 골격이어서 여기에 대응하는 건물 정면의 성격을 정의하는 일이 도시 건축의 중요한 과제로 떠올랐다. 건축가들이 선택한 해답은 '열주 정면'으

16-14. 생뱅상드폴 교회. 실내 애프스의 장식과 성화(위 왼쪽)

16-15. 생뱅상드폴 교회. 실내 네이브 장식(위 오른쪽)

16-16. 노트르담-드-로레트 교회 Église Notre-Dame-de-Lorette. 실내 크로싱 돔 주변의 장식과 성화(가운데 왼쪽)

16-17. 노트르담-드-로레트 교회. 실내 아일과 네이브의 장식과 성화(가운데 오른쪽)

16-18. 생뱅상드폴 교회. 정면 열주(아래 왼쪽)

16-19. 생뱅상드폴 교회. 정면 열주를 출입구 앞에서 거꾸로 본 장면(아래 오른쪽)

로, 크게 두 가지 효과가 있었다.

하나는 건물과 도로 사이에 연속성을 확보한 것이다. 대로는 광장과 달리 기본 목적이 빠른 이동이어서 자칫 건물과 분리되기 쉬운데 열주 정면의 개방적 공간 구도는 이를 방지하는 효과가 있었다. 다른 하나는 대로에 합당한 입면을 만들어낸 것이다. 일렬로 가지런히 늘어선 기둥 열은 그 자체만으로 웅장한 모습을 드러내며 건물이 대로에 눌리지 않고 기념비다운 당당함을 유지하게 해주었다. 이는 외적 형식미에 해당하는데, 다분히 프랑스의 전통적인 조형관을 반영한 것이다. 이런 점에서 대로를 접한 건물의 입면에 테라스를 둬서 좀 더 체험적으로 교감하려던 영국이나 독일과 달랐다.

16-20. 노트르담-드-로레트 교회. 정면 열주(위)

16-21. 참회의 예배당의 다소 변형된 열주(아래)

프랑스 전체에서 열주 정면을 사용한 건물 종류는 교회, 공공건물, 병원 등이었는데 파리에서는 교회가 주로 지어졌고 병원과 공공건물은 보르도Bordeaux와 리옹Lyon 등 다른 도시에 주로 지어졌다. 파리의 교회는 루이 히폴리트 르바Louis Hippolyte Lebas(1782~1867년)의 노트르담-드-로레트 교회Église Notre-Dame-de-Lorette(1823~1836년), 피에르-알렉상드르 비뇽Pierre-Alexandre Vignon(1763~1828년)의 마들렌 교회Église de la Madeleine(영광의 신전Temple de la Gloire, 1807~1842년), 피에르-프랑수아-레오나르 퐁텐Pierre-François-Léonard Fontaine(1762~1853년)의 샤펠 엑스피아투와Chapelle Expiatoire(참회의 예배당, 1815~1826년) 등이 대표적 예였다.도 14-13, 15-12, 16-20, 16-21

17장

제2제국(1852~1870년)과 나폴레옹 3세의 파리

제2제국의 '정치-사회-문화' 상황 개괄

7월 혁명 정부 다음은 '제2공화국-제2제국'의 짝이다. 제2공화국은 기간도 4년으로 짧은데다 그 성격도 제2제국으로 가기 위한 중간 과정이어서 여기에서는 둘을 묶어 하나로 보되 제2제국에 중점을 두고자 한다. 혁명으로 들어선 루이 필리프 1세Louis Philippe I의 7월 혁명 정부는 다음 혁명인 1848년 2월 2일 혁명으로 막을 내렸다. 2월 혁명을 주도했던 파리 시민 세력은 공화정을 선포했다.도 17-1 이로써 제1공화국이 붕괴한 지 44년 만에 파리에는 다시 공화정 정부가 들어섰나. 임시성부가 수립되었고 1848년 12월에 나폴레옹 1세의 조카였던 루이 나폴레옹Louis Napoléon(1808~1873년, 나중의 나폴

17-1. <1848년의 보편적·민주적·사회적 공화국 조약République Universelle, Démocratique et Sociale: Le Pacte, 1848>, 프레데릭 소리유Frédéric Sorrieu(1807~1887년)가 제2공화국 출범을 그린 작품

17-2. 나폴레옹 3세의 1852년 황제 즉위 행진 장면

레옹 3세Napoléon III)이 대통령으로 취임하면서 프랑스 제2공화국(1848~1852년)이 탄생했다.

그러나 이 정부는 짧은 중간 과정일 뿐 1851년 12월에 루이 나폴레옹은 대통령 임기를 10년으로 늘리는 쿠데타를 일으켜서 국민투표를 시행했고 국민은 지지를 보냈다. 루이 나폴레옹은 이미 1836년 스트라스부르Strasbourg에서 쿠데타를 일으켰다가 실패해 런던에서 망명 생활을 한 적이 있을 정도로 정치적 야심이 큰 인물이었다. 일단 10년 임기의 새 대통령에 취임한 뒤 곧 1852년 11월에 자신의 황제 즉위에 대한 찬반을 다시 국민투표에 붙여서 이번에도 성공하며 제2제국의 문을 열었다.도 17-2 자신의 삼촌 나폴레옹 1세가 제1공화국에서 초대 통령을 중간 징검다리 삼아 제1제국을 열며 황제가 되었던 과정을, 숫자만 '1'에서 '2'로 바꾼 채 그대로 반복했다.

나폴레옹 3세는 비록 프랑스-프로이센 전쟁(보불전쟁, 1870년 7월~1871년 5월) 초기인 1870년 9월에 프로이센에 항복하고 이어 벌어진 파리 폭동으로 실각했지만, 그의 업적은 국내와 국외 통틀어서 모두 대단한 것이었다. 우선 국외에서는 1534~1980년에 이르는 이른바 '프랑스 식민제국'의 한복판을 담당하며 영토 확장에서 혁혁한 공을 세웠다. 프랑스 식민제국은 1534~1803년의 '프랑스 제1식민제국Le premier empire colonial français'과 1830~1980년의 '프랑스 제2식민제국Le second empire colonial français'으로 나뉜다. 전자가 주로 영국의 뒤를 따라 북아메리카에 진출한 것이었다면 후자는 아프리카, 인도차이나, 남태평양 등을 병합하면서 본격적인 영토 확장을 이루었다.

나폴레옹 3세는 후자에 속하면서 이런 식민지 점령의 문을 엶으로써 그 뒤를 이은 제3공화국 때의 최전성기를 가능하게 해준 주역이었다. 실제로 그는 '크림 전쟁 승리(1853~1856년)-수에즈 운하 건설권 획득(1854

년)-이탈리아 통일 전쟁 승리(1859년)-니스 획득(1860년)-베트남 점령 성공(1862년)' 등의 해외 개척 성과를 올렸다. 하지만 '총으로 흥한 자 총으로 망한다'라는 격언처럼 결국 그를 퇴위시킨 결정적인 계기 또한 멕시코 원정 실패(1861~1867년)에 이은 프랑스-프로이센 전쟁 패배 등 국외에서의 패전이었다. 이처럼 나폴레옹 3세의 국외 정책은 양면적인데, 당시 영국을 비롯하여 스페인, 독일 등 유럽 열강과 벌인 치열한 경쟁을 고려하면 '졸업 평점'은 좋게 줄 만했다.

국내 정치도 마찬가지로 양면적이었다. 당시 프랑스는 여러 번의 '혁명-반동'을 거듭하면서 분열이 극에 달해 있었다. 나폴레옹 3세는 언론을 탄압하고 경제 위기를 맞았으며 전반적으로 제국적 전제 정치를 펴는 등 이런 혼란상을 수습하지 못하고 국민의 저항을 키웠다. 하지만 정치개혁에서의 이런 후진성과 달리 적지 않은 실질적 업적을 남겼다. 당시 프랑스의 분열상은 누가 들어와도 해결하지 못할 정도로 심한 것이어서 나폴레옹 3세도 어쩔 수 없는 측면이 많았다. 나폴레옹 3세는 위대한 삼촌 나폴레옹 1세를 연상시키기 위해 종종 군복 차림을 했지만, 그의 개인 성향은 삼촌처럼 전쟁을 좋아하거나 전쟁에서 능력을 발휘하는 사령관 유형은 아니었다. 당시 국내외 상황이 군복을 입는 식의 이른바 '이미지 메이킹'만으로 효과를 거두기에는 혹독하리만큼 경쟁이 치열했고 구체적인 실적만이 유일한 살길이었다.

나폴레옹 3세는 비록 부르주아의 자본에 의존하면서 이들의 손을 들어주긴 했지만 이런 혼돈기를 좋게 말하면 '타협-균형-통합'의 정책으로, 나쁘게 말하면 약삭빠른 변신으로 헤쳐나갔다. 우선 '선거를 통해 인정받은 황제'라는 그의 태생부터 민주주의와 전제주의라는 양립하기 어려운 두 체제를 통합한 것으로, 이는 그의 큰 정치적 자산이자 기반이었다. 그의 정책 또한 이런 통합적 출발에 어긋나지 않는 것이어서 이념적·경제적으로 빈부 계층과 좌우를 구별하거나 한편에 서지 않고 사안마다 대응한 편이었다. 이처럼 당시 분열과 진영 대립이 극심하고 경제침체도 심하던 상황을 고려하면 그의 내치 역시 외치와 마찬가지로 성공적인 '졸업 평점'을 받을 만했다.

구체적 업적을 보면, 무엇보다 수도 파리에 오스망 재개발을 단행해서 천지개벽을 이루어냈다. 이 내용은 뒤의 4부에서 별도로 자세히 살펴볼 것이다. 국가 전체로 보면 산업혁명을 안정적으로 진행했고 1855년 파리 국제산업 대박람회와 1867년 파리 만국박람회 등 두 번의 만국박람회를 성공적으로 개최해서 그 열매를 사회로 확장했다. 산업혁명의 진행과 함께 과학기술도 발전했다. 제2제국은 생화학자 루이 파스퇴르Louis Pasteur(1822~1895년), 장-밥티스트 뒤마Jean-Baptiste Dumas(1800~1884년), 클로드 베르나르Claude Bernard(1813~1878년), 장 베르나르 레옹 푸코Jean Bernard Léon Foucault(1819~1868년) 등 지금도 귀에 익은 과학자들이 활동하던 시기였다.

나폴레옹 3세는 운도 좋아서 제2제국은 미국 캘리포니아와 호주에서 금광 붐이 일던 시기와 겹쳤다. 이로 인해 국제무역이 크게 확장하면서 공산품 가격이 두 배로 급등했는데, 영국에 이어 두 번째로 산업혁명이 빨랐던 프랑스는 영국과 함께 이 혜택을 고스란히 독점할 수 있었다. 이런 산업무역을 통해 부를 축적한 신흥 부르주아들이 막강한 세력을 형성하면서 대체로 나폴레옹 3세와 보조를 맞췄다고 볼 수 있다. 오스망 재개발이라는 초대형 도시개발 사업도 이런 경제적 배경에서 가능했다.

이상과 같은 국내외의 녹록하지 않은 시대 상황과 별개로 제2제국 동안 파리의 문화예술은 아름답게 꽃피었는데 문학이 특히 전성기였다. 빅토르 위고가 『레미제라블*Les Misérables*』을 발표한 것도 제2제국의 한복판인 1862년이었다. 이외에도 『악의 꽃*Les Fleurs du Mal*』(1857년)을 쓴 샤를 보들레르Charles Baudelaire(1821~1867년)와 『보바리 부인*Madame Bovary*』(1857년)을 쓴 귀스타브 플로베르Gustave Flaubert(1821~1880년) 그리고 비평가 샤를-오귀스탱 생트뵈브Charles-Augustin Saint-Beuve(1804~1869년) 등도 제2제국을 대표하는 주요 문인들이었다.

도시건축 개괄
현대 파리를 탄생시킨 발전과 건설의 시기

'제2'가 나란히 앞에 붙는 제2공화국과 제2제국의 두 시대, 그중에서도 특히 제2제국은 파리 역사 전체에서 가장 중요한 시기일 것이다. 이 시기는 문화 융성 차원을 넘어 오늘날 현대 파리의 골격 대부분이 잡히는 대변혁이 있었다. 기원전 52년 로마의 장군 카이사르가 프랑스로 진격해 파리를 처음 건립했다면 제2제국은 산업혁명 시대에 현대 파리를 한 번 더 건도建都했다 해도 과언이 아닐 정도로 대도약과 발전을 이뤄냈다. 도시 차원에서는 오스망 재개발이 있었고 건축 차원에서는 파리 북역, 누보 루브르, 파리 오페라 하우스(준공은 나폴레옹 3세 이후) 등 굵직한 공공건물을 남겼다.도 17-3 이런 융성과 발전의 시대적 배경은 넷으로 정리할 수 있다.

첫째, 정치적 동력으로서 제국경쟁이다. 무엇보다 앞에서 본 것과 같은 열강들의 경쟁이 본격화된 제국주의라는 시대적 배경이 중요하게 작용했다. 도시건축에도 '제국 양식', 즉 제국 시대의 국가 양식을 요구하는 정치적 동력이 강하게 작용했다. 도시 차원에서는 가로 체계, 도시 경관, 광장, 공원 등 핵심 요소들을 최대한 웅장하게 보이도록 건설했다. 건축 차원에서는 주로 공공건물을 중심으로 웅장하고 역사성이 강한 대형 기념비를 지어서 자국의 제국적 위상을 과시하는 양식이었다. 그리고 이런 작업을 제국이라는 거대한 권력 조직이 앞장서서 지원하고 독려해서 이끌었다.

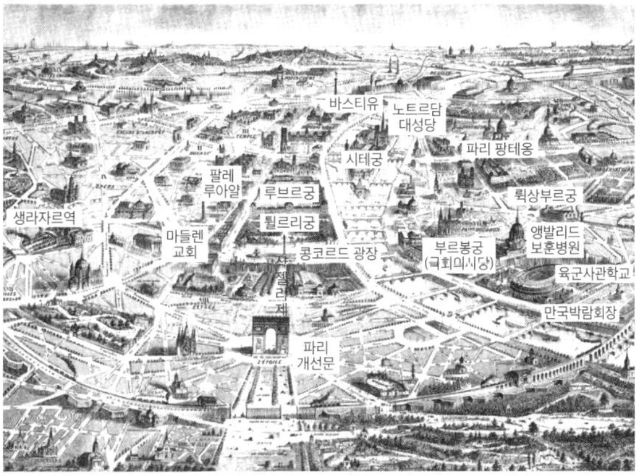

17-3. 1867년경 파리 전경. 바깥 경계선이 티에르 성곽(지금의 파리 순환도로Boulevard Périphérique de Paris)이다.

각국의 개별 상황으로 들어가면 사정은 각기 달랐다. 혁명과 제국이 공존하며 분열이 극심했던 프랑스는 국력을 한곳으로 모으기 위해 내부적으로 사회 통합이 급선무였다. 도시건축의 제국 양식은 이 방향에서 중요한 역할을 했다. 제국 양식을 건축적으로 보면 기본적으로 과거의 양식을 리바이벌하는 '역사주의'였는데, 이 과정에서 각국은 자국의 자랑스러운 과거 역사를 총동원하게 된다. 이는 유럽의 중심국가였던 프랑스에 유리했다. 수도 집중이 심했던 프랑스에서는 파리의 역할이 결정적이었다. 제국 양식에 사용하는 다양한 역사주의 레퍼토리를 보며 파리 시민뿐 아니라 프랑스 국민 모두 분열과 대립을 넘어 제국 건설이라는 더 큰 차원의 국가적 기치 아래 모일 수 있었다.

둘째, 제국경쟁은 나폴레옹 3세 황제의 개인적 야심으로 좁힐 수 있다. 나폴레옹 3세가 오스망 재개발을 단행한 데에는 삼촌에 이어 스스로 로마 황제가 되고자 했던 그의 개인 욕망도 컸다. 프랑스 국민도 마찬가지였다. 당시 치열하게 진행하던 제국경쟁에서 과거 로마 황제와 같은 강력한 정치 지도자를 원했기 때문에 두 번의 국민투표에서 제국과 황제의 탄생에 찬성했다. 나폴레옹 3세는 그 역할을 스스로에 기꺼이 부여하며 황제가 되었고 제2제국을 넘어 프랑스 제2식민제국을 일구었다.

이런 황제에게 수도 파리의 개발은 핵심 사업이었다. 로마를 이어받되 로마를 능가하는 웅대한 파리를 꿈꾸었으며 이런 제국의 수도에 걸맞게 건설하는 대역사大役事를 감행해서 훌륭하게 완수했다. 루이 나폴레옹은 이미 1836년의 쿠데타 실패로 투옥되었을 때부터 '제2의 아우구스투스un second Augustus'가 되고 싶다는 욕망을 드러냈다. 아우구스투스가 로마를 대리석의 도시로 건설했던 것처럼 자신도 파리를 '대리석의 제국 수도'로 재탄생시키고자 했다.

셋째, 경제적 동력으로서 부르주아의 부상이다. 나폴레옹 3세의 파리 개발은 전적으로 부르주아의 돈으로 한 것이었다. 부르주아들은 그 대가로 파리를 온전히 자신들의 도시로 독점했다. 파리의 도시건축에 자신들의 계급 정체성을 담으려 했고, 파리를 '부르주아의 문화 놀이터'로 만드는 방향으로 이런 목적을 실행했다. '오스망 재개발-대로와 상하수도 건설-파리 오페라 하우스-아파트 주거-백화점과 갈르리 등 상업 시설'의 종합 세트가 이를 구현한 도시건축의 구체적인 건설 내용이었다.

넷째, '철도-기차역'과 대로의 건설이라는 교통 혁명이다. 먼저 철도와 기차역 건설은 앞서 7월 혁명 정부 때 랑뷔토 파리시장이 일차 완성을 이룬 사업인데 이것을 이어받아 최종 완성하면서 파리의 도시 구조에 지속해서 영향을 끼쳤다. 증기기관차라는 내연기관이 대세로 자리 잡으면서 생산성이 이전의 마력보다 다섯 배나 향상되었다. 철도 건설에도 박차를 가해서 1850년에 국내 물량의 1/10을 담당하던 철도가 1870년에는 1/2을 담당하며 역시 다섯 배 늘었다. 기차역도 마찬가지였다. 제2공화국(1848~1852년) 때부터 이전의 7월 혁명 정부가 시작한 철도와 기차역 건설을 이어받아 리옹역(1849년), 몽파르나스역(1852년), 파리 동역(1852년) 등의 세 역을 준공했으며 제2제국 때 파리 북역(1866년)과 오스테를리츠역(1869년)을 최종 준공하면서 파리의 다섯 기차역이 온전하게 갖추어졌다.

'철도-기차역'과 대로를 함께 건설하면서 교통 효율 향상의 효과를 극대화했다. 대로 건설은 오스망 재개발 때 파리 시내에만 총 길이 114~200㎞를 새로 확충하면서 절정에 달했다. 이로써 파리의 도시 구조는 새롭게 재편되었다. 대로 옆에는 철도와 기차역이라는 또 다른 새로운 교통 체계가 가세하면서 파리에는 교통수단을 기반으로 한 '대로-철도-기차역'의 세 개의 도시 중심축이 새롭게 형성되었다. 파리는 이처럼 '철도-기차역'과 대로를 하나로 묶은 현대 도시의 교통 인프라를 가장 먼저 갖춘 대표 도시로서 산 교과서 같은 곳이었다. 이때 구축한 교통 체계는 파리에서 개최한 만국박람회의 성공에도 큰 역할을 했다. 만국박람회는 1860년대에서 1900년 사이의 19세기 후반부에 파리를 최고의 국제도시 자리에 올려놓으며 도시 발전을 주도한 핵심 사업이었는데, 그 배경에는 잘 갖추어진 철도의 교통망이 있었다.

이상이 네 가지 시대적 배경이다. 그만큼 이때 구축된 파리의 도시건축은 역사성도 컸다. 19세기 내로 한정하더라도 앞뒤 시기와 하나로 이어지며 19세기 전체를 하나의 거대한 변혁의 시기로 만드는 데 중추적인 역할을 했다. 구체적으로 앞 시기인 왕정복고 때 시작한 변혁을 이어받아 완성했으며, 뒤쪽으로는 1889년의 에펠탑을 화룡점정으로 삼아 현대 파리의 가로 체계와 도시 경관 등 기본 골격을 완성했다. 여러 자잘한 변화들이 합해져서 파리는 '천지개벽'이라는 말이 부족할 정도로 완전히 새로운 도시로 다시 태어났다. 이후 20세기에도 이 정도의 큰 변화는 더 없었으며 심지어 21세기에도 이를 대체할 새로운 도시 미학이 나타나지 않고 있다. 이렇게 보면 현대 파리는 사실상 19세기 도시라고 할 수 있다.

건축 상황
'역사주의 vs. 신건축'의 보혁 대립과 사회 통합

이상이 제2제국 시기에 진행한 파리 도시건축의 개괄적 내용이다. 이 가운데 도시 부분은 뒤의 4부에서 별도로 살펴보게 될 오스망 재개발로 집약되기 때문에 여기에서는 건축 부분을 살펴보겠다. 그 특징과 방향은 다섯 가지로 세분해서 정리할 수 있다.

첫째, 수많은 주요 건물의 건설을 주도했다. 나폴레옹 3세는 무엇보다 1852~1870년의 18년이라는 긴 기간을 집권했다. 전통 시대 왕에 비하면 긴 기간이 아니겠지만 이미 근대기에 접어들기 시작한 19세기 중후반의 유럽 상황에서는 이례적으로 긴 기간이라 할 수 있다. 앞 4년의 제2공화국 기간까지 더하면 더욱 그렇다. 이런 기간에 걸맞게 수많은 걸작 건물을 남긴 정치 지도자가 되었다.

준공년도를 일차 기준으로 삼고 착공년도를 추가해서 주요 건물을 년도순으로 정리하면 다음과 같다. 먼저 교회 건물로는 생클로틸드 바실리카Basilique de St. Clotilde(1846~1853년), 생퀴젠 교회Èglise de Saint-Eugène(1854년), 성삼위일체 교회Église de la Trinité(1861~1867년), 생앙브루아스 교회Église Saint-Ambroise(1863~1869년), 생오귀스탱 교회Église Saint-Augustin(1860~1871년), 노트르담들라크루아 교회Église Notre-Dame de la Croix(1863~1869/1880년), 노트르담데샹 교회Église Notre-Dame-des-Champs(1867~1876년) 등이 대표적이었다.도 13-7, 17-4, 17-5, 17-6

이어 비기독교 건물로는 생트주느비에브 도서관Bibliothèque Sainte-Geneviève(1838~1851년), 파리 동역Gare de l'Est(1849~1852년), 오르세 궁전Palais d'Orsay(파리외무성Hôtel du ministre des Affaires étangères, 1844~1856년)

17-4. 성삼위일체 교회Église de la Trinitè(1861~1867년) (위 왼쪽)

17-5. 생앙브루아스 교회Église Saint-Ambroise(1863~1869년)(위 오른쪽)

17-6. 생오귀스탱 교회Église Saint-Augustin(1860~1871년)(아래 왼쪽)

17-7. 누보 루브르Nouveau Louvre(1852~1857년)(아래 오른쪽)

증·개축, 누보 루브르Nouveau Louvre(1852~1857년), 프랭스 갈르리Galerie Princes(파사쥬 데 프랭스Passage des Princes, 1860년), 생미셸 분수Fontaine Saint-Michel(1860년), 파리 북역Gare du Nord(1845~1849년/1858~1866년), 파리 중앙시장인 레알Les Halles(1845~1873년, 현재 철거), 국립도서관Bibliothèque Nationale(제국도서관Bibliothèque Impériale, 1854~1875년), 파리 오페라 하우스Paris Opéra House(오페라 가르니에Opéra Garnier, 1861~1875년) 등의 많은 건물이 지어졌다.도 16-4, 16-7, 16-8, 16-10, 17-7

둘째, 제국 양식을 정착시켰다. 이런 역사주의는 19세기 유럽의 시대 상황에서 사실상 제국 양식과 동의어였다. 프랑스도 비록 표면적으로는 '제국과' '공화정'이라는 상반되는 정체가 교체되는 현상이 두드러지긴 했지만, 건축 양식만은 19세기 내내 제국 양식의 기조가 이어졌다. 이는 두 가지 정체가 교체되는 표면적 현상과 달리 국가의 내부적 운영 기조는 강력한 제국주의를 유지하는 데 따른 건축적 현상으로 볼 수 있다. 이미 제1제국 때의 방돔 기둥과 파리 개선문부터 그 신호탄이 올라갔으며 왕정복고와 7월 혁명 정부 때에는 르네상스 팔라초 리바이벌 양식과 신고전주의의 열주 정면 등의 구체적 사조로 발전했다. 제2제국은 이것을 이어받아 절정을 이룬 뒤 제3공화국으로 넘겼다.

제국 양식에는 당연히 과시적 경향이 따랐다. 일단 '제국'이라는 명칭에 합당한 과시적 경향도 일정 부분 있었다. 그러나 제2제국은 고대의 전제적 제국에서 진일보한 근대 전기pre-modern의 제국이어서 고대의 거석 구조 같은 규모의 과시는 사라진 편이었다. 그 대신 진일보한 제국에 합당한 웅장한 품격과 화려한 장식 등을 통한 과시적 경향을 표현했다.

셋째, '네오바로크'라는 19세기 프랑스 국가 양식을 창출했다.도 17-7 이는 제국 양식이 한 단계 발전한 개념으로 각 나라를 대표하는 양식을 하나씩 선택해서 주요 공공건물에 적용했다는 뜻이다. 당시 유럽 열강은 제국경쟁 아래 국가를 대표하는 건축 양식을 하나씩 창출해서 운용했는데, 프랑스에서는 네오바로크가 채택되었다. 이는 제2제국, 나아가 19세기 파리 건축을 대표하는 건축 양식이기도 해 다음 장에서 별도로 자세히 살펴보겠다.

넷째, 건축 사조에서는 '보혁 대립' 구도가 대표적인 현상이었다. 이상과 같은 여러 건물은 양식 사조를 기준으로 크게 역사주의와 신건축의 둘로 나눌 수 있다. 두 사조는 명칭에서 알 수 있듯이 각각 보수와 개혁을 대표했다. 역사주의는 일단 외관만 기준으로 보면 파리 중앙시장을 제외한 앞의 모든 건물이 해당했다. 신건축은 주로 철재, 즉 철물이라는 재료로 집중되는데, 순수한 철재 건축은 파리 중앙시장 하나였으며 실내에서는 생트주느비에브 도서관, 파리 동역, 파리 북역, 생퇴젠 교회, 국립도서관 등도 철제를 주요 구조 골격으로 사용한 점에서 신건축으로 분류할 수

17-8. 생퇴젠 교회Église de Saint-Eugène (위 왼쪽)

17-9. 노트르담 들라크루아 교회 (위 오른쪽)

17-10. 생오귀스탱 교회(아래)

있다.도 17-8, 17-9 이외에 누보 루브르, 성삼위일체 교회, 파리 오페라 하우스 등은 실내도 역사주의 양식이었다.도 17-4, 17-10

보혁의 두 경향은 제2제국 때에 대립 양상을 보이며 독자적인 흐름을 구축한 뒤 각자의 본격적인 융성은 모두 다음 시대인 제3공화국 이후부터 나타났다. 두 건축은 대표 이미지와 추구하는 방향이 반대였다. 신건축은 파리 북역과 파리 동역의 맞이방과 플랫폼에서 보듯이 철제 골조에 유리로 덮은 천장이 상징적인 구성이었다. 단순한 기차역의 기능을 넘어 내연기관과 철도라는 산업혁명의 대표적 결과물을 건축 공간과 일치시켜 상징적으로 구현한 걸로 해석할 수 있다. 역사주의는 앞에서 설명한 대로 과거 양식의 리바이벌을 통칭했다. 제2제국 때 실제 지어진 건물의 외관에서는 아직 역사주의가 대세였다. 재료와 시공 방식이 바뀌면 그에 합당한 새로운 건축 양식이 창출되어야 하는데 19세기 신건축은 아직 그 단계에 이르지 못했다.

다섯째, 반대로 사회 통합에 중요한 역할을 한 측면도 컸다. '보혁 대립'은 건축 양식에 국한한 현상이었다. 과장해서 말하면 건축 재료가 석재냐 철재냐의 차이에 따른 현상이라고도 할 수 있었다. 나폴레옹 3세를 정점으로 한 당시의 사회적 의미를 기준으로 보면 통합의 역할이 컸다. 당시 파리 사회는 극심한 계층 갈등에 시달리고 있었다. 이런 상황에서 건축 사업은 갈등을 증폭시킬 위험성이 높은 게 일반적이라 할 수 있는데, 나폴레옹 3세는 거꾸로 이를 통해 갈등을 비교적 잘 봉합한 편이었다.

앞에서 보았듯이 정치 행보부터 '타협-균형-통합'을 지향했는데, 여기에서 파리의 도시건축이 중요한 역할을 했다. 정치사에서는 이런 봉합을 여러 이익 집단에 휘둘린 걸로 보기도 하지만 건축에서는 앞과 같은 발전적 방향을 통해 상대적으로 좀 더 긍정적인 결과를 낳은 걸로 평가할 수 있다. 구체적으로 네 가지 점을 들 수 있다.

우선 앞의 네오바로크라는 국가 양식 자체가 국민을 하나로 묶는 역할을 했다. 주변 열강과의 치열한 제국경쟁에서 국가를 대표하는 건축 양식이 탄생했다는 건 백만대군을 얻은 효과가 있었다. 다음으로 도서관과 오페라 하우스 등 공공 성격의 문화 시설이 부쩍 늘어났으며 기차역과 시장 등 미래를 향한 발전적 시설도 여럿 지어졌다. 다음으로 철물과 유리라는 신재료의 사용이 부쩍 늘면서 밝고 위생적인 실내 공간이 등장해 널리 보급되었다. 특히 대형 공공건물은 역사주의 양식의 외관과 '철물-유리 천장'의 실내가 짝을 이루는 경우가 많아서 이 자체가 통합의 효과를 발휘했다. 마지막으로 과시적 경향 또한 거석 구조 대신 이런 분위기에 맞춰 화려한 장식에 집중했다. 이는 가로를 오가는 시민들을 향한 시각적 봉사의 역할도 겸했다.

18장

네오바로크

제2제국의 프랑스 국가 양식

19세기 민족주의와 국가 양식

조국, 민족, 문화 전통

'국가 양식'은 앞에서 근대적 보편주의를 얘기할 때 한 번 살펴보았듯이 말 그대로 '한 국가를 대표하는 건축 양식'을 말한다. 매우 포괄적인 개념이어서 명확성의 차이를 전제로 국가가 있는 곳이면 늘 존재했다고 할 수 있다. 실제로 동서고금을 통틀어 정도의 차이만 있을 뿐 국가 양식을 창출하려는 움직임은 어느 지역, 어느 시대에나 늘 있었다. 또한 양식의 명확성이나 성공의 정도 등에서 차이는 있을지언정 구체적인 결과물로서의 국가 양식도 항상 창출되었다.

프랑스에서는 루이 14세 때 창출한 '프랑스 바로크 고전주의'가 가장 대표적이었다. 이어 유럽 전체로 확장하면 19세기가 국가 양식을 가장 폭넓고 중요하게 추구하던 시대였다. 여기에는 19세기만의 정치적·사회적 배경이 있었는데, 크게 '근대적 통일국가-제국주의-민족주의'의 세 가지를 들 수 있다. 이 셋은 함께 작동했다. 근대적 통일국가를 기반으로 제국 경쟁이 치열하게 벌어졌으며 이를 뒷받침하기 위해 민족주의 사상이 대두되었다. 민족 단위로 이루어진 근대적 통일국가가 제국주의를 이루는 요체였다. 이때 '통일'과 '경쟁'을 독려하기 위해 국민을 통합해야 했고 여기에 동원한 개념이 '민족 공동체'였으며, 다시 이를 통해 국가를 방위하고 돋보이게 하기 위한 강조 전략으로서의 '민족주의'가 탄생하게 되었다.

이런 '민족주의'는 크게 '조국'과 '국민'이라는 두 가지 요소로 구성된다. 먼저 '조국'은 영토 혹은 국토라는 물리적 공간을 토대로 일정 수의 인구가 모여 이룬 '정치-사회-경제-문화'의 실체적 집합체를 의미한다. 민족주의를 공간의 관점에서 정의한 것이며, 이때 공간은 결국 국토라는 '땅'의 역할로 귀결된다. 즉 국토라는 땅을 기반으로 구성원들 사이에 공통의 정신적 가치를 형성하고 유지하면서 생명을 보존받고 정상적인 일상생활을 영위하게 해주는 공간적 범위가 '조국'인 것이다. '땅'은 자연환경, 지리학적 특징, 지정학적 상황 등 여러 요소를 통해 그 위에 터전을 잡고 살아가는 구성원들에게 정신적 실체를 형성해주는데, 이를 '땅의 정신'이라 부를 수 있다. 구체적으로는 공통의 생명 가치, 사회 규범, 선악의 관습적 기준, 공공의 영웅성 등을 들 수 있다.

다음 '국민'은 유전 형질, 종족, 언어, 문화, 역사, 종교 등을 기준으로 한 인적人的 공동체를 의미한다. 앞에서 말한 자연환경, 지리학적 특징, 지정학적 상황 등 조국을 결정하는 공간적 기준 내에서 가장 효율적인 인간 집단의 형태라 할 수 있다. 이런 '국민'을 결정짓는 기준으로는 경제 활동, 정치 이념, 사회 체제, 정신 관습, 문화 규범, 예술 감성 등을 들 수 있다. 이때 여러 요소 가운데 하나이긴 하지만 '역사'가 들어간 점에서 '국민'은 민족주의와 관련한 시간의 기준을 내포한다고 할 수 있다.

이상은 민족주의의 원론적 정의다. 국가 양식의 배경으로서의 민족주의에는 '조국'과 '민족'에 '문화 전통'이라는 한 가지 요소를 더할 수 있다. '문화 전통'은 '조국'이라는 영토 범위 내에서 '국민'이라는 인적 공동체가 오랜 기간 함께 일구어온 사회 문명의 전통과 역사를 의미한다. 이 가운데 건축을 매개로 한 국가 양식은 민족주의를 구현하기에 가장 좋은 분야였다. 대지 위에 구조물을 짓는 일이어서 기본적으로 '조국'에서 파생한 '땅의 정신'과 연계되어 있다. '국민'과의 관계도 마찬가지여서 이를 결정짓는 앞의 여러 기준은 그대로 국가 양식의 특징으로 구체화하여 나타난다. 또한 '오랜 기간'에서 알 수 있듯이 시간이 중요한 요소이며 이런 점에서 '국민'의 구성 요소인 '역사'와 함께 작동한다.

'문화 전통'이라는 요소는 프랑스의 철학자이자 역사가이자 작가였던 에르네스트 르낭Ernest Renan(1823~1892년)이 정의한 민족주의 개념에도 잘 나타난다. 르낭은 "국민은 하나의 영혼이며 정신적인 원리다"라고 하면서 그 두 가지 구성 요소로 '기억 속에 새겨진 유산의 공유' 그리고 '함께 살고자 하는 바람에 대한 합의와 유산을 계속해서 발전시키려는 의지'를 주장했다. 이 대목에는 국가 양식과의 연관성을 강하게 내포하는 단어들이 여럿인데, '기억', '유산', '함께 살고자', '합의', '의지' 등이다.

이상과 같은 조국, 국민, 문화 전통은 모두 지금은 보편화한 개념이지만 성립 시기는 생각 외로 그리 오래되지 않았다. 문화권마다 차이가 있는데, 유럽의 경우 보통 18세기 이후 통일국가가 완성되면서 형성된 걸로 본다. 이전 시대 유럽의 지정학적 지도는 이합집산을 거듭하는 가운데 프랑스와 영국이 가장 먼저 근대적 통일국가를 이루었으며, 이를 바탕으로 19세기에 민족주의 바람을 이끌었다. 19세기에는 또한 1870년의 이탈리아 통일과 1871년의 독일 통일이 중요한 사건이었다. 통일을 이루기 위한 토대로서 민족주의 바람이 거셌으며 통일 이후에는 다시 통일을 유지하며 제국으로 성장하는 데에도 민족주의가 핵심적 역할을 했다. 제국경쟁은 이 모든 과정을 포괄하는 동의어 개념이었다. 근대적 통일국가와 제국경쟁 모두에서 영국과 프랑스가 가세해 쌍두마차를 형성했으며, 통일 독일이 제2제국 체제를 갖추고 가세했다. 산업혁명이 늦었던 이탈리아와 스페인 등은 상대적으로 뒤처졌다.

국민 통합에 결정적 역할을 한 국가 양식

국가 양식은 이런 배경 아래 민족주의 바람과 제국경쟁을 건축이 담당한, 혹은 건축으로 표현한 걸로 볼 수 있다. 이때 '도시'를 더해서 '도시건축'으로 보면 더 정확할 수 있다. 민족주의를 바탕으로 한 제국경쟁은 일차적으로 조국과 국민의 두 요소가 핵심이지만 19세기 유럽 상황에서는 국가 양식 역시 이에 못지않게 중요했다. 특히 국민을 하나로 통합하는 역할에서 큰 힘을 발휘했다.

조국과 국민은 대체로 객관적이고 선험적인 요소인 데 반해 도시건축은 주관적이고 귀납적인 요소로 볼 수 있다. 조국과 국민이 영토와 인적 동질성을 바탕으로 민족주의를 이끌었다면 도시건축은 이것을 실제 현실에서 구체화하며 완성하는 역할을 담당했다. 도시는 가장 많은 수의 인구가 모여서 오랜 기간 삶의 터전을 일구어 탄생하게 되며 건축은 민족 구성원의 일상생활을 담아내는 구체적인 그릇이다. 이때 가능한 한 많은 수의 구성원이 공유하고 감동할 수 있는 건축 양식이 있다면 국민을 통합하고 조국을 완성하는 데 큰 도움이 될 것이다. 이처럼 국가 양식은 국가 구성원들 사이에서 공통성을 형성하는 데 큰 위력을 발휘했다. 즉 개인의 인식 범위를 넘어서는 국가라는 넓은 공간과 역사라는 오랜 시간을 하나로 묶어 공유하게 해주는 접착력 같은 힘을 말한다.

정치적으로나 사회적으로는 제국경쟁 속에서 자국의 자랑스러운 역사를 드높이 드러냄으로써 국민을 하나로 통합할 수 있는 건축 양식이었다. 국가 역량을 극대화하는 데에 필요한 모든 자원을 총동원해야 하는 국제 정세 속에서 각국의 자랑스러운 역사만큼 중요하고 효과가 큰 분야도 없었다. 나아가 이것을 대형 공공건물이라는 물리적 기념비와 문화적 상징물로 실제 지어내는 일은 국가에 대한 자긍심을 심어주기에 충분하고도 남았다. 국가 구성원들 사이의 동의와 공감을 바탕으로 우리만의 전형적인 공간 환경을 형성하고 그 속에서 우리만의 일상생활을 하나로 묶어주는 상징적 표출이 바로 국가 양식이었다.

이에 따라 열강은 각자의 역사에서 가장 자랑스러운 시기를 이끌던 건축 양식을 리바이벌시켜 국가 양식으로 삼았다. 독일은 오토 1세 대제Otto I der Grosse(독일 국왕 재위 936~973년, 신성로마제국 황제 재위 962~973년) 때의 양식을 리바이벌시킨 네오로마네스크neo-Romanesque가, 영국은 튜더 왕조Tudor Dynasty(1485~1603년) 때의 건축을 리바이벌시킨 빅토리안 고딕

Victorian Gothic이, 프랑스는 루이 14세Louis XIV(재위 1643~1715년) 때의 건축을 리바이벌시킨 네오바로크neo-Baroque가 각각 국가 양식이 되었다. 한편 보혁 대립이라는 좀 다른 관점에서 보면 국가 양식을 둘러싼 이런 정치적·사회적 배경은 산업혁명의 세기인 19세기에 철 지난 역사주의가 유행한 이유이기도 했다.

프랑스의 19세기 국가 양식

나폴레옹 3세의 네오바로크

프랑스는 19세기 유럽에서 국가 양식을 앞장서서 이끌며 가장 활발하게 진행한 국가였다. 이미 오래전부터 국가 양식을 일구어온 오랜 전통이 있었다. 도시건축이 통일된 국가 개념을 유지하고 국가체제를 발전시키는 데 항상 중요한 역할을 해온 전통이었다. 유럽에서 가장 먼저 통일국가를 이룬 국가답게 '중세-초기 근대-18세기'의 오랜 기간에 걸쳐 국가 정체성을 확립하고 국민을 하나로 통합해줄 국가 양식의 창출에 특히 공을 들였다. 고딕건축의 구조 미학과 합리성 정신부터 국가 양식의 인식이 깃들었으며, 본격적인 완성은 이탈리아 고전주의를 받아들여 프랑스 고전주의로 완성해낸 루이 14세 때 처음 이루어졌다. 이 내용은 『파리 도시건축의 역사: 중세와 고전의 시대』에서 자세히 다룬 바 있다. 이어 이 책의 앞에서 보았듯이 18세기에 근대적 보편주의로 한 번 더 발전한 뒤 19세기에 마지막 절정을 이루었다.

20세기 이후 현재에 이르는 근현대 건축에서도 물론 국가 양식이라는 주제가 완전히 사라지지는 않았지만, 상대적으로 많이 약해졌기 때문에 이 주제의 마지막 절정기는 사실상 19세기였다고 할 수 있다. 중심 시기는 나폴레옹 3세의 제2제국이었다. 제1제국(1804~1814년)에서는 제국 양식이 등장했지만, 아직 국가 양식 개념은 약했다. 그보다는 역사주의를 제국 양식으로 각색·전환하는 작업에서 일정한 성과가 있었다. 왕정복고와 7월 혁명 정부를 합한 1814~1848년에는 파리의 도시건축이 도로 건설,

철도 개통, 외곽 산업 지대 개발 등의 도시개발에 집중되면서 개별 건물 활동은 주춤했기 때문에 국가 양식을 논할 건축 소재 자체가 부족했다.

이어 등장한 제2제국에서는 앞과 같은 국가 양식이 창출될 여러 여건이 잘 갖추어지게 되었다. 우선 나폴레옹 3세부터 국가 양식에 대한 인식이 확고했으며 실제로 이를 구현한 주요 대형 공공건물을 여러 채 지었다. 당시의 정치적·사회적 상황도 국민 통합이 절실한 제국경쟁의 한복판이어서 건축가와 국민 역시 이에 적극적으로 호응했다. 이를 주도한 황제의 이름이나 제국의 이름을 넣어 '나폴레옹 3세 양식' 혹은 '제2제국 양식' 등으로도 부른다. 도시건축은 물론이고 문화, 정치, 사회, 역사 등 여러 분야와 연계된 포괄적 양식이었으며, 나폴레옹 3세는 내부 통합을 이루는 데에 국가 양식을 긴요하게 활용했다.

이상의 배경 아래 제2제국 때 국가 양식으로 네오바로크가 낙점되었으며, 이 양식은 사실상 19세기 전체를 대표하는 프랑스의 국가 양식이 되었다. 여러 건축가의 활약이 있었지만 가장 중요한 인물은 네오바로크를 정치적으로 주도하고 완성한 나폴레옹 3세 자신이었다. 그는 우선 개인적으로 건축에 관심과 소질이 많았다. 그가 주도한 공공건물을 볼 때 취향은 일차적으로는 복고주의나 역사주의였다. 하지만 이와 동시에 산업혁명 시대에 제국을 이끄는 황제로서의 책무에도 충실해서 신건축을 향한 후원도 잊지 않았다. 이렇게 보면 그는 현실주의자나 절충주의자로 보는 게 더 정확할 것이다.

이런 그의 책무 가운데에는 제국에 걸맞은 국가 양식을 창출하는 일도 앞 순위에 들어 있었다. 그는 네오바로크라는 양식을 통해 이 책무를 성공적으로 수행했다. 이를 건축 양식으로 좁혀 보면 여러 역사주의 양식 가운데 프랑스를 대표하는 양식 한 가지를 선택하는 문제였다. 이는 역사주의와 신건축 사이의 이른바 보혁갈등과 별개로 역사주의 내 여러 양식 사이의 경쟁이라는 다른 차원의 문제였다. 건축의 보혁갈등은 건축계나 문화계에서는 첨예한 문제였지만, 당시 제국경쟁이라는 더 큰 국제질서를 기준으로 보면 이보다 더 중요한 것이 국민을 하나로 통합해줄 건축 양식을 찾는 일이었다. 프랑스는 네오바로크라는 국가 양식을 창출했을 뿐 아니라 이를 오스망 재개발에 적용해서 실제로 파리를 대표하는 대형 공공 건물들을 여럿 건설함으로써 국가 양식의 사회적·정치적 효과 면에서 가장 성공을 거둔 나라였다.

국가 양식의 후보로 네오고딕을 누르고 선정된 네오바로크

19세기 국가 양식은 역사주의의 후보가 될 수 있는 선례가 여러 개여서 처음부터 한 가지만을 국가 양식으로 삼아 진행하던 앞 시대와는 양상이 달랐다. 중세에는 고딕이, 루이 14세 때에는 프랑스 바로크 고전주의가 처음부터 국가 양식으로 정해졌으며 이때 관건은 이를 얼마나 '프랑스답게' 숙성시키느냐에 있었다. 반면 19세기 국가 양식의 관건은 '선택'이었다. 선택에는 기준이 있어야 하는데, 크게 다섯 가지를 들 수 있다.

첫째, 자국의 역사 가운데 가장 융성하고 자랑스러웠던 때의 건축 양식이어야 한다. 둘째, 현재 가장 많은 수의 국민이 사랑할 수 있는 대중주의 요소를 갖추어야 한다. 셋째, 도시건축의 개발 사업에 적용하거나 실제로 건설하는 데 어려움이 없어야만 한다. 넷째, 건축 양식에 더해 국민 사이를 소통시킬 역사적 얘깃거리를 함께 갖춘 양식이 좋다. 다섯째, 이상을 종합해서 국가의 영광을 드러내는 기념비로서 제국 체제의 안정이라는 정치적 효과를 극대화할 수 있어야 한다.

유럽의 각 나라는 이 기준에 따라 국가 양식의 후보가 될 과거 양식을 찾는 작업을 벌였다. 프랑스는 그 후보가 여럿이었는데 크게 둘로 좁혀 볼 수 있다. 순수하게 건축 양식으로 좁혀 보면 고딕은 혼성 문화로 구축한 프랑스 건축사에서 프랑스가 종주국인 유일한 양식이었다. 이에 따라 고딕양식을 리바이벌한 네오고딕이 국가 양식이 될 수 있었다. 우선 필리프 2세Philippe II(재위 1180~1223년)와 루이 9세Louis IX(재위 1226~1270년)라는 두 현군이 남긴 찬란한 역사적 업적이 있었고 여기에서 파생하는 일화도 풍성했다. 노트르담대성당과 생트샤펠이라는 빼어난 두 걸작도 갖추고 있었다.

정치적으로 보면 가장 강력한 군주이자 국가 양식을 이미 한 번 완성했던 루이 14세 양식, 즉 프랑스 바로크 고전주의가 적절한 후보였다. 루이 14세는 또한 유럽에서 가장 먼저 근대적 통일국가의 기틀을 닦고 중앙집권을 강화하는 등 프랑스의 정치적 업적을 대표한다는 상징성도 있었다. 루이 14세의 국가 양식에 담긴 이런 상징성은 그대로 제국경쟁이라는 19세기 상황에 활용하기에도 적절했다. 이런 배경 아래 나폴레옹 3세는 루이 14세의 바로크 양식을 리바이벌한 네오바로크를 19세기 프랑스의 국가 양식으로 정했다.

19세기 상황에서 두 양식을 비교해도 바로크가 우위에 있었다. 우선 고딕은 한계가 확실했다. 로마 가톨릭의 영향을 받아 탄생한 양식이었기 때문에 로마와의 연계성이 강하다는 인상이 남아 있었다. 프랑스대혁명과 산업혁명을 거치면서 기독교 시대가 끝났다는 시대적 인식도 중요했다. 노트르담대성당이 있기는 하지만 고딕 양식의 실질적인 대표 건물들은 모두 수도 파리가 아닌 일드프랑스Île-de-France를 비롯한 샹파뉴Champagne와 외르에르와르Eure-et-Loire 등 외곽 지역에 포진했다. 이렇게 볼 때 수도를 중심으로 펼쳐야 하는 국가 양식에는 거리감이 있었다.

건축사에서 볼 때 프랑스의 고딕건축은 매우 찬란한 국가적 업적인 게 확실했지만 무슨 이유에서인지 19세기 파리에서 네오고딕은 활성화하지 못했다. 국가 양식을 따지기 이전에 역사주의 양식 내에서도 그랬다는 뜻이다. 일부 교회 건물에 한정해서 사용한 정도였다. 추측 가능한 이유로는 경쟁국이었던 영국의 국가 양식이 네오고딕이어서 중복을 피하기 위한 이유였을 걸로 볼 수 있다.

바로크는 반대였다. 순수하게 건축적 관점에서 보면 프랑스 바로크는 이탈리아 바로크를 받아들여 시작해서 고딕보다 불리했다. 그러나 일정한 시간이 흐른 뒤에 이런 의존을 벗어나 프랑스만의 바로크 고전주의를 창출하며 국가 양식을 완성할 수 있었다. 정치적으로도 절대왕정을 이끌던 루이 14세의 양식이었기 때문에 일반 국민의 정서에는 더 호소력이 있었다. 특히 프랑스 바로크 고전주의라는 국가 양식이 전적으로 수도 파리를 중심으로 건물을 남겼기 때문에 더 그랬다.

나폴레옹 1세에 대한 향수가 남아 있던 19세기 중반으로 접어들면서 이런 분위기는 더 커졌다. 마침 그런 나폴레옹 1세가 로마 황제와 함께 유일하게 인정하고 닮고자 했던 자국의 왕이 바로 루이 14세였다. 이어 나폴레옹 3세는 다시 가계 혈통과 국가 체제 모두에서 나폴레옹 1세의 분신이라는 사실을 정치적 자산으로 삼던 차였다. 이런 그에게 루이 14세는 비록 한 다리를 건너기는 했지만 부활시켜야 할 첫 번째 인물이었다. 이런 과정을 거쳐 루이 14세 양식이 리바이벌한 네오바로크는 자연스럽게 제2제정의 국가 양식이 되었다.

네오바로크는 이처럼 건축부터 역사적 배경, 정치적 의미, 동시대 사회 상황 등에 이르기까지 다양한 배경이 있었기에 보는 관점에 따라 여러 다른 이름으로도 불렸는데, 크게 네 가지였다.

첫째, '보자르 양식Style des Beaux-Arts'으로 이는 네오바로크를 건축 내부의 관점에서 부르는 명칭이다. 우선 루이 14세의 프랑스 바로크 고전주의가 건축을 필두로 미술과 조각 등 여러 시각예술 분야를 담당하던 왕립아카데미의 산물이었다. 왕립아카데미는 프랑스대혁명 때 일시 폐쇄되기는 했지만 이후 보수주의 정권 때 다시 살아나 1819년에 여러 분야를 하나로 모아 에콜 데 보자르École des Beaux-Arts로 통합되었다. 이곳에서 교육한 내용과 이것이 실제 건축물에 적용되어 나타난 특징 등을 통틀어 '보자르 양식'으로 부르는데 네오바로크가 대표적이다.

둘째, '그랜드 스타일Grand Style'로 이는 미학의 관점에서 부르는 명칭이다. 이 역시 프랑스 바로크 고전주의 때의 미학을 배경으로 삼는다. 즉 이때의 미학이었던 그랜드 매너Grand Manner를 이어받은 기법이어서 붙인 이름이다.

셋째, '제2제국 양식Second Empire Style' 혹은 '나폴레옹 3세 양식Napoléon III Style'으로 이는 정체政體를 기준으로 붙인 명칭이다. 나폴레옹 3세의 새로운 과시욕과 잘 맞으면서 제2제국 시대에 전폭적인 지원을 받아 융성을 누린 점에서 이렇게 불렸다.

넷째, '부르주아 양식Bourgeois Style'으로 이는 네오바로크 양식을 실제 진행한 경제 주체를 기준으로 붙인 이름이다. 제2제국 때 실행한 파리 도시건축 사업의 실질적인 재정은 부르주아들이 댔다. 주로 국채를 사들이는 방식이었고 직접 투자도 있었다.

네오바로크의 진행 상황과 파리 북역

다음으로 네오바로크의 진행 상황과 구체적인 건물을 보자. 네오바로크가 처음 모습을 나타낸 건 1840년경부터로 볼 수 있다. 이때에는 아직 국가 양식보다는 역사주의의 한 갈래로 시작했다. 이어 나폴레옹 3세가 등장한 1848년부터 앞과 같은 배경을 타고 전성기를 누리기 시작했으며 누보 루브르(1852~1857년), 파리 북역(1858~1866년), 파리 오페라 하우스(1861~1875년) 등 주요 공공건물 셋을 연달아 거치면서 1850~1870년의 20년 동안 국가 양식으로 전성을 누렸다.

이어 제2제정이 끝나고 제3공화국이 시작한 1870년대 이후에도 부르주아 양식으로 채택되면서 절충주의의 한 분파로 살아남았다. 아직 끝이 아니었다. 1890~1910년 사이에는 아르누보Art Nouveau 양식에 흡수되어 20세기 초까지 생명을 유지했다. 이 과정에서 영국으로 건너가 19세기 후반에 나라를 바꿔 전성을 누렸으며, 다시 미국으로까지 전파되어 20세기 전반부에 크게 융성하는 등 질긴 생명력을 유지했다.

다음으로 네오바로크를 이끈 주요 건축가와 대표작을 보자. 우선 누보 루브르Nouveau Louvre를 설계한 엑토르-마르탱 르퓌엘Hector-Martin Lefuel(1810~1880년)-루이 비스콘티Louis Visconti(1791~1853년) 파트너가 가장 대표적이었다. 두 건축가는 사실상 네오바로크의 창시자로 볼 수 있으며 이 경향은 이후 오귀스트 바일리Auguste Bailly(1810~1892년), 테오도르 발뤼Théodore Ballu(1817~1885년), 가브리엘 다비우Gabriel Davioud(1823~1881년), 샤를 가르니에Charles Garnier(1825~1898년) 등으로 이어졌다. 다비우는 생미셸 분수Fontaine Saint-Michel(1860년)를 설계했고 가르니에는 파리 오페라 하우스의 건축가였다. 파리 북역은 절충주의 건축가 자크 이냐스 히토

18-1. 파리 북역 정면 전경(왼쪽)

18-2. 파리 북역 대합실(오른쪽)

르프Jacques Ignace Hittorff(1792~1867년)의 작품이다.

이 가운데 누보 루브르는 나폴레옹 3세와 제2제국의 왕궁답게 가장 이른 시기에 가장 큰 규모로 네오바로크를 완성한 대표적인 건물이다. 또한 왕궁이라는 기능으로 볼 때 국가 양식의 조건 가운데 '국가적 영광'을 드러내는 기념비에 해당한다. 이를 토대로 파리 시민들의 발이 된 파리 북역을 지었고 다시 도시 편의시설urban amenities인 생미셸 분수가 뒤를 이었다. 두 시설은 모두 시민들의 일상생활과 연계된 점에서 국가 양식에 담긴 대중주의 요소를 보여준다. 이어 마지막 대작인 파리 오페라 하우스가 뒤를 이었는데, 이 건물은 부르주아 양식의 특징이 강해 뒤에서 따로 자세히 살펴보겠다. 여기에서는 파리 북역과 생미셸 분수를 간단히 먼저 살펴보고 19세기 파리 도시건축을 대표하는 대작 누보 루브르를 살펴보자.

먼저 파리 북역이다. 이 건물은 그리스 고전주의와 로마 고전주의를 합한 혼합 고전주의에 바로크풍을 가미해서 최종적으로 네오바로크로 탄생시킨 것이다.도 18-1 이오니아식 기둥을 또렷하게 전면에 내세운 점과 출입구 지붕을 엔타블러처entablature(고대 고전주의 건물에서 기둥이 지지하는 윗부분을 총칭)의 강한 수평선으로 처리한 점 등은 그리스 고전주의에 해당한다. 그러나 이런 이오니아식 기둥이 벽기둥인 점과 반원형 아치를 전면에 내세운 점 등은 로마 고전주의 기법이었다.도 18-2 최종적으로 쌍기둥이 만

18-3. 생미셸 분수 전경

들어내는 중세 버팀벽 구조가 건물 전면의 인상을 대표하고 곳곳에 조각상을 세운 처리는 전형적인 프랑스 바로크 고전주의였다.

다음은 생미셸 분수로, 정식 건물은 아니지만 라탱Lain 구역의 소르본대학촌 중심부에 위치해서 많은 사람이 그 앞을 오가며 대형 조각 작품을 감상하는 즐거움을 누리게 해준다. 로마의 트레비 분수Fontana di Trevi와 파리 뤽상부르궁의 메디치 분수fontaine Médicis를 각각 본보기로 삼아 혼용한 분수다. 두 선례를 뼈대로 삼아 화려한 장식으로 마감해서 네오바로크로 탄생시켰다.도 18-3 특히 뒤쪽의 배경을 이루는 벽체가 대표적이어서 1820~1879년에 유행한 색채주의Polychrome를 도입했다. 용을 물리치는 천사 미카엘의 청동상도 바로크 특유의 장식을 보여주는데 프랑수아-조제프 뒤레François-Joseph Duret(1729~1816년)의 작품이다.

누보 루브르

튈르리궁과의 연결을 마무리하고 화려한 장식으로 치장하다

루브르궁은 건축 역사가 복잡하고 유구한 건물이다. 루이 14세 때 올드 루브르를 완성한 뒤 프랑스대혁명 때인 1793년에 루브르 박물관이 되었다. 이어 나폴레옹 1세도 공을 들였는데 박물관 기능은 유지하면서 주로 튈르리궁Palais des Tuileries과의 연결 복도를 증·개축했고 로앙 파비옹Pavillon Rohan의 공사를 시작했다. 왕정복고 때에는 우선 루이 18세Louis XVIII(재위 1814~1824년)가 로앙 파비옹을 준공했고 샤를 10세Charles X(재위 1824~1830년)는 화려한 실내 장식을 추가했다.

드디어 나폴레옹 3세가 이어받았다. 그는 1852년 5월 12일에 루브르 증축 공사를 시작하면서 5년 안에 마무리해야 한다는 칙령을 발표했다. 앙리 4세가 계획했던 그랜드 디자인을 마무리함과 동시에 자신만의 새로운 부분을 추가하는 사업이었으며, 이런 점에서 '새로운 루브르'라는 뜻의 '누보 루브르'라 명명했다. 상당히 큰 공사여서 5년 내에 끝내는 건 쉽지 않았는데 황제가 직접 진두지휘하면서 이를 지켜 1857년에 준공했다. 주요 공사는 크게 다섯 방향으로 진행되었다.

첫째, 루브르궁 단지 서쪽 바깥 지역인 쿠르 뒤 카루젤Cour du Carrousel 일대에 남아 있던 집들을 완전히 철거했다. 나폴레옹 1세가 마무리하지 못한 철거인데 이를 끝낸 것이다. 쿠르 뒤 카루젤 가운데 주로 북쪽 부분에 해당했으며 철거가 완료되자 이 부지에 건물 공사를 본격적으로 시작했다.

둘째, 실제로 지어진 건물 부분으로 1989년에 증축한 그랑 피라미드를 제외하면 사실상 현재의 루브르 박물관을 완성했다.도 18-4 연차적으로 지어나갔는데, 가장 먼저 나폴레옹 갤러리를 들 수 있다. 튈르리궁과의 북쪽 연결 복도인데 나폴레옹 1세가 공사를 시작했다가 미완성으로 남겼던 것을 완성한 것이다. 이 공사는 비스콘티가 먼저 시작했으며 르퓌

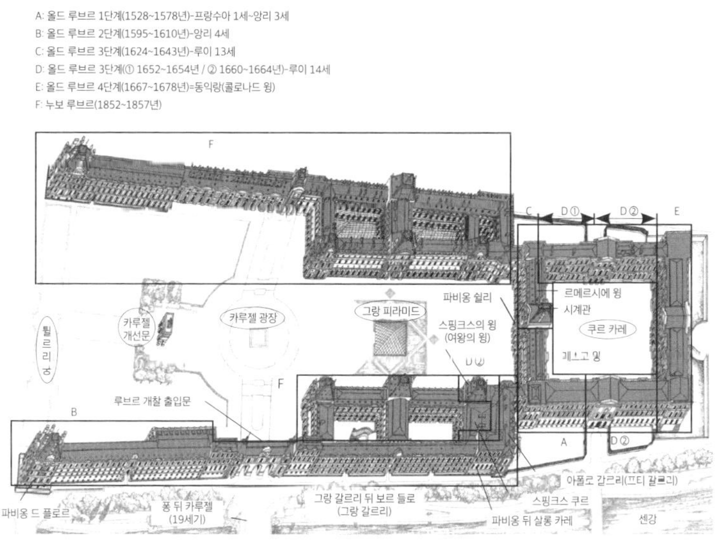

18-4. 루브르궁(지금의 루브르 박물관) 공사 단계. 회색 음영 부분이 나폴레옹 3세 때 확장한 누보 루브르다.

엘이 받아서 준공했다. 북쪽 복도의 반대편인 남쪽 복도는 앙리 4세 때인 1594/1595~1609/1610년에 그랑 갈르리Grand Galerie라는 이름으로 이미 지어져 있었다. 튈르리궁과 루브르궁의 연결이 최종 마무리된 것이며, 이로써 'ㅁ'자형의 올드 루브르 서쪽에 'ㅡ'자형 건물이 두 번 반복해서 이어지면서 튈르리궁까지 연결되었다. 두 복도 가운데 남쪽의 그랑 갈르리는 원래 '그랑 갈르리 뒤 보르 들로Grand Galerie du Bord de l'Eau'라는 긴 이름이었으며 중간쯤에 매표소가 있었고 이를 통과하면 센강 쪽으로 카루젤교Pont du Carrousel와 이어졌다.

셋째, 연결 복도 두 곳 모두 올드 루브르와 인접한 쪽에 건물을 추가로 세웠다. 어떤 면에서는 누보 루브르의 핵심 부분이기도 했는데 상당히 큰 공사였다. 우선 부분 격자를 이루는 여섯 개의 중정이 핵심이었다. 남쪽과 북쪽에 각 세 개씩 두고 이름을 붙였다. 남쪽 그랑 갈르리 방향의 세 안마당은 서쪽부터 동쪽으로 차례대로 '르퓌엘 쿠르Cour Lefuel-비스콘티 쿠르Cour Visconti-스핑크스 쿠르Cour du Sphinx' 등이었다. 북쪽 나폴레옹 갈르리 방향 역시 같은 방향으로 '마를리 쿠르Cour Marly-퓌제 쿠르Cour Puget'의 두 곳까지 이름을 붙였고 나머지 하나는 이름이 없는 상태로 놔뒀다. 양쪽 안마당 사이의 넓은 안마당은 '나폴레옹 쿠르Cour Napoléon'가 되었다.

넷째, 나폴레옹 쿠르를 접하는 여러 건물의 입면을 네오바로크 양식으로 화려하게 장식했다. 장식이 워낙 화려해서 보통 '누보 루브르'라 하면 이 입면 부분을 좁혀서 지칭하며, 이는 네오바로크의 특징과도 잘 부합한다. 경사지붕과 돔을 합한 프랑스 특유의 지붕으로 마무리했으며 입면 자체는 고전 기둥과 함께 각종 화려한 조각상과 돋을새김으로 장식했다. 이런 혼용은 르네상스 때부터 시작된 프랑스 국가 양식의 핵심인데 이것이 19세기에 최종적으로 완성된 것이다.

이어서 파비옹마다 프랑스의 영광을 일군 명재상을 비롯한 위인들의 이름을 붙였다. 나폴레옹 갈르리 쪽에서는 동쪽 절반을 '리슐리외 파비옹Pavillon Richelieu', 서쪽 절반을 '로앙 파비옹Pavillon Rohan'(지금의 콜베르 파비옹Pavillon Colbert)이라 각각 명명했다.도 18-5, 18-6 그랑 갈르리 쪽은 동쪽 절반을 '드농 파비옹Pavillon Denon', 서쪽 절반을 '몰리앙 파비옹Pavillon Mollien'이라 각각 명명했다.도 18-7

이 가운데 나폴레옹 갈르리 쪽의 리슐리외 파비옹 부분이 나폴레옹 3세가 새로 추가한 도서관이었다. 도서관 추가는 의미가 컸다. 프랑스대혁명 때 시민을 위한 대중 시설인 박물관으로 용도가 변경된 역사적 배경과 정치적 선의를 존중하면서 보강한다는 의미를 지녔기 때문이다. 비록 제국이라는 정체는 혁명 정신에 반하는 것일 수 있지만, 그 바탕에 깔린 시민정신은 이어받겠다는 정치적 선언이었다. 이 점은 나폴레옹 3세의 타협적·절충적 정치 전략의 하나로 볼 수 있다.

다섯째, 앙리 4세 때 만든 올드 루브르의 안마당인 쿠르 카레Cour Carée 쪽에도 누보 루브르와 같은 형식으로 증·개축을 단행했다. 주로 레스코와 르메르시에가 설계한 부분이며 나폴레옹 쿠르로 나가는 중앙 부분을 화려하게 증·개축하면서 '쉴리 파비옹Pavillon Sully'이라 명명했다.도 18-8

18-5. 누보 루브르 리슐리외 파비옹Pavillon Richelieu(위)

18-6. 누보 루브르 로앙 파비옹Pavillon Rohan(현재 콜베르 파비옹Pavillon Colbert) (가운데 왼쪽)

18-7. 누보 루브르 드농 파비옹Pavillon Denon(가운데 오른쪽)

18-8. 누보 루브르 쉴리 파비옹Pavillon Sully(아래)

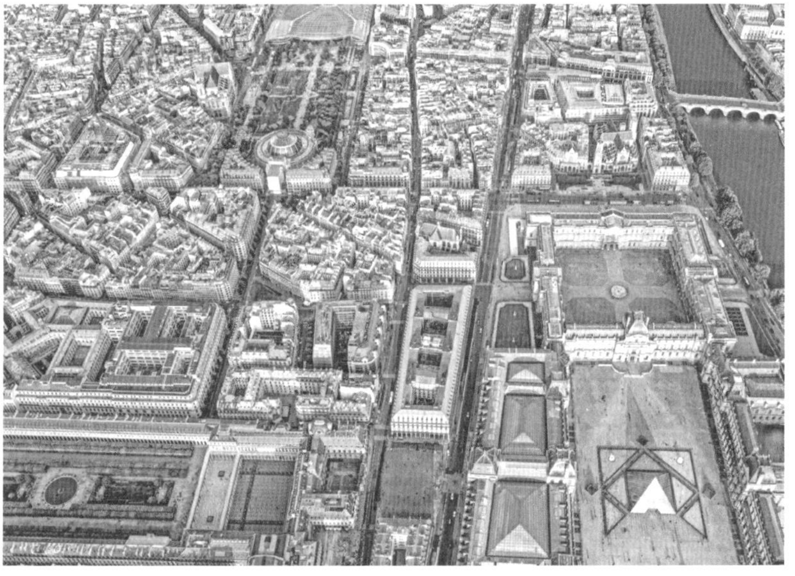

18-9. 리슐리외 파비옹을 중심 건물로 삼아 길게 뻗어 제2제국의 위용을 자랑하는 누보 루브르의 네오바로크 양식(위 왼쪽)

18-10. 누보 루브르 준공 당시 기념 그림. 위용을 드러내는 장면이다. (위 오른쪽)

18-11. 왼쪽의 팔레 루아얄과 중앙 위쪽의 '곡물거래소-레알(파리 중앙시장)'을 거느리며 우안의 중심축을 이루는 루브르궁(지금의 루브르 박물관) 전경(아래)

이상의 과정을 거쳐 탄생한 누보 루브르는 나폴레옹 3세 개인적으로는 물론이고 제2제국 전체를 대표하는 대작이었다. 나아가 파리의 도시건축 역사 전체에서도 가톨릭을 대표하는 노트르담대성당의 반대편에서 비기독교 건축을 대표하며 전통 시대를 양분했다. 파리 시민은 물론이고 프랑스 국민은 새로 완성한 왕궁을 보고 국가적 정체성을 확인할 수 있었으며 네오바로크라는 국가 양식 아래로 모여 치열한 제국경쟁을 이겨낼 수 있었다.도 18-9, 18-10 파리의 도시 구조 전체에서도 왕궁 단지와 경제 중심지로 이루어진 우안 전역에서 코어를 확실하게 구축함으로써 파리의 중심 공간으로 거듭났다.도 15-19, 18-11 세부적으로는 국가 양식이 이런 역할을 총괄했는데 구체적인 내용은 크게 다섯 가지로 정리할 수 있다.

첫째, 17세기 프랑스 바로크 고전주의를 이어받았다. 구체적 선례는 뤽상부르궁과 튈르리궁 등 주로 바로크 시대의 왕궁이었다. 순수하게 건축적으로만 보면 소르본대학교회, 앵발리드 돔, 발 드 그라스 등 교회 건축에서 완성된 프랑스 바로크 고전주의도 중요한 선례였다. 둘째, 이어 루이 15세 때의 육군사관학교와의 연관성도 확실하게 관찰된다. 건물 전체를 긴 수평선으로 처리한 뒤 파비옹으로 분절하고 중앙 출입구 건물에 프랑스의 전통 지붕을 얹은 처리 등이 구체적인 내용이었다. 셋째, 건물 외벽에 조각 작품과 돋을새김을 부착해서 프랑스 바로크 고전주의를 더욱 화려하고 장식적으로 각색했다. 넷째, 여러 파비옹에 절대왕정을 비롯하여 초기 근대와 근대 전기의 프랑스 전성기를 이끈 주요 재상 이름을 붙임으로써 과거의 영광을 이어받았다. 다섯째, 1989년에 준공한 유리 피라미드인 '그랑 피라미드'가 더해지면서 누보 루브르의 네오바로크는 현대의 '그랑 루브르'로 연결된다.도 18-12

18-12. 유리 피라미드와 분수가 더해진 현대의 '그랑 루브르Grand Louvre'

19장 제3공화국의 도시 상황

산업혁명, 수직 고밀화, 아돌프 알팡

제3공화국의 정치 상황

혼란 속에 태어나 전성기를 구가하다

제3공화국은 보통 1870~1945년 사이를 말한다. 독일에 항복한 1940년까지로 보기도 하는데 드 골 장군이 이끄는 망명정부가 있었기 때문에 보통 프랑스의 주권을 존중하는 뜻으로 1945년까지를 잡는다. 두 세기에 걸치게 되는데, 1900년 파리 만국박람회를 기점으로 19세기와 20세기로 갈린다. 이 책에서는 제3공화국의 19세기 부분인 1870~1900년까지 집필하고 20세기 이후 현재까지의 파리 현대건축은 다음 기회에 집필할 계획이다. 1900년을 기점으로 아르누보Art Nouveau가 이끄는 근대건축으로 넘어가는데 이 책에서는 전통 시대의 마지막까지만 살필 것이기 때문이다.

제3공화국은 다시 격변의 시기였다. 제2제국이 붕괴한 결정적이고 직접적인 계기는 프랑스-프로이센 전쟁(보불전쟁, 1870년 7월~1871년 5월)에서의 패배였다. 그러나 이미 1864년에 노동자의 정치적·사회적 평등권을 요구하는 '60인 선언'이 발표되는 등 시대 흐름에 따른 개혁 요구는 나날이 높아가고 있었다. 더하여 부의 분배라는 더 큰 불안 요인이 겹쳤다. 산업혁명이 상당히 진행되면서 부를 축적하는 데에는 성공했지만 이를 분배하는 문제는 결코 쉬운 일이 아니었다. 분배 과정에서 불평등이 발생할 수밖에 없어서 정치개혁과 사회개혁의 요구에 사회주의 운동까지 가세하며 제2제국 말기의 프랑스는 혼란에 빠져들었다.

19-1. 1871년 1월 6일 프로이센군의 파리 포위 장면(위)

19-2. 1870년 9월 4일 국회의사당 앞에서 제국종결을 선언하는 시민 혁명 세력. 쥘 디디에Jules Didier(1831~1914년)와 자크 귀오Jacques Guiaud(1810~1876년)의 작품(아래)

엎친 데 덮친 격으로 1868년 스페인의 왕위 계승 문제에 개입했다가 프로이센과 분쟁이 발생했다. 분쟁은 가라앉지 않고 커가는 가운데 국내에서의 개혁 일정은 그것대로 계속 진행했다. 1870년은 이 두 가지 대형 사건이 겹치면서 제2제국의 마지막 해가 되었다. 먼저 시민개혁 세력이 1870년 5월에 개혁안을 국민투표에 부쳐 통과시켰다. 7월에는 급기야 프로이센과의 전쟁이 발발했지만 싱겁게 무릎을 꿇었다. 9월 2일에 나폴레옹 3세가 포로로 잡히는 등 연전연패하다가 급기야 파리가 포위당했다.도 19-1 시민개혁 세력은 통과된 헌법을 바탕으로 9월 4일에 제3공화국을 선언했다.도 19-2 이로써 제2제국은 공식적으로 종식을 고했고 제3공화국 시대로 넘어갔다.

하지만 사회는 안정되지 못했다. 공화국 선포는 정치개혁으로서는 성공이었지만 분배 문제는 해결되지 않았고 프로이센의 파리 포위도 계속했으며, 이 두 문제가 합해져서 1871년의 파리 코뮌 사태가 터지게 된다. 먼저 1870년 10월부터 파리에서는 노동자와 사회주의가 연합해서 소요사태가 일어났고, 1871년 1월 28일에는 프로이센에 의해 포위 4개월 만에 파리가 함락되며 프랑스가 결국 항복했다. 이보다 10일 전인 1월 18일 독일 황제 빌헬름 1세Wilhelm I(프로이센 왕 재위 1861~1871년, 독일 제2제국 황제 재위 1871~1888년)는 베르사유궁에서 독일의 통일을 선언했다. 2월 8일에는 선거를 통해 티에르 임시정부가 성립되었다. 3월에는 프로이센 군대가 파리에 입성해서 점령이 시작되었고 프랑스 정부는 베르사유에 망명정부를 세웠다.

19-3. 1871년 5월 23~24일, 콩코르드 광장과 리볼리가 일대의 전투 장면. 바리케이드를 친 코뮌군의 마지막 저항이었다. (위)

19-4. 1871년 6월에 찍은 리볼리가의 파괴된 장면 (아래)

파리 시내에서는 국민군이 결성되었고 공화연맹이 수립되어 외적 프로이센에 맞섰다. 3월 18일에 마침내 시민들이 세운 사회주의 정부인 파리 코뮌Paris Commune이 탄생했다. 프로이센은 5월 10일 프랑크푸르트 조약을 통해 알자스-로렌Alsace-Lorraine을 받는 조건으로 파리에서 철수하면서 전쟁은 끝났다. 프랑스 정부군은 파리로 진격해서 5월 21일에서 28일에 이르는 이른바 '피의 일주일' 동안 국민군을 무자비하게 진압했고 파리 코뮌은 5월 28일 최종적으로 붕괴했다.도 12-5, 19-3 파리 코뮌은 프랑스대혁명에 이어 왕실과 귀족 소유의 건물을 파괴했으며, 피의 일주일 기간에는 시가전으로 인해 다시 건물의 피해가 있었다.도 15-25, 19-4

국민군 진압에 성공한 정부는 8월 31일 제3공화국 헌법을 통과시켰고, 제3공화국이 공식적으로 출범했으며, 아돌프 티에르Adolphe Thiers(재임 1871~1873년)가 초대 대통령에 취임했다. 이후 국내외 모두 어수선한 분위기 속에서 이익 집단과 계층에 따라 많은 문제점이 산적해 있었으나 더 이상의 분열과 혼란은 공멸이라는 최소한의 국민적 동의가 이루어졌다. 제3공화국의 19세기 동안 프랑스 사회는 일정한 타협과 봉합 위에 '혼란 수습 → 피해 복원 → 안정 확보' 등의 과정을 성공적으로 이루어냈다. 시작은 프랑스대혁명에 버금갈 정도로 어수선했지만, 70여 년간 존속하며 1789년 이후 프랑스에 등장한 수많은 정체政體 가운데 가장 안정적으로 돌아간 시기로 평가받는다. 마지막 역시 독일 나치에게 항복하며 막을 내리긴 했지만 산업혁명을 동력 삼아 다시 발전의 기치를 올릴 수 있게 되었고, 중간 과정에는 벨 에포크Belle Époque를 구가하고 제1차 세계대전에서 승리하는 등의 전성기가 있었다.

대외적으로도 식민지 면적이 최고에 달하던 시기였다. 제3공화국은 공화국 체제를 내세웠지만, 실제 국가 운영 체제에서는 프랑스 식민제국의 절정기에 해당했다. 앞에서 본 바와 같이 나폴레옹 3세의 뒤를 이어 프랑스 제2식민제국Le second empire colonial français의 최전성기를 누렸다. 아프리카 전역을 비롯하여 인도, 인도차이나, 중동, 북아메리카, 남태평양, 인도양, 카리브해, 심지어 남극 등에 이르기까지 남아메리카를 제외하고는 그야말로 전 세계에 골고루 식민지를 건설했다. 당시 영국 식민제국British Colonial Empire(줄여서 '브리티시 엠파이어British Empire')에 이어 세계에서 두 번째로 넓은 제국이었다. 심지어 통계에 따라 차이는 있지만, 세계 역사 전체를 통틀어서도 10~8위에 해당하는 대제국이었다. 제3공화국 때 프랑스 제2식민제국의 총 인구는 8,000만 명을 상회했을 걸로 추정되며 영토 면적도 1,000만~1,300만 ㎢를 오갔다. 이는 953만 ㎢(브리태니커 백과사전 기준)인 현재 미국 영토의 1.04~1.36배에, 혹은 22만 ㎢인 한반도의 45.45~59.00배에 해당하는 면적인데 이런 영토가 전 세계 곳곳에 나누어 분포했던 것이었다.

새로운 개발 주체의 등장과 외곽 산업 지역의 개발

제3공화국 시기는 한마디로 '산업혁명의 시대'로 요약할 수 있다. 프랑스의 산업혁명은 1820년대에 처음 시작한 이래 1870년대 이후 본궤도에 오르면서 사회 모든 분야가 그 영향권 아래에 들어갔다. 파리의 도시건축도 마찬가지여서 이때부터는 산업화한 방식으로 새롭게 전개되었다. 마침 이전의 제2제국까지 네오바로크가 주축이 된 역사주의가 번성을 누린 데 대한 반작용의 성격도 있었다. 이 시기 이런 현상은 프랑스에 국한된 것은 아니었다. 유럽 전체에 걸쳐 나타나면서 각국의 수도를 필두로 주요 도시들은 산업화에 따른 근대화가 가장 시급하고도 핵심적인 개발 방향이 되었다.

파리도 예외가 아니어서 도시 팽창은 이제 규제에 기반한 정책으로 조절할 수 있는 단계를 넘어섰다. 1920년에 290만까지 늘어나게 되는 인구를 수용하려면 개발만이 유일한 정책이었다. 하지만 그마저도 선도적으로 대응하지 못한 채 증가하는 인구를 뒤따라가며 그에 맞춰 도시를 정비하고 개발해서 확장하는 순서로 진행했다. 그나마 이 방향으로는 잘 수행한 편이어서 제3공화국을 거치며 파리는 오늘날의 명성을 완전히 굳히게 된다.

파리는 계속 변모했고 발전했다. 큰 방향은 오스망이 추진한 재개발과 근대화 사업을 이어받은 것으로 볼 수 있다. 오스망이 도시건축과 도시행정의 양방향으로 구축한 체제가 계속 유지되면서 19세기 후반부 파리의 확장을 이끌었다. 앞 시기에 실행한 오스망 재개발 역시 산업혁명에 따른 파리의 첫 번째 구체적인 변화였는데, 그 방향은 공장 건설이 아닌 도로 체계 정비와 문화 시설의 건설이었다. 뒤이어 제3공화국에서는 좀 더 세분화한 여러 방향으로 2차 변화가 나타났다. 이 내용 역시 도시와 건축으로 나눠서 볼 수 있다. 먼저 도시에서는 여섯 가지의 구체적인 방향으로 발전이 있었다.

첫째, 사회 구조의 변화에 따라 새로운 개발 사업 주체가 등장해서 일정한 영향을 끼쳤다. 무엇보다 제3공화국을 탄생시킨 1871년 파리 코뮌 사태의 영향이 컸다. 정체도 공화정으로 바뀌면서 '왕실-왕족-귀족' 등 과거의 권력 계급 및 이들과의 정교일치로 권력의 다른 한 축을 이루던 기독교 세력은 사실상 사라졌다. 그 자리를 '시민-행정부-의회'가 차지하면서 정치·사회의 새로운 중심 세력으로 떠올랐다. 계급이 사라진 사회여서 이들에게는 '권력 계층'보다는 사회를 이끌어가는 주체라는 뜻의 '중심 세력'이라는 표현이 더 적합했다.

수도 파리는 이렇게 뒤바뀐 세상이 가장 먼저, 가장 광범위하게, 가장 강력하게 등장한 도시였다. 이들은 파리의 향후 도시개발에도 일정한 지분을 확보하며 영향을 끼쳤다. 중앙정부는 파리시(코뮌 기간은 센주) 당국 및 시의회 등과 도시 정책의 입안부터 예산 지원과 실제 개발에 이르기까지 견제와 협력의 양면적 관계를 유지하며 이끌었다. 제국경쟁이 가열하면서 국방부와 군대 등 수도방위를 책임진 부서는 직접적으로 파리의 도시건축 행정을 담당하지는 않았지만, 수도에서 벌어지던 주요 현안들에 개입했다. 본격적으로 근대기에 접어들면서 시민단체 전 단계 개념으로서 각 분야의 전문가들과 박애주의 단체 등도 파리 건설 및 개발 방향에 목소리를 내고 힘을 더했다.

둘째, 산업혁명이 진행하면서 공장지대, 즉 산업 지역을 어디에 둘 것인가의 문제가 대두했다. 이는 공장만의 문제가 아니었고 새로운 직업과 함께 등장한 전문 구역을 개발하는 고차원적인 문제와도 연계되어 있었다. 산업기술 분야를 필두로 이를 운영하는 기업과 경영 분야, 다시 이를 행정과 법률로 지원하는 정책과 법조 분야 등 여러 분야의 새로운 전문가 집단이 등장했는데 이들을 위한 구역을 어디에 둘 것인가의 문제였다.

파리는 상업 지역과 산업 지역을 분리하는 쪽으로 큰 방향을 잡았다.도 19-5, 19-6 이에 따라 공장은 가능하면 외곽에 건설했으며 시내는 상업 지역으로 개발했다. 산업 지역에서 파생하는 새로운 전문 구역은 가능한 한 이와 가까운 도심의 상업 지역에 집어넣어 함께 개발하되 산업 지역에도 최소한의 필요 시설은 배치했다. 이는 같은 시기 시내에 공장을 지었던 런던과 반대였다. 파리는 노동력 확보와 생산품 수송 등의 조건을 고려해서 도시 경계부를 공장지대, 즉 산업 지역으로 선정했다. 현재 파리 주변의 여러 신도시 지역이다. 이는 공공시설

19-5. 12구 라페부두Quai de la Rapée의 1900년경 사진. 파리에서 공장 밀집 지역이었다. (위)

19-6. 빈센트 반 고흐Vincent van Gogh(1853~1890년)의 <몽마르트르에서 바라본 파리 풍경 View of Paris from Monmartre>(1886년) (아래)

은 외곽으로 보내고 도심은 문화 시설로 채운 오스망의 개발 방식을 공장에 적용한 것이었다. 오스망의 이 방식은 근대도시 계획의 기초가 되었는데, 제3공화국의 파리도 같은 맥락을 유지한 것이다.

8층 아파트의 등장, 수직 스펙터클, 과밀문화, 만국박람회

셋째, 폭발적으로 증가하는 인구를 수용하기 위해 주거개발 사업을 지속했다. 크게 두 방향이었다. 하나는 거시적인 방향으로, 어느 정도의 고층화를 통해 수용 능력을 늘린 하우징 블록housing block 단위로 개발했다. 다른 하나는 계층과 지역에 따른 구체적인 실행이었다. 예를 들어 프티 부르주아 등 주로 유산계층이 사는 도심이나 새로 건설한 대로변은 상대적으로 고도 제한을 완화하면서 고층화되었다. 이에 따라 아파트도 이전의 6층에서 이제는 8층이 대세로 자리 잡았다. 19세기 중반경 발명된 엘리베이터도 중요한 요소였다. 오스망 재개발 때 건설한 100개가 넘는 대로를 따라 아파트가 대거 올라갔다.도 19-7, 19-8

넷째, 이에 따라 파리 시내에도 약하나마 수직선이 형성되었다. 8층 아파트는 지금 보면 높다고 할 수 없으나, 시내에 고층 건물을 최대한 억제

19-7. 튀르비고가Rue de Turbigo의 7층 아파트 모습. 1868년에 세워졌다. (왼쪽)

19-8. 오페라가Avenue de l'Opéra의 7층 아파트 모습. 1870년대 후반에 세워졌다. 아돌프 조안Adolphe Joanne(1813~1881년)의 『그림으로 보는 파리*Paris Illustré*』(1870~1876년)에 수록된 입면도다. (오른쪽)

하는 파리의 도시 전통에서는 수직선을 형성했다고 할 만했다. 특히 강력한 수평선을 이루고 있는 쭉 뻗은 대로변을 따라 세워져서 더 그러했다. 8층 아파트면 뉴욕과 시카고 같은 대서양 건너 미국의 대도시를 제외하고 당시 유럽에서는 수직선을 앞장서서 이끈 높이였다. 런던에서도 이를 신기한 논조로 소개하는 언론 기사가 줄을 이을 정도였다.

여기에 에펠탑의 인위적 높이가 더해지면서 이제 파리도 나름대로 수직선의 도시라고 할 수 있게 되었다.도 3-6, 19-9 물론 '예술의 도시'답게 수직선 역시 고층 건물 같은 단순한 높이가 아니고 앞에 형성된 '스펙터클의 미학'을 보강하는 쪽으로 나타났다. 아파트의 발코니와 출창出窓(보우 윈도우bow window)이 대표적이었다. 모두 아파트의 수직 입면에서 도로를 향해 돌출한 요소로 스펙터클의 미학 가운데 '투영projection'을 강화했다.

다섯째, 과밀을 즐기는 파리의 도시문화가 더욱 강화했다. 이는 당시 파리의 두 가지 상황과 연계되었다. 하나는 거리를 즐기는 파리 도시문화의 전통이다.도 14-16, 19-10 이 전통은 루이 14세가 개척한 '쿠르cour'(가로수 산책로 · 나무 심은 불르바르)부터 등장한 파리의 상당히 오래된 도시문화였다. 여기에는 '복적이는 많은 인파'가 필수적이다. 마침 오스망 재개발을 거치면서 스펙터클이라는 파리 특유의 가로 미학이 완성되어 있던 차에, 이를 최대한 즐기며 그 효용가치를 높이는 데에는 오히려 과밀 인구가 도움이 되었다.도 15-15, 19-11

다른 하나는 도시시설의 상업적 활용과 연계되었다. 이는 고급 상품화commodification라는 프랑스의 문화 전략 전통이 19세기 후반부 산업자본

19-9. 에펠탑Tour Eiffel(위)

19-10. 생미셸 광장Place Saint-Michel의 카페 장면(가운데)

19-11. 사람과 마차로 붐비는 탕플 불르바르Boulevard du Temple(아래)

19-12. <파리의 선택The Choice of Paris>(1860년). 영국 화가 플로렌스 클랙스턴Florence Claxton(1838~1920년)의 작품(위)

19-13. <페가와 카퓌신 불르바르가 만나는 모서리The Boulevard des Capucines at the Corner of the Rue de la Paix>(1830년경). 영국 화가 컬렛 로버트 스탠리Colet Robert Stanley(1790/1795~1868년)의 작품(아래)

주의 시대의 파리 상황에 적용된 걸로 볼 수 있다.도 19-12, 19-13 새로운 파리를 상업화해서 경제 효과를 거둬내는 데에는 과밀이 도움을 넘어 필수적이었다. 오스망 재개발을 거치며 도심에 구축된 수많은 문화 시설과 상업 시설이 잘 유지되기 위해서는 과밀이 필수적이었다. 특히 이것이 19세기 파리에서는 공장을 대신하는 자본주의의 밑천이어서 더욱 그랬다. 이른바 '유동 인구'라는, 인구수에 기반한 현대식 부동산 경제의 시작이기도 했다.

여섯째, 만국박람회Universal Exposition 혹은 세계박람회International Exhibition의 개최다. 19세기는 유럽, 나아가 서양 전체가 대형 국제박람회의 시대였다. 여러 건이 연달아 개최되었는데 파리는 이것을 가장 많이 유치한 도시였다. 19세기는 산업혁명 초반기여서 만국박람회의 중요성이 매우 컸다. 도시들도 아직 지금처럼 커지기 전이라 만국박람회가 도시에 끼치는 영향은 상당히 컸다. 만국박람회가 한번 열리면 도시가 성큼 성장하는 식이었다.

이것을 여러 건 유치한 파리는 결과적으로 만국박람회의 혜택을 가장 크게 본 도시가 되었다. 실제로도 파리에서는 만국박람회를 개최하며 시내에 비어 있던 마지막 공유지를 개발할 수 있었다. 국내외의 대형 자본이 가세한 덕에 파리시 혼자 개발하기 벅찬 대형 부지를 단번에 개발해버리는 효과를 누렸다. 1878년 만국박람회 때에는 샤요 언덕Colline de Chaillot이 개발되었고 1889년 만국박람회 때에는 샹드마르스Champ de Mars가 개발되었다.도 19-14 1900년에는 센강과 샹젤리제가 사이의 여왕의 산책로Cour de la Reine 일대가 개발되었고 센강에 알렉상드르 3세교Pont Alexandre III도 건설되었다.도 13-2, 19-15 만국박람회에 대해서는 뒤에서 별도의 장으로 살펴보겠다.

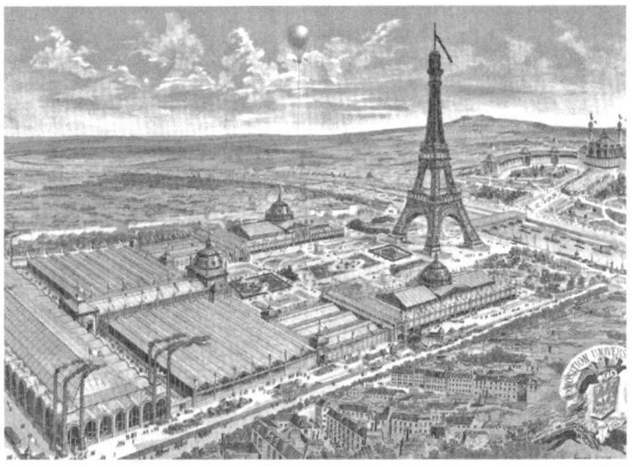

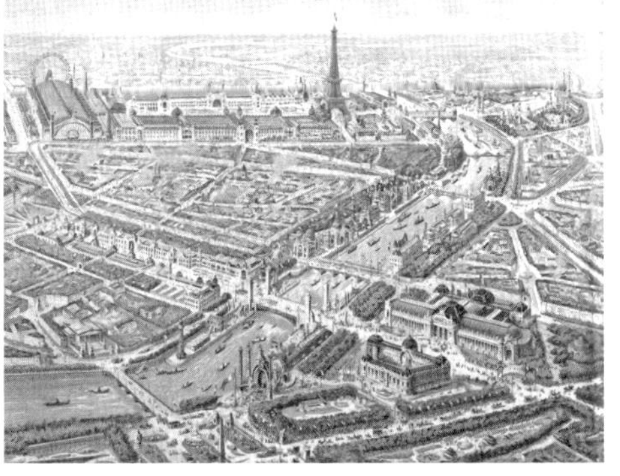

19-14. 1889년 파리 만국박람회 전경(위)

19-15. 1900년 파리 만국박람회 전경(아래)

아돌프 알팡 1

오스망을 이어 파리의 도로 체계를 완성하다

이런 가운데 앞 시대의 오스망에 이어 이 시기 파리를 이끈 또 다른 주요 인물이 있었는데, 바로 아돌프 알팡Adolphe Alphand(1817~1891년)이었다. 그는 일종의 '오스망 키즈'였지만 독자적인 능력도 뛰어나서 파리의 도시 발전에 큰 업적을 남겼다. 랑뷔토와 오스망과 함께 파리를 발전시킨 3대 인물에 들 수 있을 정도다.

알팡의 경력은 오스망 재개발에 참여하면서 시작했다. 하지만 단순한 참여를 넘어 자신만의 독자적인 개발 업적을 남겼다. 그는 오스망 재개발 때에 파리시의 도로-교량 관리청 소속 엔지니어로 발탁되면서 파리의 도시개발 일을 처음 시작했다. 이어 공공사업 단장까지 승진하면서 담당 업무도 도로와 교량의 관리를 넘어 오스망이 구축한 행정 체계와 정책을 뒷받침하는 방향으로 개발 계획을 입안·실행하는 선까지 올라갔다. 우선 엔지니어로서의 전문성을 살려 오스망이 잡았던 큰 계획을 도시 속에 구체적으로 실행하는 현장 총책임자의 임무를 담당했다. 여기에 머물지 않고 정치력과 행정력까지 갖춘 인물이어서 1876년부터 꾸준히 개발 자금을 조달했다. 이는 오스망 재개발 사업에 필요한 예산을 확보하는 일이었을 뿐 아니라 결과적으로 오스망의 입지를 탄탄하게 다지는 일이었다.

알팡의 활약은 오스망 재개발이 종료된 이후에도 이어졌다. 그는 파리시의 공공사업 단장 직책을 유지하면서 파리 개발에 독자적인 업적을 남졌다. 이는 다시 도로망 정비와 '녹지 정비-숲 조성'의 둘로 나눌 수 있다. 이 가운데 녹지와 숲은 뒤의 오스망 재개발 편에서 별도의 장으로 살펴볼 것이고 여기에서는 도로망 정비 사업만 자세히 살펴보자. 이는 다시 세 가지 구체적인 내용으로 나눌 수 있다.

첫째, 가장 먼저 활발히 벌인 사업은 오스망이 시작한 여러 대로를 연차적으로 준공해서 개통시키는 일이었다.도 13-1 생제르맹 불르바르Boulevard Saint-Germain를 필두로 오페라가Avenue de l'Opéra와 루브르가Rue du Louvre 등이 대표적이었다. 이외에 당통가Rue Danton와 라스파유 불르바르Boulevard Raspail 등의 주요 간선도로도 추가할 수 있다. 한 가지 재미있는 사실은 정작 오스망 자신의 이름이 들어간 오스망 불르바르Boulevard Haussmann는 1927년까지 완공되지 않았다는 점이다.

이 가운데 루브르가 개발은 알팡이 1855년에 계획한 사업으로, 루브르가와 레오뮈르가Rue Réaumur의 두 대로를 연장해서 하나로 연결하는 게 핵심이었다. 이를 위해 알팡이 살아 있을 때는 루브르가를 연장하는 사업을 진행하다가 연결까지 가지 못하자 그의 사후인 1898년 마침내 마무리했다. 이 사업이 이처럼 중요했던 이유는 레오뮈르가 일대가 근대적 기업 구역으로 새롭게 부상하고 있었기 때문이다. 레오뮈르가는 파리 2구의 증권거래소Bourse de Commerce(부르스) 앞을 지나는 도로인데, 산업혁명이 진행되면서 등장한 근대적 기업들은 주로 레오뮈르가를 따라 지어진 사무소 건물에 입주해 있었다. 반면 루브르가는 이름에서 알 수 있듯이 도심 루브르 박물관의 동쪽에서 북쪽으로 올라가며 레오뮈르가에 직각으로 연결되는 도로였다. 두 도로를 이음으로써 산업혁명이 낳은 산업자본주의 구역과 전통적인 왕궁-문화 도심 구역이 하나로 연결될 수 있었다.

아돌프 알팡 2
방사형 도로망과 링크드 시스템

둘째, 방사형 도로망도 구축했다. 이 역시 오스망이 시작한 걸 이어받아 완성하기도 하고 새로 시작하기도 했는데, 방사형 도로망은 단일 도로인 일직선 대로와 달리 연관된 도로들이 많아서 준공에 훨씬 많은 시간이 걸렸다. 이 때문에 자신이 시작했던 일을 모두 준공시킨 건 아니었다. 대표적인 두 도로가 파리 개선문의 에투알 광장에서 갈라지는 길들이었다. 나폴레옹 1세 때에는 이 광장에 육거리까지 냈는데, 이를 모두 끝까지 완성한 것은 아니었고 이를테면 갈래만 쳐 놓은 정도였다. 오스망이 이걸 이어받아 12개 거리까지 늘렸다. 이 가운데 샹젤리제를 비롯하여 몇몇 도로는 끝까지 완성했지만 12개 도로 모두를 완성하지는 못했던 것을 알팡이 최종적으로 완성했다. 파리 개선문에 훈장처럼 따라다니는 '12개 거리'라는 어마어마한 도로의 위용을 최종적으로 완성한 장본인이 바로 알팡이었던 것이다.

셋째, '링크드 시스템linked system'이란 걸 착안해서 구축했다. 중심이 되는 큰 도로를 따라 몇 개의 길이 좌우에 평행으로 가는 체계를 말한다. 대로와 방사형이라는 다소 상반되는 두 도로 체계를 합한 개념으로 볼 수 있다. 방사형 도로 자체가 여러 도로를 하나의 초점으로 집중해서 사용 효율을 높이는 체계인데 이걸 여러 개의 평행 도로에 적용한 것이다. 이때 평행선이 조금 틀어져서 사선 방향이 나오면 방사형 도로와 비슷해졌다. 어떤 면에서는 근대적 대도시의 필수적인 도로 체계인 격자형 도로도 기본적으로 이 개념을 바탕에 깔고 있다. 서울 역시 원도심의 '종로-청계천로-을지로-퇴계로' 체제와 강남 일대의 도로 체계가 모두 이런 링크드 시스템으로 구성되어 있다고 볼 수 있다.

다만 x축과 y축을 똑같이 강조하면 격자 체계가 되고 둘 가운데 한쪽만 강조하면 링크드 시스템이 된다고 할 수 있다. 이렇게 보면 서울에서는 원도심이 링크드 시스템에 가깝고 강남은 격자 체계라 할 수 있다. 파리는 동서 방향의 도로가 강조된 링크드 시스템을 기반으로 남북 방향의 대로를 추가한 체제로 볼 수 있는데, 이를 알팡이 구축한 것이다.

파리의 경우 이 체계는 오스망이 닦은 대로 체계에서 파생한 걸로 볼 수 있는데, 정작 오스망 자신은 여기까지는 생각하지 못했다. 오스망은 도로망을 충분히 공급하는 일과 여기에 스펙터클 미학을 갖추는 일까지만 실행했다. 이걸 옆에서 지켜보던 알팡이 이렇게 형성된 도로망의 효율을 높이는 방안을 생각하게 되었고, 그 결과 하나의 개념화된 도로 체계 법칙을 창안해냈다. 파리는 격자형 도로 대신 방사형 도로를 선택한 건데 이걸 조금 다듬어서 링크드 시스템으로 만들면 도로 효능이 크게 높아질 수 있다는 걸 파악한 것이다.

우안에서는 오스망이 닦은 리볼리가와 오스망가 사이의 도로 체계가 어느 정도 링크드 시스템을 자동으로 갖추고 있었다. 순수하게 알팡이 혼자 개발한 대표적인 도로로는 톨비악가Rue de Tolbiac를 들 수 있다. 좌안 13구의 중심을 동서로 가로지르는 대로인데 남쪽으로는 마세나 불르바르Boulevard Masséna가, 북쪽으로는 뱅상 오리올 불르바르Boulevard Vincent-Auriol가 각각 나란히 달렸다. 세 도로 모두 대로여서 이 도로들 사이사이에는 다시 작은 도로가 역시 평행하게 났다.

이처럼 여러 도로가 합심한 결과 파리 시내에는 강한 방향 축이 형성되었다. 방향의 기준은 두 가지였다. 하나는 센강이라는 자연 지형이다. 이는 인간이 거스를 수 없는 절대적인 초기 조건으로, 도시는 여기에 맞춰 형성될 수밖에 없었다. 센강이 약간 기울어진 동서 방향, 즉 4시에서 10시 방향으로 흐르기 때문에 이 방향으로 난 대로들은 어느 정도 여기에 맞춘 걸로 볼 수 있다. 다른 하나는 주요 지역이나 대형 공공건물이다. 대상은 하나이기도 했고 때로는 여럿을 연결해서 집중 효과를 높였다.

앞의 톨비악가가 이룬 링크드 시스템은 이 두 가지 기준을 합한 좋은 예다. 우선 산업혁명과 함께 새로 확장된 13구에서 센강을 따로 동서 방향으로 달렸다. 더하여 인접한 14구로 이어지는 과정에서 국제기숙사촌Cité Internationale Universitaire, 몽수리 공원Parc Montsouris, 생트안느 병원Centre Hospitalier Sainte-Anne, 몽파르나스 묘지Cimetière du Montparnasse, 몽파르나스역Gare Montparnasse 등의 지역 중심지로 향했다.

20장

제3공화국의 건축 상황

절충주의, 유형학, 신건축

산업혁명을 기반으로 한 19세기 상황의 종합화와 '역사주의-신건축'의 통합 흐름

이상이 제3공화국 시기 파리의 도시 상황이다. 다음은 건축이다. 이 시기 파리 건축에는 다양한 일이 있었다. 개별 건물, 건축적 사건, 건물과 관련된 사회 상황, 건축 양식 등 여러 면에서 다양한 논제가 탄생했다. 산업혁명의 열매가 구체적으로 열리기 시작해서 부가 축적되기 시작함에 따라 도시건축이 활성화된 건 어떤 면에서는 당연한 현상이었다. 유물론을 증명이라도 하듯 부가 축적되고 신기술이 자리 잡으면서 파리 건축도 이를 기준으로 19세기 상황을 종합화하는 방향으로 전개했다. 그만큼 수많은 건축 논제가 파생했는데 무려 11가지로 정리할 수 있다. 가지 수가 많으므로 이해를 돕기 위해 제목부터 나열한 뒤 각 내용을 차례대로 살펴보자. 첫째, 실제 지어진 건물 목록이다. 둘째, '역사주의 vs. 신건축'의 이원화 현상에 나타난 통합의 흐름이다. 셋째, 둘 가운데 역사주의의 흐름이다. 넷째, 역사주의에서 파생한 '레퍼토리화' 혹은 '소품화'다. 다섯째, 다시 여기에서 파생한 유형학이다. 여섯째, '전형성-보편성'이다. 일곱째, 역사주의의 또 다른 이름인 절충주의다. 여덟째, 양식들의 전쟁이다. 아홉

짜, 파리 코뮌 때의 파괴와 복원 작업이다. 열째, 신건축의 흐름이다. 열한째, 부르주아 건축의 급부상이다. 차례대로 살펴보자.

20-1. 사크레쾨르 바실리카 공중 전경

첫째, 이 시기 파리에 지어진 주요 건물들이다. 이를 년도 순으로 나열하면 다음과 같다. 우선 파리 고등법원Palais de Justice(1840~1871년)과 국립도서관Bibliothèque Nationale(제국도서관Bibliothèque Impériale, 1854~1875년)의 주요 공공건물 두 채가 첫 단추를 끼웠다. 이어 1871년 파리 코뮌 때 파괴된 파리 시청사Hôtel de Ville를 1874~1882년에 복원하면서 증·개축도 함께 시행했다. 외관은 원안으로 복원하면서 규모를 크게 증축했고 실내는 개축을 넘어 사실상 완전히 새로 지었다.

이상의 공공건물에 이어 노트르담들라크루아 교회Èglise Notre-Dame de la Croix(1863~1869/1880년), 노트르담데샹 교회Église Notre-Dame-des-Champs(1867~1876년), 사크레쾨르 바실리카Basilique du Sacré-Coeur(1874~1884년) 등의 교회 건물이 지어졌다. 문화 시설로는 파리 오페라 하우스Paris Opéra House (1861~1875년), 진화과학 대박물관Grand Galerie de l'Évolution(동물학 박물관Galerie Zoologie, 1889년), 고생물학·비교해부학 박물관Galerie de Paléontologie et d'Anatomie comparée(1892~1898년) 등이 지어졌다.도 20-1

마지막으로 봉마르셰 백화점Magasins Bon Marché(1872년), 프렝탕 백화점Magasins Printemps(1881년), 리옹 신용은행 본사Siège central du Crédit Lyonnais·Crédit Lyonnais headquarters(1876~1883/1913년) 등의 상업 시설도 지어졌다. 년도에서 알 수 있듯이 이들의 상당수는 1870년 이전의 제2제국 때 착공해 제3공화국에서 준공한 건물들이다.도 20-2, 20-3

이런 과정을 거쳐 19세기 파리 건축의 마지막은 만국박람회의 건물들이 장식했다. 1889년 파리 만국박람회 때 에펠탑Tour Eiffel과 기계관Galerie des Machines이 지어졌고 1900년 파리 만국박람회는 그랑 팔레Grand Palais와 프티 팔레Petit Palais의 두 전시 시설을 남겼다.도 13-3, 20-4

둘째, '역사주의 vs. 신건축'의 이원화 현상에 나타난 통합의 흐름이다.

20-2. 프렝탕 백화점Magasins Printemps 개장 당시 모습을 그린 1881년 작품(왼쪽)

20-3. 리옹 신용 은행 본사(오른쪽)

앞의 여러 건물을 양식 사조를 중심으로 보면 아직 이전 시대와 같이 두 건축의 대립적 상황이 계속되었다. 다만 앞 시대와 달라진 의미 있는 변화도 감지되는데 크게 두 방향으로 정리할 수 있다. 하나는 역사주의가 먼저 대세를 이루다가 점차 신건축으로 넘어가는 앞뒤의 전이 현상이 관찰된다. 제3공화국에서는 제국경쟁이 더욱 치열해지면서 건축에도 국민을 통합시키고 각국의 자랑스러운 과거 역사를 드러내는 역할이 요구되었다. 신건축이 아직 정식 건축 양식을 창출하지 못한 상태에서 이 역할은 전적으로 역사주의 양식에 부여되었다. 그러나 문명은 진보하는 법. 산업화의 진행에 따라 무게중심이 점차 신건축으로 이동해갔다. 이는 자연스러운 역사의 흐름으로 볼 수 있다.

다른 하나는 그 연장선에서 두 건축의 대립 양상이 감소하고 공존과 통합으로 넘어가는 흐름을 감지할 수 있다. 급변하는 시대 상황에서 건축계는 물론이고 일반 시민들도 두 양식의 대립보다는 통합의 이익이 더 크다는 걸 깨닫게 되었다. 물론 여러 번의 만국박람회 때 주요 건물의 건축 양식을 놓고 역사주의와 신건축의 두 진영이 공개적으로 갈등을 빚는 등 경쟁과 대립이 여전히 심하게 드러난 현상도 있었다.도 20-5 하지만 적

20-4. 그랑 팔레와 프티 팔레 공중 전경. 왼쪽의 큰 건물이 그랑 팔레이고 오른쪽의 작은 건물이 프티 팔레다.

어도 실제 지어지는 건물에서 두 양식은 이제 더는 서로 배타적 부정의 관계가 아닌 '혼성' 양상으로 발전해가는 현상이 뚜렷이 나타났다. 아울러 일반 시민들의 인식에서도 이제 두 양식의 관계는 대체로 이와 비슷하게 변해갔다.

두 양식은 각각의 부족한 점을 상대방의 장점으로 보완할 수 있었다. 역사주의는 시간의 힘, 전통의 무게, 대중적 기반 등이 장점이었고, 신건축은 구조 효율, 저렴하고 빠른 시공, 밝고 위생적인 실내 등 주로 실용성에서 앞서며 새로운 시대 흐름을 상징했다.도 13-10, 20-6 두 양식이 각각 대표하는 역사성과 시대성은 당시 시대 상황에서 모두 절실히 요구되는 건축적 역량이었다. 이런 두 장점이 합심해서 만들어내는 건축적 결과는 건물을 실제 사용하는 다수의 일반 국민이 누리는 이점이라는 기준에서 봤을 때 당연히 한쪽에만 의존하는 결과보다 훨씬 효과적이었다. 가장 대표적인 예가 주요 공공건물들이었다. 국민은 역사주의 양식의 외관에서 자국의 자랑스러운 역사를 복기·확인함과 동시에 유리 천장으로 마감한 실내에서는 밝고 위생적인 공간이라는 신문명의 혜택을 누릴 수 있었다.도 13-6, 13-9, 16-13, 20-7

20-5. 1889년 파리 만국박람회 정문 출입구(위)

20-6. 그랑 팔레 정면(가운데)

20-7. 고생물학·비교해부학 박물관 실내 중앙 홀(아래)

이런 점에서 제3공화국 때 역사주의와 신건축의 관계는 '대립'보다는 '이원화'로 보는 게 더 정확할 것이며 한발 더 나아가 '통합'으로까지 볼 수도 있다. 국력을 극대화해야 하는 시대적 요구가 강해서 소모적 대립보다는 협력적 통합이 당연히 효율적이었다. 다만 시간이 흐르면서 대세가 산업화로 흘러갔기 때문에 통합의 주체가 좋건 싫건 점차 신건축으로 옮겨갔다. 이상의 배경 아래 제3공화국의 파리 건축은 이제 산업혁명을 초점으로 삼아 19세기 상황을 종합적으로 포괄하면서 20세기의 산업화 시대로 넘기는 단계에 진입했다고 할 수 있었다.

역사주의와 레퍼토리화

다양한 소재에서 골라 쓰기

셋째, 역사주의다. 제3공화국에서도 역사주의는 계속 전성을 누렸다. 역사주의란 앞 시대의 과거 양식을 빌려 사용하는 리바이벌 양식을 말한다. 제1제국 때에 처음 등장했으며 제3공화국 이전까지는 각 시대에 대표 양식이 하나씩 있는 편이었다. 나폴레옹 1세의 제1제국에서는 국회의사당, 파리 개선문, 마들렌 교회 등의 신고전주의가, 왕정복고와 7월 혁명 정부에서는 르네상스 팔라초 리바이벌 양식이, 제2제국 때에는 네오바로크가 각각 대표 양식이었다. 이 중간에 생튀젠 교회 등을 중심으로 한 네오고딕 혹은 중세주의도 등장했다. 이런 수십 년의 시간이 쌓이면서 제3공화국 때에는 '그리스-로마-초기 기독교-비잔틴-로마네스크-고딕-르네상스-바로크-고전주의' 등 19세기 이전에 축적된 전통 양식이라면 모두 리바이벌의 소재가 되었다.

넷째, '레퍼토리화' 혹은 '소품화'다. 건축가는 이 가운데 아무 양식이나 상황에 맞춰 자유롭게 사용할 수 있었다. 한마디로 골라 쓰기라 할 수 있다. 리바이벌 대상에 제한이 없어지면서 선례 양식은 식당 메뉴나 노래방의 곡처럼 '레퍼토리répertoire'가 되었다. 여러 선례 양식은 각자의 시대 상황에서 오랜 기간에 걸쳐 탄생했지만 이제 이걸 완결된 소재 단위로 마음대로 골라 쓸 수 있게 된 것이다. 이런 '완결된 소재 단위'는 바로 '소품'의 개념이기도 해서 레퍼토리화는 '소품화'라고 부를 수도 있다. 마치 식당에서 메뉴를 고르듯 과거 양식도 메뉴판에서 고르는 시대가 된 것이다.

이런 현상에 대해서는 양면적 평가가 가능하다. 우선 창의성이나 예술성을 기준으로 보면 창조적 재해석보다는 선례 양식의 단순 복사 측면이 더욱 강화한 것이어서 부정적이라 할 수 있었다. 보통 사회·정치 체제에서의 보수주의에 해당하는 걸로 평가한다. 더하여 산업화의 진행에 따른 물질화의 여파도 있었다. 앞 시대 건축을 온전한 창작물로 보는 게 아니고 시장에서 돈을 주고 사고파는 '소품'으로 바라보는 시각이 형성된 것으로, 역사를 바라보는 가치관을 상업주의가 점령해서 상품화해버렸다고 할 수 있었다. 이런 현상들이 특히 두드러진 나라가 영국과 미국이었다. 산업혁명의 선두 국가인 영국과 자본주의의 첨병인 미국에서는 이미 '도면 공장'이라는 별명으로 불리는 대형 설계사무소들이 등장해 절정을 누리며 운영되고 있었다. 프랑스와 파리도 이보다는 못했지만 비슷한 현상이 건축계를 지배하고 있었다.

이와 반대로 대중성과 다양성을 근거로 긍정적인 평가도 가능하다. 19세기 후반에 이르면 다수의 일반 대중은 건축계에서의 창의성 논쟁과 별도로 역사 선례 양식에 대한 선호도가 높은 편이었다. 특히 산업화의 속도가 너무 빨라서 신문명에 적응하지 못한 사람들에게 역사 양식은 마음을 기댈 수 있는 대상이기까지 했다. 제국경쟁과 민족주의가 강세를 유지하던 당시의 정치적·사회적 분위기에서 대중의 취향은 역사 전통을 중시하는 쪽으로 형성될 수밖에 없었다.

이처럼 대중성이 확보된 상태에서는 선례 소재가 다양할수록 좋았다. 도시를 한 바퀴 돌면 역사책 한 권을 읽는 것과 같은 효과야말로 역사주의가 줄 수 있는 최고의 선물이었다. 건축 양식을 종류별로 골고루 갖춘 종합 세트의 개념이었다. 그리고 이 역할은 여전히 대형 공공건물과 교회 건물의 몫이었다. 건축가들 쪽에서도 이런 대중의 요구에 따라야 할 필요성이 커졌는데, 다양한 레퍼토리에서 원하는 메뉴를 골라 쓸 수 있게 되면서 이런 요구에 적절하게 대응할 수 있었다. 이 경우 레퍼토리화는 디자인 소재의 확장이라는 긍정적 의미가 있다. 즉 예술적 창의성의 기준과는 다른 사회적 타당성이 있는 현상이었다.

유형학과 '보편성-전형성'
제3공화국을 거쳐 보편적 방법론으로 자리 잡다

다섯째, 유형학typology의 등장이다. 레퍼토리화에는 유형학이 가장 적절한 디자인 방법론이다. 유형학은 말 그대로 '유형type-원형prototype-전형archetype'의 기본 요소를 바탕으로 한다. 우선 수많은 소재를 수집한 뒤 적절한 기준에 따라 종류별로 분류하게 되는데 이것이 '유형'이다. 이어 유형 가운데 표준 혹은 기본이 되는 걸 '원형'이라 하며, 다시 유형별 공통 특징을 모으면 '전형'이 된다.

유형학은 무에서 유를 새롭게 창조하기보다는 사례를 최대한 다양하게 모은 뒤 취사선택을 거쳐 해당 건물에 가장 적합한 대상을 대응시키고, 이를 다시 적절하게 다듬어 사용하는 방법론이다. 새로 짓는 건물 숫자와 종류가 많으면서 동시에 일정한 반복 패턴이 있을 때 유용한 방법론이다. 19세기 후반부의 제3공화국이 그런 상황이었다. 근대화가 시작하면서 일반 사무실을 필두로 학교, 금융, 연구, 주거, 문화, 공중보건, 공공 행정 등 거의 모든 분야에서 건물 수요가 폭발적으로 증가했다. 단적인 예로 제3공화국 때에 '학교'라는 한 종류의 건물만 4만여 채를 지었다. 이 경우 건물 하나하나를 창의적으로 설계하는 건 불가능하며, 앞과 같은 유형학이 거의 유일하게 사용 가능한 방법론이다. 이렇게 급증한 건물을 종류별로 유형화한 뒤 여기에 역사 양식을 대응시키는 것이다.

여섯째, '전형성-보편성'이다. 이상의 유형학적 방법론은 각 분류 단위에 따라 기본 특징을 형성하게 되는데 이를 '전형성typicality'이라 한다. 예를 들어 학교는 학교대로, 은행은 은행대로 기본적인 건축적 특징을 공유하게 되는데 건물 종류에 따라 형성되는 이런 집단화한 공통 특징을 전형성이라고 부른다. 이어 이런 전형성에 역사 양식을 적용하면 역사 양식은 특성 시대와 건물 종류를 뛰어넘는 보편적인 적용이 가능해진다. 전형성은 보편성으로 발전하며 짝을 이룬다. 예를 들어 공공건물에는 신고전주의가, 은행과 학교에는 르네상스 리바이벌이, 교회에는 네오고딕이나 신고전주의가 가장 잘 어울리는 식이다. '잘 어울린다'가 '전형성'의 개념이고, 이것이 나라를 뛰어넘어 건물 종류를 기준으로 하나의 규칙처럼 굳어진 게 '보편성'의 개념이다.

'전형성-보편성의 짝은 역사주의의 발전 과정 중 제3공화국 때 확보된 현상이었다. 역사주의는 제1제국 때 시작된 뒤 제3공화국 이전까지는 한 시대를 대표하는 양식이 한 종류씩 배정된 성격이 강했다. 그렇다 보니 이런 양식들에는 정권의 성격에 따라 과거 양식을 창의적으로 재해석하는 내용이 들어 있었고 아직 전형성과 보편성은 형성되지 못했다. 제3공화국부터 건물 숫자가 급증하면서 이런 자의적 해석이 불가능해졌고, 일반화한 설계 기법이어야 물량을 맞출 수 있게 되었다. 이때 '일반화'가 바로 '전형성-보편성'과 같은 개념이다.

제3공화국의 역사주의에 형성된 '전형성-보편성' 짝은 두 가지 시대적 의미가 있다. 하나는 동시대의 미시적 의미로, 산업화한 신건축에도 필수적인 설계 방식이다. 즉 앞에 말한 역사주의와 신건축의 통합 및 협력 현상의 하나일 수 있다. 신건축에 따라붙는 물량 폭증과 표준화라는 두 가지 새로운 현상이 '전형성-보편성'을 필수 조건으로 요구하게 되었다. 산업화의 성공으로 국가의 부가 축적되고 인구가 증가했으며, 시공 기술의 발전으로 공사 기간도 단축되었다. 이런 변화는 모두 건축 수요의 폭증으로 이어졌다. 건축가들은 오랜 시간을 들여 창작에 몰두할 시간적 여유가 없어졌다. 결국 앞 시대 양식을 유형화해서 상황에 맞게 고른 뒤 각색하고 조합해 사용하게 되었다. 신건축은 또한 산업화한 공산품을 기본 자재로 사용하기 때문에, 설계와 시공 모두에서 표준화를 기본 전제로 하는데 여기에서도 유형화가 필수적으로 발생한다.

물량 폭증과 표준화가 본격적으로 발생한 경계선은 흔히 2차 산업혁명이라 불리는 1870년경으로 볼 수 있다. 이때부터 산업혁명이 폭발적으로 확산하면서 산업화와 물질화의 속도에 가속이 붙었다. 마침 1870년은 파리에서는 제3공화국이 탄생한 해이기도 했다. 이때부터 건축도 창의적 해석보다는 단순 차용에 가까워졌다. 이런 상황에서 유형학은 비록 순수한 창의성은 결여했지만 가장 효율적인 방법론인 건 확실했다.

다른 하나는 시간의 끈을 20세기 이후까지 늘린 거시적 의미로, 건축사의 진행에서 '역사'가 항시적 위치를 점하게 되었다. 1910년대부터 건축은 '철골-철근 콘크리트-유리'를 기본 재료로 삼는 아방가르드, 즉 급진적 발전 단계로 접어드는데 그 와중에도 역사주의는 맥이 끊어지지 않고 생명력을 유지하며 살아남았다. 이후 건축이 완전히 최첨단 기술의 분야로 넘어간 2024년 현재에도 역사주의 양식의 건물은 여전히 일정량이 지어지고 있다. 건축에서 역사가 이런 '항시성'을 확보한 게 바로 앞과 같은 제3공화국 때의 '전형성-보편성'을 거치면서였다.

절충주의와 양식들의 전쟁

전형성을 기준으로 다양한 이합집산이 일어나다

일곱째, 절충주의eclecticism다. '골라 쓰기'를 건축 양식의 관점에서 보면 '절충'이라는 개념이 된다. 레퍼토리화 혹은 소품화에서 건물 종류의 전형적 특징과 역사 양식의 특징을 '절충'시킴으로써 특정 선례의 선별에 정당성을 확보한다는 뜻이다. 건물의 기능과 목적에 가장 적합한 역사 양식을 대응시킨다는 뜻으로, '선택과 혼합'이 통합된 개념으로 볼 수 있다. 건축사에서는 보통 절충주의를 역사주의와 동의어로 사용하지만 둘 사이에 차이도 있다. 역사주의는 일반적인 의미에서 과거 양식의 리바이벌 경향을 통칭하는 일반적 단어이며 절충주의는 역사주의를 앞과 같은 특정한 의미로 한정해서 부르는 말이다.

여덟째, 양식들의 전쟁battle of styles이다. 이는 19세기 유럽 건축만의 독특한 현상인데, 한마디로 절충주의 내에서 여러 양식 사이의 경쟁 현상으로 볼 수 있다. 사용할 수 있는 과거 양식의 종류가 많아지면서 어느 양식을 선택할지를 놓고 벌어진 경쟁을 뜻한다. 당시 이 문제를 놓고 격렬한 논쟁이 벌어져 건축사에서는 '전쟁'이라는 말로 부른다. 선택의 기준은 건물 기능의 종류나 역사 양식의 조형성 같은 순수한 건축적인 것에서부터, 국가별 선호도나 정치 지형 등 사회적인 것에 이르기까지 다양했다. 예를 들어 앞에 나온 국가 양식은 국가별 선호도의 기준에 따른 양식들의 전쟁이었다. 즉 한 국가 안에서도 국가 양식의 후보 수가 복수였으며, 각 후보를 옹호하는 진영들 사이에 격렬한 논쟁 개념의 '전쟁'이 벌어졌고, 여기서 승리한 진영의 양식이 국가 양식이 된 것이다.

가장 중요한 기준은 건물 종류였다. 건축가, 건축역사학자, 문화예술가, 도시건축 행정가 등이 건축 실무, 대중 정서, 학술, 건축법 등 여러 차원에서 특정 건물에 맞는 특정 양식을 주장하고 논쟁하는 방식으로 진행했다. 대표적인 예가 교회, 금융 건물, 관공서, 학교 등의 종류였다. 교회 건물에서는 대표성이 중요했는데, 우선 크게 중세 기독교 양식의 리바이벌인 중세주의와 초기 근대 이후의 기독교 양식인 고전주의가 맞섰다. 중세주의 내에서도 다시 세부 양식에 따라 네오고딕, 네오로마네크스, 네오비잔틴, 초기 기독교 리바이벌 등이 다투었다. 은행이나 보험회사 등 금융 건물에 적합한 건축 양식을 놓고서는 두 주장이 맞섰다. 한쪽은 고전의 권위를 빌리자는 뜻으로 고전주의를 주장했고 다른 한쪽은 숫자와 돈을 다루는 금융 분야의 성격상 차분하고 이성적으로 보이는 르네상스 양식을 주장했다. 관공서에서는 대중 정서와 공권력의 권위라는 기준에 따라 다시 중세주의와 고전주의가 맞섰으며, 학교에서는 교육 정신이라는 기준에 따라 고전주의와 르네상스가 맞섰다.

이렇게 형성된 건물 종류별 건축 양식은 앞 다섯째 주제인 '전형성'의 한 가지 요소가 된다. 건물 종류마다 여러 특징으로 이루어지는 전형성이 나타나는데, 이 가운데 건축 양식에 해당한다. 한 가지 예를 들면 학교 건물에 고전주의를 사용하는 경우 가지런하게 배치된 교실 창문 한중간에 열주를 갖춘 그리스 신전 정면 형식의 출입구가 난다. 이런 장면이 여러 학교에서 반복되며 학교 건물의 전형성 가운데 하나가 되는 것이다. 이런 전형성은 실제로 서양권에서 비율은 줄었지만, 오늘날 학교 건축에서 유지되고 있다.

양식들의 전쟁은 국가를 초월해서 건축가들 사이에 연대가 형성되기도 했다. 대표성 경쟁이 가장 첨예했던 교회 건축이 대표적이어서, 고전주의를 주장하는 건축가들은 같은 생각의 다른 나라 건축가들과 연대해 자국의 중세주의를 공격했다. 물론 중세주의도 같은 방식으로 연대해서 고전주의를 이교 양식이라며 공격했다. 교회는 유럽의 정신적 뿌리가 걸린 주제여서 이런 현상이 가장 두드러졌다.

양식들의 전쟁은 순수하게 건축 양식과 건물 종류 사이의 일체성 이외에 현실적 이익과도 연관이 있었다. 예를 들어 돈이 많은 금융 회사의 사옥인 금융 건물은 건축가들에게는 매혹적인 일거리여서 자신이 전문성과 경쟁력을 지닌 양식이 선택되도록 경쟁하는 식이었다. 비슷한 논리로 관공서는 국가 공권력 그리고 국민의 주권과 대중적 기반이라는 사회성이 강한 가치가 걸린 데다 건축가들은 관공서와 좋은 관계를 갖길 원하기 때문에, 관공서 건물에 어떤 양식이 선택되는가 역시 첨예한 이익이 걸린 문제였다. 학교 또한 미래 세대의 교육이 걸린 데다 건물 숫자가 가장 많아서 결코 포기할 수 없는 대상이었다.

국가를 초월한 이런 연대는 프랑스와 영국이 주도하고 독일, 스페인, 오스트리아, 벨기에 등의 주변국이 가세하는 형국으로 진행했으며 수도 파리는 런던과 함께 그 중심에 선 대표 도시였다. 이런 연대 현상에 대해서는 양면적 평가가 가능하다. 우선 '애국심'이라는 상식적인 기준에서 보면 외국 건축가와 손을 잡고 자국의 건축가와 싸우는 일은 부정적 현상이었다. 반대로 건축이 정치나 사회 등의 외부적 압력에서 벗어나 건축 자체의 예술적 독립성, 즉 예술지상주의를 확보해가는 첫걸음이라는 긍정 평가도 가능하다. 또한 국가를 초월한 '국제주의Internationalism의 탄생'이라는 부수 효과도 있었다. 이때 예술적 독립성과 국제주의는 모두 20세기 이후 강화되는 추세여서 이렇게 보면 미래의 문을 연 현상이었다는 추가적인 긍정 평가도 가능하다.

파리 코뮌 때의 파괴와 복원, 신건축 운동, 부르주아 건축

아홉째, 파리 코뮌 때의 건물 파괴와 그 이후의 복원 작업이다. 가장 컸던 파괴는 아마도 '一'자로 긴 건물이 통째로 파괴·철거된 튈르리궁이었

20-8. 파리 고등법원 팔레 불르바르Boulevard du Palais 쪽 정문(위)

20-9. 파리 고등법원 아를레가Rue de Harlay 쪽 본관 정면(아래)

을 것이다. 이외에 자잘한 방화와 파괴가 있었지만, 코뮌 사태 자체가 오래가지 않았고 프랑스대혁명 같은 인류 보편적인 혁명이 아닌 분배 문제와 프랑스 내부의 권력 구조 등을 둘러싼 개별 상황에 가까워서 더 이상의 대형 파괴는 없었다.

더 중요한 건 이후 진행한 복원 작업이었다. 크게 세 방향으로 진행했다. 가장 먼저 사라진 튈르리궁 자리를 튈르리 정원Jardin des Tuileries으로 만든 뒤 동쪽으로는 루브르 박물관과, 서쪽으로는 콩코르드 광장과 통합하는 작업을 벌여서 시민들의 품으로 돌려주었다.도 12-6, 13-12, 13-15, 13-19 다음으로 앞 정부에서 시작한 복원 작업을 계속 이어서 마무리했다. 노트르담대성당과 생트샤펠 등 큰 사업의 주요 공사는 대부분 제2제국 때인 1860년대에 일차로 끝난 가운데 제3공화국 초반까지도 나머지 자잘한 마무리 공사가 이어졌다. 마지막으로 복원에 증·개축을 더한 복합 작업으로 파리 고등법원과 파리 시청사가 대표적이었다. 파리 고등법원Palais de Justice은 앞 시대인 1840년에 시작해서 제3공화국 초기인 1871년에 최종 준공이 있었다.도 11-1, 12-8, 12-9, 20-8, 20-9 주요 내용은 앞에서 살펴보았다.

이런 가운데 1874~1882년에 있었던 파리 시청사의 복원과 확장은 제3공화국 때의 가장 대표적인 사례였다. 원래 16세기에 이탈리아 출신 건축가 도메니코 다 코르토나Domenico da Cortona(프랑스어로 '도미니크 드 코르통Dominique de Cortone', 1465~1549년경)의 설계로 지은 르네상스 양식의 건물이 있었는데 1871년 파리 코뮌 때 화재로 소실되었다.도 12-11 이에 1874년에 복원 작업을 시작하면서 증·개축을 함께 진행했다. 에두아르 데페르테Édouard Deperthes(1833~1898년)와 테오도르 발뤼Théodore

Ballu(1817~1885년) 두 건축가가 담당했는데, 외관은 원래 건물대로 복원하면서 크게 확장해 증축했고 실내는 거의 완전히 새로 지어서 현재 건물로 재탄생했다.도 12-12 피라미드 모티브의 경사 지붕이 두드러지는데 그 속 실내는 프랑스의 전통적인 접시형 돔으로 천장을 마감했다.

열째, 신건축 운동이다. 드디어 신건축 운동의 시대가 열렸다. 1870년경이 중요한 분기점이었다. 이 시기부터 철골의 가격과 공사비가 석조보다 낮아지면서 철골 사용량이 폭발적으로 증가했다. 이른바 도구결정론instrumental determinism이나 유물론materialism을 증명이라도 하듯 시공 재료가 철골로 바뀌었는데, 이에 따라 건축도 완전히 새로운 단계로 진입했다. 철골이 주도하는 신건축 시대가 본격적으로 열린 것이다. 철재는 18세기 말부터 파리 건축에 등장한 이래 1870년 이전까지는 주로 주철cast iron과 연철wrought iron 중심의 장식재로 사용했으며 철골은 아직 비싼 재료여서 사용량이 많지 않았다. 주철과 연철은 재료 강도가 약해서 구조재로 쓰인다 해도 장 스팬을 만들지 못하는 한계가 뚜렷했다.

이러던 중 1850년경부터 철골 기술이 발전함에 따라 사용량이 늘기 시작하다가 드디어 1870년경을 기점으로 주재료의 위치로 올라서게 되었다. 강철이 주재료인 철골은 주철이나 연철과 많이 달랐다. 구조 강도가 대폭 향상되면서 장 스팬과 고층 건물에 유리했고, 이에 따라 대형 구조물과 밝고 위생적인 대형 공간을 낮은 공사비로 손쉽게 지을 수 있게 되었다. 대형 구조물과 대형 공간은 제국경쟁에 필요한 과시적 건축 그리고 근대국가가 시민에게 제공하는 공공건축 모두에 필요한 것이었다. 이처럼 19세기 신건축 운동은 당시의 건축 상황과 사회 상황이 맞아떨어진 결과물이기도 했다.

더하여 근대적 통일국가의 역할을 자임한 제국 체제가 건축을 통한 공공 서비스 기능을 강화하는 흐름도 신건축 운동의 활성화에 중요한 배경이 되었다. 공공 서비스 강화 정책에 따라 박물관, 도서관, 극장, 미술관, 식물원 등의 대형 문화 시설과 법원, 시청사, 우체국 등 주요 공공기관이 대거 건설되었는데 여기에 철재가 애용된 것이다. 외관은 당시 대중에게 가장 친숙한 역사주의 양식으로 치장한 대신 실내는 철재의 장점을 이용한 대형 공간이 주를 이루었다. 이런 공공건물들은 대부분 실내에 대형 로비를 갖추면서 장 스팬 공간이 필수적으로 요구되었는데, 여기에는 철골을 이용한 신건축만이 해결책이었다. 1870년 이후에는 거의 모든 대형 공공건물의 골조를 철골로 짓고, 역사주의 양식은 표면을 석재로 별도 마감하는 방식으로 지었다.

만국박람회도 신건축 운동의 발전에 중요한 역할을 했다. 19세기 만국박람회는 제국 열강이 자국의 발달한 신산업과 새로운 공산품을 과시하고 경쟁하는 장이었기에 주요 전시관은 신건축 양식으로 짓는 유행이 있었다. 파리도 19세기 후반에만 총 네 번의 만국박람회를 개최했고 이 가운데 세 번은 제3공화국 때에 몰려 있었다. 특히 1889년과 1900년의 마지막 두 번에서 각각 '에펠탑-기계관'과 '그랑 팔레-프티 팔레' 두 쌍의 건물을 탄생시켰으며 이 가운데 기계관을 제외한 세 채가 현재 남아서 파리의 19세기 철제 신건축을 대표하고 있다.도 3-20, 13-3, 19-14, 20-4

열한째, 산업 부르주아가 건축 활동을 주도하는 중심 세력으로 떠올랐다. 산업혁명이 성공하면서 제조업으로 부를 축적한 신흥 권력층이 급부상했다. 이들은 경제력을 기반으로 한 자신들의 이런 지위에 걸맞은 건물들을 지어나가며 파리를 점령해갔다. 우선 부동산 수요가 증가하면서 아파트가 새 시대를 대표하는 고급 도시 주거 자리를 차지했다. 이어 파리 오페라 하우스를 필두로 박물관, 도서관, 교회 등의 문화 시설도 꾸준히 지어서 파리에 '부르주아의 문화 놀이터'라는 별명을 붙이는 단계까지 이르렀다. 이와 함께 갈르리galerie와 백화점 등의 고급 상업 시설을 지어 풍요로운 소비 생활도 즐겼다. 이런 부르주아 건축은 사회 흐름 전반에서 20세기를 예견하는 현상을 주도했으며 가깝게는 모더니즘 건축의 시작을 알리는 부르주아 양식인 1890년대의 아르누보Art Nouveau로 바로 연결되었다.

4부 —— 오스망 재개발

A History of the Urban Architecture of Paris

21장

오스망 재개발

추진 배경, 진행 과정, 예산 조달, 개발 결과

근대적 도시개발의 대명사 '오스망화'

오스망 재개발 사업은 나폴레옹 3세에게서 전권을 위임받은 조르주-외젠 오스망 남작baron Georges-Eugène Haussmann(1809~1891년)이 1852~1869년에 단행한 파리 재개발 사업이다. 무려 17년에 걸쳐 파리의 1/3을 철거하고 새로 지은 대역사大役事로 이 자체가 파리와 프랑스, 나아가 서양 도시건축의 역사 전체를 통틀어 규모와 실질적 변화 모두에서 가장 큰 도시개발 사업 가운데 하나였다. 신대륙 미국에는 이에 비견할 만한 사업이 있었겠지만 오래된 대륙 유럽에서는 재개발은 물론 그냥 '개발'을 기준으로 잡아도 가장 큰 사업이었다고 할 수 있다.

하물며 파리 내부로 좁혀 보면 더 말할 필요가 없었다. 물론 파리에는 오래전부터 도시 발전과 개발을 이끈 여러 주역이 있었다. 카이사르는 파리 선노의 아버지였고, 클로비스 1세는 로마 제국 멸망 이후 공백기와 혼란기 때 파리를 프랑크 왕국의 주요 도시이자 수도로 남게 해서 향후 중세 때 번영의 기틀을 닦았다. 중세에는 노트르담대성당을 준공한 필리프 2세와 생트샤펠을 준공하고 대학과 수도원을 세운 성왕 루이 9세 등도 있었다. 초기 근대에는 앵발리드 보훈병원을 세우고 '루브르궁-튈르리궁'의 왕궁단지를 준공했으며, 스펙터클이라는 가로 미학을 최초로 실행한 루이 14세가 있었다.

그런데 오스망 재개발은 보기에 따라서는 앞선 시대의 이런 걸출한 개발을 모두 합한 것보다 더 큰 도시개발 사업이었다. 규모, 결과물, 파생 담론, 향후 영향 등 모든 면에서 그랬다. 오늘날 우리가 열광하는 파리 가운데 대부분은 이때 형성된 것이다. 개발 당시는 물론이고 개발 직후부터 수많은 주제가 파생되면서 이후 전개될 근대적 대도시 개발의 표본이 되었다. 담론은 꼬리에 꼬리를 물며 오늘날까지 이어지면서 도시가 세계 문화 역사에 지대한 영향을 끼쳤다.

이에 걸맞게 오스망 재개발은 여러 측면에서 대표성을 획득했다. 우선 오스망이라는 총감독자의 역할이 절대적이어서 이렇게 탄생한 새로운 파리를 보통 '오스망 파리'라고 부른다. 세계 도시사에서 파리 정도 되는 수도에 한 개인의 이름이 들어간 건 매우 이례적인 일이었다. 이어 파리에 머물지 않고 근대적 도시개발을 '오스망화Haussmannization'라고 부르기도 한다. 이는 오스망 재개발이 근대적 도시개발의 표준형으로 받아들여진다는 뜻이다. 당장 동시대 유럽에서부터 빈과 베를린 등의 수도를 비롯한 여러 주요 도시가 오스망 재개발을 본보기로 삼아 근대적 도시개발이나 신도시 개발을 단행했다. 구체적인 도시개발 이외에 오스망 재개발 결과 나타난 도시 미학으로 확장하면 그 영향력은 훨씬 커진다. 가로 미학을 중심으로 한 여러 도시 미학은 시간과 공간을 뛰어넘어 19세기 후반 이후의 수많은 도시개발에 본보기가 되었다. 이를테면 21세기 서울에도 적용할 내용이 있을 정도다.

파리의 과거와 미래를 모두 담는 큰 그릇

아테네, 로마, 런던을 능가한 개발 사업

오스망 재개발 내부로 좁혀 봐도 그만큼 다양한 접근이 가능하다. 우선 진행 내용만도 10권이 넘는 두꺼운 보고서로 기록되어 있다. 그 의미도 프랑스 역사와 파리 역사 내에서의 의미, 유럽 도시 전체 내에서의 의미, 그 결과 탄생한 명품 파리의 새로운 도시 미학 등등 매우 다양한 해석이 가능하다. 20~21세기의 오늘날 파리에서도 사실상 오스망 파리가 이어지는 걸로 볼 수 있다. 그 방향은 한마디로 '도시 명품화'였다. 이전의 파리 가운데 도시 명품화에 걸림돌이 되는 건 철거하고 도움이 되는 건 품으면서 훨씬 더 큰 새로운 도시를 만들었다. 노트르담대성당, 루브르 박물관, 개선문 같은 이른바 '왕년의 명품'들도 이런 거대한 새 그릇 속에 오롯이 담기면서 도시건축의 품격과 의미가 크게 증폭했다.

이후에 진행한 파리의 도시건축 사업은 대부분 오스망 파리에 흡수되며 이를 보강하는 수준에 머물렀다. 불과 30여 년 뒤에 에펠탑이 올라갔고 이후 20세기에도 현대건축을 대표하는 주요 건물들이 속속 들어섰지만, 모두 오스망 파리를 보강하는 수준에 머물렀다. 이런 건물들은 점점이 박혀서 개별 이름이 기록되는 수준에 머물 뿐 파리의 도시 골격을 의미 있게 바꾸는 단계까지 가지 못했다. 퐁피두 센터처럼 개별 건물로서는 현대건축을 대표하는 걸작도 여럿 지어졌지만 '오스망 파리'라는 거대한 판의 구성요소로 흡수되거나, 잘해봤자 그 구성요소를 다양화하는 선을 넘지 못했다. 이처럼 오스망 파리는 우리가 보통 '과연 파리구나'하며 보내는 찬사의 모든 내용을 담는 가장 큰 그릇을 만든 것이라고 할 수 있다.

유럽 전체의 도시사로 확장해도 마찬가지다. 수도 등급의 주요 도시를 통째로 바꾼 예가 있긴 하지만 오스망 파리만큼은 아니었다. 예를 들어 그리스의 권력자였던 페리클레스Pericles(기원전 495~429년)는 아테네에 아크로폴리스와 아고라를 닦고 아크로폴리스에 파르테논을 세우는 등 아테네의 고전주의 황금기를 구축했지만 오스망 파리에 비교할 대상조차 되지 못했다. 페리클레스보다 진일보한 경우가 로마 제국의 트라야누스 Trajanus(재위 98~117년) 황제로 그는 로마 시내 한복판에 자신의 이름이 들어간 광장과 시장을 건설하고 수로를 세우며 수도 로마의 최전성기를 이끌었지만 역시 물량과 도시건축의 질 모두에서 오스망 파리에 크게 부족했다.

오스망 파리에 견줄만한 변화가 있긴 했다. 잠자던 로마를 깨우며 천지개벽시킨 르네상스 때부터 바로크 때까지의 인문주의 교황들이다. 하지만 이는 제206대 교황 마르티노 5세Martinus V(재임 1417~1431년)부터 시작해서 제247대 교황 베네딕토 14세Benedictus XIV(재임 1740~1758년)에 이르기까지 340여 년에 걸쳐 무려 42명의 교황을 이어가며 이룬 결과였다. 이를테면 오스망 파리는 이 변화를 17년 만에 이룬 것이다.

당시 파리와 가장 치열하게 경쟁하면서 19세기 유럽 도시를 이끌어갔던 런던과 비교해도 뚜렷한 차이를 보여준다. 19세기 100년 전체 동안 런던이 변화한 정도를 다 모아도 오스망 재개발 17년과 비교가 되지 않을 정도였다. 한 단어로는 '상전벽해'라는 말도 부족하고 '천지개벽'만이 합당할 것이다. '재개발'이라는 말에서 알 수 있듯이 파리 시내에 신도시를 하나 만들었다고 봐도 무방했다.

오스망 계획에 대해서는 실행 당시부터 너무 과격하다는 평가부터 좀 더 과격해야 한다는 주장까지 찬반 양론이 분분했다. 양론은 준공 이후 실제 결과에 대해서도 비슷하게 유지되었다. 그러나 한 가지 확실한 사실은 실행 당시에는 제2제국의 정치적 위용을 과시하기 위해 파리를 새롭게 단장하는 데에 대해서 다수의 파리 시민과 여러 계층이 동의했다는 점이다. 그 결과 넓고 쭉 뻗은 불르바르와 토목 인프라 등 오늘날 파리의 근대적 도시 골격이 완성되었다. 찬반 양론은 20세기 이후 심지어 2024년 현재까지도 이어지지만 이런 배경 아래 점차 긍정적 측면이 부각하는 편이다.

더하여 오스망 재개발과 관련해서 중요한 주제어가 새로 추가되는데 바로 '부르주아'였다. 이들은 오스망 재개발은 물론이고 19세기 파리의 도시행정부터 실질적인 개발 사업까지 모두를 경제적으로 뒷받침하고 이끈 핵심 계층이었다. 오스망 재개발이 도시건축 사업이어서 '부르주아'는 그대로 19세기 파리의 도시건축을 주도한 핵심 주제어가 된다. 확장하면 두 번의 제국 체제와 두 번의 공화국도 사실상 이들이 일군 경제력이 받쳐줘서 가능했다. 이와 관련한 학문 연구와 논제도 '도시건축-경제-사회문화-예술사상' 등 거의 모든 분야에 걸쳐 매우 다양하게 포진해 있다.

추진 배경 1

나폴레옹 3세의 개인적 배경

이상의 배경 아래 이번 4부에서는 오스망 재개발과 관련한 다양한 내용을 자세히 살펴보자. 우선 이번 장에서는 '추진 배경-진행 과정-예산 조달-개발 결과' 등의 실질적인 사업 내용을 살펴보겠다. 이어 다음 장부터는 이렇게 새로 탄생한 파리에 대한 '부정적-긍정적' 평가의 내용, 구체적인 개발 내용인 '도시 공공성-녹지 확보-상하수도 확충', 근대적 가로 미학의 완성 등을 살펴보겠다.

먼저 추진 배경이다. 오스망 재개발은 일단 공사비와 공사 기간 등 규모 하나만으로도 상식을 뛰어넘는 초거대 사업이었다. 잡음과 저항도 컸지만 이처럼 20년 가까이 동력을 유지하면서 이 초거대 사업을 무사히 마무리할 수 있었던 데에는 파리만의 시대적 배경이 있었다. 크게 나폴레옹 3세의 개인적인 배경, 당시 파리의 열악한 도시 상황에 대한 개발 요구, 계층 문제의 해결 등 세 방향이었으며 이 각각에서 다시 세부적인 내용이 나왔다. 차례대로 살펴보자.

나폴레옹 3세의 개인적인 배경에서 가장 많이 회자하는 게 나폴레옹 3세가 시위를 막기 위해 오스망 재개발을 단행했다는 주장일 것이다. 물론 이 주장도 어느 정도는 사실이지만 이는 개인적인 배경이라기보다는 제국 체제에서의 정치적 배경에 가깝다. 나폴레옹 3세의 진짜 개인적인 배경으로는 이외에 두 가지 중요한 내용이 있다.

하나는 그가 런던 망명 시절에 겪은 경험이다. 그는 1836년 쿠데타에 실패한 뒤 런던으로 망명했던 시절 런던의 도시 상황을 직접 체험할 기회가 있었다. 당시 런던은 산업화의 물결 속에서 그야말로 아수라장이었다. 서더크Southwark 지역에 공장이 가득 들어차서 도시는 온통 매연으로 뒤덮였다. 템스강 역시 시커먼 매연을 내뿜는 대형 증기선으로 가득 차 있었다. 도시에는 가난한 노동자들이 넘쳐났고 이들은 열악한 노동과 주거 환경으로 극심한 고통에 시달리고 있었다.

나폴레옹 3세는 이런 상황을 고스란히 보면서 속으로 여러 가지를 생각했을 것이다. 산업화에 따른 어쩔 수 없는 이면이라는 생각도 있었겠지만, 만약 자신이 집권하게 되면 파리는 다르게 개발하겠다는 의지가 가장 큰 부분을 차지했을 것이다. 이어 즉위에 성공한 뒤 이때의 기억을 반면교사로 삼아 파리만은 공장 지대에서 자유로운 최고 수준의 문화 수도로 만들겠다는 계획을 세우기 시작했다. 이처럼 일단 가장 중요한 황제 개인의 인식에서 '문화 수도'라는 큰 방향이 잡혔다.

다른 하나는 그의 야망과 애국심이다. 나폴레옹 1세에 이어 19세기판 로마 황제가 되고 싶었던 나폴레옹 3세는 파리를 제국의 수도로 만들려는 야망을 품게 되었다. 당시 파리는 제국의 수도에 걸맞은 면면과는 거리가 멀다는 게 중론이기도 했다. 이런 야망을 뒷받침하는 프랑스의 중앙집권 전통도 있었다. 도시개발에서도 대형 사업은 파리시 당국을 뛰어넘어 중앙정부가 주도해서 강력하게 추진하는 전통이 있었다. 이런 전통이 제국 경쟁이 치열하게 달아오르기 시작하던 제2제국 시기에 들어오면서 파리를 대대적으로 개선해야 한다는 여론으로 발전했다. 민족주의가 발흥하던 때여서 수도 파리의 대변신을 원하는 국민 정서가 나날이 커가고 있었다.

추진 배경 2
열악한 도시 상황에 대한 개발 요구

다음은 파리의 열악한 도시 상황에 대한 개발 요구인데, 크게 다섯 가지로 정리할 수 있다.

첫째, 인구가 폭발적으로 증가하고 과밀이 심해지면서 도시 환경을 개선해야 한다는 압박이 날로 거세어갔다. 파리의 인구 증가 추이를 간단히 보면, 우선 17세기에 파리 인구는 40만~45만 명이었는데 18세기 말에 52만 5,000~55만 명으로 늘었다. 이때까지는 아직 인구 증가 속도가 느린 편이었는데 19세기 전반에 곧 100만 명을 넘어 105만 4,000명이 되었고 이후 불과 50여 년만인 1850년에는 130만 명으로 폭증했다. 아직 산업혁명 초기인 점을 고려하면 가파른 증가 속도였다. 파리에 대형 공장 단지는 없었지만 이렇게 증가한 인구의 상당수는 농촌에서 유입한 도시 노동자들이었다.

그런데 공장 단지를 따로 만들지 않았고 교외도 개발되지 않던 때라 이들은 집단으로 거주할 곳을 정하지 못하고 파리 도심에 몰려 살았다. 도심은 당연히 과밀에 시달렸는데 최악은 4구였다. 당시 주거 통계를 보면 인구 한 명에 할당된 주거 공간은 8㎡(2.4평)였다. 이 수치는 도로와 시장 등 공공공간까지 포함한 것이어서 실내 공간은 1평도 채 되지 못한 걸로 볼 수 있다. 파리 도심은 높은 영아 사망률, 병균 감염률, 살인율 등에 시달리는 열악한 환경이었다. 템스강을 기준으로 남쪽의 서더크 지역에 공장 난시를 몰아넣고 북쪽 도심에 여러 공원을 끼고 부르주아의 고급 도시 주거를 확보한 런던과 대비되는 상황이었다. 파리가 런던보다 훨씬 문화적인 도시라는 자부심이 있던 파리지앵 사이에는 이런 열악한 도심 상황을 개선해야 한다는 요구가 터져나왔다.

둘째, '교외'라는 주제다. 대부분의 근대적 대도시들은 19세기를 거치면서 도시개발이 인구 증가 속도를 따라가지 못하면서 정도 차이만 있을 뿐 앞과 같은 과밀 문제에 시달리게 되었으며, 이를 수용하기 위해 보통 교외를 개발했다. 인구가 증가해도 도시가 적절히 확장하면 과밀 문제를 어느 정도는 해결할 수 있기 때문이다. 런던이 대표적이어서 교외에 노동자 주거 단지와 부르주아의 고급 주거 단지를 모두 개발해 시내의 부족한 택지 문제를 어느 정도 해결했다.

파리는 그렇지 못했다.도 17-3 우선 1861년이나 되어야 티에르 성곽 Enceinte de Thiers이 헐리기 시작해서 그전까지 백 수십 만의 파리 시민들은 여전히 좁은 도심 안에 과밀 상태로 살고 있었다. 그런데 파리는 티에르 성곽이 헐린 뒤에도 교외 개발에 소극적이었다. 파리에서도 건축가이자 출판인이었던 세자르 달리César Daly(1811~1894년)처럼(아마도 런던을 본보기로 삼아) 프티 부르주아(중산층)들이 내서 교외로 탈출하리라 예측한 전문가들이 있긴 했다. 하지만 그런 예측은 빗나갔고 파리는 교외로 확장하지 못했고 노동자와 부르주아 모두 구도심 내에 몰려 살았다.

런던과 파리의 이런 차이는 앞에 나온 '개방적 도시open city'와 '폐쇄적 도시closed city'의 차이이기도 했다. 런던은 일찍부터 성곽을 헐어서 개방적 도시 체제를 유지함으로써 도시가 교외로 뻗어나가는 데 지장을 받지 않았다. 반면 파리는 티에르 성곽으로 한정한 폐쇄적 도시에 머물러서 교외로의 확장이 사실상 불가능했다. 또 다른 이유로 주택과 자연에 대한 두 나라의 인식 차이를 들 수 있다. 영국은 기본적으로 정원을 낀 친자연적 단독주택을 선호해서 가능한 한 교외로 나가려 했다. 반면 프랑스는 대도시 안에서 문화생활을 누릴 수 있는 집합주택을 선호해서 가능한 한 파리 시내에 머무르려 했다.

이상의 과정을 거쳐 파리 시내에 남게 된 두 계층 가운데 부르주아는 당시 파리의 비즈니스 구역이었던 우안의 2구 일대에 몰려 살았다. 이는 우안 전체로 보면 서쪽 지역이었다. 다시 그 옆 우안 동쪽의 4구는 노동자 주거 지역이었다. 이로써 우안은 왕궁단지와 시청사 등의 공공 구역을 제외하면 나머지 영역에 산업혁명의 양대 경제 계층인 부르주아와 노동자들의 주거 지역을 형성했다. 이 둘은 경제 계층을 기준으로는 대비 구도를 이루었지만, '과밀'이라는 문제에서만은 공동 주범인 동시에 공동 피해자가 되었다. 당시 우안 일대의 인구 밀도는 런던에서 가장 붐비는 지역의 두 배였고 심지어 1930년대 뉴욕의 로어 이스트 사이드Lower East Side의 수치와 비교해도 더 높은 과밀 상태였다.

셋째, 도시 위생과 공중 보건의 문제다. 과밀에서 파생되는 당연한 문제인데, 파리는 1848~1849년에 1만 9,000명의 콜레라 환자가 발생한 기록이 있다. 그전인 1832년 한 해에만 2만 명이 사망했다는 기록도 있다. 과밀과 함께 당시 파리의 열악한 도로 상황이 주범이었다. '루이 14세–나폴레옹 1세–7월 혁명 정부의 랑뷔토 파리시장' 등을 거치며 도심에 일부 대로를 새로 건설했지만 역부족이었다. 이를 제외한 파리 전역에는 오래된 중세 도로가 그대로 남아 있었다.도 21-1, 21-2 더 큰 문제는 화장실과 하수시설이 없던 때라 오물을 센강, 개천, 길가 등에 그냥 버린다는 것이었다.도 21-3 동네마다 오물이 웅덩이를 넘어 작은 저수지를 이루었는데 이런 곳이 전염병의 온상으로 지목되었다.

넷째, 더하여 오스망 자신이 호흡기가 약하게 태어나서 이런 전염병에 고생한 개인적인 배경도 중요하게 작용했다. 그는 각종 전염병이 난무하는 이유를 파리가 아직 중세 상태로 남아 있기 때문이라고 판단하며 이런 파리를 극도로 혐오했다. 당시 파리는 지금의 명성과는 정반대로 사람과 동물의 배설물, 쥐 떼, 악취, 먼지, 오염된 물 등이 뒤범벅이 된 위생 상태 제로의 도시였다. 요즘이야 도시 위생과 공중 보건은 아무리 강조해도 지나치지 않은 시대가 되었지만 19세기 중반만 해도 아직 그런 인식이 없던 때인데, 오스망은 호흡기가 약하다는 개인적인 이유로 인해 도시 위생과 공중 보건을 재개발 사업의 우선순위에서 상위에 놓았다. 예를 들어 사람 키를 훌쩍 넘는 높이의 지하 하수구도 오스망 재개발 때에 건설된 것이다. 당시로서는 상당히 과한 규모였으며, 그래서인지 21세기인 지금까지도 파리의 숨은 땅속 자랑거리 가운데 하나로 남아 있다. 이렇게 보면 결국 개인 차원을 뛰어넘어 공공 이익에도 가장 잘 부합하는 오스망의 대표적인 업적으로 남게 되었다.

다섯째, 좁고 구불구불한 도로의 비효율성이다. 중세 도로는 보건 위생에 더해 또 다른 큰 문제가 있었다. 산업혁명 이후 급증하는 이동량을 소화하지 못하는 비효율성이다. 파리의 중세 도로는 좁은데다 양옆의 보도가 따로 없어서 마차와 사람이 뒤엉켜 위험하기 짝이 없었다. 산업혁명이 진행하면서 자본주의 도시에서는 도로의 이동 효

21-1. 오스망 재개발로 사라지기 전의 샹플랭가Rue Champlain 모습(위)

21-2. 오스망 재개발 이전의 중세 거리를 보여주는 자르디네가Rue du Jardinet 모습(가운데)

21-3. 1852~1853년경 파리 노천 목욕탕. 앙리 르 세크Henri Le Secq(1818~1882년)의 사진(아래)

율이 가장 중요한 관건이 되어가고 있었다. 산업기술이 상품을 생산한 뒤 소비까지 원활하게 이루어지기 위해서는 원자재, 공산품, 사람, 지식, 정보, 재원 등 모든 종류의 자원이 가능한 한 짧은 시간에 이동해야 했다. 도로의 이동성은 자본의 효율과 그에 따른 이익 창출을 결정하는 첫 번째 요인이 되었다. 이를 위해서라도 파리의 중세 도로는 어떤 식으로든지 넓히고 곧게 펴야 할 필요성이 시대적 당위가 되었다.

추진 배경 3
계층 문제의 해결

마지막으로 계층 문제의 해결로, 크게 네 가지로 정리할 수 있다.

첫째, 우선 도로에서 파생된 계층 문제였다. 앞에 말한 '루이 14세-나폴레옹 1세-7월 혁명 정부의 랑뷔토 파리시장' 등을 거치며 새로 닦은 대로에는 부르주아의 광장 주거를 비롯해 아파트 등의 고급 주거가 들어섰다. 반면 오래된 골목 동네는 열악한 환경으로 인해 노동자들의 주거 지역으로 남았다. 오래된 골목 동네는 일종의 도심 속 외딴 섬처럼 되어갔다. 오스망은 이전 전통 시대의 파리 도시건축 가운데 대형 공공 걸작에 대해서는 애착과 존경심을 갖고 살리려 했지만, 일반 주거 지역에 대해서는 좁고 구불구불한 도로에 갇힌 비위생적이고 비효율적인 낙후 지역이라는 인식이 확고했다. 이는 어쩔 수 없는 사실이기도 해서 재개발을 통해 해결할 수밖에 없는 상황이었다.

둘째, 좀 더 포괄적으로 오스망 재개발 사업에는 노동자 계층의 불만을 잠재우기 위한 목적이 있었으며 이 과정에서 '오스망 계획'이라는 명칭이 하나 더 생겨났다. 나폴레옹 3세는 산업혁명과 자유주의 경제 정책으로 경제적 이익이 부르주아들에게 집중되자 노동자 계층의 반발을 무마하기 위한 개혁정책을 폈다. 교육, 의료, 공중위생, 법 등의 여러 분야에서 지금 우리가 알고 있는 근대적 제도들의 기초를 닦는 등 공공 복지시설에 과감하게 투자했다. 파리 재개발 계획은 이런 개혁정책의 중요한 부분을 차지했다. 혹은 재개발 과정에 개혁정책의 내용이 반영되면서 함께 진행한 걸로 볼 수도 있다. 오스망은 이처럼 개혁정책까지 포함한 포괄적인 재개발 사업을 입안하고 총괄 실행했기 때문에, 이를 '오스망 계획'이라고도 부른다. 그리고 그 결과 새로 탄생한 파리 역시 그에게 헌정한다는 뜻에서 '오스망 파리'라고 부르는 것이다. 즉 '오스망 계획-오스망 재개발-오스망 파리'의 세 명칭은 사실상 동의어로 볼 수 있다.

물론 이런 포괄적 개혁정책이 실질적으로 얼마나 달성되었고 노동자 계층이 어느 정도의 혜택을 누리게 되었는지에 대한 평가는 보기에 따라 다를 수 있을 것이다. 예를 들어 노동자 주거 지역이던 4구는 고급 동네로 개발되어 부르주아에게 돌아갔고 노동자들은 교외의 산업단지로 밀려나서 여전히 열악한 주거 환경에서 살았다. 하지만 파리 전체로 보면 노동자들이 입은 혜택도 적지 않았다. 대로와 상하수도 등의 도시 인프라가 대표적이어서, 시설의 성격상 모든 계층에게 혜택이 돌아가는 과정에서 노동자들도 함께 혜택을 입었다. 상하수도가 특히 중요해서, 물 사정이 열악했던 전통 파리에서 하층민이 가장 고통받던 일도 물 부족이었는데 이 문제를 해결함으로써 큰 혜택을 보게 되었다. 이렇게 볼 때 오스망 재개발의 결과에 대해서는 '지상은 부르주아가, 지하는 노동자가 차지했다'라고 할 만했다.

셋째, 반대로 부르주아들을 위한 개발의 필요성은 사실 이보다 훨씬 컸다. 이것도 두 방향이었다. 하나는 이들 역시 똑같이 심각한 주거 부족 문제에 시달리고 있어서 이를 해결해야 했다. 산업혁명이 진행하면서 수도 파리에는 부유한 부르주아부터 중산층에 이르는 유산 계층이 대폭 증가했다. 더하여 프랑스 국내의 다른 도시와 심지어 외국에서 파리로 이주해 오는 숫자도 제법 되었다. 이들은 자신들의 경제력에 걸맞은 쾌적하고 수준 높은 새 주거 형식을 원했는데 대체로 대로변에 건설되는 아파트로 귀결했다.

그런데 당시 파리는 이를 만족시킬 상황이 되지 못했다. 일단 도심은 중세 골격이 그대로 남아 있어서 공간 구조와 도시 위생 등에서 유산 계층의 주거 환경으로는 부적합했다. 산업혁명이 진행되면서 시테섬과 4구

등의 도심도 도시 노동자들이 차지하고 있었다. 좌안과 우안 전체를 봐도 이미 대부분 '상업-공공-종교-대학-귀족들의 저택' 등으로 포화 상태였다. 이런 상황에서 아파트를 짓기 위해서는 대로를 먼저 건설해야 했다. 오스망 재개발이 대로를 중심으로 진행한 것도 이런 배경에서였다.

넷째, 다른 하나는 고급 문화 시설이었다. 동서고금을 막론하고 상류층이나 권력층은 건축을 통해 자신들의 계급 정체성을 과시하고 싶어 한다. 19세기 파리의 부르주아도 이런 욕구가 강했다. 영국과 비교해도 영국은 산업혁명을 처음 일으켰고 자본주의도 가장 발달한 나라였지만 부르주아의 이런 욕구는 크지 않았다. 런던 부르주아는 교외의 쾌적한 전원주택 단지에 살거나 도심에 살더라도 하이드 파크 혹은 세인트 제임스 파크 등의 대형 도시공원 주변에 모여 살면서 자연환경을 최대한 즐겼다. 문화시설은 이미 지어져 있던 것들을 즐기는 선이었으며 이들의 최대 관심사는 '돈벌이'였다.

반면 정작 부르주아가 건축을 통해 자신들의 계급적 정체성을 가장 구축하고 싶어 한 나라는 프랑스였다. 이들은 과거 귀족들이 누리던 높은 수준의 문화예술 시설을 이어받고자 했다. 반드시 계급 과시가 아니더라도 파리에는 이미 문화예술을 즐기는 도시 전통이 강하게 형성되어 있었다. 이를테면 고급 상품화commodification 전통의 일상생활 버전이라 할 수 있다. 부르주아 계층의 이런 요구는 오스망 재개발을 단행하게 한 또 다른 배경이었다.

진행 과정1
도시계획가 오스망, '대로-빛-공기-건강'을 목표로 삼다

이상이 다양한 추진 배경이다. 다음은 진행 과정이다. 오스망은 1809년에 전형적인 프랑스 부르주아 집안에서 태어났다. 그의 가문은 정치적으로 '나폴레옹 1세-루이 필리프 1세-나폴레옹 3세'로 이어지는 왕실과 깊이 연대해 있었다. 오스망은 일찍부터 왕실을 배경으로 삼아 관직에 진출해서 각 지방을 돌며 활동했고, 이런 행정 경험을 바탕으로 나폴레옹 3세가 황제에 오른 뒤에는 중앙으로 진출해서 오스망 재개발을 총 지휘함으로써 제국 체제와 황제의 권력을 공고히 하는 데에 중요한 역할을 했다.

1852년 제2제국이 출범하자 프랑스에서는 곧바로 여러 계층의 각자의 이익을 챙기기 위한 요구가 봇물 터지듯 분출되었다. 새 황제의 가장 중요한 정치적·경제적 기반이었던 부르주아들도 마찬가지였다. 자신들의 본거지 확보와 부동산 투자 이익을 보장해줄 파리 신시가지 개발을 강하게 요구했다. 더하여 당시 파리의 도시 환경은 앞과 같이 심각하게 열악한 상태여서 근대적 도시로의 재개발은 피해갈 수 없었다. 이런 상황에서 황제 자신도 파리에 구체적 업적을 남기고 싶어 했고 마침내 1852년 오스망을 불러들여 이 거대한 파리 재개발 사업을 맡겼다.

오스망이 나폴레옹 3세와 함께 재개발 사업에 대해 발표한 선포문에는 재개발의 큰 방향이 잘 나타나 있다. "파리는 프랑스의 심장이다. 우리 모두의 노력을 모아서 이 위대한 도시를 아름답게 꾸미자. 새 대로를 뚫고 사람들이 넘쳐나는 이웃을 만들자. 더 많은 빛과 공기를 확보해서 도시를 건강하게 바꾸자. 빛이 건물 벽을 뚫고 집안까지 가득 들어오게 하자"라고 했다. '대로-빛-공기-건강' 등 네 단어가 핵심이었다. 좁고 폐쇄적이며 비위생적이었던 기존의 중세 도시 구조를 확 바꾸자는 취지였다.

오스망은 사업 발표 다음 해인 1853년 44세의 나이에 센 지사Préfet de la Seine(제1제국과 제2제국의 두 제국 체제에서 파리시장직을 없애고 대신 신설한 직책)에 임명되어서 재개발 사업이 끝나는 1869년까지 이 직을 유지했다.도 21-4 단순한 도시공학을 훌쩍 뛰어넘는 조거대 사업을 성공적으로 수행했기 때문에 오스망의 성향에 대해서는 도시 행정가, 관료, 정치인, 경제인, 도시계획가 등 여러 가지 시각이 있을 수 있다. 정도의 차이는 있지만 오스망은 이 모든 직책을 종합적으로 그리고 성공적으로 수행한 것도 사실이다. 수많은 관련 분야와 이익 당사자들이 난마처럼 얽혀 있는 매우 복잡한 고차원 방정식을 잘 풀어낸 것이다.

하지만 오스망이 사업 전에 작성한 개발 계획서나 말년에 나온 회고록 등을 기준으로 이 가운데 하나를 꼽으라면 그는 기본적으로 순수한 도시

21-4. 센 지사 조르주-외젠 오스망 남작baron Georges-Eugène Haussmann, Préfet de la Seine의 초상 작품

계획가에 가장 가깝다는 게 중론이다. 물론 누구보다 자금 조달에 최선을 다했고 상당한 성공까지 거두었으며, 마지막에는 공금 횡령의 문제로 해임을 당하긴 했지만 대체로 정치나 경제에는 무관심했다고 보는 것이 정확할 것이다.

선포문에서 밝힌 목표가 정해지고 계획서 입안이 끝나자 오스망은 곧바로 착공해서 공사에 속도를 내기 시작했다. 가장 먼저 대로 건설과 아파트 공사를 함께 시작했다.도 21-5, 21-6 부르주아와 좋은 관계를 유지해야만 이들에게서 사업 성공에 필수적인 경제적·정치적 지원을 얻어낼 수 있어서 이들을 위한 시설을 가장 먼저 건설한 것이다. 가능한 한 짧은 시일에 대로를 닦고 최대한 많은 물량의 아파트를 공급하고자 했다. 이를 위해 아파트의 준공 날짜를 불르바르 개통에 맞춰 정했다. 결국 도로 공사와 아파트 건설을 동시에 진행했다는 뜻이다. 그의 목표는 불르바르가 개통하는 날 도로를 따라 아파트가 한 곳도 빈 곳이 없이 빼곡하게 세워지는 것이었다.

진행 과정 2

속도전으로 완성한 '광장-대로-공공건물'의 복합 체계

첫 번째 계획은 리볼리가였다. 1855년 파리 만국박람회 개장에 맞춰 도

21-5. 앙리 4세 불르바르Boulevard Henri IV의 통로 뚫기 공사 장면(왼쪽)

21-6. 1856년에 이루어진 생미셸 불르바르Boulevard Saint-Michel 공사 중 철거 장면(오른쪽)

로 공사와 아파트 건설을 함께 마쳐야 했다. 이를 위해 재정, 행정, 기술 등 동원 가능한 모든 수단을 총동원해서 밀어붙여 마침내 해냈다. 파리에서 열리는 사실상 최초의 만국박람회인데 이때 파리에 관광 온 많은 외국인이 일직선으로 곧게 뻗는 넓은 리볼리가와 그 도로변을 따라 즐비한 새로운 아파트를 보고 모두 감탄하며 찬사를 보냈다. 파리는 이미 전통 시대부터 대표적인 국제도시였는데 이제 산업혁명 시대의 근대적 대도시라는 새로운 판에서도 그 자리를 잘 지키며 최초의 근대적 국제도시로 화려하게 데뷔했다. 당시 시내가 공장으로 가득 차 있던 런던과 차별화하는 '문화 도시 파리'의 탄생이었다.

이어 리볼리가의 성공을 본보기로 삼아 비슷한 방식의 공사를 빠르게 진척시켰다. 무엇보다 총 길이 114~200㎞의 새로운 도로를 건설해서 파리의 도시 구조를 샹젤리제가가 대표하듯 일직선의 쭉 뻗은 넓은 불르바르 체제로 완전히 뒤바꿔 놓았다. 이어 파리 개선문과 마들렌 교회 등 나폴레옹 1세 때 시작한 '광장-대로-주요 공공건물'의 도시 복합 체계를 다듬어 최종 완성했다.도 21-7 누보 루브르 공사를 시작해서 준공했으며 파리 오페라하우스도 주요 부분까지는 완성했다. 이외에 앞에서 살펴본 수많은 건물을 준공했고 공사 마무리 단계인 1867년에는 파리 만국박람회를 한 번 더 개최해서 전모를 드러내기 시작하는 오스망 파리를 유럽, 나아가 북미에까지 널리 알리게 되었다. 이런 흐름은 1878년과 1889년 파리 만국박람회로 계속 이어졌고 관광주의tourism의 성공과 맞물리면서 파리의 최전성기가 열렸다.도 17-3, 21-8, 21-9

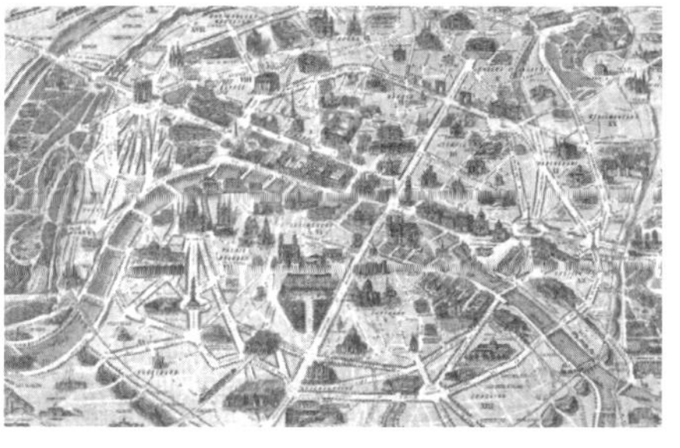

21-7. 1852년의 카루젤 광장Place du Carrousel 공사 장면, 저널리스트 에드몽 텍시에Edmond Texier의 『파리 경관*Tableau de Paris*』(1853년) 수록(위)

21-8. 생미셸 불르바르 공사 장면. 아돌프 조안의 『그림으로 보는 파리』(1870~1876년) 수록(가운데)

21-9. <오스망 지도Plan de Haussmann>(1853~1870년)(아래)

제국 체제인데다 파리는 원래부터 강한 중앙집권 전통 아래에서 중앙정부와의 협력도 잘해온 경험이 축적되어 있어서 속도전을 도왔다. 예를 들어 과도한 철거와 무자비한 소거에 대한 민간 차원의 저항은 당연히 심했지만, 공공기관 사이의 불협화음은 상대적으로 적은 편이었다. 프랑스 대혁명을 거치면서 사유재산권 보호가 강화되었지만 1841년에 다시 공공 목적의 사업에서는 적절한 보상의 전제 아래 강제 매입을 허용하는 법안이 제정되어 있어서 법적 뒷받침도 받았다. 영국의 실용주의 전통에서 보면 이해하기 힘든 막대한 예산이 투입된 데에서 알 수 있듯이 토지 소유자와 정식 임차인은 상당한 보상을 받은 걸로 기록되어 있다.

물론 정치, 사회, 경제, 행정 등의 분야에서 반정부파가 펴는 정치적 공세가 거셌고 오스망 개인의 경쟁자들까지 가세하는 등 사업 진행을 가로막는 요인도 적지 않았다. 하지만 사업에 영향을 끼칠만한 힘을 가진 반대 세력은 오히려 이 사업에서 이익을 가져갈 수 있는 구도여서 자연스럽게 입막음이 되었다. 좀 더 순수한 차원의 반대는 오히려 건축계, 문화계, 언론 등에서 보존주의자와 전통주의자가 제기했다. 이런 반대는 풍성한 문화적 담론을 낳는 순기능을 했지만 사업 진척에 실질적인 영향을 끼치지는 못했다.

그러던 중 사업이 대부분 마무리되어가던 1870년에 오스망은 보수적 은행가들이 그의 재정 운영에 의문을 제기하면서 해임되었다. 이로써 오스망 재개발은 1869년이 공식적인 종료의 해로 정해졌다. 사업이 오래 진행되고 사업비가 계속 치솟자 오스망은 예산 낭비와 불투명하고 불규칙한 예산 지출 등의 죄목으로 해임되었다. 일부에는 자금 유용 기록도 있었다. 게다가 사업도 마무리 단계였고 너무 오래 끈 피로감도 있었다. 가장 중요한 요인은 불과 몇 달 뒤에 일어난 제2제국의 붕괴였다. 프랑스-프로이센 전쟁에서 패하면서 제국이 붕괴했고 오스망도 정권과 운명을 함께했다.

그러나 이 일로 파리를 거의 근대적 신도시급으로 재탄생시킨 오스망의 업적은 훼손될 수 없었다. '자금 유용으로 인한 해임'이라는 불행한 결말로 마무리되긴 했지만 17년을 뚝심으로 버티며 강한 추진력으로 계획 대부분을 실행한 뒤여서 사실상 사업 내용 자체만 보면 자연스러운 종결이라고 봐도 괜찮을 정도였다. 그에게 정말로 문제가 있었다면 이보다 훨씬 먼저 해임되었을 것이기 때문이다. 그의 업적과 평가와 이름은 이미 구축되어 있었다.

예산 조달 1
혼합 경제체제와 생산적 소비 이론으로 대형 자금을 조달하다

이상이 17년 진행 과정의 다양한 내용에 대한 압축 정리다. 다음은 예산 조달이다. 오스망은 사업 시작 당시 총 개발 금액을 당시 가치로 25억 5,400만 프랑으로 잡았다. 이는 당시 파리시 1년 예산의 44배, 즉 44년 치 예산에 해당하는 엄청난 금액이었다. 처음 이 계획을 입안하던 1851년에는 센주 지사가 오스망이 아닌 장-자크 베르제Jean-Jacques Berger(재임 1848년 12월~1853년 6월)였는데 재원 부담을 이유로 이 계획을 반대하다 해임되었다. 오스망은 이 금액을 받아들이는 조건으로 그 후임에 임명되었다.

물론 이 숫자만을 두고 일반적 상식으로 판단하면 이를 거절한 베르제르가 옳다고 할 수 있을 것이다. 하지만 종합적 현실주의자였던 오스망은 달랐다. 이런 초현실적인 예산의 의미를 누구보다 종합적으로 판단할 능력의 소유자였다. 더욱이 당시는 산업자본주의가 막을 올리던 때여서 시대 흐름을 읽는 눈이 특히 중요했다. 부의 생산 규모와 축적 속도가 이전의 전통 시대와 완전히 다른 기술과 자본의 시대가 열리고 있었다. 베르제르는 이런 변화를 피부로 체득하지 못한 전통주의자였다. 반면 오스망은 공장에서 자동화된 기계가 대량생산하는 물건이 그대로 부로 축적되는 새로운 시스템을 이해하고 있었다.

오스망만이 파리를 근대적 대도시로 탈바꿈하기 위해서는 오히려 이 정도 돈이 적합하다는 사실을 정확히 꿰뚫고 있었다. 파리 부르주아의 자금력에 대한 확신도 있었으며 무엇보다 개발에서 나오는 수익을 통해 연차적으로 소요 예산을 충당할 수 있다고 보았다. 필요 예산을 처음부터 모두 확보하고 시작하는 게 아니고, 종잣돈seed money만 있으면 다음 단계부터는 이 돈을 돌려서 필요한 예산을 뽑아낼 수 있다고 본 것이다. 비록 계급 차별 논란이 있긴 했지만 이런 과정을 거쳐 오스망 재개발은 사실상 부르주아의 개발 사업이 되었다. 다행히 19세기 파리 부르주아는 이미 전통 시대의 귀족을 넘어설 정도로 세계 최고의 예술 수준을 자랑하고 있어서 이들은 그에 합당한 새로운 파리를 창출할 수 있었다. 그리고 결과적으로 이것이 사실상 오늘날 우리가 아는 파리가 되었다.

한편 오스망이 앞과 같은 선견지명을 가졌다는 평가는 시간이 흐른 뒤 성공적 결과를 보고 내린 것일 수 있다. 당장 공사가 시작하던 1853년 당시 이 어마어마한 재원을 성공적으로 마련할 수 있을 거라고 믿었던 사람은 아마도 오스망과 나폴레옹 3세 및 몇몇 부르주아 정도 외에는 없었을 것이다. 어쨌든 방아쇠는 당겨졌고 이제 모든 관심은 재원 마련 방안을 두고 오스망에게 쏠렸다. 여러 세부적인 정책과 방안이 있었는데 크게 두 곳에서 재원을 조달했다.

하나는 당연히 국가와 부르주아들이었다. 여기에는 나중에 20세기에 보편화되는 '혼합 경제체제mixed-economy'라는, 당시로서는 매우 앞서가는 방식을 도입했다. 도시 전체의 인프라 구조 건설에는 공공자금을 투입하고 이 속을 채우는 개별 건물의 공사비는 부르주아를 중심으로 한 민간 분야가 부담하는 방식이었다. 더하여 공공자금의 일정 비율은 다시 국채를 발행해서 충당했는데 그 대부분을 부르주아들이 사들였다. 예를 들어 총 공사비 가운데 약 19.5%에 달하는 5억 프랑은 파리시의 차관으로 모금했으며 다시 이 중의 1/4은 크레디 모빌리에Crédit Mobilier라는 투자은행이 댔고, 나머지는 대부분 500프랑 단위의 소액 채권을 다량으로 판매해서 조달했다. 이걸 사들인 소액 투자자들은 대부분이 부르주아였다.

다른 하나는 오스망이 도시개발 사업에 거의 최초로 도입한 '생산적 소비 이론theory of productive expenditure'이었다. 즉 새로운 상업 구역을 비롯하여 연차적으로 준공되는 여러 주요 구역들에서 곧바로 소비가 활성화됨에 따라 세수도 대폭 증가한다는 논리였다. 상당 부분 맞아서 17년이라는 오랜 기간에 걸쳐 사업을 진행할 수 있었다. 총 공사비를 처음부터 한 번에 마련하고 시작한 것이 아닌, 이른바 '황금알을 낳는 거위' 혹은 요즘

식으로 말하면 '지속 가능한' 재원 조달 시스템을 구축해서 그때그때 나오는 세금으로 다음 공사를 진행하는 방식이었다. 그 중간에 마침 1855년과 1867년 두 번의 만국박람회가 개최되어서 새로 탄생한 파리의 도시 공간 속에서 대폭 늘어난 소비를 촉진할 수 있었다.

나폴레옹 3세의 경제 정책도 거들었다. 만국박람회야 범국가적 사업이니 당연히 적극적으로 지원했다. 이것과 별도로 새로운 공산품의 상설 전시장도 개설해 1852년에는 전시 물품이 1,757종류이던 것이 1870년에는 5,434종류로 급증했다. 통합 정책을 폈던 나폴레옹 3세 시절 혜택을 가장 많이 받은 계층이 부르주아라는 사실을 증명하는 수치들이었다. 어쨌든 이런 정책은 공산품의 소비를 촉진했고 다시 여기에서 세금을 거둬들일 수 있었다.

예산 조달 2
국가가 주도한 초대형 부동산 개발

여기까지는 경제적 측면에서 성공적인 진행으로 볼 수 있다. 부정적인 내용도 있었다. 재개발 사업에 수반되는 부동산 부분에서는 수익을 창출해 사업에 도움을 주기보다는 건설업자에게 특혜를 주는 쪽으로 정책을 집행한 게 대표적이었다. 이 부분은 오스망의 계산 착오였는데, 나중에 예산 유용의 문제로 해임될 때 주요 원인으로 지목되기도 했다.

구체적인 내용을 보자. 우선 새로 건설되는 대로변에 '프라임 랜드prime land'라는 부가가치가 높은 땅을 대거 확보하게 되었다. 파리 시내에 갑자기 이전에는 없던 넓은 면적의 새로운 노른자위 땅이 쏟아졌다. 오스망은 이 부지를 자신의 계획에 따라 아파트를 지을 건설업자에게 배분해주었다. 이때 시세보다 싸게 부지를 제공해서 특혜 논란이 일었다. 여기에 건설 회사가 담보 대출을 받을 때 은행이 함께 보증을 서도록 했고, 이 보증은 다시 최종적으로 정부가 세운 부동산 신탁회사Crédit Foncier가 보증을 서주는 막강한 금융 특혜도 추가로 해주었다. 물론 대출을 아파트 건설에 필요한 범위로 한정하기는 했지만, 건설 회사들은 필요한 자금을 사실상 무제한으로 공급받을 수 있었다.

이런 방식은 당시 파리의 사회주의와 자본주의 양 진영 모두에게 환영을 받는 의외의 소득도 있었다. 우선 사회주의 진영에서는 국가가 보증을 서는 은행과 법인에 의존해서 개발 사업을 진행하는 오스망의 이런 방식이 사회주의 경제 철학자 앙리 드 생시몽Henri de Saint-Simon(1760~1825년)이 제창한 도시개발 방향을 반영한 거라며 찬성했다. 생시몽은 몽상적 사회주의 사상에 기반한 이상 도시를 주창한 인물로 평가된다. 그는 당시에 낙후되어 있던 프랑스 경제가 근대화의 임무를 대규모로 수행하기 위해서는 민간 분야에만 맡겨 놓아서는 부족하며 국가가 나서서 조직화해야 한다고 주장했다. 오스망 재개발 사업이 여러 면에서 이 주장을 따른 것도 일정 부분 사실이었다. 파리의 건설 산업을 정부의 조직화 작업에 기반함으로써 대형화·활성화할 수 있던 것이다. 정부의 도움 없이 민간 차원에서만 진행했다면 절대 이룰 수 없는 사업이었다.

자본주의 진영에서 보면 아파트 건설이라는 부동산 사업을 끼고 막대한 부를 축적할 수 있어서 역시 대환영이었다. 이때 축적한 부는 파리 자본주의 체제의 기틀이 되었다. 대형 개발업자들은 이런 여러 혜택에 만족하지 않고 주식회사를 세워 소액 투자자들에게서 자금을 끌어모았다. 이런 자금을 배경으로 개발 사업을 점점 더 크게 벌일 수 있었고 여기에서 나온 수익금을 투자자들에게 배당함으로써 자본 시장을 구축하는 발전을 이루었다. 처음에는 국가와 시 당국이 시작한 공공개발 사업이 시간이 지나면서 민간업자들이 가세해서 판세를 키워가는 형국으로 넘어갔다. 새로 닦은 불르바르는 곧 전례 없는 새로운 투자 기회를 의미했다. 이를 주도한 민간 개발업자들은 자신들의 사업이 이런 기회에 부응하는 사회적 소명을 갖는다는 과대망상까지도 가졌다.

어쨌든 이처럼 오스망 재개발 사업은 매우 전문화하고 조직화한 초대형 건설 산업으로 진행되었다. 앞과 같은 경제적 측면 이외에 도시건축 실무에서도 건축가, 엔지니어, 공예장인, 현장 관리인 등의 전문직을 정규직으로 고용해서 제대로 된 회사 체제를 갖추어 진행했다. 이런 회사들이 파리 전역에서 진행되는 여러 개발 사업을 나누어 맡아 진행했다. 예를 들어 가장 대표적인 회사가 에밀 페레이르Émile Pereire(1800~1875년)와 이삭 페레이르Isaac Pereire(1806~1880년) 형제가 1856년에 세운 '파리 부동산 회사Compagnie Immobilière de Paris'였다. 물론 이런 회사들은 오스망과 관련 은행, 주식회사 등과 특별히 밀접한 관계에 있었다.

개발 결과

도시 인프라의 확충, 주거 건축의 변화, 공공건물 건축, 신건축 활성화

마지막으로 개발 결과다. 이렇게 해서 새롭게 개발되고 건설된 넓은 면적을 '오스망 파리'라는 별명으로 불렀다. 파리는 중세 구역, 르네상스 구역, 바로크 구역에 이어 19세기 오스망 구역을 추가로 갖게 되었다. 오스망 파리의 구체적인 내용은 크게 다섯 가지로 정리할 수 있다.

첫째, 도시 인프라가 대폭 확충되었다. 우선 새로 건설한 도로가 핵심인데 그 길이에 대해서는 144~200㎞ 사이로 통계자료가 갈린다.도 13-1 더하여 1억 7,800만㎡(= 5,400만 평)의 숲과 도시공원, 5,664㎞의 하수도 등이 건설되었다. 공사가 한창일 때에는 파리 노동력의 20%가 이곳에 투입되었다. 이런 도시 인프라에 대해서는 뒤에서 별도의 장으로 자세히 살펴보겠다.

둘째, 주거 건축에 획기적인 변화가 있었는데 크게 두 방향으로 나눌 수 있다. 하나는 주택 전체의 물량 기록이다. 파리 외곽까지 포함한 센주에서만 2만 7,500채를 철거한 대신 10만 2,500채를 새로 짓거나 보수했다. 가구 수로 환산하면 백만 가구 전후한 물량이었다. 2024년 현재 진행 중인 우리나라의 수도권 3기 신도시가 최소 7,000가구(과천시 과천동)에서 최대 6만 6,000가구(남양주 왕숙 지구)인 것과 비교하면 상당한 규모였음을 알 수 있다.

다른 하나는 부르주아의 고급 아파트가 대세로 자리 잡았다. 이는 파리의 고급 도시 주거가 바로크 시대의 오텔에서 고층 아파트로 바뀌었음을 뜻한다. 아파트는 나아가 파리의 도시 경관까지 바꿔 놓았다. 파리의 가로 미학에서 대로를 따라 즐비하게 늘어선 아파트는 빠질 수 없는 핵심 요소가 되었다. 이는 오스망이 꿈꾸던 파리이기도 했다. 공공 분야와 민간 분야 모두가 개발 이익을 아파트 건설에 집중해서 쏟아부은 결과 불르바르는 곧 오스망이 계획했던 것과 같은 모습으로 전모를 드러내기 시작했다.

셋째, 공공건물로 이 역시 둘로 나눌 수 있다. 하나는 이번에도 물량 기록이었다. 새로 짓거나 준공한 대표적인 예들만 봐도 구청사town hall 다섯 채, 연병장 시설 여섯 곳, 극장 다섯 채, 시장과 도축장 여러 곳, 수많은 학교, 기차역 두 곳, 교회 열세 채, 유대 예배당synagogue 두 채 등이었다. 이 외에 누보 루브르를 지으면서 튈르리궁과의 연결을 완결하고 왕궁단지를 준공했다. 다른 하나는 앞에 나온 네오바로크라는 국가 양식이 구현되어 파리 시민과 호흡하게 된 점이다. 명칭에 '국가'란 단어가 들어간 데에서 알 수 있듯이 이 양식은 공공건물에 적용해야 효과가 높았다. 누보 루브르를 필두로 파리 북역과 파리 오페라 하우스 등이 네오바로크로 지은 대표적인 공공건물들이었다.

넷째, 신건축 양식 혹은 신건축 운동도 활성화하고 발전하기 시작했다. 철골이 건물의 주요 구조재로 자리를 굳혀갔으며 이런 흐름은 철골 사용을 폭발적으로 증가시키는 기폭제가 되어 오스망 재개발이 끝나고 제2제국마저도 막을 내린 1870년을 기점으로 제2산업혁명으로 돌입하게 된다. 이것은 철강 산업을 이끌던 부르주아들에게는 부동산 자산의 확보와 함께 가장 확실한 선물이었다.

다섯째, '오스망 재개발-부르주아 자본주의-신건축'의 세 축이 하나로 합해진 대표 사례로 파리 중앙시장인 레알 상트랄Les Halles Centrales(줄여서 '레알Les Halles', 1845~1870년)의 재개발을 들 수 있다. 중세 때인 1137년에 루이 6세Louis VI(재위 1108~1137년)가 지금의 우안 1구에 처음 건설한 이래로 줄곧 파리의 중앙시장으로 사용되어오던 유서 깊은 전통시장이었다. 규모와 유구한 역사 모두에서 파리 시민의 일상생활과 경제를 상징하는 또 하나의 대표 시설이었다. 위치도 루브르궁과 파리 시청사 사이의 우안 핵심부로 산업자본주의가 등장하기 전까지는 명실공히 파리 경제의 심장이었다.

19세기에 들어와 파리 경제가 팽창하고 산업자본주의가 가세하면서 레알 상트랄은 건물들이 좁고 오래되어 기능에 한계가 왔다. 이런 새로운 시대 흐름에 맞춰 1845년에 대대적인 개축과 확장을 계획했다. 곧이어 시작한 오스망 재개발 내내 핵심 사업으로 진행되면서 1870년이나 되어야 최종 준공했다. 단일 건물이 아닌 파리 중앙시장이라는 큰 단지여서 우선 전체 면적이 2만 5,000㎡(7,576평)에 달했다. 새로 지은 시장은 전체 형태가 정사각형을 이루었는데 한 변이 160m에 이르렀다. 이런 넓은 시장은 하루 내내 농축산물과 일상 용품 같은 전통 물품은 물론이고 산업혁명 이후에는 공산품까지 더한 가장 많은 상거래가 일어나는 곳이었다.

이런 넓은 면적을 모두 철골과 유리라는 신재료 공법으로 지었다. 넓은 변석의 전통시장이 튼튼하면서도 밝고 위생적인 공간으로 새로 태어났다. 건축가는 빅토르 발타르Victor Baltard(1805~1874년)였고 구조 설계는 당시 파리 기차역 공사를 전담하던 엔지니어들이 맡았다. 이런 점에서 우선 건축적으로 19세기 파리의 신건축 운동을 대표하게 되었다. 19세기 후반부에 에펠탑이 있다면 19세기 중반에는 레알 상트랄이 있었다.

경제적으로 확장해서 봐도 전통시장이던 이 일대가 산업자본주의 이후에도 죽지 않고 새롭게 변신하며 확장함으로써 오히려 경제적 역할이 더 커졌다. 증권거래소인 부르스Bourse가 이곳에서 북쪽으로 가까운 곳에 세워지면서 두 구역은 각각 전통시장과 신흥시장을 대표하며 합심해서 상승 효과를 냈다. 이런 혜택은 고스란히 부르주아에게 돌아갔다. 시장의 주인은 당연히 부르주아였는데, 이것을 신건축 양식으로 확장해서 새로 지음으로써 우선 매출부터 대폭 늘어났으며 인근의 증권거래소까지 가세해 경세 효과는 증폭했다.

더하여 부르주아가 신건축 양식의 주인이라는 상징성까지 공고하게 굳혔다. 이 역시 앞서 1783년에 파리 최초의 유리 천장 건물로 지어진 곡물거래소Halle aux Blés와 짝을 이루어 상승 효과를 냈다. 이로써 파리 부르주아는 전통시장과 신흥시장 모두를 손에 넣어 명실공히 파리 경제를 완전히 장악하게 되었다. 한편 레알 자체는 1973~1979년에 재건축되면서 19세기 신건축 양식의 건물들은 모두 사라졌으며 2010~2016년에 증·개축을 한 번 더 해서 현재에 이른다.

22장 '더 나빠진 파리'에 대한 부정적 평가1

도시건축 차원의 비판

찬반 양론에서 파생한 풍성한 문화 담론

오스망 재개발은 유례가 없는 대형 사업이어서 이미 당시부터 평가는 찬반의 양극으로 갈렸다. 계획 단계부터 격한 논쟁이 일었으며 착공과 진행을 거치며 논란은 더욱 거세져 갔고, 사업 종료 후까지 오랜 시간 이어졌다. 찬반 내용도 오스망 개인에 관한 것부터 사업의 진행과 성격에 관한 것, 나아가 새로 탄생한 파리의 도시건축에 관한 내용 등 매우 다양했다. 사회적 논쟁에 특히 특화해 있는 파리 시민들에게는 더할 나위 없이 좋은 초대형 논쟁거리가 주어진 셈이었다. 직접적인 찬반 논쟁과 별도로 도시건축과 문화예술 분야에서 풍성한 담론과 학문 연구들도 쏟아져 나왔다.

사업이 진행 중이던 당시에는 주로 언론과 문화 담론 등 대중 미디어에서 찬반 공방이 오갔다. 대표 사례를 하나만 간단히 소개하면 오스망 개인에 대해서 꼼꼼한 기술 행정력으로 무장한 전문 관료라거나 친화력이 좋은 성격의 소유자라는 등의 긍정적인 평가부터 까다롭고 냉혹하다는 부정적 평가까지 양극을 오갔다.

사업 종료 이후에는 좋건 싫건 오스망 파리가 엄연한 현실로 굳어지면서 찬반 논쟁은 학문적 분석과 해석의 분야로 넘어갔다. 19세기 후반부터 현재까지 긴 시간에 걸쳐 직접적 연관 분야인 도시, 건축, 공간 등을 필두로 여러 분야로 확산하며 풍부하고 다양한 학문 주제를 낳았다. 한마디로 '근대적 도시계획의 본보기'라는 평가인데, 이 타이틀 자체는 오스망 파리가 불르바르, 즉 대로를 중심으로 구축된 점에서 일단 적절했다.

하지만 이런 학문적 주제의 해석과 분석에서는 역시 찬반 양론이 팽팽히 맞섰다. 하나는 근대화의 기수이자 촉진제라는 긍정적 평가였고 다른 하나는 결국 자동차 도로 중심의 삭막하고 비인간적인 근대적 대도시의 출발이라는 부정적 평가였다. 다만 오스망 파리에서는 이런 대로들이 격자가 아닌 스펙터클이라는 가로 미학을 창출한 점에서 단순한 찬반 선택을 넘어 풍성한 문화 논제를 파생한 점이 중요했다.

무자비한 철거와 '파괴 예술가'

오스망 개인에 대한 비판

이상의 개괄적 배경 아래 찬반 논쟁을 중심으로 연관된 문화 담론을 함께 살펴보자. 먼저 부정적인 평가다. 당시에 비판은 정치적 반대파, 경쟁자, 보존주의 진영, 보수주의, 과도한 세금 납부자, 원래 거주하다가 쫓겨난 시민 등 여러 곳에서 쏟아져 나왔다. 한마디로 '더 나빠진 파리'가 요점이었다. 도시건축 차원뿐 아니라 원주민들의 일상부터 경제 이데올로기적 관점 등에 이르기까지 여러 면에서 제기되었다. 그 내용은 무척 다양한데 우선 크게 두 방향으로 나눌 수 있다.

하나는 진행 과정과 새로 탄생한 파리의 단조롭고 삭막해진 모습 등 수도 도시건축 차원에서의 비판이다. 다른 하나는 저소득 무산 계층이 살게 될 열악한 공간 환경과 역사적 도시의 산업화 현상 등 주로 경제 이데올로기 차원에서의 비판이다. 이번 장에서는 도시건축 차원의 비판을, 다음 장에서는 경제 이데올로기 차원의 비판을 각각 살펴보자.

22-1. 오스망 재개발의 철거촌과 철거민(1865년)(위)

22-2. 생미셸 불르바르를 내기 위해 위해 오래된 아르프가Rue de la Harpe를 철거하는 장면(1857년). 교회 등이 함께 철거되었다.(아래)

먼저 도시건축 차원의 비판이다. 이는 다시 무자비한 철거, 오스망 개인에 대한 비판, 중세 구역의 소멸, 지루하고 삭막해진 파리, 정신적 가치를 담고 있는 역사 문화재의 손실 등 다섯 가지 주제로 한 번 더 나눌 수 있다. 차례대로 살펴보자.

첫째, 추진 과정에서의 무자비한 철거다. 당시 철거 지역에 살고 있던 사람들을 내쫓은 점과 여기에 저항하는 과정에서 발생한 무력 충돌, 인명 피해 등 철거 과정에서 무리한 물리력이 동원되었다. 우선 35만 명이 살던 곳에서 쫓겨났으며 오스망 자신의 생가를 포함한 2만 7,500채의 주택이 철거되었다. 35만 명이 집을 잃었고 오래된 소규모 공장과 가게 등 이들이 일상을 영위하던 일터가 사라졌다.도 22-1, 22-2 철거에 반대하는 크고 작은 소요가 끊이지 않았으며 이를 진압하려는 전쟁 아닌 전쟁으로 파리는 바람 잘 날이 없었다. 특히 여러 구역에서 대대손손 살아오던 주민들의 격렬한 저항이 있어서 많은 인명 피해가 발생했다. 철거의 범위와 속도도 매우 전격적이어서, 부분적으로 철거를 한 것이 아니고 파리의 1/3 정도 되는 면적을 통째로 밀어버렸다.

둘째, 오스망 개인에 대한 비판이었는데 공적-사적 두 차원에서 있었다. 공전 차원은 사업을 추진하고 진행하는 방식과 관련된 것이었다. 당시에 그는 '파괴 예술가'로 불렸고, 이를 풍자한 카툰이 여러 언론 매체에 실렸다.도 22-3, 22-4 이는 철거에 따르는 단순한 기술적인 말이 아니었다. 로마제국 멸망기인 5세기 동유럽의 강력한 지도자였던 아틸라 더 훈Attila the Hun(406년경~453년)의 별명이기도 했다. 그는 동로마 등 여러 나라와 전쟁을 벌이면서 침공한 도시마다 무자비한 파괴, 즉 반달리즘을 행해서 이런 별명을 얻었다. 이와 비슷한 뜻의 '직선의 아틸라Attila of the straight line'라는 다른 악명도 가지고 있었다. 유럽 역사에서 '파괴 예술가'라는 말은 역사적 배경이 있는 악명 같은 것이었다.

19세기에는 언론인 빅토르 푸르넬Victor Fournel(1829~ 1894년)이 『새로운 파리와 파리의 미래*Paris Nouveau et Paris Futur*』(1865년)라는 자신의 저서에서 오스망에게 이 악명을 붙이며 비판했다. 이어 시인 샤를 드 라 발레트Charles de La Valette(1806~1881년)도 같은 뜻으로 오스망을 '잔인한 파괴자', 오스망 파리를 '역사적 패배'라며 비판을 이어갔다.

다른 하나는 오스망 개인에 대한 좀 더 사적인 비판이었다. 이는 도시계획 외적인 측면일 텐데, 사업이 진행 중이던 당시에는 아무래도 찬사보다는 견제와 질투가 많은 게 일면 당연하기도 했다. 17년이나 장기 집권하면서 초대형 자금을 운용하는 과정에서 수많은 이익 당사자가 얽히고설키다 보니 만족과 수긍보다는 불만과 이의가 훨씬 많았다. 예산 조달 및 자금 운용과 관련해서 앞 장에서 본 것과 같은 방식은 당시로서는 매우 창의적이고 많은 내용이 20세기 이후의 현대 자본주의 방식을 먼저 창출한 것이었지만, 결과적으로는 이런 창의성을 제대로 이해하지 못한 측에서 자금 횡령으로 몰아 막판에 해임당하는 안타까운 결말로 끝났다. 더하여 무자비한 철거에 대해 어떤 식으로든지 책임이 없을 수 없다 보니 냉혹한 성격이라는 평가가 뒤따랐다.

22-3. <바딩게 소속 모르타르 미장공 오스밍Attilia-tion de Badinguet Haussmann Gâcheur>이라는 당시 카툰. 흙손은 건설자, 곡괭이는 철거자의 양면을 표현했다.(위)

22-4. <높은 곳의 감시자elevated surveyors>라는 카툰이 당시 오스망 개발을 비판하는 내용(아래)

중세 구역의 소멸

새로운 파리의 쓸쓸함에 대하여

셋째, 파괴에 따른 대가 가운데 통사적으로 보면 파리의 중세 역사를 지웠다는 점이 가장 큰 손실일 것이다. 이제 파리의 중세는 노트르담과

22-5. 렌느가Rue de Rennes의 통로 뚫기 장면. 오래된 교회가 함께 헐렸다.

생트샤펠 등 개별 건물로만 남았다. 유럽의 다른 주요 수도나 대도시들과 비교했을 때 파리의 강점 가운데 하나가 중세 역사가 찬란하게 살아 있다는 점이었는데 이걸 자기 손으로 없애버린 것이다. 당시까지는 파리의 도시건축이 중세 전통을 두 방향에서 잘 보존하고 있었다. 하나는 크고 작은 수많은 교회 건물들이 기독교 역사의 산증인으로 굳건히 버티고 있었다. 다른 하나는 파리의 오랜 역사를 지키며 살아온 일반 시민들의 일상 공간이었다. 이 둘 모두를 헐고 몰아냈다는 건 이들이 간직해오던 역사의 증거를 없앤 것, 즉 역사책을 불태운 것과 같았다.

물론 파리의 중세 상태에 대해서는 오스망 재개발의 결과에 대한 찬반만큼 극명하게 둘로 갈렸다. 공간 구조의 조형성을 기준으로 보면 휴먼스케일과 재미있는 공간이 넘쳐나는 소중한 곳이었다. 반면 좁고 불편하고 비위생적이며 불편해서 혐오하는 사람들도 많았다. 전자에서 보면 오스망 재개발은 창의적 공간을 없앤 도시건축의 큰 실수이자 패착이었다.도 22-5 특히 문화사에서는 이런 중세 골격을 '발자크의 파리'라고 불렀다. 오노레 드 발자크Honoré de Balzac(1799~1850년)는 높은 명성과 함께 마침 오스망 재개발이 시작되기 직전인 1850년에 사망하면서 이후 탄생하게 될 신도시와 대비되는 전통 시대의 파리를 상징하는 인물로 추대되었다.

이런 그의 이름이 들어간 '발자크의 파리'는 중세 파리에 가득 찬 휴먼스케일, 비정형 골목, 여기에서 나오는 놀람surprise과 의외성의 미학, 오랜 역사와 풍부한 전통 가치 등 문화의 보고를 상징했다. 발자크와 함께 동시대 19세기 전반부 프랑스를 대표한 또 다른 문학가였던 마리-앙리 베일 스탕달Marie-Henri Beyle Stendhal(1783~1842년)도 당연히 같은 생각이었다. 이들은 아직 오스망 재개발이 시작하기도 전인 산업혁명 초기의 파리마저도 비판적으로 보면서 자신들의 문학작품을 통해 파리의 열악한 도시 환경과 노동 환경을 짚어내기도 했다. 물론 이들은 오스망 파리 이전 세대였기 때문에 오스망 재개발의 결과를 봤더라면 어땠을지는 모를 일이긴 하다.

오스망 재개발의 결과에서는 당연히 살기 좋은 동네가 사라진 데에 대한 비판도 빠질 수 없었다. 이 내용에 대해서는 1922년에 78세이던 작가 아나톨 프랭스Anatole France(1844~1924년)가 어릴 적 파리를 회상하며 남긴 글이 자주 회자한다. 그는 "나폴레옹 3세 이전의 파리는 지금보다 더 친절했다. 집들은 낮았고 공원은 더 많았다. 어디를 봐도 오래된 담 너머로 나무들이 줄지어 외곽을 향해 끝없이 펼쳐지는 것을 볼 수 있었다. 집들은 (교복 입은 학생처럼 똑같이 지어진 새 집합주택과) 완전히 달랐다. 각자의 오래된 세월과 개성에서 우러나오는 하나밖에 없는 특별한 만찬처럼 독립적으로 서 있었다. 한때 아름다웠던 이런 옛날 집들은 '구슬픈 위엄melancholy dignity'으로 기억에 남아 있다"라고 했다. 오스망 재개발 이전의 파리가 얼마나 살기 좋은 곳이었는가를 전한다.

이런 흐름은 19세기 중반으로 이어져서 이 시기 파리 문화계를 이끌던 대문호 빅토르 위고Victor Hugo(1802~1885년)를 비롯한 보수주의나 보존주의 진영도 같은 생각이었다. 이들이 본 중세 파리의 공간적 장점은 보통 고풍스러운 거리, 굽이치는 교차로의 활력, 골목에서 경험하는 의외성과 뜻밖의 변덕스러움 등이었다. 이들은 이제 이런 것들이 사라졌다고 안타까워했다. 요즘으로 치면 '워커빌리티walkability'(걸을 가능성)로 대표되는 이른바 '걷고 싶은 길'이 사라진 것이다. 자동차 중심의 북미 영어권 도시들에 비하면 파리는 지금도 여전히 걷기 좋은 도시에 속하지만 오스망 파리가 모습을 드러내던 때에는 그 이전과 비교해서 오히려 그 반대인 걸로 비판을 받았다.

지루하고 삭막해진 파리
도시 생활의 쓸쓸함과 단조로움

넷째, 도시 미학과 조형 차원에서 새로 탄생한 파리가 지루하고 삭막해

22-6. 파리의 부동산 투기를 오스망 탓으로 비판하는 당시 카툰. '파괴에 팔린 파리의 장물아비 오스망'이라는 문구가 보인다.

졌다는 비판이다. 한마디로 인간적인 중세 도시가 사라진 자리에 삭막한 근대 도시가 생겼다는 비판이었다. 보수주의와 보존주의 진영에서는 이런 새로운 파리에 대해서 '도시 생활의 쓸쓸함'이라는 타이틀을 붙였다. 인간미가 사라진 중성적인 기하학적 배치, 마차(지금은 자동차) 중심의 대로, 냉혹한 이동 효율이 지배하는 공간, 대중을 길들이기 위한 거대한 도시형 막사 등이 구체적인 내용이었다.

'단조로움'도 새로운 파리의 부정적 측면으로 지적된 주요 항목이었다. 오스망 재개발은 유럽에서는 가장 먼저 등장한 근대적 대도시여서 새로 나타나는 도시 경관은 아무래도 전통 도시와 비교가 될 수밖에 없었다. 이런 기준에서 보면 단조로워 보이는 측면이 분명히 있었다. 여러 인물이 이 문제로 오스망 재개발을 비판했다. 도시건축에 관심이 많고 조예도 깊었던 언론인 루이 뵈이요Louis Veuillot(1813~1883년)가 대표적인 인물이었다. 그는 개인적으로는 극단적인 보수 가톨릭 신자이기도 했는데 『파리의 향기*Les Odeurs de Paris*』(1867년)라는 자신의 저서에서 오스망 재개발 결과 등장한 새로운 건물들이 단조로운 양식이라며 비판했다.

사회주의자이자 무정부주의자였던 피에르조제프 프루동Pierre-Joseph Proudhon(1809~1865년)도 '단조롭고 지루하다'는 한마디로 압축해서 비판했다. 그는 이 문제를 사회주의 시각에서 바라보았다. 노동자들이 계속 도심에서 살 수 있으려면 시테섬 일대의 오래된 노동자 주거가 보존되어야 했기 때문이다. 새로운 파리의 도심은 땅값과 집값이 모두 급등해버려서 노동자들이 대를 이어 살던 동네를 떠나 외곽 빈민촌으로 밀려나고 있었다.도 22-6 그는 또한 무정부주의자여서 황제가 막강한 공권력으로 밀어붙이는 이런 식의 대규모 재개발에 반대했다.

미학자는 좀 더 예술적이고 감성적인 측면에서 새로운 파리의 단조로움을 지적했다. 독일의 철학자이자 미학자였던 발터 벤야민Walter Benjamin(1892~1940년)이 대표적인 인물이다. 그는 생몰년도에서 알 수 있듯이 근대화가 상당히 진척된 이후 세대다. 그도 나중에는 오스망 파리를 '19세기의 수도'라며 극찬하는 쪽으로 동화하지만 처음 파리를 방문했을 때는 끝없이 뻗어나가는 대로를 따라 늘어선 주택들이 사람들이 사는 곳이라기보다는 그냥 스쳐 지나가는 곳으로 보였다고 실토했다.

물론 오스망 재개발이 '스펙터클'이라는 새로운 가로 미학을 창출하기는 했지만, 중세 공간 자체를 좋아하고 이런 공간이 보존되기를 원하는 사람들이 보기에는 새로운 파리는 분명 오로지 기능과 효율만을 위한 삭막한 도시로 보일 소지가 충분히 있었다. 생제르맹 불르바르Boulevara Saint-Germain가 좋은 사례다. 나폴레옹 3세는 이 도로가 에콜가Rue des Écoles와 연결되는 게 좌안의 도시 공간을 풍성하게 해줄 것으로 생각했다. 그러나 오스망은 이 경우 새로 닦는 길이 생제르맹 언덕Montagne Saint-Germain을 올라야 하는데 경사가 심해서 교통을 방해한다는 이유로 센강 쪽으로 붙였다. 그런데 센강 쪽에는 원래부터 200여 채의 18세기 오텔들이 몰려 있었는데 이 가운데 150여 채를 철거했다. 생제르맹 언덕 정도면 지금 자동차로는 아무런 문제 없이 오를 수 있는데 산업혁명 한복판의 시점에 앞으로 새로 등장할 교통수단에 대해서 전혀 예측하지 못한 채 마차만을 기준으로 이런 엄청난 대가를 치른 것이다.

보수주의와 보존주의 진영의 눈에는 오스망이 새로 닦는 많은 대로가 대부분 이와 비슷해 보였다. 그들은 오스망이 파리 이곳저곳을 휘젓고 다니며 오래된 인간적인 길과 소중한 동네를 밀어냈다고 비판했다. 이들 눈에는 이는 곧 파리의 역사책을 태운 것과 같았다. 이들은 18세기까지의 파리를 상징하는 이른바 '발자크의 파리'가 진짜 파리이며 오스망이 건설하고 있는 작금의 파리는 생뚱맞고 이질적이며 비인간적인 흉물이라며 발을 동동 굴렀다. 이런 비판을 이끈 문화예술계 인사는 많았다. 우선 빅토르 위고는 리더 격이었는데, 노트르담대성당을 비롯한 중세 유적의 복원 운동을 관철한 것 하나만으로도 그가 중세 파리를 얼마나 사랑했는가를 알 수 있다.

이런 시각은 19세기 말 독일어권 도시건축계의 보편적인 시각이기도 했다. 독일어권은 아름다운 중세 도시들이 많았던 지역이고 19세기까지도 보존이 잘 되어 있는 편이었다. 오스트리아의 도시건축가이자 화가였던 카밀로 지테Camillo Sitte(1843~1903년)도 같은 시각을 가진 또 다른 인물이었다. 그는 특히 광장을 중심으로 중세의 다양한 도시 구조를 연구했는데, 이 과정에서 구불구불한 골목이 가지고 있는 아기자기하고 포근한 느낌을 부각했다. 이런 시각에서 보면 오스망 파리의 대로는 감성을 메마르게 하는 비인간적인 공간이었다.

새로 닦은 대로가 단조롭게 나타나게 된 배경을 숫자를 통해 좀 더 직접적으로 추적할 수 있다. 오스망이 1784년 건축법규 가운데 17.54m의 고도 제한을 유지했다는 사실이다. 1784년 이전의 옛날 도로는 대부분 폭이 8m 이하였으며 이후 등장한 18세기 말의 새 도로라고 해도 보통 10~14m를 유지했다. 당시 고도 제한은 지붕 꼭대기를 기준으로 17.54m였는데, 이를 도로 위 보행자의 실제 눈높이에서 바라보게 되는 처마로 환산하면 12m 정도가 되었다. 이 정도면 '도로 폭Depth/건물 높이Height'(D/H)의 비율이 정사각형 안팎을 유지한 것으로, 이는 18세기 말까지도 아직은 사람이 포근하게 안기는 느낌, 즉 휴먼스케일이 유지되었다는 뜻이다.

오스망은 고도 제한을 유지하면서 새로 건설한 대로 폭을 18m까지 허용했다. 명분은 확실했다. 과밀 해소와 효율적인 교통을 위해서였다. 처마 높이를 기준으로 '도로 폭/건물 높이'의 비율이 1.5 정도까지 커지는데, 이렇게 되면 보행자의 감성을 기준으로 포근하게 안기는 휴먼스케일이 깨지게 된다. 이를 의식해서 오스망은 1859년에 도로 폭이 12m 이상일 때 건물 높이를 한 층 더 허용하는 새로운 법규를 제정했지만 큰 변화를 가져오지는 못했다.

지루하고 삭막하다는 비판은 그대로 주거와 녹지에도 적용되었다. 보수주의자들과 비판론자들은 철거 이전의 파리가 중세풍의 낭만적인 도시 풍경을 자랑하며 훨씬 더 아름다웠다고 한탄했는데, 앞에서 본 아나톨 프랑스의 어릴 적 회고가 그 내용을 잘 담고 있다. 도심은 나지막한 집 사이를 나무들이 점점이 채우고 있었고 각 구역에는 크고 작은 공원과 정원이 갖추어져 있었다. 도심의 끝자락에는 논과 구릉이 펼쳐졌다.

반면 새로 탄생한 이른바 근대적 파리에서는 이런 것이 모두 사라지고 그 자리에 폭 수십 미터의 대로가 뚫렸으며, 그것으로도 모자라서 다시 그 대로를 따라 8층 아파트들이 끝도 없이 늘어서는 삭막한 장면으로 바뀌었다. 그것도 불과 십수 년이라는 짧은 시간 동안이었다. 비판론자들은 심지어 가로수조차도 줄 맞춰 서 있는 군인들을 보는 것처럼 흉물스럽다며 혹평했다. 이런 가로수가 프랭스가 교복 입은 학생 같다며 비판한 아파트와 짝을 맞춰 삭막한 대로를 꽉 채우고 점령했는데, 이런 장면이 과연 파리가 자랑하는 예술문화의 정신과 역사 전통에 가당키나 하냐는 것이었다. 시간이 흐른 21세기 지금, '가로수 + 아파트'의 조합은 파리가 자랑하는 도시건축이 되었지만 처음 등장한 당시에는 이처럼 정반대로 혹독한 비판을 받은 것이다.

정신적 가치를 담고 있는 역사 문화재의 손실

사라진 종교건축과 공공건축

다섯째, 정신적 가치를 담고 있는 역사 문화재의 손실에 가해진 비판이다. 이는 주로 보수주의 진영, 특히 보수 가톨릭에서 터져 나왔다. 이들은 중세의 역사성을 기독교, 더 엄밀히는 기독교 정신이라는 종교의 정신적 가치와 동일시했기 때문에 이를 간직하고 있는 도시건축 공간을 보존해야 하는 당위성이 그 누구보다도 절실하고 컸다. 프랑스 가톨릭도 신앙적 정체성이 무척 강한 종교여서 더 그랬다. 파리의 보수 가톨릭계는 종교적 이유를 들어 오스망 재개발에 대한 비판의 대열에 가세했다. 이들은 성당과 교회와 수도원 같은 기독교 시설만이 파리의 도심을 차지할 자격에 합당한 품격을 갖춘 건물이라는 굳은 신념을 설파했다.

지금은 파리의 자랑거리이자 최고 경쟁력이 된 '부르주아들의 문화 놀이터'라는 개념조차도 이들 눈에는 그저 천박한 '세속 놀음'이었다. 지금 보면 다소 극단적일 수 있는 이런 주장이 당시 파리의 분위기에서는 적어도 일반적인 보수주의자들에게 설득력을 발휘했다. 이 과정에서 중요한

22-7. 파리의 대표적인 중세 기독교 구역인 생트주느비에브 언덕Montagne Sainte-Geneviève 개발 장면(왼쪽)

22-8. 렌느가를 건설하기 위해 오래된 구역을 철거하는 장면. 교회가 함께 헐렸다.(오른쪽)

문화 담론이 파생했다. 보수주의자들은 대체로 기독교계의 이런 가치 기준에 동의하는 한편, 자신들의 또 다른 중요한 기준을 더했다. 바로 '공공건축의 가치'라는 것이었다.

이들이 말한 공공건축은 왕궁, 시청사, 구청사, 병원, 학교 같은 시설이었다. 교회는 정신적 가치의 공간이고 공공시설은 공공가치의 공간인데 이 둘이 극장, 카페, 갈르리, 백화점 등과 같은 부르주아의 문화 공간이나 상업 공간보다 더 우위에 있다는 주장이었다. 일반적인 보수주의자들은 파리의 자랑과 가치가 이 두 공간에 있는데 이것이 사라졌다며 한탄했다. 건물의 가치와 품격에 등급이 있다고 믿는 이들이 그 순서를 '교회 → 공공건물 → 문화 시설 → 상업 시설'로 본 건데, 낮은 등급의 건물을 짓기 위해 높은 등급의 건물을 없앤 건 이해할 수 없는 일이 되어버린 것이다.도 22-7, 22-8

앞에 나온 루이 뵈이요도 보수 가톨릭을 대표하는 인물이었다. 단순히 독실한 가톨릭 신자를 넘어 몬타누스파Montanism라는 이단 종파의 거두였다. 극단적인 교황권 수호자이자 반유대주의anti-Semitism자이기도 했다. 이런 그에게 파리의 중세 도시건축을 보존하는 일은 인종 문제까지 더해진 종교적 사명 같은 게 되었다. 당시 파리 부르주아들 가운데에는 서양권의 여러 다른 나라와 마찬가지로 유대인도 많았는데, 이들에게 문화 놀이터와 소비 공간을 제공하기 위해 기독교 건물을 헌다는 건 신약시대에 유대인들이 예수를 예루살렘의 로마 총독 본디오 빌라도Pontius Pilate에게 팔아넘긴 성경 최대 불경 사건의 현대판 버전으로 인식되었다. 이를 막기 위해서는 중세 십자군 전쟁의 현대판 버전이라도 벌여야 할 정도로 심각한 문제로 인식되었다.

교회를 비롯한 중세 시설들이 많이 헐린 것도 사실이었다. 물론 오스망은 시테섬의 오래된 중세 구역을 밀어내고 그 자리에 파리 고등법원을 크게 확장했으며 노트르담대성당과 생트샤펠 주변도 정리해서 두 종교 건물이 빛나게 하기는 했지만, 나머지 대다수 구역에서는 넓은 면적을 통째로 철거하다 보니 낡고 오래된 주택에 묻혀서 크고 작은 일반 교회도 수없이 철거되었다. 더하여 오래된 주택가 사이에서 이들의 일상생활을 지원하던 관공서들도 함께 철거되었다. 이는 교회에 이어 그다음 등급인 공공건물이 철거된 것이다.

9구에 있던 트루아-캬네트가Rue des Trois-Canettes가 대표적이었다. 중세교회가 골고루 분포한 파리의 대표적인 중세 구역이었는데 동네 자체가 통째로 사라졌다. 15구에 있던 생크리스토프가Rue Saint-Christophe 일대의 교회들도 또 다른 사례였다. 동네는 보존이 되었지만, 교회들은 대부분 철거되었다. 사업이 궤도에 올라 한참 속도를 낼 때쯤 오스망은 스스로 '파괴 예술가'라고 부르며 철거의 불가피성을 역설했지만 아까운 역사적 건물들을 포함해서 수많은 유적이 철거된 것 또한 부정할 수 없는 사실이었다. 노트르담대성당과 생트샤펠이 훌륭한 거야 모든 사람이 다 아는 일인데, 여기에 더해서 중세 때의 이름 없는 크고 작은 여러 교회와 관공서들이 잘 보존된 구역 한두 개쯤 남아 있다면 파리의 문화적 품격과 역사성이 몇 배는 커졌을 것이다. 시간의 끈을 늘려 '일상성'의 가치가 특히 중요해진 21세기에 보면 더 그렇다.

보수주의자들은 이미 당시부터 이런 생각을 품었다. 이들의 생각에는 노트르담대성당, 생트샤펠, 파리 고등법원 같은 국가대표급 문화재도 물론 중요하지만, 평범한 각 동네에서 시민들과 일상생활을 함께 영위해온 작은 교회와 지역 공공시설이 파리의 또 다른 위대한 역사적 뿌리라고 믿었다. 오스망은 노트르담대성당 주변도 정리했는데, 보수주의자들은 이조차도 앞과 같은 일상성을 기준으로 보면 실패한 것이라며 비판했다. 노트르담대성당 건물을 드러내 보이기 위해 그 앞쪽의 오래된 동네를 헐고 지금의 광장을 만들었기 때문이다. 이 광장이 노트르담대성당을 잘 드러낸 것은 사실이나 역사성 짙은 구역을 헐 정도는 아니라는 것이었다. 같은 맥락에서 시테궁 자리에 공공건물을 짓기 위해 역시 오래된 건물을 대거 철거한 일도 비판했다.

현대 대도시의 중심 공간을 보통 번화가, 소비 상업 공간, 일반 사무소 건물 등이 점령한 현실에서 보면 그 자리에 파리 오페라 하우스를 세운 오스망 파리는 문화와 예술의 도시라 할 만했다. 이 부분이 현재 전 세계가 파리를 부러워하는 첫째 덕목이 된 것도 사실이다. 그러나 파리 오페라 하우스가 개장하던 당시에는 앞과 같은 가치 기준에 의해 이조차도 '경박한 장소'라며 비판한 엄격한 보수주의자들도 있었다. 1867년 <르 탱 Le Temps>이라는 언론이 오스망 파리를 '우아한 쾌락의 수도'라며 비판한 게 좋은 사례였다.

23장

'더 나빠진 파리'에 대한 부정적 평가2

경제 이데올로기 차원의 비판

계층에 따른 공간 분리

도심과 외곽의 차별

이상이 도시건축 차원에서 새로운 파리에 대해 가해진 비판적인 내용 다섯 가지다. 다음은 경제 이데올로기 차원의 비판이다. 이 내용 또한 세부 주제로 이루어지는데, 계층에 따른 공간의 차별화, '빌어먹은 땅'의 열악한 환경, 싸구려 관광지, 역사적 도시의 산업화 현상 등 네 가지다. 차례대로 살펴보자.

첫째, 재산과 계급에 따른 공간 분리spatial segregation 혹은 공간 차별에 대한 비판이다. 이는 주로 사회주의나 좌파에서 제기했다. 우선 원론적인 차원에서 땅값이 치솟으면서 파리 시내 주거는 재산 정도에 따라 소유주가 재편되는 대변혁이 일어났고 무산계급이었던 노동자들은 살던 곳에서 쫓겨나 외곽으로 밀려났다. 사회주의나 좌파 진영에서는 이를 부당한 공간 차별이라며 비판했다. 좀 더 이데올로기적으로 보면 노동자들은 곧 급진 혁명파여서 유산계급이 정치적으로 이들을 제거하려 했다고 주장했다. 이 논리에 따르면 오스망 재개발은 결국 부르주아 우파에게 계급투쟁의 승리를 안겨주는 큰 선물이었던 셈이다. 사회주의자들도 오스망 재개발을

‘파리가 부르주아들에게 점령당했음을 전 세계에 알리는 상징적 사건’이라고 보았다. 이런 공간 분리 현상은 세 단계로 나누어 볼 수 있다.

23-1. 저술가 에밀 드 라 베돌리에르Émile de La Bédollière(1812~1883년)의 『새로운 파리*Le Nouveau Paris*』(1861년) 표지. 귀스타브 도레Gustave Doré(1832~1883년)의 작품

먼저 ‘도심-외곽’의 구역 단위를 기준으로 본 공간 분리 현상이다. 산업혁명 전까지 파리 역사를 일구고 파리의 도심을 지켜온 사실상의 주인이었던 무산계급이 하루아침에 살던 곳에서 쫓겨나서 외곽으로 집단 이주하게 된 현상이다. 이들이 살던 도심이 허무하게 헐리고 그 자리를 부르주아와 귀족들을 위한 고급 아파트와 문화 시설로 채운 건데, 사회주의와 좌파 진영에서는 이를 단순한 특혜를 넘어 무자비한 계급 차별이라며 날카롭게 반응했다.도 23-1

다음으로 도시 주거의 개별 건물을 기준으로 본 공간 분리 현상이다. 이 기준에서도 똑같은 공간 분리 현상이 일어났다. 이전까지는 유산계급과 무산계급이 집합 주거의 한 건물 내에서 수직으로 공존했다. 1~3층의 이른바 로열층은 유산계급이, 4층~다락의 열악한 층은 무산계급이 소유했다. 엘리베이터가 발명되기 전에는 이런 차별이 더욱 뚜렷했다. 그런데 오스망 재개발 이후 새로 등장한 집합 주거는 임대료 전체가 폭등해서 노동자들의 경제력으로는 이런 열악한 층에서조차 살 수 없게 되었다. 고급 아파트로 변신해서 새로 태어난 도심 주거는 유산계급이 차지했고 무산계급은 외곽 교외의 공업 지대인 이른바 ‘레드 벨트red belt’ 지역으로 밀려났다.도 23-2, 23-3

마지막으로 두 기준이 합해지면서 공간 분리가 더욱 강화된 현상이다. 개별 건물에서 밀려났다는 건 결국 외곽으로 나갈 수밖에 없게 되었다는 것과 같은 뜻이었다. 도심에는 어느 한 곳 가난한 노동자들이 살 집이 남아 있지 않게 되었기 때문이다. 두 상황이 함께 일어나면서 물리적 봉쇄 없이도 계급 분리가 자연스럽게 완성된 셈이었다. 이로써 ‘도심 = 유산계급의 고급 공간’ vs. ‘외곽 = 무산계급의 열악한 공간’의 공간 분리가 고착화되었다.

외곽 레드 벨트의 공간 환경은 말할 필요도 없이 매우 열악한 상태였다. 반면 이런 곳에서 얼마 떨어지지 않은 도심에서는 부르주아들의 화려한 상류층 문화가 꽃피고 있었다. 이들은 건물 실내 공간과 도시 외부 공간 모두에서 최고의 물질생활과 문화생활을 즐겼다. 화려한 실내장식으로 꾸민 고급 아파트에서 고가의 최고급 집기를 갖추고 수준 높은 물질생활을 즐겼으며, 집 밖을 나서면 고급 식당과 갈르리가 즐비한 도심에서 최고의 요리로 식사를 하고 명품 쇼핑을 즐겼다. 여기가 끝이 아니었다. 다시 자리를 옮겨 극장과 미술관과 박물관에서 우아한 문화생활을 누리거나 교회에 가서 역시 '우아한' 신앙생활을 이어갔다. 지루하다 싶으면 고급마차를 타고 바람을 맞으며 새로 뚫린 대로를 질주하거나 도시공원과 정원을 산책했다.도 23-4

이제 두 계층은 한 공간 안에 같이 살 일이 없어졌다. 심지어 얼굴을 마주치는 일조차 사라져갔다. 아직 대중교통수단이 부족하던 당시에 외곽에 사는 노동자 계층이 도심에 진입하는 일은 매우 힘들었다. 높은 부동산 가격과 새로 들어선 값비싼 아파트와 상업 시설 등이 가하는 부담을 고려하면 설사 물리적 접근이 가능하다고 해도 심리적 거부감이 컸을 것이다. 파리 도심은 점차 노동자들이 범접하기 어려운 유산계급만의 공간으로 차별화되었다. 거기다가 파리는 도심에 공장이 들어섰던 런던과 달리 공장을 대부분 교외로 뺐기 때문에 노동자들이 도심에 들어올 일은 더욱 줄어들었다.

이 대목은 파리 내부에서의 계급 차별에 더해 동시대 런던과도 좋은 비교가 되었다. 당시는 빅토

23-2. <눈 덮인 파리Paris in the Snow>(1887년). 외곽 지대의 공장 연기가 보인다. 핀란드 화가 알베르트 에델펠트Albert Edelfelt(1854~1905년)의 작품(위)

23-3. <파리 센강The Seine at Paris>(1888년). 역시 외곽 지대의 공장을 그렸다. 핀란드 화가 빅터 베스테르홀름Victor Westerholm(1860~1919년)의 작품(가운데)

23-4. <파리 개선문L'Arc de Triomphe>(1900년대 초). 부르주아가 파리 시내에서 문화 활동을 즐기는 장면. 프랑스 화가 조르주 스테인Georges Stein(1864~1917년)의 작품(아래)

23-5. 19세기 파리와 런던을 비교한 그림. 왼쪽은 파리 부르주아의 여유로운 문화생활을, 오른쪽은 런던 노동자의 열악한 상태를 각각 보여준다.

리아 시대였는데, 이 시기 런던 부르주아들은 철저하게 실용 정신으로 무장한 채 살아가고 있었다. 청교도 정신을 이어받아 낮에는 열심히 일해서 돈을 벌고 퇴근 후에는 곧바로 집으로 향해서 가족생활에 충실한 삶을 이어갔다. 파리 부르주아의 문화생활은 이런 옆 나라 부르주아와도 차별화된 독특한 것이었다. 런던 부르주아가 노동 착취와 계급 차별에서는 어느 나라에도 뒤지지 않았지만 돈 버는 일을 제외한 일상생활에서만큼은 파리 부르주아의 문화생활이 더 사치스러운 걸로 보일 소지도 있었다. 연장선에서 당시 런던 시내에는 노동자들의 열악한 주거 지역인 슬럼이 곳곳에 있었는데, 상대적으로 파리는 이런 현상을 피해갔다.도 23-5

이상이 주로 '노동자-무산계급-사회주의-좌파-급진 개혁파' 등의 입장에서 본 계급 차별의 문제였다. 150여 년이 지난 지금 문명 전개의 일반론과 당시 파리의 개별 상황을 종합해서 중립적으로 판단해보면 재산에 따른 공간 차별은 어느 정도 불가피한 측면도 있었다. 산업혁명에 따라 인류 역사에 전례가 없이 빠른 속도로 막대한 부가 축적되었고 땅값은 이미 오를대로 올라 있었다. 도시 내 한정된 지역을 재개발한 것인데, 그중 상당 부분이 넓은 도로에 할당되다 보니 택지 자체가 절대적으로 부족했다. 새로 지은 아파트의 임대료는 처음부터 비싸게 책정될 수밖에 없었다. 이런 상황에서 도심에는 부르주아와 상류층을 위한 고급주택을 더 짓는 쪽으로 개발이 진행되었다. 유산계급들은 이마저도 충분하지 못하다며 아우성을 칠 정도였다.

레드 벨트 지역

‘빌어먹은 땅’의 열악한 환경

둘째, 이른바 ‘빌어먹은 땅’의 열악한 공간 환경이다. 공간 분리는 결국 슬럼화된 산업 지대를 뜻하는 ‘레드 벨트’를 만들어내고 말았다. 외곽의 이런 열악한 지역은 산업혁명을 거친 나라라면 정도의 차이만 있을 뿐 전 세계 공통으로 형성되었다고 볼 수 있다. ‘레드’란 ‘녹슨 철’을 뜻하는데 산업 지대의 부정적인 공간 환경을 상징한다. 미국에서는 자동차 공장이 밀집한 미드웨스트Midwest 지역이 대표적인데, ‘레드’ 대신 ‘녹’이라는 뜻의 ‘러스트rust’라는 단어를 직접 써서 ‘러스트 벨트rust belt’라 한다. 좀 더 일상적인 단어로는 ‘빌어먹은 땅blasted land · fu**ing land’이나 ‘혼돈의 땅 confounded land’이라고도 부른다.

전 세계를 놓고 보았을 때 레드 벨트의 위치는 도심, 시 경계선, 외곽 등으로 다양했다. 파리도 피해 갈 수 없어서 오스망 재개발 이후 형성된 외곽 산업 지대가 전형적인 레드 벨트에 해당했다. 앞에서 설명했듯이 파리 부르주아들은 가능하면 시내에 공장을 짓지 않고 외곽으로 내보냈으며, 공장과 함께 노동자 집합 주거도 몰아넣었다. 출퇴근 시간을 절약해서 효율적이긴 했는데 문제는 공간 환경이 무척 열악했다는 점이다. 상하수도와 도로 등의 일부 도시 인프라를 제외하면 공장과 저가 주택이 뒤범벅된 매우 열악한 상태였다.

23-6. <철의 도시 La Cité de l’Acier>(1879년). 파리 근교 산업 지대의 열악한 상태를 그렸다. 프랑스 과학소설 작가 쥘 베른Jules Verne(1828~1905년)의 『인도 왕비의 유산*Les Cinq Cents Millions de la Bégum*』(1879년)이라는 소설의 삽화다. ‘베검’은 힌두스탄의 공주나 왕비 혹은 회교권의 귀부인을 뜻한다.

무엇보다 공장에서 뿜어나오는 매연이 가득 차서 숨쉬기조차 힘들었다. 도시 외부 공간에는 공장을 제외하면 극장, 박물관, 미술관, 교회, 학교 등의 ‘문화-종교-교육’ 시설이나 도시공원과 정원 등의 도시림 혹은 녹지 등이 사실상 거의 없었다.도 23-6, 23-7 도로를 내기는 했지만, 산업 활동에 꼭 필요한 곳을 제외하면 대부분 아직 비포장이어서 보통 때는 항상 흙먼지가 일었으며 반대로 비라도 오면 질퍽거렸다. 상하수도 역시 공장 가동에 필요한 범위까지만 신경을 쓸 수 있었고 노동자 주거 한 채 한 채에까지 들어

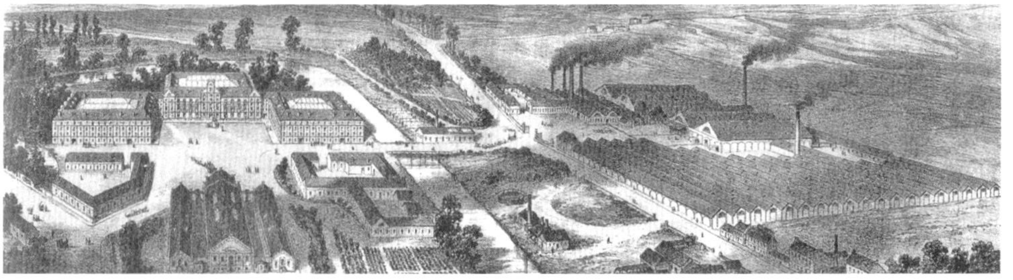

23-7. 사회주의적 공동생활체, 생산협동조합 그리고 노동자 마을Phalanstère, Familistère et cités ouvrières. 프랑스 실업가 장-밥티스트 앙드레 고댕Jean-Baptiste André Godin(1817~1888년)의 계획이다. (위)

23-8. 1867년 파리 만국박람회에 출품한 노동자 주택 계획안(아래)

가는 데에는 시간이 오래 걸렸다. 노동자 집합 주거의 상태는 누구나 상상할 수 있듯이 더 말할 필요가 없을 정도로 열악했다.도 23-8 좁은 공간에서 여러 식구가 부대끼며 살아야 했고 상하수도도 거의 설치되지 않아서 수도, 부엌, 화장실 등이 턱없이 부족했다.

파리는 1876년 기준 인구 185만 명 가운데 약 절반이 외곽의 이런 레드 벨트 지역에 몰려 살았다. 공장을 중심으로 한 생산 지역이 먼저 건설된 뒤 그 주변으로 여기에 종사하는 노동자들이 몰려들면서 이들의 주거지가 밀집하는 순서였다. 일부 도시는 산업도시로 계획되어 건설하기도 했지만, 상당수는 이런 계획 없이 그때그때 자생적으로 형성되었다. 설사 계획도시였다고 해도 노동자들의 주거 환경이 열악하기는 마찬가지였다. 대부분 공동주택에 집단으로 거주했으며 여기에 입주할 형편조차 되지 않는 일부는 공터에 무허가 판잣집을 짓고 살았다.

이들은 농촌에서 상경한 일종의 농민공들이나 파리 시내에서 밀려난 철거 이주민과 외국 이주민 등으로 구성되었다. 이 중 철거 이주민이 특히 오스망 재개발의 부작용으로 문제가 되었다. 이들은 대부분 중세 때 형성된 시테섬과 레알 일대의 상업 지역에 살며 대대로 소규모 가내수공업으로 살아오던 사람들이었는데, 이 일대가 철거되면서 외곽으로 밀려나 공장 노동자가 된 것이었다.

이는 전적으로 재개발 사업에 예산을 제공한 부르주아들의 요구에 따른 것이었다. 앞에서 여러 번 언급했듯이 오스망은 파리 근대화의 방향을 철저하게 '도심 = 부르주아 공간' vs. '외곽 = 산업화 공간'으로 이원화하는 쪽으로 잡았다. 오랜 역사와 품격이 살아 숨 쉬는 파리 도심을 독점하겠다는 부르주아의 문화 욕망이 발동한 것이며, 이를 통해 자신들의 계급 정체성을 과거 귀족의 그것과 동격으로 높이겠다는 권력 욕망까지 합해진 것이다. 일차적으로는 아케이드와 백화점, 파리 오페라 하우스, 박물관과 미술관, 교회, 공원과 식물원 등 문화 시설 위주의 개별 건물을 가능한 한 많이 확보하려 했다. 더하여 도로를 배회하며 도시 공간을 즐기는 바도badaud 문화를 위한 넓은 대로도 추가했다.

23-9. <파리의 새벽Early Morning, Paris>(1901년). 미국 화가 에버렛 쉰Everett Shinn (1876~1953년)의 작품

당시 파리에서는 원도심의 고급 문화 공간과 변두리의 열악한 노동자 구역 사이의 공간 차별 문제를 지적하는 비판이 일었다. 언론인 루이 라자르Louis Lazare(1811~1880년)가 대표적 인물인데, 당시 기록도 대체로 앞의 내용과 같았다. 이 기록에 의하면 노동자 구역은 좁고 불편한 비포장 길로 둘러싸여 햇빛도 들지 않고 상하수도 시설도 없으며 심지어 가게조차 없는 유배지 같은 곳이었다.도 23-9 여기에서 좀 더 밖으로 나간 교외는 그야말로 '빌어먹은 땅'이라는 자조 섞인 말들이 유행할 정도였다. 결국 오스망 파리를 거치면서 파리에는 전혀 다르고 적대적인 두 개의 도시가 만들어졌다. 중심부에는 부유하고 우아한 사치의 도시가 들어섰고 그 주위를 가난한 불행의 도시가 에워싸는 형국을 이루었다.

당시 파리 노동자들이 이렇게 홀대를 받은 건 물론 산업화 초기에 어느 나라에서나 일어난 보편적인 현상으로 치부할 수도 있지만 '제국 시대'라는 그 시점만의 특수한 정치 지형도 빠질 수 없는 배경이었다. 오스망은 재개발 사업의 목적을 처음부터 파리를 제국의 권위에 걸맞은 수도로 탈바꿈하는 데에 두었기 때문이다. 이는 일차적으로 나폴레옹 3세의 정치적 신념이었으며 오스망도 크게 보아 여기에 동조했다. 이를 위해서는 산업자본주의라는 새로운 경제 권력을 쥔 부르주아의 지원이 필수적이었으며 반대급부로 이들의 요구를 들어주는 것도 필수적이었다. 이 기준에 따르면 빈곤층으로 분류되는 노동자들은 제국의 영광에 참여한 몫이 아주 작아질 수밖에 없었다. 이들을 위한 배려는 처음부터 재개발 계획 항목에 들어 있지 않았다. 오스망에게 버림받은 빈곤층은 자신들의 오랜 삶의 터전이 철거되면서 도시 외곽으로 쫓겨났다.

오스망 계획이 실제로 실현된 내용은 구시가지 정비보다는 신시가지 개발 쪽이 훨씬 더 많았다. 이렇게 생긴 신시가지는 당연히 돈을 댄 부르주아 계층의 차지가 되었다. 심지어 원도심도 우안 일대는 지가가 크게 상승해서 공공개념을 적용하지 않는 한 결국 유산계급의 차지였다. 우안에서는 시테섬과 '몽마르트르-생드니' 사이 지역인 현재의 '1구-2구-8구-3구-4구'의 넓은 지역이 파리의 경제 중심지이자 부유한 동네로 탈바꿈했다. 좌안은 5구와 6구의 전통적인 기독교 지역과 대학촌과 7구의 앵발리드 보훈병원과 에펠탑 일대를 경계로 그 바깥의 '고블랭Gobelins-앙토니Antony'에 이르는 남쪽 지역이 산업 지대를 끼고 저소득층 동네가 되었다.

이로써 파리는 '구도심-외곽'의 이원화된 공간 차별 구도를 형성했다. 이런 차별은 결국 재산과 계층을 기반으로 공간과 지역을 더한 여러 겹의 갈등과 대치 상황을 낳았다. 심지어 넓은 가로가 바리케이드 역할을 하면서 무산계급의 시위마저 무력화시킴으로써 궁극적으로 오스망 재개발은 부르주아 계층에게 가장 많은 이익을 가져다주었다는 주장이 매우 설득력 있는 분석으로 받아들여지게 되었다.

'싸구려 관광지'

'마르크스가 비판한 부르주아 문화 놀이터

셋째, '싸구려 관광지'로, 이는 카를 마르크스Karl Marx(1818~1883년)가 오스망 파리를 보고 했던 말이다. '부르주아의 문화 놀이터'로서의 오스망 파리에 대해 사회주의의 비판적 이데올로기 잣대로 보고 붙인 말로, '부유하고 우아한 사치의 도시'에 반대되는 개념이다. 특히 당시에 오스망 파리를 보러 온 외국 관광객이 넘치면서 도시 관광주의가 시작되던 현상을 마르크스는 반대 시각에서 '관광지'라는 개념으로 비판했다. 나아가 부르주아들이 다수 노동자의 삶을 짓밟고 얻은 대가로 과거 귀족의 문화생활을 어설프게 흉내 내는 걸 비꼬는 의미로 '싸구려'라는 형용사까지 붙였다. '관광'이라는 현상은 객관적 사실로서 공유하는 가운데 긍정적 평가를 하는 쪽에서는 이걸 '관광주의'라는 문화 활동으로 발전시키면서 거기에서 발생하는 경제적 이익을 거둬갔다. 반면 부정적 평가를 하는 쪽에서는 '값싼 놀이문화'의 비판적 의미를 담고 있는 '관광지'라는 말을 쓴 것이다.

관광주의라는 현상 자체에 대해서는 여러 기준에서 다각도의 찬반 양론이 가능할 텐데, 마르크스는 오스망 파리가 오랜 기간 파리를 지키며 살아온 일반 가난한 거주자들과 노동자들을 몰아내고 만든 점에서 거대한 신흥 관광지라고 본 것이다. 과거에 왕족과 귀족과 극소수의 초거대 부르주아들만이 누리던 도시의 혜택을 산업자본주의 결과 그 숫자만 더 늘어난 '돈 많은 중산층'이 독점하기는 마찬가지였다. 이 대열에서 탈락한 다수의 노동자 계층은 외곽의 '빌어먹은 땅'으로 쫓겨나 열악하기 짝이 없는 생활고에 신음하고 있었다.

파리 근교 역사적 도시들의 산업화 현상
생드니 수도원과 베르사유

넷째, 파리 근교의 역사적 도시들의 산업화 현상이다. 파리 근교의 산업화 현상을 개별 도시를 기준으로 다시 살피면 역사적 도시들이 산업화하는 현상이기도 했다. 수도 집중이 심한 프랑스에서 주요 산업 지대는 파리를 중심으로 건설될 수밖에 없었다. 그런데 산업혁명 이전의 전통 시대에는 이런 수도 집중으로 인해 거꾸로 주요 역사 유적이 파리 근교에 널리 포진하고 있었다. 둘은 일종의 제로섬 관계였는데, 시대의 대세인 산업혁명을 피해갈 수는 없는 일이어서 결국 파리 근교의 여러 역사 도시가 공장 굴뚝이 넘쳐나는 산업 지대로 변모했다.

크게 파리 중심부 시테섬과의 거리에 따라 시 경계선과 교외 지역으로 나눌 수 있었다. 둘을 가르는 명확한 기준이 있는 건 아닌데, 대체로 현재의 파리 순환도로Boulevard Périphérique de Paris를 기준으로 안쪽은 시 경계선, 바깥쪽은 교외 지역으로 나눌 수 있다. 시 경계선은 동쪽의 생탕투안 포부르Faubourg Saint-Antoine, 동북쪽의 라빌레트La Villette, 남쪽의 고블랭 일대 등이 대표적이었다.

생탕투안 포부르는 현재 11구의 바스티유 광장Place de la Bastille과 12구의 나시옹 광장Place de la Nation 사이에 해당한다. 라빌레트는 19구의 라빌레트 공원 일대에 해당한다. 고블랭 지역은 5구의 파리 식물원Jardin de Plantes de Paris에서 13구의 이탈리에 광장Place d'Italie을 거쳐 다시 그 바깥쪽의 파리 순환도로에 이르는 지역으로, 그 중심부에는 파리 지하철 7호선의 고블랭역Les Gobelins이 13구에 있다. 이런 시 경계선의 공장 지대에는 파리 시내에 굴뚝 공장을 최대한 억제하려는 부르주아들의 요구에 따라 오스망 재개발 당시에는 가내수공업과 경공업이 주를 이루었다. 라빌레트에는 대형 도축장이 있었으며 여러 갈래의 운하를 따라 파리 시내에 육류를 공급하는 지역이었다.

교외 지역에는 북쪽의 생드니Saint-Denis, 남서쪽의 베르사유Versailles, 남쪽의 앙토니Antony와 비에브르강rivière Bièvre 일대 등이 대표적이었다. 생드니는 파리 중심부인 노트르담대성당의 도로원표를 기준으로 북쪽으로 9.4㎞에, 베르사유는 남서쪽 17㎞에, 앙토니는 남쪽 11.3㎞에 각각 자리한 도시였다. 비에브르강은 센강의 지류로, 바로 이 베르사유의 남쪽에서 발원해 파리 남부를 돌아 앙토니 지역에서 북상한 후 파리 좌안의 '14구-6구-5구'를 거쳐 센강으로 합류하는 넓은 지역을 말한다. 공장 지대는 이 가운데 앙토니에서 고블랭 지역 옆의 14구 일대에 밀집해 있었다.

이런 교외 지역에는 좀 더 본격적인 중공업 산업단지가 들어섰는데 생드니가 대표적이었다. 중세 때 파리와 함께 프랑스 기독교를 이끈 유서 깊은 수도원 도시로, 산업화의 여파를 이기지 못하고 파리 시내와의 지리적 연관성으로 인해 하루아침에 화학 공장, 철도 객차 제작소, 철도 조차장, 증기 세탁소, 직물 공장, 운하 선착장, 각종 창고 등으로 가득 찬 대형 공장 지대로 바뀌었다.

유서 깊은 도시의 산업화 현상은 베르사유 궁전으로 유명한 베르사유도 피해갈 수 없었다. 공장 지대의 면적만 보면 파리 중심부에서 멀리 떨어져 상대적으로 토지 사용에 여유가 있었던 베르사유가 더 넓었다. 앙토니 또한 만만치 않은 역사성을 자랑하던 도시였다. 파리 남쪽 근교여서 로마제국 시절부터 프랑스의 '중세-초기 근대'를 이끈 카페 왕조Capetian Dynasty와 발루아 왕조Valois Dynasty에 이르는 천 수백 년 동안의 많은 역사 유적이 남아 있던 유서 깊은 도시였다.

한편 이상과 같은 역사적 도시들의 산업화 현상 자체에 대해서는 긍정과 부정의 양면적 평가가 다소 복잡하게 얽혀 있다. 우선 19세기 말 당시에는 프랑스의 역사가 서린 문화유산의 도시가 공장 굴뚝과 매연으로 가득 차게 되면서 부정적 평가가 대세를 이루었다. 이런 평가를 누를 수 있었던 힘은 오로지 '산업화와 자본화의 불가피성'이라는 기술경제의 당위성이었다. 어쨌든 이 덕분에 프랑스는 파리 시내에 공장을 짓지 않고서도 영국에 이어 두 번째로 산업혁명을 성공적으로 이끈 나라가 될 수 있었다. 또한 이런 역사 도시들에 공장이 들어선다고 해도 구도심 주변을 새로 개발했기 때문에 최소한 유적 건물을 직접 훼손하지는 않았다.

시간의 끈을 늘려 21세기의 현재로 보면 경제적 측면을 기준으로 한 긍정적 평가는 더욱 두드러진다. 이런 역사 도시들이 산업화 과정을 거치면서 일정한 부를 축적함과 동시에 철도와 도로의 교통망도 잘 갖추게 되었고, 그에 따라 산업화 이후의 관광 시대에 유리한 인프라를 갖추게 된 것이다. 생드니가 대표적인데, 파리 순환도로를 바로 접한 외곽이어서 지하철 13호선을 비롯하여 광역철도망이 잘 갖추어져 있다. 이를 기반으로 1998년 제16회 프랑스 월드컵 때에는 파리 전용 구장인 프랑스 생드니 스타디움Stade de France Saint-Denis이 세워졌고, 월드컵을 성공적으로 치른 뒤에는 '파리 생제르맹 구단의 프로 축구-일반 사회 스포츠-스포츠용품' 등이 합해진 프랑스 스포츠 산업의 중심 도시로 거듭날 수 있었다. 이런 생드니는 굴뚝 산업 시대의 제조업 도시가 21세기의 탈산업화 시대에 변모·생존하는 모델에서 모범적 사례로 손꼽힌다.

24장 새로운 파리에 대한 긍정적 평가

예리하면서도 열정적인 도시

거시적 차원의 총체적 평가1

실용성과 예술성의 균형감

이상의 여러 가지 부정적 평가와 반대로 긍정적인 평가도 팽팽하게 맞섰다. 사업 당시부터 새로운 파리에 환호하는 계층이 형성되었으며 긍정적인 평가는 특히 20세기 이후 시간이 흘러 근대적 대도시의 개발 방향과 관련해서 오래도록 유지된 편이었다. 아무래도 인류 문명은 기술과 자본을 바탕으로 한 발전 방향으로 흐를 수밖에 없어서 이런 종류의 신도시 개발에 대해서는 부정적 평가보다는 긍정적 평가의 비중이 더 높게 나오는 게 일반적이다.

긍정적 평가의 구체적인 내용도 사업 당시 나온 얘기들과 이후 20세기를 거치며 형성된 해석 등 매우 다양한데, 크게 보면 '거시적 차원의 총체적 평가-준공 이후의 다양한 평가와 영향력-성공한 관광주의-실제로 이룬 세부 성과' 등 네 방향으로 정리할 수 있다. 이 가운데 마지막 세부 성과는 도시 공공성과 가로 미학의 두 주제로 나누어서 다음 두 장에서 살펴보겠고 이번 장에서는 앞 세 주제를 살펴보자.

먼저 거시적 차원의 총체적 평가로, 크게 네 방향으로 정리할 수 있다.

첫째, 진행 과정에서 오스망이 보여준 '친화력-균형감-종합화 능력'이다. 이는 오스망이 무자비한 철거로 비판받은 부정적 평가의 반대편에 서는 평가였다. 도시 재개발 사업은 우리도 지난 20세기부터 시작해 지금까지도 직접 경험하듯이 개인, 조합, 기업, 기관 등 수많은 이익 집단이 충돌하면서 잡음이 끊이지 않는 거친 영역이다. 오스망 재개발은 이보다 몇십 배는 골치 아픈 사업이었는데, 오스망은 특유의 친화력으로 이를 20년 가까이 이끌 수 있었다.

나폴레옹 3세 황제와의 관계도 중요했다. 일단 황제부터 당시의 갈등 상황에서 노골적으로 어느 한 편을 들지 않고 통합 정책을 펴려고 애썼는데, 오스망은 개인 성격부터 정책 방향까지 이런 황제와 대체로 비슷해서 뜻이 잘 맞았다. 일부 세부 사항에서는 황제와 이견이 있었지만, 이 대목에서는 정치적 감각을 발휘해 황제의 뜻을 충실히 따른 걸로 평가된다.

둘째, 실제 지어진 도시 공간의 특징으로, 여기에서도 한마디로 균형감이 돋보였다. 앞 부정적 평가에서 살펴본 재산과 계층에 따른 공간 차별만 제외한다면 토목 인프라, 도시 위생, 공중보건, 도시 공공성 등 실용적인 부분과 고급 예술품으로서의 문화 시설, 공간 미학 등 상반되는 두 요소가 조화를 잘 이루었다. 대로도 또 다른 좋은 예다. 근대적 대도시의 필수 조건인 이동성을 기반으로 한 자본 효율을 보장함으로써 산업자본주의가 잘 작동하게 함과 동시에 도로를 따라 늘어선 건물을 통해 문화 예술성을 극대화했다.

오스망 재개발의 절정은 아무래도 대로 건설일 텐데, 그렇다고 오스망이 안전히 자동차(당시는 마차)의 이동 효율만을 위한 격자 도시를 건설하지는 않았다. 오스망도 산업자본주의 도시를 원하긴 했겠지만 이와 별개로 파리는 한정된 경계선 안에 담긴 폐쇄적 도시closed city여서 개방적 도시로 건설된 런던이나 맨해튼처럼 완전한 자본주의 도시로 작동하는 일은 물리적으로 불가능했다. 이런 상황에서 문화 예술성의 비중은 높아질 수밖에 없었다. 오스망은 파리의 이런 고유한 특징을 모두 잘 이해하고 이를 살리는 방향으로 재개발을 진행했다. 그 결과 대로에 들어선 새 건물과 살아남은 대형 전통 문화재가 조화를 이루며 근대적 도시개발에 결여하기 쉬운 문화 예술성을 최대치로 확보했다. 당시부터 대로와 문화 시설 사이의 이런 균형감에 대해 '예리하면서도 열정적인 도시'라는 칭찬이 회자했다. 여기에서 '예리함'이란 실용성을, '열정'은 예술성을 각각 대표하는 비유어였다.

거시적 차원의 총체적 평가 2
규칙화 전략과 유럽의 예술 수도의 지위

셋째, '규칙화regularization'라는 개발 전략이다. 이는 오스망 자신이 만든 것으로 앞의 균형 요소 가운데 실용성을 대표하는 전략이었다. 여기에는 중세 파리의 특징인 불규칙성을 부정적으로 보는 오스망의 기본 시각이 깔려 있다. 한마디로 기존의 파리는 좁은 성곽 안에 불규칙한 도시 구조가 뒤섞여 혼잡이 극에 달했다는 것이다. 파리의 중세 구역은 이탈리아 토스카나 지방의 고도처럼 낭만적이지 않았으며 철거 작업을 진행하던 당시의 사진을 보면 낡고 가난한 집들로 가득 찬 비위생적인 공간이었던 걸로 보인다. 단순한 건물 문제뿐 아니라 좁고 구불구불한 도로와 열악한 상하수도도 큰 문제였다.

오스망은 이런 '불규칙성'을 없애기 위해 규칙화라는 개발 전략을 세웠다. 중세 성곽을 허물어 도시의 전체 범위를 확장함과 동시에 불규칙한 도시 구조를 두드려서 곧게 펴고 넓히는 게 자신이 할 일이라고 생각했다.도 24-1 근대 산업화 시대에는 전통 도시에 남아 있는 불규칙한 골격을 어떤 식으로든지 시급히 개선해야 했는데, 당시 파리의 도시 구조로 봐서 해결책은 대규모 철거가 유일했을 수 있다. 규칙화란 이런 방향을 지칭하기 위해 오스망이 만들어낸 말이었다. 결과적으로 시테섬을 중심으로 한 원도심의 과밀이 비록 충분하진 않았지만 어느 정도는 개선되었으며, 다시 시내 여러 곳에 면적을 확보해서 주택을 공급했다. 성곽을 허물고 확장한 부도심에도 대로를 건설하고 택지 면적을 추가로 확보했다. 이어서 원도심과 부도심 사이를 방사형 도로와 새로 건설한 철도로 연결해서 교통 효율을 최대한 높였다.

넷째, 유럽의 예술 수도로서의 지위를 굳혔다. 이는 균형 요소 가운데 고급 예술품에 해당하는 내용이다. 오스망은 서양 도시역사 전체에서 가장 큰 개발 사업이라는 천재일우의 기회가 왔을 때 이를 놓치지 않고 공간 창의력을 발휘해 파리를 예술적 차원에서도 걸작으로 재탄생시켰다. 우선 대로를 단순한 도로로 놔두지 않고 '스펙터클'이라는 가로 미학의 통로로 가꿔냈다. 오스망은 루이 14세와 나폴레옹 1세가 꿈꾼 가로 미학의 도시에 대한 이해도가 높았다. 자신의 재개발은 이 방향을 극대화해서 완성하는 일이라는 사명감을 인식하고 있었다.

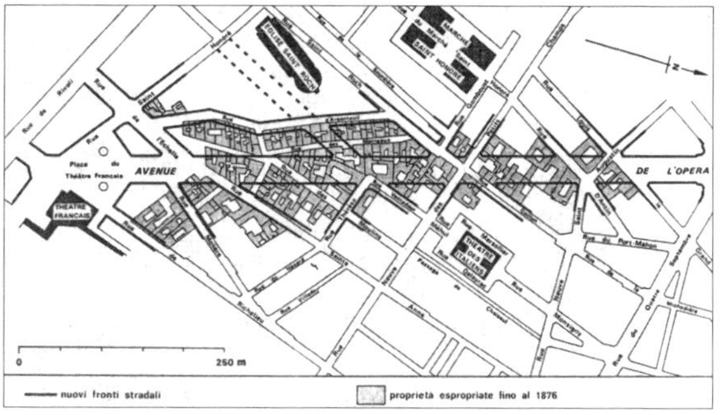

24-1. 좁고 구불구불한 중세 골격을 헐고 일직선 대로인 오페라가Avenue de l'Opéra를 건설한 1855년 도면

더 크게 보면 제국경쟁이라는 당시의 시대 상황이 그의 창의력과 잘 맞아떨어졌다. 제국 체제에서는 일단 황제의 의중이 절대적이었고 더하여 막대한 자금이 소요되는 도심 재개발에서 예산을 대는 부르주아들의 요구가 중요했다. 그런데 마침 두 권력 주체가 모두 파리를 공장이 없는 수준 높은 문화 놀이터로 만들자는 데 의견을 일치시켰다.도 23-4, 24-2 이는 앞과 같은 도시 속에 공간 창의력을 발휘하고 싶었던 오스망의 개발 방향과도 맞아떨어지는 것이었다.

'황제-부르주아-오스망' 3자는 파리를 제국 수도의 권위에 걸맞은 고급 도시, 나아가 유럽의 예술 수도로 만들자는 데에 강력한 의견 일치를 보았다. 크게 도시 주거와 공공건물로 나눌 수 있다. 도시 주거에서는 아파트라는 부르주아의 위생적인 고급주택을 새로 지었다. 이는 도시개발이나 도시 역사 분야에서 도시 개선 사업의 모범적 사례로 꼽혔을 뿐만 아니라 실제로 당시의 유산계급도

24-2. 부르주아와 귀족이 제2제국 시절 뤽상부르 정원에서 여가를 즐기는 장면

이런 아파트를 열광적으로 선호하며 받아들였다. 부동산 가치와 계급 정체성이라는 두 마리 토끼를 모두 잡았기 때문이다. 프랑스 내의 다른 도시는 물론이고 각국의 부르주아들은 이런 오스망 파리를 적극적으로 모방했다.

공공건물은 네오바로크라는 프랑스의 국가 양식을 도시 속에서 고급 건축 상품으로 만들어내는 쪽으로 활용했다. 이는 문화와 경제를 하나로 합해서 상품에 적용해내는 고급 상품화commodification 전략의 도시건축 버전으로 볼 수 있다. 프랑스만의 전통적인 상품화 역량이자 전략인데, 파리라는 도시 전체를 이를 구현하는 하나의 거대한 장으로 활용한 것이다. 파리는 이제 수많은 건축 문화재, 박물관, 미술관, 교회, 극장, 도서관 등을 문화 소비 상품으로 삼아서 벌이는 최고 수준의 예술 및 관광의 장으로 재탄생했다.

준공 이후의 다양한 평가 1

파리 경제의 활성화와 '오스망화'라는 신조어의 탄생

다음으로 준공 이후의 새로운 파리 전체에 대한 다양한 평가와 영향력이다. 이 내용은 다양한데, 총 네 가지로 정리할 수 있다. 먼저 시기를 기준으로는 '준공 직후 → 시간이 좀 지나서 → 20세기' 등 세 단계로 나눌 수 있으며 마지막으로 이를 종합한 막대한 영향력도 중요한 내용이다. 차례대로 살펴보자.

첫째, 준공 직후에는 경제적 기여에 대한 호평이 많았다. 도시 재개발 사업이었던 만큼 당연히 건설 산업의 부양을 통한 경기 활성화와 경제 효과가 컸다. 나폴레옹 3세가 처음 집권하던 1848년 당시 파리의 건설 사업은 점점 침체기로 접어들고 있었다. 무엇보다 중세의 좁은 도로망이 남아 있는 상태에서 도시 과밀이 심해져서 건설 공사 자체가 점점 힘들어지고 있었다. 이전의 '왕정복고-7월 혁명' 두 정부의 30년 기간에 대형 건설 사업을 벌이지 않은 여파도 컸다. 오스망 재개발은 이런 경제 침체를 일거

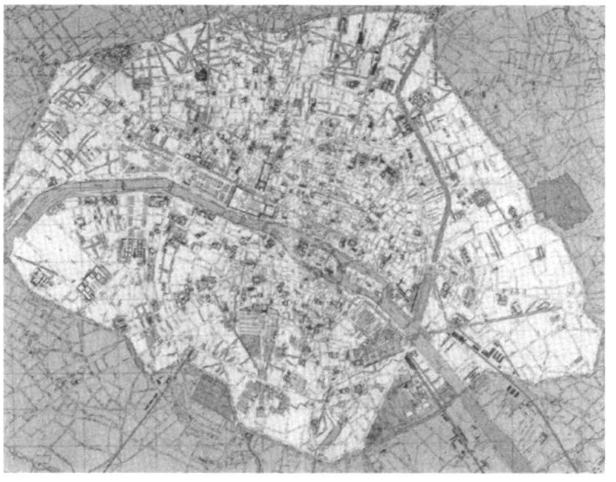

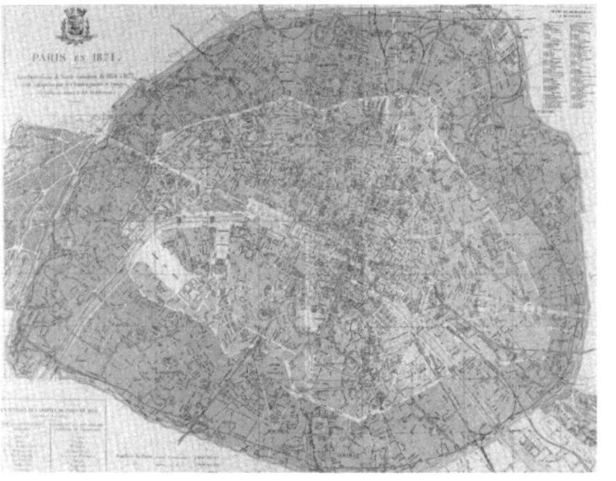

에 깨는 대역사大役事였다.

단서는 도로 건설에서 시작했다. 수도 집중의 전통이 강한 프랑스에서 파리로의 인구 집중은 당연한 걸로 볼 때 우선 도로망부터 근대적 대로로 바꿔야 했다. 도로 건설이 대형 토목 사업인데다 이를 114~200㎞라는 어마어마한 물량으로 시행함으로써 일단 이 자체에서 발생하는 직접적인 경제 활성화 효과가 컸다.도 23-3, 23-4 더하여 도로 건설에서 파생하는 추가 효과는 더 컸다. 한마디로 물량 수송과 인구 이동을 촉진함으로써 산업자본주의의 작동 효율을 극대화할 수 있었다.도 24-5 또한 이 사업에 국가 예산을 투입하면 공공 일자리도 확보되어서 경기 침체를 극복하는 네 큰 노움을 얻을 수 있었다. 시내에 대형 공장이 없던 파리에서는 중요한 경제 정책이었다. 실제로 오스망 재개발이 절정에 이른 1860년대 파리에는 건설 붐이 일었는데, 이때 파리 노동자 가운데 평균 20% 안팎이 건설 현장에서 일하고 있었던 걸로 추정된다.

24-3. 파리의 1854년 도로 체계(위 왼쪽)

24-4. 파리의 1871년 도로 체계(위 오른쪽)

24-5. 붐비는 리슐리외가의 모습. 1904년 사진(아래)

오스망 재개발의 경제 효과는 파리의 도시 구소와 연관해서도 해석할 수 있다. 재개발 공사가 본궤도에 오르기 시작하던 1853년에 남아 있던 파리의 도시 구조는 산업자본주의의 발전을 가로막는 것이었다. 당시 파리는 전통적인 '기호학적semiotic–공시적synchronic' 도시의 전형이었다. '기호학적'이란 도시 공간 구조가 개별 건물에 축적된 전통적 상징성을 중심으로 형성되었다는 뜻이며, '공시적'이란 아직 미래에 대한 대비가 계획되지 않은 채 현재 이 시점의 도시 상태가 그대로 유지되던 단계라는 뜻이다. 전통 시대의 도시는 규모를 막론하고 거의 이 유형이었다. 특히 중소 규모의 도시에서는 아기자기하고 예술성 있는 공간을 만들어내면서 아름다운 고도로 남을 수 있었다. 수도 급의 도시들도 대부분 산업혁명 이전까지는 이 상태였고 파리도 그 범위에 들었다.

하지만 산업자본주의가 본격적으로 작동하기 시작하면서 이런 도시 구조는 경제적 부작용을 낳기 시작했다. 기호학적 상징성으로 무장한 개별 건물은 교통의 흐름을 저해하는 걸림돌로 돌변했다. 이런 건물들을 끼고 형성된, 꺾임이 많고 구불구불한 도로와 갑자기 튀어나오는 광장은 물자, 사람, 정보, 재원 등 자본주의에 필요한 기본 요소들의 소통과 흐름을 방해했다. 이런 문제에 직면한 오래된 대도시들은 경제 규모가 기하급수적으로 커짐에 따라 도시의 미래를 새롭게 계획하고 도시 구조도 이에 맞춰 재조정해야 할 필요성에 직면하게 되었다.

파리는 특히 그랬다. 이미 초기 근대부터 유럽의 수도로 성장·확장하기 시작했으며 18세기를 거치고 산업혁명에 돌입하면서 그 추세는 더욱 강해지면서 거스를 수 없는 시대의 흐름으로 자리 잡았다. 도시를 구성하는 문화 요소들의 개수도 1846년에 준공한 티에르 성곽의 한계를 훌쩍 넘어서고 있었다. 바야흐로 이전까지 장점이었던 도시 특성이 이제는 혼잡을 유발하며 경제 발전을 가로막는 방해 요소가 되었다. 이런 배경 아래 단행한 오스망 재개발은 산업자본주의의 수도 파리의 막혔던 숨통에 생명을 불어넣은 것으로 환영받았다.

둘째, 시간이 좀 지난 19세기 후반부~20세기 전반부에는 '오스망화' 혹은 '불르바르화'라는 신조어를 생산했으며, 이들은 하나의 고유명사로 자리 잡았다. 이는 오스망 재개발의 영향력이 그만큼 크다는 뜻이었다. 이 사업이 비록 오스망이 해임되고 제2제국도 붕괴하는 파국으로 막을 내리게 되었지만, 사업 전체의 명성이 훼손될 정도는 아니었다. 역사책에서도 사업 종료 때 일어난 파국에 대해서는 간단한 사실로 기록하는 정도이며,

대체로 이 사업이 근대적 도시개발의 본보기가 되어 이후에 끼친 영향력에 중점을 둔다. 대로 중심의 오스망 재개발은 유럽의 근대화가 본격적으로 무르익기 시작하면서 '오스망화Haussmannization' 혹은 '불르바르화boulevardization'라는 신조어로 불리며 각국의 수도를 비롯하여 여러 주요 도시들이 따라 하는 표준 모델이 되었다.

준공 이후의 다양한 평가 2
근대적 대도시의 표준 모델과 막대한 영향력

셋째, 마지막으로 20세기를 거치면서 근대적 대도시의 가장 대표적인 개발 본보기로 자리 잡았다. 특히 폐쇄적 도시 유형에서 가장 성공적인 개발 방식으로 평가된다. 산업혁명과 함께 근대적 대도시의 새로운 도시계획이 시작하던 19세기 유럽 도시에는 두 종류가 있었다. 하나는 개방적 도시로 도시 경계선이 정해져 있지 않아서(전통 성곽이 없어서) 확장이 자유로운 도시였다. 유럽에서는 런던이 대표적이고 역사가 짧은 대부분의 북미 도시가 여기에 속했다. 이런 도시는 산업화 같은 실용성에서는 유리했지만, 예술성을 집중시킬 수 없어서 근대적 대도시 가운데 문화예술 부분의 효과는 부족했다.

다른 하나는 도시의 한계를 명확히 지키는 폐쇄적 도시로 파리가 대표적이었다. 1846년에 건설된 티에르 성곽Enceinte de Thiers(영어로 '티에르 월Theirs wall')을 1861년에 헐었지만, 그 자리에 파리 순환도로를 건설하면서 도시 경계는 더 강하게 지켜졌다.도 24-6 이 경계는 오늘날 파리의 세 권역인 '파리시City of Paris–어번 파리Urban Paris–메트로 파리Métro Paris' 가운데 파리시의 경계에 해당한다. 이런 도시는 실용성에서 불리하기 쉬운데 오스망은 대로 중심의 도로 체계와 상하수도 등의 각종 도시 인프라를 건설해서 이를 피해갔다. 한편으로는 예술적 집중도에서 유리한 점을 극대화해 근대적 대도시 가운데 문화예술 도시의 최고봉으로 등극했다. 19세기에 프랑스는 산업화, 국가 경제, 종합적 국력 등에서 영

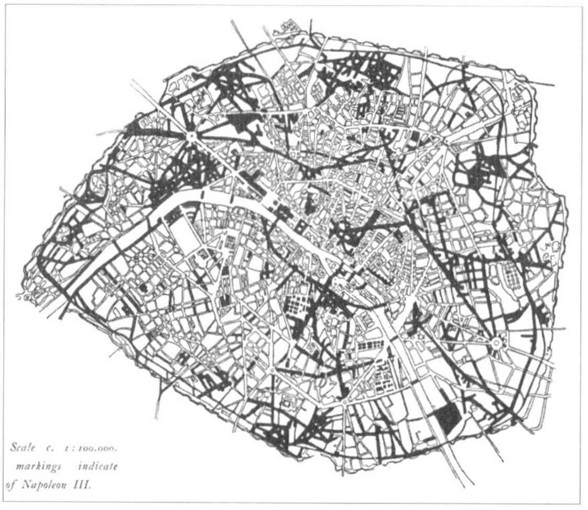

24-6. 검은색 부분이 나폴레옹 3세 때 개발한 구역들이다.

국에 뒤졌지만 파리 재개발만은 가장 성공한 최고의 사례를 남겼다.

넷째, 막대한 영향력은 국내와 국외로 나눌 수 있다. 프랑스 국내에서는 바로 다음 정권인 제3공화국부터 오스망 재개발을 마무리하며 그 방향을 유지했다. '오스망 재개발 17년 사이에 파리는 산업자본주의 시대의 수도라는 명성에 합당한 새로운 고전적 형태를 갖추게 되었다'라는 것이 당시의 대체적인 평가였다. 이후 20세기에도 오스망 파리를 존중하고 지킨다는 뜻에서 파리 순환도로 Boulevard Périphérique de Paris 안쪽의 새로운 개발은 철저히 자제했다. 이런 흐름은 리옹Lyon, 툴루즈Toulouse, 마르세유Marseille, 아비뇽Avignon 등 프랑스 내 다른 대도시에 큰 영향을 끼치며 근대적 도시개발의 본보기가 되었다.

나아가 외국의 다른 도시들에도 본보기가 되었다. 오스트리아 빈의 1860년대 근대화 재개발인 이른바 '반지 도로Ringstrasse(순환도로)' 개발 사업이 대표적이다. 오스망 파리의 복사판이라고 불러도 좋을 정도로 직접적 본보기로 삼았다. 우선 빈을 반지처럼 에워싸고 있던 성곽을 헐고 그 자리에 순환도로를 건설했는데, '반지 도로'라는 이름도 여기에서 온 것이다. 이어 도심에는 부르주아 계층의 호화스러운 아파트를 중심으로 한 부촌을 건설했다. 아파트의 입면을 바로크 궁전 양식으로 꾸민 것까지도 오스망 파리와 흡사했다.

빈은 다시 인접한 중부 유럽과 동유럽의 여러 도시에 본보기가 되었는데, 이는 오스망 파리가 한 다리 건너 '중역重譯' 개념으로 퍼져나간 것이다. 서유럽도 마찬가지여서 브뤼셀과 로마 등 쟁쟁한 수도들 역시 정도의 차이만 있을 뿐 일정 부분 오스망 재개발을 본보기로 삼아 근대적 도시개발을 진행했다. 급기야 유럽을 넘어 미국의 뉴욕 맨해튼, 시카고, 필라델피아, 로스엔젤레스 등에까지도 상륙했다.

성공한 관광주의1

외국 관광객의 급증과 도시 관광주의의 서막

다음으로 성공한 관광주의다. 여기에서는 크게 네 가지 주제가 파생했다.

첫째, 관광을 통해 끼친 국외의 영향력이다. 실제로 준공 직후부터 새로운 파리를 보러 오는 관광객이 급증했다. 이들은 새로 탄생한 오스망 파리를 보고 감탄했으며 이들의 입을 통해 오스망 파리의 영향력은 곧바로 국외로 퍼져나갔다.도 24-7 당시 유럽의 도시 상황을 고려했을 때 오스망 파리를 경외심을 가지고 바라본 건 아무래도 독일어권이었을 텐데, 이는 다시 두 나라로 나눌 수 있다. 프랑스와 라인강을 경계로 긴 국경선을 맞대며 오랜 기간 애증의 관계를 이어온 독일, 그리고 합스부르크 제국을 중심으로 나름의 자부심이 컸던 오스트리아였다.

두 나라는 국가적 전통의 차이에 따라 오스망 파리에 대한 반응도 달랐다. 독일은 도시 국가의 전통이 강해서 파리와 같은 중앙집중화된 대형 수도가 없던 데다 산업혁명마저 프랑스보다 늦어서 근대적 대도시를 시작할 엄두를 못 내고 있었다. 이 때문에 오스망 파리가 모습을 드러내자 가장 즉각적으로 반응했다. 그 기조 역시 두 나라의 오랜 경쟁 관계에서 보면 이례적이라 할 만큼 대체로 부러워하는 분위기였으며 모범 사례로 배우자는 주장이 우세했다. 반면 오스트리아는 빈이라는 큰 수도가 있었기에 부러움보다는 경쟁심과 초소함이 합해진 불편한 감정을 많이 느낀 편이었다. 그러나 빈 역시 오스망 파리를 배우자는 분위기는 마찬가지여서 오스망 재개발이 시작

24-7. 1861년 8월 13일 말셰르브 불르바르Boulevard Malesherbes의 개통식 행사 장면

된 지 10여 년 만에 곧바로 앞에 말한 순환도로 개발이라는 근대적 도시계획을 단행했다.

이런 차이와 별도로 개인 차원에서 오스망 파리의 등장은 두 나라를 모두 흥분시키기에 충분했다. 그래서인지 당시 파리를 다녀간 수많은 외국인 가운데 프로이트와 벤야민이 대표적인 주요 인사로 거론된다. 이미 19세기 말에 오스트리아의 심리학자 지그문트 프로이트Sigmund Freud(1856~1939년)가 파리를 다녀갔으며 20세기 초에는 독일의 철학자 발터 벤야민Walter Benjamin(1892~1940년)이 다녀갔다. 벤야민은 단순히 다녀간 정도를 넘어 1927~1940년의 긴 기간에 걸쳐 주로 파리의 갈르리galeries를 관찰한 「파사젠베르크Passagen-Werk」(영어로 '아케이드 프로젝트Arcades Project')라는 미완성 원고를 남겼다. 갈르리는 19세기에 새로 탄생한 부르주아들의 고급 쇼핑몰로 유리 천장이 대표적인 특징인데, 벤야민은 이런 갈르리를 경외감과 비판의 양면적 시각으로 자세히 기록하고 해석했다. 갈르리의 건축적 특징에 대해서는 뒤에서 별도의 장으로 살펴보겠다.

독일과 도시 국가의 전통을 공유하는 이탈리아도 오스망 파리를 경외한 또 다른 대표적인 나라였다. 프로이트나 벤야민만큼 유명하지 않아서 역사적 기록으로 남지는 않았지만, 많은 수의 이탈리아인 역시 오스망 파리를 방문했다. 1879년에 파리를 방문했던 이탈리아 작가이자 기자였던 에드몬도 데 아미치스Edmondo de Amicis(1846~1908년)가 대표적이다. 그는 쾌락과 풍요가 지배하는 도시 파리를 바벨탑에 비유했으며 특히 불타듯이 빛나는 야간 경관의 아름다움에 대해서 작가답게 매우 섬세하게 묘사했다. 나아가 이와 비교해서 자신의 조국인 이탈리아의 피렌체, 토리노, 밀라노 등의 도시는 적막하고 고요하다고 아쉬워했다. 파리가 대양이라면 이런 도시들은 작은 호수라고 회상했다.

반면 영국의 런던은 좀 달랐다. 우선 산업혁명의 선두주자로서 당시 도시의 산업화, 근대적 대도시의 완성도, 경제 규모와 인구 수 등에서 모두 파리를 앞서고 있었다. 다만 문화적인 부분만 조금 뒤처지는 느낌이어서 대체로 오스망 파리에 대해서는 주로 경쟁심을 크게 느꼈다. 물론 개인 차원에서는 오스망 파리를 구경하러 온 사람들이 많았지만, 런던을 필두로 한 영국 사회 전반의 분위기는 오스망 파리의 진행 과정이나 결과에서 잡음과 문제점 등을 캐내 과장하는 쪽으로 흘렀다.

물론 지금과 마찬가지로 당시에도 파리를 방문한 이런 외국인들의 평가 역시 양면적이긴 했다. 하지만 외국인인 이들은 오스망 파리에 직접 살지 않아서 문제점까지 느끼지는 못했으며, 주로 외관을 보고 내린 긍정적 평가가 압도적으로 많았다. 유럽의 도시들은 거의 고도여서 산업혁명 이후 근대화된 계획을 실행할 엄두를 내지 못하고 있었다. 이런 상황에서 오스망 파리는 믿기지 않는 기적처럼 보인 것이다.

둘째, 외국인들의 이런 성공적 평가를 바탕으로 현대 도시 관광주의의 서막이 올랐다. 서양에서 '관광' 자체는 그 역사가 오래되어서 정확히 언제 시작했는지 특정 짓기 어렵다. 예를 들어 고대 그리스와 로마 시대부터 피라미드 관광이 있었을 정도이며 중세 때에는 문학과 미술 등 예술 분야에서의 방랑 작가를 비롯하여 그 종류와 숫자가 너무 많아져서 일일이 나열하기 힘들 정도였으며, 더하여 기독교 순례 여행도 기본적으로는 관광 속성이 있었다고 볼 수 있다.

'관광주의tourism'는 개인 차원으로 진행하던 이런 관광 행위가 확장해 경제적 파급 효과, 문화 교류, 남긴 기록 등 여러 측면에서 하나의 집단화한 현상을 이루게 되는 경우를 말한다. 서양에서 관광주의는 보통 1860년대에 형성된 걸로 얘기되며 당시 모습을 드러내기 시작한 오스망 파리가 이를 이끈 선두주자였다. 이미 오스망 파리가 부분적으로 처음 모습을 드러내기 시작하던 1850년대부터 매해 10만 명 이상이 파리를 방문하고 있었다. 오스망 파리는 이 흐름에 가속을 붙인 셈이어서 1860년대에는 수많은 관광객과 방문객으로 넘쳐났다.도 24-8 이어 유럽에서 최고의 유적을 자랑하는 로마를 비롯하여 베네치아 등의 이탈리아 도시들이 그 뒤를 이었고, 다시 주요 국가의 여러 도시로 확장하면서 관광주의는 하나의 독립된 문

24-8. 1870년경 센강변의 야외 선술집guinguette과 선상 무도회장 Bal des Canotiers의 모습

화 활동이자 경제 현상으로 자리 잡았다.

파리도 거꾸로 자신이 주도한 이런 관광주의의 혜택을 꾸준히 입으면서 이후에도 20세기 전반부의 양대 세계대전 때를 제외하면 관광객 숫자가 줄어든 해가 거의 없을 정도로 관광주의의 중심 도시로 자리를 확고히 했다. 오스망 파리를 기점으로 유럽 최고 명품 도시의 영광은 로마나 런던이나 빈 등을 제치고 파리가 차지했다고 할 수 있다. 한편 이런 관광주의는 오래된 도시의 역사 유적과 문화 시설이 주요 관광 대상이어서 '도시 관광주의'라 한 번 더 구별해서 부를 수 있다.

성공한 관광주의 2
'바도' 전통의 확립과 경제적 도움

24-9. 그랑 불르바르Grands Boulevards 가운데 생드니 개선문Porte Saint-Denis 일대의 붐비는 장면(위)

24-10. 오스망 재개발 이전부터 계층이 섞여서 도시의 거리문화를 즐기는 장면. 탕플 불르바르Boulevard du Temple(아래)

셋째, 관광을 끼고 '바도'와 '플라네르'라는 새로운 도시 미학이 탄생했다. 파리는 1860년대의 관광주의가 시작하기 전부터 이미 자신들끼리 도시 생활을 즐기는 전통으로 유명했다. 파리에서 널리 사용하던 '바도badaud'라는 단어가 이를 잘 말해준다. '거리의 구경거리를 즐기는 사람'이라는 뜻인데, 이로써 파리에는 축제 같은 특별 행사가 아닌 도시의 일상생활도 볼거리로 받아들여 즐기는 문화가 발달해 있었음을 알 수 있다.도 5-4, 14-16, 24-9, 24-10 18세기의 카페 문화와 다시 이것이 원동력이 되어 일어난 거리 혁명 등도 이런 전통의 산물이었다.도 19-10, 24-11, 24-12

더하여 여기에는 노트르담, 생트샤펠, 루브르궁, 뤽상부르궁, 튈르리궁 등 대형 공공시설도 알게 모르게 중요한 역할을 했다.도 24-2, 24-13 도시의 일상생활만으로는 감상 대상이 되기에 부족할 수 있는데 이런 대형 역사 유적들이 지닌 문화적 힘이 이를 채워준 것이다. 바도 문화는 오스망 재개발 때 파리 시내를 공장에 내주지 않고 문화 놀이터로 만들게 된 배경이기도 했다. 거꾸로 오스망 재개발을 거치면서 바도 전통은 하나의 문화 현상으로 더욱 확실하게 자리를 굳혔다.

보통 벤야민이 파리를 분석하면서 사용해 유명해진 '플라네르flâneur'(만보객漫步客)라는 말도 이런 '바도'라는 단에서 온 것이었다. '플라네르'는 벤야민이 쓰기 전 19세기 초반에 프랑스의 언론인과 작가들이 먼저 쓰기 시작한 말이었다. 영어도 같은 철자를 써서 'flaneur'인데 원래 뜻은 '게으름뱅이, 한량'이다. 도시를 어슬렁거리고 배회하며 특별한 목적 없이 주변을 둘러보는 걸 즐기는 파리 시민들의 도시 문화를 빗대거나 약간의 유머를 담아서 부르기 시작한 말이다.

그러다가 1830년을 거치면서 좀 더 발전한 뜻을 갖게 된다. 음식, 차, 포도주, 건축, 도로, 정원, 공원, 광장, 패션, 서점 등 도시를 구성하는 구체적인 세부 분야들에 대해서 좀 더 전문화된 지식과 식견으로 예리하게 관찰하고 분석하는 애호가 혹은 준전문가를 지칭하는 말이 되었다. 오랜 시간 거리 문화를 즐기다 보니 사람마다 취향에 따라 일종의 전문성이 생긴 것이다.

24-11. 스트라스부르 불르바르Boulevard de Strasbourg의 그랑 카페Grand Café 모습. 1861년 작품(위)

24-12. <파리의 카페Café in Paris>(1890년대). 러시아 화가 콘스탄틴 코로빈Konstantin Korovin(1861~1939년)의 작품(아래)

오노레 드 발자크Honoré de Balzac(1799~1850년)는 이런 새로운 계층을 '시각적 미식가'라고 불렀다. '시각'이라는 말에는 거리를 구성하는 여러 문화 요소의 외관을 보고 즐긴다는 뜻이 들어 있는데, 이는 거리 문화의 특성상 당연하다고 할 수 있다. 오스망 파리는 이런 '미식화 단계'로 승격한 도시건축의 선두주자이자 대표주자가 되었으며, 1860년 이후 폭증한

24-13. <1867년 6월 10일 튈르리 궁의 야간 행사 Fête de Nuit Donnée aux Tuileries le 10 Juin 1867>. 벨기에 화가 폴 테타르 반 엘벤 Paul Tétar van Elven (1823~1896년)의 작품

외국 관광객들이 와서 보고 열광한 파리가 바로 이 파리였다.

넷째, 성공적 관광주의는 당연히 파리 경제에도 큰 도움을 주었다. 현대 관광주의와 함께 이른바 '관광 경제'의 서막도 함께 올랐다. 관광 수입 덕에 오스망 재개발에 들어간 막대한 예산을 회수하고도 남는 장사가 될 수 있었다. 오스망 재개발은 단가를 기준으로 보면 매우 비싼 사업이었다. 예를 들어서 19세기 런던을 대표한 리젠트 거리Regent's Street 개발 사업과 비교할 때 비록 전체 규모에서 차이가 난다고 해도 총 사업비가 300배나 더 들어갔다. 이는 오스망 재개발에서 상하수도, 도로, 다리 등 도시 토목 인프라가 큰 부분을 차지했기 때문이기도 하고, 더하여 고급 문화 시설도 다수 포함되었기 때문이다.

그런데 나폴레옹 3세와 오스망은 다 계산이 있었다. 이는 일종의 초거대 부동산 투자였는데, 이렇게 투자한 막대한 자금도 관광 사업을 통해 몇 배 더 큰 규모로 회수할 수 있다고 계산한 것이다. 더욱이 20~21세기의 후손들에게 넘겨서 자손 대대로 관광도시로 번영을 누리게 한다는 계산까지 더하면 더 말할 나위도 없었다. 심지어 지난 20세기 후반부터 현재에 이르기까지 먼 나라인 우리 한국인들까지도 파리에 관광을 가서 감탄과 찬사를 보내며 돈을 쓰고 오는데, 이렇게 열광을 자아내는 파리가 사실은 결국 오스망 파리인 셈이다.

산업혁명을 이끈 기계문명은 관광 산업의 경제 효과를 증폭하는 데 결정적인 도움을 줬다. 기계문명 가운데 도시건축과 직접적인 연관이 있는 철도와 만국박람회가 대표적이었다. 철도는 관광객 수를 폭발적으로 성장시키며 관광주의의 정착을 이끌었다. 파리를 찾는 영국 관광객을 예로 보면 영국 해협을 배로 건너야 하는 불편이 있었지만 영국 각지에서 항구까지의 이동을 철도가 담당하게 된 것만으로도 새로운 교통수단의 시대가 열린 것으로 받아들였다. 1840년에 파리를 찾은 영국인이 8만 7,000명이었는데 철도 개통 이후인 1869년에는 34만 5,000명으로 네 배가량 폭증했고 1899년에는 다시 여기에서 2.8배가량 늘어난 95만 명으로 늘었다.

24-14. 몽파르나스 불르바르와 몽파르나스역. 1900년대 초 사진(위)

24-15. 부르스 광장Place de la Bourse에서 줄지어 손님을 기다리는 마차 택시들의 모습(아래)

철도 개통에 만국박람회가 더해지면서 19세기 파리의 관광주의는 절정에 달했다. 이어 파리에 들어오면 전차가 시내 곳곳을 운행했으며 주요 번화가에는 지금의 대도시와 똑같이 마차 택시가 줄지어 손님을 기다리고 있었다.도 24-14, 24-15 이처럼 발달한 대중교통에 힘입어 19세기에 파리에서 개최한 만국박람회 때 파리를 찾은 외국인 숫자를 보면 1867년에는 900만~1,100만, 1876년에는 1,300만, 1889년에는 3,000만이었다. 여기에는 물론 새로운 공산품을 파악하고 구매하러 온 경제인, 공학자, 과학자, 행정가, 정치인 등 다양한 직업군이 있었겠지만 수천만 명의 숫자를 채울 수 있는 건 일반 관광객 말고는 없었다.

25장 새로운 파리의 물리적 성과1

공공 인프라, 상하수도 건설, 녹지 사업

도시 구조의 재편

원도심을 정비하고 부도심을 개발해서 20구 체제를 갖추다

마지막으로 실제로 이룬 세부 성과다. 오스망 파리에 대한 평가의 기준은 매우 다양하며 그 각각에서 다시 개인의 견해와 철학에 따라 다양한 내용이 나올 수 있다. 앞에서 살펴본 '부정적-긍정적' 두 평가가 대표적이다. 여기에서 한 가지 확실한 사실은 적어도 '근대적 대도시의 물리적 조건', 즉 '물리적 성과'라는 기준을 적용하면 긍정적 평가 하나로 모인다는 점이다. 오스망 재개발이 오랜 기간에 걸쳐 파리 전체에 창출한 물리적 부가가치는 측정이 불가능할 정도로 크다고 할 수 있다.

준공 직후로 좁혀봐도 실제로 이룬 세부 성과부터 타의 추종을 불허할 정도로 막대한 것이었는데, 크게 '공공 인프라-가로 미학의 완성-부르주아 파리' 등 세 방향으로 정리할 수 있다. 이번 장에서는 공공 인프라를 먼저 살펴보고 다음 장에서는 가로 미학의 완성을 살펴보겠다. 이어 부르주아 파리는 5부에서 다섯 장으로 나누어 자세히 살펴보겠다. 먼저 공공 인프라인데, 이는 다시 도시 구조의 재편, 병원과 시장 건설, 상하수도 건설, 녹지 사업, 도심 가로수, 녹지 사업에 대한 양면적 평가 등 모두 여섯 주제로 정리할 수 있다. 차례대로 살펴보자.

첫째, 도시 구조의 재편이다.도 17-3, 21-9 포괄적인 의미에서 원도심 구역을 정비해 도시 공간 전반이 개선되었음을 상징적으로 드러냈는데, 일단 우안을 먼저 시작했다. 우선 루브르 박물관과 튈르리궁을 연결하는 공사를 완공해서 왕궁과 박물관이 결합한 거대한 공공건축 단지가 탄생했다. 이어 루브르 박물관의 동익랑East Wing, Louvre에서 시작하는 리볼리가를 확장·정비한 뒤 생탕투안가Rue Saint-Antoine까지 일직선으로 연결했다. 이로써 센강을 접한 1구와 4구가 정비되었다.

이어 4구와 그 북쪽의 인접 구인 3구 사이에 남아 있던 비위생적인 구역을 철거했다. 대체로 3구의 '생드니가Rue Saint-Denis–생마르탱가Rue Saint-Martin'의 연결도로를 북쪽 경계선으로 삼았다. 이때 건설한 우안 원도심의 '리볼리가–생탕투안가'와 '생드니가–생마르탱가'의 두 연결도로는 동서 방향으로 달리는 대로였다. 우안에서는 이외에도 샤틀레 광장Place du Châtelet을 정비해서 품격 있는 쇼핑 구역으로 개발했으며 극장 두 채를 지어서 문화 기능도 강화했다.

이렇게 정비한 우안의 원도심에 남북으로 달리는 세바스토폴 불르바르Boulevard de Sébastopol를 닦아서 좌안으로 연결했다.도 25-1, 25-2 생드니가와 생마르탱가가 만나는 지점에서 시작해 2구와 3구의 경계선을 따라 남하한 뒤 시테섬에 상륙해서는 팔레 불르바르Boulevard du Palais로 이름이 바뀌었다. 이어 좌안으로 넘어가 다시 생미셸 불르바르Boulevard Saint-Michel로 이름이 한 번 더 바뀌었다. 생미셸 불르바르는 5구의 소르본대학과 6구의 뤽상부르궁을 양옆에 거느리며 두 구의 경계선을 따라 남북 방향으로 달리는 대로다.도 25-3 이로써 센강에 의해 양분되어 이동에 불편을 야기한 좌안과 우안의 양안이 하나로 연결될 수 있었다. 이는 1~6구의 원도심 여섯 개 구가 유기적으로 연결되어 하나로 작동하게 되었다는 뜻이다.

한편 생미셸 불르바르는 좌안의 원도심에서는 동서 방향의 생제르맹 불르바르Boulevard Saint Germain와 함께 가장 큰 도로로, 두 도로는 직각으로 만나면서 좌안에 십자 형태의 중심축을 형성했다. 이는 로마 시대의

'카르도cardo(남북 방향의 가로)-데쿠마누스decumanus(동서 방향의 가로)' 도로 체계를 이어받은 것이었다.

마지막으로 이때 개발된 방식을 그대로 파리 전역으로 확장·적용했다. 대로를 닦고 넓은 공공 공지를 확보했으며 각종 도시 편의시설도 개선하거나 신축했다. 필요에 따라 대로 둘을 이어 붙여 연결도로로 만들어서 도로의 총 길이를 대폭 연장했다. 또한 동서 방향과 남북 방향의 균형을 맞췄고 두 방향의 대로가 직각으로 교차하는 체계도 갖추었다. 이상을 종합하면 결과적으로 포괄적 차원에서 파리의 도시 환경 전반이 크게 향상되었다.도 25-4

이런 포괄적인 재편과 함께 원도심 바깥쪽으로 부도심을 개발하면서 파리 시내의 면적이 확장되었다. 이는 오늘날 파리시의 행정 체계와 경계선을 확장·확정한 점에서 매우 중요한 또 다른 발전 내용이었다. 부도심은 '구區(아롱디스망arrondissement)' 체계를 확대 재편하는 방식으로 개발했다. 파리는 현재 20개 구로 구성되는데 1860년까지는 12개 구였다. 그 경계선은 대체로 루이 16세(재위 1765~1792/1793년)가 1784년에 세운 '페르미에 제네로의 벽Mur des Fermiers-Généraux'에 해당했다. 이 성곽 자체는 프랑스대혁명을 거치면서 사라지고 없었지만 오스망 재개발 이전까지는 파리시의 경계선을 이루고 있었다.

25-1. 오스망 재개발 때 세바스토폴 불르바르Boulevard de Sébastopol의 통로 뚫기 공사 장면(위)

25-2. 세바스토폴 불르바르의 개통 후 붐비는 장면(가운데)

25-3. 좁고 구불구불한 중세 골격을 헐고 일직선 대로인 생미셸 불르바르를 건설한 1855년 도면(아래)

그러던 중 오스망 재개발이 한창 진행되던 1860년에 파리 전체를 확장하면서 20개 구로 늘렸다. 1860년 이전의 12개 구와 현재의 20개구는 위치와 면적 등이 완전히 달라서 연관성은 없다고 할 수 있다. 따라서 1860년 개편 때에 확장된 부분도 일률적으로 설명할 수는 없는데, 크게 보아 현재의 12~20구에 해당하는 외곽 부분이 확정되었다고 할 수 있다. 자세한 비교는 <도 25-5>에서 확인할 수 있다. 이와 함께 거의 모든 구에 우리의 구청사에 해당하는 타운홀을 지어서 행정 체계를 갖추었으며 학교도 건설해서 보편교육을 시작했다. 또한 각 구에 여러 개의 지역 광장을 건설해서 도심까지 나오지 않아도 도시생활이 가능하게 함으로써 '부도심'의 취지를 살렸다.

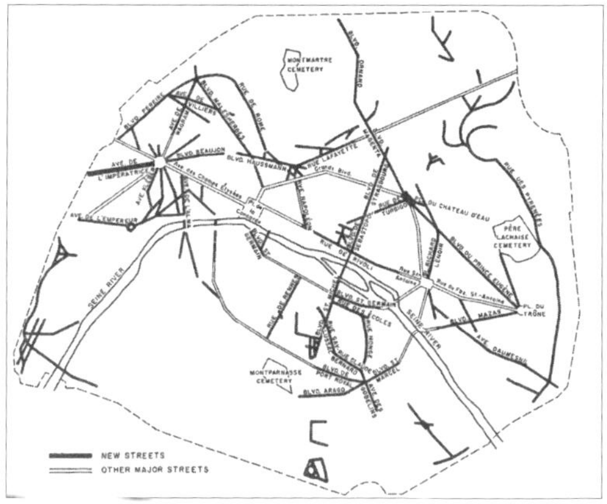

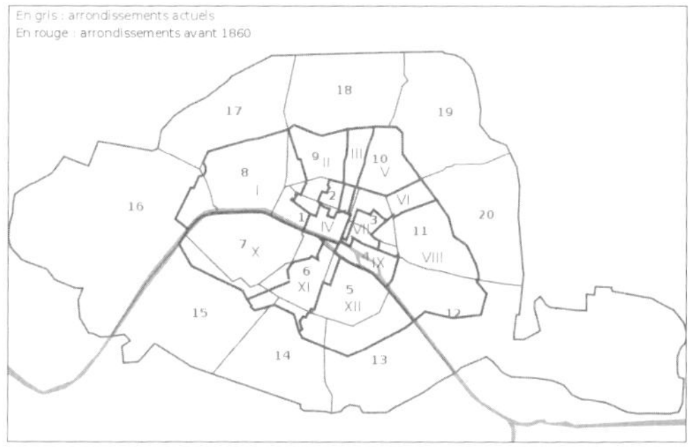

25-4. 1850~1870년 사이 파리에 새로 건설한 주요 도로망(위)

25-5. 1860년 이전의 12구 체제와 그 이후 현재의 20구 체제 비교(아래)

병원과 시장 건설

오텔 디유 병원, 라리부아시에르 병원, 레알 상트랄

둘째, 구체적인 건물 시설로 병원과 시장 건설을 대표적으로 들 수 있다. 병원에서는 우선 파리 공공병원의 대명사로 얘기되는 오텔 디유 병원Hôpital Hôtel-Dieu이 있다. 줄여서 '오텔 디유'라고도 하는데 'dieu'가 '신'이라는 뜻이어서 직역하면 '하느님의 집 병원'이 된다. 중세 때 '하느님의 자비로 세운 병원'이라는 뜻으로 붙인 이름이다. 이런 종교적 배경에 걸맞게 651년 파리 주교였던 생랑데리쿠스Saint Landericus(?~661년)가 세운 것으로 추정된다. 처음에는 로마 제국 때인 3세기에 순교한 성 크리스토퍼Saint Christopher에게 봉헌한 병원으로 시작했다가 오텔 디유로 이름을 바꾸면서 시민을 위한 자선 병원이 되었다. 위치는 노트르담대성당 앞 광장이었으며 현재도 이 자리를 고수하고 있다. 651년이라는 건립년도는 세계에서 가장 오래된 병원임을 보여준다. 현재 건물은 오스망 재개발의 공식적 종료보다 1년 앞선 1868년에 착공해서 1878년에 준공했다.

다음으로 라리부아시에르 병원Hôpital Lariboisière이 뒤를 이으며 공공건물의 또 다른 대표적 예가 되었다.도 16-12, 25-6 1853년에 우안 중앙의 10구에 준공한 뒤 일반 진료는 1855년부터 시작했다. 이전까지 병원은 대부분 단독 건물이거나 한두 채의 건물만으로 이루어졌는데, 이 병원은 파리 최초로 중정을 에워싸는 여섯 동의 익랑으로 구성되었다. 그만큼 공간 환경이 개선되었다는 뜻이며 세분화한 진료 과목에 따른 공간 배정도 이루어졌다는 뜻이다. 1832년의 2차 콜레라 때 처음 설립한 이후 계속 기능을 보강한 데에서 알 수 있듯이 파리에서는 현재도 시민 보건을 위한 공공병원을 대표한다.

다음으로 시장 부분에서는 중앙시장인 레알 상트랄Les Halles Centrales을 지켜낸 게 대표적이었다. 레알은 앞에서 보았듯이 1845년에 시장 전체를 유리 천장이 덮는 건물로 증·개축을 시작했다. 오스망은 이를 이어받아 재개발 진행 내내 레알을 중요한 공사로 관리했다. 오스망 재개발은 1870년의 레알 준공보다 한 해 먼저 종료되는데, 오스망의 관리 덕에 이때 사실상 완성된 상태로 끝낼 수 있었다.도 25-7, 25-8, 25-9 당시 일부 시민과 부르주아는 레알 부지가 파리의 심장부라는 점을 들어 이곳에 있던 청과물 시장을 외곽으로 빼고 새로 개발할 것을 강하게 요구했다. 하지만 오스망은 이를 거절하며 원래의 전통시장 기능을 그대로 지키면서 오히려 건물을 크게 확장했다. 또한 천장을 전면 유리로 덮는 환경 개선까지 해서 당시로서는 최신식 시장으로 재탄생시켰다. 유리로 덮는

25-6. 라리부아시에르 병원 전경

안은 처음에 나폴레옹 3세가 제안한 걸로 알려져 있는데 오스망은 건축가 빅토르 발타르Victor Baltard(1805~1874년)를 발탁해서 이 안을 발전시켜 실현해냈다.

상하수도 건설

416㎞의 하수도, 303㎞의 상수도, 물로 성공한 도시 파리

셋째, 상하수도 건설이다. 지하 시설이어서 건설이 쉽지 않았는데, 오스망은 철도와 도로 건설 때 상하수도를 먼저 설치하는 방식으로 이 문제를 해결했다. 그 결과 상하수도는 대로 건설과 함께 명실공히 오스망 재개발의 최대 성과로 꼽히게 되었다. 이 일을 주도한 건 엔지니어 외젠 벨그랑Eugène Belgrand(1810~1878년)이었다. 오스망은 기관지가 약해서 악취와 호흡기 질환으로 고생해왔기 때문에 그 자신부터 개인적으로도 특히 하수 시설 개선과 건설에 집착했다. 이는 결과적으로 오스망 파리에서 가장 성공한 공공 인프라로 남게 되었다. 재개발 사업 결과 하수도는 세 배가량 늘어났다. 이전의 147㎞ 길이 가운데 10% 정도를 고친 데 이어 무려 416㎞를 새로 설치했다.도 25-10, 25-11 파리 도심에 설치된 하수도는 높이가 2~3m에 달해서 그 속에서 사람이 뛰어다니고도 천장 공간이 많이 남을 정도로 공간을 확보했다.도 25-12, 25-13

25-7. 레알 상트랄 19세기 작품(위)

25-8. 레알 상트랄 19세기 사진(가운데)

25-9. 레알 상트랄 개장 당시 사진(아래)

상수 사업에서도 괄목할만한 성과를 냈다. 당시 파리는 화장실 부족과

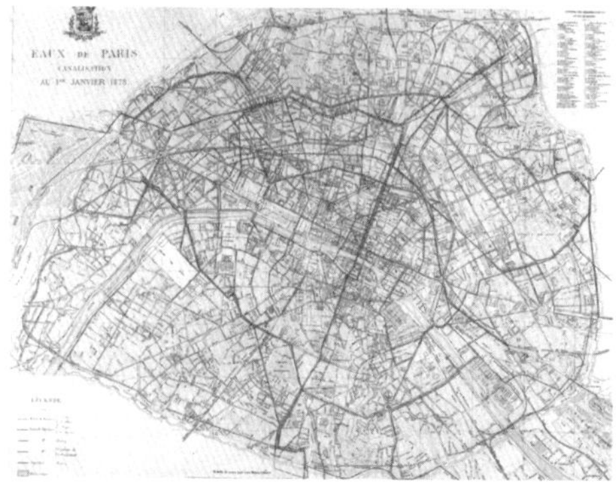

25-10. 파리의 1854년 상수도 체계(위 왼쪽)

25-11. 파리의 1878년 상수도 체계(위 오른쪽)

25-12. 오스망 재개발 당시 지하 시설 공사 장면. 『1867년 파리 가이드*Guide of Paris 1867*』 수록(아래 왼쪽)

25-13. 1887년 세바스토폴 불르바르 지하 장면.(아래 오른쪽)

함께 물 사정이 매우 좋지 않아서 고생하고 있었다. 1852년에 하루 11만 2,000㎥의 물을 사용하고 있었지만, 수질은 거의 관리되지 못하는 상태였다. 재개발 사업이 종료되는 1869년에는 일단 하루 물 사용량이 44만 1,000㎥로 네 배가량 늘었으며 대부분 깨끗하게 관리된 양질의 물이었다. 이 가운데 31만 1,000㎥는 기존의 수원을 개량해서 확보했고 나머지 13만 ㎥는 수원지를 새로 개척해 추가로 확보했다.

특히 파리 시내의 상수도뿐 아니라, 그보다 먼 곳에서 상수원까지의 수도를 확보한 점이 큰 성과였다. 오스망은 에콜 폴리테크니크 출신의 측근 엔지니어 두 명에게 기초 연구를 지시했다. 벨그랑에게는 센강의 발원지 유역을, 아돌프 오귀스트 밀Adolphe Auguste Mille(1812~1894년)에게는 런던 사례를 각각 연구하도록 했다. 밀은 런던의 상수도 당국자들이 멀리 떨어진 상수원의 수질이 더 깨끗하고 수량이 풍부함에도 이를 사용하지 않는다는 사실을 중요한 내용으로 보고했다. 수도교가 길어지면 공사부터 관리까지 부담이 크다는 이유였다. 오스망은 마침 벨그랑이 찾아낸 센강의 유역을 수원으로 사용하기로 했다.

하지만 진행이 쉽지만은 않았다. 센강의 발원지는 여러 곳 있는데, 처음에는 파리 동쪽으로 160㎞ 떨어진 샬롱쉬르마른Châlons-sur Marne의 발원지를 지목했지만 선거를 앞둔 황제가 표를 걱정해 거절했다. 이에 인구가 적은 더 위쪽의 마른 계곡Vallée de la Marne 일대 지류 뒤강rivière Dhuis이 선정되었으며, 수량이 부족해 파리에서 남동쪽으로 100㎞ 떨어진 마를강rivière Marle(반느강rivière Vannes)을 추가했다. 이렇게 해서 1865년, 뒤강에서 130㎞를 달려온 상수관 설치를 완료하고 맑은 물이 파리 시내에 쏟아지는 통수식을 개최한 후 이를 정치적으로 활용하는 것도 잊지 않았다.도 25-14

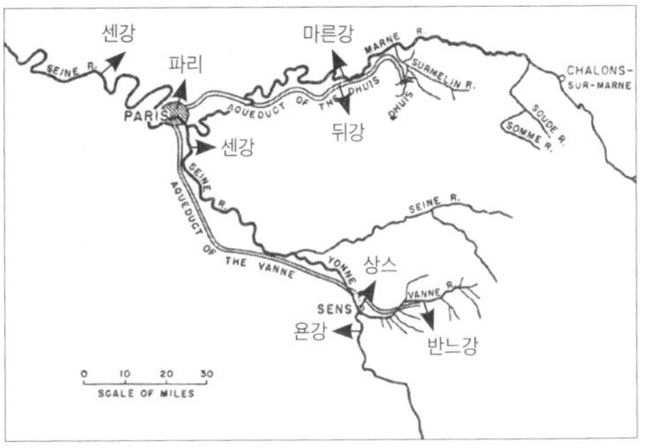

25-14. 오스망과 벨그랑이 건설한 센강 일대의 수로

오스망 재개발 종료 이후에도 공사를 계속해서 1874년에는 다시 반느 계곡에서 173㎞를 달려온 두 번째 상수관이 준공되었다. 두 라인을 합하면 총 길이 303㎞에 달하는 대역사大役事를 이룬, 그야말로 대역사大歷史를 쓴 것이다. 상수관 가운데 큰 건 지름이 1.8m에 달하기도 했으며 계곡을 가로지르기 위해 터널, 수도교, 교량 등도 여럿 건설했는데 가장 긴 건 1.5㎞에 달했다. 파리 남쪽 근교의 다르케이 수도교Aqueduc d'Arcueil는 계곡 지면에서 38m 높이에 77개의 아치를 세워 건설했는데, 오스망 재개발 막바지인 1867년에 착공해서 사업 종료 이후인 1874년에 준공했다. 이런 기록들에서는 프랑스 아를 지방의 님Nîmes에 세운 로마 제국 최고의 다리였던 가르교Pont du Gard가 연상되기도 하는데, 다르케이 수도교는 이를 능가하는 현대 토목 기술의 승리였다.

파리의 상수도 공급이 두 배로 늘긴 했지만 최종 관건은 상수도가 집 안의 부엌 수노까시 연결되는가였다. 오스망은 영국의 수도세 제도를 도입해 이를 위한 재원을 확보하려 했으나, 당시 프랑스의 사회 분위기와 가치는 영국의 자본주의 체제보다는 프랑스대혁명 때의 공공성이 주도하고 있어서 이런 세금 제도는 실행되지 못했다. 결국 재원 부족으로 비록 수돗물을 공급받는 주택 수가 6,000가구에서 3만 4,000가구로 5.7배나 늘긴 했지만 여전히 파리 가구들의 절반은 이 혜택에서 제외되었다.

오스망이 파리의 상하수도 개선에 집착한 건 물론 도시의 공중보건 인프라를 건설하려는 실용적·기능적 의도 때문이었다. 더하여 로마를 본보기로 삼으려는 역사적·정치적 의도도 중요하게 작용했다. 로마는 물로 흥한 대표적인 문명이다. 예를 들어 로마의 최전성기인 2세기 때 로마시에 사는 주민은 하루에 평균 1톤의 물을 사용했다. 요즘과 같은 공업용수가 없던 때여서 순수한 생활용수였는데, 이는 대단한 양이었다. 당시 로마 인구는 100만 명이어서 이는 곧 하루에 100만 톤의 물을 로마시에 공급했다는 뜻이다. 그 배경에는 수도교를 건설해 물을 잘 다스린 성공적인 관개灌漑 시설이 있었다.

로마 시내에 수도교를 본격적으로 세운 건 초대 황제 아우구스투스였다. 이 사업을 직접 지휘한 그의 사위이자 최측근이던 로마 장군 마르쿠스 비프사니우스 아그리파Marcus Vipsanius Agrippa(기원전 62~기원전 12년)가 작은 쪽배를 타고 수도교를 따라 항해하면서 장인인 황제를 칭송하는 퍼포먼스를 벌일 정도였다. 오스망은 파리가 아우구스투스의 로마를 닮기를 강력하게 원한 황제의 바람에 상하수도로 부응했다. 아우구스투스가 지상 수도교로 성공했다면 나폴레옹 3세는 지하 상하수도로 성공했다.

물과 관련된 도시 편의시설 가운데에는 상하수도 이외에 음수대와 분수도 있었는데, 오스망 재개발 때에는 이런 시설들도 잊지 않고 도시 곳곳에 새로 설치했다. 또한 상하수도가 가정용이라면 산업혁명을 거치면서 공업용수도 크게 중요해졌다. 앞에 나온 증설한 상수도 가운데에는 파리 전역에서 가동하던 공장에 들어가는 양도 상당했다. 이로써 오스망 파리는 고대 로마에 이어 '물로 성공한' 대표적인 근대 도시가 되었다.

녹지 사업1
도시림의 확보와 알팡의 활약

넷째, 녹지 사업이다. 상하수도만큼 중요한 사업이 가로수, 도시공원, 정원, 숲 등으로 구성되는 도시림을 확보하는 일이었다. 대규모 철거 과정에서 오랜 기간 파리에 남아 있던 도시림이 사라졌는데, 오스망도 이 문제를 잘 알고 있었고 도시림을 새로 조성하는 방향으로 대응했다. 녹지 조성은 이미 앞 시대인 7월 혁명 정부의 파리시장 클로드-필리베르 바르텔로 드 랑뷔토Claude-Philibert Barthelot de Rambuteau(재임 1833~1848년) 때부터 공을 들인 사업이었다. 오스망은 재개발 사업의 다른 부분과 마찬가지로 이 부분에서도 랑뷔토를 이어받아 나무를 적극적으로 이용했다. 비록 파리가 런던과 비교해서 가장 취약한 부분이 부족한 도시림이긴 하지만 어쨌든 이 두 사람을 거치면서 파리가 그나마 지금 정도의 녹지 비율을 확보할 수 있었다. 물론 둘 중 오스망이 남긴 성과가 더 컸다.

나폴레옹 3세부터 도시 녹지에 큰 관심을 보였다. 그는 황제 이전에 개인적으로 도시건축에 관심이 많았다. 마침 영국 망명 시절, 당시 가장 선진 도시였던 런던의 근대적 변화상을 직접 체험하고 적지 않은 영향을 받았다. 예를 들어 당시 런던에는 이미 교통 혼잡이 있었는데 이 문제를 해결하는 토론에 참여할 정도였다. 또한 런던의 장점 가운데 하나가 풍부한 도시림과 녹지 면적이었고, 나폴레옹 3세가 이를 놓칠 리 없었다.

이후 황제에 즉위하고 오스망 재개발을 시작할 때부터 오스망에게 파리에 부족한 이 부분을 특별히 신경 쓰라고 별도의 항목으로 찍어서 직접 지시할 정도였다. 실제로 1850년경 파리 도심에는 공원, 정원, 숲 등이 부족한 상태였다. 런던과 비교하면 더 그랬다. 파리 좌안의 뤽상부르 정원과 식물원, 우안의 튈르리 정원 정도가 전부였다. 이상의 여러 배경 아래 오스망 재개발에서는 녹지와 도시림의 면적을 크게 확충하는 일이 핵심 사업으로 잡힐 수밖에 없었다.

그런데 그 방향에서 나폴레옹 3세와 오스망의 생각은 달랐다. 황제는 런던 망명 시절의 경험 때문인지는 모르겠으나 영국식 자연주의 정원을 선호했다. 도시 정원과 연계된 또 다른 도시 옥외 공간인 광장에서도 런던처럼 여러 개의 작은 광장을 선호했다. 반면에 오스망은 대칭과 정형성을 유지하는 기하학적 디자인을 선호했다. 이는 베르사유 정원에서 보듯이 영국과 명확히 대비되는 프랑스의 전통 정원 양식이었다. 도시 광장도 마차와 자동차가 드나들 수 있는 크고 웅장한 유형을 선호했다. 하지만 실제 실행에서는 황제의 뜻을 따랐다.

오스망은 녹지 사업을 에콜 폴리테크니크 출신의 또 다른 걸출한 엔지니어였던 아돌프 알팡Adolphe Alphand(1817~1891년)에게 맡겼다. 알팡은 '파리 녹지대의 아버지', '공원의 아버지', '숲의 아버지' 등의 영광스러운 별명을 얻으며 맹활약했다. 녹지는 임대료를 거둘 수 없는 순수한 도시 공공시설이어서 땅과 예산을 확보하기가 쉽지 않았는데 나폴레옹 3세의 지원을 업고 오스망과 협력해서 성공적으로 마무리할 수 있었다. 오늘날 파리의 녹지는 대부분 이때 건설된 것이라 할 만하다. 알팡은 크게 가로수, 도시공원, 정원, 숲 등으로 세분해서 녹지를 건설했다. 이 가운데 가로수는 도로 체계와도 연관이 있어 뒤에서 별도 항목으로 살펴보겠고 여기서는 도시공원과 숲을 먼저 살펴보자.

녹지 사업 2

24개의 광장형 정원, 두 개의 도시공원, 두 개의 산림공원(= 숲)

공원과 정원은 나폴레옹 3세가 특히 신신당부한 사항이었다. '공원'과 '정원'은 엄밀히 구별하면 공원이 더 공적이고 규모가 크고 나무가 많으며 개방적이라는 차이가 있다. 하지만 도심에서는 이런 엄밀한 구별 없이 둘을 혼용하는 경우가 대부분이며 보통은 고유 명칭을 따른다. 예를 들어 파리 도심에서는 뤽상부르 정원이나 튈르리 정원처럼 원래부터 '정원'인 경우 이를 따르며, 뒤에서 나올 여러 공원은 새로 조성하면서 붙인 명칭을 따르는 식이다.

나폴레옹 3세는 런던의 도심을 차지하고 있는 하이드 파크Hyde Park와 그 속의 인공호수인 더 서펀타인the Serpentine을 무척 부러워해서 파리에도 도시공원municipal park을 설치하기로 결심했다. 이를 위해 여의도 면적 2.9㎢의 6.2배에 해당하는 18㎢의 공터를 확보해 24개의 광장형 정원과 네 개의 큰 도시공원 등을 조성했다. 광장형 정원을 위해서는 우선 총 22곳의 광장을 새로 건설했는데, 이는 앞에 말한 대로 런던의 광장 체계를 따른 것이었다. 15개는 원도심 안에 조성했으며 광장 주거를 겸한 곳도 여럿 나왔다. 이 경우 내부 광장을 정원으로 꾸미고 나무를 심은 뒤 대중에게 개방해서 도시공원의 기능을 겸하도록 했다.

공원은 규모 그리고 도심과의 거리를 기준으로 이원화했다. 굳이 이름을 붙이면 좀 더 작은 규모를 도시공원, 큰 규모를 산림공원으로 구별한다. 파리에서는 이때 산림공원을 '숲bois'으로 불렀다. 이 경우 도심에 좀 더 가까운 공원이 도시공원이 되고 먼 곳이 산림공원이 된다. 상식적으로 볼 때 도심에 조성되는 공원은 넓은 면적을 확보하기가 어렵기 때문이다. 반대로 '산림공원'이라는 말에는 산을 끼고 있다는 뜻이 들어 있어서 도심에서 떨어진 외곽에 큰 규모로 조성된 걸로 볼 수 있다. 보통은 이런 구별 없이 둘을 합해서 도시공원으로 통칭하기도 한다.

오스망 재개발 때에는 도시공원과 산림공원 모두 각 두 곳씩 조성되었다. 도시공원은 북쪽의 뷔트-쇼몽 공원Parc des Buttes-Chaumont(1867년)과 남쪽의 몽수리 공원Parc Montsouris(1869년)이 대표적인데, 2년의 시차를 두고 연달아 개장했다.도 25-15 그리고 이외에도 몽소 공원을 비롯하여 여러 곳에 더 작은 지역 공원을 조성했다.도 8-13, 14-5, 25-16, 25-17 한편 산림

25-15. 뷔트-쇼몽 공원Parc des Buttes-Chaumont. 1867년경 상태(왼쪽)

25-16. 바티뇰 공원Square des Batignolles. 'square'는 프랑스어로 철책으로 둘러싸인 작은 공원이라는 뜻이다. (오른쪽)

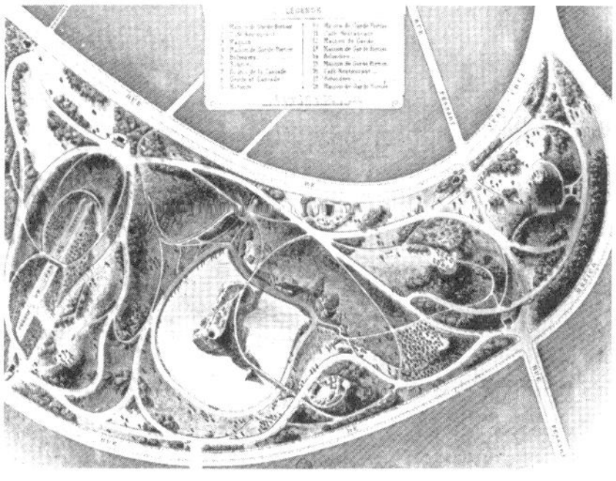

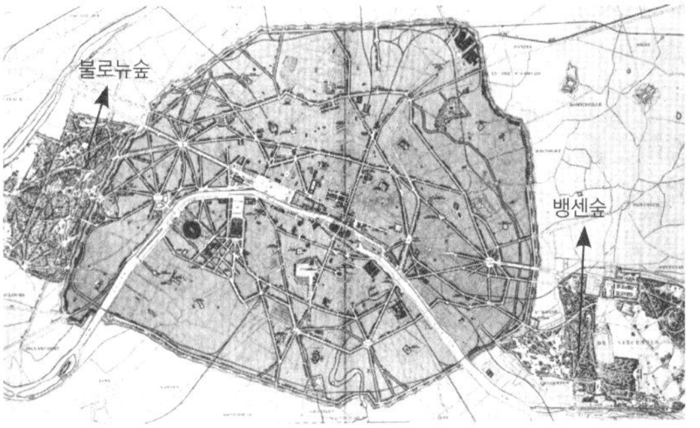

25-17. 예술과학 공원Square of the Arts and Sciences. 영국 잡지 『더 빌더*The Builder*』 1874년 32호 수록. 이전엔 소수의 특권 공간이었던 square가 이제 모든 계층에 개방된 모습(왼쪽)

25-18. 아돌프 알팡Adolphe Alphand이 오스만 재개발 때 계획·실행한 두 곳의 대형 숲(오른쪽)

공원은 동서로 두 곳을 조성했다. 서쪽에는 불로뉴 숲Bois de Boulogne(1854년)을, 동쪽에는 뱅센 숲Bois de Vincennes(1860년)을 4년 시차로 개장했다.도 25-18 면적은 각각 8,469㎢, 9.95㎢로, 두 공원 모두 원래 이 자리에 있던 대형 공원을 살려서 확장한 것이다. 이를테면 숲도 재개발했다는 것이다.

불로뉴 숲이 대표적이어서, 원래 국유림이었는데 1852년에 파리시에 기부되면서 산림공원으로 개발할 수 있었다.도 25-19 또 런던 하이드 파크를 본보기로 삼아 두 개의 호수와 하나의 폭포를 설치했다. 파리 개선문에서 서쪽으로 얼마 떨어지지 않은 곳이었는데, 런던에서 교통혼잡 문제를 경험한 나폴레옹 3세는 이 공원으로 진입하는 데에 방해가 없도록 개선문이 위치한 에투알 광장Place de'lÉtoile(지금의 샤를 드 골 광장Place Charles de Gaulle)부터 불로뉴 숲까지 앵페라티프가Avenue de l'Impérative를 닦아 지원했다.도 25-20 '앵페라티프'는 '명령적인, 강제적인'이라는 뜻으로, 이 도로가 황제 직권으로 긴급 명령을 통해 강제적으로 닦은 도로임을 알 수 있다. 현재는 포슈가Avenue Foch로 이름이 바뀌었다. 폭이 무려 140m에 이르러 파리에서 가장 넓은 도로이며 길이는 약 500m다. 도로 양옆에는 총 4,000그루의 나무를 심었다.

이로써 파리의 동서남북 4방위에 각 하나씩의 대형 공원이 조성되었는데, 이 공사는 티에르 성곽의 철거와 맞물려 진행했다. 성곽 자리에 도로를 건설해서 성곽의 윤곽 자체는 유지되었으며, 이를 기준으로 삼아 기본 4방위에 맞춰 공원을 각 하나씩 조성했다. 도시공원 두 곳은 작아서 경계선 안쪽에, 산림공원 두 곳은 커서 경계선 바깥쪽에 각각 위치했다. 현재의 구를 기준으로 뷔트-쇼몽 공원은 파리 동역에서 동쪽으로 조금 떨어진 19구에 있고, 몽수리 공원은 순환도로 바깥의 국제기숙사촌Cité Internationale Universitaire과 등을 맞대면서 13구와 14구의 경계선에 있다. 이어 불로뉴 숲은 16구와 등을 맞대면서 순환도로 바깥쪽에 넓게 분포하며 뱅센 숲은 12구 바깥쪽에 있다. 이 가운데 산림공원 두 곳은 규모가 무척 커서 지금까지도 파리의 허파이자 시민의 소중한 휴식 및 소풍의 장소로서 사랑을 받고 있다.

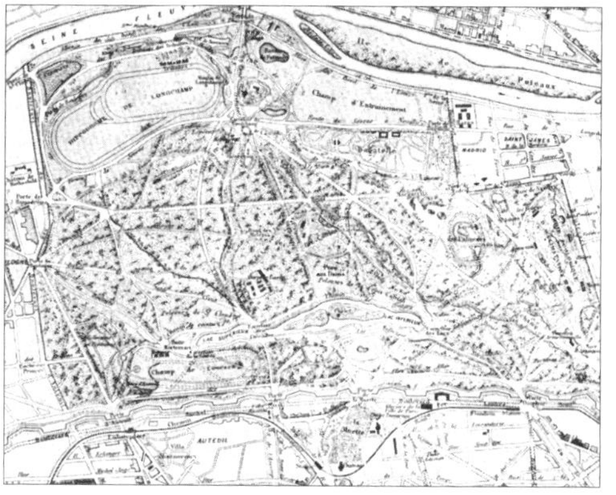

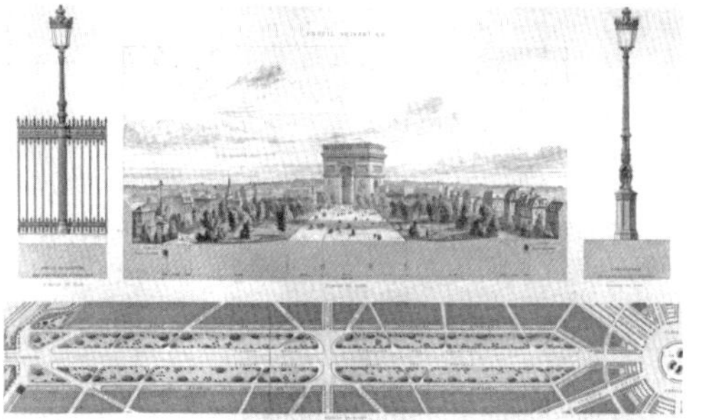

25-19. 아돌프 알팡이 런던 하이드 파크Hyde Park에 맞서 1853~1858년에 크게 확장하며 새롭게 단장한 불로뉴 숲(위)

25-20. 파리 개선문의 에투알 광장에서 불로뉴 숲을 연결하는 앵페라티프가Avenue de l'Impérative 도면(아래)

도심 가로수

800㎞ 대로에 심은 10만여 그루, 대로변 아파트를 보호하다

다섯째, 도심 가로수다. 도심에 조성한 녹지 가운데 상당수는 공원이나 정원보다는 가로수였다. 가로수는 도로를 건설하며 함께 심으면 되어서 대형 부지가 필요한 공원이나 정원보다 부담이 적었다. 파리 도심에만 새로 건설한 도로와 기존의 도로를 모두 포함한 800여 ㎞의 대로를 따라 10만여 그루의 가로수를 심었다. 가로수는 일단 물량 공세가 중요하다. 아무리 훌륭하고 귀한 나무라도 한두 그루만 심어서는 도시림이 될 수 없기 때문이다. 알팡은 외곽의 숲까지 더하면 무려 60만 그루의 나무를 새로 심었다. 대형 숲이 파리시 경계선 밖의 교외에 있어서 도심에는 도시림이 부족했는데, 이 문제는 대로를 따라 가로수를 심어서 해결했다. 2020년 기준 서울의 가로수가 30만 5,086그루인 것과 비교하면 얼마나 많은 나무를 심었는지 알 수 있다.

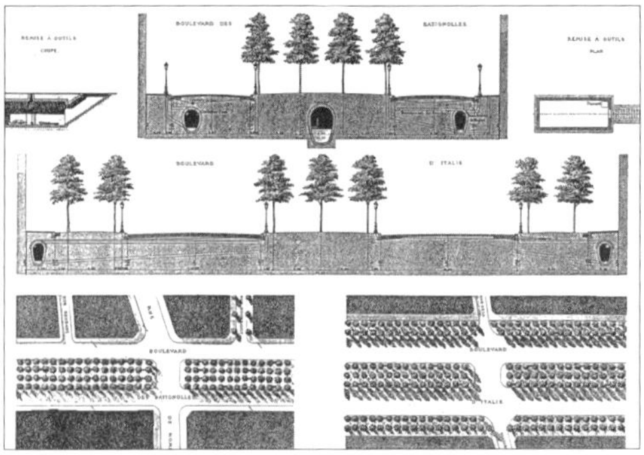

25-21. 아돌프 알팡의 1873년 파리 가로수 산책로(프로므나드promenades) 식재 계획도(위)

25-22. 1927에 파리의 가로수를 옮기는 화차wagon 모습. 오스망 재개발 때 발명한 디자인이다.(아래)

이처럼 가로수는 어느 도시에나 있지만 오스망과 알팡은 특히 가로수에 신경을 썼으며 심기도 많이 심었다.도 25-21, 25-22 그 배경에는 오스망 재개발이 남긴 파리만의 상황이 있었다. 대로를 따라 아파트가 늘어서는 방식으로 도시 전체가 재편됨에 따라 아파트가 소음과 시선에 노출되는 문제가 생겼는데, 이를 가리기 위한 목적으로 가로수를 심었다. 더하여 당시에는 이때 등장한 아파트가 아무래도 앞 시대인 18세기나 나폴레옹 1세 때 수준에 못 미친다는 평가가 많았다. 한꺼번에 너무 많은 물량이 공급되다 보니 아무리 돈 많은 부르주아들이라고 해도 그 많은 수의 아파트를 전통 시대 귀족들의 고급 주거처럼 꾸밀 수 없었다. 나무는 이것을 가리기 위한 목적도 있었다.

이 대목은 의외일 수 있다. 지금 우리가 열광하는 파리의 모습 중 상당 부분은 사실 대로를 따라 서 있는 19세기 아파트들인데, 당시에는 수준 미달로 치부되어 가리고 싶은 대상이었다는 것이다. 하지만 비교 대상이 전통 시대 귀족들의 고급 주거였으니 일면 이해가 가기도 한다. 이런 비판은 중세 파리를 아름다운 것으로 기억하며 사랑하던 보존주의와 보수주의 진영에서 심했다. 이들은 새로 등장한 아파트가 흉물스럽다며 강하게 비판했다. 어쨌든 파리의 울창한 가로수는 시간이 지나면서 녹지와 경관 등 여러 측면에서 매우 중요하고 가치 있는 파리만의 특징적인 도시 자원이 되었지만, 당시에는 새로 지은 아파트의 낮은 수준을 가리기 위한 의외의 목적이 컸다. 파리에서 가장 부유한 거리 가운데 하나인 로슈가Avenue Roch와 샹젤리제가가 대표적이어서 울창한 가로수가 이곳의 아파트들을 번잡한 도로로부터 분리한다.도 25-23, 25-24

25-23. 파리 개선문에서 뻗어 나오는 로슈가Avenue Roch. 울창한 가로수가 일렬로 서 있다. (왼쪽)

25-24. 샹젤리제가 아파트 앞의 가로수 열(오른쪽)

아파트가 아름답지 못하다며 가해진 비판은 앞에 나온 오스망 재개발에 대한 부정적 평가와 맥을 같이한다고 할 수 있다. 특히 아파트를 교복 입은 학생에, 가로수를 열 맞춰 늘어선 군인에 각각 비유한 비판이었다. 이는 새로 탄생한 근대적 파리가 '지루하고 삭막하고 쓸쓸하다'는 가혹한 비판을 아파트와 가로수라는 구체적인 요소에 가한 것이었다.

오스망도 당시의 이런 비판에 신경을 썼던 것 같다. 개발의 큰 방향을 바꿀 수는 없었을 텐데, 가로수로 아파트를 가리는 보완책을 냈기 때문이다. 물론 겉으로는 아파트를 소음과 시선에서 보호한다는 실용적·기술적 목적을 내세웠다. 물론 아파트와 가로수가 짝으로 합해져서 비판을 받던 처지여서 이런 대책은 당시 비판론자들에게는 자기모순이거나 '돌려막기'에 불과했을 것이다. 그러나 현실적으로 더 훌륭한 대안도 부재한 것이 또한 사실이었다.

오스망 스스로는 적어도 가로수로 아름답지 못한 아파트를 가린다는 말을 공식적으로 하지는 않았다. 아파트의 주요 고객인 부르주아를 의식해서였으며 개인적인 자존심 문제도 있었을 걸로 보인다. 그러나 내심 이런 추가 효과를 노렸거나 최소한 일정 부분 성공을 거뒀다며 반가워했던 것 같다. 단순히 가로수를 한 줄만 심는 걸로 끝내지 않고 아파트 안팎에 정원이나 공원을 추가로 조성한 뒤 가로수와 연결하는 새로운 개발 방식을 창안해냈기 때문이다. 일차적으로 가로수를 울창하게 심은 다음, 이것들이 크고 작은 개별 정원과 공원을 연결하도록 하는 구도였다. 이는 분명히 다른 도시에서는 찾아보기 힘든 파리만의 독특한 도시림 활용 방식인데 이 방식이 오스망 재개발 때 창안된 것이다.

녹지 사업에 대한 양면적 평가1

물량 공급에 성공한 긍정적 평가

여섯째, 오스망이 시행한 녹지 사업 전체에 대해서는 상하수도와 달리 긍정과 부정의 양면적 평가가 가능하다. 먼저 상식적이고 원론적인 차원에서 도시 녹지는 많을수록 좋으므로 당연히 긍정적 평가가 뒤따랐다. 물량 공세 자체가 상당한 긍정성을 내포해서, 당시 파리 상황에서 이 정도의 녹지를 확보한 건 분명히 대단한 일로 볼 수 있었다. 수치로 보면 가로수는 10만 그루, 공원과 숲을 포함한 나무 전체는 무려 60만 그루나 심었다. 공원 면적은 이전의 19만 200㎡(5만 7,636평)에서 1,821만 600㎡(55만 1,836평)로 96배나 확장했다. 이를 면적당 사용 인구 비율로 환산하면 1,000평(3,300㎡)당 4,078명이었던 것이 318명으로 준 것으로, 12.8배나 향상한 것이었다. 거꾸로 인구 1인당으로 계산하면 약 0.25평(0.81㎡)이었던 것이 3.14평(10.4㎡)으로 늘어났다.

가로수는 녹지 면적 증가에 더해서 '스펙터클'이라는 파리 특유의 가로 미학의 핵심 요소가 되었다. 근대적 대도시에서 도로는 피할 수 없는 필수 요소이기에 관건은 사후 어떻게 환경적·심미적 요소를 추가하느냐로 모인다. 오스망이 택한 가로수 전략은 자칫 삭막하게 끝날 수 있었던 대로에 자연 요소를 추가함으로써 미학적 효과를 낼 수 있었다.

산림공원인 외곽 숲은 도시림 면적이 부족한 파리의 취약점을 보완했다는 점에서 또 다른 중요한 역할을 했다. 물론 중세 때 도심 곳곳에 점점이 박혀 있었다던 아기자기한 근린공원이 사라지고 외곽의 대형 숲으로 일원화한 건 도시 공간에서의 예술성과 접근성 등 여러 면에서 더 나빠진 결과로 볼 수 있었다. 하지만 새로 조성한 산림공원이 중세 때의 도심 공원을 다 합한 것보다 몇 배, 심지어 몇십 배는 넓어졌기 때문에 최소한 규모 면에서 진일보한 성과였다. 도심과 달리 다른 시설과의 면적 배분 문제가 없다는 이점을 십분 살린 결과였다.

시간의 끈을 20세기 이후로 늘려서 보면 긍정적 평가의 타당성은 더욱 커진다. 자동차와 고층 건물로 이루어진 삭막한 근대적 대도시를 경험해 보고 난 뒤에는 도시에 녹지를 이 정도만이라도 확보하는 것이 얼마나 힘든 일이고 중요한 일인지 알게 된다. 세부적으로 보면 도시 전체에서 가로수 중심의 작은 숲 면적을 여럿 연결해 공원 체계로 구성하는 방식이 유효했다. 이는 당시 도심에 대형 녹지 부지를 확보하기 어려운 상황에 대한 하나의 대안이 될 수 있었다.

현재 파리에는 총 426곳의 공원과 정원이 있다. 보통 파리는 공원이나 정원이 부족한 도시라는 인식이 있지만, 이는 반은 맞고 반은 틀린 것이다. 도시림 전체의 면적이나 비율은 세계 주요 도시 가운데 낮은 편에 속한다. 하지만 오스망이 열심히 심은 10만 그루의 가로수와 60만 그루의 나무는 결코 작은 숫자가 아니다. 또한 비록 도시림의 총 면적에 크게 도움을 주지는 못하지만, 공원과 정원의 개수 자체는 뒤떨어지지 않는다.

런던과의 비교에 따른 착시 현상도 있다. 런던이 워낙 도심 한복판에 하이드 파크, 리젠트 파크, 세인트 제임스 파크, 치스윅 가든 등과 같은 대형 정원을 두고 있어서 상대적으로 비교되는 것일 뿐 파리에도 무려 426개의 크고 작은 공원과 정원이 있는 것이다. 다만 상대적으로 도심 한복판에는 런던 같은 대중적 지명도를 갖춘 공원과 정원이 부족한 것이 사실이다. 이는 도심 한복판을 노트르담대성당, 루브르 박물관, 개선문, 샹젤리제 같은 도시건축 시설이 점령하고 있는 파리의 특성에 따른 것이다.

녹지 사업에 대한 양면적 평가 2

예술성이 부족한 외래 양식이라는 부정적 평가

반면 의외로 당시에는 녹지 사업에 대한 부정적 평가도 상당했다. 도시 녹지의 가치나 중요성과 어긋나는 반反상식적인 평가인데, 주로 토지 사용과 관련해 나온 것이었다. 녹지와 상하수도는 모두 도시 인프라에 속하는데, 상하수도는 일단 지하로 들어가는데다 많을수록 좋아서 비판적 평가가 없었다. 하지만 녹지는 달랐다. 원론적으로는 많을수록 좋지만, 지상에 조성하기 때문에 부지 확보 면에서는 다른 시설들과 제로섬 관계에 놓이기 때문이다.

일차적으로는 개발 수익과 상반되는 경제적 문제가 있었다. 더하여 순수하게 도시 구조의 작동 효율과도 상반되었다. 도시림이 너무 많으면 상대적으로 건물, 도로, 광장 등이 줄어든다. 면적 배분의 문제에 더해 교통과 시민의 원활한 흐름을 방해할 수도 있다. 이런 배경 아래 오스망과 알팡이 남긴 파리 녹지에 대해서도 재개발 사업 전반과 마찬가지로 긍정적 평가 옆에 비판적 평가가 따랐다.

비판은 여러 측면에서 가해졌다. 우선 앞서 말한 바와 같이 순수하게 조형적 차원에서 가로수가 줄지어 서 있는 모습 자체에 대해 군인들의 열병식을 보는 것 같다며 싫어하는 사람들이 있었다. 이런 가로수를 뒤쪽의 작은 정원과 공원으로 연계하는 방식의 효율성에 대한 비판도 있었다. 이러한 방식은 중세 때의 도시 정원과 공원을 대체하기 위해 창안한 것으로, 21세기 서울과 비교하면 부러워할 만하지만 아직 중세 때의 기억이 생생히 남아 있던 당시 파리에서는 이런 기억과 직접적으로 비교되며 낯설고 삭막하다는 불평이 쏟아졌다. 아무래도 오랜 기간 자연스럽게 형성되어 일상에서 계속 사용해온 중세 때 정원이나 공원보다 못하다고 느낄 수밖에 없었을 것이다.

숲도 마찬가지였다. 불로뉴 숲과 뱅센 숲은 모두 나폴레옹 3세의 지시에 따라 당시 영국에서 유행하던 자연주의 정원으로 조성되었다. 자연 지형을 최대한 살려 비정형적인 윤곽을 따라 구불거리는 오솔길을 두는 방식이었다. 하지만 미처 예상치 못한 비판이 쏟아졌는데, 크게 세 방향으로 정리할 수 있다.

우선 이런 종류의 자연주의 숲은 오랜 기간에 걸쳐 숲, 개천, 연못 등 원래의 자연을 끼고 그야말로 '자연스럽게' 형성해야 하는데 이걸 인공적으로 조성했으니 한계가 있을 수밖에 없었다. 특히 개장 초기에는 더 이

수선하고 어색하게 보였을 것이다. 더욱이 외래 양식이어서 원본 수준과의 격차도 있었다.

다음으로 이런 외래 양식에 대한 정서적 저항감도 컸다. 경쟁국 영국을 모방했다는 인식에 기인한 원론적 저항부터 정원의 구체적인 디자인의 차이에서 오는 거부감까지 스펙트럼이 넓은 저항이었다. 프랑스의 전통 정원은 기하학적 정원이어서 잘 다듬어진 인공미가 핵심인데, 이것이 사라졌다는 정서적 저항감이 특히 컸다. 불로뉴 숲과 뱅센 숲 모두 원래 있던 산림과 녹지를 재개발한 것이었는데, 결과적으로 새로 탄생한 숲에 대해서도 재개발로 손을 대기 이전의 상태가 훨씬 더 아름답고 훌륭했다는 불평이 나왔다. 실제로도 이전 상태가 더 자연적이고 아름다웠음을 보여주는 오래된 그림이나 삽화들도 여러 점 있었다.

마지막으로 당시는 아직 자동차가 등장하기 전이었던 데다, 더욱이 고층 건물이 주도하는 본격적인 대도시도 등장하기 전이어서 물량 중심의 숲이 얼마나 고마운지 느낄 수 없었다. 자동차가 내뿜는 매연과 삭막한 고층 건물의 '숲'속에서 고생해보면 진짜 '숲'의 고마움을 실감할 텐데, 당시 파리는 순수하게 연대기로 봐서 아직 이 시기에 도달하지 않은 것이다.

어쨌든 이런 배경 아래 특히 프랑스의 찬란한 조경 역사를 자랑스럽게 여기던 사람들이 비판을 주도했다. 이들은 프랑스만의 조경 역사가 있는데 이걸 살리지 못하고 어설프게 영국 기법을 모방했다고 한탄했다. 처음부터 실패가 예정되어 있었다고 볼 수 있다. 더욱이 당시가 제국 경쟁 시대였던 걸 고려하면 더 그랬다. 이런 점에서는 프랑스의 전통적인 기하학적 조경술을 지키려던 오스망의 생각이 옳았을 수 있다. 어쨌든 나폴레옹 3세가 개입했고, 알팡은 이를 따를 수밖에 없었기에 모처럼 파리 근교의 대형 숲을 베르사유 정원과 같은 프랑스의 기하학적 정원으로 개발할 기회를 날린 게 되었다.

비판은 가혹했다. 알팡의 재개발 작품은 졸작이라는 의견이 당시 중론을 이루기까지 했다. 정치 권력에 의해 정당성을 부여받은 아마추어 작품이라는 둥, 기본 아이디어는 유치하기 짝이 없었지만 정치 권력의 도움을 받아 섬세한 도면으로 탈바꿈한 뒤 대규모 인력을 투입해서 군사 작전 펴듯 단시일에 무리하게 만든 인공 정원이라는 둥 모욕적인 내용도 많았다. 실제로도 당시 제국 정부의 정치적 목적이 숨어 있긴 했다. 대중에게 놀이 공간을 만들어줘서 그 인기를 정치적 기반으로 삼으려는 것이었다. 시민들은 대형 공원이 등장하자 처음에는 일단 반기는 분위기였던 것도 사실이었다. 하지만 이런 불순한 정치적 목적은 실패하기 쉬운 법. 질적 수준이 충족되지 못하게 되자 시간이 지나면서 오히려 실망감이 커지는 부작용도 나타났다. 일부 예술적 안목이 있는 사람들부터 질적 수준의 한계를 간파하고 먼저 불평하기 시작했으며, 점차 많은 시민이 이에 공감해가는 식이었다.

도시 공간의 질적 수준에 예민한 파리 시민의 취향과 수준을 생각하면 물량 중심의 공급은 처음부터 한계가 있었을 수도 있다. 한마디로 지나치게 많은 나무와 숲 때문에 파리에 걸맞은 문화예술 중심의 도시 생활에 지장이 발생한다는 지적이 힘을 받았다. 도시 오염이 심각해진 현대에는 이런 도시림이 필수적이지만 당시 파리는 런던처럼 도시 내 공장이 많지 않아서 도시 녹지에 물량 공세를 편 개발 방향이 오히려 부정적으로 받아들여진 것이다. 더욱이 당시에는 아직 자동차가 없던 시절이어서 더 그랬다.

이 문제는 대로 건설이나 도시 주거 등 다른 요소들과도 연관이 있었다. 도심 면적의 많은 부분을 대로에 할당한 뒤 그 위에 다시 도시림마저 추가하게 되자 택지가 부족해진 것이다. 19세기 파리의 주거 건축이 유난히 고층 집합주택에 편중된 데에는 이런 배경도 있었다. 도시림의 높은 비율 자체만 보면 좋다고 생각할지 모르나, 도시는 여러 요소가 유기적으로 작용하는 집합체이기 때문에 이것이 주택난을 심화시키면서 주거 건축의 편중을 초래한다면 무조건 좋다고만은 할 수 없는 노릇이었다.

26장

새로운 파리의 성과 2

가로 미학의 완성

대로 중심의 새로운 도로 체계

동서축과 남북축이 만나는 '대교차로'

이상이 새로운 파리의 성과 가운데 공공 인프라와 여기에서 파생한 여러 주제다. 다음은 '가로 미학의 완성'이다. 이는 전적으로 '불르바르 boulevard'로 통칭하는 대로 건설을 통해서 이루어졌다. 오스망은 파리의 도로 체계를 쭉 뻗은 일직선 대로 중심으로 완전히 뒤바꿔 놓았으며 더하여 여기에 수반하는 다양한 문화 논제도 함께 파생시키며 완성했다. 근대적 대도시는 아무래도 도로가 중심적 위치를 점할 수밖에 없다. 도로는 일단 건설부터 기능에 이르는 기본 내용에서 물리적 특징이 가장 두드러진 시설로, 여기에서 여러 관련 주제가 파생한다. 동시에 도시에서의 옥외 활동은 대부분 도로와 연계해서 발생하기 때문에 도로는 도시 미학의 배경 공간을 이루며 이를 '가로 미학'이라 부를 수 있다.

그런데 도로와 관련한 물리적 속성과 미학적 배경은 상반되는 요소로서 둘 모두를 동시에 만족시키는 건 쉽지 않은 일이다. 반대로 근대적 대도시의 성공은 이 둘 모두를 만족하는 데에 달려 있다고 할 수 있다. 그리고 오스망 파리는 근대적 대도시의 역사에서 이를 최초로 이룬 사례로 평

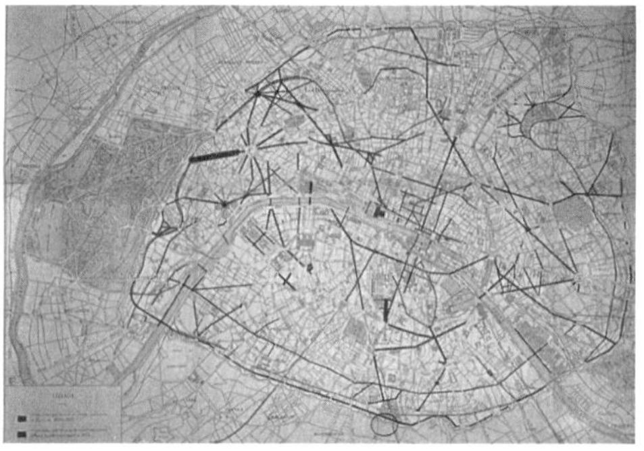

26-1. 오스망 재개발 시작부터 1870년까지 새로 건설한 파리의 도로들

가된다. 이를 '가로 미학의 완성'이라 부를 수 있으며, 구체적인 내용은 아홉 가지로 정리할 수 있다. 첫째, 양적 차원의 대폭 확장이다. 둘째, 이를 묶는 '대교차로'라는 체계다. 셋째, 이렇게 새로 건설된 대로들 가운데 세 개의 대표 사례다. 넷째, 도로 포장재와 가로등에서의 진일보한 내용이다. 다섯째, 스펙터클 미학의 최종 완성이다. 여섯째, 제국주의의 시대적 배경이다. 일곱째, 보자르 미학을 도시 공간에 구현한 점이다. 여덟째, 바로크 도시다. 아홉째, 근대적 대도시의 본보기다. 이 가운데 일부 내용은 이미 앞에서 간단히 언급하기도 했는데 중복을 피하면서 차례대로 살펴보자.

첫째, 양적 확장이다. 오스망 재개발 동안 새로 건설한 대로만 114~200㎞에 이르러서 물량 기록부터 두드러졌다. 기존의 도로까지 포함하면 총 640㎞의 도로를 새로 포장했다.도 26-1 이들이 파리의 중심 도로가 되면서 많은 변화가 뒤따랐다. 우선 파리 전체의 평균 도로 폭도 평균 두 배 정도 넓어졌다. 이렇게 새로 난 도로를 따라 파리 도심에만 총 10만 그루의 가로수를 심었으며, 이로써 가로수 숫자 역시 이전보다 두 배 증가했다. 센강의 다리도 새로 4량을 건설했고 기존 다리 10량을 보수했다. 파리는 센강에 의해 남북으로 이등분되어 두 지역을 오가는 데 어려움이 컸는데 이 문제가 상당 부분 해소되었다.

마지막으로 철도 체계의 완성이 더해지면서 파리의 교통 체계는 획기적으로 개선되었다. 물류, 사람, 자본, 정보, 재원 등의 이동 효율이 대폭 향상되면서 드디어 파리에도 본격적인 산업자본주의 시대가 열리게 되었다. 당시에는 도로의 물량 공세가 과하다는 지적이 많았지만 곧바로 19세기 말부터 자동차 시대가 열리면서 오스망의 선견지명은 다시 한 번 높은 평가를 받게 되었다.

이런 대로는 앞에서 말한 대로 로마 시대의 도로 체계를 본떠 격자를 기본 구성으로 삼았다. 격자는 동서축의 'rue'와 남북축의 'avenue'의 두

축으로 나뉘며 둘을 합해서 '불르바르'라고 한다. 하지만 실제 도로 이름에서는 'avenue'와 'boulevard'를 섞어서 사용한다. 'rue'와 'avenue'는 '도로'라는 뜻의 한자어인 '가街'로, 'boulevard'는 발음대로 '불르바르'로 번역하겠다.

둘째, '대교차로' 체계다. 바둑판에서 보듯이 격자 구성은 기본적으로 두 방향의 축이 직각으로 교차하게 되는데, 파리는 이런 교차로를 특히 중요하게 여겨서 '대교차로grande croisée'라는 개념으로 정리해 불렀다. 파리는 방사형 도로에 더해 '격자-대교차로'의 조합으로 전체 도로 체계를 짰다. 이때 '동서-남북-교차' 등의 표현이 있긴 하지만 완전히 직각을 이루는 바둑판 같은 구도는 아니었다. 주요 도로들은 때로는 미세하게, 때로는 확연히 직각에서 벗어나며 사선 방향으로 내달리는 점이 파리만의 특징이었다. 이는 오래된 도로를 확장하다 보니 나타난 현상이기도 하고 방사형 도로를 섞다 보니 자연스럽게 나타난 현상이기도 했다. 혹은 '스펙터클'이라는 가로 미학을 위해 일부러 그런 것이기도 했다.

우안을 예로 보면 동서축 대로는 '리볼리가Rue de Rivoli-생탕투안가Rue Saint-Antoine' 짝이, 남북축 대로는 '세바스토폴 불르바르Boulevard de Sébastopol-스트라스부르 불르바르Boulevard de Strasbourg' 짝이 '대교차로'를 이루는 대표적인 중심축이었다.도 26-2 리볼리가는 콩코르드 광장의 북동쪽 모서리에서 시작해 튈르리 정원과 루브르 박물관의 북쪽을 지나 지하철 1호선 생폴역Saint-Paul까지 이어지다가 이곳에서 생탕투안가로 바뀌어서 바스티유 광장까지 나아갔다.

세바스토폴 불르바르는 파리 시청사 광장의 서쪽인 샤틀레역Métro Châtelet(지하철 1호선-4호선-7호선-11호선-14호선 교차)에서 시작해 북쪽으로 달리다가 생마르탱 불르바르Boulevard Saint-Martin와 직각으로 교차한 뒤 스트라스부르 불르바르로 이름이 바뀌어서 파리 동역까지 나아갔다. 콩코르드 광장의 서쪽 중간

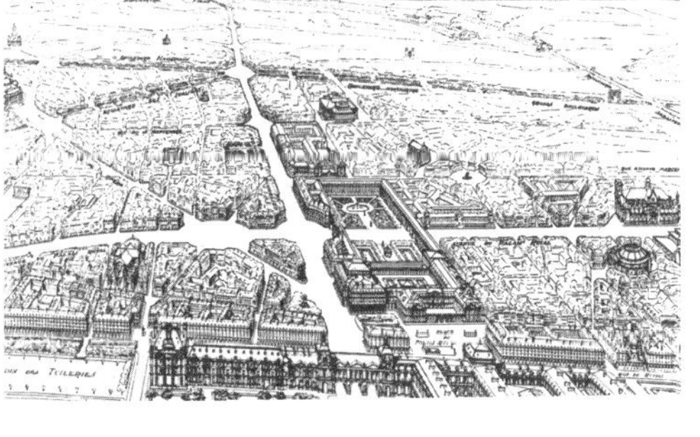

26-2. 오스망 재개발 때 새로 건설한 대교차로 nouvelle grande croisée. 중앙의 팔레 루아얄과 아래의 루브르 박물관을 중심으로 동서축과 남북축의 도로 체계를 보여 준다.

에서는 샹젤리제가Avenue des Champs-Élysées가 10시 방향의 서쪽으로 뻗어 나가며 동서축의 또 다른 대로를 이루었다. 이런 도로들은 기존의 도로를 확장한 것들이었다.

좌안에서는 나란히 달리는 두 도로인 생제르맹 불르바르Boulevard Saint-Germain와 에콜가Rue des Écoles가 동서축 대로를, 생미셸 불르바르Boulevard Saint-Michel가 남북축 대로를 각각 대표하면서 대교차로를 이루었다. 세 도로 모두 기존 도로를 확장하고 연장한 것들이었다. 좌안은 상대적으로 우안보다 개발이 덜 되어 있어서 도심 내에 새로 닦은 도로들이 많이 나왔다.

더 남쪽으로 내려가면 '몽파르나스 불르바르Boulevard du Montparnasse–포르-루아얄 불르바르Boulevard de Port-Royal–생마르셀 불르바르Boulevard Saint-Marcel'로 이어지는 긴 도로가 대표적이었다. 몽파르나스역의 북쪽에 있는 라파예트 백화점Galeries Lafayette에서 시작해 동쪽으로 달리다가 발드 그라스Val-de-Grâce 단지의 남서쪽 모서리에서 포르-루아얄 불르바르로 이름이 바뀐 뒤 계속 동쪽으로 달려 생마르셀 불르바르로 이어졌다. 이 도로는 또 다른 남북축을 대표하는 렌느가Rue de Rennes와 대교차로를 이루었다. 이렇게 남쪽으로 대로들이 속속 등장하면서 오랫동안 낙후되었던 이 일대의 생마르소 포부르Faubourg Saint-Marceau에도 개발의 손길이 미쳤다.

세 개의 대표 도로

샹젤리제가, 리볼리가, 오스망가

셋째, 세 개의 대표 대로다. 이상은 그야말로 대표적인 도로만 상징적으로 선별한 것이고 파리에는 이외에도 이름만 대면 알 만한 수십 개의 유명한 대로들이 거미줄처럼 뻗어나갔다. 이들 중 상당수는 '동서-남북'의 십자축을 이루었고 또 다른 상당수는 회전교차로에서 만나 방사형 도로를 이루었다. 파리는 미국 맨해튼과 함께 가히 '도로의 도시'라 할 수 있는데, 오스망 파리에서 대표적 상징성을 갖는 샹젤리제가, 리볼리가, 오스망가의 세 대로를 더 자세히 살펴보자.

먼저 샹젤리제가다. 파리에서 가장 유명한 도로는 아마도 이 샹젤리제가일 것이다. '들판'이라는 뜻의 '샹즈Champs'와 '엘리제Élysées'의 두 단어가 연음을 일으킨 말인데, 둘을 합하면 '엘리제 들판'이라는 뜻이다. 원래 이곳은 질퍽대는 습지였던 것을 17세기부터 개발하기 시작해 1667년에 루이 14세의 조경 건축가였던 앙드레 르 노트르André Le Nôtre(1613~1700년)가 '쿠르 르 그랑Le Grand Cours'라는 이름의 대로를 처음 건설했다.도 3-2 현재 샹젤리제가의 골격이 되는 최초의 도로로, 이때부터 이미 튈르리궁에서 파리 개선문이 있는 샤요 언덕Colline de Chaillot에 이르는 8구 중심부를 가로질렀다. 10시 방향으로 약간 기울어지긴 했지만, 보통 동서 방향의 도로로 분류한다. 이어 1709년에 '샹젤리제가'라는 지금의 이름으로 바뀌었다.

오스망은 이 도로를 확장하면서 도로변을 새로 개발했다.도 3-19, 3-24, 25-23, 26-3 이때 파리의 부르주아 상류층과 유명인사들이 사는 최고급 아파트가 들어서면서 '파리의 살롱Salon de Paris'이라 불리는 지금의 부유층 거주지로 탄생했다. 처음부터 귀족적 분위기가 물씬 풍겼으며 시간이 지나면서 1층에 고급 상가, 고급 식당, 극장 등이 거리를 따라 밀집한 세계 최고의 고급 쇼핑 거리로 발전해 오늘날의 명성을 얻게 되었다. 현재도 여전히 도로를 따라 울창하게 우거진 가로수 안쪽에는 최고급 아파트들이 들어서 있다.

26-3. 파리 개선문에 이르는 샹젤리제가 야경

다음으로 리볼리가다. 우안 1구의 동서 축을 대표하는 도로이며 파리 전체에서도 샹젤리제가와 함께 파리를 대표하는 양대 대로라 할 수 있다. 역사성까지 고려하면 파리의 도시 구조를 얘기할 때 가장 많이 거론되는 도로일 것이다. 원래 루브르궁의 북쪽 면에는 좁고 구불구불한 골목이 있었는데, 나폴레옹 1세 때인 1802년에 페르시

에-퐁텐 파트너가 새 도로로 설계해 1804년에 착공했으며 7월 혁명 정부 마지막 해인 1848년에 루이 필리프 1세Louis Philippe I(재위 1830~1848년)가 일차로 준공시켰다. 이후 오스망 재개발 때에 생탕투안가와의 연결을 완료하고 대로변 아파트와 1층 상가를 더 지어서 오늘에 이른다.도 14-1, 14-6, 14-7

이처럼 리볼리가는 오랜 기간에 걸쳐 이루어졌는데 보통 시작은 나폴레옹 1세 때로 보며, 오늘날과 같은 모습은 오스망 재개발 때에 최종 완성된 걸로 본다. 우선 나폴레옹 1세가 공을 들인 대로 건설 사업의 첫 번째 도로로, '리볼리'라는 이름도 나폴레옹이 1797년에 오스트리아와 가진 리볼리 전투Battle of Rivoli에서의 승리를 기념해 붙인 것이다. 단순히 도로만 닦은 게 아니었으며 앞에서 여러 번 나왔듯이 도로변에 주상복합 아파트도 함께 지었다.

파리를 대표하는 도로답게 시간의 끈을 앞뒤로 늘려 보면 본보기가 된 두 도로가 있었다. 우선 페르시에-퐁텐이 리볼리가를 처음 설계할 때는 콜론느가Rue des Colonnes를 본보기로 삼았다. 루이 16세(재위 1774~1792/1793년) 때인 1795년에 건설된 도로였다. 2구에 위치하며 팔레루아얄Palais Royal의 동북쪽 모서리에서 레알Les Halles의 서북쪽 모서리까지 이어지는 도로였다. 파리 시내에 대로가 넘쳐나는 지금은 찾기조차 쉽지 않은 짧고 작은 도로지만 아직 근대적 개발이 시작하기 전인 1795년에는 도심을 가로지르는 큰 도로였다. 4시 방향으로 기울어지고 중간에 한 번 꺾이긴 했지만 'rue'라는 명칭을 붙인 데서 알 수 있듯이 당시에는 우안 도심의 동서축을 이루는 뼈대로 계획했다.

루이 16세는 콜론느가의 이런 중요성에 걸맞게 기념비적 위용을 갖추기 위해 도로변에 아파트도 함께 건설했다. 기념비적 위용은 루이 14세가 시작한 가로 미학을 이어받은 것이고, 아파트는 18세기 말 파리에 최초로 등장한 예를 대표했다. 이런 두 가지 특징은 나폴레옹 1세의 대로 계획에 부합했다. 특히 기념비적 위용은 제국의 과시 미학에 필수적이었다. 아파트는 당시 모습을 드러내기 시작하던 부르주아 계층을 위한 도심의 고급 주거로 인기가 많았다.도 26-4

26-4. 리볼리가Rue de Rivoli와 카스틸리온가가 120도로 만나는 모서리 부분. 1885년경 사진

페르시에-퐁텐 파트너는 이런 두 특징을 리볼리가에 적용·발전시켰다. 도로 자체가 넓고 길어졌으며 꺾임 없이 3㎞를 일직선으로 내달렸다. 도로를 따라 늘어선 아파트들도 더 높아지고 더 고급스러워졌다. 1층에 입주한 상가들은 이후 19세기를 거치며 부르주아 계층의 성장과 함께 더 화려해졌다. 이런 특징은 그대로 시간의 끈을 뒤로 늘려 오스망 재개발 때의 샹젤리제가를 비롯해서 부르주아들의 아파트와 백화점 등이 몰려 있는 주요 도로들에 똑같이 본보기가 되었다.

마지막으로 오스망 불르바르Boulevard Haussmann이다. 이 도로는 '오스망'이라는 이름이 들어간 점에서 오스망 파리를 대표하는 또 다른 상징성이 있었다. 실제로도 파리 오페라 하우스의 북쪽을 접하며 몽마르트르 언덕 사이에서 가장 중요한 동서축 대로이기도 하다. 도로에 위인의 이름을 붙이는 서양의 전통과 오스망 재개발에서 오스망이 차지하던 절대적인 위치를 함께 생각할 때 그의 이름이 들어간 도로가 나오는 건 당연했는데, 그것이 하필 이 도로인 데에는 그럴 만한 이유가 있었다. 바로 도로 끝지점에 오스망이 태어난 생가가 있어서다. 도로 개설 과정에서 이 생가도 철거되었는데 이를 기념하기 위해 이 도로에 그의 이름을 넣은 것이다.

이상이 대표적인 세 대로에 관한 내용이다. 이외에 기차역을 주요 도로망으로 연결하는 사업도 계속되었다. 이전부터 있던 도로를 확장·정비하거나 새 도로를 개설했다. 생라자르역Gare Saint-Lazare에는 오베르가Rue Aubert를, 파리 북역Gard du Nord에는 모뷔즈가Rue de Maubeuge와 마장타 불르바르Boulevard de Magenta를, 리옹역Gare de Lyon에는 마자 불르바르

Boulevard Mazas(지금의 디드로 불르바르Boulevard Diderot)를, 몽파르나스역Gare Montparnasse에는 렌느가Rue de Rennes를 각각 개통해서 연결했다.

도로 포장재와 가로등 설치

아스팔트와 가스등의 등장

넷째, 도로 포장재와 가로등의 발전이다. 오스망은 단순히 도로 길이만 확장한 것이 아니었고 도로 포장재와 가로등에서도 중요한 공학적 발전을 이루었다. 오스망 파리에서 대로 건설이 차지하는 높은 비중을 볼 때 도로 포장재는 중요한 주제였다. 그 과정에서 나폴레옹 3세와 오스망이 공방을 주고받으며 이견을 해소해간 재미있는 일화도 있다. 황제는 처음에 우리가 흔히 유럽 고도의 포도鋪道라 부르는 쇄석碎石·macadam을 원했다. 하지만 오스망은 흙먼지가 잘 끼고 비라도 오면 진흙까지 들러붙어서 도시 위생에 해롭다는 이유로 반대했다. 목재와 아스팔트가 다음 후보로 올랐는데 비용과 내구성 등의 문제로 모두 탈락했다. 오스망은 최종적으로 내구성이 강한 반암斑岩·porphyry을 선택했다. 표면이 매끄러워서 때와 먼지가 덜 끼었으며 마차의 소음도 적게 났다. 재료는 파리 북쪽에 있는 우아즈Oise 채석장에서 센강을 타고 파리 시내로 공급되었다.

문제는 여전히 있었다. 표면이 미끄러워서 말이 제대로 달리지 못하는 것이었다. 승마를 유난히 좋아한 나폴레옹 3세는 이 재료를 퇴짜놓았다. 오스망은 다시 말발굽에 미끄럼방지 패드를 끼우자는 아이디어를 냈다. 이 처리도 비용이 들었지만, 최대 600㎞에 달하는 도로 포장 비용 전체와 비교하면 작은 액수여서 처음에는 황제가 설득당하는 듯했다. 하지만 결국 엔지니어들이 개입했고, 좀 더 공학적이고 기술적인 차원에서 아스팔트로 최종 결정되었다. 정확히는 자갈을 밑에 깔고 그 위를 아스팔트로 포장하는 '머캐덤macadam'이라는 공법이었다.

오스망이 고려한 반암과 최종적으로 결정된 아스팔트는 당시 파리의 도로 상황에서는 모두 큰 도움이 되는 재료들이었다. 아직 고무 타이어가 없던 시절 마차 바퀴가 쇄석 포도와 부딪히며 내는 소음은 매우 컸다. 이런 소음을 없애기 위해 고무 타이어가 발명되었을 정도다. 그런데 오스망 재개발 이후 파리에는 대로를 따라 수많은 고급 아파트가 들어섰다. 주거 환경을 위해서 소음 차단은 필수였다. 반암의 경우 아스팔트보다는 소음이 더 났지만 전통적인 쇄석보다는 소음이 적었다. 하지만 최종적으로는 아파트를 대로에서 뒤로 10~20m 정도씩 물리고 대로를 따라 나무를 심는 방식과 함께 포장 재료를 아스팔트로 바꾸면서 소음은 크게 줄었다.

다음은 가로등이다. 이 작업에서는 에콜 폴리테크니크 출신의 여러 엔지니어가 중요한 역할을 했는데, 가장 대표적인 인물은 이번에도 오스망의 엔지니어인 아돌프 알팡Adolphe Alphand(1817~1891년)이었다. 이전까지는 파리 시내에 가로등이 없거나, 있어도 왕궁 주변 등 핵심 지역에만 소수가 설치되었다. 재료도 주로 기름이나 나무 등을 사용했다. 오스망 재개발 때에는 아직 전기가 발명되기 전이지만 석탄 가스등을 사용하는 가로등이 파리 전역에 설치되었다. 이에 따라 야간 안전, 도시 미화, 야간 문화 등 여러 면에서 획기적인 변화와 발전이 있었다.

이 대목에서 알팡의 개인 성향이 중요한 역할을 했다. 우선 그는 에콜 폴리테크니크에서 화학과 공학을 전공한 엔지니어여서 석탄 가스등을 개발하고 설치하는 일에 전문성을 갖추었다. 매연이 적게 나오면서 조도를 높이는 방법을 찾아내 실제 가로등에 적용까지 해낸 점에서 그의 전문성이 유감없이 발휘되었다. 더하여 그는 미적 감각까지 갖춘 인물이었다. 도로 폭에 따라 가스등의 종류와 높이를 정하는 법률을 제정했으며 디자이너와의 협업을 통해 주철로 만든 아름다운 제품을 디자인했다.

알팡의 노력에 힘입어 1879년까지 파리 전역에 5만 개의 가스등이 설치되었다. 특히 공원에도 설치되면서 안전한 야간 활동에 큰 도움이 되었다. 이는 밤늦게까지 거리를 어슬렁거리며 도시 생활을 즐기는 파리의 '바도badaud' 전통을 더욱 활성화하는 효과를 냈다. 그 중간에 전기도 사용할 수 있게 되었으나 오스망은 전기가 시민들의 시력을 해칠지 모른다며 사용하지 못하게 했다.

스펙터클 미학의 최종 완성
1점 원근법, 노드와 넛지, 사선의 역동성

다섯째, 스펙터클 미학의 최종 완성이다. '스펙터클'은 루이 14세부터 시작해 나폴레옹 1세 때 일차적으로 완성한 파리 특유의 가로 미학인데, 오스망이 이를 이어받아 크게 확장하면서 최종적으로 완성했다. 오스망은 그 중심을 대로 체계로 잡았다. 파리의 중세 도로에도 나름대로 스펙터클 미학이 있었다. 좁은 골목 사이에 넓은 광장이 나 있었고 그 앞에 성당, 주교관, 시청, 관공서 등의 공공 기념비가 서 있었다. 이때의 스펙터클 미학은 골목과 광장 사이의 대비 효과와 공공건물의 기념비적 상징성에서 나왔다.

26-5. 바스티유 광장에서 북쪽으로 뻗어나가는 리샤르-르누아르 불르바르Boulevard Richard-Lenoir(1863년)(위)

26-6. 파리 오페라 하우스 옥상에서 바라본 오페라 광장Place de l'Opéra과 오페라가Avenue de l'Opéra(1878년)(아래)

오스망은 이걸 대로 중심으로 새롭게 짰다. 우선 대로는 사람과 물류와 정보의 소통을 촉진해서 궁극적으로 파리를 하나의 거대한 근대적 대도시로 묶어 통일시키는 데 중요한 역할을 할 거라 믿었다. 이렇게 대규모 소통이 일어나는 과정에서 역동성에 기반한 새로운 스펙터클 미학이 창출되었다. 크게 세 방향이었다.

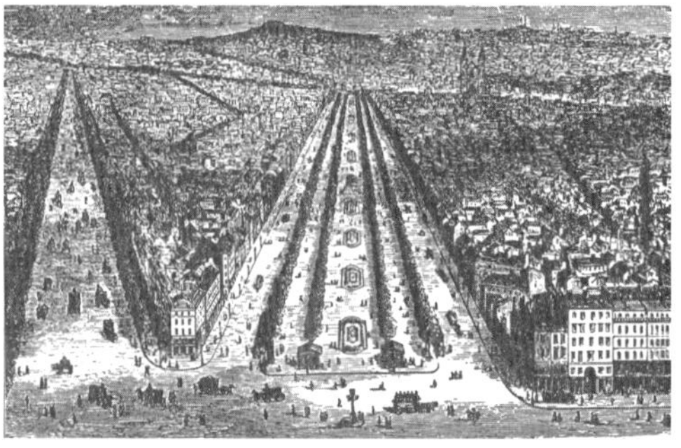

우선 일직선 대로 자체에서 나오는 1점 원근법 효과다.도 26-5, 26-6 앞에서 살펴본 바와 같이 나폴레옹 1세 때 기본 개념을 잡았지만 아직 실제 도로로 충분히 구현하지 못한 걸 오스망이 물량 공세와 함께 완성해냈다. 이런 파리의 도로 체계는 아직 자동차가 등장하지 않은 당시로서는 매우 앞서가는 것이었다. 나폴레옹 1세 때 미완성된 부분을 7월 혁명 정부 때 랑뷔토 시장이 이어받아 발전시켰으며, 다시 오스망이 크게 확장하면서 최종적으로 완성했다.

다음으로 노드node와 넛지nudge다.

노드와 넛지 역시 나폴레옹 1세 때 처음 시도되었으며, 기본 개념은 앞에서 1점 원근법과 함께 설명했다. 오스망은 이번에도 이걸 이어받아 발전·완성했다. 우선 일직선 대로의 중간이나 끝에 광장을 설치하거나 방사형 도로를 만들었다. 이런 광장의 주변과 방사형 도로의 중앙에는 국가기관, 성당, 극장, 박물관, 학교 등의 공공건물institutional building을 세워서 노드나 넛지로 개발했다. 루브르 박물관과 튈르리궁, 파리 개선문, 마들렌 교회, 파리 오페라 하우스, 북역과 동역 등이 오스망 재개발 때에 완성되거나 이런 방향으로 활용된 대표적인 공공건물이었다.

26-7. 파리 오페라 하우스 공중전경

이 가운데 마들렌 신전이나 파리 오페라 하우스처럼 광장의 중앙에 공공건물을 세우기도 했다.도 14-8, 15-14, 26-7 이는 광장의 중앙을 비워두는 유럽 광장의 전통을 깨는 것이었는데 오스망은 거침없이 이런 파격도 감행했다. 노드나 넛지는 각 구역에서 공간적 초점을 이루었으며 실제 시민들의 도시 생활에서도 중심 역할을 했다. 이에 따라 규모와 중요성이 커지면서 부심을 이루었다. 간선도로는 이런 초점과 부심 등을 연결하는 관통 도로로 발전했다.

마지막으로 사선과 방사형의 역동성이다.도 14-10, 15-17, 26-8, 26-9, 26-10 오스망이 건설한 대로는 근대적 대도시의 표준 도로 체계인 직각 격자가 아니었다. 적당히 사선으로 기울어지기도 했고, 더욱이 방사형으로 모였다 퍼지기도 했다. 직각 격자가 규칙과 질서를 극대화하면서 효율성을 상징하는 것과 달리 파리 특유의 이런 격자 구도에서는 '역동성'이 대표적인 특징이었다. 방사형 초점에서 갈라져 나온 도로들은 십자축 사이를 가로지르며 사선으로 내달리다가 동서축 도로나 남북축 도로 혹은 광장 등과 예각을 이루며 합류했다. 도시 전체를 방사형 초점을 중심으로 한 여러 부심권으로 구성한 뒤 이것들을 대로가 바느질하듯 연결했다. 이 과정에서 도로 체계 전체는 기본적으로 사선 중심으로 구성되었다. 방사형 초점 주변에서는 주로 예각의 꺾임이 많이 나왔고 도로의 갈래 수에 따라 둔각도

26-8. 8구의 주요 대로들. 사선으로 조금씩 어긋나면서 나란히 달린다. 맨 위가 조지 5세가Avenue George V, 중간이 마르소가Avenue Marceau, 아래가 디에나가Avenue d'Iéna(왼쪽)

26-9. 12구의 달리그르가Rue d'Aligre 일대 도로. 방사형 도로와 사선 방향 교차 도로가 혼재한다. (가운데)

26-10. 파리 개선문의 방사형 도로에서 갈라져 나온 마르소가, 그리고 다시 여기에서 사선 방향으로 도로가 교차하는 장면(오른쪽)

나왔는데, 예각이건 둔각이건 모두 사선으로 귀결되기는 마찬가지였다.

사선과 방사형으로 구성되는 오스망 파리의 도로 체계는 중세의 비정형 골목과 맨해튼의 직각 격자라는 상반된 두 도로 체계를 혼합한 걸로 볼 수 있다. 이런 혼성은 파리만의 독특한 가로 미학이며 사용자가 도시 공간을 파악하고 기억하는 인지지도cognitive mapping에서도 유리하다. 유럽의 고도에 사는 사람이 맨해튼에 가면 길을 잃고, 반대로 맨해튼에 사는 사람이 유럽 고도에 가도 길을 잃는다. 모두 '거기가 거기 같아서 도시 공간이 구별되지 않는다'라는 공통의 이유를 든다. 그만큼 두 체계는 장단점에서 교차적으로 상반된다는 뜻이기도 한데, 파리의 사선과 방사형 도로는 이런 두 체계의 장점만을 혼합한 것이다.

역동성과 인지도 모두를 확보한 오스망 파리는 도시를 어슬렁거리고 배회하며 공간의 일상 경관을 즐기는 '바도' 문화와 연관이 깊다. 파리에 이런 전통이 있어서 사선과 방사형 도로 체계가 나온 것이며, 반대로 이런 도로 체계가 바도 문화의 활성화에 적합한 공간 환경을 제공한 것이기도 했다. 앞의 24장에서 나온 바도 문화에 대한 설명과 사진 등이 대체로 여기에 해당한다.도 21-8, 24-5, 24-9, 24-25, 26-11, 26-12

도로의 주요 기능에 '오락' 혹은 '놀이'가 들어 있다는 뜻인데, 이는 오스망 재개발 때 건설한 넓은 도로 폭으로도 설명될 수 있다. 아직 자동차가 등장하기 전인데도 오스망 파리의 대로 폭은 상당히 넓었다. 물론 산업혁명을 거치며 대폭 증가한 인구와 교통량을 고려한 것이지만 그렇더

26-11. 파리 대로변 건물 경관. 저널리스트 에드몽 텍시에의 『파리 경관*Tableau de Paris*』(1853년) 수록(왼쪽)

26-12. 카미유 피사로의 <파리의 몽마르트르 불르바르Boulevard Montmartre in Paris>(1897년)(오른쪽)

라도 여전히 넓었다. 예를 들어 앵페라티프가Avenue de l'Impérative는 폭이 140m였고 리샤르-르누아르 불르바르Boulevard-Richard LeNoir와 그랑 아르메가Avenue de La Grande Armée는 폭이 70m에 이르렀다. 이때쯤이면 대로의 주요 기능은 오락에서 교통으로 넘어간 게 사실이었지만, 마차와 인파가 섞여서 거리 문화를 즐기는 전통은 그대로 유지되는 편이었다. 마차가 뜸할 때조차도 이렇게 넓어진 대로에 사람이 가득 차 넘쳤다. 오스망 파리에서 대로는 교통 이전에 거리 문화를 즐기기에 최적의 장소였다.

제2제국의 시대적 배경

황제의 권력 과시와 프랑스 영광 선포

여섯째, 제2제국의 시대적 배경이다. 대로의 스펙터클 미학은 제국과 도시 차원에서 황제의 권력을 과시하고, 나아가 프랑스의 영광을 선포하는 장치였다. 도시 내 원근법 공간과 노드·넛지의 주인이 황제임을 널리 알리는 역할을 충실히 수행했다. 역동성은 곧 제국의 활기와 황제 권력의 활발한 작동을 상징했다. 루이 14세와 나폴레옹 1세 등 파리에 이런 장치를 건설한 여러 전임 통치자를 이어받되 규모와 완성도 모두에서 이들을 훌쩍 뛰어넘어 초대형의 권력 과시형 도시를 건설한 걸로 볼 수 있다. 이처럼 '스펙터클 미학'을 매개로 '루이 14세-나폴레옹 1세-나폴레옹 3세'의 대표 권력자 3인을 잇는 공동의 끈을 만들 수 있었다. 미학이 구현된 규모는 뒤로 갈수록 대거 확장했으며 미학의 내용도 함께 다양하고 충실해지면서 완성도를 높였다.

가장 먼저 루이 14세(재위 1643~1715년)가 대로 체계를 도입했지만 파리의 오래된 도시 구조가 가로막아 이를 구현하기가 어려웠다. 이에 '나무 심은 불르바르' 혹은 '가로수 산책로'라는 뜻의 '쿠르Cours'를 몇 개 건설하는 선에서 멈췄다. 그 대신 신도시인 베르사유를 건설해 이곳에서 일차적으로 구현했다. 왕궁의 중심 공간인 왕의 침실을 초점으로 삼아 신도시 전체를 향해 세 개의 쭉 뻗은 대로가 방사형으로 뻗어나가는 체계였다. 쭉 뻗은 대로에 방사형까지 더해 1점 원근법의 초점 집중도를 극대화한 체계로, 다가올 19세기에 파리에 건설될 새로운 도로 체계의 본보기를 최초로 완성한 걸로 볼 수 있다.

이어 나폴레옹 1세(재위 1804~1814년)는 파리에 최초의 대로 체계를 건설한 장본인이었고, 그 방향도 나폴레옹 3세와 거의 비슷하게 잡았다. 하지만 집권 기간이 짧은 데다 전격적인 재개발이 아니었기에 앞에서 살펴본 바와 같이 처음부터 한계가 있었다.

나폴레옹 3세(황제 재위 1852~1870년) 때의 오스망 재개발은 두 전임 통치자가 꿈꾸고 방향을 잡은 파리를 몇십 배 확장해서 완성해낸 것이었다. 이는 제2제국 수도의 권위에 걸맞은 것일 뿐 아니라 프랑스의 자랑스러운 역사를 이어받아 크게 확장해서 최절정에 이르게 한 통사적 의미도 함께 내포했다. 이런 배경 아래 노드와 넛지에 세워진 공공건물은 단순한 건물을 넘어 제국의 기념비monument로 한 단계 승격했다. '제국-기념비'는 고대부터 도시건축에서 함께 가는 짝이었으며 오스망 파리는 이것의 19세기 버전에 해당했다. 더하여 이들 공공건물의 상당수가 19세기 프랑스 국가 양식인 네오바로크라는 점도 이런 제국적 시대 배경을 보여주는 증거다.

구체적인 정치적·경제적 배경이 있었다. 나폴레옹 3세는 오스망에게 세 가지를 요구했다. 제2제국의 위상에 맞는 위엄을 갖출 것, 증가일로에 들어선 인구와 산업 생산을 뒷받침할 인프라를 구축할 것, 시위 진압에 유리한 도시 구조를 만들 것 등이었다. 부르주아 계층도 세 가지를 요구했다. 부동산을 중심으로 한 자산 증식을 보장할 것, 산업자본주의의 근간인 생산 증대를 돕는 도시 구조를 만들 것, 자신들의 계급 정체성을 대표할 도시건축의 중심 공간을 만들 것 등이었다.

이 여섯 가지 가운데 나폴레옹 3세의 첫 번째 요구와 부르주아의 마지막 요구는 정치적인 요구였고 나머지 넷은 경제적인 요구였다. 오스망은 여섯 가지 모두를 만족시키는 공동 매개로 '불르바르'라 통칭하는 쭉 뻗은 넓은 일직선 대로를 택했다. 이어 대로를 앞에서 본 바와 같이 거미줄처럼 엮어내 양적 측면과 미학적 측면 모두를 성공적으로 완성함으로써 여섯 가지 요구를 모두 만족시킬 수 있었다.

보자르 미학을 도시 공간에 구현한 바로크 도시

일곱째, 보자르 미학을 도시 공간에 구현했다. 순수하게 도시건축으로 좁혀서 보면 오스망 파리의 스펙터클 미학은 보자르Beaux-Arts 미학의 건물 구성 기법을 도시의 도로 체계에 적용한 것으로 볼 수 있다. 구체적으로 보면, 우선 일직선으로 쭉 뻗은 불르바르는 건물에서 같은 모양의 복도로 구성되는 '효율적 배치(디스트리뷔시옹distribution)' 개념을 도시에 적용한 것이었다. 오페라 하우스, 파리 개선문, 마들렌 교회, 생트주느비에브 등 주요 공공건물들을 초점으로 삼은 노드와 넛지는 실내 평면의 '포인트 강조pointe'에 해당한다. 이상의 둘을 합하면 제국 양식의 웅비를 상징하는 '행진marché' 개념이 된다.

보자르 미학은 나폴레옹 1세의 제1제국 때에 완성되는데, 정작 나폴레옹 1세 본인은 이를 충분히 구현할 기회가 없었다. 오스망은 이걸 이어받아 제2제국의 시대적 배경 아래 파리의 도로 체계에 활짝 꽃피웠다. 그 결과 광장의 개방성, 공공 기념비를 활용한 노드와 넛지, 초점과 원근법 효과, 가로수와 공원의 녹지, 다각도와 여러 개의 시선, 예각과 둔각, 사선과 역동성 등의 스펙터클 미학이 탄생했다. 더하여 이런 미학에서 장쾌함, 과장, 의외성, 긴장감, 대비 등 도시에서 느낄 수 있는 다양한 공간적 특징이 나타나며 오늘날의 파리를 만들었다.

여덟째, 바로크 도시다. 보자르 미학은 한 번 더 거슬러 올라가면 루이 14세의 바로크 미학인 그랜드 매너Grand Manner에 뿌리를 두는데, 여기에서 두 가지 사실을 알 수 있다. 하나는 파리의 도로 체계를 매개로 한 '루이 14세-나폴레옹 1세-나폴레옹 3세'의 연결 관계가 한 번 더 확인된다는 것이다. 다른 하나는 이렇게 보면 오스망 파리는 '바로크 도시'가 된다는 사실이다. 이를 앞의 일곱째 특징과 합해서 보면 오스망 파리는 보자르 미학을 도시 공간에 구현한 바로크 도시가 된다. 이런 해석은 오스망 파리의 건설 때 함께 지어진 주요 공공건물이 대부분 네오바로크 양식으로 지어졌다는 사실로도 뒷받침된다.

바로크 미학은 '장쾌함'과 '예술성'이라는 상반되는 두 특징을 하나로 통합한 '장쾌한 예술성'을 추구한다. 오스망 파리는 이런 바로크 미학을 도시 공간에 구현한 도시였다. 장쾌함, 과장, 의외성, 긴장감, 대비 등의 특징도 여기에서 온 걸로 볼 수 있다. 무엇보다 불르바르를 통해 장쾌함이라는 대도시의 가로 풍모를 갖추었다. 여기에 앞과 같은 다양한 도시 요소와 공간 기법들을 더함으로써 섬세한 예술성까지도 갖추었다. 장쾌함과 예술성은 바로크 미학에서뿐 아니라 대도시에서도 보통 양자택일의 상반되는 조건으로 나타난다. 자본 효율이 최우선인 근대적 대도시에서는 아무래도 장쾌함이 더 중요할 텐데, 오스망 파리는 둘 모두를 갖추면서 세계적 명품 도시로 탄생했다.

아홉째, 근대적 대도시의 본보기다. 근대적 대도시는 좋건 싫건 도로 체계 중심으로 구축될 수밖에 없다. 물량을 충분히 확보하는 게 우선이며 가로 미학까지 추가로 갖추면 명품 도시가 될 수 있다. 유럽은 일찍이 15세기의 이탈리아 르네상스 때부터 중세 도시를 벗어나 이런 근대적 대도시로 방향을 잡고 조금씩 발전하기 시작했다. 하지만 19세기까지도 그 방향은 구체적이거나 종합적이지 못한 채 아직 어렴풋한 단계에 머무르고 있었다. 일부 대도시에서 비로소 명확한 방향을 찾았지만 오래된 기존 도시 골격에 이를 새롭게 적용하는 일은 엄두도 내지 못하고 있었다.

오스망 파리는 이 두 가지 모두를 일거에 해냈다. 그것도 허허벌판에 건설하는 신도시가 아닌, 오래된 도심을 재개발하는 매우 힘든 방식으로 짧은 시간에 종합적으로 구현해낸 것이다. 실로 전격적이라 할 만했다. 그리고 이런 점에서 이후 건설하고 등장하게 되는 근대적 대도시의 본보기가 되었다. 유럽의 오래된 도시를 근대화하는 재개발은 물론이고, 심지어 허허벌판에 신도시로 건설되던 북미권의 대도시에까지 중요한 본보기가 되었다.

더하여 오스망 파리가 일찍부터 가로 미학에서 갖춘 '섬세한 예술성'은 시간의 끈을 더 늘려 이른바 포스트모더니즘 시대의 인간 중심적 도시에까지 본보기가 되고 있다. 근대기를 거치면서 대로를 중심으로 자본 효율을 확보한 세계의 주요 대도시들이 1960년대의 포스트모더니즘 시기를 거치면서 점차 섬세한 예술성을 확보하려는 쪽으로 도시 설계 및 정책을 급선회하고 있다. 오스망 파리가 100여 년 전에 그 본보기를 먼저 제시한 것이다. 특히 무지막지한 대로 옆에서 도시를 배회하는 바도 문화를 함께 구축한 점이 중요했다. 포스트모더니즘에서 추구하는 인간 중심적 도시의 섬세한 예술성 가운데 '걷고 싶은 도시', 즉 이른바 '워커빌리티walkability'가 핵심적인 내용을 차지하고 있기 때문이다.

5부 부르주아 파리, 문화와 상업의 이중주

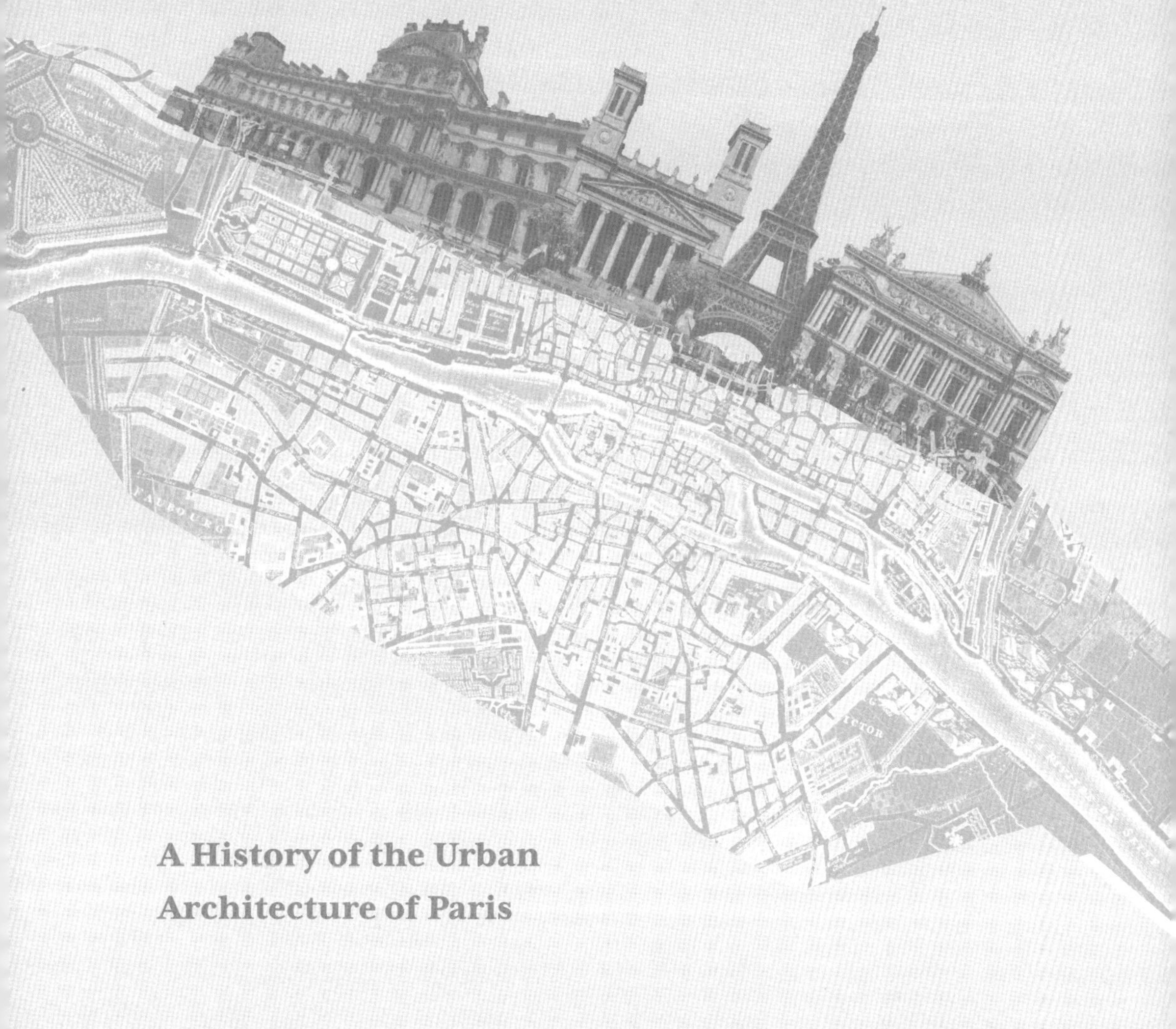

A History of the Urban Architecture of Paris

27장

파리 오페라 하우스, 건축으로 구축한 부르주아의 계급 정체성

이상이 오스망 파리의 진행 과정을 필두로 한 찬반의 양면적 평가와 실제로 이룬 성과 등의 다양한 내용이다. 한편 오스망 파리를 실질적으로 주도한 주체를 경제적 관점에서 보면 이미 여러 번 언급했듯이 '부르주아'였다. 이렇게 보면 오스망 파리는 '부르주아 파리'라고 할 수 있다. 오스망 파리의 건설을 부르주아가 주도한 내용에 대해서는 앞의 여러 곳에서 살펴보았다. 이제 그 결과로 나타난 구체적인 도시건축 사례를 살필 차례다. 크게 문화와 상업의 이중주로 볼 수 있다. 문화에서는 단연 파리 오페라 하우스가 압도적으로 대표작이었다. '상업'이라는 주제는 다양하게 나타났는데, 우선 '쇼핑' 개념으로 좁히면 갈르리와 백화점 등의 구체적인 상업건축이 대표적이었다. 이어 만국박람회도 넓은 범위의 '상업' 주제에 포함할 수 있으며 이를 이끈 주도적 건축은 신건축 운동으로, 마지막에 에펠탑이 그 결정판으로 우뚝 섰다. 이상의 여러 내용을 다섯 장에 나눠서 살펴보며 이 책을 마무리하겠다.

건립 과정과 가르니에의 이력

오스망 재개발이 낳은 스타 건축가의 대작

이번 장에서 살펴볼 건축은 먼저 파리 오페라 하우스Paris Opéra House다. 말 그대로 파리를 대표하는 오페라 극장으로 1861~1875년 사이에 지어졌으며 오스망 재개발로 새롭게 탄생한 9구에 위치한다. 건축가의 이름을 따서 프랑스어로 '가르니에 오페라Opéra Garnier' 혹은 '팔레 가르니에Palais Garnier' 등으로도 부른다. 이 책에서는 영어 명칭이면서 건축사에서 보통 사용하는 '파리 오페라 하우스'를 사용하겠다. 이 극장은 세계적으로 큰 규모를 자랑해서 건물 면적은 1만 1,000㎡(3,333평)이며 수용 인원은 1,979석이다. 무대에서는 최대 450명까지 공연할 수 있다.도 27-1, 27-2 제2제국 상황을 압축적으로 대표하면서 많은 건축 논제를 낳았는데 크게 아홉 가지로 정리할 수 있다. 제목을 나열하면 '건립 과정과 가르니에의 이력–제국 양식 네오바로크–부르주아의 계급 정체성–부르주아의 문화 놀이터–실내 장경주의–부르주아들이 서로를 확인하며 불안을 다독이기–시선의 미학–파노라마식 연속 공간–부르주아 계층의 부의 과시와 예술적 허영심' 등이다. 차례대로 살펴보자.

첫째, 건립 과정과 가르니에의 이력이다. 파리에는 르펠티에가Rue Le Peletier에 원래 옛 국립극장이 있어서 이전부터 그것을 사용하고 있었다.

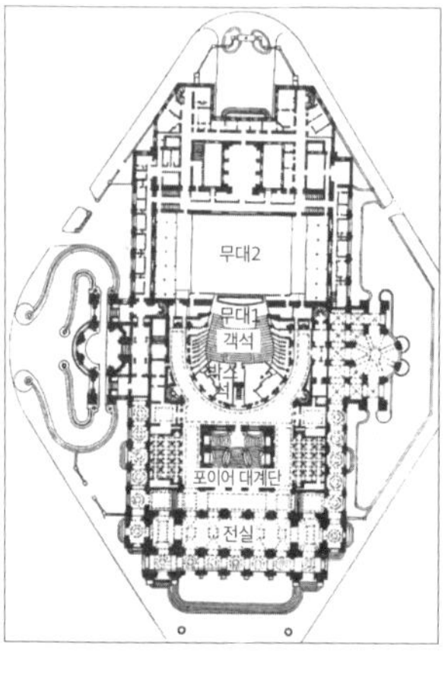

27-1. 파리 오페라 하우스 평면도(왼쪽)

27-2. 파리 오페라 하우스 단면도(오른쪽)

그런데 1858년 이곳에서 나폴레옹 3세에 대한 암살 시도인 이른바 '오르시니 사건Attentat d'Orsini'(영어로 '오르시니 어템트Orsini Attempt')이 일어났다. 당시 국제 정세 속에서 프랑스의 부상을 견제하기 위해 이탈리아 민족주의자 펠리체 오르시니Felice Orsini(1819~1858년)가 영국의 급진주의와 손잡고 벌인 폭탄 투척 사건이었다. 이탈리아의 부흥을 꿈꾸던 오르시니는 프랑스의 제2제국이 이것을 가로막는 최대의 걸림돌이라고 보았다. 이를 제거하기 위해 공연을 보러 온 황제에게 폭탄을 투척한 것이다. 암살 시도는 실패로 돌아갔지만 제2제국을 전성기로 끌고 가고 있던 나폴레옹 3세는 큰 충격을 받았다.

이 일 외에도 옛 국립극장은 당시에 증·개축 과정에 있었는데, 건축가가 교체되는 등의 잡음이 일고 있었다. 오르시니 사건 이후로는 엎친 데 덮친 격으로 화재까지 났다. 이에 나폴레옹 3세는 자신의 굳건한 정치력과 안정적인 이미지를 과시하기 위해 새로운 극장 건설을 생각하게 되었다. 마침 자신들만의 문화 놀이터를 원하던 부르주아 계층과 이익이 맞아떨어져 일은 급진전했다. 부르주아들은 막대한 공사비를 대며 새로운 오페라 하우스 건설을 뒷받침했다.

설계는 현상 공모 방식으로 진행했다. 1860년에 진행한 심사는 순탄하지 못했지만 우여곡절 끝에 31세의 무명 건축가 가르니에에게 최종 설계의 자격이 돌아갔다. 가르니에는 설계 경기 1차 심사에서 5등밖에 하지 못했지만 나폴레옹 3세의 의중을 잘 읽어 그의 과시욕을 만족시키는 네오바로크의 제2제국 양식으로 승부를 걸었고, 2차 심사에서 건축가로 선정되었다.

샤를 가르니에Charles Garnier(1825~1898년)는 오스망 재개발이 만들어낸 스타 건축가였다. 오스망 재개발 때 신시가지의 주요 건물은 자크 이냐스 히토르프Jacques Ignace Hittorff(1792~1867년)와 빅토르 발타르Victor Baltard(1805~1874년)를 필두로 엑토르-마르탱 르퓌엘Hector-Martin Lefuel(1810~1880년), 오귀스트 바일리Auguste Bailly(1810~1892년), 테오도르 발뤼Théodore Ballu(1817~1885년) 등 여러 건축가가 담당했는데, 이 가운데 최고는 단연 가르니에였다. 가르니에는 나이가 어려서 오스망 재개발에 적극적으로 참여하지는 못했는데 이 건물 한 채로 단연 오스망 재개발에 빠질 수 없는 대표 건축가가 되었다.

그는 개인적으로도 여러 면에서 오스망과 비교되었다. 그에게 파리 오페라 하우스의 설계를 맡긴 건 물론 오스망이 아닌 나폴레옹 3세였다. 하지만 나폴레옹 3세를 주축으로 삼아 제2제국과 부르주아를 위한 건축적 봉사를 한 점에서는 오스망과 같은 배를 탔다. 반면 하층민 출신으로 힘든 어린 시절을 보낸 뒤 하루아침에 유명 건축가가 된 점은 오스망과 반대였다. 하지만 학창 시절부터 태생의 한계를 극복하며 상류층으로 진입함으로써 이후의 행보는 대체로 오스망과 비슷했다고 할 수 있다.

가르니에는 노트르담대성당 복원을 담당한 외젠 엠마누엘 비올레-르-뒤크Eugène Emmanuel Viollet-le-Duc(1814~1879년)가 운영하던 에콜 드 데생École de dessin에서 수학한 뒤 1842년에 에콜 데 보자르École des Beaux-Arts에 입학해 졸업했다. 졸업 경시대회에서 그랑프리를 차지한 뒤 1848~1854년에 로마에서 수학했다. 이때 그는 로마에 유학 와 있던 여러 건축가를 비롯한 프랑스 인사들과 친분을 쌓았다. 이들은 향후 프랑스 건축을 이끌어나가게 되는데, 가르니에는 이런 친분을 바탕으로 출신 신분의 한계를 극복하고 파리 건축의 중심부로 진입하는 데 성공했다.

로마 유학에서는 가장 기본적인 고전주의를 비롯하여 건물이 도시 축제에서 차지하는 역할 등을 공부했다. 1852년에는 그리스와 튀르키예를 여행하며 당시 유럽 건축계의 뜨거운 논쟁거리였던 색채주의Polychrome의 선례 신전들을 직접 보고 감동했다. 이런 경험들은 향후 그가 부르주아 계층의 건축적 요구를 네오바로크의 화려한 장식 양식으로 성공적으로 만족시키는 밑바탕이 되었다. 당시 파리의 주요 건축은 사실상 부르주아 계층이 주도했기 때문에 건축가로 성공하기 위해서는 가장 먼저 이들의 취향과 요구를 파악하고 만족시켜야 했다. 가르니에는 로마 유학 경험을 바탕으로 부르주아 건축의 기본 방향을 '경쾌한 축제 분위기의 장식주의'로 정의했는데 이는 매우 정확한 판단이었다. 1854년 파리로 돌아온 뒤에는 1860년까지 테오도르 발뤼 등 주요 건축가들의 보조 역할에 머물며 좋은 기회를 잡지 못했다. 그러던 중 1860년 파리 오페라 하우스 현상공모에 당선되면서 하루아침에 주요 건축가로 떠올랐다.

이런 배경 끝에 탄생한 파리 오페라 하우스는 1861년에 설계와 공사가 시작되었으며 최종 준공은 제3공화국 때인 1875년에 있었다. 그러나 건물과 관련된 거의 모든 주요 사항은 제2제국 때에 결정되고 진행되어서 보통 나폴레옹 3세의 치적으로 본다. 당시의 정치 상황만큼 우여곡절도 많았는데, 초반에는 공사가 속도를 내다가 나폴레옹 3세 말년인 1860년대 후반부터 사실상 중단되었다. 이어 프랑스-프로이센 전쟁(보불전쟁, 1870년 7월~1871년 5월)이 끝난 1871년 이후, 즉 나폴레옹 3세가 물러난 제3공화국 초기에 공사를 재개해서 1875년에 최종 준공했다.

제국 양식 네오바로크

"이것은 나폴레옹 3세 양식입니다."

둘째, 제국 양식인 네오바로크다. 이 양식에 담긴 19세기 프랑스 국가 양식의 의미와 제국경쟁의 시대적 배경에 대해서는 앞에서 살펴보았다. 여기에서는 이 내용이 파리 오페라 하우스라는 하나의 건물에 집약적으로 나타난 구체적인 내용을 살펴보자. 크게 두 방향이다.

하나는 네오바로크의 본보기가 되는 프랑스 바로크 양식이 실제로 파리 오페라 하우스에서 구현된 내용이다.도 27-3, 27-4, 27-5, 27-6 정면은 루이 14세의 장엄 양식을 베네치아 르네상스의 장식 기법으로 각색했다. 예를 들면 루브르궁 동익랑의 쌍기둥 구성을 모방한 뒤 베네치아 르네상스의 세를리안 모티프Serlian motif(작은 기둥과 아치로 창틀을 짜는 기법)로 처리해서 장식성을 높였다. 호박돔과 원형창은 모두 루이 14세 때 완성된 바로크 국가 양식에서 사용하던 프랑스 전통 요소였다. 축제성이 요구되는 실내계단은 루이 15세 양식의 곡선 윤곽을 사용해서 큰 규모로 확대했다. 후면의 행정동은 반대로 차분한 루이 13세 양식으로 처리했으며 황제를 위한 별도의 원형 건물인 로튠다에는 누보 루브르Nouveau Louvre의 정면을 꽉 채운 반원형 벽기둥을 사용해서 두 건물 사이의 연관성과 유사성을 높

27-3. 1874년 잡지에 실린 파리 오페라 하우스 정면 모습(위 왼쪽)

27-4. 파리 오페라 하우스 1900년경 정면 사진(위 오른쪽)

27-5. 파리 오페라 하우스. 정면의 네오바로크 장식(가운데 왼쪽)

27-6. 파리 오페라 하우스. 정면 2층의 네오바로크 장식(가운데 오른쪽)

27-7. 파리 오페라 하우스 후면(아래)

였다.도 27-7

다른 하나는 이런 네오바로크 양식이 나폴레옹 3세 황제를 대표한다는 점이다. 이는 현상 공모 심사 발표 때 가르니에가 한 "이것은 나폴레옹 3세 양식입니다"라는 말에 압축적으로 담겨 있다. 심사 현장에는 황후 마리 으제니 드 몽티조 드 구즈만Marie Eugénie de Montijo de Guzman(1826~1920

년)도 함께 있었는데, 그녀는 가르니에의 안에 대해 루이 13세, 14세, 15세 등의 여러 양식을 혼용했다며 선례의 순도를 문제 삼아 강하게 비판했다. 이에 가르니에는 앞서와 같은 명언으로 황제의 마음을 사로잡아 최종 설계를 따냈다.

일단 으제니의 지적은 건축적 특징에서 본 바와 같이 정확했다. 말 그대로 앞 '루이' 왕 시리즈 시대의 양식이 혼용되었다. 이런 점에서 이 건물은 한 건물 안에 여러 선례 양식이 섞인 절충주의를 대표했다. 그런데 정치와 역사의 관점에서 보면 이 건물의 선례 양식을 이루는 루이 13세, 14세, 15세의 세 왕은 대체로 프랑스 국민이 존경하는 왕들이다. 루이 14세를 중심으로 절대왕정과 통일국가를 이루어 강력한 프랑스를 구축한 왕들로 평가된다. 이런 왕들 시대의 건축 양식을 한 곳에 모은 뒤 이것을 '나폴레옹 3세 양식'이라고 답한 가르니에의 말을 정치적으로 해석하면 나폴레옹 3세가 이런 선대 왕들을 합한 최고의 황제라는 뜻이 된다.

이는 나폴레옹 3세가 네오바로크라는 19세기 프랑스 국가 양식을 대표하는 황제라는 뜻과 같다. 나폴레옹 1세는 여러 여건상 아직 19세기 프랑스 국가 양식을 창출할 단계가 아니었다. 그 책임을 이어 맡게 된 나폴레옹 3세는 파리의 도시건축에 대한 무거운 의무감을 느끼고 있었는데, 가르니에가 그런 네오바로크의 모범적 작품인 파리 오페라 하우스를 설계한 뒤 자신에게 그 영광을 돌리는 발언을 한 것이다. 직접 설계한 건축가가 한 말이었기에 이는 곧 건축계에서도 나폴레옹 3세가 네오바로크를 대표하는 황제임을 인정하는 것으로 받아들여질 수 있었다.

부르주아의 계급 정체성

도시건축을 통한 자본 권력의 구축

셋째, 부르주아의 계급 정체성이다. 네오바로크는 여기에서 끝나지 않고 부르주아의 계급 정체성을 확보하는 역할도 함께 했다. 네오바로크를 대표하는 건물은 크게 누보 루브르와 파리 오페라 하우스였는데, 이 가운데 누보 루브르는 황제 나폴레옹 3세의 건물이었지만 파리 오페라 하우스는 어떤 면에서는 공사비를 댄 부르주아 계층이 실질적인 주인이었다. 이를 통해 부르주아는 자신들이 황제와 함께 제국을 받치는 양대 축이라는 사실을 세상에 공표할 수 있었다. 네오바로크가 부르주아 계층의 계급 기반을 공고히 하는 역할도 함께 한 것이다.

부르주아 계층이 막대한 공사비를 대면서 황제와 정치적 행보를 같이 하려 한 데에는 그럴만한 시대 상황이 있었다. 한마디로 당시의 급변하던 국내외 정세 속에서 부르주아는 스스로 제국의 권력 축 가운데 하나로 자리매김을 해야 살아남을 수 있다는 절박함에 처해 있었다. 산업자본주의라는 새로운 경제 체제를 기준으로 봐도 마찬가지였다. 산업혁명이 100년 가까이 이어지면서 기술은 점차 대단위 중공업으로 변했다. 자본과 산업 기술의 결합은 더욱 공고해졌다. 산업 기술이 살아남는 데에 가장 중요한 기준은 확장과 성장으로 바뀌었다.

이때의 확장과 성장은 착취와 침탈 없이는 불가능한 것이었다. 국내의 노동자와 해외의 식민지가 각각 주요 대상이었다. 제2제국을 거치면서 산업자본주의는 독점 자본주의와 식민 자본주의가 결합한 체제로 정착했다. 제2제국이 '제2식민제국'과 동의어라는 역사적 사실도 이를 뒷받침한다. 여기에 정치 상황까지 더해졌다. 이전에 형성된 민족주의에 이와 같은 경제 상황이 합쳐지면서 제국주의가 탄생했다. 다른 한편에서는 이에 대한 반작용으로 사회주의가 본격화했다.

19세기 후반부의 이런 상황들로 인해 부르주아 계층은 확실한 자기정체성 확립의 필요성을 절감하게 되었다. '계층-나라-지역-대륙'의 여러 층위에서 서로 먹고 먹히는 치열한 싸움이 시작되었고, 여기에서 살아남기 위한 정신 무장이 필요했다. 부르주아 계층은 이를 위해 여러 매개를 동원하게 되는데 파리의 도시건축도 중요한 매개 가운데 하나였다. 이와 같은 상황에서 이들이 선택할 건축 양식은 제국과 운명공동체임을 선언하는 네오바로크밖에 없었다. 이런 배경 아래 나폴레옹 3세 황제의 국가 양식인 네오바로크가 파리 오페라 하우스를 탄생시킨 권력의 한 축이었다면 다른 한 축은 부르주아였다.

27-8. 파리 오페라 하우스. 광장과 여기에서 갈라져 나오는 방사형 도로를 동시에 보여준다. (왼쪽)

27-9. 오페라 광장의 1895년 사진(오른쪽)

건물 앞 광장인 '오페라 광장Place de l'Opéra'은 황제와 부르주아의 이해가 맞아떨어지면서 탄생한 또 다른 좋은 예다. 오페라 하우스 주변의 넓은 공간은 우선 건축법에서 강제로 지켜야 하는 '인동隣棟 간격'이라는 항목이지만 도시 미학에서는 광장과 방사형 도로를 끼고 형성된 파리만의 스펙터클 미학을 구현하려는 공간이기도 했다.도 26-6, 26-7, 27-8 그런데 공사 과정을 보면 이 일대는 오래된 주택 밀집 지역 가운데 하나여서 철거 범위가 특히 넓은 지역이었다. 그만큼 저항도 심해서 충돌이 크게 일어났고 인명 피해도 발생했다.

황제와 부르주아는 공사를 감행했다. 황제는 오페라 하우스 주변에 넓은 공간을 확보하려는 강박관념이 있었는데, 바로 앞에서 말한 오르시니 사건의 후유증 때문이었다. 황제는 이 시도가 옛 국립극장이 주변의 다른 건물들과 과밀하게 붙어 있어서 가능했다고 판단한 것이다. 한편 부르주아가 넓은 광장을 원한 건 더 말할 필요도 없었다. 이 건물을 자신들의 문화 놀이터로 삼고자 했는데, 이를 위해서 건물 주변에 건물 크기와 적절한 비율을 맞춘 넓은 공간을 확보하는 일은 필수사항이었다.도 27-9, 27-10 나아가 오페라 광장은 파리에서 중요한 노드와 넛지를 이루며 부르주아의 공간이 도시 전체에서 핵심 위치를 차지하게 만드는 결과를 낳았다.도 27-11 이는 곧 파리를 '부르주아의 문화 놀이터'로 만들려던 부르주아의 노력이 성공했음을 뜻했다.

27-10. 오페라 광장의 현재 모습(왼쪽)

27-11. 오페라 하우스의 노드node와 넛지nudge의 역할을 옥상에서 내려다보는 장면(오른쪽)

부르주아의 문화 놀이터

도시 공간에 마음의 고향을 세우다

넷째, 부르주아의 문화 놀이터와 마음의 고향이다. 이는 계급 정체성과 사실상 동의어 개념이다. 부르주아들이 계급 정체성을 확보하기 위한 구체적인 전략인 동시에, 그 반대로 계급 정체성을 확보한 결과 나타난 파리 오페라 하우스의 기본 개념이기도 한 것이다. 정치적 관점에서 보면 나폴레옹 3세가 부르주아 계층과 손잡고 혜택을 몰아준 결과였으며, 여기에는 피해갈 수 없는 자본주의의 당위성을 보여주는 다음과 같은 시대적 배경이 있었다.

프랑스의 산업자본주의는 제2제국을 거치면서 뿌리를 내렸다. 중산층과 부르주아 계층은 이제 프랑스 사회를 구성하는 가장 강력한 세력 가운데 하나로 등장했다. 나폴레옹 3세의 입장은 다소 복잡했다. 당시 극심한 분열을 보이던 프랑스 사회를 통합하기 위해 귀족부터 노동자 계층에 이르는 다양한 집단의 이익을 모두 만족시키는 균형 정책을 기본 기조로 삼았다. 그러나 경제적으로는 자유주의 정책을 펴며 산업 부르주아들의 경쟁력을 인정했다. 산업 부르주아들은 부의 축적을 통해 자신들의 기반을 확실히 다졌다.

오스망 재개발도 이런 정책의 큰 틀에서 함께 움직였다. 일단은 나폴레옹 3세의 통합 정치의 취지를 공유하면서 가능한 한 여러 계층이 골고루 이익을 얻을 수 있도록 고려했다. 실제 결과물도 고급 건물부터 도시 인프라까지 스펙트럼이 넓었다. 특히 지하 상하수도 시설과 녹지는 노동자 계층에게도 많은 혜택이 돌아가게 했다. 반면 지상에서는 교외의 숲을 제외한 대부분을 부르주아가 차지했다. 도심은 이들을 위한 고급 아파트와 각종 문화 시설이 점령했다. 파리 오페라 하우스는 이 가운데 후자를 대표했다.

오페라 하우스는 여러 면에서 부르주아 계층을 위한 상징물이었다. 지리적으로 보면 신시가지의 중심부를 차지하며 이 지역의 핵과 같은 역할을 했다. 앞에 광장을 거느렸으며, 이 광장으로부터 예외 없이 방사형 도로망이 뻗어나가면서 중심성을 더욱 강화했다. 오페라 하우스가 신시가지 내에서 일차적으로는 부르주아 계층들이 모이는 집합 장소라는 물리적 역할을 했으며, 여기에 머물지 않고 나아가 부르주아 계층들에게 마음의 고향과 같은 심장 역할을 하게 되었다는 의미다. '부르주아의 문화 놀이터'라는 말은 곧 이들이 도시 속에 마음의 고향을 세운 것과 같은 뜻이었다.

그런데 문제는 자금이었다. 오스망 계획은 엄청난 예산이 들어가는 대역사大役事로서 기존의 국가 예산이나 세수로는 감당할 수 없었다. 이 예산을 댄 것은 산업 부르주아 계층의 자본이었다. 부르주아들은 실제로 오페라 하우스 건립에 많은 돈을 투자했다. 오페라 하우스는 처음부터 예산 문제로 어려움을 겪었다. 화려한 금칠과 수많은 청동 조각상과 대리석 등이 사치스럽게 계획되었기 때문이다. 건물을 가능한 한 화려하게 장식하고 싶어 하는 건축가와 예산을 줄이려는 정부 사이에 큰 괴리가 생겼다. 이것을 메운 것이 부르주아의 돈줄이었다. 유럽 통합 이전의 1980년대 시가로 21억 6천만 프랑(약 5,000억 원)이 든 총 공사비의 대부분은 국채로 충당했다. 현재 시가로 환산하면 1조 원에 육박하는 큰 예산이었다. 이것을 사준 것이 부르주아 자본이었다.

이 때문에 오스망 계획에는 부르주아 계층의 이익이 가장 많이 대변되었다는 것이 정설이다. 예를 들어 넓은 가로는 이론적으로는 모든 계층을 만족시키는 것으로 제시되었다. 나폴레옹 3세에게는 신속한 군대 이동을, 부르주아 계층에게는 물류 이동의 효율을, 노동자 계층에게는 도시 위생과 주거 환경 개선을 각각 보장했다. 그러나 가장 득을 본 건 부르주아 계층이었다. 앞에서 살펴본 바와 같은 오스망 재개발에 대한 경제 이데올로기 차원의 비판이 그 내용을 압축한다. 대체로 재개발이 가장 많이 시행된 우안과 그 외곽의 신시가지가 부르주아들의 차지가 되었다. 파리 오페라 하우스는 그 핵심 자리에 들어서면서 신시가지 개발의 하이라이트가 되었다.

지금은 파리를 대표하는 명소 가운데 하나가 된 오페라 하우스의 이면에는 이처럼 19세기 후반부 자본을 둘러싼 계층 문제가 있었다. 부르주아는 돈을 들인 만큼 오페라 하우스를 자신들의 문화 놀이터이자 마음의 고향으로 삼고자 했다. 크게 네오바로크와 실내 장경주의theatricalism라는 두 가지 건축 기법을 통해 확보했다. 네오바로크는 앞에서 본 것과 같이 주로 외관에서 부르주아의 계급 정체성을 확보해주었다. 그러나 문화 놀이터가 되는 데에도 일정 부분 역할을 함께 했다. 실내 장경주의는 거꾸로 계급 정체성 확보에도 역할을 했지만 주로 문화 놀이터 및 마음의 고향과 직결되었다. 그 내용은 다음으로 이어진다.

실내 장경주의

극장 로비를 하나의 거대한 무대처럼 꾸미다

다섯째, 실내 장경주의다. 건축에서 장경주의는 '건물을 하나의 장경場景, 즉 경치를 드러내는 장치로 삼는 기법 혹은 연극의 무대로 삼는 기법'을 말한다. 영어로는 'theatricalism'인데 이 말에 기본 개념이 담겨 있다. '극장'이라는 뜻의 'theater'를 형용사형인 'theatrical'로 만든 뒤 '~주의'를 뜻하는 접미어 'ism'을 붙였다. '극장답게 만드는 주의'라는 뜻이다. 건물의 외관을 강조해 주요 볼거리로 제시하려는 서양 건축의 기본 특징에서 나온 기법으로 이미 고대 그리스와 로마 시대부터 크게 유행했다. 이어 이런 기본 특징상 이후에도 오랜 기간 여러 양식에서 애용해오는 기법이며 각 시대와 건물에 따라 구체적인 세부 기법도 다양하다.

파리 오페라 하우스는 19세기에 이를 대표하는 건물인데, 이전까지 장경주의가 주로 건물의 외관을 강조하던 것과 달리 두 방향으로 새로운 발전을 이루었다. 하나는 장경 작용이 일어나는 배경을 실내 공간으로 옮겼다. 실내의 구석구석 모든 곳을 하나의 무대처럼 계획하는 방식으로 구현했다. 전문 배우들의 공연이 벌어지는 진짜 무대만 무대가 아니고 실내 공간 전체를 하나의 거대한 무대로 삼은 것이다. 이런 목적을 위하여 '포이어foyer'라고 불리는 로비 공간을 최대한 늘려서 많은 부르주아가 실내를 배회할 수 있게 했으며, 그 효과를 극대화하기 위해 실내는 가능한 한 화려하게 장식했다. 이렇게 보면 '볼거리의 강조'를 외관에서 실내 공간 전체로 옮긴 걸로 볼 수 있다.

다른 하나는 사람을 중요한 장경 요소로 활용했다. 극장의 실내를 오가는 사람들이 서로를 바라볼 수 있는 배경으로 실내 공간을 꾸미겠다는 의도였다. 장소는 로비부터 객석까지 극장의 실내 모든 곳에 해당했다. 그런데 그 사람들이 바로 부르주아였다. 이는 건물 구조를 부르주아들이 서로를 바라볼 수 있게 짠다는 뜻이다. 물론 일반론으로도 모든 건물은 사람들이 기본적으로 서로를 바라볼 수 있게 되어 있다. 하지만 복도와 방이 들어가면서 시선의 많은 부분이 차단되는 것 또한 사실이다. 그런데 파리 오페라 하우스의 실내는 건물의 이런 일반적 특징을 더 강화해서 건물 전체 곳곳을 아예 무대처럼 만들어 활용하게끔 실내 공간을 짰다. 실내를 오가는 모든 사람을 배우로 정의한다는 뜻으로, '극장-무대-배우-연기' 모두에서 확장을 가한 것이었다.

이렇게 새로 등장한 실내 장경주의에 따라 파리 오페라 하우스에서는 포이어를 특히 강조했다. 면적부터 과도하게 잡았으며 대형 계단과 갑판으로 구성해 시선이 차단되거나 가로막히지 않게 했다.도 27-1, 27-2, 27-12, 27-13, 27-14 이런 구성은 유럽 극장 전체로 보면 19세기의 두 흐름 가운데 한 쪽을 대표하는 것이었다. 하나는 독일 작곡가 리하르트 바그너Richard

Wagner(1813~1883년)가 이끌던 극장 개혁 운동이다. 구체적으로는 바이로이트Bayreuth 극장을 중심으로 시도한 음향 개선 노력이었다. 다른 하나는 극장을 상류층의 문화 공간으로 삼는 흐름으로 파리 오페라 하우스가 대표적이었다. 이 흐름에서는 극장의 외관은 물론이고 무대–객석–로비 등 극장 전반을 화려하게 장식했는데, 이는 이 극장의 이데올로기적 정의인 '부르주아의 문화 놀이터'와 같은 뜻으로 볼 수 있다. 또한 실내 장경주의도 이런 흐름 속에서 나타난 새로운 기법이었다.

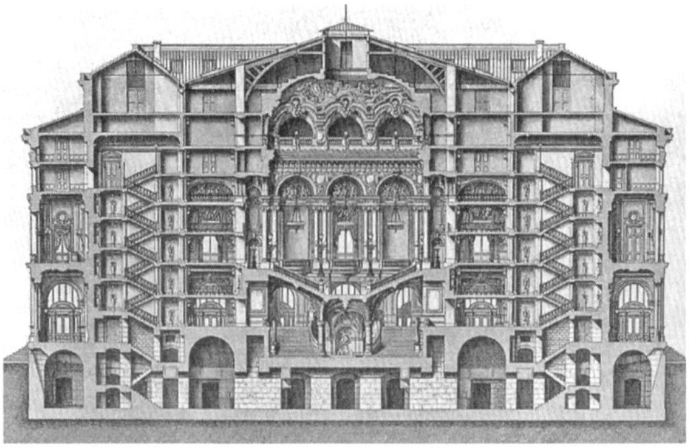

27-12. 파리 오페라 하우스 단면도. 중앙의 포이어foyer가 크게 확장된 모습(위)

27-13. 파리 오페라 하우스 중앙 포이어와 대계단grand staircase 작품(아래 왼쪽)

27-14. 파리 오페라 하우스 대계단(아래 오른쪽)

부르주아들이 서로를 확인하며 불안 심리를 다독이다

여섯째, 이런 실내 장경주의에는 부르주아들이 서로를 확인하며 불안 심리를 다독이려는 목적이 숨어 있었다. 19세기 부르주아는 경제적으로는 일정한 부를 축적하면서 안정권에 접어들었지만, 사회적으로는 중간에 낀 어려운 처지였다. 한쪽으로는 제국주의 권력과의 연대를 공고히 해야 했고 반대쪽으로는 노동자 및 사회주의의 압력과 싸워서 이겨야 했다. 19세기 중반 이후 독점 자본주의가 자리 잡아가면서 계급 투쟁은 치열해졌다. 부르주아들은 과거 왕이나 귀족과 같은 군사력과 정치력이 없는 신흥 권력층이어서 다수의 노동자가 연대한 세력과 싸워 이기는 일이 쉽지 않았다. 당장 신변의 안전 같은 기본적인 문제와도 직결되었다.

이런 현실적 어려움에 더해 도덕적 측면에서의 막연한 죄책감은 끊임없이 부르주아들을 괴롭혔다. 과거 왕권 시대에는 물론 계급 차별이 훨씬 더 심했지만, 이때에는 왕과 귀족이 국민을 외적으로부터 보호해준다는 확실한 명분이 있었다. 부르주아들에게는 이런 명분이 없어졌다. 시대가 바뀌어서 시민의 권리의식은 계속 커가고 있었다. 부르주아들은 겉으로는 생산 증대와 이윤 극대화를 위해 냉혹하게 맹진하는 모습을 보였지만 무의식 속에는 노동자들을 착취해서 부를 축적했다는 죄의식이 강하게 자리 잡고 있었다. 이를 희석하기 위해 기부와 적선 등의 탈출구를 만들었지만 미봉책에 불과했다. 노동자들에게 일자리를 제공한다는 사회적 명분도 마찬가지였다. 특히 임금, 복지, 처우 등의 문제를 놓고 충돌이라도 한번 일어나고 나면 이런 명분은 순식간에 사라지고, 두 계층은 서로에게 적이 되어버렸다.

이렇게 대립적인 여러 상황이 복잡하게 얽히면서 부르주아들은 스스로 존재의 의미를 확정하지 못하는 정신적 방황 상태를 유지했다. 소위 말하는 부르주아의 계급적 정체성 문제로, 사회학이나 정치학에서 흔히 말하는 '부르주아 주체의 분열' 현상이었다. 이를 극복하기 위해 강한 계급 정체성이 필요했다. 궁극적으로 자신들이 하는 일이 과연 온당한지에 대한 집단적 확신이 필요했다. 이것을 확보한 뒤 발전시키면 결국 도덕률에 기반한 부르주아의 계급 주체성이 되는 것이었다.

파리 오페라 하우스는 처음부터 부르주아들이 건축을 통해 자신들의 계급 정체성을 확보하려는 이런 목적에서 지은 건물이었다. 외관 양식인 네오바로크를 통해 황제와 보조를 함께함으로써 제국과의 연대를 확보했다. 이는 정치 권력이라는 외부 요소를 확보한 것에 해당한다. 다음은 부르주아들의 내적 심리 문제가 남았다. 이를 극복하는 최선의 방책으로 생각해낸 것이 집단으로 뭉쳐 자신들의 정체성을 확보하는 것이었다. 이것을 해결한 게 실내 장경주의였다. 장경주의를 순수하게 미학적으로 보면 사람의 모습과 움직임까지 조형 요소로 활용하는 기법을 뜻한다. 한편 사회적으로 보면 특정 계급을 한 장소에 모아서 이를 통해 계급 정체성을

확보하기에 좋은 기법이었다.도 27-15

시선의 미학과 파노라마식 연속 공간

일곱째, 시선의 미학이다. 이는 파리 오페라 하우스의 실내 장경주의를 구현한 구체적인 내용으로, '서로를 확인하며'라는 공간적 상황을 미학적으로 일반화한 개념이다. 폐쇄된 공간 안에 집단으로 모여 끊임없이 서로의 모습을 확인함으로써 특정 목적을 이루는 행동을 뜻한다. 이런 '시선'을 대표하는 공간이 극장이어서 파리 오페라 하우스도 이를 따라 로비와 계단, 복도와 객석 모두를 무대 개념으로 계획했다. 특히 로비와 계단에 넓은 면적을 할당함으로써 부르주아들을 위한 '장'의 개념을 구현했다. 넓이만 넓은 것이 아니었고 시선의 미학이 잘 작동하게끔 공간 구조를 짰다. 로비는 두 단으로 구성함으로써 사람들의 이동에 연출 효과가 배어나게 했다. 대계단grand staircase은 서양 건축사 전체를 통틀어 웅장함과 화려함의 대명사로 되어 있다. 그리고 이 대계단 주변으로 다시 넓은 갑판deck들이 만들어져 있다. 가능한 한 많은 사람이, 건물 곳곳을 가능한 한 많이 돌아다니고 모여 담소하도록 유도하는 건축적 처리다.도 27-16

27-15. 파리 오페라 하우스의 포이어와 대계단으로 이루어지는 리셉션 공간(위)

27-16. 파리 오페라 하우스의 1875년 1월 5일 개장 기념식 장면. 리셉션 공간에 부르주아가 넘쳐난다. 에두아르 드타유Édouard Detaille(1848~1912년)의 작품(아래)

객석도 마찬가지였다. 객석의 전체 구성은 이탈리아 바로크 오페라 하우스의 표준형인 말발굽 형태였다. 좌석이 중앙의 아레나에만 있는 게 아니고 그 양옆에 '박스석boxes'이라 부르는 작은 개별 방compartment을 함께 갖춘 형식을 말한다. 이런 구성에서는 관객들이 서로에게 노출되는 경우의 수가 증가한다. 아레나에서는 양옆 박스석의 관객들을, 반대로 박스석에서는 아레나나 건너편 박스석의 관객들을 서로 볼 수 있다. 사람들은 무대 위 오페라만 보는 것이 아니라 이렇게 다른 관객까지 함께 보게 된다. 동시에 다른 관객도 공연만 보는 것이 아니라 건너편에 앉은 또 다른 관객을 함께 보게 되며, 이로써 관람 대상이 공연에서 관객으로 확장된다.도 27-17

27-17. 파리 오페라 하우스 객석 전경. 1995년에 무대장치를 현대화했다.

'상호 노출' 정도로 부를 수 있는데, 이들이 모두 부르주아들이라는 점이 중요했다. 심리적 불안에 시달리던 부르주아들이 서로를 확인하면서 "부르주아는 나 혼자만 있는 게 아니고 세상에는 이렇게 많은 다른 부르주아들이 있다"는 사실을 서로 확인할 수 있었다. 이처럼 부르주아들이 오페라 하우스에 오는 목적으로는 오페라를 관람하러 오는 것 이상으로 서로를 '보고 보임'으로써 자신들의 집단적 정체성을 확인하려는 목적도 중요했다.

오페라는 무대 위에서 가수들에 의해 정식 공연으로만 진행되는 게 아니었다. 로비와 객석에서 서로 보고 보이는 부르주아 관객들 모두가 배우였고 건물 전체가 무대였다. 오페라 자체를 포함해 화려하게 차려 입고 온 부르주아들이 삼삼오오 모여서 담소하고 사교하는 행위부터 객석에서 공연을 관람하며 반응하는 행위, 심지어 그저 우아한 걸음걸이로 로비를 배회하거나 잠시 앉아서 쉬는 모습까지의 모든 행위가 부르주아들이 스스로 연출한 한 편의 오페라였다. 공연은 진짜 무대에서만 일어나는 게 아니었다. 이런 실내 공간 전체에서 벌어지는 부르주아들의 모든 행위가 그대로 살아 있는 공연, 즉 대본 없이 벌이는 진짜 공연이 되는 것이다. 무대연기는 배우만 하는 게 아니라 이곳을 드나드는 부르주아들 모두가 하게 된다. 실내 공간은 이 모든 것이 일어나는 배경으로서의 무대, 즉 장경이 되는 것이다.

가르니에는 이 건물의 건설 기록과 소개를 담은 『극장기*Le Théâtre*』(1871년)와 『새 파리 오페라 하우스*Le Nouvel Opéra de Paris*』(1875~1881년)에서 시선의 미학을 통한 집단성의 구현이 중요한 목표였음을 밝히고 있다.

"극장의 기능은 인생의 공연을 위한 정밀한 장이다", "단 두세 명의 사람만이 모이더라도 그들은 즉각적으로 스스로 배우가 되고 관람객이 된다", "(사람 자체가) 한 편의 휴먼 드라마다" 등이 대표적 문구였다.

여덟째, 파노라마식 연속 공간이다. 이상과 같은 시선의 미학을 구현하기 위해 실내 공간을 파노라마 개념의 연속 구성으로 배열했다. 파노라마는 오페라를 관람하러 오는 부르주아들의 행태를 기준으로 정해졌다. 화려한 대형 마차를 타고 도착하는 출입구는 부유한 부르주아들을 환영하는 의미에서 휘황찬란한 대리석 기둥 열로 처리했으며 로비로 들어오면 곧바로 벽의 거울을 마주쳐서 잘 차려입은 자신의 모습을 확인하게 했다. 이어 웅장한 계단이 나타나면서 축제 분위기를 돋우었다. 계단 사이와 2층에는 넓은 홀과 갑판을 두어 이동과 멈춤 사이에 적절한 교대가 일어나게 했다. 이런 여러 공간은 부르주아들이 서로서로 상대방의 행동을 감상하기에 적합하게 짜였으며 이를 연속 구성으로 배열함으로써 감상에 필요한 시간도 확보해주었다.

이상과 같은 장경주의로 인해 이곳 오페라 하우스의 개관을 계기로 당시 파리에서는 상류층의 중요한 젠더 관습 하나가 사라지게 되었다. 상류층 여성은 오페라 관람 시 로비와 복도 등을 돌아다니지 않는 것이 그때까지의 관습이었다. 이들은 방문객을 받더라도 객석에서, 그것도 일반 객석이 아니라 박스석의 밀폐된 공간에서 받아야만 했다. 이것이 깨진 것으로, 그 주인공은 바로 황후였다. 오페라 하우스가 개관하는 날 황후 으제니는 많은 귀부인을 이끌고 건물 곳곳을 걸어다니며 기존 관습이 깨졌음을 시위했다. 이후 오페라 하우스의 실내는 남녀를 불문하고 상류층 사람들이 배회하며 서로를 감상하는 하나의 거대한 현실 무대가 되었다.

부르주아 계층의 부의 과시와 예술적 허영심

아홉째, 마지막으로 부르주아 계층의 부의 과시와 예술적 허영심이다.

우선 상식적으로 볼 때 화려하게 장식된 웅장한 실내 공간은 부르주아 계층의 부를 상징했다. 이는 '부'를 정체성의 기반으로 삼는 부르주아에게는 존재 이유를 확보해주는 근원적 의미가 있었다. 웅장하고 화려한 건물부터 자신들을 치장한 값비싼 옷과 귀금속에 이르기까지 모두 부의 과시를 통해 존재감을 드러내는 통로이자 장치였다.도 27-18

27-18. 파리 오페라 하우스에 공연을 보러 온 부르주아 관객들

나아가 시선의 미학이 추구하는 목적을 얻는 데에도 부의 과시는 필수적이었다. 물론 옷과 귀금속은 개인적으로는 경쟁심을 유발했겠지만, 집단적 관점에서 보면 상대방을 통해 각자의 정체성을 직접 눈으로 확인하는 기능을 했다. 앞의 '상호 노출'이 '교차 확인'으로 발전한 것이다. 서로에게서 동종의 최고급 옷과 귀금속을 확인함으로써 자기가 혼자가 아니라 집단이며 자신과 같은 가치관을 추구하는 사람들이 저토록 많다는 데에서 심리적 안정을 얻어갔다. 이들은 오페라를 보러 온 것이 아니라 이 같은 동종 집단을 보러 온 것이기도 했다.

이런 부의 과시가 한 발 더 나아가면 예술적 허영심이 된다. 일단 오페라라는 공연 장르부터 부르주아의 허영심을 예술적으로 포장해내기에 매우 적합한 도구였다. 유럽은 전통적으로 왕족과 귀족의 문화적 수준과 예술적 심미안이 매우 높았는데, 부르주아들도 이것을 물려받아 자신들의 계급 정체성으로 삼으려 했다. 부르주아들 가운데에는 이에 합당한 수준을 갖춘 사람들도 많았지만 아무래도 과거 왕족과 귀족의 수준에는 미치기 어려웠다. 왕족과 귀족은 어렸을 때부터 당대 최고의 학자와 예술가들에게 개인 과외를 받는 전통을 오랜 기간 유지했다. 이에 비해 '급조된 신흥 부자 권력층'인 부르주아는 일단 각 개인이 이런 시간부터 확보하지 못했으며, 이것이 오랜 기간 대를 물리며 쌓인 전통을 이룰 시간은 더더욱 부족했다.

이런 상황에서 파리 오페라 하우스는 부르주아들이 예술을 즐기는 모습을 극대화함으로써 이들이 천박한 수전노라는 비판적 시선을 물리치는 데 매우 효과적이었다. 우선 오페라 자체가 음악과 문학과 미술이 합해진 수준 높은 예술 장르여서 이걸 즐기는 것만으로도 자신들의 문화예술 수준을 과시할 수 있었다. 더하여 화려함의 극치를 달리는 금빛 찬란한 건물을 배경으로 우아한 걸음걸이로 오가는 같은 부류의 사람들을 보면서 부르주아들은 자신감을 가지고 자신들의 정체성을 만들어갈 수 있었다.도 27-19 또한 1층 로비 아래층에는 시즌 티켓 구매자들을 위한 별도의 공간, 즉 요즘 공항의 VIP 라운지 같은 전용실까지 마련했다.도 27-20

이것은 결국 경제 행위에 더욱 매진·몰두할 수 있게 하는 에너지이자 영양소로 작용했다. 19세기 후반부 파리의 부르주아들이 오스망 파리 건설에 많은 돈을 투자하고 뽑아간 가장 높은 수익은 어떤 면에서는 바로 이러한 심리적 안심과 계급적 정체성이었다. 부르주아들이 확보한 부동산 가치의 폭등과 짝을 이루는 정신적 가치의 상승이었다.

27-19. 파리 오페라 하우스 중앙홀 천장. 오른쪽은 <아폴로의 승리Triumph of Apollo>이고 왼쪽은 <악당과 싸우는 미네르바Minerva Combating Brute Force>다. 이지도르 필스Isidore Pils(?~1875년)의 작품(위)

27-20. 파리 오페라 하우스 중앙 포이어 아래층의 시즌 티켓 구매자 전용실(아래)

28장

부르주아 상업건축1

파리의 19세기 시대 상황

부르주아, 경제력을 무기로 파리의 주인이 되다

이상이 파리의 부르주아 건축 가운데 첫 번째인 파리 오페라 하우스에 대한 설명이다. 이어 상업건축으로 넘어가자. 이 주제와 관련해서는 우선 '부르주아'의 상업적 속성과 역사적 배경에 대해서 간단히 살펴볼 필요가 있다. 부르주아는 '상공인business owners and merchants'을 말한다. 그 뿌리는 중세까지 거슬러 올라간다. 중세 때 제조업과 경제 상업 분야의 전문성을 경쟁력으로 삼아 왕권, 종교권, 신권臣權 등에 맞설 수 있는 하나의 계층으로 성립되었다. 이때 피지배계급에서 벗어난 시민이라는 뜻에서 '도시 자유 시민free citizen'이라는 뜻도 내포했다.

이어 중세 봉건제도가 붕괴하고 새롭게 시작한 지리상의 발견 시대는 부르주아에게 더욱 유리한 환경을 제공했다. 이들은 장거리 교역을 독점해서 큰 재산을 축적함으로써 비로소 서양 역사에서 처음으로 힘 있는 독립 계층으로 본격적으로 부상하기 시작했다. 다시 산업혁명 이후 등장한 19세기 산업자본주의 시대에 이들은 이른바 '산업 부르주아'로서 전문성과 경쟁력에서 폭발적 성장을 할 수 있었다. 이제 이들은 과거의 왕족,

귀족, 고위 공직자, 성직자 등을 밀어내고 사실상 가장 강력한 계층이 되었다.

이들의 부상은 자신들이 처했던 시대적 고민과 위기 상황을 극복한 전리품 같은 것이었다. 우선 정치적으로 아직 귀족이 완전히 사라지지 않은 상태여서 이들은 중산층으로 분류되었다. 이는 이들의 권력이 돈이 필요할 때만 힘을 발휘할 뿐, 그 신분이 귀족처럼 처음부터 정치적·군사적·법률적으로 보장된 게 아니었다는 뜻이다. 더하여 노동 계층과의 갈등은 또 다른 위협 요소였다. 19세기에 빈번했던 사회주의 운동은 부의 분배와 관련된 파업과 노동 투쟁인 경우가 많아서 부르주아에게는 생명의 안위를 걱정할 정도로 심각한 것이었다. 이처럼 두 상황을 합하면 부르주아의 계급 상황은 결국 귀족과 노동자 사이에 낀 형국이었다. 하지만 부르주아는 경제 권력을 무기 삼아 이를 잘 극복하고 시대의 주인이 되었다.

19세기 파리 상업건축은 이처럼 부르주아가 자신들의 계급 정체성을 형성하며 파리의 주인 자리를 차지하는 과정과 맥락을 같이했다고 볼 수 있다. 19세기 파리는 아마도 유럽은 물론이고 서양권, 나아가 세계에서 가장 먼저 상업건축이 자리 잡고 번성한 도시일 것이다. 크게 보면 갈르리와 백화점의 두 가지 대표 건축 유형이 탄생해서 전성기를 누렸으며, 여기에서 유산계급의 소비문화와 관련된 다양한 문화 논제가 파생했다. 그런데 '상업'이라는 말에는 생산과 소비의 의미가 모두 담겨서 어떤 면에서는 부르주아의 생명인 동시에 사실상 부르주아와 동의어라 할 수 있다. 상업건축은 이런 상업 행위를 소비로 전환해 담아내는 건물이며, 따라서 상업건축이 번성했다는 건 당시 사회가 부르주아들의 세상이었다는 말과 같다.

상업건축과 관련된 이런 배경과 내용은 크게 두 단계로 나누어서 살펴볼 수 있다. 하나는 부르주아를 둘러싼 파리의 19세기 시대 상황이고 다른 하나는 상업건축의 구체적 사례다. 이번 장에서는 앞 단계인 시대 상황에 대해서 먼저 살펴보자. 여기에서 다시 '거시적 시대 상황-미시적 시대 상황-부르주아의 경제 전략' 등 세 가지 세부 주제가 파생한다.

거시적 배경 세 가지

종합적 위상, 종합 점수, 도시건축 개발

먼저 거시적 시대 상황이다. 이 시기 파리 산업 부르주아의 부상에는 여러 요인이 있었는데, 세 가지 거시적 배경이 중요했다.

첫째, 자신들의 계급 정체성을 확보하기 위한 전략인 '종합적 위상'이다. 파리 부르주아가 이룬 계급의 부상은 이런 고민과 위기를 성공적으로 극복해낸 결과로 볼 수 있는데, 이때 택한 방향과 전략이 '종합적 위상'이었다. 구체적으로 '정치력-문화적 이미지-직업 정신-자립심-가족주의-사회의식-투철한 국가관-확장한 세계관' 등을 합한 종합적 이미지였다. 이런 이미지들이 새로운 경제 권력의 계급 정체성을 형성하면서 '위상'으로 발전했다. 자신들의 가장 강력한 권력 기반인 경제력을 바탕으로 새로 등장한 계층을 상징하는 가치관, 생활방식, 이미지 등을 합한 것이었다.

이런 구체적인 내용은 당시 유럽 사회에서 모색되던 새로운 시대정신을 종합한 것이었다. 파리 부르주아는 자신들이 이런 종합화를 대표할 계층이라는 자부심이 있었고 이를 종합해서 자신들의 계급 위상의 기반으로 삼은 것이다. 바야흐로 전제 권력의 시대는 막을 내리고 있었다. 부르주아는 권력 기반을 이런 새로운 시대정신에 두었다. 그 대표자로서 먼저 자신들의 계급 정체성을 다질 수 있었고, 이어서 19세기 파리를 실질적으로 이끄는 중심 계층으로 부상할 수 있었다.

둘째, '종합 점수'에서 앞섰는데 이는 '종합적 위상'이 실제로 잘 구현되었다는 뜻이다. 19세기 파리는 부르주아 계층이 축적한 부의 수준을 중축으로 삼아 '도로와 상하수도 등의 물리 인프라-즐길만한 문화 시설의 수준-국제적 위상과 외국 관광객의 선호도-이데올로기적 평온함' 등 네 요소의 종합에서 유럽 주요 도시 가운데 가장 앞섰다고 볼 수 있다. 이는 지금까지 쭉 살펴보았듯이 파리 부르주아들의 각별한 노력 덕분에 가능한 일이었다. 부르주아들은 파리를 개발하는 첫 단계부터 이런 종합 점수에 특별히 공을 기울였다. 거슬러 올라가면 '혼성 종합화'라는 프랑스 문화예술 전통의 19세기 파리 버전이라 할 만했다. 물론 혁명의 선두 도시답게 이데올로기적 평온함에서 다소 감점이 있었으나 나머지 세 항목의 높은 점수를 크게 깎아 먹을 정도는 되지 못했다. 특히 도시 내에서 노동자 계층과 직접 맞닥뜨리는 상황을 최소화한 점이 주효했다.

셋째, 좁혀 보면 도시건축 개발이 이런 바람을 충족시키는 데에 유용한 통로였다. 우선 수도를 새롭게 재탄생시키는 데 사업자금을 댄 계층은 과거나 현재나 그 도시에서 가장 강력한 권력 계층이 된다. 과거에는 왕실과 귀족이 이를 겸했고 현대에는 정부나 민간사업자로 바뀌었을 뿐이다. 19세기 파리에서는 오스망 재개발에 막대한 사업비를 제공한 부르주아가 그랬다. '오스망 파리'라는 물리적 결과물만으로도 이들은 파리의 주인으로 등극할 수 있었다. 구체적으로도 파리를 자신들의 '문화 놀이터'로 확보함으로써 앞에 말한 '종합적 위상'을 도시건축으로 구현했다. 종합적 위상을 구성하는 여러 정신적 가치관에 더해 가장 확실한 물리적 증거물까지 확보한 것이다.

파리 시내에 공장과 노동자 구역을 최소화함으로써 두 계층의 직접 대면에서 오는 갈등을 피해갈 수 있었으며, 이렇게 확보한 파리 도심에 고급 아파트를 지어 삶의 터전으로 확보했다. 관광 산업의 활성화를 부르주아의 업적과 연계하는 데에도 성공했다. 파리는 분명 런던과 비교해서 계층 갈등이 적은 편이었으며 부르주아도 좋은 인상을 유지했다. 이런 여러 요소를 종합해서 파리 부르주아는 오스망 재개발 이후 새로 탄생한 근대 도시건축을 통째로 자신들의 계급 정체성과 동일화하는 데 극적으로 성공했다. 이는 곧 도시건축이 계급 정체성을 확립하는 데에 유용한 역할을 했다는 뜻이다.

이들은 산업혁명 이후 새로운 파리의 주인으로 등극했다. 1820년대에 시작한 프랑스의 산업혁명 자체는 경쟁국인 영국의 1760년대에 뒤졌지만, 유럽 전체에서는 선두국가의 지위를 확보할 수 있었다. 파리는 시내에 공장 건설을 자제하는 편이었지만 수도로서 프랑스 산업혁명을 이끈 중심 도시였다. 현대 산업혁명은 '대량생산-인구 증가-대량소비'의 순환구조로 구성되는 신입자본수의 체제로 재편되었다. 이 열매를 취득한 부르주아가 경제력을 무기로 비록 명목상으로는 아직 귀족들의 잔재 세력에 못 미칠지라도 내막으로는 사실상 가장 강력한 권력 계층으로 급부상했다. 이어 수도 파리의 새로운 주인 자리까지 차지했다. 파리는 새 주인의 권력을 확인해줌으로써 이들의 정체성을 구축하는 도시건축의 장이 되었다. 오스망 재개발에서 보듯이 19세기 파리는 '부르주아'라는 주제어 없이는 생각할 수 없게 되었다.

미시적 배경 세 가지
인구학, 파리 코뮌, 부르주아 개혁 정신

다음은 미시적 배경 세 가지다.

첫째, 인구학demography이다. 19세기 파리의 인구 상황에 대해서는 복합적 해석이 가능한데, 여러 지표로 볼 때 부르주아의 계급 정체성이 확보되는 데에 유리한 측면이 많았음을 알 수 있다. 우선 '19세기 산업혁명'이라는 거시적 기준에서만 보면 파리 인구는 다른 대도시들에 비해서 크게 늘지는 않은 걸로 볼 수 있어서 갑작스러운 인구 증가에 따른 혼란과 부작용이 상대적으로 적었다. 이는 그대로 안정적인 분위기에서 도시건축을 다양하게 꾸밀 수 있는 여건으로 작용했다.

다음으로 과밀을 보면, 오스망 재개발 전에는 과밀로 인한 열악한 도시 상황에 놓여 있었던 반면 그 후에는 도심 면적이 대거 늘어난 데에 비해 인구 증가는 많지 않아서 숨통이 트일만한 공간 환경이 조성되었다. 마지막으로 19세기 파리는 농촌에서 유입한 노동자의 비율도 상대적으로 낮았다. 산업혁명 때 대도시의 인구 증가는 자연증가와 외부 유입으로 나누는데, 외부 유입은 대부분 농촌에서 도시로 전입한 공장 노동자들이었다. 그런데 프랑스는 대도시가 이처럼 농촌 인구를 빨아들이기 시작하는 시기가 서구 열강들 가운데 가장 늦었다. 영국이 가장 빠른 1830년대, 이탈리아가 뒤를 이어 1870년대, 독일이 1900년대, 미국이 1920년대였던 데에 비해 프랑스만 유독 1930년대였다. 이는 프랑스에서 19세기 내내 인구의 70~75%가 여전히 농촌에 살고 있었다는 통계에서 확인되는 사실이다. 1830~1870년대에는 오히려 농촌 지역의 절반 정도가 역대 최고의 인구 정점을 찍을 정도였다.

이는 19세기의 파리 시내가 비교적 큰 요동 없이 여전히 기존의 기득권 계층과 신흥 부르주아 유산계급의 주도적인 지배 아래 있었다는 뜻이다. 물론 파리 인구도 1800~1850년에 두 배로 증가했는데, 이는 프랑스가 수도 집중이 심한 나라여서 그런 측면이 컸다. 근대적 대도시의 불안 요인인 저소득 공장 노동자들보다는 중산층 이상의 유입이 많았다는 뜻이다. 프랑스 국내에서만 비교해도 공장 노동자의 유입으로 인구가 증가한 새로운 산업도시는 리옹Lyon, 릴Lille, 뮐루즈Mulhouse 등이 대표적이었다.

둘째, 1871년의 파리 코뮌이라는 한 가지 구체적 사태를 기준으로 본 시대 상황이다. 보통 파리 코뮌은 18세기 프랑스대혁명과 함께 19세기 유럽의 혁명을 대표하는 상징성이 있다. 이것이 파리에서 일어났기 때문에 19세기의 파리도 큰 소용돌이에 휩싸였고, 따라서 부르주아들도 온전하지 못했을 걸로 생각하기 쉽지만 그렇지 않았다. 우선 노동자가 차지하는 인구 비중이 높지 않아서 혁명 기운이 부르주아의 소비문화에 큰 영향을 끼치지 못했다. 특히 파리 코뮌이 1871년에 벌어진 데에서 알 수 있듯이 이전까지 파리는 비교적 평온한 가운데 착실히 부를 축적한 부르주아들이 각종 소비문화를 즐기기에 적합한 상황이 이어졌다. 오스망 재개발 사업이 투자금을 가능한 한 이른 단계부터 재회수하려는 전략 위에 진행했기 때문에 재개발의 열매도 일찍부터 즐길 수 있었다.

파리 코뮌 자체도 프랑스-프로이센 전쟁(보불전쟁, 1870년 7월~1871년 5월) 등 국외 상황과 맞물린데다 진행 기간도 길지 않았다. 1870년 10월에 사회주의자와 급진주의자들의 파리 소요 사태가 처음 시작했으며 1871년 3월에 파리 코뮌이 선언되었지만 바로 두 달여 뒤인 5월에 이른바 '피의 일주일' 때 진압되었고, 곧바로 8월에 제3공화국이 선포된 후 티에르 대통령이 취임했다.도 19-1, 19-2, 19-3, 28-1, 28-2 제국 체제가 사라지고 공화정 체제가 시작되면서 전통적인 정치 권력과 종교 권력은 크게 약화한 내신 부르주아 계층의 입지는 더욱 다져졌다. 더욱이 시대 흐름과 프랑스 국내 상황이 제2차 산업혁명에 돌입하고 제국경쟁이 심해짐에 따라 부르주아의 경제적·정치적 역할은 오히려 더 중요해졌다.

이상의 여러 배경 아래 1871년의 파리 코뮌이 단발성 사건으로는 18세기의 프랑스대혁명에 이어 19세기의 자잘한 여러 혁명을 대표하는 격이 되긴 했지만, 부르주아들의 문화생활에 끼친 파급은 크지 않았다. 그 이전에는 '제1제국-왕정복고-제2제국' 등 이름부터 유산계급에 유리한 국가 체제가 유지되었다. 이어 코뮌 사태가 발생했지만 프랑스대혁명 때 대규모 반달리즘에서 부정적 역사의 학습효과를 경험한 파리 시민사회가 코뮌 때에는 상대적으로 유산계급에 대한 공격은 자제한 편이었다. 19세기 파리의 혁명 세력이 원했던 건 부에 대한 적절한 징세와 이의 정당한 분배여서 이 체제에 동참하는 한 유산계급의 재산과 문화생활은 보호받을 수 있었다.

28-1. 1871년 3월 18일 코뮌군이 바리케이드를 치는 장면(위)

28-2. 1871년 8월 제3공화국이 출범하면서 제국이 공식적으로 종식되었음을 축하하는 파리 시민들의 모습(아래)

셋째, 부르주아 개혁 정신이다. 이상의 두 가지 상황에 더해 결정적으로 중요한 사실 한 가지가 더 있다. 시간의 끈을 역시 프랑스대혁명까지 늘려 보았을 때, 이미 이때부터 상당수의 부르주아가 시민혁명 세력에 가담하고 있었다는 사실이다. 즉 부르주아도 왕당파나 귀족에 가담한 계층과 시민혁명 세력에 가담한 계층으로 한 번 더 나뉘었다. 이를 계급을 기준으로 보면 부르주아가 양극단의 계층 사이에서 중간 완충 역할을 한 것으로 볼 수 있다. 프랑스에서는 유산계급인 부르주아가 무산계급과 반드시 전면적 대립 관계에만 있었던 건 아니라는 뜻이다. 이런 사실은 만국박람회로도 확인된다. 총 다섯 번의 파리 만국박람회가 성공적으로 진행되면서 상공업이 부흥하고 관광객이 급증함에 따라 새로운 일자리가 창출되고 소득이 올라가는 등 산업자본주의의 열매를 무산계급도 일정 부분 공유하게 되었기 때문이다. 이상의 여러 복합적 상황은 19세기 파리가 부르주아 세상이 되는 데에 중요한 배경으로 작용했다.

부르주아의 경제 전략 1
고급 상품화, 소비 공간, 철도 교통망 확보

마지막으로 부르주아의 경제 전략이다. 이상의 다양한 시대 상황을 배경으로 19세기 파리 부르주아는 자신들만의 특화한 경제 전략을 구사해 성공함으로써 산업화의 열매를 착실히 거두며 권력 계층으로 부상할 수 있었다. 이 내용은 여섯 가지 세부 주제로 나눌 수 있다.

첫째, 고급 상품화commodification다. 프랑스 특유의 상업화 전략으로서 앞에 여러 번 나온 말인데, 19세기 파리의 도시건축도 그 중요한 대상이었다. 이 작업이 성공을 거두면서 파리는 이른바 '명품 도시'로 거듭나게 되었다. 이는 전적으로 파리 부르주아가 이끈 것이었다.

우선 산업혁명에 따른 '상품'의 개념부터 살펴보자. 산업혁명에서 프랑스는 영국보다 60~80년 늦었고 전체 생산량에서도 좀 뒤진 편이었지만 영국에 이은 2등은 유지하면서 유럽에서 영국의 가장 강력한 경쟁국으로 남았다. 또한 제품 생산과 관련해서 두 나라에는 단순히 전체 생산량으로만 따질 수 없는 오랜 전통이란 게 있었다. 영국은 실용주의, 프랑스는 고급 상품화였다. 이런 전통적인 차이는 산업혁명 이후의 기계화된 산업 생산에도 그대로 이어졌다. 영국은 주로 자동화된 제조업에서 대량생산한 중간 수준의 공산품과 일상품을 대도시를 중심으로 다량 판매하는 전략을 취했다. 반면 프랑스는 패션, 도자기, 생활 공예품 등의 고급 기호품과 고가의 디자인 제품에 집중했다.

국토 전체에서 산업도시와 공장의 분포 차이도 이런 차이와 같았다. 영국이 산업화에 따른 공장 건설을 대형 공업도시로 집중한 것과 달리 프랑스는 인구 10만 명 정도의 중소형 도시로 분산한 편이었다. 이런 차이는 산업화의 집중도와 속도의 차이로 이어졌다. 영국은 산업혁명의 목적을

28-3. 1881년 11월 8일 개장해서 파리의 첫 번째 카바레로 기록되어 있는 샤 누아르Chat Noir의 실내 장면. 1885년 작품(왼쪽)

28-4. 백작 부인 리안느 드 푸지Liane de Pougy(앞줄 왼쪽)와 스페인 배우 라 벨 오테로La Belle Otero(앞줄 오른쪽)가 젊은 귀족들에게 불로뉴 숲을 안내하는 장면. 1890년경(오른쪽)

처음부터 대량생산과 대량소비에 두면서 산업화의 집중도와 속도 모두를 급작스럽고 전격적으로 실행했다. 반면 프랑스는 '고급 상품화'라는 반대 방향을 택했다. 산업화와 자본화의 진척 속도는 더뎠지만 장점도 많았다. 수도 파리가 특히 그 혜택을 입은 대표적인 도시였는데, 무엇보다 공장이 중소형 도시에 분포하게 되면서 공해와 오염된 수원 등 산업화의 폐해가 적었다.

둘째, 파리를 자신들의 고급 기호품 및 고가의 디자인 제품의 소비 공간으로 개발했다.도 19-12, 24-11, 24-12, 28-3, 28-4 한마디로 고급 상품을 소비하는 도시 공간은 그에 걸맞은 수준으로 꾸며야 한다는 논리였다. 원론적으로 소비 용품과 소비 공간은 가능한 한 경제적·예술적·문화적 측면 모두에 보조를 맞추는 게 상식이다. 지금 우리가 사는 21세기 상업 자본주의 시대가 단적인 예인데, 19세기 파리는 이런 현상의 최초의 예라 할 수 있다. 더하여 요즘의 소비 공간이 예술성이나 문화적 특성을 갖추는 데 점점 무관심해져가는 데 반해 19세기 파리는 이 점에서도 단연 최고의 수준을 구가했다. 19세기 파리는 이전부터 이어지던 수도 집중의 지위를 더욱 공고히 하며 산업혁명 이후 새로운 생산과 소비 체제 모두에서 고급 상품화 전략의 중심이자 전진기지로서 핵심적 역할을 했다.

한편 '부르주아의 문화 놀이터'라는 표현 자체가 고급 상품화에 해당하는 도시건축 개념이었다.도 23-4, 24-2, 24-13, 28-5, 28-6 19세기 파리의 도

28-5. <레 콰츠 아르Les Quat'z' Arts> 1897년 11월 6일 표지 (왼쪽)

28-6. <파리 만국박람회의 여인A Lady at the Paris World Fair> (1889년). 루이스 히메네즈 아란다Luis Jiménez Aranda(1845~1928년)의 작품 (오른쪽)

시 공간을 부르주아들의 문화 놀이터로 만든 오스망 재개발은 고급 상품화 전략을 도시건축에 적용해 성공을 거둔 대표적인 사례가 되었다. 고급 디자인 제품을 즐기는 부르주아의 습성이 도시건축에도 그대로 적용되면서 탄생한 게 19세기 파리였다. 프랑스는 자국만의 산업화 전력이 있었고 19세기 파리가 이것을 도시건축과 연계해 수행하는 총 사령탑 같은 곳이었다.

셋째, 철도를 활용한 교통망의 확보다. 우선 파리는 수도임에도 인구 집중이라는 산업자본주의의 유리한 조건을 적극적으로 살리지 않았다. 여기에는 대형 공업도시로의 집중 현상이 함께해야 하는데 파리는 이것을 꺼렸기 때문이다. 그 대신 철도를 비롯하여 운하와 도로 등의 교통망 확대에 국력을 집중했으며, 그 결과 이 분야에서만은 영국과 어깨를 나란히 했다. 이를 통해 공산품의 유통을 원활히 하는 방식으로 자본의 축적을 꾀했다. 이는 '생산-소비'의 가성비에 고급 상품화 전략을 적용한 걸로 해석할 수 있다.

프랑스에서는 1842년 철도 산업을 촉진하는 법을 제정한 이래 철도를 비롯한 교통망 건설에 박차를 가했다. 이때 국토 전체의 도로망이 파리를 초점으로 삼는 거대한 방사형 체계로 구축되어갔다. 7월 혁명 정부가 들어서던 1848년이면 이미 이런 체계의 기초가 잡혔으며, 이에 따라 1850

년대를 거치면서 파리 시내에 기차역이 연달아 들어서게 되었다. 이렇게 구축한 교통망을 통해 공산품을 열심히 돌리고 교역했다.

부르주아의 경제 전략 2
관광 산업의 활성화, 만국박람회, 광고 산업의 발전

넷째, 관광 산업의 활성화다. 도로망의 확충은 관광 산업의 활성화를 가져왔다. 파리는 도시건축의 역사성과 함께 미술, 디자인, 문학, 공연, 패션, 요리 등 기타 여러 예술 장르가 모두 뛰어나서 관광에 필수적인 수준 높은 문화 콘텐츠를 갖추었기에 이게 가능했다. 이런 문화 콘텐츠가 없다면 아무리 도로망이 좋아도 관광 산업의 활성화로 이어지지는 못하기 때문이다.

파리는 우수한 도시건축 자원을 바탕으로 관광 산업을 이끌어가는 전통이 있었다. 19세기에 들어와서 이런 전통은 더 활성화해 이미 1820년대부터 이른바 '상업적 관광주의commercial tourism'가 등장했다. 아마도 서양 최초라 할 수 있을 텐데, 이는 고급 소비 공간으로서의 문화 놀이터 개념과 함께 고급 상품화를 도시건축에 적용한 또 다른 전략이었다. 1840년대 후반 파리에서는 연간 7,000회 정도의 크고 작은 관광 박람회와 홍보대회가 열렸다. 일주일 간격으로 약 3,000종의 각종 관광 홍보물이 새로 만들어질 정도였다. 파리시가 제작하는 포스터부터 박물관, 미술관, 식물원, 동물원 등의 공공문화 시설, 나아가 숙박업소, 음식점, 카페 등 개별 사업자가 만드는 광고까지 매우 다양했다.

오스망 파리는 이런 상승세에 날개를 단 격이었다. 대규모 철거가 있었던 재개발 초반 몇 년을 제외하면 재개발 사업의 구체적인 결과물은 비교적 일찍부터 단계적으로 모습을 드러냈는데, 당시 유럽 상황에서 이보다 더 매력적인 관광 상품은 없었다. 일부 짓궂은 관광객은 대규모 철거 장면 자체도 처음 보는 신기한 장면이라며 관광을 올 정도였다. 원래부터 거리 문화를 즐기던 파리의 도시 분위기까지 가세하면서 파리 시내는 파리지앵, 국내 관광객, 외국 관광객 등 수많은 인파가 뒤엉켜 넘쳐났다.

다섯째, 만국박람회의 역할이다. 만국박람회 같은 초대형 국제 행사는 당연히 외국 손님을 파리로 유입시켰다. 19세기에 파리에서 개최된 다섯 번의 만국박람회는 유럽은 물론이고 북미를 포함한 서양 전역에서 수많은 외국 관광객을 유치하며 파리 관광 산업의 활성화에 큰 도움이 되었다. 이는 곧 소비자의 수가 폭증했다는 뜻이어서 당연히 '소비-상업' 문화를 활성화했다. 이처럼 '파리 만국박람회-관광 산업'과 '소비-유흥' 문화는 서로 도움을 주고받는 상호협력의 관계였다.

관광 사업이 성장하면서 대형 호텔도 등장했다. 이미 오스망 재개발 사업 초기인 1855년 파리 만국박람회 때부터 그랑 루브르 오텔Grand Hôtel du Louvre이 개장했다. 700개의 호화 객실에 비록 증기 동력 방식이긴 했지만 두 대의 엘리베이터를 설치하고 있었으며 종업원만 1,250명에 달해서 하나의 기업에 해당하는 규모였다. 1862년에는 그랑 오텔Grand Hôtel이 지어지며 모든 면에서 이 기록을 갈아치웠다. 엘리베이터의 작동 방식부터 수압식으로 발전했고 800개의 호화 객실에 65개의 대형 객실을 추가로 갖췄다. 포도주를 무려 100만 병이나 보관하는 창고도 있었다. 특히 나폴레옹 3세의 황후 마리 으제니 드 몽티조 드 구즈만Marie Eugénie de Montijo de Guzman(1826~1920년)이 이 호텔을 무척 사랑했다. 황후는 마치 "콩피에뉴Compiègne나 퐁텐블로Fontainebleau의 왕궁에 있는 것 같다"며 그랑 오텔에 오래 머물곤 했다.

28-7. 물랭 드 라 갈레트Moulin de la Galette 광고 포스터. 르네 핀Rene Pean(1875~1955년)의 1898년 작품

여섯째, 이 과정에서 광고 산업의 발전이라는 또 다른 부수 효과가 발생했다. 파리의 소비문화는 다수의 생필품이 아닌 부르주아 계층의 고급 기호품 중심으로 형성되었기 때문에 이를 촉진하는 광고의 필요성이 더욱 컸다.도 28-7 이는 대량생산된 중저가 생필품을 다수의 서민에게 대량으로 판매하던 런던과 대비되었다. 이에 따라 프랑스는 포스터와 언론 매체 등을 통한 광고의 발전을 이끄는 나라가 되었다. 정찰제도 이때 함께 정착했다. 이는 '생산 vs. 소비' 효율에서 영국의 물량 공세 전략과 차별화된 프랑스만의 고급 상품화 전략이었다.

관광 산업과 맞물린 광고 산업의 발전 덕분에 오스망 재개발은 높은 가성비 효율을 확보할 수 있었다. 이 사업에 들어간 막대한 예산을 관광 수입으로 보상하고도 몇 배 남는 장사였기 때문이다. 일단 경제적 측면에서 이 열매를 가장 많이 가져간 계층이 바로 부르주아였다. 여기에 더해 이들은 안전하고 쾌적한 도시 환경과 수준 높은 건축물을 배경으로 고급 문화생활과 소비생활을 즐기는 무형의 소득까지 한껏 누릴 수 있었다. 공장을 시내에 지어서 환경 오염과 노동자와의 갈등 등에 시달리던 런던 부르주아와는 대비되는 파리만의 특별한 상황이었다.

이상과 같은 여섯 가지의 경제 전략이 주효하면서 파리는 19세기 말부터 상업과 예술이 결합한 문화 전성기에 돌입하며 제1차 세계대전(1914~1918년) 이전까지 이어졌다. 문화사에서는 '벨 에포크'에 해당하는 시기이며 예술사조는 아르누보가 이끌었다. 벨 에포크Belle Époque는 직역하면 '아름다운 시절'이라는 뜻인데, 1871~1880년에 시작해 제1차 세계대전이 빌발한 1914년 사이에 꽃핀 파리의 문화 전성시대를 말한다.도 28-8, 28-9, 28-10 아르누보Art Nouveau는 이런 전성기를 대표하며 이끈 종

28-8. 물랭 루주Moulin Rouge 가든 쇼. 1889년 파리 만국박람회 때 장면(위)

28-9. 물랭 루주의 파티. 1900년 파리 만국박람회 때 장면(가운데)

28-10. <르셰위Le ChaHut(캉캉Can-Can)>(1889~ 1990년). 조르주 쇠라Georges Seurat(1859~ 1891년)의 작품(아래)

28-11. 1904년 개장한 카바레인 발 타바랭Bal Tabarin의 당시 외관 사진

합 예술사조였다. 벨 에포크는 파리의 고급 상품화 전략을 바탕으로 상류층의 고급 소비문화가 주도했는데, 여기에 필요한 도시, 건축, 미술, 인테리어, 가구, 디자인, 공예품 등의 여러 예술 장르를 종합적으로 창출해서 제공한 사조였다. 특히 도로를 면한 건물 입면을 화려하게 장식해서 소비 유흥 문화를 중심으로 도시 공간 속에 형성된 축제 분위기를 돋우었다.도 28-11

이런 여러 장르 가운데 19세기의 상업건축을 주축으로 한 도시건축은 우선 가장 상위 개념의 배경 공간을 제공했다. 이외에 앞의 '포스터'라는 의외의 장르도 중요한 역할을 했다. 포스터는 범위를 넓게 잡으면 그 기원이 중세와 초기 근대의 방문榜文이나 격문檄文까지 올라갈 수 있지만 좁게 잡으면 전적으로 19세기 파리의 소비문화와 상업 문화가 낳은 산물이었다. 1840년대부터 오스망 재개발 시기 사이에 처음 등장해 발전한 광고 산업의 총아로 기초를 다진 뒤 1890년대 아르누보 양식에서 서양 최초로 하나의 예술 장르로 독립하게 된다.

부르주아 상업건축 2

갈르리, 바자, 마가쟁, 백화점

29장

부르주아 소비 공간의 탄생 1
팔레 루아얄의 회랑식 상점가

다음으로 상업건축의 구체적 사례와 내용이다. 여기에서도 '갈르리, 바자, 마가쟁, 백화점 등의 소비 공간'과 '이상에서 파생한 두 가지 문화 논제' 등 두 가지 큰 세부 주제가 파생한다. 먼저 부르주아 소비 공간의 다양한 종류다. '부르주아 소비 공간'은 '부르주아 문화 놀이터'와 짝을 이루는 개념이다. 문화 놀이터는 말 그대로 파리 오페라 하우스, 박물관과 미술관, 도서관과 교회, 도시공원과 정원, 대로의 가로 미학과 거리 문화 등의 도시건축 요소를 기반으로 형성되었다. 여기에 더해 부르주아들이 고급 디자인 제품과 생활 공예품을 소비하는 상업 공간 혹은 상업건축도 함께 등장해 전성기를 누렸는데 이를 '소비 공간'이라 부른다.

구체적인 건물 종류는 크게 갈르리와 백화점 두 가지였고 그 사이에 바자와 마가쟁의 세부 유형 두 가지가 더 있었다. 등장 순서로 보면 갈르리와 바자가 먼저였고 마가쟁이 뒤를 이은 뒤 최종적으로 백화점으로 완성되었다. 이런 상업 시설은 순수한 건축적 차원의 평가와 별도로 산업혁명 시대에 새로운 소비문화가 최초로 형성되었다는 역사적 의미가 있었

29-1. <물랭 드 라 갈레트의 파티La Bal du Moulin de la Galette>(1876년). 피에르-오귀스트 르누아르Pierre-Auguste Renoir (1841~1919년)의 작품(위)

29-2. 레알을 그린 1862년 작품(아래)

다. 산업자본주의는 생산과 소비를 양대 축으로 삼는데, 인류 문명의 속성으로 볼 때 최종 목적은 아무래도 '소비'가 될 수밖에 없었다. 가능한 한 많은 사람이 더 좋은 물건을 더 싸게 그리고 부족함 없이 풍족하게 소비할 수 있게 하는 것이 현대 산업자본주의의 존재 이유이기 때문이다. 생산 부분에서는 영국과 런던이 앞섰지만 적어도 고급 소비문화까지 함께 생각하면 갈르리와 백화점을 탄생시켜 발전시킨 파리가 선두주자였다고 할 수 있다.도 29-1, 29-2

갈르리와 백화점의 실내 공간은 모두 진열된 상품을 돋보이게 하고 '소비'라는 경제 행위를 좋게 보이게 하는 건축 장치들이 요구된다는 공통점이 있었다. 장 스팬 무주 공간, 높은 조도와 밝은 실내, 위생적 이미지 등이 대표적인 특징들이었다.도 29-3 이것을 합하면 새로운 소비 공간은 천장에서 떨어지는 밝은 빛으로 가득 찬 위생적인 공간이라는 이미지가 형성되었다. 이런 이미지는 그대로 이 속을 가득 채운 새로운 소비 용품의 이미지가 되었다. 이는 다시 최종적으로 '자본과 기술은 인간에게 유용하고 좋은 신문명'이라는 긍정적 세뇌 효과를 가졌다.

이상의 배경 아래 두 건물의 형성 과정을 보자. 먼저 갈르리다. 명칭부터 정리하면, 갈르리는 'galerie'라는 프랑스어이며 언어권에 따라 영어권에서는 아케이드arcade나 갤러리gallery, 독일어권에서는 파사쥬passage(복수형은 'passagen(파사젠)')나 아케이드arkade, 이탈리아에서는 갈레리에galerie 등으로 다양하게 불렀다. 이 책에서는 '갈르리'를 사용하겠다. '갈르리'라는 명칭의 출처는 두 가지다.

하나는 18세기 후반 팔레 루아얄Palais Royal 일대의 상업 지역에 등장한 회랑식 상점가다. 이 상점가는 이름의 출처 이전에 실제 용도에서도 갈르리의 선례였다. 두 줄의 상점이 중간에 도로를 끼고 양옆으로 늘어선 형식이었는데 아직 지붕을 덮지는 않았다. 이런 상점가를 당시 파리에서는 '갈르리'라고 불렀으며, 이것이 이후 상업 소비 공간을 지칭하는 대표 이름으로 발전해서 자리 잡았다.도 29-4

다른 하나는 아래에 나오는 '산업 바자'라는 또 다른 상업건물이다. 이 건물도 갈르리 형식으로 지었는데, 당시 이 건물을 '철의 갤러리'라는 별명으로 불렀고 이것이 이후에 역시 갈르리라는 상업 소비 공간의 이름으로 굳어졌다는 설이다. '갤러리'의 프랑스어가 '갈르리'이기 때문이다. 그런데 산업 바자는 1829년에 준공한 데 반해 콜베르 갈르리와 비비엔 갈르리는 이미 1823년에 개장해, 년도에 불일치가 있긴 하지만 구체적인 단어가 겹치는 점에서 포괄적 연관성은 분명히 있어 보인다.

29-3. 레알 준공 당시 실내 모습 (위)

29-4. 팔레 루아얄을 그린 도르레앙 갈르리Galerie d'Orléans의 작품 (1830년) (아래)

어쨌든 팔레 루아얄 주변의 회랑식 상점가가 건축 형식과 명칭 모두에서 갈르리의 전신인 점은 분명하다. 도로를 따라 상점이 형성되는 건 동서고금의 모든 도시에서 공통적인 현상이었기에 특별히 새로울 건 없었다. 하지만 이 화랑식 상점가에서는 나중에 갈르리의 기본 구성이 되는 대표적인 공간 형식이 처음 형성된 점이 중요한데, 바로 도로를 중간에 끼고 양옆에 상가를 배열하는 구성이다. 또한 고급 기호품을 파는 전문 상가가 집중해서 군집을 이룬 것도 파리에서는 이곳이 거의 처음이었다. 갈르리는 공간 구성이 복잡하지 않아서 이런 회랑식 상점 지붕만 덮으면 사실상 곧바로 갈르리가 되었다.

부르주아 소비 공간의 탄생 2

갈르리, 고급 소비 공간의 대명사

당시 파리에서 고급 상가가 집중적으로 몰려 있는 곳은 팔레 루아얄의 갈르리가 처음이라 개장 때부터 부르주아들에게 인기가 상당했다.도 29-5 이후 19세기에 접어들며 산업 부르주아의 숫자가 급증하면서 이들의 새로운 소비문화를 수용할 전문적인 상업 시설이 필요해졌다. 이때 선례로 삼은 게 먼저 등장해 있던 회랑식 상점가였다. 다만 규모와 건축 형식에서 도시의 거리 하나를 통째로 잡아 지붕을 덮고 양옆에 고급 상가를 줄지어 배치하는 형식으로 진일보했다.

거리 하나를 개발함으로써 일단 상점 수가 크게 확보되었다. 여기에 지붕을 덮음으로써 실내라는 느낌을 주면서 집중도를 높였다. 이때 천장은 당시 신건축을 대표하던 재료인 '철제-유리'의 조합으로 덮었다. 건물 높이는 1층이나 2층이 가장 많았고 일부 3층도 있었다. 각 상가는 공을 들여 출입구와 정면을 꾸몄다. 나중에 20세기에는 우리의 전통시장 같은 일반 시민을 위한 갈르리도 등장했지만 19세기에는 대부분 부르주아의 전용 소비 공간이었기에 상가 정면도 비싼 재료를 들여 고급스럽게 디자인했다. 거리 전체의 양 끝에는 멋지게 디자인한 광고용 출입구도 세웠다.

갈르리는 거리 하나를 막아 소규모 상가들로 채우는 형식이었고, 아직 산업혁명이 본격화하기 이전인 19세기 초에 등장한 후 급성장했다. 규모가 작고 기존 가로 부분을 살린 건물이어서 건축에 부담이 적었기 때문에 산업혁명 초창기 때 가장 먼저 등장한 상업건축이었다. 경제사에서는 대형 기업이 주도하는 전성기 자본주의 이전에 소매상 중심의 초기 자본주의에 해당하는 형식이었다. 파리에는 1800~1830년에 적어도 17개의 갈르리가 들어섰으며 이후에도 산업자본주의가 성장하면서 계속 지어졌다.

29-5. 팔레 루아얄 정원의 화려한 소비생활 장면. 당시 '주변의 모든 세상이 팔레 루아얄을 쳐다보게 되었다'라는 말이 유행할 정도였다.

20세기에 들어와서는 부침도 겪

었다. 우선 당장 19세기 말부터 백화점이 등장하며 상가 개수와 건물의 공간 분위기 등 여러 면에서 경쟁력이 후퇴했다. 이런 현상은 다양한 쇼핑몰이 등장하기 시작하는 20세기에 더 심해져서 19세기 갈르리의 여러 곳이 사라지기도 했다. 이런 가운데 파리에는 현재까지도 주요 갈르리는 남아 있나. 대표적인 예는 1820년대에 연달아 개장한 콜베르 갈르리Galerie Colbert(1823년), 비비엔 갈르리Galerie Vivienne(1823년), 베로-도다 갈르리Galerie Véro-Dodat(1826년), 슈아죌 갈르리Galerie Choiseul(1827년) 등 네 곳과 1860년에 개장한 프랭스 갈르리Galerie Princes(파사쥬 데 프랭스Passage des Princes) 등을 들 수 있다.도 29-6, 29-7, 29-8, 29-9

이런 형태의 상업 시설 유형은 아마도 서양은 물론 전 세계에서 파리가 시초일 것이다. 파리는 특히 거리 문화가 발달해 있어서 노천 옥외 시설인 갈르리를 즐기기에 적합한 도시였다. 더하여 갈르리는 순수하게 공간적 측면에서도 매력적인 형식이었다. 우선 갈르리 전체의 출입구에 부착한 광고판과 글씨부터 안쪽 개별 가게의 정면과 출입구를 꾸민 장식에 이르기까지 모든 디자인 요소가 갈르리 자신은 물론 주변의 공간까지도 고급스럽게 보이게 했다. 통로는 실내와 실외를 겸해서 양 공간의 장점을 동시에 갖췄다. 천상은 철제와 유리의 신건축 양식으로 짜서 시대를 앞서가는 이미지도 확보했다.

이런 장점을 바탕으로 이후 낭트Nantes를 비롯한 보르도Bordeaux와 리

29-6. 콜베르 갈르리Galerie Colbert(1823년) 내부 통로 모습(위 왼쪽)

29-7. 비비엔 갈르리Galerie Vivienne(1823년) 중앙 유리 돔 실내 모습(위 오른쪽)

29-8. 베로-도다 갈르리Galerie Véro-Dodat(1826년) 정면 출입구에서 들여다본 내부 통로 모습(아래 왼쪽)

29-9. 슈아죌 갈르리Galerie Choiseul(1827년)(아래 오른쪽)

옹Lyon 등 프랑스 주요 산업-상업 도시를 필두로 유럽 전역에 빠르게 퍼져나갔으며, 대서양 건너 미국과 캐나다에까지 도입되어 큰 인기를 누렸다. 유럽에는 파리를 필두로 런던, 빈, 베를린, 밀라노, 낭트, 보르도, 리옹 등 각국의 주요 도시에 아직도 여러 곳의 갈르리가 남아 있다.

부르주아 소비 공간의 발전

바자와 마가쟁

다음으로 바자와 마가쟁이다. 바자는 그 자체로는 지금은 사라지고 없지만 19세기에는 백화점의 전신 형식으로서 역사적 의미가 있는 소비 공간 유형이었다. 갈르리와 비교해서 백화점은 늦게 등장했는데 그 중간에 '바자bazar · bazaar'와 '마가쟁magasin'이라고 불리는 전신 형태의 초창기 백화점이 먼저 있었다. 바자가 먼저 등장한 뒤 마가쟁으로 발전했으며 마지막에 백화점으로 완성되었다.

'바자'는 중동을 필두로 북아프리카, 발칸 지역, 남아시아 등에서 '상점가'나 '시장 거리'라는 뜻으로 사용하는 말이다. 여러 개의 작은 상가나 좌판이 모인 시장으로, 옥외 시설도 있었지만 천장을 덮은 경우가 더 많았다. 우리의 천장 덮은 전통시장과 흡사하다고 볼 수 있다. 지금도 '바자회'라는 이름의 상업 행사명이 우리나라에서 여전히 사용되고 있는데, 사전적 뜻은 '공공 또는 사회사업의 자금을 모으기 위해 벌이는 시장'이다.

유럽에서 상업건축으로서의 바자는 1816년 런던에 처음 등장했다. 소호 광장Soho Square에 상점 건물이 세워지면서 새로운 이름을 찾다가 '바자'를 빌려와 붙인 것으로 지금은 남아 있지 않다. 유럽에도 광장, 거리, 공터 등에 실외 시장이 있었지만 천장을 덮지 않은 완전 노천 시설이었는데, 런던의 바자는 이름만 빌린 게 아니라 공간 형식도 일정 부분 천장을 덮어서 아시아권의 원래 바자와 비슷했던 걸로 알려진다. 이렇게 보면 바자 이전에 갈르리나 아케이드의 전신으로도 볼 수 있다. 한편 이 바자는 가게를 전사자 유족에게 무상으로 임대하는 자선사업도 겸했다.

바자는 이후 파리로 전파되었다. 파리는 일찍부터 부르주아의 소비문화가 성장하면서 이를 수용할 다층의 상업 공간이 새로운 건축 형식으로 등장했는데, 이에 적절한 이름을 찾던 중에 이 이국적 단어를 별 무리 없이 수용한 것이다. 런던에서 먼저 사용했다는 점도 일종의 검증을 거친 것이어서 이질감을 줄이는 데 도움이 되었다. 파리에는 1825년 1구에 있는 생토노레가Rue Saint-Honoré(루브르 박물관과 튈르리 정원 사이 북서쪽 10시 방향에 위치)에 그랑 바자Grand Bazar가 처음 문을 열었다.

이후 1829년 파리의 4대 대로 가운데 하나인 2구의 몽마르트르 불르바르Boulevard Montmartre(부르스Bourse 북쪽에 위치)에 '산업 바자Bazar de l'Industrie'가 뒤를 이어 들어섰다. 이어 1827~1830년에는 '프랑스 산업 바자Bazar de l'Industrie française'라는 또 다른 매장도 개장하면서 '산업 바자'는 당시 유행어가 되기도 했다. '산업 바자'라는 이름이 유행했던 건 이 건물에서 판매하는 상품이 산업혁명으로 생산한 새로운 공산품이라는 사실을 강조하기 위한 광고 전략으로 볼 수 있다.

이런 초창기 바자는 교회나 공공건물과 달리 자료가 충분히 남아 있지 않아서 정확한 건물 모습을 알기 어렵다. 아직 완성된 독립적인 건축 형식을 갖춘 제대로 된 건물은 아니었을 걸로 추정되는데, 공간 구성에서는 갈르리 형식을 빌려와 사용한 건 확실해 보인다. 산업 바자를 보면 중앙통로 양쪽에 주철을 주재료로 2층의 상가건물을 세웠으며 지붕은 유리로 덮었다. 다만 갈르리가 주로 기존의 거리 하나를 개조한 것이라면 산업 바자는 이 형식의 건물을 통째로 새로 지은 게 차이점이었다.

이후 바자는 점차 규모가 커지면서 '마가쟁'이라는 다음 단계의 상업건축으로 발전했다. '마가쟁'은 프랑스어로 '상가'나 '가게'라는 뜻의 일반명사인데 19세기에는 바자가 발전한 다층의 실내 상업 시설을 지칭하는 말로 사용했다. 부르주아의 고급 소비재보다는 대량생산된 제품을 싼값에 다량으로 판매했다. 이전까지 길드에 의해 수공업으로 생산되어 좁은 도로의 소형 상가에서 비싸게 팔리던 각종 옷감, 의류품, 생활용품 등이 주요 품목이었다. 마가쟁 역시 바자와 마찬가지로 현재 남아 있는 건물은 없다고 볼 수 있는데, 다만 백화점으로 발전한 예들도 있어서 역사적 기록으로서의 의미는 찾을 수 있다.

공간 구성은 대체로 앞의 바자와 비슷했는데 세부적으로는 더 다양했다. 일부는 임시 건물 형태에서 벗어나 좀 더 영구적 건물로 정리되었으며 고급 장식으로 꾸미는 등 제대로 된 건축 형식을 갖추기 시작했다. 반면 또 다른 일부는 단독 건물로 들어오지 않고 주변의 오래된 작은 상점과 건물을 사서 간판만 하나로 통합하는 등 오히려 노천 시설로 후퇴하기도 했다. 여러 개의 작은 건물을 불규칙하게 모아서 큰 마가쟁 하나로 통합하는 형식이었다. 이런 경우 오래된 상점과 구별해야 했기에 1830년대 후반에는 '새로운 상가'라는 뜻의 '마가쟁 드 누보테magasin de nouveautés'라는 이름도 사용되었다.

이상의 과정을 거치며 '바자-마가쟁'은 1820~1830년대 파리 초창기 상업건축에서 저층의 갈르리와 짝을 이루며 다층의 소비 공간을 대표하는 형식으로 먼저 자리 잡았다. 이어 바자와 마가쟁은 1860~1870년대에 다시 백화점으로 발전·정착하면서 사라진다. 이로써 19세기의 파리 상업건축은 최종적으로 '갈르리-백화점'의 두 형식으로 정리된다. 두 형식은 상업건축의 상반되는 두 조건을 각각 대표했다. 즉 갈르리는 '저층-고급 전문 상가-옥외 시설'이었고 백화점은 '고층-대량소비-실내 시설'이었다.

부르주아 소비 공간의 완성

백화점, 자본주의 소비 공간의 총아

마지막으로 백화점은 마가쟁이 더 발전하면서 최종적으로 정착한 고층 상업건축이었다. 마가쟁이 1850년대까지는 아직 완전한 건축 형식을 갖추지 못한 채 노천 형식으로 규모만 늘려가다가 1860년대에 비로소 제대로 된 건물로 입주하며 백화점이 탄생했다. 백화점은 프랑스어로는 '그랑 마가쟁grand magasin'인데, 상호와 함께 쓰면 '라파예트 갈르리'나 '마가쟁 봉마르셰'에서 보듯 보통 '갈르리' 혹은 '마가쟁'이라는 단어를 함께 쓴다.

여기에는 갈르리와 마가쟁이 백화점의 전신이라는 뜻이 담겨 있다.

19세기 백화점은 20세기 소비 자본주의와 상업건축의 꽃이라 할 수 있는 요즘 백화점의 효시로, 이 역시 파리에서 처음 등장했다. 19세기의 소비 공간 종류를 기준으로 보면 최종적으로 갈르리와 대별을 이루는 짝으로서, 발생학적으로 보면 높이가 1~2층에 불과한 실외 시설이었던 갈르리를 실내 시설로 바꾼 뒤 수직으로 쌓아 올린 고층 형식의 상업건축이었다. 소비 공간이 이처럼 수직으로 집적集積되었다는 건 이 시기를 거치면서 소비의 총량이 대폭 증가했다는 뜻이었다. 실제 시기적으로도 백화점은 1850~1860년대의 형성 기간을 거쳐 2차 산업혁명이 시작하는 1870년대에 본격적인 모습을 드러낸다. 1870년대는 산업혁명에 가속이 붙으면서 파리에서도 부르주아의 수가 대폭 증가하고 대량소비 시대에 진입하는 때였다.

지금의 백화점이 그렇듯이 파리의 19세기 초창기 백화점 역시 처음부터 오로지 소비만을 위한 극단화된 상업건물로 탄생했다. 이렇다 보니 외관보다는 상품이 진열된 실내에 모든 초점이 맞추어졌다. 전체 층수는 이미 처음부터 6~7층 높이였으며, 중앙에 천장까지 뻥 뚫린 광정光井(아트리움atrium)을 두고 천장은 철제 프레임에 유리로 덮었다.도 29-10, 29-11 실내는 밝은 자연광으로 가득 찼는데, 이는 곧 산업자본주의가 낳은 새로운 상업 소비문화가 건강하고 긍정적이라는 인식을 강하게 심어주며 백화점의 인기몰이에 바탕이 되었다. 철제와 유리를 이용한 건물이 산업자본주의를 상징하는 물리적 증거였고 그 속을 가득 채운 값싼 생활용품이 역시 새로운 상업 소비문화를 상징했다.도 29-12

중앙 홀에는 2층으로 올라가는 거대한 계단을 설치했는데 이는 파리 오페라 하우스를 본보기로 삼은 게 확실했다.도 29-13, 29-14 이 역시 공간적 상징성이 있는 구성이었다. 부르주아의 문화 놀이터, 나아가 파리의 공연 문화 전체를 대표하는 파리 오페라 하우스의 중앙 홀을 백화점에 이시함으로써 대량소비를 촉진하는 상업 자본주의 역시 또 하나의 새로운 고급 문화라는 인식을 심는 역할을 했다. 이로써 파리 부르주아는 스스로 오페라라는 전통적인 고급 문화와 소비 자본주의라는 신흥 고급 문화 모두를

29-10. 라파예트 백화점 중앙홀 유리 돔 천장(위 왼쪽)

29-11. 에펠이 설계한 봉마르셰 백화점 중앙 유리 천장(위 오른쪽)

29-12. 라파예트 백화점 중앙홀 유리 돔 천장과 매장 전경(아래 왼쪽)

29-13. 봉마르셰 실내 중앙홀 대계단grand staircase. 19세기 사진(아래 가운데)

29-14. 프렝탕 백화점 실내 중앙홀 대계단. 19세기 사진(아래 오른쪽)

양손에 거머쥔 계층으로 자리매김했다. 이는 '돈도 많은데 문화적 수준까지 최고'인 계층이라는 뜻을 담고 있었다.

폴리 베르제르Folies Bergère는 서양에서 인기 많은 공연 문화를 소비문화와 결합해서 성공한 또 다른 사례였다. 1869년 폴리 트레비스Folies Trévise로 개장한 뒤 1872년에 폴리 베르제르로 이름을 바꾸었고, 이후 1890년대부터 1920년대까지 벨 에포크 시절 큰 인기를 누리며 전성을 구가한 종합 공연장이었다. 가벼운 유흥 행사부터 대중음악, 약식 오페라, 심지어 운동경기까지 아우르는 종합 대중 공연시설이었는데, 요즘의 프로야구처럼 음식을 먹으며 관람할 수 있어서 소비의 범위를 확장하는 데에 큰 도움을 주었다. 그런데 이 시설의 실내가 마침 라파예트 백화점의 중앙홀을 닮았다. 이는 벨 에포크 시절의 소비문화가 다양한 방향으로 확장되었음을 보여주는 좋은 사례라 할 수 있다.도 29-15

이상과 같은 준비 과정을 거쳐 파리 최초의 백화점이 탄생했다. 최초의 예는 두 백화점으로 나뉜다. 첫째, 개장 일자만을 기준으로 보면 1865년에 개장한 프렝탕 백화점Magasins Prinemps(지금의 프렝탕 오스망Printemps Haussmann)이다.도 20-2, 29-16 둘째, 건물을 기준으로 하면 1870년에 개장한 사마리텐Samaritaine(지금의 사마리텐 퐁네프Samaritaine Paris Pont-Neuf 혹은 사마리텐 리볼리Samaritaine Rivoli, 줄여서 '사마리')이 된다.도 29-17 셋째, 건축적 종합성을 기준으로 하면 1872년에 개장한 봉마르셰 백화점Magasins Bon Marché(줄여서 'Le Bon Marché')으로 얘기된다.

29-15. 폴리 베르제르Folies Bergère 공연 장면

이 가운데 봉마르셰 백화점이 개장 전부터 백화점의 판매 형식을 먼저 구축하는 등 여러 측면을 종합했을 때 보통 파리 최초의 백화점으로 얘기된다. 현재 좌안 7구에 위치하며, 건물 일부가 원래 상태에서 조금 변형되어 남아 있다. 19세기 고급 백화점의 효시이자 대표라는 역사적 상징성이 있는 백화점이다. 처음에는 1838년 같은 장소에 부티크 형식의 노천 마가쟁으로 문을 연 뒤 1852년부터 제품 종류와 수량을 대폭 확장하고 정찰제를 시행했으며 점포 수도 늘리는 등 백화점의 초창기 형태로 발전했다. 1863년부터 좀 더 선진화한 경영 기법을 접목하는 등 완성된 백화점 모델을 향한 준비를 본격화했으며 1869년부터 이를 수용할 현재의 건물 공

29-16. 프렝탕 백화점 현재 외관(왼쪽)

29-17. 사마리텐 백화점 1905년 사진(오른쪽)

29-18. 봉마르셰 백화점 개장 당시 그림(위)

29-19. 봉마르셰 백화점 현재 외관(아래)

사를 시작했다. 이처럼 10여 년의 준비 끝에 1872년 5만 m³(1만 5,150평)의 어마어마한 규모로 개장했다.도 29-18, 29-19 당시 하루 이용객은 1만 6,000명에 달했다.

여러 건축가가 간여했는데 건축사에서는 대표 건축가를 보통 루이-샤를 부알로Louis-Charels Boileau(1837~1914년)로 잡으며 귀스타브 에펠Gustave Eiffel(1832~1923년)이 구조를 담당했다. 에펠이 구조를 설계한 데서 알 수 있듯이 당시 첨단 건축 방식이던 철제와 유리로 천장을 덮음으로써 고딕 성당을 능가하는 밝은 빛이 실내를 가득 채우며 떨어지게 했다.도 29-11 중세 성당의 실내 빛이 하늘을 상징했다면 이 백화점의 실내 빛은 사회적으로는 자본과 기술의 승리를, 건축적으로는 밝고 위생적인 환경을 상징했다. 19세기에 천장에서 떨어지는 밝은 빛을 상징하는 또 다른 건물인 기차역이 '철의 성당'이라 불렸는데, 백화점에 대해서는 이런 식의 별명은 없었지만 굳이 붙이자면 '물신의 성당'이라 부를만했다.

봉마르셰 백화점이 개장한 1872년에 파리의 소비 역량은 이미 포화 상태에 이르고도 한참이 지난 상태였다. 축적된 부에 합당한 소비문화를 구축하지 못한 채 오랜 기간을 목마르게 기다린 끝에 봉마르셰는 개장하자마자 폭발적인 인기를 끌었다. 여전히 공급이 수요를 따르지 못하자 10여 년 주기로 대형 백화점들이 세 번 연이어 개장했다. 가장 먼저 프렝탕 백화점이 10여 년 뒤인 1882~1883년에 건물을 증·개축해서 재개장했으며, 다시 10여 년 뒤인 1894~1895년에는 라파예트 백화점Galeries Lafayette(현재의 공식 명칭은 라파예트 오스망 갈르리Galeries Lafayette Haussmann)이 뒤를 이었다.도 29-20, 29-21 이 두 백화점은 이름에 '오스망'이 들어간 데에서 알 수 있듯이, 오스망 재개발 결과 새로 탄생한 9구에 지이져서 현재에 이른다.

29-20. 라파예트 백화점 개장 당시 실내 중앙홀 대계단 장면(왼쪽)

29-21. 라파예트 백화점 현재 외관(오른쪽)

이런 흐름은 20세기 초까지 이어져 1905년에 렌느가의 그랑 바자Grand Bazar de la rue de Rennes가 개장했다. 이 건물은 아르누보 건축에서도 중요한 역할을 한 뒤 1972년 철거되었다.

이상에서 파생한 문화 논제

'소비에서 유흥으로'와 소비 장경주의

19세기 파리 상업건축의 마지막 단계인 '이상에서 파생한 두 가지 문화 논제'다. 이상과 같은 19세기 파리의 소비문화와 유흥문화는 단순한 상업 행위로 끝나지 않고 하나의 고급 문화로 발전했다. 이와 관련해서 다양한 논제가 풍부하게 이어져오고 있는데, 예컨대 영국 출신의 마르크스주의 지리학자 데이비드 하비David Harvey(1935년~)는 『파리, 모더니티의 수도*Paris, Capital of Modernity*』(2003년) 12장에서 '소비'라는 주제를 오스망 재개발이 구축한 스펙터클 미학 및 그 속에서 벌어지는 여가 문화와 연계해 해석했다. 이 책에서는 또 다른 대표적인 두 가지를 소개하겠다.

하나는 '소비에서 유흥으로'라는 주제다. 이는 좀 더 포괄적인 사회 현상으로, 파리의 소비문화가 번성하며 단순히 새로운 공산품의 구매와 소비를 넘어 '유흥'이라는 또 다른 문화 현상으로 발전해갔다는 뜻을 담고 있다. 여기서 '유흥'은 요즘처럼 과도한 음주, 불건전한 가무, 성매매 등이 점철된 부정적 의미보다는 '도시 공간을 배경으로 삼아 즐기는 종합적인 놀이 문화'라 할 수 있다. 물론 19세기 파리도 요즘과 같은 쾌락 해소용 유흥문화가 번성한 도시 가운데 하나였다. 하지만 이를 포괄하는 좀 더 긍정적인 의미의 도시 놀이 문화를 탄생시킴으로써 부정적 의미의 쾌락성 유흥문화를 숨기는 효과가 있었다.

이런 현상의 배경에는 '바도badaud'로 집약되는 파리의 오랜 거리 문화 전통이 있었다. 즉 도시에서의 놀이 문화가 실내에 집중하는 우리와 달리 외부 공간을 어슬렁거리며 걷는 거리 문화가 함께 발달했다. 19세기를 거치며 바도 전통이 부의 축적 및 소비문화의 발전과 맞물리면서 도시 외부 공간은 다양한 놀이 문화가 벌어지는 거대한 종합 상업 공간으로 탈바꿈했다. 파리에서는 이를 즐기는 식당, 카페, 각종 키오스크, 야외무대, 파노라마 상영관 등의 상업 시설이 도시 공간 곳곳을 채웠다. 이런 상업 시설들은 광장과 거리와 골목은 물론이고 정원과 공원에도 넘쳐났다.

다른 하나는 '소비 장경주의'라는 건축 미학이다. 백화점의 실내 공간에 형성된 소비문화를 건축과 관련해서 해석한 미학 개념이다. 건축을 무대처럼 꾸며서 강조하는 기법인 '장경주의'를 소비 행위에 적용한 개념으로, 백화점은 그 자체가 하나의 거대한 극장이 되면서 소비 행태를 '장경주의'라는 미학 작용으로 구축해냈다. 백화점에서 강조할 대상은 실내를 가득 채운 새로운 소비재 공산품이었다. 넓은 진열 공간, 천장까지 뻥 뚫린 광정光井(아트리움atrium) 형태의 중앙 홀, 철제로 짠 유리 천장에서 떨어지는 밝은 빛, 화려한 장식과 조명 등이 이런 목적에 맞춰 무대 디자인 개념으로 구축한 실내 공간 구조였다.도 29-21

이런 공간 구조 속에서 장경주의는 두 단계로 일어났다. 첫 번째 단계에서는 이 속에 진열된 상품부터가 연기를 펼치는 배우처럼 작동했다. 저마다 물건을 사러 온 고객의 눈길을 끌기 위해 무대처럼 꾸며진 배경 공간 속에서 배우가 연기하듯 자신들을 드러내 보였다. 고객들은 이런 상품을 공연 보듯 관람하면서 각자의 취향에 맞는 감동을 끌어냈고, 다시 그런 감동의 크기와 강도에 따라 소비를 결정했다.

두 번째 단계는 이런 고객들끼리 서로를 배우처럼 관람하는 것이었다. 물건을 구매하기 위해 진열된 상품을 여유 있게 관찰하면서 백화점 실내를 오가는 소비자들은 모두가 배우나 연기자였다. 이들은 다른 소비자들의 행위를 극장에서 배우의 연기를 관람하듯 관찰했으며, 그들 또한 거꾸로 이들을 이렇게 관찰했다. 사람들은 백화점에서 물건만 보는 게 아니고 실내 공간도 감상하며, 다른 손님도 의식적으로나 무의식적으로 힐끔거리곤 한다. 백화점 고객들은 자신을 서로에게 기꺼이 감상 요소로 제공한다.

서로 보고 보이는 이런 행위는 파리 오페라 하우스의 실내 로비에서 벌어지던 것과 같았다. 그래서인지 앞에 나열한 백화점의 실내 매장은 파리 오페라 하우스의 로비와 유사했다. 차이점은 파리 오페라 하우스가 실내를 좀 더 순수한 장식 예술로 꾸민 데 반해 백화점에서는 이런 장식이 상대적으로 줄어든 대신 상품 자체가 일정 부분 장식 역할을 겸했다는 것이다. 심지어 이런 새로운 물건들과 다른 고객들을 넋을 놓고 구경하는 사람들조차 또 하나의 구경거리가 되면서 구경꾼을 구경하는 2차 장경주의까지 파생할 정도였다.

백화점의 등장은 분명 당시 파리에 경제 충격을 넘어 커다란 문화 충격이자 일상생활의 대변혁을 상징할 만했다. 80여 년 전에 프랑스대혁명이라는 거대한 정치 혁명을 일으켰던 파리가 100년도 채 되지 않아서 이제 소비문화에서 대변혁을 일으킨 것이다. 당시 충격을 소재로 삼은 대표적인 문학 작품으로 가장 많이 인용되는 소설이 바로 에밀 졸라의 『부인들의 행복을 위하여*Au Bonheur des Dames*』(1882년)다. 이는 직역한 제목이고 소설 내용을 반영해서 『여성들의 행복 백화점』이라고 하기도 한다. 예상하듯이 소설은 백화점이라는 소비 궁전의 화려하고 밝은 실내 풍경 및 그 속에서 벌어지는 소비자들의 욕망과 난리에 가까운 구매 행태를 적나라하게 묘사하고 있다.

30장 만국박람회

철제 건축, 대형 전시장, 관광주의

만국박람회, '철제 건축 = 신건축 운동 = 부르주아'의 동의어 공식이 성립되는 장

산업혁명이 낳은 19세기의 대표적인 종합 행사를 꼽으라면 바로 만국박람회일 것이다. 경제와 산업이 중심 분야가 되어서 정치, 사회, 문화, 예술 등을 아우르는 초대형 국제 전시 행사였다. 만국박람회 자체는 지금도 열린다. 우리나라에서도 이미 이른바 '엑스포'라는 이름으로 대전 엑스포(1993년)와 여수 엑스포(2012년)가 개최된 적이 있다. 정식 명칭은 대전 세계박람회와 여수 세계박람회였는데 모두 특정 주제를 소개하는 이른바 테마형 박람회였다. 이보다 더 큰 규모가 종합형 박람회인 세계박람회로, 우리도 2030년 세계박람회 유치에 도전했다 실패한 바 있다.

그런데 규모, 파급 효과, 신선함의 충격 등 모든 면에서 19세기 만국박람회는 20세기 이후와 비교하기 힘들 정도로 거대한 국제 행사였다. 산업혁명 초창기에 처음 보는 거대한 기계 공산품은 전시만으로도 온 세상을 깜짝 놀라게 하기에 충분했다. 더하여 당시는 제국주의 시대여서 각국이 세계 여러 식민지에서 약탈해온 신기한 동식물과 풍물 등을 함께 전시해 이 또한 많은 관람객을 불러 모으는 데 중요한 역할을 했다.

이렇게 볼 때 19세기 만국박람회는 기본적으로 부르주아의 행사였다. 물론 제국 정부가 행사의 유치부터 준비, 개장, 운영, 마무리, 사후 관리 등에 이르는 전 과정을 담당했고, 이는 그대로 제국 열강의 국력과 경쟁력을 과시하는 장이기도 했다. 그런데 전시품에 집중해서 보면 19세기 만국박람회는 결국 새로운 공산품의 경연장이자 거대한 판매 시장이었다. 제국의 국력 과시나 관광 수입 등도 중요했지만 핵심은 기계 공산품을 전시해서 선전하고 판매하는 일이었다. 현장에서 제품을 보고 즉석에서 구매 계약을 체결하는 일도 빈번했다. 이런 이유로 만국박람회의 주인은 결국 부르주아, 특히 산업 부르주아였다.

30-1. 1844년 파리에서 운영하던 공산물 전시관

이런 방식의 '전시-판매'는 근대적 만국박람회가 시작하기 전부터 성행하고 있었다. 예를 들어 파리에서는 이미 1844년에 성대한 공산품 전시 행사가 열렸는데, 이를 위해 거대한 '철제-유리' 건물로 공산물 전시관을 지었으며 개장일에는 당시 프랑스를 대표하는 작곡가이자 지휘자였던 엑토르 베를리오즈Hector Berlioz(1803~1869년)가 지휘하는 음악회도 열렸다.도 30-1 그만큼 파리시는 물론 국가 전체가 공을 들여서 '산업 생산-판매 비즈니스-문화 행사'를 결합한 대형 행사로 진행했다는 뜻이다.

이 과정에서 철제 건축과 신건축 운동이 자연스럽게 부르주아와 동의어가 되었는데, 몇 단계로 나누어볼 수 있다. 우선 당시의 기계 공산품은 크기가 컸다. 수십 미터 크기의 터빈 엔진도 흔했다. 따라서 대형 전시관이 핵심 건물이었다. 대형 공산품을 전시하기 위해서는 공간이 중간에 기둥이 없는 장 스팬의 '무주無柱' 공간이어야 했는데, 여기에는 설계, 시공, 공사비 등 여러 면에서 철제 트러스로 천장을 받치는 구조가 가장 효율적이었다.도 30-2

또한 가능하면 인공조명보다는 자연 채광이 유리했다. 무엇보다 당시는 아직 전기가 발명되기 전이어서 가스등으로는 대형 공간을 밝히기에

30-2. 1878년 파리 만국박람회 기계관Galerie des Machines 전시 장면(위)

30-3. 1867년 파리 만국박람회 산업관에서 거행된 사은품 행사 장면. 로마 원형극장 형태로 공간을 꾸몄다. (아래)

부족했다. 물론 19세기 말에 가면 전기가 발명되긴 하는데 아직 초창기여서 인공조명의 효능이 크게 떨어졌다. 순수하게 공간적으로 봐도 이런 대형 공간을 인공조명만으로 밝히면 답답하게 느껴지며 유지 관리에도 비용과 수고가 든다. 경제적으로나 심리적으로도 자연채광이 유리했다. 백화점 등의 상업 공간과 같이 자본주의가 밝고 건강한 경제체제라는 이미지를 줄 수 있었기 때문이다. 더 근본적으로 고가의 대형 공산품을 자세히 검토하기 위해서는 대낮에 밝은 자연광 아래에서 보는 게 더 정확했다.

이런 배경에서 철재 구조에 유리 천장을 덮은 공간이 전시관의 대표 형식으로 자리 잡았다.도 13-10, 20-4, 30-3

만국박람회가 의외로 철제 건축이 자리 잡는 데에 중요한 역할을 한 것이다. 철재는 탄소 함유량, 내력 강도, 유연성, 제작 방식 등을 기준으로 1870년 이전에는 주로 주철cast iron과 연철wrought iron을 썼고 그 이후는 강철steel로 만든 철골이 주재료가 되었다. 그런데 이런 전시장 속을 채우는 제품은 산업 부르주아의 공장에서 생산한 공산품이었다. 이로써 기계 공산품을 중간 매개로 삼아 '만국박람회-철재 구조와 유리 천장의 전시장-산업 부르주아'의 세 주체가 동의어가 되는 공식이 성립되었다. 마지막으로 19세기 신건축 운동은 철골이 주도했기 때문에 동의어 공식에 신건축 운동이 하나 더 추가되어 최종적으로 네 주체가 동의어가 되었다.

물론 부르주아는 네오바로크라는 역사주의 양식을 자신들의 계급 정체성으로 삼았기 때문에 '전통 vs. 신문명'의 이분법을 기준으로 보면 신건축 운동과 반대편에 선 걸로 볼 수도 있다. 그러나 앞에서 보았듯이 19

세기의 신건축 운동에서는 상업건축과 만국박람회가 핵심 역할을 했는데, 이 두 흐름을 이끈 것 역시 부르주아였다. 당시 철골은 완전히 새로운 재료 공법이어서 공학적 기반, 설계 기술과 시공 기술의 개발, 건축 미학의 창출 등 모든 면에서 새로운 연구가 필요했다. 이를 이끈 건 엔지니어와 진보 지식인들이었으며 이런 새로운 재료 공법으로 대형 구조물과 건축물을 짓도록 후원한 계층 또한 부르주아였다. 이렇게 볼 때 부르주아는 역사주의와 신건축 운동 모두를 후원하고 자신들의 대표 건축 양식으로 삼았다고 볼 수 있다.

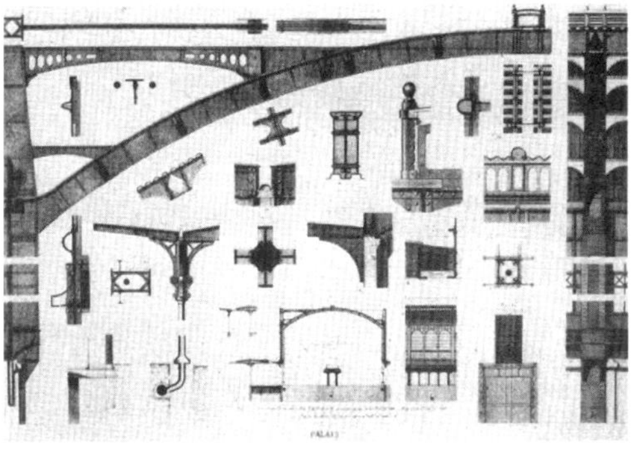

30-4. 1867년 파리 만국박람회 기계관 철재 디테일(위)

30-5. 1900년 파리 만국박람회 원예관(아래)

만국박람회는 이 가운데 신건축 운동을 구현할 수 있는 최고의 기회였다.도 30-4 원론적으로 만국박람회는 행사의 성격상 평소에는 잘 짓지 않는 특이한 건물이 대거 등장하는 장이어서 건축 분야에는 좋은 실험의 기회가 된다.도 13-2, 30-5 20~21세기에는 이런 흐름이 주로 특이한 형태의 비정형 건축이나 특수 구조를 활용한 구조 미학으로 가는 편이다. 반면 19세기에는 대형 전시관이 이런 흐름을 이끈 대표적인 건물 유형이었다. 대형 전시관 역시 평소에는 지을 일이 없기는 마찬가지여서 당시 파리의 엔지니어와 건축가들은 이 기회를 놓치지 않고 철제를 기반으로 한 신건축 운동이 발전하는 데에 적극적으로 활용했다. 이런 배경 아래 이번 장에서는 19세기 만국박람회를 거시적으로 살펴본 뒤 다음 장에서 마지막으로 에펠이라는 인물과 그가 지은 만국박람회의 스타 건물이자 철제 건축의 대표작인 에펠탑에 대해서 자세히 살펴보겠다.

만국박람회의 주역, 파리

부르주아의 소비문화

만국박람회World Exhibition · Universal Exposition의 기원은 고대까지 거슬러 올라간다. 서양에서는 그리스와 로마 시대부터 승전 기념 행사를 개최하거나 전리품과 예술품 등을 전시하는 대형 전시회가 열리기 시작했으며 지중해 일대의 여러 나라가 참여하는 국제적 행사인 경우가 많았다. 산업혁명이 시작된 18세기 후반부터는 '산업-국제-근대'라는 개념이 중요한 기준이 되었다. 새로운 공산품이 주요 전시 품목이 되었으며 처음에는 유럽 전역, 나중에는 미국, 아시아, 아프리카까지 가세해서 말 그대로 '만국'이 참여하는 국제 행사로 치러졌다. 결과적으로 이런 공산품이 그대로 근대 산업문명의 토대가 되었으며, 이런 점에서 19세기 만국박람회를 통틀어 '근대적 만국박람회'라고 부르기도 한다. 이처럼 과거의 만국박람회가 '전쟁-군사-정치' 등 무력을 과시하는 행사였다면 근대적 만국박람회는 부르주아의 대형 자본이 뒷받침되어 첨단 기술을 자랑하는 '경제-산업'의 경쟁의 장으로 바뀌었다.

근대적 만국박람회의 초반을 이끈 건 산업혁명의 발상지 영국과 런던이었다. 산업혁명의 기운이 싹트기 시작하던 1756년 런던에서 왕립예술학회Society of Arts 주관으로 최초의 근대적 만국박람회가 열렸고, 곧이어 제노바(1788년), 제네바(1789년), 함부르크(1790년), 프라하(1791년), 파리(1797~1798년) 등 여러 도시에서 연달아 열렸다. 이 가운데 파리에서 근대적 의미의 산업박람회의 면모가 최초로 완성되었다. 당시 프랑스 내무성은 "산업 생산자들 사이의 경쟁을 도모하는 것이 본 박람회의 목적"이라고 밝혔고 110곳의 공장에서 출품한 공산품이 진열되었다.

이어 산업혁명이 본궤도에 오르기 시작하는 19세기 유럽사에서 만국박람회는 산업혁명을 이끌고 발전시키는 데에 빠질 수 없는 중요한 정치·경제 행사였으며, 다시 이를 넘어 19세기 유럽을 대표하는 종합적인 사회문화 현상으로까지 자리매김했다. 파리는 런던과 함께 그 중심에서 이를 이끈 선두 도시였다. 출발은 런던의 몫이었다. 산업자본주의가 발전하기 시작하자 유럽은 50여 년의 준비 기간을 거쳐 1851년 런던 대박람회를 성대하게 개최했다. 이때 비로소 근대 기계문명에 걸맞은 첨단 대형 공산품들이 제대로 전시되었다. 이 박람회의 주 전시장이었던 수정궁Crystal Palace은 철물과 유리만으로 지은, 길이 564m, 폭 124m, 높이 32m의 거대한 전시관이었다.도 30-6 박람회는 행사의 성격상 대중 동원 숫자가 중요했다. 1851년 런던 대박람회는 수정궁을 앞세워 일거에 600만 명의 관광객을 불러 모았다.

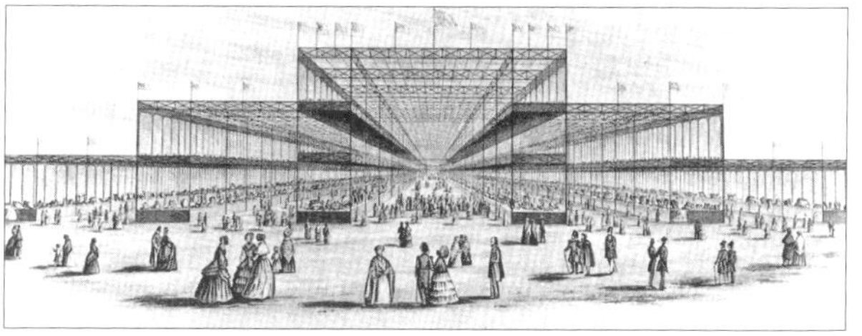

30-6. 수정궁 Crystal Palace. 『그림으로 보는 런던 뉴스*London Illustrated News*』(1851년)에 수록된 그림

파리에는 뼈아픈 패배였다. 모든 면에서 그랬다. 산업혁명 자체부터 영국에 50~60년 늦었던 데다 그 결과물인 기계 공산품의 본격적인 생산, 그리고 마지막으로 이를 전시·홍보하고 판매하기 위한 최초의 만국박람회까지 모두 런던에 뒤졌다. 더하여 런던이 건축에서는 자신들보다 한 수 아래라고 여겨왔는데 느닷없이 수정궁이라는 기상천외한 신건축 건물이 탄생해서 크게 한 방 얻어맞은 형국이 되었다. 마지막으로 이 건물이 몰고 온 600만 명이라는 관광객 수도 자신들이 관광주의를 선도하고 있다고 자부하던 파리의 자존심을 크게 깎아내렸다.

파리가 반격에 나섰다. 급하게 1855년 파리 만국박람회를 유치해서 열었는데 준비 기간이 4년밖에 안 되어서 관광객은 500만 명에 그쳤다.도 30-7 아직은 프랑스의 기계 공산품이 영국에 못 미쳤을 뿐 아니라 오스망 재개발마저 막 시작한 때여서 파리 시내는 공사판으로 어수선했다. 그러나 파리에 행운이 찾아왔다. 런던이 1851년 성공의 기세를 몰아 1862년 런던 만국박람회를 한 번 더 유치했지만, 더 이상의 발전이나 진척 없이 주춤했기 때문이다. 수정궁의 성공이 시간이 흐르자 오히려 부담으로 작용하는 역설 현상도 생겨났다. 사람들은 수정궁을 능가할 다음 단계의 스타 건축물을 원했는데 이걸 만들어내지 못하면서, 10년이 지났음에도 관광객 수는 똑같이 600만 명으로 정체한 것이다.

파리는 이 기회를 놓치지 않고 전열을 가다듬어 심혈을 기울인 끝에

30-7. 1855년 파리 만국박람회 전시관 전경(위)

30-8. 1867년 파리 만국박람회 전시장 공중 전경 그림(아래)

1867년 파리 만국박람회를 열어 무려 1,100만명의 관광객을 불러 모으는 데 성공했다.도 30-8 불과 12년 만에 순증가 600만 명에 성장률 220%라는 놀라운 기록을 달성한 것이다. 물론 수정궁 같은 이른바 '한 방'의 스타 건물은 없었던 대신 여러 가지 작은 요인이 합해진 결과였다. 12년의 기간 동안 프랑스 산업기술이 발달한 데에 더해, 더 말할 것도 없이 오스망 재개발이 완료되어가면서 눈부시게 변모한 파리의 도시 경관 덕분이었다. 이를 계기로 이후의 만국박람회는 파리가 주도하게 된다.

이 여세를 몰아 1878년 파리 만국박람회 때 다시 1,300만~1,600만 명의 신기록을 세운 뒤 드디어 에펠탑이 등장하는 1889년에는 무려 3,000만~3,200만 명으로 관광객 수가 폭증했다.도 19-14, 20-5 이런 기세는 마침내 세기말을 기념하는 1900년 만국박람회라는 상징적 행사마저 파리가 독점하는 승리로 마무리되었다.도 13-2, 19-15, 30-5 한편 건축사에서는 1867년의 이 만국박람회에 에펠이 등장하는 중요한 사건도 있었다. 에펠은 이후 1878년과 1889년 두 번의 파리 만국박람회에서 맹활약을 이어가며 마침내 1889년 파리 만국박람회에서 에펠탑을 탄생시켰다. 이 내용은 다음 마지막 장에서 에펠에 대한 소개와 함께 추가로 살펴보겠다.

런던은 수정궁을 끝으로, 심지어 이 건물마저 보존하지 못하고 헐어버린 채 19세기 후반부 만국박람회의 시대를 파리에 고스란히 넘겨주는 꼴이 되어버렸다. 이런 판세는 1900년의 '세기말 박람회'라는 영광스러운 박람회 개최마저 파리에 넘겨주며 끝을 맺었다. 런던은 파리에 5,100만 명의 인파가 몰려드는 광경을 쓸쓸히 지켜보며 '세기말 수도'로서의 파리의 존재를 인정할 수밖에 없게 되었다.

만국박람회의 성공과 관광주의의 발전

만국박람회는 관광주의와의 연관성이 크다. 만국박람회의 성공은 곧 관광 활성화와 동의어다. 사람들은 박람회만 보러 오지 않는다. 새로운 공산품을 찾아 구매 계약을 하려는 각국의 수입 판매상 혹은 경쟁국의 기술 수준을 가늠하려는 엔지니어들이 아니라면 사실 일반 관광객들에게 박람회의 전시 물품은 너무 전문적이거나 다소 지루할 수 있다. 그보다는 외국의 앞선 도시, 아니면 최소한 이국적인 도시를 관광하려는 목적으로 오는 사람들이 더 많을 수 있다. 이때 마침 축세 성격이 강한 '박람회'라는 대형 행사가 주축이 되어서 관광의 흥은 배가된다.

당시 파리가 그랬다. 이 모든 일이 19세기 파리에서 개최된 다섯 번의 만국박람회에 그대로 해당했다. 이런 원론적 배경에 더해 당시 앞서가던 파리만의 도시 상황이 가세하면서 앞과 같은 관광객의 폭발적 증가를 이뤄냈다. 크게 네 가지 상황을 들 수 있다.

첫째, 거리 문화의 전통이다. 이미 파리는 거리 문화를 즐기는 오랜 도시 전통이 있어서 대도시를 배경 공간으로 삼아 진행하는 만국박람회의 장점을 극대화하기에 좋은 조건을 갖추고 있었다. 이런 전통은 만국박람회와 별개로 19세기 파리의 근대적 상황에 맞춰 진화하고 있었다. 만국박람회는 여기에 날개를 달아준 격이었다. 만국박람회를 거치며 파리의 도시 공간은 거리 문화의 전통이 수십 배 증폭되면서 그 화려함이 절정에 이르렀다.

둘째, 오스망 재개발이다. 근대적 대도시 개발의 교과서인 오스망 재개발까지 가세하면서 파리는 관광주의마저도 대표하는 관광 천국의 도시로 발돋움했다. 박람회를 보러 온 관광객들은 오스망 파리를 보고 더 감탄했다. 최초의 근대적 대도시라는 평가에 걸맞게 우선 도시 공간부터 새로웠다. 오스망 파리가 대표하는 도시건축의 근대성은 만국박람회의 산업성과 잘 맞아떨어져서 상승 효과를 크게 냈다. 파리가 19세기 후반 45년 사이에 무려 다섯 번의 만국박람회를 개최할 수 있었던 데에는 분명 오스망 파리

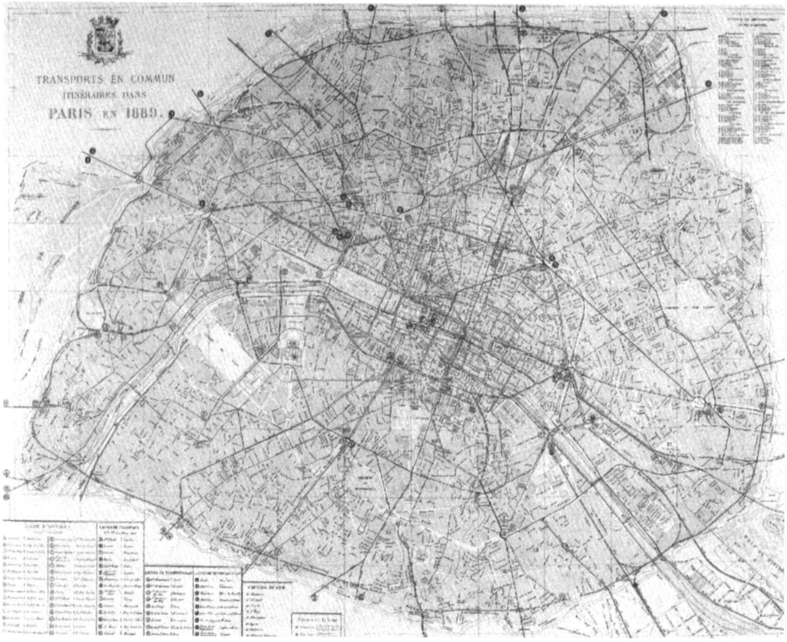

30-9. 파리의 1889년 대중교통망(위)

30-10. 1867년 파리 만국박람회 당시 시내 전경(아래)

가 구축한 '근대적 대도시의 교과서'라는 대표성이 절대적 역할을 했다.도 30-9, 30-10 이 덕에 파리는 만국박람회의 세기를 접수하며 중심 도시가 되어 세계 각국의 관광객들에게 사랑과 찬탄을 받을 수 있었다.

셋째, 앞 장에서 살펴본 파리만의 새로운 소비문화와 유흥문화였다. 이는 단순한 새로운 산업기술과는 다른 차원의 문제였다. 단순히 돈을 써대는 일 이상의 새로운 문화 현상이었다. 산업혁명이 창출한 전대미문의 거대 부를 프랑스의 고급 상품화commodification 전략으로 포장해낸 세련된 상업주의였다. 이는 파리 부르주아만의 자본주의 역량을 보여주는 지표이기도 했다. 어쨌든 파리의 만국박람회를 보러 오는 관광객들은 이국적인 도시에서 당시 가장 앞서가며 발전하고 있는 여러 가지 소비문화와 유흥문화를 기대했고, 파리는 그 기대를 뛰어넘는 확실한 보답을 해주었다.도 30-11

30-11. <물랭 드 라 갈레트에서 바라본 몽마르트르 Moulin de la Galette á Montmartre>(1898년). 조르주 르동Georges Redon(1869~1943년)의 그림

앞에서 나열한 여러 종류의 소비와 유흥이 뒤범벅된 파리의 거리 문화는 지금 봐도 매우 새로운데 당시는 말할 필요도 없었다. 심지어 당시 파리에는 아마도 유럽에서 가장 많은 수의 매춘부가 있었을 터인데, 외국인들의 눈에 이들의 차림새는 귀부인과 구별하기 힘들 정도여서 실제로 귀부인까지는 아니더라도 대체로 캉캉을 공연하는 무희 예술가들과는 동급으로 인식될 정도였다.

넷째, '벨 에포크'라는 프랑스만의 종합적 시대 상황이다. 이 말에 들어 있는 '아름다운' 혹은 '좋은'이라는 뜻의 '벨'을 구성하는 요소는 경제적 번영, 신문명, 오스망 파리의 새로운 도시 경관, 발달한 거리 문화와 유흥 산업, 높은 수준의 문화예술 등으로 다양했다. 만국박람회는 이 모든 걸 한 곳으로 집중시키며 파리의 관광 역량을 극대화하는 데 핵심 역할을 했다. 문화사에서 벨 에포크는 물론 파리에만 있는 상황이었지만, 적어도 당시 파리를 보러 온 관광객까지는 모두 이를 공유하고 함께 즐기는 '만국 시민'이 될 수 있었다.

31장 에펠과 에펠탑, 19세기 파리 건축의 결정판

에펠, 교량 엔지니어에서 만국박람회의 스타로

만국박람회는 특이한 건물의 경연장이다. 원론적으로 보면 하나의 축제여서 일부러 특이한 건물을 설치한다. 대부분 일회용 가설물로, 설계하는 건축가 쪽에서도 특이한 건물을 설계해달라는 주최 측의 요구에 부응해 상상력을 발휘하기 좋은 조건이다. 좀 더 실용적으로 봐도 각 박람회의 성격에 맞춰서 특별한 기능의 건물이 추가로 요구된다. 19세기에는 이것이 대형 전시장이었고, 이 과정에서 철제와 유리 천장의 신건축이 등장하게 된 것이다. 1851년 런던 대박람회의 주 전시장이었던 수정궁이 대표적이었다. 이어 파리로 중심 이동이 있고 난 후 지어진 여러 전시장도 비록 행사가 끝나고 철거되긴 했지만, 건축사에는 중요한 건물로 기록되어 있다.

파리의 상징 에펠탑도 그런 건물이었다. 1889년 파리 만국박람회 때 일종의 기념탑으로 세워졌다.도 19-14, 20-5 전시장이 아닌 탑이라는 사실이 의외이긴 했지만, 이는 앞서 언급된 '축제용 특이 건물'에 해당하는 걸로 이해할 수 있다. '에펠'이 이 탑을 설계한 엔지니어의 이름인 데에서 알 수 있듯이 이 과정에서 에펠이라는 19세기의 스타 건축가가 탄생했다. 물론 에펠탑은 사람이 들어가서 활동하는 실내 공간이 없는 단순 토목구조물이므로 정식 건물로 보기 어렵다. 에펠도 예술적 건물을 설계하는 건축가가 아닌 교량 전문 토목 엔지니어였다. 그러나 에펠탑이 도시 공간 속에서 차지하는 위상과 대표성을 생각하면 그를 19세기의 스타 건축가라 부르기에 충분할 것이다.

에펠이라는 인물부터 살펴보자. 귀스타브 에펠Gustave Eiffel(1832~1923년)은 '에콜 상트랄'로 약칭되는 'École Centrale des Arts et Manufactures' 출신이었다. 우리말로 직역하면 '중앙제조기술대학'쯤 될 것이다. 보통 엔지니어 분야는 에콜 폴리테크니크가 명문대인데 이 학교를 나오지 못한 데서 알 수 있듯이 에펠은 방정식을 잘 풀고 시험을 잘 보는 것과 같은 일반적인 공부 능력은 크게 뛰어나지 않았던 걸로 보인다. 그보다는 전형적인 성실한 노력파였으며, 더하여 현실 감각, 사업가 기질, 창의적 생각 등에서 뛰어났다.

실제로 사회에 진출한 뒤 그의 일생을 보면 처음에는 작은 일부터 시작했지만 성실히 노력해서 책임감을 보임으로써 인정을 받았다. 이를 바탕으로 일거리가 늘면서 경험과 실력과 신용을 쌓아서 조금씩 성공해갔으며 최종적으로 여러 건축가를 제치고 19세기를 대표하는 건축물을 남겼다. 반짝하는 아이디어로 일확천금을 노리기보다는 현실에 기반한 상식적 접근으로 바로 앞 기술의 불리한 점을 단계별로 개선하는 방식을 밟았다. 이 과정에서 끊임없이 자잘한 창의력을 발휘해서 축적함으로써 자신만의 경쟁력을 확실하게 확보했다. 첨단 기술을 발명하는 공학자보다는 사업체를 운영하는 공학 전문 경영인에 가까웠다.

공학 기술을 사회에 이롭게 적용하려는 공적 이해도 잘 갖추었는데, 이 점이 에펠의 또 다른 숨은 성공 비결이었다. 엔지니어들은 보통 이런 사회적 이슈와 거리가 있어서 기술을 발명만 해놓고 그것의 활용은 전문 경영인이나 공무원 등에게로 넘긴다. 이 과정에서 그들의 이익이 개입하며 기술의 사회적 역할이 왜곡되는 경우가 수없이 발생한다. 에펠은 자신이 직접 공장과 기술 회사를 운영함으로써 이런 왜곡을 최소화할 수 있었다.

더하여 마침 경영 능력과 공적 이해까지 갖추어서 기술을 좁은 테두리 안에 가둬두지 않고 사회에 적극적으로 적용했으며, 이는 결과적으로 그의 회사가 성공적으로 운영된 비결이었다.

에펠탑 이전부터 그는 성공한 엔지니어이자 사업가였고 조국 프랑스에 큰 도움을 준 존경받는 인사였다. 이미 1867년과 1878년 두 번의 파리 만국박람회에서 주요 전시관을 설계해 파리가 19세기 만국박람회의 중심 도시가 되는 데에 핵심적인 역할을 했다. 이어 1884년에는 철교의 역사에서 중요한 획을 그은 가라비교Garabit Viaduct를 지었다. 이외에 프랑스 여러 지역에 철교를 세우는 등 토목구조물을 통해 당시 산업사회로 진입하던 조국 프랑스에 중요한 역할을 해오고 있었다. 에펠의 철교가 있었기에 프랑스의 철도망이 효율적으로 작동할 수 있었던 것이다.

가라비교를 기점으로 에펠은 인생의 전성기로 진입했다. 곧이어 뉴욕의 상징물인 자유의여신상의 골조를 설계해서 1886년에 완성품을 납품했다. 그 절정은 1889년 파리 만국박람회의 에펠탑이었다. 이 박람회는 단순한 만국박람회를 넘어 프랑스대혁명 100주년 기념을 겸한 중요한 정치적·사회적 행사였다. 현대 시민민주주의의 문을 연 혁명 정신을 기린다는 세계사적 의미에 비추어 또 다른 차원에서 국제적 중요성이 큰 행사였다. 이런 행사에 자신의 이름이 들어간 탑을 성공적으로 지어 보임으로써 국가의 위상을 세계에 드날렸고 결과적으로는 이런 활약이 개인의 명성으로까지 이어졌다.

이처럼 에펠의 일생을 따라가다 보면 곧 프랑스 철골 건축의 역사를 만날 수 있다. 동시에 그는 파리 만국박람회의 산증인이었다. 시골 협곡의 철교에서 시작한 그의 이력이, 이를 너머 만국박람회를 통해 파리를 세계에 알리는 대표 건물들을 설계하는 데까지 이어진 것이다. 그러나 여기에 머물지 않고 이런 성공을 바탕으로 인생 후반부에는 세계 여러 나라의 수도와 대도시로 활동 범위를 넓혔다. 에펠은 이처럼 여러 측면에서 뛰어난 성공을 이루었기 때문에 그의 활약을 만국박람회 하나로 한정하는 건 옳지 않다. 그렇지만 에펠이 '만국박람회의 스타'라는 것 또한 엄연한 사실이었다.

에펠의 이력 1
철교와 고가교 전문 토목 엔지니어

이상이 19세기 파리의 도시건축에서 에펠이 차지하는 위상과 중요성을 요약한 내용이다. 이제 에펠의 이력을 년도별로 구체적으로 살펴보자. 에펠은 1850년 에콜 폴리테크니크에 입학하는 데까지는 성공했으나 첫해에 낙제하면서 학교를 나왔다. 이어 에콜 상트랄에 등록해서 화학공학 전공으로 졸업했다. 졸업 후에는 1856년 첫 번째 일을 수주했다. 보르도의 가론강rivière Garonne에 놓은 철교로서 1860년에 준공했다. 파리-보르도Paris-Bordeaux 노선의 끝부분에 해당하는 길이 500m의 철교였다.

에펠은 이 철교의 기초 공사에 압축 공기compressed air 공법을 사용했다. 이 기술은 프랑스에서 최초는 아니지만 매우 일찍 적용한 것이었다. 26세의 나이에 철교 공사를 맡아 설계부터 시공에 이르는 전 과정을 관리 감독해서 성공적으로 준공시키는 능력을 발휘했다. 그는 현장에서 살며 매우 헌신적으로 공사를 진두지휘했다. 준공식 때 건설 노동자들이 자발적으로 에펠에게 감사 메달을 선사할 정도였다.

이 성공을 바탕으로 1866년 파리 근교 르발루아-페레Levallois-Perret라는 동네에 자신의 이름이 들어간 '에펠 상사Eiffel et Cie'라는 회사를 창립했다. 에펠은 이후 이 회사를 기반으로 주요 활동 경력을 이어갔다. 이 가운데에는 분해 가능한 조립식 교량도 있었는데, 이 제품은 가라비교처럼 현장에 직접 세우는 철교와 별도로 수십 년에 걸쳐 인도차이나와 남아메리카 등에 수출되었다. 특히 에펠탑 이후 에펠의 활동이 부진할 때 경제적으로 도움이 되었고 에펠의 명성도 꾸준히 유지할 수 있게 해주는 등 효자 역할을 하게 된다.

드디어 파리에 주요 작품을 남길 기회를 잡았다. 1867년 파리 만국박람회 때 다른 엔지니어들이 기계관Galerie des Machines의 장 스팬 계산에 어려움을 겪고 있었는데, 에펠이 이것을 공학적으로 해결해서 준공할 수 있었다. 철제 트러스로 짠 대형 아치로 천장을 받치는 방식인데, 당시로서는 상당히 앞선 기술이었다.도 30-3, 30-4, 30-8 원래 철교에서 사용하던 토목 기술이기도 한데 이걸 대규모 전시장의 장 스팬에 적용한 것으로서 건축사에서는 '아치 거동arch behavior' 연구를 새롭게 개척한 역사적 의미도 있었다. 이처럼 에펠은 수도 파리가 공들인 만국박람회의 어려움을 해결하며 엔지니어로서 자신의 이름을 프랑스 전역에 알리게 되었다.

이 성공을 바탕으로 1867~1869년의 2년이라는 짧은 기간에 프랑스 남부에 네 개의 대형 철교를 세울 기회를 얻었다. 이 중 가장 중요한 것이 시울강riviére Sioule에 세운 것으로서 59m 높이의 철탑 두 개가 상판 전체를 받치는 구조였다. 철탑은 풍압을 줄이기 위해 위로 갈수록 좁아지는 깔때기 형태, 즉 말 그대로 탑 형태인데 이는 20년 뒤의 에펠탑을 이미 예견한 것이었다.

철교의 성공을 바탕으로 1870년대부터는 대형 프로젝트를 수주하게 된다. 이중 상당수는 해외 작품이었는데 1875년의 헝가리 부다페스트 중앙역Central Station of Budapest과 1877년의 도나 마리아 1세교Ponte de Dona Maria I가 대표적이었다. 도나 마리아 1세교는 포르투갈 포르투Porto의 도루강river Douro을 가로지르는 철교인데 이전과 비교해서 재료를 절약한 점이 새로운 발전이었다. 353m 길이의 상판을 받치는데 중앙에 160m 스팬의 포물선 아치parabolic arch를 넣고 그 양옆으로 각기 다른 스팬의 기둥을 각 다섯 개씩 세웠다. 중앙에 포물선 아치를 넣어 기둥 개수를 크게 줄이는 '고가교viaduct'의 표준형으로, 1877년 준공 당시 비현수교non-suspension bridge로서는 세계 최장의 기록을 세웠다.

31-1. 가라비교 Garabit Viaduct 전경(위)

31-2. 가라비교 근경(아래)

에펠은 이런 고가교 기술을 좋아해서 이후 자신의 다른 교량에 반복적으로 사용했다. 대표 사례가 가라비교(1884년)다.도 31-1, 31-2 프랑스 중부지방

의 클레르몽페랑Clermont-Ferrand 근교에 있는 트뤼에르강rivière Truyère을 가로지르는 철교로, 중앙 포물선 아치의 스팬은 165m였고 철골 기둥 가운데 가장 높은 것은 89m였다. 지금은 실제 사용하지는 않지만, 철교 자체는 잘 보존되어서 철제 구조의 위용과 19세기의 역사성이라는 다소 상반될 수 있는 건축사적 의미가 있다.

에펠의 이력 2
일반 건물로의 확장과 만국박람회 전문 건축가

1870년대에는 교량과 고가교 이외에 건축에서도 활발한 활동을 이어갔다. 1875년에는 페루의 타크나Tacna에 주철 구조의 대형 교회인 타크나 성당Tacna Cathedral을 세웠다. 이어 파리에서 에펠의 본격적인 활약이 이어졌다. 크게 두 방향이었다.

하나는 부르주아를 건축주로 삼은 건물들로 봉마르셰 백화점Magasin Bon Marché(1872~1880년)과 크레디료네 은행Crédit lyonnais(1877~1881년)이 대표적이었다. 에펠은 두 건물에서 주로 구조 설계에 참여했다. 봉마르셰는 바크가Rue du Bac에 있는 백화점 건물로 외관은 루이-샤를 부알로Louis-Charles Boileau(1837~1914년)가 설계했고 에펠은 실내 중정 주변의 철물 구조와 유리 천장을 설계했다.도 29-11 앞에서 말한 밝은 실내 공간을 만들어서 상업 자본주의가 건강한 체제라는 이미지를 구축하는 데 일조했다. 크레디료네 은행은 이탈리앵 불르바르Boulevard des Italiens에 있는 리옹 신용협회의 은행 건물로 외관은 윌리엄 부웬스 반 데어 보이젠William Bouwens van der Boijen(1834~1907년)의 작품이었고도 20-3 에펠은 구조 설계 전반, 그리고 봉마르셰 백화점과 마찬가지로 실내 유리 천장 설계를 담당했다.

다른 하나는 1878년 파리 만국박람회였다. 에펠은 이미 파리에서 폭넓은 건축주를 확보하고 있었다. 작게는 이전의 1867년 파리 만국박람회의 위기를 해결하는 활약이 중요했다. 크게는 여러 건의 교량과 고가교 작품을 통해 만국박람회 건축의 적임자로 평가받고 있었다. 백화점과 은행의

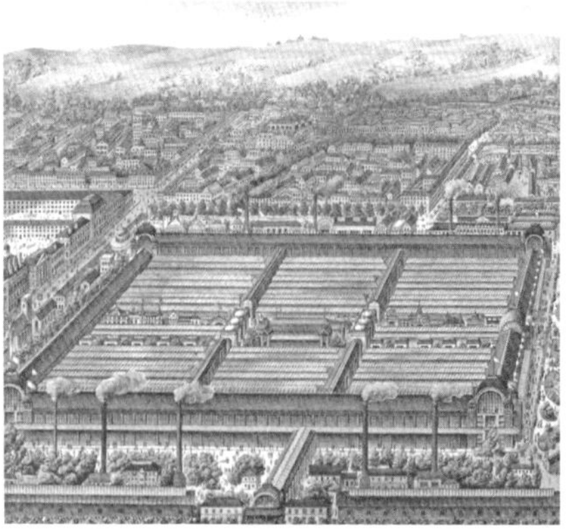

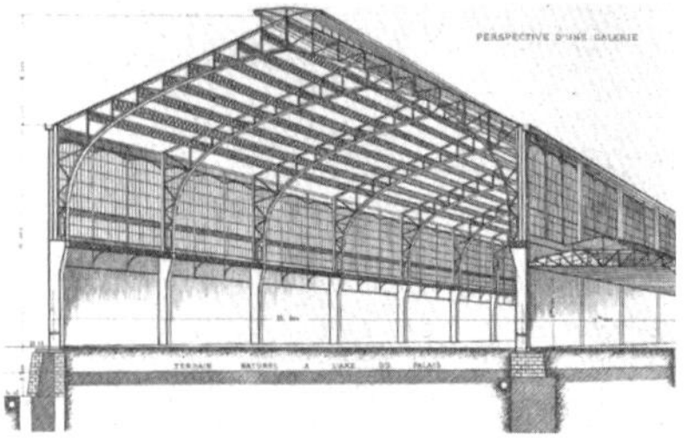

31-3. 1878년 파리 만국박람회 전시장 공중 전경 그림(위)

31-4. 1878년 파리 만국박람회 기계관(아래)

앞 두 건물을 통해서는 부르주아에게 인정을 받았으며 건축가들과의 협업도 잘해서 일반 건물을 설계할 역량도 갖추었다는 평가를 확실히 굳혔다.

이런 다양한 경험을 바탕으로 1878년 만국박람회에서는 여러 채의 건물을 설계했는데, 파리관Pavillon de la Ville de Paris과 샹드마르스의 박람회장 정문의 환영관Vestibule d'Accueil du Palais du Champ-de-Mars이 대표작이었다.도 31-3 두 건물은 모두 대형 전시장이 아닌 일반 건물 형태로 지었다. 파리관은 실내 전시 공간의 크기가 스팬 37m, 길이 92m였다. 정문 환영관은 중앙에 대형 돔을 얹었는데 돔은 실내 기준으로 지름 35m, 천장 높이 45m였다. 두 건물 모두 타크나 교회와 같은 주철 구조였으며 천장은 모두 전면 유리로 덮었다. 이런 업적이 쌓이면서 에펠은 드디어 세상에 '만국박람회의 건축가'로 평가받기 시작했다. 기계관은 앙리 드 디옹Henri de Dion(1828~1878년)이 대표 엔지니어로 설계한 건물인데 에펠도 참여해서 철제와 유리로 지어지는 대형 전시 공간에 대한 경험을 쌓았다.도 31-4

만국박람회에서의 활약 이외에 다른 일도 왕성하게 늘려나갔다. 우선 센강 양안의 전시장을 잇는 디에나교Pont d'Iéna에 유리 천장의 갤러리를 설치할 것을 제안했지만 공사비가 많이 들어서 채택되지 않았다. 이런 업적이 쌓이면서 에펠은 드디어 세상에 '만국박람회의 건축가'라는 인식을 확실히 심게 되었다. 1880년대에도 그의 이력 확장과 활발한 활동이 이어졌다. 그는 협곡을 가로지르는 여러 개의 교량과 고가교 작품을 통해 바람 저항wind resistance(내풍성)에 최고 전문가가 되어 있었는데, 이런 그의 전문성이 꼭 필요한 의외의 작품이 나왔다. 바로 뉴욕 맨해튼의 리버티 아일랜드Liberty Island에 세워진 자유의여신상Statue of Liberty(1881~1886년)이라는 초대형 조각 작품이었다.

31-5. 1878년 파리만국박람회 당시 파리 시내에 전시된 자유의 여신상Statue of Liberty 머리 부분(왼쪽)

31-6. 1886년 맨해튼에 설치된 자유의여신상 모습(가운데)

31-7. 파리 시내에서 제작 중인 자유의여신상(오른쪽)

원래는 1865년에 미국 독립 100주년인 1876년에 맞춰서 세우려 처음 계획했다. 일차적으로는 미국 독립이 프랑스대혁명과 큰 영향을 주고받으며 '자유'라는 인류 보편적 가치를 공유하는 걸 기념하기 위해서였다. 더하여 영국에 북아메리카에서의 영향력과 영토를 빼앗긴 걸 만회하기 위해 미국과의 우호 증진을 노리는 실리적 목적도 있었다. 외관은 조각가 프레데릭-오귀스트 바르톨디Frédéric-Auguste Bartholdi(1834~1904년)의 작품이었는데, 조각상의 높이만 46m였고 기단까지 포함한 전체 높이는 93m에 달해서 결국 풍압을 견디는 뼈대 설계가 성공의 최대 관건이 되었다. 에펠은 이 일을 맡아 이전에 교량과 고가교에서 사용한 철골 탑을 여러 개 변형시켜 혼합하는 방식으로 구조 뼈대를 성공적으로 디자인했다.

그런데 프랑스-프로이센 전쟁(보불전쟁, 1870년 7월~1871년 5월)으로 진행이 늦어져서 처음 계획했던 1876년에 맞추지 못했다. 더하여 워낙 대형 구조물이어서 제작 자체도 연차적으로 이루어졌다. 우선 미국 독립 100주년 해인 1876년에는 필라델피아 만국박람회에 횃불을 든 팔만 먼저 제작해서 전시했다. 이어 1878년 파리 만국박람회에서는 머리 부분만 전시했다.도 31-5 그리고 다시 10년의 준비 끝에 1886년에 현재 자리에 최종적으로 세울 수 있었다.도 31-6 한편 이 10년 사이의 제작은 파리 시내의 노천에서 진행해 파리 시민은 오가며 공사 장면을 볼 수 있었다.도 31-7

이어 1885년에는 니스 천문대Observatoire de Nice에서 반구형 회전 돔 구조에 철골을 주요 자재로 사용했다. 에펠의 이력에서 최초로 일반 건물에 철골을 사용한 것인데 이는 에펠탑 건설에 중요한 토대가 되었다. 에펠탑은 철골 덕에 가능한 구조물이었는데 니스 천문대에서의 철골 사용 경험이 큰 도움이 되었다.

이상의 여러 경력 끝에 1889년 드디어 에펠탑이 탄생했다. 에펠탑은 뒤에서 별도로 자세히 살펴볼 것이고 여기에서는 에펠 이력의 마지막을 더 정리하겠다. 에펠탑의 성공 이후 에펠의 후반기 경력은 의외로 부진한 편이었다. 에펠탑이 준공된 1889년에 에펠은 57세여서 개인으로 보면 전성기를 누리기에 적합한 나이였다. 이후로도 91세까지 34년을 더 사는데 후반기의 활동은 에펠탑의 성공과 비교하면 부진한 걸로 볼 수도 있었다.

일단 에펠탑의 공사 기간이던 1884~1889년에 교량과 고가교 등을 추가로 많이 지었고 이런 흐름이 1890년까지는 유지되었다. 여기까지는 에펠탑의 성공이 이어진 걸로 볼 수 있다. 하지만 그 이후부터는 작품 숫자가 줄어들며 갑작스러운 내리막길로 접어들게 된다. 이때까지 쌓아온 명성과 성공, 조국 프랑스와 수도 파리에 대한 공로, 변하지 않은 인품과 노력 등을 생각하면 안타까운 일이었다.

더하여 구체적인 실패 사례도 여러 건 나왔다. 우선 파나마 운하가 대표적이었다. 에펠은 파나마 운하에 10개의 갑문lock을 세우는 공사를 맡았다. 그러나 파나마 운하 주식회사Panama Canal Company가 1889년 파산을 하는 바람에 이 사업은 중단되었다. 1889년이면 에펠탑이 준공되던 해였다. 한쪽에선 최절정의 성공기를 구가했지만 다른 한편에서는 힘든 인생 후반부의 먹구름이 끼기 시작한 것이다. 에펠은 파나마 정부로부터 변제를 받긴 했지만 개인적으로 소송에 휘말려 고생을 했다. 이듬해인 1890년도 힘든 해였다. 1890년에 파리의 저비용 지하 철도 운용체제를 제안했지만 무시당했다. 같은 해에는 영국 해협을 건너는 해저 터널도 제안했지만 역시 양국 모두로부터 무시당했다.

이런 실패에도 불구하고 에펠의 훌륭한 인품이 빛이 바랜 건 아니었다. 무엇보다 1890년에 무시당한 두 제안은 시간의 끈을 20세기로 늘려보면 모두 시대를 앞서간 혜안이었다. 지하 철도는 지하철과는 별도로 우리나라에서도 광명시와 부산시의 KTX 도심 구간에 적용되는 등 '사람 중심'의 현대 도시에 필수 사항이 되었다. 영국 해협의 해저 터널은 1988년에 공사를 시작해서 1993년 시설을 먼저 준공하고 1994년에 실제로 개통되었다. 파리와 런던을 2시간 20분대에 주파하는 고속철도 유로스타Eurostar도 이 터널 덕분에 운행할 수 있게 되었다. 에펠은 100년 후를 내다본 것이었다. 이외에도 자신이 젊었을 때 개발한 조립식 대량생산 구조 방식을 저소득층 주택 보급에 활용하는 시도를 하는 등 사회적 약자를 위한 제안도 이어갔다.

더하여 에펠탑은 에펠 자신에게는 말년의 풍압 연구를 한 실험실 사이트이기도 했다. 풍압 관련 역할을 더 발전시키기 위해 기상학meteorology과 공기역학aerodynamic 등을 추가로 연구했으며 300m의 에펠탑 꼭대기에 올라 자연 풍압을 실제 소재로 삼아서 여러 가지 실험을 했다. 말년까지 연구하는 진정한 엔지니어의 자세를 견지한 것인데 이때의 풍압 연구는 젊었을 때 구축한 '바람 저항 전문가'로서의 에펠의 업적에 많은 내용을 더해주었다.

에펠탑의 진행 과정

'300m의 탑', 공학 기술의 승리

드디어 에펠탑까지 왔다. 에펠탑은 1889년 만국박람회 주요 기념 시설로 지은 탑이었다. 1878년 만국박람회의 정문 환영관이 세워진 샹드마르스가 부지로 정해졌다.도 3-6, 19-14, 31-8, 31-9 지금도 넓은 잔디광장으로 남아 있는 곳인데 파리 시내에 이만한 공터가 없어서 여러 번의 만국박람회장으로 사용하던 곳이다. 주변에 높은 건물이 없어서 에펠탑은 지금도 320m의 위용을 드러내며 평원 한가운데에 우뚝 솟아 있다.

이곳에 박람회 기념 시설로 이 거대 높이의 철탑을 세우겠다는 발상은 원래 에펠의 조수였던 스위스 엔지니어 모리스 쾨클랭Maurice Koechlin(1856~1946년)이 착안한 것이었다. 런던과의 경쟁에서 승리를 확정 짓기 위해 상식을 뛰어넘는 기획을 바라던 정부와 파리시는 이 안을 흔쾌히 받아

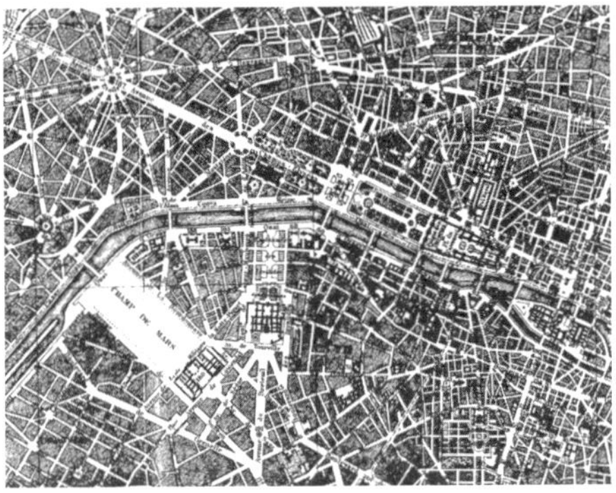

31-8. '에펠탑-샹드마르스-육군사관학교'로 이루어지는 7구의 중심(위)

31-9. 아돌프 조안의 『그림으로 보는 파리』(1870~1876년)에 흰색 공간으로 표시된 왼쪽의 샹드마르스(아래)

들였다. 문제는 이 높이와 규모의 철탑을 무사히 짓는 일이었다. 이 일은 '만국박람회의 건축가' 에펠의 몫이었다. 그는 그동안 쌓아온 토목 엔지니어의 전문성, 건축가와의 협업 능력, 복잡하고 어려운 전 공정의 종합관리 능력, 사회적 영향력, 추진력과 조직력, 행정 경영 능력 등 여러 경험과 능력을 총동원해서 믿기지 않는 규모의 이 철탑을 파리 한복판에 실제로 지어내는 데 성공했다.

워낙 거대한 구조물이어서 에펠 혼자 할 수 없는 일이었다. '에펠탑'이라는 이름 때문에 보통은 에펠이 혼자서 모든 일을 다 했던 걸로 생각하기 쉬운데 여러 명이 협력해서 이루어낸 합작품이었다. 공학 부분에는 에펠의 애제자들이 총동원되어 참여했다. 에펠탑의 아이디어를 낸 모리스 쾨클랭과 가라비교에 참여한 에밀 누기에Émile Nouguier(1840~1897년) 등이 대표적이었고 그 외에도 여러 명의 엔지니어가 참여해서 '구조 계산-구조 설계-시공'이라는 공학 부분을 담당했다. 외관은 건축가 샤를 레옹 스테펭 소베스트르Charles Léon Stéphen Sauvestre(1847~1919년)가 모양을 다듬었다. 1884년부터 구조 설계에 들어갔고 1887년 초에 착공해서 박람회 개장에 맞춰 1889년에 준공했다. 준공 당시에는 '300m의 탑Tour de 300 Mètres'이 공식 명칭이었다. 에펠이 아무리 중요한 인물이라고 하나 어디까지나 프랑스 국내에 한정된 것이어서 국제 행사의 주 기념물에 개인의 이름을 넣을 수는 없었기 때문이다.

탑은 크게 세 부분으로 구성되었다.도 31-10

첫째, 지상에서 57m에 이르는 기단이다. 우선 지면의 네 꼭짓점에 콘크리트 기단을 세우고 각 기단에서 철골 기둥이 안쪽을 향해 사선 방향으로 올라갔다.도 31-11 각 기둥 사이를 포물선 아치로 연결해서 구조의 중심을 잡아 사선 기둥이 안쪽으로 무너지지 않게 지탱해주었다.

둘째, 지상 115m까지 올라간 중간 몸통으로 위로 갈수록 좁아지는 부드러운 곡선 윤곽이 관건이었다.도 31-12 네 개의 사선 기둥이 한 곳으로 만나는 지점도 사실상 중간 몸통의 위쪽 끝부분이었다. 실제 공학적으로 만나는 지점은 더 위쪽이지만 중간 몸통의 상층부에 전망대 테라스를 설치하는 과정에서 사선 기둥 사이의 벌어진 부분을 채워 육안으로는 이 지점에서 사선 기둥들이 만나는 것으로 보였다.

셋째, 115m 위쪽의 상층 부분으로 총 길이가 200여 m에 달해서 세 부분 가운데 가장 길었다.도 31-13 네 철골 기둥 사이의 빈 부분이 사라지고 하나의 커다란 복합 구조체로 합해졌다. 주요 구조부는 일단 300m에서 끝났으며 그 위에 테라스와 랜턴 등의 추가 시설을 넣어 320m가 최종 높이가 되었다. 개장 당시의 공식 명칭에서 알 수 있듯이 보통은 주요 구조부가 끝나는 300m가 높이로 통용된다.

에펠은 전 과정을 총 감독하며 부분적으로 도움이 필요할 때 전문성을 발휘해서 문제를 해결했다. 핵심 관건은 320m의 높이가 받는 풍압을 해결하는 바람 저항 기술이었다. 에펠은 이전에 교량과 고가교 등의 기둥구조에서 사용하

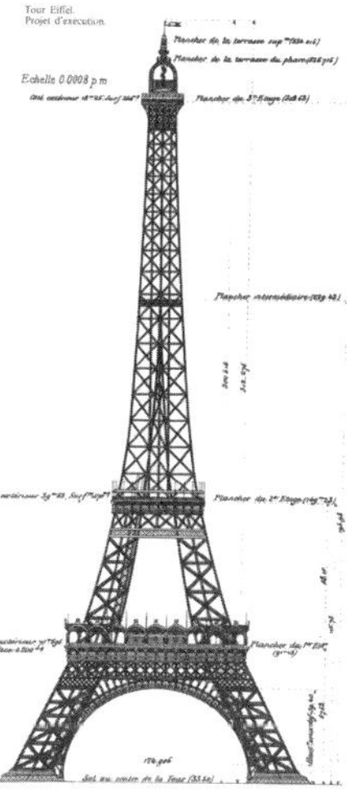

31-10. 에펠탑의 재원

31-11. 에펠탑 기단의 콘크리트 기초(위)

31-12. 에펠탑 중간 부분(아래 왼쪽)

31-13. 아래에서 올려다본 에펠탑 전경. 맨 위에 상층부가 보인다. (아래 오른쪽)

던 기술을 응용해 이 문제를 해결했다. 바람은 지면과 지상에서 부는 양상이 다르다. 지면에서는 바람 방향이 수시로 변하는 풍향 변동shifting이 일어나서 특히 위험했다. 이 문제는 네 곳의 거대한 콘크리트 기단이 철골 기둥을 단단히 지탱해주는 방법으로 처리했다. 이 과정에서 당시 교량 공사에 사용하던 수압 프레스hydraulic press를 동원했다. 상층부에서는 풍향 변동은 약해지는 대신 풍압 자체가 세지는데, 이 문제는 구조재의 물량 공세로 해결했다. 즉 네 개의 철골 기둥과 그 사이를 연결하는 브레이스brace(가새)를 통합한 거대한 복합 구조체를 만들어서 풍압을 이겨냈다.

이렇게 해서 탄생한 전체 모습을 보면, 기단에서 중간 몸통까지는 네 꼭짓점에서 네 개의 철골 기둥이 안쪽으로 기울어진 사선 방향으로 올라오다 상층 부분이 시작하는 지점에서 하나로 합해진 후 남은 높이는 거의 일직선으로 치고 올라갔다. 지구 중력 아래에서 구조적으로 가장 상식적인 삼각형 형태를 취한 것이며, 다시 이것을 도시 건축물과 만국박람회의 기념탑이라는 조형적 조건에 맞춰서 부드러운 곡선 윤곽으로 다듬었다. 이상의 결과 시각적으로나 구조적으로나 모두 역동성과 안정성이라는 상반된 조형 효과가 동시에 나타났다.

순수하게 공학적으로 보면 완전히 새로운 구조 기술이 등장한 건 아니었지만 320m 높이에서 받는 풍압을 해결한 것만으로도 큰 발전이자 성취였다. 더하여 높이와 크기의 거대 규모 등 막대한 물량 기록만으로도 화제가 되고도 남았다. 1,500만 개 철물 부재를 접합했고, 탑의 총 무게는 무려 700만 톤에 달했다. 더 놀라운 건 이런 물량 기록이 구조 역학, 공사비, 공사 기간 등 여러 측면에서 재료를 상당히 아낀 결과라는 점이다. 이는 에펠의 또 다른 전문성이기도 했다.

시공 속도도 화제였다. 현장에서 변경 없이 조립식만으로 시공할 수 있도록 구조 설계부터 완전하게 준비했다. 현장에서는 설계도만 믿고 그에 따라 충실하게 시공 작업을 진행했다. 이 역시 에펠이 이미 앞 시기에 자신만의 전문 영역으로 확보하고 있던 기술이었다. 아직 지금처럼 첨단 기계도 없던 시절 현장 인력은 단 250명에 불과했다. 이런 인력으로 26개월 만인 1889년 3월 31일에 준공한 것이다. 지금 봐도 놀라운 시공 속도인데 당시에는 더 그래서, 이것만으로도 이미 공사 단계부터 관심과 화제를 불러일으켰다.

에펠탑의 도시건축적 의미
사크레쾨르와 짝으로 파리를 확장하다

이상이 진행 과정과 공학적 사양仕様 등 에펠탑과 관련된 기본적인 내용이다. 전통적인 기념비 시대가 끝난 비교적 늦은 시기에 지어진 데다 정식 건물도 아닌 철탑임에도 등장하자마자 많은 논재를 생산하며 하루아침에 도시건축은 물론이고 사회문화사 전반에서 가장 주목받고 찬반 논쟁을 불러일으킨 건축물이 되었다. 당시에는 보수 진영을 중심으로 심한 비판도 제기되었으며 파리 어느 곳에서나 보이는 이 높은 철탑을 보지 않기 위해 오히려 철탑 아래의 카페로 출근한다는 재미있는 에피소드까지도 등장했다.

그러나 시간이 지난 지금 보면 대성공이었다는 사실을 부인하기 힘들어 보인다. 한마디로 개별 건축물이 도시 전체, 나아가 시대 상황과 함께 작동해서 최고의 사회적 상승 효과를 이뤄낸 모범적 본보기였다. 외부 마감 없이 철제 구조를 그대로 드러낸 토목구조물이 삭막해 보인다는 평가도 20세기 기술 시대를 지난 지금 보면 과거의 얘기가 되었다. 지금은 오히려 구조 미학을 자랑하는 토목구조물이 새로운 기념비가 되는 시대가 되었기 때문이다. 토목구조물은 전통 고전 양식보다 등급이 떨어지며 기념비가 될 수 없다는 편견에서 벗어나 바라보면 아름다운 수직 곡선을 뽐내는 에펠탑은 그 자체의 순수 조형성도 뛰어나다.

이런 에펠탑의 성공 요인과 그 구체적 내용은 우선 크게 '도시건축적 의미-사회적 의미-역사적 총평' 등 세 방향에서 해석할 수 있으며 이 각각에서 다시 공평하게 세 가지 주제가 나온다. 차례대로 살펴보자. 우선 도시건축적 의미 세 가지다.

첫째, 파리의 도시 개념에 확장을 가져왔다. '수평-수직' 양방향으로

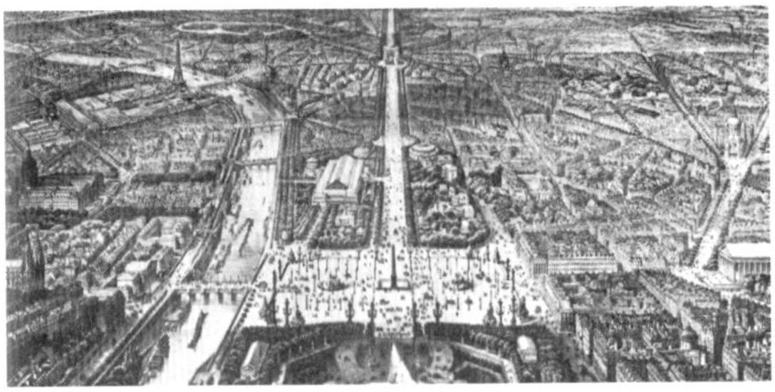

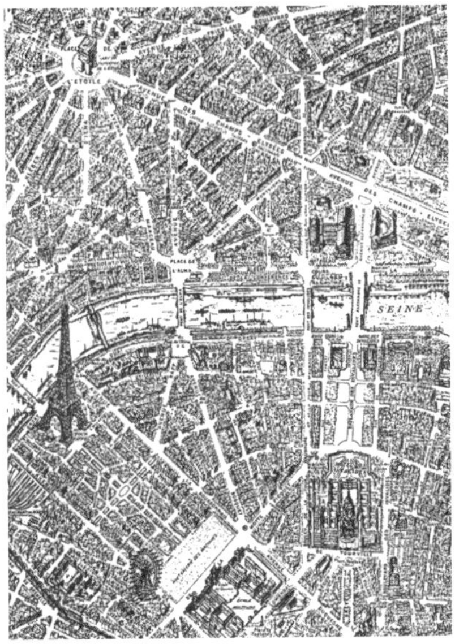

31-14. 1889년 파리 만국박람회 때 우뚝 솟은 에펠탑(왼쪽 위)

31-15. 17~19세기에 걸쳐 확장한 파리의 서쪽 신시가지. 개선문, 앵발리드 보훈병원, 에펠탑 등이 대표 시설이다. (오른쪽)

31-16. 센강 건너 콩코르드 광장에서 바라본 에펠탑 (왼쪽 아래)

확장을 일으킨 점이 중요했다. 전통적인 도시 확장인 수평 확장을 한 것만도 중요한데, 여기에 더해 산업혁명 이후의 새로운 현상인 수직 확장까지 함께 한 점이 특히 중요했다.

먼저 수평 확장을 보자. 에펠탑이 들어서면서 당시까지 빈 들판의 외곽 지대였던 샹드마르스 일대가 현재의 7구로 일차적으로 시내에 편입되었다. 단순한 편입에 그치지 않고 그 탑이 300m짜리 대형 철탑인데다 준공 때부터 상당한 사회적 파장을 일으키면서 이 일대는 하루아침에 파리의 중요한 구역으로 급부상했다.도 31-14, 31-15, 31-16 나아가 파리 전체로 봤을 때는 센강 건너 저 멀리 18구의 몽마르트르 언덕 입구에 위치한 사크레쾨르Sacré-Coeur를 마주 보는 확장이 일어났다. 파리의 지형을 기준으로 볼 때 몽마르트르 언덕과 샹드마르스는 우안과 좌안의 외곽 지대로, 두 지역이 함께 개발되면서 도시 전체의 확장 범위는 한층 넓어졌다.

다음 수직 확장이다. 사크레쾨르와의 대응은 높이를 기준으로 파악할 수도 있는데, 이는 파리에서 최초로 건물 높이를 기준으로 도시 구조를 파악하게 된 새로운 현상이었다. 이런 점에서 이를 수직 확장이라 부를 수 있다.도 19-9, 31-17, 31-18 에펠탑에 이어 사크레쾨르도 높이가 중요한 사랑거

31-17. 1889년 파리 만국박람회 광고 포스터. 에펠탑에서 정문 건물로 빛을 내리쏘는 장면(위 왼쪽)

31-18. 에펠탑 공중 전경(위 오른쪽)

31-19. 사크레쾨르Sacré-Coeur 공중 전경(아래)

리였다. 대형 돔을 얹은 네오비잔틴 양식으로 우선 건물 높이가 84m에 달했다. 이는 앵발리드 돔의 110m에는 미치지 못하지만 파리 팡테옹의 83m는 1m 추월한 높이였다. 이 수치 자체도 높은 편인데 언덕 위를 타고 앉아 시내 중심부에서 바라보면 저 멀리 높은 곳에서 중앙 돔과 양옆의 돔이 위용을 드러내며 우뚝 서 있다.도 20-1, 31-19

센강 수위를 기준으로 보면 해발 200m에 이르는 높이인데, 이렇게 보면 사크레쾨르의 해발 높이는 280여 m가 되어서 300m의 에펠탑과 견줄 만했다. 실제로 사크레쾨르가 몽마르트르 언덕을 타고 앉은 장면은 파리를 대표하는 도시 아이콘 가운데 하나가 되었다.도 31-20, 31-21 반대로 사크레쾨르 앞의 잔디 언덕은 파리 전경을 조망하기에 가장 좋은 명소다.

두 건물은 이처럼 높이를 공동 매개로 삼아 둘 사이에 가로놓인 센강, 시테섬, 워도심 등과 같은 자잘한 구역을 일거에 뛰어넘어 손을 잡음으로써 극적인 수직 확장을 이루었다. 이런 배경 아래 지금쯤이 파리의 명물 가운데 하나인 사크레쾨르를 등장시키기에 적합한 지점이다. 사크레쾨르는 건축사에서는 묘한 건물이다. 건축 양식만을 기준으로 보면 19세기 역

31-20. 몽마르트르 언덕에 올라앉은 사크레쾨르(위)

31-21. <사크레쾨르 몽마르트르Le Sacré-Coeur, Montmartre>(1891년). 스페인 화가 라몬 카사스Ramon Casas(1866~1932년)의 그림(아래)

사주의로 분류되지만, 공사 기간이 20세기까지 넘어가는 데다 여러 가지 사회적 주제와의 연관성이 커서 보통 19세기 파리 역사주의 목록에는 넣지 않고 별도로 다루는 편이다. 앞에서 본대로 에펠탑과 연계한 이쯤도 좋은 지점으로 보인다.

사크레쾨르는 1871년 파리 코뮌 때 희생된 성직자를 추모하고 프랑스-프로이센 전쟁의 패배를 추스르기 위해 1875년에 짓기 시작해서 1914년에 준공한 가톨릭 건축물로 가톨릭의 교회 등급으로는 바실리카basilica(프랑스어로 '바실리크basilique') 등급이다.도 31-22 19세기 말에서 20세기 초의 파리 기독교 건축을 대표하는데, 이렇게 되면 에펠탑은 이에 대한 세속적 응수가 된다. 마침 위치까지 우안과 좌안에 나란히 포진했다. 이로써 성과 속을 대표하는 두 건물이 나란히 손잡고 파리를 확장하는 효과가 나타났다. 실제로 두 건물은 20세기를 거치면서 노트르담대성당이나 루브르 박물관 등을 밀어내고 파리에서 가장 인기 있는 건물 1, 2등을 차지하고 있다.

둘째, 개별 건물을 기준으로 보면 고전 걸작 중심으로 각 시대를 이어오던 파리의 도시건축 전통을 근대로 연결했다. 파리는 '생제르맹데프레-노트르담대성당-생트샤펠-루브르궁-앵발리드-파리 팡테옹-누보 루브르-파리 오페라 하우스' 등으로 이어지는 고전 걸작의 족보가 있다. 이런 고전 걸작들은 모두 석조로 지어진 전통 양식이라는 공통점이 있는데, 19세기 후반에 건축 재료가 철골과 철근콘크리트라는 완전히 새로운 신재료로 바뀌면서 이 흐름이 종말을 고하게 되었다. 고전 걸작의 족보도 끊길 위험에 처한 건데 에펠탑이 하루아침에 이런 신건축의 고전 걸작으로 등극하면서 이 흐름을 이어갈 수 있게 되었다.

셋째, 이상이 합해져서 파리의 이미지를 하루아침에 첨단 기술까지도 갖춘 양수겸상의 도시로 재탄생시켰다. 이는 사실 갑자기 생긴 현상은 아니다. 프랑스는 원래 과학과 공학 기술의 강국으로 이미 중세 때부터 데가주망이라는 당시의 최첨단 구조 기술을 이끌었다. 가깝게는 18세기 파리를 대표하는 파리 팡테옹도 과학혁명 이후 새롭게 탄생한 공학 기술이 강하게 개입해서 탄생한 건물이었다. 그 과정에서 '구조합리주의'라는 공학 기반 건축 양식도 탄생시켰다. 다만 이런 선례들은 밖으로 드러나는 최종 결과물로서의 외관이 모두 석조 고전 양식이어서 아직은 이런 과학과 공학 기술의 첨단성이 속에 숨어 있었다. 에펠탑은 이전까지 누적되었던 이런 첨단성이 드디어 두꺼운 석조 갑옷을 벗어 던지고 알몸으로 세상에 드러난 구조물로 볼 수 있다. 과학과 공학 기술을 도시 상징물로 적용해 국가 상징물로까지 끌어올려 탄생시킨 점에서 사회적 창의력이 빛난 구조물이었다.

31-22. 사크레쾨르 정면

에펠탑의 사회적 의미

대중주의, 관광주의, 민족주의

다음으로 에펠탑의 사회적 의미 세 가지다.

첫째, 건축에서 대중주의의 도래다. 에펠탑은 건축과 공학에서의 성공이었을 뿐 아니라 대중적으로도 대성공이었다. 꼭대기 전망대에 오르면 가장 맑은 날에는 가시거리가 70㎞까지 나온다. 파리 시내에서 베르사유와 생드니는 물론이고 랭스와 아미앵 등 수도권의 중세 도시들을 볼 수 있다는 점만으로도 개장 당시 파리는 흥분의 도가니였다.

대중적 성공은 1889년 파리 만국박람회 때의 방문객 수로도 확인할 수 있다. 7개월의 박람회 기간에 3,000만~3,200만 명의 방문객이 파리를 다녀갔는데, 여기에는 에펠탑이 큰 역할을 했다. 오스망 재개발 이후 파리에 붙은 '부르주아의 문화 놀이터'라는 이름에 가속을 붙인 형국이 되었다. 당시 유럽은 물론이고 미국조차도 처음 보는 300m의 철탑이 착공한

31-23. 1889년
파리 만국박람회
전경 속 에펠탑

지 26개월 만에 파리 한복판에서 하늘을 찌를 듯 솟아 있었다.도 31-23

둘째, 관광주의의 성공과도 직결되었다. 에펠탑이 이끈 만국박람회의 성공은 파리 전체의 관광주의와 합해지면서 상승 효과를 냈다. 마침 철도가 개통되어서 프랑스는 물론이고 유럽 여러 나라에서 파리로 관광을 오기에 유리한 환경이 조성되었다. 증기선도 마찬가지여서 대서양 건너 북미권은 물론이고 인도 등 아시아에서까지 파리의 만국박람회와 에펠탑을 보려고 온 관광객이 줄을 이었다. 파리의 관광 산업은 이런 호기를 맞아 양적으로나 질적으로 모두 급격한 성장과 발전을 이루게 된다. 무엇보다 앞에서 본 세 번의 만국박람회 관광객 증가 수 하나만으로도 이런 사실을 확인할 수 있다.

순수하게 기능적으로만 보면 사실 에펠탑은 만국박람회의 전시 기능에는 아무 도움도 되지 않는 구조물이었다. 만국박람회는 새로운 공산품들을 전시하고 판매하는 것이 주요 기능이어서 전시관이 가장 중요한 건물들이었기 때문이다. 하지만 파리는 만국박람회의 기능을 공산품의 전시와 판매에만 묶어두지 않았다. 오스망 재개발이 촉발한 관광 활성화의 효과를 증폭하려는 목적까지 함께 염두에 뒀던 것이었다. 이렇게 보면 에펠탑은 그 역할을 기대보다 몇 배, 아니 몇십 배는 족히 초과 달성한 대성공을 거둔 걸로 평가할 수 있다.

에펠은 1867년의 기계관, 1878년의 정문 환영관과 파리관, 1889년의 에펠탑 등의 건축물을 통해 파리에서 개최되는 만국박람회의 수준을 크게 높임과 동시에 관광주의의 활성화에도 결정적인 역할을 했다.도 28-6, 31-17, 31-24 사람들은 에펠탑만 알고 있지만 사실 그 이전에 이미 두 번의 파리 만국박람회부터가 에펠의 활동 무대였다. 에펠탑의 성공은 물론 그 자체의 창의적 발상 덕이 가장 컸지만, 앞선 작품들이 있었기에 에펠탑의 성공이 더욱 빛날 수 있었다. 런던의 수정궁이 헐려 사라진 상황에서 에펠은 만국박람회를 새로운 건축의 경연장으로 만든 주역이라 할 수 있다. 좁게는 19

세기 만국박람회, 넓게는 20세기 이후 현재에 이르는 현대 만국박람회 전체의 문화를 선도했다 할 만했다.

셋째, 높이의 이점을 민족주의와 연결하는 방향으로 활용했다. 바로 320m 높이의 꼭대기에 프랑스의 국기인 삼색기를 걸어 펄럭이게 해서 큰 효과를 본 것이다. 이는 '깃발은 높은 곳에 걸어야 효과가 있다'라는 일반 상식에 더해 실제로 삼색기가 정식으로 프랑스 국기로 사회에 자리 잡아 뿌리 내리는 데에 중요한 역할을 했다. 그 과정은 이렇다.

31-24. 에펠탑의 현재 야경

프랑스 국기는 '파랑-하양-빨강'의 삼색이 프랑스 대혁명의 정신인 '자유-평등-박애'를 각각 상징해서 '삼색기'라고도 불린다. 출처는 파랑과 빨강의 두 색만으로 이루어진 파리의 시기市旗였다. 프랑스대혁명 때인 1789년에 이와 구별하기 위해 하양을 추가한 삼색기가 처음 등장해서 제1공화국 때인 1790년에 공식적으로 지정되었고 1794년에 현재의 '파랑-하양-빨강'의 순서로 변경했다. 그러나 이후에는 반혁명과 혁명이 교대로 일어나는 '보수 vs. 진보'의 이분법 대립 구도 속에서 사라졌다 재등장하는 등 엎치락뒤치락했다.

그러던 중 반혁명 성격이 강한 나폴레옹 1세의 제1제국(1804~1814년) 때에 사라졌으며, 같은 기조의 왕정복고(1814~1830년)까지 이런 상황이 이어졌다. 그러다가 혁명으로 탄생한 7월 혁명 정부(1830~1848년) 때에 다시 등장했다. 이런 상황을 고려해서 일부에서는 이때까지도 삼색기가 아직 프랑스 국기로 공인되지 않았다고 주장하기도 한다. 이는 공식적으로 채택된 날짜를 모른다는 뜻이기도 하다. 실제로 이 세 색은 이미 전통 시대부터 다양한 상징성을 가지며 여러 깃발에서 사용되어오고 있기도 했고, 19세기와 20세기를 거치며 삼색의 색조와 띠의 비율이 몇 번 바뀌었기 때문에 공식 날짜를 결정하는 일을 더욱 어렵게 만든다.

어쨌든 삼색기는 프랑스 국민에 의해 국기로 받아들여졌음에도 내막에서는 다소 불안정한 위치에 있었는데, 에펠탑에 걸리면서 이런 상황에 종지부를 찍게 되었다. 당시 세계에서 가장 높은 구조물인 320m 높이에서 펄럭이는 삼색기를 보고 이제 프랑스 국민이라면 보혁의 구분을 넘어 누구도 이 깃발이 자신들의 국기라는 사실을 의심하지 않게 되었다. 이는 당시 제국경쟁 시대에 프랑스의 국가적 자존심과 정체성을 형성하는 데에 큰 역할을 했다. 국내로 봐도 극심한 사회적 대립 구도 속에서 통합과 화합을 이뤄낸 쾌거였다. 이처럼 에펠탑은 앞에서 본 바와 같이 사크레쾨르라는 의외의 파리 대표 명물과 연관이 있었던 데에 더해 삼색기라는 프랑스의 또 다른 대표 상징물과도 연관이 있었다.

에펠탑의 역사적 평가
세계에서 가장 성공한 토목구조물

마지막으로 역사적 평가다. 이 역시 관점의 범위에 따라 세 단계로 나눌 수 있다.

첫째, 가장 낮은 단계의 동시대성이다. 에펠탑은 신건축 운동을 대표함과 동시에 신건축 운동을 성공시키면서 현대 건축의 기본 방향과 성격인 산업주의와 물질주의의 전성기를 연 건물이다. 철골을 기본 재료로 삼은 다양한 철재의 물량 공세가 에펠탑의 성공 요인이라는 사실은 그대로 산업주의와 물질주의의 도래로 이어졌다. 이를 고전주의나 기독교 건축 같은 전통 양식이 아닌, 아무런 건축 양식에도 속하지 않는 순수한 구조 기술만으로 이루어진 일개 탑이 오롯이 감당했다.

둘째, 중간 단계의 역사적 확장으로, 시간의 끈을 앞뒤로 확장할 수 있다. 앞으로는 프랑스 제3공화국의 주요 정책 방향이자 나아가 1차 산업혁명의 상징이기도 한 과학기술 발전의 승리와 완성을 상징했다. 또한 1879년에 공식 종료된 오스망 파리의 근대적 상징성을 10년 뒤에 이어받아 확장했다. 뒤로는 벨 에포크와 대중 유흥문화의 문을 여는 데 큰 역할을 한 걸로 평가할 수 있다. 에펠탑의 준공일, 그리고 1889년 파리 만국박람회 개장 때 수많은 구름 인파가 몰렸는데, 이는 벨 에포크의 성립을 상징하는 여러 사건 가운데 단연 최고일 것이다.

셋째, 가장 거시적인 시각으로 보면 현대 건축의 총아라 할 수 있는 '공학 기념비의 탄생'을 알림과 동시에 대표했다. 이전까지 전통 시대의 기념비는 '석조-고전 양식-성당이나 왕궁 등의 권력형 건물' 중심으로 형성되었다. 이제 시대가 바뀌어 '철제-구조 기술-대중주의와 물질주의'가 기념비의 새로운 기준이 되었다. 이는 20세기 이후 현대 문명이 진행하면서 더욱 강화한 기준이 되었는데 에펠탑은 19세기 말에 이런 새 시대의 문을 열며 가장 확실한 물리적 증거로서 스스로 세상에 모습을 드러냈다. 이런 시대적 대표성은 공간의 범위를 기준으로 두 단계로 한 번 더 나눌 수 있다.

하나는 파리 내부로 좁힌 시각이다. 이런 대표성 덕분에 에펠탑은 지금까지 명성을 이이오며 파리를 대표하는 가장 대중적인 건물 1등의 자리를 고수하고 있다. 사람이 들어가서 사는 정식 건물이 아닌 단순 토목구조물인데도 파리의 전 역사를 통틀어 앵발리드 교회나 파리 팡테옹, 심지어 루브르 박물관과 노트르담대성당마저도 능가하는 대표 아이콘이 되었다.도 31-25

20세기 이후를 보면 파리가 고전 걸작이 군집한 박물관 도시인 동시에 신건축 운동의 중심지를 겸한다는 자랑스러운 타이틀을 이어가게 해준 결정적인 중간 가교 역할을 했다. 실제로 1977년의 퐁피두 센터Centre Pompidou(1971~1977년), 1988년의 그랑 루브르Grand Louvre(혹은 그랑 피라미드Grand Pyramid 혹은 루브르 피라미드Louvre Pyramid, 1988년), 1989년의 그랑 아르슈Grand Arche(라데팡스 아르슈Arche de la Défense) 등 20세기 파리를 대표하는 현대 건축물들은 모두 구조 미학을 바탕으로 한 공학 기념비들이었다.

다른 하나는 서양권 전체 혹은 전 세계로 넓힌 시각이다. 19세기 후반부에 유럽 전역과 북미 등에는 이미 수많은 철제 건물이 세워졌지만 오로지 에펠탑만이 새로운 기준을 만족했다. 또한 분야를 기준으로 봐도 도시건축이나 공학을 뛰어넘어 근대 문명 전체에서 중요한 전환점을 이룬 상징성을 획득했다. 이런 상징성을 보여주는 증거로 20세기 전반부 서

31-25. 흐린 날 샹드마르스에서 바라본 에펠탑

31-26. 맑은 날 에펠탑 전경. 꼭대기 전망대에서 최대 90㎞까지 시야가 나온다.

양 건축사에서 촉발된 건축물의 높이 경쟁을 들 수 있다. 300m라는 숫자는 기본적으로 물질주의 성향이 강한 서양 세계에서 기록 경쟁의 대상이 되기에 좋았다.

우선 1920년에 혁명 러시아에서 블라디미르 타틀린Vladimir Tatlin(1885~ 1953년)이 도전장을 냈다. 그의 제3 인터내셔널 기념비Monument to the Third International는 에펠탑을 목표로 삼아 400m 높이로 계획되었다. 일명 '타틀린타워Tatlin's Tower'라고 불린 데에서 알 수 있듯이 이 기념비도 철탑이었는데, 높이가 너무 높아서 실제 지어지지 못했고 20m 높이의 소품 모형으로 축소해 전시했다. 그러나 타틀린이 디자인 과정에서 남긴 기록을 보면 단연 서방 자본주의를 대표하는 에펠탑을 일거에 뛰어넘어 혁명 공산주의와 슬라브 러시아의 위대함을 전 세계에 알리려는 목적이 컸다.

이렇게 해서 에펠탑은 첫 번째 도전자를 가볍게 물리쳤다. 그러나 기록은 깨지라고 있는 법. 불과 11년 뒤인 1931년에 뉴욕 맨해튼의 엠파이어스테이트빌딩Empire State Building이 새로운 높이 기록의 주인공으로 탄생했다. 지붕 높이는 380m였고 안테나 높이는 443m이니 에펠탑의 높이를 가뿐히 뛰어넘었다. 더하여 실제 사람이 들어가서 사는 정식 건물이라는 점도 새로운 기록의 의미를 배가했다. 맨해튼은 당시나 지금이나 현대 자본주의의 수도여서 결국 미국 자본주의가 프랑스 자본주의를 앞질렀다는 상징성이 있었다. '꿩 잡는 게 매'라는 속담이 말해주듯 자본주의의 총아 자리는 결국 더 큰 자본주의가 차지하게 되어 있는 것이었다.

이상을 종합하면 에펠탑은 가히 '세계에서 가장 성공한 토목구조물'이라 할 만했다. 뾰쪽한 삼각뿔로 단순화할 수 있는 형태도 한몫해서 파리를 안내하는 각종 홍보자료에서 항상 첫 자리를 차지한다. 이쯤 되면 로마의 판테온이나 산피에트로 인 바티카노 대성당, 런던의 웨스트민스터 신전이나 성바오로 성당 등과도 어깨를 나란히 하는 세계적 명품의 반열에까지 올랐다고 할 만했다.도 31-26

도판목록

3-11. 좌안 후보지의 중앙 초점 자리에 루이 15세 동상을 세우려는 계획안
3-12. 아래부터 '루브르 박물관-튈르리 정원-콩코르드 광장-샹젤리제가-개선문-라데팡스' 모습
3-13. 루이 15세 광장의 1763년 모습. 장-미셸 모로 Jean-Michel Moreau(1741~1814년)의 판화
3-14. 루이 15세 광장의 실현안
3-15. 아래부터 '콩코르드 광장-튈르리 정원-튈르리궁-카루젤 개선문-루브르 박물관' 모습(19세기 중반)
3-16. 마랭 오텔Hôtel de la Marine 전경
3-17. 마랭 오텔 정면도. 양쪽 끝의 박공에 각 두 개씩 알레고리 조각을 부착했다.
3-18. 마랭 오텔 오른쪽 끝의 알레고리
3-19. 아래부터 '튈르리 정원-콩코르드 광장-샹젤리제가-개선문-라데팡스' 모습
3-20. 1865년 콩코르드 광장 모습. 좌우에 해자를 매워서 시민에게 완전 개방했다.
3-21. 1793년 1월 21일 루이 15세 광장Place Louis XV에서의 루이 16세 단두대 처형Lexecution de Louis XVI 장면
3-22. 콩코르드 광장 초점 자리의 오벨리스크
3-23. 1836년 10월 25일에 오벨리스크를 세우는 공사 장면
3-24. '오벨리스크-샹젤리제가-개선문'이 이루는 서쪽 왕궁 중심축

4장. 루이 15세2:
구조합리주의, 생쉴피스 교회와 광장, 파리 팡테옹

4-1. 파리 전경을 그린 판화(1860년)에 나타난 생쉴피스, 노트르담대성당, 생으스타슈Saint-Eustache
4-2. 생쉴피스 실내. 네이브nave 부분
4-3. 생쉴피스 실내. 동쪽 성소 부분
4-4. 메소니에의 생쉴피스 서쪽 정면 현상공모 제출안
4-5. 세르반도니의 생쉴피스 서쪽 정면 첨탑 초안. 중세 모티브가 섞여 있다.
4-6. 세르반도니의 생쉴피스 서쪽 정면 첨탑 최종안
4-7. 생쉴피스의 현재 모습. 두 첨탑이 서로 다른 모습을 하고 있다.
4-8. 생쉴피스 교회와 광장 공중 전경
4-9. 생쉴피스 교회와 광장 배치도(1781년)
4-10. 생쉴피스 서쪽 정면의 열주랑. 앞의 광장을 향해 열려 있다.
4-11. 생쉴피스 교회와 광장의 3차원 원근법 모습(1781년)
4-12. 생쉴피스 광장의 분수
4-13. 파리 팡테옹의 위치
4-14. 파리 팡테옹 공중 전경. 오른쪽 옆의 중세 교회가 생테티엔뒤몽Saint-Étienne-du-Mont이다.
4-15. <튀르고 파리 지도>(1734~1739년)에 '생트주느비에브st. Geneviève'라고 쓰여 있다.
4-16. 팡테옹가Rue du Panthéon 끝에 위치한 건물 모습
4-17. 파리 팡테옹. 평면도와 입면도
4-18. 파리 팡테옹. 중앙 돔 주변의 실내 구조 모습
4-19. 파리 팡테옹. 신고전주의 외관
4-20. 파리 팡테옹. 단면도
4-21. 장-자크 루소Jean-Jacques Rousseau의 유골을 파리 팡테옹에 안치하는 의식(1794년)
4-22. 파리 팡테옹에서 거행한 빅토르 위고의 장례식(1885년)
4-23. 퀴리 부부의 '팡테옹화' 장면(1995년)
4-24. 앙드레 말로를 지하 묘지에 안치하기 전 '팡테옹화' 의식을 행하는 장면(1996년)
4-25. 앙투안-장 그로Antoine-Jean Gros의 <생트주느비에브의 신격화Apotheose de Sainte-Genevieve>(1811~1824년). 파리 팡테옹 중앙 돔의 실내 그림
4-26. 파리 팡테옹의 성가대석 주변에 설치한 푸코의 진자 모습

5장. 루이 16세1:
급진적 고전주의, 오데옹 극장, 파리외과대학

5-1. 오데옹 극장Théâtre Odéon(1767~1782년)의 의 첫 번째 건물
5-2. 오데옹 극장의 두 번째 건물. 1808년 장-프랑수아 테레즈 샬그랭Jean-François Thérèse Chalgrin의 작품
5-3. 오데옹 극장의 원경. 1819년 피에르 토마 바라과이Pierre Thomas Baraguey가 설계한 세 번째 건물
5-4. 카미유 피사로Camille Pissarro의 <테아트르 프랑세즈 광장La Place du Théâtre Français>(1898년)
5-5. 오데옹 극장의 정면 근경. 1819년 바라과이가 설계한 세 번째 건물
5-6. 파리외과대학 평면도
5-7. 파리외과대학 정문 출입구. 도로 쪽 열주 스크린
5-8. 파리외과대학 안마당 쪽 출입구
5-9. 파리외과대학 입단면도
5-10. 파리외과대학 해부학 강의실

6장. 루이 16세2:
구조합리주의의 정착, 곡물거래소, 팔레 루아얄

6-1. 곡물거래소 현재 외관. 아직 원형 건물로 남아 있다.
6-2. 곡물거래소 외관
6-3. 파리 시내에서 곡물거래소의 위치와 주변의 주요 건물들
6-4. 곡물거래소Halle aux Blés · Halle au Blé 공중 전경
6-5. 곡물거래소 돔 구조 단면도
6-6. 곡물거래소 18세기 실내 모습. 라미네이티드 우드 천장을 보여준다.
6-7. 왼쪽 중앙형의 곡물거래소에서 갈라져 나오는 여섯 개의 도로기 아직 불규칙하긴 하지만 방사형 도

로의 초창기 상태를 보여준다.

6-8. 리슐리외가 자신의 저택으로 세운 추기경 궁전 Palais Cardinal

6-9. 팔레 루아얄 현재 모습

6-10. 팔레 루아얄의 앞 광장을 면한 정면 출입구. 열주 스크린으로 구성된다.

6-11. 팔레 루아얄 국무원Conceil d'État 계단실. 피에르 콩탕 디브리Pierre Contant D'Ivry의 작품(1765년)

6-12. 팔레 루아얄 1754년 상태. 중심축에 세 개의 열주 스크린passage. 아직 본 마당에 분수 마당이 생기기 전이라 쿠르 루아얄 하나로 통일되어 있다.

6-13. 1830년 7월 혁명 장면. 팔레 루아얄 정면의 열주 스크린. 오라스 베르네Horace Vernet(1789~1863년)의 작품(1832년)

6-14. 팔레 루아얄의 전실 마당과 본 마당 사이의 몽팡시에 열주

6-15. 위쪽부터 '본마당-열주 스크린-분수 마당-열주 스크린-정원'

6-16. 팔레 루아얄 정원 18세기 후반부 모습. 피에르 니콜라 랑소네트Pierre Nicolas Ransonnette(1745~1810년)의 작품

6-17. 팔레 루아얄 정원 입면

6-18. 팔레 루아얄 정원 입면도(1784년)

6-19. 폴 버리Pol Bury의 <팔레 루아얄 파운틴Palais Royal Fountain>(1985년)

6-20. 팔레 루아얄 정원에 설치한 다니엘 뷔랑Daniel Buren의 <두 개의 고원Les Deux Plateaux>(1985년)

7장. 근대적 보편주의, 18세기 파리 도시건축의 역사성

7-1. 루브르궁 동익랑East Wing, Louvre 정면 전경

7-2. 파리 화폐국 정면. 로마 벽체구조

7-3. 생쉴피스 정면. 그리스 기둥구조

7-4. 생로슈 교회Église Saint-Roch 실내 애프스apse. 로마 벽체구조로, 쥘 아르두앵-망사르의 작품(1701년)

7-5. 파리 팡테옹 실내 돔 구조. 벽체가 거의 사라지고 기둥구조만으로 이루어졌다.

7-6. 생로슈 교회 정면. 1739년에 로베르 드 코트가 바로크 벽체구조로 새로 지었다.

7-7. 육군사관학교 정면의 바로크 벽체구조

7-8. 생 필리프뒤룰 교회Église Saint-Philippe-du-Roule 실내 애프스의 기둥구조

7-9. 앵발리드 돔Dôme des Invalides 교회 정면. 바로크 벽체구조이지만 기둥 열이 벽체에서 분리되기 시작한다.

7-10. 파리 팡테옹 정면. 그리스 기둥구조로만 구성되었다.

2부. 프랑스대혁명과 파리 도시건축

8장. 프랑스대혁명의 촉발 배경: 페르미에 제네로의 벽과 관세 징수소

8-1. 파리 성곽. 안쪽부터 차례대로 '1180년경의 중세 초 → 1370년 → 1676년 → 1784~1791년 → 1841~1845년'. 네 번째가 페르미에 제네로의 벽, 즉 관세 성곽Mur des Barrières이다.

8-2. 프랑스대혁명 때인 1789년 7월 11일, 클로드-니콜라 르두Claude-Nicolas Ledoux(1736~1806년)의 봉좀 관세 징수소Barrière des Bonshommes가 불타는 장면

8-3. 오스망 재개발 때 개선문 근처의 관세 징수소를 철거하는 장면

8-4. 클로드-니콜라 르두의 트론 관세 징수소Barrière du Trone

8-5. 클로드-니콜라 르두의 라빌레트 관세 징수소 Barrière de la Villette

8-6. 클로드-니콜라 르두의 몽소 관세 징수소Barrière de Monceau

8-7. 클로드-니콜라 르두의 파리 관세 징수소Barrière de Paris 디자인 모음

8-8. 클로드-니콜라 르두의 파시 관세 징수소Barrière de Passy

8-9. 클로드-니콜라 르두의 장티이 관세 징수소 Barrière de Gentilly

8-10. 라빌레트 관세 징수소. 그리스 신전 정면과 그 뒤의 원통형 본체

8-11. 1791년 7월 21일 루이 16세의 바렌 탈출이 실패한 뒤 체포되어 파리로 압송되는 장면. 자신이 세운 관세 징수소를 지나는 역사의 아이러니를 보여준다.

8-12. 라빌레트 부둣가의 관세 징수소 모습. 콘라드 마르탱Conrad Martens(1801~1878년)의 1820년대 그림

8-13. 몽소 공원 내 관세 징수소 공중 전경

8-14. 트론 관세 징수소Barriére du Trone 정면 출입구. 아키볼트archivolt에 블록을 끼운 바로크 아치

9장. 혁명기 도시건축: 역사 기록의 장과 실험적 도시건축

9-1. 프랑스대혁명의 도화선이 된 삼부회 소집 장면. 1789년 5월 5일 베르사유에서 개최했다. 샤를 모네Charles Monnet(1732~1819년)의 그림

9-2. 프랑스대혁명의 시작을 알리는 1789년 8월 5일의 국민공회Assemblée Nationale · Convention Nationale 소집 장면. 샤를 모네의 그림

9-3. 1789년 7월 12~14일 바스티유 감옥 함락La Prise de la Bastille 때 혁명군의 행진 코스

9-4. 1789년 7월 13일 시청 광장Place de l'Hôtel-de-

Ville인 그레브 광장Place Grève에 군집한 군중

9-5. 1789년 7월 14일 바스티유 감옥 철거 장면. 장-피에르 우엘Jean-Pierre Houël(1735~1813년)의 그림

9-6. 바스티유 광장Place de la Bastille의 현재 상태. 중앙에는 '7월 혁명 기념비'를, 그 옆 감옥 자리에는 바스티유 오페라 하우스L'opéra Bastille를 각각 세웠다.

9-7. 1789년 이른바 '10월의 이틀Les Journées d'Octobre' 기간(10월 5~6일) 혁명군의 행진 코스

9-8. 1793년 1월 21일 루이 16세 처형 때 이동 코스

9-9. 1793년 1월 21일 루이 16세가 처형당하러 떠나기 전 가족과 이별하는 장면

9-10. 1794년 7월 27일과 28일 진행한 테오미도르 반동의 진행 코스

9-11. 1799년 10월 나폴레옹이 파리로 귀환한 '브뤼메르 18일의 쿠데타Coup d'État du 18 Brumaire' 이후 11월 9일 파리 수비대 장교와 여러 장군의 충성 서약을 받는 장면

9-12. 에티엔-루이 불레Étienne-Louis Boullée(1728~1799년)의 메트로 교회Métropole 계획안

9-13. 장-자크 르퀴Jean-Jacques Lequeu의 <국민 개선문이라 할 수 있는 파리 성문Porte du Parisis qu'on peut appeler l'arc du peuple> 계획안

9-14. 피에르-프랑수아-레오나르 퐁텐Pierre- François-Léonard Fontaine(1762~1853년)의 <장례 기념비 monument sepulcral> 계획안

9-15. 에티엔-루이 불레의 박물관Muséum 계획안

9-16. 클로드-니콜라 르두의 '메종 오스탕Maison Hosten'(1792년) 현재 철거

9-17. 플로랑탱 길베르Florentin Gilbert의 국회의사당 Assemblée Nationale 계획안

10장. 프랑스대혁명의 반달리즘과 19세기 복원1: 노트르담대성당

10-1. 1804년 12월 2일 노트르담대성당 네이브에서 거행한 나폴레옹 황제 즉위식 장면. 파괴 뒤 남아 있는 공간을 살려 행사장을 마련했다.

10-2. 나폴레옹 황제 즉위식 때 교황을 제치고 동생이 왕관을 씌워주는 장면

11장. 프랑스대혁명의 반달리즘과 19세기 복원2: 생트샤펠과 기타 교회

11-1. 파리 고등법원Palais de Justice 내에 복원되어 남아 있는 생트샤펠Sainte-Chapelle의 현재 상태. 오른쪽이 교회 건물이다.

11-2. 생트샤펠 실내 스테인드글라스의 현재 상태

11-3. 중앙의 생자크탑Tour Saint-Jacques만 남아 있는 현재 상태. 본체가 있던 주변 공간은 작은 공원이다.

11-4. 생제르베Saint-Gervais의 현재 상태

11-5. 빌 드 그라스Val-de-Gräce의 현새 상태. 수도원은 대폭 축소되고 사진 중앙의 돔 건물인 본당 교회는 살아남았다.

12장. 프랑스대혁명의 반달리즘과 19세기 복원3: 5대 왕궁과 기타 건물들

12-1. 건축가 샤를 페르시에가 나폴레옹에게 루브르 박물관에서 용도 변경 공사 계획을 설명하는 장면(1809년). 오귀스트 쿠데르Auguste Couder(1789~1873년)의 작품

12-2. <루브르 박물관 살롱 카레View of the Salon Carrée>(1861년). 19세기 화가 주세페 카스틸리온 Giuseppe Castiglione(1829~1908년)의 작품

12-3. 1792년 8월 10일 튈르리궁 함락 장면. 이로써 먼저 체포된 루이 16세와 함께 그의 가족이 모두 체포되었다.

12-4. 1792년 8월 10일 튈르리궁 함락 때 전실에서 벌어진 전투 장면

12-5. 1871년 5월 27일 파리 코뮌 사태 때 튈르리궁이 불타는 장면

12-6. 튈르리궁이 사라진 자리를 튈르리 정원으로 꾸민 모습. 19세기 말 사진

12-7. 시테섬의 콩시에르주리Conciergerie 내 참회의 예배당Chapelle Expiatoire. 루이 18세 때 왕실을 추모하며 건립했다.

12-8. 파리 고등법원 평면도. 조제프 루이 뒤크Joseph Louis Duc의 설계로 1847~1871/1880년에 건축했다. 아를리의 전실Vestibule de Harley은 그 중간인 1857~1868년에 건축했다.

12-9. 파리 고등법원의 현재 상태

12-10. 뤽상부르궁과 정원의 전경을 그린 판화(1867년)

12-11. 1830년 7월 혁명 중 28일 시청사 앞에서 벌어진 28일 전투 장면

12-12. 파리 시청사의 현재 모습

3부. 19세기 개요: 제국이 이끈 '통일국가-혁명-산업화'의 시대

13장. 19세기 파리의 도시건축 상황 개괄

13-1. 오스망 재개발(1852~1869년) 실행 다이어그램. 실선이 새로 닦은 대로이고 빗금이 새로 건설한 구역이다.

13-2. 1900년 파리 만국박람회 전경, 알렉상드르 3세교 Pont Alexandre III에서 바라본 장면이다.

13-3. 그랑 팔레Grand Palais와 프티 팔레Petit Palais의 아름다운 야경. 1900년 파리 만국박람회 시설인데 아직 시내 중심부의 핵심 시설로 활용된다.

13-4. 중앙 회색 경계가 1784~1791년의 관세 성곽이고 바깥 경계가 티에르 성곽Enceinte de Thiers이다.

13-5. 이탈리앵 불르바르Boulevard des Italiens 전경
13-6. 진화과학 대박물관Grand Galerie de l'Évolution. 네오르네상스 양식이다.
13-7. 생클로틸드 바실리카Basilique Sainte-Clotilde (1846~1857년). 네오고딕 양식이다.
13-8. 생트주느비에브 도서관Bibliothèque Sainte-Geneviève. 신건축으로 지은 실내 로마 아치 모습
13-9. 진화과학 대박물관. 신건축으로 지은 신고전주의 실내 전경
13-10. 철재와 유리로 지은 그랑 팔레의 밝은 실내. 1900년 파리 만국박람회 당시 조각 전시 사진이다.

14장. 나폴레옹 1세와 제1제국(1804~1814년)의 도시 상황

14-1. 리볼리가 전경
14-2. 파리 개선문 전경
14-3. 방돔 광장Place Vendôme 공중 전경
14-4. 카스틸리온가Rue de Castiglione 전경. 주세페 카넬라Giuseppe Canella(1788~1847년)의 작품
14-5. 1850년대 개선문 주변의 방사형 도로 장면
14-6. 방돔 광장과 리블리가, 카스틸리온가 공중 전경. 중앙이 방돔 광장이고 아래 왼쪽이 리볼리가, 오른쪽이 카스틸리온가다.
14-7. 리볼리가를 따라서 세워진 아파트
14-8. 마들렌 광장Place de la Madeleine 속 마들렌 교회Église de la Madeleine 공중 전경
14-9. 방돔 광장 속 승전 기둥 공중 전경
14-10. 빅토르 위고 광장의 10개 거리 방사형 도로
14-11. 파리 회전교차로의 역동적인 교통 장면. 1906년 작품
14-12. 본-누벨 불르바르Boulevard de Bonne-Nouvelle. 1900년경 사진
14-13. 마들렌 교회의 1900년경 사진
14-14. 샤요 궁전Palais de Chaillot 뒤 트로카데로 광장에서 방사형으로 뻗어나가는 일직선 대로들
14-15. 베르사유 궁전의 왕의 방King's Chamber에서 신도시를 향해 뻗어나가는 도로 체계
14-16. <비 내리는 파리 거리Rue de Paris, Temps de Pluie>(1877년). 귀스타브 카유보트Gustave Caillebotte(1848~1894년)의 작품

15장. 나폴레옹 1세와 제1제국의 건축 상황

15-1. 파리 개선문 남측 면 장식. 전통 시대와 비교해서 돋을새김의 돌출이 현저히 약해졌다.
15-2. 부르봉궁. 1722~1728년에 지어진 첫 번째 건물
15-3. 국회의사당 공중 전경. 센강을 접한 위치
15-4. 국회의사당 정면
15-5. 튈르리궁. 나폴레옹 1세 예배당
15-6. 왕정복고의 시작을 알리는 루이 18세 일행의 1814년 3월 3일 튈르리궁 앞 행렬 장면. 1820년 작품
15-7. 1840년 12월 15일 나폴레옹 1세의 유해가 파리 개선문을 지나 귀환하는 장면
15-8. 앵발리드 돔 지하에 안치된 나폴레옹 1세의 관. 돔 천장에 맞춰 1층 바닥을 뚫었다.
15-9. 앵발리드 돔의 나폴레옹 1세 지하 무덤
15-10. 앵발리드 돔 내 페르디낭 포슈Ferdinand Foch의 관
15-11. 앵발리드 보훈병원 안마당에 안치된 대포
15-12. 마들렌 교회의 열주 정면
15-13. 국회의사당과 마들렌 교회 공중 전경. 왼쪽 위의 국회의사당과 오른쪽 위의 마들렌 교회가 센강을 중간에 두고 서로 마주 보는 구도
15-14. 아를Arles 지방 님Nîmes의 메종 카레Maison Carree
15-15. 마들렌 교회가 초점이 되어 도로가 갈라져 나가는 장면
15-16. 에투알 광장Place de l'Étoile과 파리 개선문. 19세기 작품
15-17. 1944년 8월 25일 파리 개선문을 지나 샹젤리제가를 따라 입성하는 샤를 드 골Charles de Gaulle 장군 일행
15-18. 파리 개선문을 초점으로 삼은 12개 거리 공중 전경
15-19. 파리 개선문을 중심으로 동쪽으로는 루브르 박물관(중간 아래)으로, 서쪽으로는 라데팡스(중간 위)로 이어지는 일직선 대로. 파리의 서북 지역 중심축이다.
15-20. <1848년 4월 20일 에투알 개선문 앞의 형제애 결의 행사La Fêe de la Fraternité à l'Arc de Triomphe de l'Étoile, le 20 Avril 1848>. 장-자크 샹팽Jean-Jacques Champin(1796~1860년)의 작품
15-21. 1920년 11월 11일 파리 개선문 앞에서 개최한 무명용사 추모 조명 쇼. 알베르 아를랭그Albert Harlingue(1879~1964년)의 사진이다.
15-22. 파리 개선문을 행진하는 프로이센 군대를 그린 작품
15-23. 카루셀 개선문Arc de Triomphe du Carrousel
15-24. 1662년 루브르궁 앞 튈르리 정원에서 개최한 마상시합carrousel 장면. 17세기 앙리 드 기시Henri de Gissey(1621~1673년)의 작품
15-25. 방돔 광장과 나폴레옹 승전기둥
15-26. 1871년 파리 코뮌 사태 때 방돔 광장의 나폴레옹 승전기둥을 해체하는 장면을 그린 작품

16장. 왕정복고 정부(1814~1830년)와 7월 혁명 정부(1830~1848년)의 파리 도시건축

16-1. 왕정복고를 맞아 1814년 3월 3일 루이 18세가 파리로 귀환하는 장면을 그린 작품. 노트르담 광장을 지나고 있다.

16-2. 1830년 7월 혁명 때 루브르 박물관 모습. 알렉상드르 바루예Alexandre Barouillet의 작품
16-3. 7월 혁명 성공 후 1830년 7월 31일 파리 시청사에서 충성 서약을 받는 루이 필리프 1세Louis Philippe I
16-4. 오르세 박물관 공중 전경
16-5. 1840년대 프랑스 기차
16-6. 몽파르나스역Gare Montparnasse 공중 전경
16-7. 파리 북역 플랫폼
16-8. 1885년 8월 18일 영국 빅토리아 여왕과 앨버트 경이 파리 동역Gare de l'Est에 도착하는 장면
16-9. 에콜 데 보자르École des Beaux-Arts 교육관 정면 전경
16-10. 생트주느비에브 도서관 정면 전경
16-11. 광물학 · 지리학 박물관Galerie de Minéralogie et de Géologie
16-12. 라리부아시에르 병원 정면 전경
16-13. 고생물학 · 비교해부학 박물관Galerie de Paléontologie et d'Anatomie
16-14. 생뱅상드폴 교회. 실내 애프스의 장식과 성화
16-15. 생뱅상드폴 교회. 실내 네이브 장식
16-16. 노트르담-드-로레트 교회Église Notre-Dame-de-Lorette. 실내 크로싱 돔 주변의 장식과 성화
16-17. 노트르담-드-로레트 교회. 실내 아일과 네이브의 장식과 성화
16-18. 생뱅상드폴 교회. 정면 열주
16-19. 생뱅상드폴 교회. 정면 열주를 출입구 앞에서 거꾸로 본 장면
16-20. 노트르담-드-로레트 교회. 정면 열주
16-21. 참회의 예배당의 다소 변형된 열주

17장. 제2제국(1852~1870년)과 나폴레옹 3세의 파리

17-1. <1848년의 보편적 · 민주적 · 사회적 공화국 조약République Universelle, Démocratique et Sociale: Le Pacte, 1848>, 프레데릭 소리유Frédéric Sorrieu(1807~1887년)가 제2공화국 출범을 그린 작품
17-2. 나폴레옹 3세의 1852년 황제 즉위 행진 장면
17-3. 1867년경 파리 전경. 바깥 경계선이 티에르 성곽(지금의 파리 순환도로Boulevard Périphérique de Paris)이다.
17-4. 성삼위일체 교회Église de la Trinitè(1861~1867년)
17-5. 생앙브루아스 교회Église Saint-Ambroise(1863~1869년)
17-6. 생오귀스탱 교회Église Saint-Augustin(1860~1871년)
17-7. 누보 루브르Nouveau Louvre(1852~1857년)
17-8. 생퇴젠 교회Église de Saint-Eugène
17-9. 노트르담 들라크루아 교회
17-10. 생오귀스탱 교회

18장. 네오바로크: 제2제국의 프랑스 국가 양식

18-1. 파리 북역 정면 전경
18-2. 파리 북역 대합실
18-3. 생미셸 분수 전경
18-4. 루브르궁(지금의 루브르 박물관) 공사 단계. 회색 음영 부분이 나폴레옹 3세 때 확장한 누보 루브르다.
18-5. 누보 루브르 리슐리외 파비옹Pavillon Richelieu
18-6. 누보 루브르 로앙 파비옹Pavillon Rohan(현재 콜베르 파비옹Pavillon Colbert)
18-7. 누보 루브르 드농 파비옹Pavillon Denon
18-8. 누보 루브르 쉴리 파비옹Pavillon Sully
18-9. 리슐리외 파비옹을 중심 건물로 삼아 길게 뻗어 제2제국의 위용을 자랑하는 누보 루브르의 네오바로크 양식
18-10. 누보 루브르 준공 당시 기념 그림. 위용을 드러내는 장면이다.
18-11. 왼쪽의 팔레 루아얄과 중앙 위쪽의 '곡물거래소-레알(파리 중앙시장)'을 거느리며 우안의 중심축을 이루는 루브르궁(지금의 루브르 박물관) 전경
18-12. 유리 피라미드와 분수가 더해진 현대의 '그랑 루브르Grand Louvre'

19장. 제3공화국의 도시 상황: 산업혁명, 수직 고밀화, 아돌프 알팡

19-1. 1871년 1월 6일 프로이센군의 파리 포위 장면
19-2. 1870년 9월 4일 국회의사당 앞에서 제국종결을 선언하는 시민 혁명 세력. 쥘 디디에Jules Didier(1831~1914년)와 자크 귀오Jacques Guiaud(1810~1876년)의 작품
19-3. 1871년 5월 23~24일, 콩코르드 광장과 리볼리가 일대의 전투 장면. 바리케이드를 친 코뮌군의 마지막 저항이었다.
19-4. 1871년 6월에 찍은 리볼리가의 파괴된 장면
19-5. 12구 라페 부두Quai de la Rapée의 1900년경 사진. 파리에서 공장 밀집 지역이었다.
19-6. 빈센트 반 고흐Vincent van Gogh(1853~1890년)의 <몽마르트르에서 바라본 파리 풍경View of Paris from Monmartre>(1886년)
19-7. 튀르비고가Rue de Turbigo의 7층 아파트 모습. 1868년에 세워졌다.
19-8. 오페라가Avenue de l'Opéra의 7층 아파트 모습. 1870년대 후반에 세워졌다. 아돌프 조안Adolphe Joanne(1813~1881년)의 『그림으로 보는 파리*Paris Illustré*』(1870~1876년)에 수록된 입면도다.
19-9. 에펠탑Tour Eiffel
19-10. 생미셸 광장Place Saint-Michel의 카페 장면
19-11. 사람과 마차로 붐비는 탕플 불르바르Boulevard du Temple

19-12. <파리의 선택The Choice of Paris>(1860년). 영국 화가 플로렌스 클랙스턴Florence Claxton(1838~1920년)의 작품
19-13. <페가와 카퓌신 불르바르가 만나는 모서리The Boulevard des Capucines at the Corner of the Rue de la Paix>(1830년경). 영국 화가 컬렛 로버트 스탠리Colet Robert Stanley(1790/1795~1868년)의 작품
19-14. 1889년 파리 만국박람회 전경
19-15. 1900년 파리 만국박람회 전경

20장. 제3공화국의 건축 상황: 절충주의, 유형학, 신건축

20-1. 사크레쾨르 바실리카 공중 전경
20-2. 프렝탕 백화점Magasins Printemps 개장 당시 모습을 그린 1881년 작품
20-3. 리옹 신용은행 본사
20-4. 그랑 팔레와 프티 팔레 공중 전경. 왼쪽의 큰 건물이 그랑 팔레이고 오른쪽의 작은 건물이 프티 팔레다.
20-5. 1889년 파리 만국박람회 정문 출입구
20-6. 그랑 팔레 정면
20-7. 고생물학 · 비교해부학 박물관 실내 중앙 홀
20-8. 파리 고등법원 팔레 불르바르Boulevard du Palais 쪽 정문
20-9. 파리 고등법원 아를레가Rue de Harlay 쪽 본관 정면

4부. 오스망 재개발

21장. 오스망 재개발: 추진 배경, 진행 과정, 예산 조달, 개발 결과

21-1. 오스망 재개발로 사라지기 전의 샹플랭가Rue Champlain 모습
21-2. 오스망 재개발 이전의 중세 거리를 보여주는 자르디네가Rue du Jardinet 모습
21-3. 1852~1853년경 파리 노천 목욕탕. 앙리 르 세크Henri Le Secq(1818~1882년)의 사진
21-4. 센 지사 조르주-외젠 오스망 남작baron Georges-Eugène Haussmann, Préfet de la Seine의 초상 작품
21-5. 앙리 4세 불르바르Boulevard Henri IV의 통로 뚫기 공사 장면
21-6. 1856년에 이루어진 생미셸 불르바르Boulevard Saint-Michel 공사 중 철거 장면
21-7. 1852년의 카루젤 광장Place du Carrousel 공사 장면, 저널리스트 에드몽 텍시에Edmond Texier의 『파리 경관*Tableau de Paris*』(1853년) 수록
21-8. 생미셸 불르바르 공사 장면. 아돌프 조안의 『그림으로 보는 파리』(1870~1876년) 수록
21-9. <오스망 지도Plan de Haussmann>(1853~1870년)

22장. '더 나빠진 파리'에 대한 부정적 평가1: 도시건축 차원의 비판

22-1. 오스망 재개발의 철거촌과 철거민(1865년)
22-2. 생미셸 불르바르를 내기 위해 위해 오래된 아르프가Rue de la Harpe를 철거하는 장면(1857년). 교회 등이 함께 철거되었다.
22-3. <바딩게 소속 모르타르 미장공 오스망Affiliation de Badinguet Haussmann Gâcheur>이라는 당시 카툰. 흙손은 건설자, 곡괭이는 철거자의 양면을 표현했다.
22-4. <높은 곳의 감시자elevated surveyors>라는 카툰이 당시 오스망 개발을 비판하는 내용
22-5. 렌느가Rue de Rennes의 통로 뚫기 장면. 오래된 교회가 함께 헐렸다.
22-6. 파리의 부동산 투기를 오스망 탓으로 비판하는 당시 카툰. '파괴에 팔린 파리의 장물아비 오스망'이라는 문구가 보인다.
22-7. 파리의 대표적인 중세 기독교 구역인 생트주느비에브 언덕Montagne Sainte-Geneviève 개발 장면
22-8. 렌느가를 건설하기 위해 오래된 구역을 철거하는 장면. 교회가 함께 헐렸다.

23장. '더 나빠진 파리'에 대한 부정적 평가2: 경제 이데올로기 차원의 비판

23-1. 저술가 에밀 드 라 베돌리에르Émile de La Bédollière(1812~1883년)의 『새로운 파리*Le Nouveau Paris*』(1861년) 표지. 귀스타브 도레Gustave Doré(1832~1883년)의 작품
23-2. <눈 덮인 파리Paris in the Snow>(1887년). 외곽 지대의 공장 연기가 보인다. 핀란드 화가 알베르트 에델펠트Albert Edelfelt(1854~1905년)의 작품
23-3. <파리 센강The Seine at Paris>(1888년). 역시 외곽 지대의 공장을 그렸다. 핀란드 화가 빅터 베스테르홀름Victor Westerholm(1860~1919년)의 작품
23-4. <파리 개선문L'Arc de Triomphe>(1900년대 초). 부르주아가 파리 시내에서 문화 활동을 즐기는 장면. 프랑스 화가 조르주 스테인Georges Stein(1864~1917년)의 작품
23-5. 19세기 파리와 런던을 비교한 그림. 왼쪽은 파리 부르주아의 여유로운 문화생활을, 오른쪽은 런던 노동자의 열악한 상태를 각각 보여준다.
23-6. <철의 도시La Cité de l'Acier>(1879년). 파리 근교 산업지대의 열악한 상태를 그렸다. 프랑스 과학소설 작가 쥘 베른Jules Verne(1828~1905년)의 『인도 왕비의 유산*Les Cinq Cents Millions de la Bégum*』(1879년)이라는 소설의 삽화다. '베검'은 힌두스탄의 공주나 왕비 혹은 회교권의 귀부인을 뜻한다.
23-7. 사회주의적 공동생활체, 생산협동조합 그리고 노동자 마을Phalanstère, Familistère et cités ouvrières. 프랑스 실업가 장-밥티스트 앙드레 고댕Jean-

Baptiste André Godin(1817~1888년)의 계획이다.
23-8. 1867년 파리 만국박람회에 출품한 노동자 주택 계획안
23-9. <파리의 새벽Early Morning, Paris>(1901년). 미국 화가 에버렛 쉰Everett Shinn(1876~1953년)의 작품

24장. 새로운 파리에 대한 긍정적 평가: 예리하면서도 열정적인 도시

24-1. 좁고 구불구불한 중세 골격을 헐고 일직선 대로인 오페라가Avenue de l'Opéra를 건설한 1855년 도면
24-2. 부르주아와 귀족이 제2제국 시절 뤽상부르 정원에서 여가를 즐기는 장면
24-3. 파리의 1854년 도로 체계
24-4. 파리의 1871년 도로 체계
24-5. 붐비는 리슐리외가의 모습. 1904년 사진
24-6. 검은색 부분이 나폴레옹 3세 때 개발한 구역들이다.
24-7. 1861년 8월 13일 말셰르브 불르바르Boulevard Malesherbes의 개통식 행사 장면
24-8. 1870년경 센강변의 야외 선술집guinguette과 선상 무도회장Bal des Canotiers의 모습
24-9. 그랑 불르바르Grands Boulevards 가운데 생드니 개선문Porte Saint-Denis 일대의 붐비는 장면
24-10. 오스망 재개발 이전부터 계층이 섞여서 도시의 거리문화를 즐기는 장면. 탕플 불르바르Boulevard du Temple
24-11. 스트라스부르 불르바르Boulevard de Strasbourg의 그랑 카페Grand Café 모습. 1861년 작품
24-12. <파리의 카페Café in Paris>(1890년대). 러시아 화가 콘스탄틴 코로빈Konstantin Korovin(1861~1939년)의 작품
24-13. <1867년 6월 10일 튈르리궁의 야간 행사Fête de Nuit Donnée aux Tuileries le 10 Juin 1867>. 벨기에 화가 폴 테타르 반 엘벤Paul Tétar van Elven(1823~1896년)의 작품
24-14. 몽파르나스 불르바르와 몽파르나스역. 1900년대 초 사진
24-15. 부르스 광장Place de la Bourse에서 줄지어 손님을 기다리는 마차 택시들의 모습

25장. 새로운 파리의 물리적 성과1: 공공 인프라, 상하수도 건설, 녹지 사업

25-1. 오스망 재개발 때 세바스토폴 불르바르Boulevard de Sébastopol의 통로 뚫기 공사 장면
25-2. 세바스토폴 불르바르의 개통 후 붐비는 장면
25-3. 좁고 구불구불한 중세 골격을 헐고 일직선 대로인 생미셸 불르바르를 건설한 1855년 도면
25-4. 1850~1870년 사이 파리에 새로 건설한 주요 도로망
25-5. 1860년 이전의 12구 체제와 그 이후 현재의 20구 체제 비교
25-6. 라리부아시에르 병원 전경
25-7. 레알 상트랄 19세기 작품
25-8. 레알 상트랄 19세기 사진
25-9. 레알 상트랄 개장 당시 사진
25-10. 파리의 1854년 상수도 체계
25-11. 파리의 1878년 상수도 체계
25-12. 오스망 재개발 당시 지하 시설 공사 장면. 『1867년 파리 가이드*Guide of Paris 1867*』 수록
25-13. 1887년 세바스토폴 불르바르 지하 장면.
25-14. 오스망과 벨그랑이 건설한 센강 일대의 수로
25-15. 뷔트-쇼몽 공원Parc des Buttes-Chaumont. 1867년경 상태
25-16. 바티뇰 공원Square des Batignolles. 'square'는 프랑스어로 철책으로 둘러싸인 작은 공원이라는 뜻이다.
25-17. 예술과학 공원Square of the Arts and Sciences. 영국 잡지 『더 빌더*The Builder*』 1874년 32호 수록. 이전엔 소수의 특권 공간이었던 square가 이제 모든 계층에 개방된 모습
25-18. 아돌프 알팡Adolphe Alphand이 오스만 재개발 때 계획 · 실행한 두 곳의 대형 숲
25-19. 아돌프 알팡이 런던 하이드 파크Hyde Park에 맞서 1853~1858년에 크게 확장하며 새롭게 단장한 불로뉴 숲
25-20. 파리 개선문의 에투알 광장에서 불로뉴 숲을 연결하는 앵페라티프가Avenue de l'Impérative 도면
25-21. 아돌프 알팡의 1873년 파리 가로수 산책로(프로므나드promenades) 식재 계획도
25-22. 1927에 파리의 가로수를 옮기는 화차wagon 모습. 오스망 재개발 때 발명한 디자인이다.
25-23. 파리 개선문에서 뻗어 나오는 로슈가Avenue Roch. 울창한 가로수가 일렬로 서 있다.
25-24. 샹젤리제가 아파트 앞의 가로수 열

26장. 새로운 파리의 물리적 성과2: 가로 미학의 완성

26-1. 오스망 재개발 시작부터 1870년까지 새로 건설한 파리의 도로들
26-2. 오스망 재개발 때 새로 건설한 대교차로nouvelle grande croisée. 중앙의 팔레 루아얄과 아래의 루브르 박물관을 중심으로 동서축과 남북축의 도로 체계를 보여준다.
26-3. 파리 개선문에 이르는 샹젤리제가 야경
26-4. 리볼리가Rue de Rivoli와 카스틸리온가가 120도로 만나는 모서리 부분. 1885년경 사진
26-5. 바스티유 광장에서 북쪽으로 뻗어나가는 리샤르-르누아르 불르바르Boulevard Richard-Lenoir(1863년)

26-6. 파리 오페라 하우스 옥상에서 바라본 오페라 광장Place de l'Opéra과 오페라가Avenue de l'Opéra (1878년)
26-7. 파리 오페라 하우스 공중 전경
26-8. 8구의 주요 대로들. 사선으로 조금씩 어긋나면서 나란히 달린다. 맨 위가 조지 5세가Avenue George V, 중간이 마르소가Avenue Marceau, 아래가 디에나가Avenue d'Iéna
26-9. 12구의 달리그르가Rue d'Aligre 일대 도로. 방사형 도로와 사선 방향 교차 도로가 혼재한다.
26-10. 파리 개선문의 방사형 도로에서 갈라져 나온 마르소가, 그리고 다시 여기에서 사선 방향으로 도로가 교차하는 장면
26-11. 파리 대로변 건물 경관. 저널리스트 에드몽 텍시에의 『파리 경관*Tableau de Paris*』(1853년) 수록
26-12. 가미유 피시로의 <파리의 몽마르트르 불르바르Boulevard Montmartre in Paris>(1897년)

5부. 부르주아 파리, 문화와 상업의 이중주

27장. 파리 오페라 하우스, 건축으로 구축한 부르주아의 계급 정체성

27-1. 파리 오페라 하우스 평면도
27-2. 파리 오페라 하우스 단면도
27-3. 1874년 잡지에 실린 파리 오페라 하우스 정면 모습
27-4. 파리 오페라 하우스 1900년경 정면 사진
27-5. 파리 오페라 하우스. 정면의 네오바로크 장식
27-6. 파리 오페라 하우스. 정면 2층의 네오바로크 장식
27-7. 파리 오페라 하우스 후면
27-8. 파리 오페라 하우스. 광장과 여기에서 갈라져 나오는 방사형 도로를 동시에 보여준다.
27-9. 오페라 광장의 1895년 사진
27-10. 오페라 광장의 현재 모습
27-11. 오페라 하우스의 노드node와 넛지nudge의 역할을 옥상에서 내려다보는 장면
27-12. 파리 오페라 하우스 단면도. 중앙의 포이어foyer가 크게 확장된 모습
27-13. 파리 오페라 하우스 중앙 포이어와 대계단grand staircase 작품
27-14. 파리 오페라 하우스 대계단
27-15. 파리 오페라 하우스의 포이어와 대계단으로 이루어지는 리셉션 공간
27-16. 파리 오페라 하우스의 1875년 1월 5일 개장 기념식 장면. 리셉션 공간에 부르주아가 넘쳐난다. 에두아르 드타유Édouard Detaille(1848~1912년)의 작품
27-17. 파리 오페라 하우스 객석 전경. 1995년에 무대 장치를 현대화했다.
27-18. 파리 오페라 하우스에 공연을 보러 온 부르주아 관객들
27-19. 파리 오페라 하우스 중앙홀 천장. 오른쪽은 <아폴로의 승리Triumph of Apollo>이고 왼쪽은 <악당과 싸우는 미네르바Minerva Combating Brute Force>다. 이지도르 필스Isidore Pils(?~1875년)의 작품
27-20. 파리 오페라 하우스 중앙 포이어 아래층의 시즌 티켓 구매자 전용실

28장. 부르주아 상업건축1: 파리의 19세기 시대 상황

28-1. 1871년 3월 18일 코뮌군이 바리케이드를 치는 장면
28-2. 1871년 8월 제3공화국이 출범하면서 제국이 공식적으로 종식되었음을 축하하는 파리 시민들의 모습
28-3. 1881년 11월 8일 개장해서 파리의 첫 번째 카바레로 기록되어 있는 샤 누아르Chat Noir의 실내 장면. 1885년 작품
28-4. 백작 부인 리안느 드 푸지Liane de Pougy(앞줄 왼쪽)와 스페인 배우 라 벨 오테로La Belle Otero(앞줄 오른쪽)가 젊은 귀족들에게 불로뉴 숲을 안내하는 장면. 1890년경
28-5. <레 콰츠 아르Les Quat'z'Arts> 1897년 11월 6일 표지
28-6. <파리 만국박람회의 여인A Lady at the Paris World Fair>(1889년). 루이스 히메네즈 아란다Luis Jiménez Aranda(1845~1928년)의 작품
28-7. 물랭 드 라 갈레트Moulin de la Galette 광고 포스터. 르네 핀Rene Pean(1875~1955년)의 1898년 작품
28-8. 물랭 루주Moulin Rouge 가든 쇼. 1889년 파리 만국박람회 때 장면
28-9. 물랭 루주의 파티. 1900년 파리 만국박람회 때 장면
28-10. <르셰위Le ChaHut(캉캉Can-Can)>(1889~1990년). 조르주 쇠라Georges Seurat(1859~1891년)의 작품
28-11. 1904년 개장한 카바레인 발 타바랭Bal Tabarin의 당시 외관 사진

29장. 부르주아 상업건축2: 갈르리, 바자, 마가쟁, 백화점

29-1. <물랭 드 라 갈레트의 파티La Bal du Moulin de la Galette>(1876년). 피에르-오귀스트 르누아르Pierre-Auguste Renoir(1841~1919년)의 작품
29-2. 레알을 그린 1862년 작품
29-3. 레알을 그린 준공 당시 실내 모습
29-4. 팔레 루아얄의 도를레앙 갈르리Galerie d'Orléans의 작품(1830년)
29-5. 팔레 루아얄 정원의 화려한 소비생활 장면. 당시 '주변의 모든 세상이 팔레 루아얄을 쳐다보게 되었

다'라는 말이 유행할 정도였다.
29-6. 콜베르 갈르리Galerie Colbert(1823년) 내부 통로 모습
29-7. 비비엔 갈르리Galerie Vivienne(1823년) 중앙 유리 돔 실내 모습
29-8. 베로-도다 갈르리Galerie Véro-Dodat(1826년) 정면 출입구에서 들여다본 내부 통로 모습
29-9. 슈아죌 갈르리Galerie Choiseul(1827년)
29-10. 라파예트 백화점 중앙홀 유리 돔 천장
29-11. 에펠이 설계한 봉마르셰 백화점 중앙 유리 천장
29-12. 라파예트 백화점 중앙홀 유리 돔 천장과 매장 전경
29-13. 봉마르셰 실내 중앙홀 대계단grand staircase. 19세기 사진
29-14. 프렝탕 백화점 실내 중앙홀 대계단. 19세기 사진
29-15. 폴리 베르제르Folies Bergère 공연 장면
29-16. 프렝탕 백화점 현재 외관
29-17. 사마리텐 백화점 1905년 사진
29-18. 봉마르셰 백화점 개장 당시 그림
29-19. 봉마르셰 백화점 현재 외관
29-20. 라파예트 백화점 개장 당시 실내 중앙홀 대계단 장면
29-21. 라파예트 백화점 현재 외관

30장. 만국박람회: 철제 건축, 대형 전시장, 관광주의

30-1. 1844년 파리에서 윤영하던 공산물 전시관
30-2. 1878년 파리 만국박람회 기계관Galerie des Machines 전시 장면
30-3. 1867년 파리 만국박람회 산업관에서 거행된 사은품 행사 장면. 로마 원형극장 형태로 공간을 꾸몄다.
30-4. 1867년 파리 만국박람회 기계관 철재 디테일
30-5. 1900년 파리 만국박람회 원예관
30-6. 수정궁Crystal Palace. 『그림으로 보는 런던 뉴스 *London Illustrated News*』(1851년)에 수록된 그림
30-7. 1855년 파리 만국박람회 전시관 전경
30-8. 1867년 파리 만국박람회 전시장 공중 전경 그림
30-9. 파리의 1889년 대중교통망
30-10. 1867년 파리 만국박람회 당시 시내 전경
30-11. <물랭 드 라 갈레트에서 바라본 몽마르트르 Moulin de la Galette á Montmartre>(1898년). 조르주 르동Georges Redon(1869~1943년)의 그림

31장. 에펠과 에펠탑, 19세기 파리 건축의 결정판

31-1. 가라비교Garabit Viaduct 전경
31-2. 가라비교 근경
31-3. 1878년 파리 만국박람회 전시장 공중 전경 그림
31-4. 1878년 파리 만국박람회 기계관
31-5. 1878년 파리만국박람회 당시 파리 시내에 전시된 자유의여신상Statue of Liberty 머리 부분
31-6. 1886년 맨해튼에 설치된 자유의여신상 모습
31-7. 파리 시내에서 제작 중인 자유의여신상
31-8. '에펠탑-샹드마르스-육군사관학교'로 이루어지는 7구의 중심
31-9. 아돌프 조안의『그림으로 보는 파리』(1870~1876년)에 흰색 공간으로 표시된 왼쪽의 샹드마르스
31-10. 에펠탑의 재원
31-11. 에펠탑 기단의 콘크리트 기초
31-12. 에펠탑 중간 부분
31-13. 아래에서 올려다본 에펠탑 전경. 맨 위에 상층부가 보인다.
31-14. 1889년 파리 만국박람회 때 우뚝 솟은 에펠탑
31-15. 17~19세기에 걸쳐 확장한 파리의 서쪽 신시가지. 개선문, 앵발리드 보훈병원, 에펠탑 등이 대표 시설이다.
31-16. 센강 건너 콩코르드 광장에서 바라본 에펠탑
31-17. 1889년 파리 만국박람회 광고 포스터. 에펠탑에서 정문 건물로 빛을 내리쏘는 장면
31-18. 에펠탑 공중 전경
31-19. 사크레쾨르Sacré-Coeur 공중 전경
31-20. 몽마르트르 언덕에 올라앉은 사크레쾨르
31-21. <사크레쾨르 몽마르트르Le Sacré-Coeur, Montmartre>(1891년). 스페인 화가 라몬 카사스 Ramon Casas(1866~1932년)의 그림
31-22. 사크레쾨르 정면
31-23. 1889년 파리 만국박람회 전경 속 에펠탑
31-24. 에펠탑의 현재 야경
31-25. 흐린 날 샹드마르스에서 바라본 에펠탑
31-26. 맑은 날 에펠탑 전경. 꼭대기 전망대에서 최대 90km까지 시야가 나온다.

참고문헌

* 건축가명과 저자명은 이름last name의 알파벳 순서로,
도서의 편집본은 도서명의 알파벳 순서로 정리함.

1. 18~19세기 프랑스 건축사 및 미술사

Les Architcctes de la Liberte 1789–1799, Ecole nationale superieure des Beaux-Arts, 4 octobre 1989 – 7 janvier 1990.

The Architecture of the Ecole des Beaux-Arts, Arthur Drexler (ed.). new York: The Museum of Modern Art, 1977.

Allan Braham, *The Architecture of the French Enlightenment*. Berkeley, CA.: University of California Press, 1980.

Norman Bryson, *Tradition & Desire from David to Delacroix*. Cambridge, England: Cambridge University Press, 1987.

Patrice de Moncan & Claude Heurteux, *Le Paris D'Haussmann*. Paris: Les Editions du Mecene, 2002.

Jean-Marie Perouse de Montclos, *L'Architecture a la Francaise*. Paris: Picard, 1982)

Jean-Marie Perouse de Montclos, *Histoire de L'Architecture Francaise*. Paris: Editions Menges, 1989.

Pierre du Colombier, *L'Architecture Francaise en Allemagne au XVIIIe Siecle*. Paris, 1956.

Michael Fried, *Absorption and Theatricality, Painting and Beholder in the Age of Diderot*. Chicago, IL.: The University of Chicago Press, 1980.

Walter Friedlaender, *David to Delacroix*. New York: Schoken Books, 1970.

Louis Hautecoeur, *Histoire de L'Architecture classique en france*, tome 4–7. Paris: Auguste Picard, 1943.

Wcnd Graf Kalnein & Michael Levey, *Art and Architecture of the Eighteenth Century on France*. Harmondsworth, England: Penguin Books, 1972.

Emil Kaufmann, *Trois Architectes Revolutionnaires, Boullee Ledoux Lequeu*. Paris: SADG, 1978.

Jean Starobinski, *1789 Les Emblemes de la Raison*. Milano, Italia: Flammarion, 1979.

Simona Talenti, *L'Histoire de l'Architecture en France, Emergence d'une discipline 1863–1914*. Paris: Picard, 2000.
Visionary Architects, Boullee Ledoux Lequeu. New York, 1968.

2. 18~19세기 개별 건축가

• Francois-Joseph Belanger
Jean Stern, *Francois-Joseph Belanger*, Vol. 1 & 2. Paris, 1930.

• Etienne Louis Boullee
Philippe Madec, *Boullee*. Paris: F. Hazan, 1986.
J.-M. Perouse de Montclos, *Étienne-Louis Boullée, de l'architecture classique a l'architecture revolutionnaire*. Paris: Arte et Emtiers Graphiques, 1969.
Helen Rosenau, *Boullee & Visionary Architecture*. London: Academy Editions, 1976.
Adolf Max Vogt, *Boullees Newton-Denkmal, Sakralbau und Kugelidee*. Stuttgart, Germany: Birkhäuser, 1969.

• Alexandre-Theodore Brongniart
Alexandre-Theodore Brongniart 1739-1813, Architecture et decor, Musee Carnavalet 22 Avril-13 Juillet 1986. Paris, 1986.

• Cesar Daly
Richard Becherer, *Science Plus Sentiment, Cesar Daly's Formula for Modern Architecture*. Ann Arbor, MI.: UMI Research, 1984.

• Gabriel Davioud
Gabriel Davioud Architecte 1824-1881, delegation a l'action artisque de La Ville de Paris. 1981-1982.

• Pierre Contant D'Ivry
Frank Joachim Kretzschmar, *Pierre Contant D'Ivry, ein Beitrag zur französischen Architektur des 18. Jahrhunerts*. Köln, 1981.

• Pierre Michel d'Ixnard

Erich Franz, *Pierre Michel d'Ixnard 1723-1795, Leben und Werk*. Weissenhorn, Germany: Anton H. Konrad, 1985.

• Gustave Eiffel

David Harvey, *Eiffel*. Stroud, England: Sutton, 2004.

La Tour Eiffel. Paris: Éditions du patrimoine, 2001.

Bertrand Lemoine, *Gustave Eiffel*. Paris: F. Hazan, 1989.

• Ange-Jacques Gabriel

Yves Bottineau, *L'Art d'Ange-Jacques Gabriel*. Paris: Editions E. de boccard, 1962.

Comte de Fels, *Ange-Jacques Gabriel, Premier Architecte du Roi*. Paris, 1924.

G. Gromort, *Jacques-Ange Gabriel*. Paris: Vincent, Freal & C., 1933.

Robert Maulan, L'Ecole Militaire de Paris. Paris: Editions A. et. J. Picard, 1950.

Christopher Tadgell, *Ange-Jacques Gabriel*. London: A. Zwimmer Ltd., 1978.

• Jacques Ignace Hittorff

Hittorff, un architect du XIXeme, Musee Carnavalet, 20 Octobre 1986-4 Janvier 1987.

Karl Hammer, *Jakob Ignaz Hittorff 1792-1867*. Stuttgart, Germany: Anton Hiersemann, 1968.

• Henri Labrouste

Neil Arthur Levine, "Architectural Reasoning in the age of Positivism, the Noe-Grec Idea of Henri Labrouste's Bibliothèque Sainte-Geneviève", vol. 1 & 2, Ph. D. Dissertation of Yale University, 1975

• Jean-Baptiste Lassus

Jean-Michel Leniaud, *Jean-Baptiste Lassus 1807-1857 ou le temps retrouve des cathedrales*. Paris: Droz, 1980.

• Claude-Nicolas Ledoux

Michel Gallet, *Claude-Nicolas Ledoux 1736-1806*. Paris: Picard, 1980.

Anthony Vidler, *Ledoux*. Paris: F. Hazan, 1987.

Anthony Vidler, *Claude-Nicolas Ledoux, architecture and social reform at the end of the*

Ancien Regime. Cambridge, MA.: The MIT Press, 1990.

• Jean-Laurent Legeay

Gilbert Erouart, *L'architecture au pinceau*. Milano, Italia: Electa, 1982.

• Antoine LePautre

Robert W. Berger, *Antoine LePautre, A French Architect of the Era of Louis XIV*. New York: New York University Press, 1969.

• Claude Perrault

Andre Hallays, *Les Perraults*. Paris: Perrin et C., 1926.

Antoine Picon, *Claude Perrault, 1613-1688 ou La Curiosite d'un Classique*. Paris: Picard, 1988.

Marc Soriano, *Les Contes de Perrault*. Paris: Gallimard, 1972.

• Jacques-Germain Soufflot

Jean Monval, *Soufflot, sa vie, son oeuvre, son esthetique*. Paris: Librairie Alphonse Lemerre, 1963.

l'oeuvre de SOUFFLOT a Lyon, Etudes et documents. Lyon, France: Presses Universitaires de Lyon, 1982.

Michael Petzet, *Soufflots Sainte-Geneviève und der Französische Kirchenbau des 18. Jahrhunderts*. Berlin, Germany: Walter de Gruyter & Co., 1961.

Soufflot et l'Architecture des Lumieres. Paris: Cahier de la Recherche Architecturale, 1980.

3. 파리 도시건축

Arc de Triomphe de l'Étoile. Paris: Éditions du patrimoine, 2000.

Sylvie Buisson, *Paris Montmantre, A Mecca of Modern Art, 1860~1920*. Paris: Terrail, 1996.

Joan DeJean, *How Paris became Paris*. New York: Bloomsbury, 2014.

Monique Delon, *The Conciergerie, Palais de la Cité*. Paris: Éditions du patrimoine, 2000.

Dictionnaire des Monuments de Paris, Jean Colson et Marie-Christine Lauroa (ed.). Paris: Éditions Hervas, 2003.

David Harvey, *Paris, Capital of Modernity*. London: Taylor & Francis Group, 2003.

Louis Hautecoeur, *Histoire du Louvre*. Paris: L'Illustration, n.d.
Philip Howard, *The Royal Palaces*. London: Hamish Hamilton, 1970.
The Invalides and the Army Museum. Paris: Beaux-Arts magazine, 2000.
Emmanuel Jacquin, *The Tuileries, From the Louvre to Place de la Concorde*. Paris: Éditions du patrimoine, 2001.
Colin Jones, *Paris, The Biography of a City*. New York: Penguin Books, 2005.
Guy Lambert et al., *The Palais-Royal*. Paris: Éditions du patrimoine, 2008.
Palais Garnier, Nattional Opera of Paris. Paris: Éditions du patrimoine, 2001.
The Pantheon, Temple of the Nation. Paris: Éditions du patrimoine, 2000.
Paris, Places and History. Paris: Gründ, 1997.
Jean-Marie Pérouse de Montclos, *Paris, City of Art*. New York: Vendome, 2003.
Christopher Prendergast, *Paris and the Nineteenth Century*. Oxford, England: Blackwell, 1995.
Daniel Quesney, *Retour á Paris*. Paris: Parigramme, 2013.
Vanessa R. Schwartz, *Spectacular Realities, Early Mass Culture in Fin-de-Siècle*. Berkeley, CA: University of California Press, 1999.
Sacré-Coeur of Montmartre. Saint-Priest, France: LESCUYER, 2010.
Anthony Sutcliffe, *Paris, An Architectural History*. New Heaven, CT: Yale University Press, 1993.
Alexandre Sumpf, *Paris, Ces Photos qui racontent l'Histoire*. Paris: Parigramme, 2015.
Anne Thorval, *Promenades sur les Lieux de l'Histoire*. Paris: Parigramme, 2004.

4. 18~19세기 건축이론

Guilio Carlo Argan, *Il Neoclassicismo*. Roma: Mario Bulzoni Editore, 1968.
Wolfgang Dieter Brönner, *Blondel-Perrault zur Architekturtheorie des 17. Jahrhunderts in Frankreich*. Bonn, Germany: 1972.
Natacha Coquery, *L'Espace du Pouvoir, de la demeure privee a l'edifice public Paris 1700-1790*. Paris: Editions Seli Arslan, 2000.
Edward Robert de Zurko, "Functionalist Trends in Writings pertaining to Architecture with special Emphasis on the period 1700-1850", Ph. D. dissertation, New York University. 1954.
Caroline van Eck, *Organicism in nineteenth-century architecture*. Amsterdam:

Architectura & Natura, 1994.

Tonis Kask, *Symmetrie und Regelmässigkeit, französische Architektur im Grand Siecle*. Stuttgart, Germany: Birkhäuser, 1971.

Robert Jan van Pelt & Carroll William Westfall, *Architectural Principles in the Age of Historicism*. New haven, CT.: Yale University Press, 1991.

Alberto Perez-Gomez, *Architecture and the Crisis of Modern Crisis*. Cambridge, MA.: The MIT Press, 1990.

Nikolaus Pevsner, *Some Architectural Writers of the Nineteenth Century*. Oxford, England: Clarendon, 1972.

Robert Rosenblum, *The International Style of 1800, a Study in Linear Abstraction*. New York: Garland, 1976.

Joseph Rykwert, *The First Moderns, The Architects of the Eighteenth Century*. Cambridge, MA.: The MIT Press, 1987.

Joseph Rykwert, *On Adam's House in Paradise*. Cambridge, MA.: The MIT Press, 1987.

Alexandre Tzonis, *Systemes conceptuels de l'architecture en France de 1650-1800*. Cambridge, MA.: 1975.

Anthony Vidler, *The Writing of the Walls*. Princeton, NJ.: Princeton Architectural, 1987.

Seockjae YIM, "Imitation and Ideal Type", Ph. D. dissertation, University of Pennsylvania, 1992.

5. 18~19세기 미학 및 예술이론

Annie Becq, *Genese de L'Esthetique Francaise Moderne, De la Raison classique a l' Imagination creatrice, 1680-1814*, Vol. I & II. Pisa, Italia: Pacini Editore, 1984.

Ferdinand Boer, *Le Monde des Arts en Italie et la France de la Revolution et de l'Empire*. Torino, Italia: Societa editrice Internazionale, 1969.

Rene Bray, *La Formation de la doctrine Classique en France*. Paris: Librairie Nizet, 1951.

Jacques Chouillet, *L'esthetique des Lumieres*. Paris: Presses Universitaires de France, 1974.

Francis X. J. Coleman, *The Aesthetic Thought of the French Enlightenment*. Pittsburgh, PA.: University of Pittsburgh Press, 1971.

Jonathan Crary, *Techniques of the Observer, on vision and modernity in the nineteenth-centuryy*. Cambridge, MA.: The MIT Press, 1995.

Andre Fontaine, *Les Doctrines d'Art en France de Poussin a Diderot*. Geneve, Switzerland:

Slatkine Reprints, 1970.
Marian Hobson, *The Object of Art, the theory of illusion in eighteenth-century France*. Cambridge, England: Cambridge University Press, 1982.
Ulrich Hohner, *Zur Problematik der Naturnachahmung in der Ästhetik des 18. Jahrhunderts*. Erlangen, Germany: Palm & Enke, 1976.
Peter Hughes & David Williams (ed.). *The Varied Pattern: Studies in the 18th Century*. Toronto, Canada: A. M. Hakkert, 1971.
Marguerite Iknayan, *The Concave Mirror, from imitation to expression in French esthetic theory 1800-1830*. Saratoga, CA.: Anma Libri, 1983.
Philippe Junod, *Transparence et Opacite*. Lausanne, Switzerland: Editions L'Age D'Homme, 1976.
Walter Kambartel, *Symmetrie und Schönheit*. München, Germany: Wilhelm Fink, 1972.
T. M. Mustoxidi, *Histoire de l'Esthetique Francaise 1700-1900*. New York: Burt Franklin, 1968.
Joshua C. Taylor (ed.). *Nineteenth-Century Theories of Art*. Berkeley, CA.: University of California Press, 1989.
Michael Podro, *The Critical Historians of Art*. New Haven, CT.: Yale University Press, 1982.
Robert Rosenblum, *Transformations in Late Eighteenth Century Art*. Princeton, NJ.: Princeton University Press, 1969.
Remy G. Saisselin, *The Rule of Reason and the Ruses of the Heart*. London, 1970.
Michael Titzmann, *Strukturwandel der philosophischen Ästhetik 1800-1880, Der Symbolbegriff als Paradigma*. München, Germany: Wilhelm Fink, 1978.

6. 18~19세기 신건축 운동(산업혁명, 과학, 철물건축, 만국박람회, 아케이드, 온실, 기차역)

Beatrice de Andia (ed.). *Les Expositions Universelles a Paris de 1855 a 1937*, Collection Paris et son patrimoine, Paris, 2005.
Ugo Carughi & Ermanno Guida, *Alfredo Cottrau 1839-1898, L'architettura del ferro nell' Italia delle grandi trasformazioni*. Napoli, Italia: Electa, 2003.
Jean-Claude Delorme & Anne-Marie Cubois, *Passages couverts parisiens*. Paris: Parigramme, 2002.
Johann Friedrich Geist, *Passagen, ein Bautyp des 19. Jahrnunderts*. München, Germany: Prestel-Verlag, 1969.

Sigfried Giedion, *Construire en France, Construire en Fer, Construire en Beton*. Paris: Editions de la Villette, 2000.

James Gowan, Charles Jencks, Frei Otto, Andreas C. Papadakis, & Jack Zunz, "Engineering & Architecture", *Architectural Design*, Vol. 57 No. 11/12, 1987.

Roger Hahn, *The Anatomy of a Scientific Institution, The Paris Academy of Sciences, 1666–1803*. Berkeley, CA.: University of California Press, 1971.

John Hix, *The Glass House*. London: Phaidon, 1996.

Georg Kohlmaier & Barna von Sartory, *Houses of Glass*. Cambridge, MA.: The MIT Press, 1991.

Ulrich Krings, *Bahnhofsarchitektur*. München, Germany: Prestel-Verlag, 1985.

David S. Landes, *The Unbound Prometheus, technological change and industrial development in Western Europe from 1750 to the Present*. Cambridge, England: Cambridge University Press, 2003.

Bertrand Lemoine, *L'Architecture du Fer, France XIXe Siecle*, 1986.

Paul Mantoux, *La Revolution Industrielle au XVIIIe Siecle*. Paris: Editions Genin, 1973.

Bernhard Marrey, *Les grands magasins des origines a 1939*. Paris: Picard, 1979.

Erik Mattie, *World's Fairs*. Princeton, NJ.: Princeton University Press, 1998.

Steven Parissien, *Station to Station*. London: Phaidon, 1997.

Antoine Picon, *Architectes et Ingenieurs au Siecle des Lumieres*. Marseille, France: Editions Parentheses, 1988.

Erich Schild, *Zwischen Glaspalast und Palais des Illusions*. Frankfurt am Main, Germany: Ullstein, 1967.

Rene Taton (ed.). *Enseignement et diffusion des sciences en France au XVIIIe Siecle*. Paris: Hermann, 1964.

Shelia Taylor (ed.). *The Moving Metropolis*. London: Laurence King, 2001.

Pieter van Wesemael, *Architecture of Instruction and Delight, a soocio-historical analysis of World Exhibitions as a didactic phenomenon*. Rotterdam, Netherlands: 010 Publishers, 2001.

May Woods & Arete Swartz Warren, *Glass Houses*. London: Aurum, 1988.

7. 유럽 도시건축

Leonardo Benevolo, *The history of the city*. Cambridge, MA: The MIT Press, 1980.

François Choay, *The Modern City: Planning in the 19th Century*. New York: George Braziller, 1969.
Ruth Exton, *Cités Idéales*. Belgium: Fonds Mercator, 2001.
Ervin Galantay, *New Towns: Antiquity to the Present*. New York: George Braziller, 1975.
Mark Girouard, *Cities and People*. London: Yale University Press, 1985.
David Goodman & Colin Chant (ed.). *European Cities & Technology, Industrial to Post-Industrial City*. New York: Routledge, 1999.
Petter Hall, *Cities in Civilization*. London: Phoenix Giant, 1999.
Frederick Hiorns, *Town-Building in History*. London: George G. Harper, 1956.
Paul Hohenberg & Lynn Lees, *The Making of Urban Europe 1000-1950*. Cambridge, MA: Harvard University Press, 1985.
Pierre Lavedan et al., *L'Urbanisme a L'Époque Moderne, XVI-XVIII Siécles*. Genéve: Droz, 1982.
Sibyl Moholy-Nagy, *Matrix of Man*. New York: Frederick A. Praeger, 1968.
A. E. J. Morris, *History of Urban Form*. New York: John Wiley & Sons, 1979.
Lewis Mumford, *The City in History*. San Diego, CA: A Harvest/HBJ Book, 1961.
Lawrence Nees, *Early Medieval Art*. Oxford Oxford University Press, 2002.
Donald J. Olsen, *The City as a Work of Art: London, Paris, Vienna*. New Haven, CT: Yale University Press, 1986.
Steen Eiler Rasmussen, *Towns and Buildings*. Cambridge, MA: The MIT Press, 1983.
Arnold Toynbee (ed.). *Cities of Destiny*. New York: Weathervane Books, 1967.
Ben Wilson, *Metroplois, A History of the City*. New York: Vingage, 2021.

임석재, 『극장의 역사』. 서울: 이화여자대학교 출판문화원, 2018.
______, 『서양건축사 4: 인간과 인간』. 서울: 북하우스, 2007.
______, 『서양건축사 5: 역사 기술 인간』. 서울: 북하우스, 2008.
______, 『유럽의 주택』. 서울: 북하우스, 2014.

찾아보기

* [ ] 괄호 안의 숫자는 해당 항목의 도판이 있는 페이지임

* 서양 인명의 한글 표기는 성姓·first name, 이름名·last name의 순서로 했음.

[ㅁ]

파리 도시건축의 역사 2

혁명과 제국의 시대

펴낸날 1판 1쇄 2024년 7월 15일
지은이 임석재
펴낸이 주소현
펴낸곳 이화여자대학교출판문화원
주소 서울특별시 서대문구 이화여대길 52(우 03760)
등록 1954년 7월 6일 제9-61호
전화 02) 3277-2965 (편집), 02) 362-6076 (마케팅)
팩스 02) 312-4312
전자우편 press@ewha.ac.kr
홈페이지 www.ewhapress.com
책임편집 이지예
디자인 정혜진

ISBN 979-11-5890-533-0 93600
값 36,000원